E. Hinton · D. R. J. Owen · G. Krause (Hrsg.)

Finite Elemente Programme für Platten und Schalen

Mit 73 Abbildungen

Springer-Verlag Berlin Heidelberg NewYork
London Paris Tokyo Hong Kong 1990

E. Hinton
D. R. J. Owen
Dept. of Civil Engineering
University College of Swansea
U. K.

Dr.-Ing. Gerhard Krause
Bunsenstraße 7
6806 Viernheim

Die englische Originalausgabe erschien 1984 unter dem Titel
Hinton · Owen, Finite Element Software for Plates and Shells
bei Pineridge Press Ltd., Swansea, UK

ISBN 978-3-540-51546-3   ISBN 978-3-642-50182-1 (eBook)
DOI 10.1007/978-3-642-50182-1

CIP-Titelaufnahme der Deutschen Bibliothek
Finite-Elemente-Programme für Platten und Schalen
E. Hinton (Hrsg.). [Autorenliste Figueiras, J. A....]. –
Berlin ; Heidelberg ; New York ; London ; Paris ; Tokyo ; Hong Kong : Springer, 1990
  Einheitssacht.: Finite element software for plates and shells <dt.>

NE: Hinton, E. [Hrsg.]; EST

2160/3020-543210 – Gedruckt auf säurefreiem Papier

Autorenliste

Figueiras, J.A.,
Department of Civil Engineering,
University of Oporto, Portugal

Hinton, E.,
Department of Civil Engineering,
University College of Swansea, United Kingdom

Krause, G.,
Ingenieurbüro für Strukturanalyse,
Kaiserin-Augusta-Allee 5, D-1000 Berlin 21, West Germany

Onate, E.,
Universidad Politecnica de Cataluna, Spain

Owen, D.R.J.,
Department of Civil Engineering,
University of Wales, Swansea, United Kingdom

Rahman, H.H.A.,
University of Petroleum and Minerals,
Dhahran, Saudi Arabia

Suarez, B.,
Universidad Politecnica de Cataluna, Spain

Vorwort der deutschen Ausgabe

Anlaß für die Übersetzung der englischen Originalausgabe "Finite Element Software for Plates and Shells" ins Deutsche war die Tatsache, daß das englischsprachige Werk die fachliche Thematik in einer Art und Weise behandelt, die dem Nichtfachmann den Einstieg in eine ihm unbekannte Materie erleichtert. Die Autoren haben dieses Buch für den Leser geschrieben, nicht zur Manifestierung des eigenen wissenschaftlichen Ansehens — üblicherweise scheint das Gegenteil zu gelten. Das bedeutet, daß auf eine "eigene" fachliche Terminologie verzichtet wurde. Es wird keine akademische Fassade errichtet, die den eigentlichen Sachverhalt bis zur Unkenntlichkeit verschleiert und bei Fachkollegen "Eindruck schinden" soll. Im Gegenteil, die mathematische Behandlung beschränkt sich auf das unbedingt Nötigste: Differentialgleichungen und Matrizenrechnung. Über dieses Handwerkszeug verfügt jeder Student der Ingenieurwissenschaften nach dem Vordiplom. Die notwendigen Grundlagen der schubweichen Plattentheorie und einer speziellen Schalentheorie werden kurz dargestellt und bilden den Ausgangspunkt für das Aufstellen der finiten Gleichungen.

Das vorliegende Werk unterscheidet sich von allen anderen Publikationen dieses Fachgebietes besonders wohltuend dadurch, daß die hergeleiteten Beziehungen nicht "graue Theorie" bleiben, sondern in Form von Programmen dem Leser praktisch vermittelt werden. Damit ist die Theorie nicht nur von der Ableitung her nachvollziehbar, sondern es wird auch die Umsetzung von Theorie in Praxis demonstriert. Die Autoren haben sich bemüht, die Programme fehlerfrei zu gestalten. Alle veröffentlichten Beispiele dieses Buches sind mit ihnen gerechnet worden. Die Software genügt sicherlich nicht kommerziellen Ansprüchen hinsichtlich Effektivität und Datenverarbeitung. Das lag nicht in der Absicht der Verfasser. Die Programme können trotzdem dazu dienen, eigene Beispiele zu rechnen, die Software für Studienzwecke weiter auszubauen oder aber verfeinerte Algorithmen zu implementieren. Mit anderen Worten, die lauffähige Software kann den Studierenden als Basis dienen, eigene Weiterentwicklung zu betreiben.

Das Buch besteht aus fünf Kapiteln, die von verschiedenen Autoren geschrieben und somit unabhängig voneinander verfaßt sind. Diese Darstellung hat Vor- und Nachteile. Der Leser braucht sich nur mit einem Kapitel gezielt zu beschäftigen, ohne die vorangehenden angesehen zu haben. Diesem Vorteil steht der Nachteil gegenüber, daß Wiederholungen unvermeidbar sind und somit der Text etwas aufgebläht wird. Der einzige rote Faden, der sich — von der gemeinsamen Thematik abgesehen — durch alle Kapitel zieht, besteht in einer Reihe von Beispielen, die in den einzelnen Kapiteln wieder neu gerechnet werden, dann aber mit einer anderen Methode. Dies ist für Vergleichszwecke sinnvoll und interessant.

Zwischen dem Erscheinen der englischen Originalausgabe und der deutschen Ausgabe liegt eine Zeitspanne von fünf Jahren. Aus diesem Grunde ist die deutsche Fassung an einigen Stellen überarbeitet worden. Dies betrifft zusätzliche Hinweise in den Literaturverzeichnissen, in denen Publikationen neueren Datums aufgenommen wurden. Das 1. Kapitel wurde lediglich durch weitere Formeln zur Ermittlung von Steifigkeiten für Verbundmaterialien modifiziert. Das 2. Kapitel über die Finite Streifenmethode wurde unverändert übernommen. Das 3. Kapitel mußte ergänzt werden, da die ursprünglichen finiten Plattenelemente nicht dem heutigen Stand der Technik entsprechen. Es wurde das 9-Knoten-Lagrange-Plattenelement mit speziellen Ansätzen für die Schubverformung aufgenommen. Dieses Element ist ein sehr weit entwickeltes Element, das selbst in den meisten kommerziellen Programmen nicht implementiert ist und offenbart neueste Forschungsergebnisse. Ein weiterer Abschnitt des 3. Kapitels über schwach gekrümmte Marguerre-Mindlinsche Schalenelemente ist neu hinzugekommen. Hiermit soll eine Alternative zu den üblichen Schalenelementen gezeigt werden. Das 4. Kapitel behandelt degenerierte Schalenelemente und bietet die umfassendste Darstellung dieses Elementtyps in der Literatur. Zwar wäre auch hier eine Aktualisierung der Elemente - analog wie im 3. Kapitel - vonnöten gewesen. Dies hätte aber eine umfangreiche Neufassung des 4. Kapitels bedeutet. Die Autoren haben sich aus Zeitgründen dazu nicht in der Lage gesehen, so daß am Schluß des Kapitels nur auf die weitere Entwicklung in letzter Zeit hingewiesen werden konnte. Die Grundtatsachen bleiben davon aber unberührt. Das 5. Kapitel wurde unverändert übersetzt.

Das englische Werk ist kürzlich durch eine weitere Ausgabe bereichert worden, in der die Dynamik von Platten und Schalen behandelt wird. Der interessierte Leser sei in diesem Zusammenhang verwiesen auf:

> E. Hinton
> Dynamics of Plates and Shells
> Pineridge Press, 1988.

Abschließend, aber gleichwohl nicht zuletzt, möchte der deutsche Verfasser seinen beiden Mitarbeitern, Herrn cand. jur. M. Kirschenlohr und Herrn cand. ing. M. Vogler, für ihre fleißige und sorgfältige Tätigkeit danken, ohne die die deutsche Ausgabe nicht erschienen wäre.

Sommer 1989   G. Krause

Vorwort der englischen Ausgabe

Dieses Buch beschäftigt sich mit der linearen und nichtlinearen statischen Analyse von Platten und Schalen. Besonderen Wert wurde auf solche Lösungsverfahren für Platten und Schalen gelegt, die Beiträge aus der Schubverformung berücksichtigen. Folglich werden die Mindlinsche Plattentheorie und die degenerierte Schalentheorie als Grundlage für die Programme herangezogen. Die ersten drei Kapitel behandeln die lineare, elastische Mindlinsche Plattentheorie. Im 1. Kapitel werden geschlossene Lösungen für rechteckige, orthotrope, einfach gestützte Platten auf elastischer Winkler-Bettung für verschiedene Belastungsfälle präsentiert. Die Verschiebungen und Rotationen werden durch doppelte Fourierreihen dargestellt. Die Lösungen, die mit Hilfe dieser Programme erhalten werden, können zur Kontrolle der Finite Streifen und Finite Elemente Programme verwendet werden, die später in diesem Buch folgen. Das 2. Kapitel beschäftigt sich mit halbanalytischen, halbnumerischen Lösungsverfahren für Mindlinsche Platten, Faltwerke und axialsymmetrische Schalen. Es wird ein Finite Streifen Programm zur Lösung Mindlinscher Platten geliefert. Das 3. Kapitel betrifft die Mindlinschen Platten im Zusammenhang mit finiten Elementen. Ein vollständig dokumentiertes Programm für selektiv integrierte, viereckige, isoparametrische Mindlinsche Plattenelemente ist beigefügt.

Die nichtlineare Finite Elemente Analyse von anisotropen Platten und Schalen wird in Kapitel 4 beschrieben, und die Tragfähigkeit von bewehrten Betonplatten und Schalen wird in Kapitel 5 abgehandelt. Es werden vollständig dokumentierte Programme für beide Fälle präsentiert.

Die Aneinanderreihung von Theorie, Software und Anwendung ist beabsichtigt und sollte den Leser in die Lage versetzen, entweder nur die Programme zu implementieren oder alternativ die Programme als Basis zur Weiterentwicklung von Software zu benutzen, um diese den eigenen Anforderungen anzupassen. Die Autoren vermuten, daß einige Leser die Programme nicht wieder abtippen wollen und bieten deshalb ein Band mit den verifizierten Programmen zusammen mit typischen Eingabedaten an. Die Autoren glauben, daß die angebotene Software sowohl für kommerzielle als auch für Forschungs- und Lehrzwecke geeignet ist. Jedoch können die Autoren, falls dies der Fall sein sollte, nicht für irgendwelche Fehler verantwortlich gemacht werden, die aus dem Gebrauch der Programme resultieren, obwohl alle Bemühungen unternommen worden sind, diese zu überprüfen.

X

Die Autoren sind dankbar für die Beiträge von E. Onate, H.H. Abdel Rahman, J.A. Figueiras, M.M. Huq, B. Suarez und Y.C. Hoe.

Für das Schreiben des Manuskripts und Anfertigen der Zeichnungen gebührt Dank auch M. Williams, E. Gower, J. Davies., D. Gabriel und A. McGairl.

E. Hinton
D. R. J. Owen

Juli 1984

Inhaltsverzeichnis

1 Geschlossene Lösungen für einfach gestützte Mindlinsche Platten 1

  1.1 Einführung 1
  1.2 Grundgleichungen 1
  1.3 Geschlossene Lösungen 5
  1.4 Plattensteifigkeiten 8
      1.4.1 Homogene isotrope Platten 8
      1.4.2 Sandwichplatten 8
      1.4.3 Steifigkeiten für Flächentragwerke aus Verbundmaterial 10
      1.4.4 Platten mit Hohlquerschnitt 13
  1.5 Programme 15
      1.5.1 Programm PLATES 15
      1.5.2 Eingabedaten für das Programm PLATES 15
      1.5.3 Verzeichnis der Variablennamen 16
      1.5.4 Programm RIGID 23
      1.5.5 Eingabedaten für das Programm RIGID 23
  1.6 Beispiele 32
  1.7 Literaturverzeichnis

2 Finite Streifenmethode für Mindlinsche Platten
und axialsymmetrische Schalen 36

  2.1 Einführung 36
  2.2 Berechnung eines einfach gestützten Balkens mit Fourierreihen 38
  2.3 Finite Streifenmethode für rechteckige Mindlinsche Platten 42
      2.3.1 Grundgleichungen für Mindlinsche Platten 42
      2.3.2 Finite Streifenmethode für Mindlinsche Platten 45
      2.3.3 Numerische Integration 49
      2.3.4 Eine Familie von Mindlinschen finiten Streifen mit reduzierter Integration . 49
      2.3.5 Beispiele 52
          2.3.5.1 Konvergenz mit einer gewissen Anzahl von Harmonischen 52
          2.3.5.2 Konvergenz mit einer bestimmten Anzahl von Streifen 52
          2.3.5.3 Verhalten dünner Platten 52
          2.3.5.4 Quadratische Platte mit lokalisierter Randlast 56
          2.3.5.5 Schlußfolgerungen 58
  2.4 Platten mit Hohlquerschnitten und gekrümmten Plattformen 58
      2.4.1 Grundgleichungen 58
          2.4.1.1 Verschiebungen 58
          2.4.1.2 Verzerrungen 59
          2.4.1.3 Spannungen 60
          2.4.1.4 Spannungsverzerrungsgesetz 61
          2.4.1.5 Potentielle Energie der Schale 62

2.4.2 Formulierung der finiten Streifenmethode für Platten
       mit gekrümmten Deckflächen 62
2.4.3 Zusammenfassen der Steifigkeitsmatrizen und Koordinatentransformation . 65
2.5 Platten mit gekrümmten Deckflächen 67
2.6 Platten mit Hohlprofil und rechteckiger Plattform 68
  2.6.1 Verschiebungsfeld 68
  2.6.2 Verzerrungsfeld 69
  2.6.3 Spannungen 69
  2.6.4 Finite Streifenformulierung für Platten mit Hohlquerschnitt
         und rechteckiger Plattform 69
2.7 Axialsymmetrische Schalen 70
  2.7.1 Mindlinsche finite Streifenmethode für axialsymmetrische Schalen
         unter beliebiger Belastung 70
2.8 Berechnung des äquivalenten Knotenkraftvektors 73
2.9 Mindlinsche Streifenelemente für Faltwerke und axialsymmetrische Schalen
     mit reduzierter Integration 76
2.10 Beispiele 76
  2.10.1 Gelenkig gelagerte Platte mit gekrümmter Deckfläche 76
  2.10.2 Gerade Brücke 78
  2.10.3 Einfach gestützte Kastenbrücke 78
  2.10.4 Kreisplatte mit exzentrischer Punktlast 78
  2.10.5 Zylinderschale 82
2.11 Die Implementierung der finiten Streifenmethode auf dem Computer 86
2.12 Programm PBSTRIP zur Analyse von geraden oder gekrümmten Platten
      mit der finiten Streifenmethode 88
  2.12.1 Hauptprogramm 88
  2.12.2 Eingabedaten für Subroutine INPUT 88
  2.12.3 Subroutine STIFFS für Steifigkeitsmatrizen 92
  2.12.4 Von STIFFS aufgerufene Subroutinen 94
       2.12.4.1 Subroutine MODPB 94
       2.12.4.2 Subroutine GAUSSQ 95
       2.12.4.3 Subroutine SFR1 95
       2.12.4.4 Subroutine JACOB1 96
       2.12.4.5 Subroutine BMATFS 97
       2.12.4.6 Subroutine DBE 98
  2.12.5 Subroutine LOADFS 98
  2.12.6 Subroutine STREFS 100
  2.12.7 Subroutine ADD 101
  2.12.8 Subroutine FRONT 103
2.13 Beispiele 103
  2.13.1 Quadratische Platte 103
  2.13.2 Kreisplatte 107
2.14 Aufbereiten der Eingabedaten für das Programm PBSTRIP 110
2.15 Verzeichnis der Variablennamen 113
2.16 Literaturverzeichnis 114

3 Mindlinsche finite Plattenelemente
   Marguerre-Mindlinsche Schalenelemente 117

3.1 Einführung 117
3.2 Mindlinsche Plattentheorie 117
  3.2.1 Mindlinsche Plattentheorie-Formulierung mit Verschiebungsansätzen . 117
  3.2.2 Alternative Formulierung 120
  3.2.3 Geänderte Bezeichnungen 121
3.3 Mindlinsche Plattenelemente 121
  3.3.1 Finite Elemente Formulierung 121

3.3.2 Isoparametrische Darstellung	122
3.4 Wünschenswerte Eigenschaften eines Mindlinschen Plattenelementes	123
3.4.1 Das Phänomen Locking	123
3.4.2 Reduzierte und selektive Integration	124
3.5 Das Heterosis Mindlin-Plattenelement	128
3.5.1 Vorbemerkungen	128
3.5.2 Hierarchische Formulierung des Heterosis-Elementes	129
3.5.3 Berechnung der Spannungsresultierenden	131
3.6 Das Programm MINDLIN	132
3.6.1 Einführung	132
3.6.2 Zusammenstellung der Variablennamen	132
3.6.2.1 Felder	132
3.6.2.2 Variablen	133
3.6.3 Hauptprogramm	134
3.6.4 Eingabemodul	135
3.6.4.1 Subroutine INPUT	135
3.6.4.2 Subroutinen NODEXY, RAZERO und IVZERO	137
3.6.5 Steifigkeitsmodul	138
3.6.5.1 Subroutine STIFPB	138
3.6.5.2 Hilfsroutinen GAUSSQ, SFR2, JACOB2, MODPB, BMATPB, BSAMP, BMOTPB, SFRM und SUBPB	140
3.6.6 Lastmodul	147
3.6.6.1 Subroutine LOADPB	147
3.6.7 Lösungsmodul	148
3.6.8 Ausgabe- und Spannungsmodul	148
3.6.8.1 Subroutine OUTDIS	148
3.6.8.2 Subroutine OUTSTR	149
3.6.8.3 Subroutine BENDM	151
3.6.8.4 Subroutine STRPB	151
3.6.8.5 Subroutine GRADPB	152
3.6.8.6 Subroutine PRINC	152
3.6.8.7 Subroutine SHEAR	153
3.6.8.8 Subroutine AVERAG	154
3.7 Benutzeranweisungen für das Programm MINDLIN	154
3.8 Beispiele	156
3.8.1 Vorbemerkungen	156
3.8.2 Patch-Test	156
3.8.3 Quadratische Platte	159
3.8.4 Eingespannte, gleichförmig belastete Kreisplatte	163
3.9 Lagrange-Plattenelement mit extra Schubansätzen	167
3.10 Schwach gekrümmte Schalenelemente	171
3.10.1 Grundgleichungen für die schwach gekrümmte Schale Marguerre-Mindlinsches Schalenelement	171
3.10.2 Extra Membran- und Schubansätze	176
3.10.3 Das Programm QUAD9	177
3.10.4 Beispiele	217
3.10.4.1 Patch-Test	217
3.10.4.2 Eingespanntes Kreissegment	218
3.11 Literaturverzeichnis	220
3.12 Anhang 1: Subroutine FRONT	221
4 Berechnung von elasto-plastischen und geometrisch nichtlinearen anisotropen Platten und Schalen	226
4.1 Einführung	226
4.2 Degenerierte isoparametrische Elemente	229

4.2.1   Allgemeines 229
4.2.2   Koordinatensysteme 230
         4.2.2.1   Globales Koordinatensystem – $\{x_i\}$ 230
         4.2.2.2   Koordinatensystem – $\{v_{ik}\}$ 230
         4.2.2.3   Krummliniges Koordinatensystem – ξ, η, ζ ... 232
         4.2.2.4   Lokales Koordinatensystem – $\{x_i'\}$ 232
4.2.3   Elementgeometrie 233
4.2.4   Verschiebungsfeld 234
4.2.5   Verzerrungen 235
4.2.6   Spannungen 236
4.2.7   Die Materialgleichungen 237
         4.2.7.1   Das verallgemeinerte Hookesche Gesetz 237
         4.2.7.2   Schubfaktoren 239
4.2.8   Quadratische Schalenelemente 241
         4.2.8.1   8-Knoten-Serendipity-Element 241
         4.2.8.2   9-Knoten-Lagrange-Element 242
         4.2.8.3   Heterosis-Element 242
         4.2.8.4   Hierarchische Formulierung 243
4.2.9   Numerische Integration 244
         4.2.9.1   Reduzierte Integration 244
         4.2.9.2   Selektive Integration 245
4.2.10   Geschichtetes Modell 246
4.3   Berücksichtigung des nichtlinearen Verhaltens 249
4.3.1   Allgemeine numerische Verfahren für die nichtlineare Analyse .. 249
4.3.2   Plastische Fließtheorie 250
4.3.3   Geometrische Nichtlinearität 254
4.4   Finite Elemente Programm PLASTOSHELL 257
4.4.1   Das Hauptprogramm PLSHELL 259
4.4.2   Subroutine ALGOR 261
4.4.3   Subroutine BGMAT 262
4.4.4   Subroutine CHECK1 264
4.4.5   Subroutine CHECK2 265
4.4.6   Subroutine CONVER 268
4.4.7   Subroutine DIMEN 269
4.4.8   Subroutine ECHO 270
4.4.9   Subroutine FLOWS 270
4.4.10   Subroutine FRAME 271
4.4.11   Subroutine FRONT 272
4.4.12   Subroutine FUNC 272
4.4.13   Subroutine GAUSSQ 274
4.4.14   Subroutine GEOME 275
4.4.15   Subroutine INCREM 276
4.4.16   Subroutine INPUT 277
4.4.17   Subroutine INVAR 279
4.4.18   Subroutine LDISP 279
4.4.19   Subroutine LOADS 280
4.4.20   Subroutine MATM 282
4.4.21   Subroutine MODAN 284
4.4.22   Subroutine NODEX 286
4.4.23   Subroutine OUTPUT 287
4.4.24   Subroutine PRES 289
4.4.25   Subroutine RESTR 290
4.4.26   Subroutine SFR1 293
4.4.27   Subroutine SINGOP 293
4.4.28   Subroutine STIFF 294

4.4.29 Subroutine VECT 296
4.4.30 Subroutine WORKS 297
4.4.31 Subroutine RESTAR 298
4.4.32 Subroutine ZERO 298
4.4.33 Subroutine SHEARC 299
4.5 Numerische Beispiele 300
    4.5.1 Eingespannte quadratische Platte 300
    4.5.2 Eingespannte quadratische Schale 301
    4.5.3 Zylindrische Schalen 301
4.6 Literaturverzeichnis 306

5 Tragfähigkeit von Platten und Schalen aus bewehrtem Beton
mit geometrischen und physikalischen nichtlinearen Effekten 309

5.1 Einführung 309
5.2 Materialmodellierung 311
    5.2.1 Druckverhalten des Betons 311
        5.2.1.1 Das Fließkriterium 311
        5.2.1.2 Das Fließgesetz 314
        5.2.1.3 Das Verfestigungsgesetz 315
        5.2.1.4 Die Bruchhypothese 316
    5.2.2 Zugverhalten des Betons 316
        5.2.2.1 Zugverfestigung 317
        5.2.2.2 Schubmodul im gerissenen Zustand 319
    5.2.3 Verhalten des Eisens unter Zug und Druck 320
5.3 Finite Elemente Lösung 320
5.4 Finite Elemente Programm CONSHELL 325
    5.4.1 Hauptprogramm 325
    5.4.2 Subroutine CONVRD 328
    5.4.3 Subroutine FLOWS 329
    5.4.4 Subroutine INVAR 330
    5.4.5 Subroutine INVA2 330
    5.4.6 Subroutine MODUL 331
    5.4.7 Subroutine PRIST 332
    5.4.8 Subroutine RESI1 332
    5.4.9 Subroutine RESI2 334
    5.4.10 Subroutine RESI3 336
    5.4.11 Subroutine RESTR 337
    5.4.12 Subroutine STIFF 340
    5.4.13 Subroutine TRANS 343
    5.4.14 Subroutinen INPUT, LOADS und OUTPUT 343
    5.4.15 Subroutinen HARDEN und YLSUF 350
5.5 Numerische Beispiele 351
    5.5.1 Quadratische Platte 352
    5.5.2 Parabolische zylindrische Schale 356
5.6 Literaturverzeichnis 361
5.7 Anhang 2: Aufbereitung der Eingabedaten von PLASTOSHELL
und CONSHELL 364

1 Geschlossene Lösungen für einfach gestützte Mindlinsche Platten

E. Hinton

1.1 Einführung

Da im 2. und 3. Kapitel dieses Buches Mindlinsche Platten nach der finiten Streifenmethode und nach der finiten Elemente Methode behandelt werden, ist es zweckmäßig, im 1. Kapitel geschlossene Lösungen für einfach gestützte, viereckige Platten, die nach Winkler elastisch gebettet sein können, zu behandeln. Diese Platten besitzen eine besondere orthotrope Gestalt und es werden drei verschiedene Belastungsarten betrachtet, obwohl andere, zusätzliche, leicht hätten aufgenommen werden können. Die erhaltenen Lösungen werden in den Kapiteln 2 und 3 dazu benutzt, um die Genauigkeit der Lösungen nach der finiten Streifen- und finiten Elementmethode zu demonstrieren. In Abschnitt 1.5 wird das Programm PLATES vorgestellt, mit dem geschlossene Lösungen ermittelt werden.

Um eine große Anzahl von verschiedenen Plattenquerschnitten berücksichtigen zu können, wird in Abschnitt 1.4 dargestellt, wie Plattensteifigkeiten berechnet werden können für

- homogene isotrope Platten,
- Sandwichplatten,
- geschichtete Platten (Laminate),
- Platten mit Hohlquerschnitten.

In Abschnitt 1.5.4 wird das Programm RIGID zur Berechnung von Plattensteifigkeiten vorgestellt. Einige Beispiele, die den Gebrauch des Programmes PLATES erläutern, sind in Abschnitt 1.5 zu finden.

1.2 Grundgleichungen

Die Mindlinsche Plattentheorie [1.1] erlaubt die Berücksichtigung der Schubverformung und ist somit eine attraktive Alternative zur klassischen Kirchhoffschen dünnen Plattentheorie [1.2].

Die wesentlichen Annahmen sind:

- die Verschiebungen sind klein, verglichen mit der Plattendicke,
- die Spannungen normal zur Plattenmittelfläche sind vernachlässigbar,
- die Normalen zur Mittelfläche sind vor der Verformung gerade, nach der Verformung auch gerade, stehen jedoch nicht notwendigerweise senkrecht zur Mittelfläche.

Aus der 3. Annahme folgt, daß das angenommene Verschiebungsfeld ausgedrückt werden kann zu

$$u(x,y,z) = z\theta_x(x,y) \, ,$$

$$v(x,y,z) = z\theta_y(x,y) \, ,$$

$$w(x,y,z) = \quad w(x,y) \, . \tag{1.1}$$

Hierbei bedeuten x und y die rechtwinkligen, kartesischen Koordinaten in der Mittelfläche der Platte; die z-Koordinate zeigt in Richtung der Plattendicke positiv nach unten. Die Verschiebungen in x-, y-, z-Richtung werden mit u, v, w bezeichnet, wobei w die senkrechte Verschiebung der Plattenmittelfläche ist. Die Rotationen infolge Plattenbiegung in der x-z- bzw. in der y-z-Ebene werden mit θ_x und θ_y bezeichnet.

Aus der 2. Annahme $\sigma_z = 0$ folgt, daß die konstitutiven Gleichungen an einem beliebigen Punkt (x, y, z) einer Mindlinschen Platte ausgedrückt werden können zu

$$\left\{ \begin{array}{c} \sigma_x \\ \sigma_y \\ \tau_{xy} \end{array} \right\} = \left[\begin{array}{ccc} Q_{11} & Q_{12} & Q_{16} \\ Q_{12} & Q_{22} & Q_{26} \\ Q_{16} & Q_{26} & Q_{66} \end{array} \right] \left\{ \begin{array}{c} u_{,x} \\ v_{,y} \\ u_{,y} + v_{,x} \end{array} \right\} \tag{1.2}$$

oder in Matrizenschreibweise

$$\{\sigma\} = [Q]\{\varepsilon\}.$$

Hierbei beinhalten die Materialkoeffizienten Q_{ij} die Elastizitätskonstanten für den ebenen Spannungszustand. Ferner gilt

$$\left\{ \begin{array}{c} \tau_{yz} \\ \tau_{xz} \end{array} \right\} = \left[\begin{array}{cc} C_{44} & C_{45} \\ C_{45} & C_{55} \end{array} \right] \left\{ \begin{array}{c} v_{,z} + w_{,y} \\ u_{,z} + w_{,x} \end{array} \right\} \tag{1.3}$$

oder

$$\{\tau\} = [C]\{\gamma\}.$$

Werden die Verschiebungen entsprechend (1.1) mit den Verzerrungen (1.2) und (1.3) verknüpft, so ergibt sich

$$\left\{ \begin{array}{c} u_{,x} \\ v_{,y} \\ u_{,y} + v_{,x} \end{array} \right\} = \left\{ \begin{array}{c} z\theta_{x,x} \\ z\theta_{y,y} \\ z(\theta_{x,y} + \theta_{y,x}) \end{array} \right\} \tag{1.4}$$

oder

$$\{\varepsilon\} = z\{\varepsilon_b\}$$

und

$$\begin{Bmatrix} v,_z + w,_y \\ u,_z + w,_x \end{Bmatrix} = \begin{Bmatrix} \theta_y + w,_y \\ \theta_x + w,_x \end{Bmatrix} \tag{1.5}$$

oder

$$\{\gamma\} = \{\varepsilon_s\}.$$

Die Verzerrungsenergie einer Mindlinschen Platte ergibt sich zu

$$\pi = 1/2 \int\!\!\int\!\!\int \{\sigma\}^T\{\varepsilon\}\,\mathrm{d}x\,\mathrm{d}y\,\mathrm{d}z + 1/2 \int\!\!\int\!\!\int \{\tau\}^T\{\gamma\}\,\mathrm{d}x\,\mathrm{d}y\,\mathrm{d}z$$

$$= 1/2 \int\!\!\int \{\varepsilon\}^T z^2 [Q]\{\varepsilon_b\}\,\mathrm{d}x\,\mathrm{d}y + 1/2 \int\!\!\int \{\varepsilon_s\}^T [D_s]\{\varepsilon_s\}\,\mathrm{d}x\,\mathrm{d}y \tag{1.6}$$

$$= 1/2 \int\!\!\int \{\varepsilon_b\}^T [D_b]\{\varepsilon_b\}\,\mathrm{d}x\,\mathrm{d}y + 1/2 \int\!\!\int \{\varepsilon_s\}^T [D_s]\{\varepsilon_s\}\,\mathrm{d}x\,\mathrm{d}y.$$

Die konstitutiven Gleichungen können für die Platte auch in der Form geschrieben werden

$$\begin{Bmatrix} M_x \\ M_y \\ M_{xy} \end{Bmatrix} = \begin{bmatrix} D_{11} & D_{12} & D_{16} \\ D_{12} & D_{22} & D_{26} \\ D_{16} & D_{26} & D_{66} \end{bmatrix} \begin{Bmatrix} \theta_{x,x} \\ \theta_{y,y} \\ \theta_{x,y} + \theta_{y,x} \end{Bmatrix} \tag{1.7}$$

oder

$$\{\sigma_b\} = [D_b]\{\varepsilon_b\}$$

und

$$\begin{Bmatrix} Q_y \\ Q_x \end{Bmatrix} = \begin{bmatrix} S_{44} & S_{45} \\ S_{45} & S_{55} \end{bmatrix} \begin{Bmatrix} \theta_y + w,_y \\ \theta_x + w,_x \end{Bmatrix} \tag{1.8}$$

oder

$$\{\sigma_s\} = [D_s]\{\varepsilon_s\}$$

mit

$$D_{ij} = \int\limits_{-t/2}^{t/2} Q_{ij}\, z^2\,\mathrm{d}z \quad (i,j = 1,2,6) \tag{1.9}$$

und

$$S_{ij} = \int\limits_{-t/2}^{t/2} C_{ij}\,\mathrm{d}z \quad (i,j = 4,5). \tag{1.10}$$

Für orthotrope Platten sind D_{16}, D_{61}, D_{26} und $D_{62} = 0$. Für homogene Platten können die Materialkennwerte D_{ij} und S_{ij} direkt aus (1.9) bzw. (1.10) berechnet werden. Für Sandwichplatten, Platten aus Laminaten und Platten mit Hohlkastenprofilen werden besondere Formeln im Abschnitt 1.4 aufgeführt.

Die Biegemomente in (1.7) sind gegeben durch

$$(M_x, M_y, M_{xy}) = \int_{-t/2}^{t/2} z(\sigma_x, \sigma_y, \tau_{xy})\, dz. \qquad (1.11)$$

Die Querkräfte werden ausgedrückt durch

$$(Q_x, Q_y) = \int_{-t/2}^{t/2} (\tau_{xz}, \tau_{yz})\, dz. \qquad (1.12)$$

Hierbei bedeutet die Größe t die Plattenstärke. Die resultierenden Verzerrungen entsprechend (1.7) und (1.8) werden mit den Krümmungen $\theta_{x,x}$ und $\theta_{y,y}$ in x- und y-Richtung , mit der Verwindung ($\theta_{x,y}$ und $\theta_{y,x}$), mit den Schubverformungen ($\theta_x + w_{,x}$) und ($\theta_y + w_{,y}$) in der x-y- bzw. y-z-Ebene in Beziehung gebracht.

Unter Vernachlässigung von Volumenkräften und -momenten sowie von Oberflächenspannungen können die Gleichgewichtsbedingungen für eine Mindlinsche Platte, die nach Winkler elastisch mit der Bettungsmodul K gebettet ist, geschrieben werden als

$$Q_{x,x} + Q_{y,y} + Kw + q = 0,$$
$$M_{x,x} + M_{xy,y} - Q_x = 0, \qquad (1.13)$$
$$M_{xy,x} + M_{y,y} - Q_y = 0.$$

Hierbei bedeutet q eine Flächengleichlast normal zur Mittelebene.

Die geschlossenen Lösungen, die im Abschnitt 1.3 gegeben werden, beschäftigen sich mit einfach gestützten, rechteckigen Platten mit konstanter Dicke mit den Seitenlängen a und b und den Randbedingungen

$$w = \theta_{x,x} = 0 \quad \text{für } x = 0 \text{ und } x = a, \qquad (1.14)$$

$$w = \theta_{y,y} = 0 \quad \text{für } y = 0 \text{ und } y = b.$$

Werden (1.7) und (1.8) in (1.13) eingesetzt, so ergibt sich mit $S_{45} = 0$

$$S_{55}\theta_{x,x} + S_{55}w_{,xx} + S_{44}\theta_{y,y} + S_{44}w_{,yy} + q + Kw = 0,$$

$$D_{11}\theta_{x,xx} + D_{66}\theta_{x,yy} + (D_{12} + D_{66})\theta_{y,xy} - S_{55}\theta_x - S_{55}w_{,x} = 0,$$

$$(D_{12} + D_{66})\theta_{x,xy} + D_{66}\theta_{y,xx} + D_{22}\theta_{y,yy} - S_{44}\theta_y - S_{44}w_{,y} = 0. \tag{1.15}$$

Zur Ermittlung von geschlossenen Lösungen werden solche Funktionen für w, θ_x und θ_y gesucht, die den Feldgleichungen (1.15) und den Randbedingungen (1.14) genügen. Alternativ ist es möglich, Funktionen für w, θ_x und θ_y zu finden, die die potentielle Energie

$$\pi = \frac{1}{2}\int\limits_0^a \int\limits_0^b [D_{11}(\theta_{x,x})^2 + D_{66}(\theta_{x,y} + \theta_{y,x})^2 + D_{22}(\theta_{y,y})^2 + 2D_{12}\theta_{x,x}\theta_{y,y}$$

$$+ S_{55}(\theta_x + w_{,x})^2 + S_{44}(\theta_y + w_{,y})^2 + Kw^2 - qw]\,dx\,dy \tag{1.16}$$

minimieren und den Randbedingungen (1.14) genügen.

1.3 Geschlossene Lösungen

Es werden die geschlossenen Lösungen, wie sie von Dobyns [1.3] für einfach gestützte, rechteckige Platten mit konstanter Dicke angegeben wurden, benutzt. Die Seitenabmessungen seien a und b, die Platte ist nach Winkler elastisch gebettet.

Die Durchbiegung und die Rotationen besitzen die Fourierreihenansätze

$$\theta_x = A_{mn}\cos(m\pi x/a)\sin(n\pi y/b),$$

$$\theta_y = B_{mn}\sin(m\pi x/a)\cos(n\pi y/b), \tag{1.17}$$

$$w = C_{mn}\sin(m\pi x/a)\sin(n\pi y/b).$$

Die Belastungsfunktion wird durch den Ausdruck repräsentiert

$$q = q_{mn}\sin(m\pi x/a)\sin(n\pi y/b). \tag{1.18}$$

Werden die Fourierreihen-Ansätze (1.17) und (1.18) in die Gleichgewichtsbedingungen (1.15) eingesetzt, so erhält man nach einiger Umformung den Matrizenausdruck

$$\begin{bmatrix} P_{11} & P_{12} & P_{13} \\ P_{12} & P_{22} & P_{23} \\ P_{13} & P_{23} & P_{33} \end{bmatrix} \begin{Bmatrix} A_{mn} \\ B_{mn} \\ C_{mn} \end{Bmatrix} = \begin{Bmatrix} 0 \\ 0 \\ q_{mn} \end{Bmatrix}. \tag{1.19}$$

Hierbei bedeuten

$$P_{11} = D_{11}(m\pi/a)^2 + D_{66}(n\pi/b)^2 + S_{55},$$

$$P_{12} = (D_{12} + D_{66})(m\pi/a)(n\pi/b),$$

$$P_{13} = S_{55}(m\pi/a)^2,$$

$$P_{22} = D_{66}(m\pi/a)^2 + D_{22}(n\pi/b)^2 + S_{44},$$

$$P_{23} = S_{44}(n\pi/b)^2,$$

$$P_{33} = S_{55}(m\pi/a)^2 + S_{44}(n\pi/b)^2 + K.$$

Auflösen von (1.19) nach den unbekannten Koeffizienten A_{mn}, B_{mn} und C_{mn} liefert

$$A_{mn} = \frac{(P_{12}P_{23} - P_{22}P_{13})q_{mn}}{\det},$$

$$B_{mn} = \frac{(P_{12}P_{13} - P_{11}P_{23})q_{mn}}{\det}, \qquad (1.20)$$

$$C_{mn} = \frac{(P_{11}P_{22} - P_{12}{}^2)q_{mn}}{\det},$$

wobei det die Determinante der Matrix (1.19) bedeutet.

Jetzt ist es möglich, die Verschiebungen und Krümmungen und somit auch die Biegemomente und Querkräfte an jedem beliebigen Punkt der Platte zu berechnen. Dies geschieht mit Hilfe der Ausdrücke

$$w = \sum_m \sum_n C_{mn}\sin(m\pi x/a)\sin(n\pi y/b),$$

$$\theta_{x,x} = -\sum_m \sum_n A_{mn}(m\pi/a)\sin(m\pi x/a)\sin(n\pi y/b),$$

$$\theta_{y,y} = -\sum_m \sum_n B_{mn}(n\pi/b)\sin(m\pi x/a)\sin(n\pi y/b), \qquad (1.21)$$

$$\theta_{x,y} + \theta_{y,x} = -\sum_m \sum_n (A_{mn}(n\pi/b) + B_{mn}(m\pi/a))\cos(m\pi x/a)\cos(n\pi y/b),$$

$$Q_x = \sum_m \sum_n S_{55}(C_{mn}(m\pi/a) + A_{mn})\cos(m\pi x/a)\sin(n\pi y/b),$$

$$Q_y = \sum_m \sum_n S_{44}(C_{mn}(n\pi/b) + B_{mn})\sin(m\pi x/a)\cos(n\pi y/b).$$

Die Summationsindizes m und n gehen von 1 bis ∞.

Der Fourierkoeffizient für die äußere Last $q(x,y)$ wird mit

$$q_{mn} = (4/ab) \int_0^a \int_0^b q(x,y)\sin(m\pi x/a)\sin(n\pi y/b)\,\mathrm{d}x\,\mathrm{d}y \qquad (1.22)$$

bestimmt. Es werden folgende äußere Belastungen betrachtet:

a) Gleichlast $q(x,y) = q = \text{const}$
  mit

$$q_{mn} = (4q/mn\pi^2)(1 - \cos m\pi)(1 - \cos n\pi) \tag{1.23}$$

$$= 16q/mn\pi^2 \quad \text{für } m, n = 1, 3, 5, \ldots$$

$$= 0 \quad\quad\quad \text{für } m, n = 2, 4, 6, \ldots$$

b) Punktlast an der Stelle $x = \xi$ und $y = \eta$
  mit

$$q_{mn} = (4P/ab)\sin(m\pi\xi/a)\sin(n\pi\eta/b). \tag{1.24}$$

c) Gleichlast $q(x,y) = \text{const}$ mit der Gesamtlast P innerhalb eines zu den Plattenrändern parallelen Recktecks mit den Seitenlängen u und v und dem Mittelpunkt ξ und η

$$q = (16P/\pi^2 mnuv)\sin(m\pi\xi/a)\sin(n\pi\eta/b)\sin(m\pi u/2a)\sin(n\pi v/2b). \tag{1.25}$$

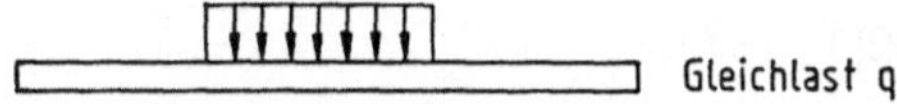

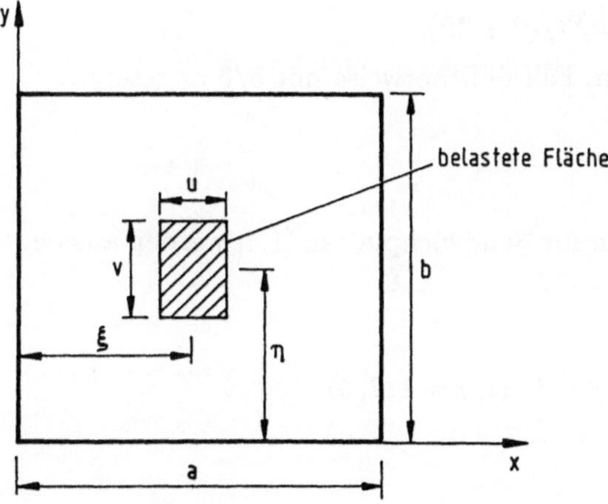

Bild 1.1 Form und Lage der belasteten Fläche

d) Flächenlast mit $q(x,y) = \cos(\pi u(x - \xi))\cos(\pi v(y - \eta))$ mit der Gesamtlast P innerhalb eines zu den Plattenrändern parallelen Recktecks mit den Seitenlängen u und v und dem Mittelpunkt ξ und η

$$q = \frac{4P\sin(m\pi\eta/b)\sin(m\pi\xi/a)\cos(n\pi v/2b)\cos(m\pi u/2a)}{abu^2v^2(n/b - 1/v)(n/b - 1/v)(m/a - 1/u)(m/a - 1/u)}$$

$$\text{(für } n/b \neq 1/v \text{ und } m/a \neq 1/u) \tag{1.26}$$

$$= 0 \quad \text{(für } n/b = 1/v \text{ und } m/a = 1/u).$$

1.4 Plattensteifigkeiten

In diesem Abschnitt wird die Ermittlung von Plattensteifigkeiten für homogene, isotrope Platten, Sandwichplatten, Platten aus Verbundmaterialien und Platten mit prismatischen Profilen behandelt. In allen Fällen wird Orthotropie hinsichtlich der x- und y-Achse angenommen.

1.4.1 Homogene isotrope Platten

Bei homogenen isotropen Platten ist es erforderlich, nur drei Werte zu spezifizieren; den Elastizitätsmodul E, die Querkontraktion ν und die Plattendicke t. Die Steifigkeiten werden dann ausgedrückt zu

a) Biegesteifigkeit $D_{11} = D_{22} = Et^3/12(1 - \nu^2)$,

b) Koppelsteifigkeit $D_{12} = D_{21} = \nu D_{11}$,

c) Torsionssteifigkeit $D_{66} = (1 - \nu)D_{11}/2$, $\qquad$ (1.27)

d) Schubsteifigkeit $S_{44} = S_{55} = kEt/(2 + 2\nu)$.

Der Schubfaktor k wird in diesem Fall üblicherweise mit 5/6 angesetzt.

1.4.2 Sandwichplatten

Die äquivalenten Plattensteifigkeiten für Sandwichplatten [1.4] werden aus den Ausdrücken abgeleitet

$$D_{ij} = \int\limits_{-t/2}^{t/2} Q_{ij}\, z^2\mathrm{d}z \ (i,j = 1,2,6),$$

$$S_{ij} = \int\limits_{-t/2}^{t/2} C_{ij}\, \mathrm{d}z \ (i,j = 4,5). \tag{1.28}$$

Sandwichplatten, die Deckplatten (Häute) mit gleicher Dicke und aus gleichem Material besitzen, weisen keine Kopplung zwischen Biegung und Dehnung auf. Die elastischen Steifigkeiten aus isotropem Material, sowohl für die Deckplatten als auch für den Kern, werden wie folgt berechnet. Jede Steifigkeit besitzt Beiträge von den Häuten und dem Kern:

a) Biegesteifigkeit $D_{11} = D_{22} = D = [D_{11}]_K + [D_{11}]_H,$

b) Koppelsteifigkeit $D_{12} = \nu_k[D_{11}]_K + \nu_H[D_{11}]_H,$

c) Torsionssteifigkeit $D_{66} = (1 - \nu_K)[D_{11}]_K/2 + (1 - \nu_H)[D_{11}]_H/2,$ (1.29)

d) Schubsteifigkeit $S_{44} = S_{55} = S = [S_{44}]_K + [S_{44}]_H.$

Hierbei bedeuten r und t die Dicke des Kernes bzw. der Häute. Die Elastizitätsmoduli E_K und E_H beziehen sich auf den Kern und auf die Häute. Ähnliches gilt für die Querkontraktionen ν_K und ν_H.

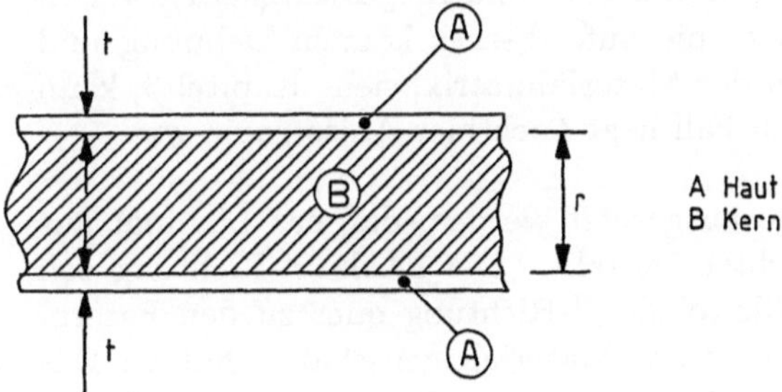

Bild 1.2 Sandwichplatte

Die Biegesteifigkeit erscheint in der Form

$$D = \int_{-r/2}^{r/2} \frac{E_K z^2 \mathrm{d}z}{2(1 - \nu_K^2)} + \int_{r/2}^{r/2+t} \frac{E_H z^2 \mathrm{d}z}{2(1 - \nu_H^2)} + \int_{-r/2-t}^{-r/2} \frac{E_H z^2 \mathrm{d}z}{2(1 - \nu_H^2)}. \qquad (1.30)$$

Die Schubsteifigkeit nimmt die Gestalt an

$$S = \int_{-r/2}^{r/2} G_K \mathrm{d}z + \int_{r/2}^{r/2+t} G_H \mathrm{d}z + \int_{-r/2-t}^{-r/2} G_H \mathrm{d}z. \qquad (1.31)$$

Der Schubmodul für den Kern wird ausgedrückt durch

$$G_K = E_K/(1 + \nu_K). \qquad (1.32)$$

Analog gilt für den Schubmodul der Häute

$$G_H = E_H/(1 + \nu_H). \tag{1.33}$$

Üblicherweise werden die Beiträge von $[D_{11}]_K$ für D_{11} usw. sowie von $[S_{44}]_H$ für S_{44} usw. vernachlässigt. Somit ergibt sich der endgültige Ausdruck

$$D_{11} = D_{22} = \frac{E_H t (r^2 + 2rt + 4t^2/3)}{2(1 - \nu_H{}^2)} \approx \frac{E_H t (r + t)^2}{2(1 - \nu_H{}^2)} \tag{1.34}$$

und

$$S_{44} = S_{55} = G_K r. \tag{1.35}$$

1.4.3 Steifigkeiten für Flächentragwerke aus Verbundmaterial

Flächentragwerke aus Verbundmaterial, wie z.B. CFK oder GFK, besitzen ein Materialgesetz, das i.a. anisotrop ist, d.h. Dehn- und Biegesteifigkeiten weisen Anisotropie, zumindest aber Orthotropie auf. Ferner können Dehnung und Biegung gekoppelt sein. Dieser Teil der Materialmatrix, siehe Kapitel 3, kann beliebig besetzt sein; im allgemeinen Fall liegt auch hier Anisotropie vor.

Zur weiteren Herleitung soll vorausgesetzt werden, daß das Laminat aus unidirektionalen Faserverbundschichten besteht. Die lokale x'-Richtung soll parallel zu den Fasern verlaufen, die lokale y'-Richtung quer zu den Fasern. Die Faser und die Matrix können orthotrope Materialeigenschaften haben. Das Laminat bestehe aus n Schichten; jede Schicht verfügt über den gleichen Faser- und Matrixwerkstoff. Die Orientierung der Faserrichtung in den einzelnen Schichten ist jedoch verschieden (siehe Bild 1.3 und 1.4).

Die Faser, hier mit Material 1 bezeichnet, und die Matrix, hier Material 2, sind durch die Werkstoffkennwerte

$$\text{Material 1: } {}^{(1)}E_{x'},\ {}^{(1)}E_{y'},\ {}^{(1)}\nu_{xy'},\ {}^{(1)}G_{xy'}, \tag{1.36}$$

$$\text{Material 2: } {}^{(2)}E_{x'},\ {}^{(2)}E_{y'},\ {}^{(2)}\nu_{xy'},\ {}^{(2)}G_{xy'}$$

gekennzeichnet.

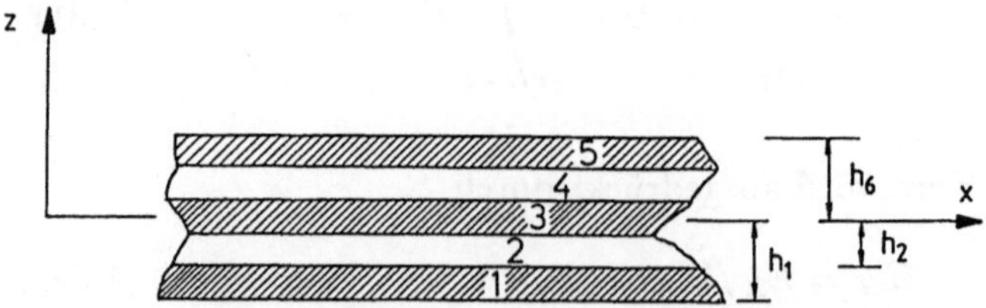

Bild 1.3 Bezeichnungen bei einer Laminatplatte

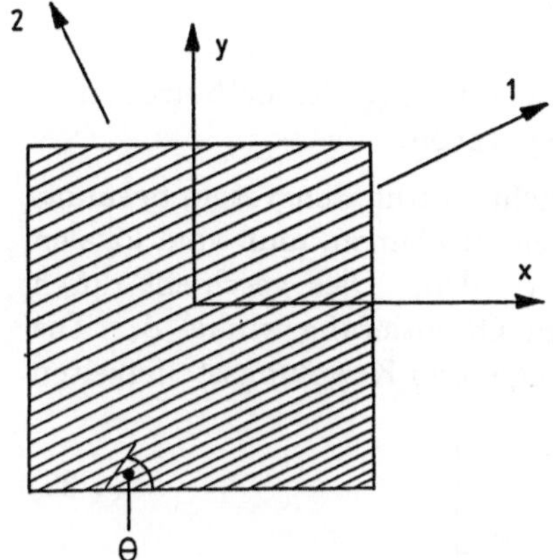

Bild 1.4 Laminatfaserrichtungen

Der Volumenanteil der Faser wird mit α, die Anzahl der Schichten mit n, die einzelne Schichthöhe mit h_i und der Orientierungswinkel mit ϕ_i bezeichnet.

Zunächst werden mit den obigen Angaben die Nachgiebigkeiten S'_{ij} einer orthotropen Schicht berechnet. Es gilt [1.11]

$$S'_{xx} = 1,0/(\alpha^{(1)}E_{x'} + (1-\alpha)^{(2)}E_{x'}),$$

$$S'_{xy} = -(\alpha^{(1)}\nu_{xy'} + (1-\alpha)^{(2)}\nu_{xy})S'_{xx'},$$

$$S'_{yys} = \alpha/^{(1)}E_{y'} + (1-\alpha)/^{(2)}E_{y'},$$

$$S'_{yyq} = 1,0/(\alpha^{(1)}E_{y'} + (1-\alpha)^{(2)}E_{y'}),$$

$$S'_{yy} = S'_{yys} - (0,2 + 0,4\alpha)(S'_{y'y's} - S_{y'y'q}), \qquad (1.37)$$

$$S'_{zzs} = \alpha/^{(1)}G_{xy'} + (1-\alpha)/^{(2)}G_{xy'},$$

$$S'_{zzq} = 1,0/(\alpha^{(1)}G_{xy'} + (1-\alpha)^{(2)}G_{xy'}),$$

$$S'_{zz} = S'_{zzs} - (0,4 + 0,4\alpha)(S'_{zzs} - S'_{zzq}).$$

Aus den Nachgiebigkeiten S'_{ij} gewinnt man die Steifigkeiten C'_{ij} der Schicht gemäß

$$C'_{xx} = S'_{yy}/\Delta = E_x/(1 - \nu_{xy}\nu_{yx}),$$

$$C'_{xy} = -S'_{xy}/\Delta = \nu_{xy}E_x,$$

$$C'_{yy} = S'_{xx}/\Delta = E_y/(1 - \nu_{xy}\nu_{yx}), \qquad (1.38)$$

$$C'_{zz} = 1,0/S'_{zz} = G_{xy},$$

$$\Delta = S'_{xx}S'_{yy} - S'_{xy}{}^2,$$

die mit den "Ingenieurkonstanten" E_x, E_y, ν_{xy} und G_{xy} der orthotropen Schicht in dem oben erwähnten Zusammenhang stehen.

Das Materialgesetz ist jetzt im lokalen Schichtkoordinatensystem bekannt. Um das Materialgesetz des Laminats bestimmen zu können, muß vom lokalen System in ein globales System transformiert werden. Dies geschieht durch eine Drehung um die Schichtnormale mit dem Orientierungswinkel ϕ_i. Die Transformationsmatrix lautet für die Dehn-, Biege- und Kopplungssteifigkeiten

$$[T] = \begin{bmatrix} c^2 & s^2 & 2sc \\ s^2 & c^2 & -2sc \\ -sc & sc & c^2 - s^2 \end{bmatrix} \tag{1.39}$$

mit $s = \sin\phi_i$ und $c = \cos\phi_i$. Die Transformationsmatrix für die Schubsteifigkeiten hat die Form

$$[T_s] = \begin{bmatrix} c & -s \\ s & c \end{bmatrix}. \tag{1.40}$$

Die lokale orthotrope Materialmatrix

$$[C'] = \begin{bmatrix} C'_{xx} & C'_{xy} & \\ C'_{xy} & C'_{yy} & C'_{zz} \end{bmatrix} \tag{1.41}$$

wird ins globale Bezugssystem transformiert mit der Beziehung

$$[C] = [T]^T [C'][T]. \tag{1.42}$$

Analog wird bei der Transformation der Schubsteifigkeiten vorgegangen.

Wird die Transformation ausmultipliziert, so erhält man zwischen den lokalen und globalen Steifigkeiten folgenden Beziehungen:

$$C_{11} = c^4 C'_{11} + 2c^2 s^2 C'_{12} + s^4 C'_{22} + 4c^2 s^2 C'_{33}$$

$$C_{12} = c^2 s^2 C'_{11} + (c^4 + s^4) C'_{12} + c^2 s^2 C'_{22} - 4c^2 s^2 C'_{33}$$

$$C_{13} = c^3 s C'_{11} - cs(c^2 - s^2) C'_{12} - cs^3 C'_{22} - 2cs(c^2 - s^2) C'_{33}$$

$$C_{22} = s^4 C'_{11} + 2c^2 s^2 C'_{12} + c^4 C'_{22} + 4c^2 s^2 C'_{33} \tag{1.43}$$

$$C_{23} = cs^3 C'_{11} + cs(c^2 - s^2) C'_{12} - c^3 s C'_{22} + 2cs(c^2 - s^2) C'_{33}$$

$$C_{33} = c^2 s^2 C'_{11} - 2c^2 s^2 C'_{12} + c^2 s^2 C'_{22} + (c^2 - s^2)^2 C'_{33}$$

$$C_{44} = C'_{44} c^2 + C'_{55} s^2$$

$$C_{55} = C'_{44} s^2 + C'_{55} c^2$$

$$C_{45} = (C'_{55} - C'_{44}) sc$$

Die Dehn-, Biege- und Kopplungssteifigkeiten lassen sich aus den Beziehungen zwischen Schnittlasten und Verzerrungen bestimmen. Es gilt für die Dehnsteifigkeit

$$[B] = \int\limits_{Z_1}^{Z_{n+1}} [C(z)]\, \mathrm{d}z \qquad (1.44)$$

und für die Biegesteifigkeit

$$[D] = \int\limits_{Z_1}^{Z_{n+1}} [C(z)]z^2\, \mathrm{d}z \qquad (1.45)$$

und für die Kopplungssteifigkeit

$$[K] = - \int\limits_{Z_1}^{Z_{n+1}} [C(z)]z\mathrm{d}z. \qquad (1.46)$$

Die Materialmatrix $[C(z)]$ ist für jede Schicht in Abhängigkeit des Winkels ϕ_i konstant, so daß z.B. für die Dehnsteifigkeit gilt

$$[B] = \int\limits_{Z_1}^{Z_{n+1}} [C(z)]\mathrm{d}z = \sum_{k=1}^{n}[C]_k \int\limits_{Z_k}^{Z_{k+1}} \mathrm{d}z \qquad (1.47)$$

$$= \sum_{k=1}^{n}[C]_k(Z_{k+1} - Z_k) = \sum_{k=1}^{n}[C]_k h_k$$

mit der Schichthöhe h_k für die k-te Schicht. Auf gleiche Art und Weise wird die Biegesteifigkeit ermittelt zu

$$[D] = \frac{1}{3} \sum_{k=1}^{n}[C]_k(Z_{k+1}^3 - Z_k^3) \qquad (1.48)$$

und die Kopplungssteifigkeit erscheint in der Gestalt

$$[K] = -\frac{1}{2} \sum_{k=1}^{n}[C]_k(Z_{k+1}^2 - Z_k^2). \qquad (1.49)$$

Für die Schubsteifigkeit $[S]$ gilt analog zu den Dehnsteifigkeiten

$$[S] = \sum_{k=1}^{n}[S]_k h_k. \qquad (1.50)$$

Abschließend sei darauf hingewiesen, daß die Biege- und Kopplungssteifigkeiten von der Wahl der Bezugsebene, die die Schichtabstände bestimmt, abhängen.

1.4.4 Platten mit Hohlquerschnitt

Hier werden die Formeln, wie sie von Basu und Dawson [1.6] für die Berechnung von Steifigkeiten von Platten mit Hohlquerschnitt vorgeschlagen wurden, benutzt.

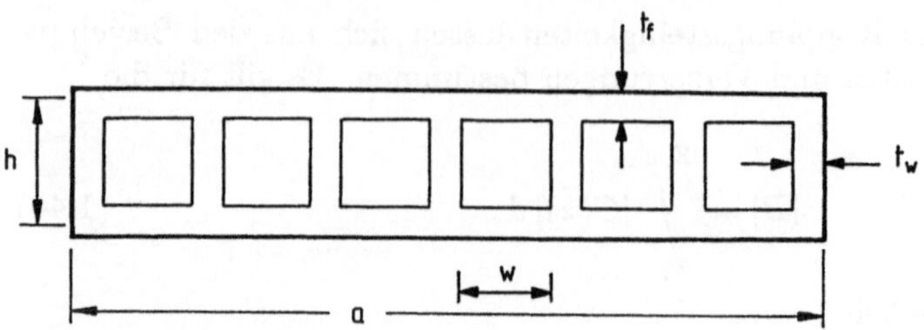

Bild 1.5 Querschnitt einer Hohlplatte

Bezeichnungen:

t_f Dicke der Flansche, t_w Dicke der Waben, h Flanschabstand, w Stegabstand, a Plattenbreite.

a) Transversale Biegesteifigkeit

$$D_{11} = \frac{Et_f h^2}{2(1 - \nu^2)}, \tag{1.51}$$

b) Longitudinale Biegesteifigkeit

$$D_{22} = D_{11}[1 + (t_w h/t_f w)], \tag{1.52}$$

c) Kopplungssteifigkeit

$$D_{12} = D_{21} = \nu D_{11}, \tag{1.53}$$

d) Torsionssteifigkeit

$$D_{66} = Gt_f h^2/2. \tag{1.54}$$

Falls es eine genügende Anzahl von Zellen, etwa vier oder mehr, gibt und die Zellen alle in etwa gleich sind, so kann der Beitrag der inneren Waben bei der Torsionssteifigkeit vernachlässigt werden. Die Steifigkeit ist dann der des äußeren Kastens gleich und entspricht der Größe $Gt_f h^2$.

e) Transversiale Schubsteifigkeit

$$S_{44} = \frac{2Et_f^3}{w^2[1 + 2(h/w)(t_f/t_w)^3](1 - \nu^2)}. \tag{1.55}$$

Die Schubsteifigkeit S_{44} ergibt sich aus der Biegung der Flansche und der Stege bezogen auf die Schubfläche der Platte, ähnlich wie bei einem Vierendeel Träger und beruht auf der Annahme, daß in der Biegelinie der Flansche Wendepunkte zwischen den Stegen vorhanden sind.

f) Longitudinale Schubsteifigkeit

$$S_{55} = Gt_f h(1 + t_f/h)/(t_f w/t_w). \tag{1.56}$$

Die Schubsteifigkeit S_{55} beruht auf der Annahme, daß die vertikale Schubkraft von den Stegen alleine aufgenommen wird und daß die Verteilung der Schubspannung gleichmäßig ist.

1.5 Programme

In diesem Abschnitt werden zwei Programme beschrieben.

a) Das Programm PLATES, das die geschlossenen Lösungen entsprechend Abschnitt 1.3 für einfach gestützte, rechteckige Mindlinsche Platten ausführt.

b) Das Programm RIGID, das Plattensteifigkeiten für homogene, isotrope Platten, Sandwichplatten, Platten aus Verbundmaterial und Platten mit Hohlquerschnitt berechnet.

1.5.1 Programm PLATES

In diesem Abschnitt wird das Programm PLATES vorgestellt. Das Programm besteht aus einem Hauptprogramm und fünf Unterprogrammen, wie in Bild 1.6 dargestellt ist. Die Unterprogramme werden kurz beschrieben:

DATA liest vom Inputfile im freien Format alle Eingabedaten ein.

INIT initialisiert alle übrigen Anfangswerte, die nicht in DATA gesetzt werden.

COEF berechnet die Koeffizienten P_{11}, P_{12}, P_{13} usw.

CONS berechnet die konstanten Fourierkoeffizienten A_{mn}, B_{mn} und C_{mn} für eine vorgegebene Lastfunktion.

SUMS summiert die Fourierreihenglieder zur Ermittlung der Durchbiegungen, Krümmungen, Momente und Querkräfte.

OUTP schreibt die Ergebnisse auf den Outputfile.

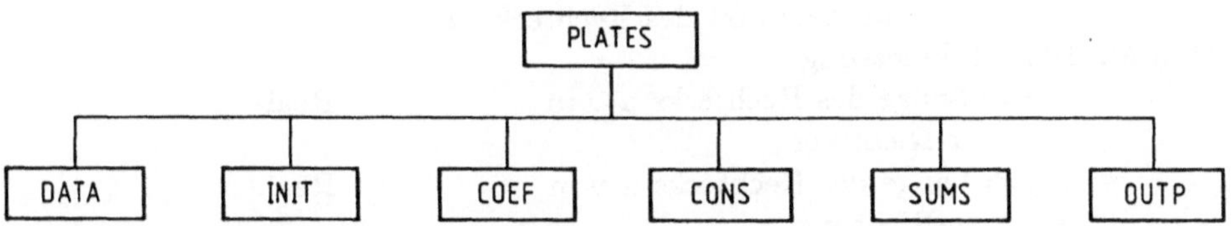

Bild 1.6 Flußdiagramm für das Programm PLATES

1.5.2 Eingabedaten für das Programm PLATES

Die Eingabe der Daten erfolgt im freien Format

Datensatz 1: Titelzeile		Character (20A4)
Datensatz 2: AA, BB (Plattenabmessungen)		Real
AA = Länge in x-Richtung		
BB = Länge in y-Richtung		
Datensatz 3: Biegesteifigkeiten		Real
$D11$, $D22$, $D21$, $D66$		

Datensatz 4: Schubsteifigkeiten   Real
            $S44$, $S55$
Datensatz 5: Parameter
            NUM = Anzahl der Fourierglieder   Integer
            NPON = Anzahl der Ausgabepunkte   Integer
Datensatz 6: Plattenparameter
            PZ = Äußere Belastung   Real
            GFS = Bettungsmodul   Real
            G1 = Schubfaktor   Real
Datensatz 7: Knotenpunkte
            IPON = Knotennummer   Integer
            XCORD = x-Koordinate   Real
            YCORD = y-Koordinate   Real

Wiederholung der 7. Eingabezeile für jeden Knoten, insgesamt NPON Stück.
Datensatz 8: Lasttyp
            IQ = 1 für Gleichlast   Integer
               = 2 für Einzellast
               = 3 für Gleichlast über Rechteck u-v
               = 4 für Cosinuslast über Rechteck u-v
            IT = 1 für unsymmetrische Last   Integer
               = 2 für symmetrische Last
Datensatz 9: Lastposition
            ETA = x-Koordinate für   Real
                    Mittelpunkt des Rechtecks u-v
            ETB = y-Koordinate für
                    Mittelpunkt des Rechtecks u-v
Datensatz 10:Lastabmessung
            u = Länge des Rechtecks u-v in   Real
                    x-Richtung
            v = Länge des Rechtecks u-v in   Real
                    y-Richtung

1.5.3 Verzeichnis der Variablennamen

AA, BB   Kantenlängen der Platte in x-, y-Richtung
AMN, BMN, CMN   Fourierkoeffizienten
BMX, BMY, BMXY   Biegemomente M_x, M_y, M_{xy}
CX, CY, CXY   Krümmungen $Q_{x,x}$, $Q_{y,y}$, $(Q_{x,y} + Q_{y,x})$
D11, D22, D12, D66   Biegesteifigkeiten
DET   Determinante der Matrix $[P]$
ETA, ETB x-, y-Koordinate des Lastangriffs
G1   Schubfaktor
GFS   Bettungsziffer

IT, IQ	Art der Belastung
MPON	Maximale Anzahl der Knoten ≤ 140
NPON	Knotenanzahl
NUM	Anzahl der Fourierreihenglieder
P11, P22	Elemente der Matrix $[P]$
PI	π
PZ	Äußere Belastung
QX, QY	Querkräfte
S44, S55	Schubsteifigkeiten
TITEL	Titelangabe
U, V	S-, Y-Abmessung des Belastungsrechtecks
W, WUX, WUY	W; $W_{,X}$; $W_{,Y}$
XCORD, YCORD	X-, Y-Koordinate für Knoten

```
C     PROGRAM PLATES
C
C***  CLOSED FROM SOLUTION FOR ORTHOTROPIC MINDLIN PLATES
C
      IMPLICIT REAL*8(A-H,O-Z)
      INTEGER TITLE(20)
      DIMENSION BMX(140),BMY(140),BMXY(140),CX(140),CY(140),CXY(140),
     .          QX(140),QY(140),W(140),WUX(140),WUY(140),
     .          XCORD(140),YCORD(140)
      DATA MPON/140/
C
      CALL OPEN
C
      CALL DATA (AA,BB,D11,D22,D21,D12,D66,ETA,ETB,G1,
     .           GFS,IQ,IT,MPON,NPON,NUM,PI,PZ,S44,S55,
     .           TITLE,U,V,XCORD,YCORD)
C
      CALL INIT (BMX,BMY,BMXY,CX,CY,CXY,MPON,NPON,QX,QY,W,WUX,WUY)
      DO 5 M=1,NUM,IT
      DO 5 N=1,NUM,IT
C
      CALL COEF (AA,BB,D11,D22,D12,D66,DET,G1,GFS,M,N,
     .           P11,P12,P13,P22,P23,PI,S44,S55)
C
      CALL CONS (AA,AMN,BB,BMN,CMN,DET,ETA,ETB,IQ,M,N,PI,PZ,P11,P12,
     .           P13,P22,P23,U,V)
      CALL SUMS (AA,AMN,BB,BMN,BMX,BMY,BMXY,CMN,CX,CY,CXY,D11,D22,
     .           D12,D66,G1,M,MPON,N,NPON,QX,QY,PI,S44,S55,W,WUX,
     .           WUY,XCORD,YCORD)
    5 CONTINUE
C
      CALL OUTP (AA,BB,BMX,BMY,BMXY,D11,D22,D21,D12,D66,ETA,ETB,
     .           GFS,G1,IQ,IT,MPON,NPON,NUM,QX,QY,PZ,S44,
     .           S55,TITLE,U,V,W,WUX,WUY,XCORD,YCORD)
      STOP
      END
```

```
      SUBROUTINE OPEN
C**********************************************************************
C
C     DIE ROUTINE OPEN EROEFFNET DIE STANDARD FILES INPUT,OUTPUT
C
C**********************************************************************
C
C
C     EROEFFNEN DES OUTPUT FILES
C
      OPEN(6,FILE='OUTPUT',STATUS='UNKNOWN',ACCESS='SEQUENTIAL',
     1  FORM='FORMATTED')
C
C     EROEFFNEN DES INPUT FILES
C
      OPEN(5,FILE='INPUT',STATUS='UNKNOWN',ACCESS='SEQUENTIAL',FORM=
     1   'FORMATTED')
C
C
      RETURN
      END




      SUBROUTINE DATA (AA,BB,D11,D22,D21,D12,D66,ETA,ETB,G1,
     .          GFS,IQ,IT,MPON,NPON,NUM,PI,PZ,S44,S55,
     .          TITLE,U,V,XCORD,YCORD)
C
C***  THIS SUBROUTINE READS IN ALL DATA
C
      IMPLICIT REAL*8(A-H,O-Z)
      INTEGER TITLE(20)
      DIMENSION XCORD(MPON),YCORD(MPON)
C
      READ(5,900) TITLE
      READ(5,*)   AA,BB
      READ(5,*)   D11,D22,D12,D66
      D21=D12
      READ(5,*)   S44,S55
      READ(5,*)   NUM,NPON
      READ(5,*)   PZ,GFS,G1
      DO 5 IPON=1,NPON
      READ(5,*)JPON,XCORD(IPON),YCORD(IPON)
    5 CONTINUE
      READ(5,*)IQ,IT
      IF(IQ .LT. 2) GOTO 10
      READ(5,*)ETA,ETB
      IF(IQ .LT. 3) GOTO 10
      READ(5,*)U,V
C
   10 CONTINUE
      PI=3.141592654
C
  900 FORMAT(20A4)
      RETURN
      END
```

```fortran
      SUBROUTINE  INIT (BMX,BMY,BMXY,CX,CY,CXY,MPON,
     .                  NPON,QX,QY,W,WUX,WUY)
C
C***  THIS ROUTINE INITIALISES VARIOUS ARRAYS
C
      IMPLICIT REAL*8(A-H,O-Z)
      DIMENSION          BMX(MPON),BMY(MPON),BMXY(MPON),
     .                   CX(MPON),CY(MPON),CXY(MPON),
     .                   QX(MPON),QY(MPON),WUX(MPON),
     .                   WUY(MPON),W(MPON)
C
      DO 5 IPON = 1,NPON
      W(IPON)=0.0
      WUX(IPON)=0.0
      WUY(IPON)=0.0
      CX(IPON)=0.0
      CY(IPON)=0.0
      CXY(IPON)=0.0
      BMX(IPON)=0.0
      BMY(IPON)=0.0
      BMXY(IPON)=0.0
      QX(IPON)=0.0
      QY(IPON)=0.0
    5 CONTINUE
      RETURN
      END




      SUBROUTINE COEF (AA,BB,D11,D22,D12,D66,DET,G1,GFS,M,
     .                 N,P11,P12,P13,P22,P23,PI,S44,S55)
C
C***  THIS ROUTINE CALCULATES THE COEFFICIENTS
C     (P11,P12,P13,P22,P23,P33) AND THE DETERMINAT
C
      IMPLICIT REAL*8(A-H,O-Z)
C
      P11 = D11 * (FLOAT(M)*PI/AA)**2 +
     .      D66 * (FLOAT(N)*PI/BB)**2 + G1 * S55
C
      P12 = (D12 + D66) * (FLOAT(M)*PI/AA)*(FLOAT(N)*PI/BB)
C
      P13 = G1 * S55 * (FLOAT(M)*PI/AA)
C
      P22 = D66 * (FLOAT(M)*PI/AA)**2 +
     .      D22 * (FLOAT(N)*PI/BB)**2 + G1 * S44
C
      P23 = G1 * S44 * (FLOAT(N)*PI/BB)
C
      P33 = G1 * S55 * (FLOAT(M)*PI/AA)**2 +
     .      G1 * S44 * (FLOAT(N)*PI/BB)**2 + GFS
C
      DET = P11*(P22*P33-P23*P23) - P12*(P12*P33-P23*P13) +
     .      P13*(P12*P23-P22*P13)
      RETURN
      END
```

```fortran
      SUBROUTINE CONS (AA,AMN,BB,BMN,CMN,DET,ETA,ETB,IQ,M,N,PI,PZ,P11,
     .                 P12,P13,P22,P23,U,V)
C
C***  THIS SUBROUTINE CALCULATES THE VALUES
C     AMN,BMN AND CMN FOR A GIVEN LOADING FUNCTION
C
      IMPLICIT REAL*8(A-H,O-Z)
C
      GOTO (5,10,15,20),IQ
C
    5 QMN=(16.0*PZ)/(PI*PI*FLOAT(M)*FLOAT(N))
      GOTO 25
   10 QMN=((4.0*PZ)/(AA*BB))*SIN((FLOAT(M)*PI*ETA)/AA)*
     .            SIN((FLOAT(N)*PI*ETB)/BB)
      GOTO 25
   15 QMN=((16.0*PZ)/(PI*PI*FLOAT(M)*FLOAT(N)*U*V))*
     .        SIN((FLOAT(M)*PI*ETA)/AA)*
     .        SIN((FLOAT(N)*PI*ETB)/BB)*SIN((FLOAT(M)*PI*U)/(2.0*AA))*
     .        SIN((FLOAT(N)*PI*V)/(2.0*BB))
      GOTO 25
   20 QMN=(4.0*PZ*SIN((FLOAT(N)*PI*ETB)/BB)*SIN((FLOAT(N)*PI*ETA)/AA)
     . *COS((FLOAT(N)*PI*V)/(2.0*BB))*COS((FLOAT(M)*PI*U)/(2.0*AA)))/
     . ((AA*BB*U*U*V*V)*((FLOAT(N)/BB)-(1.0/V))*
     . ((FLOAT(N)/BB)+(1.0/V))*
     . ((FLOAT(M)/AA)-(1.0/U))*((FLOAT(M)/AA)+(1.0/U)))
C
   25 AMN = (P12*P23-P22*P13)*QMN/DET
      BMN = (P12*P13-P11*P23)*QMN/DET
      CMN = (P11*P22-P12*P12)*QMN/DET
      RETURN
      END
```

```fortran
       SUBROUTINE SUMS (AA,AMN,BB,BMN,BMX,BMY,BMXY,CMN,CX,CY,CXY,D11,
      .                 D22,D12,D66,G1,M,MPON,N,NPON,QX,QY,PI,S44,S55,
      .                 W,WUX,WUY,XCORD,YCORD)
C
C***   THIS SUBROUTINE SUMS THE VARIOUS FOURIER SERIES
C
       IMPLICIT REAL*8(A-H,O-Z)
       DIMENSION          BMX(MPON),BMY(MPON),BMXY(MPON),
      .                   CX(MPON),CY(MPON),CXY(MPON),
      .                   QX(MPON),QY(MPON),W(MPON),WUX(MPON),
      .                   WUY(MPON),XCORD(MPON),YCORD(MPON)
C
       DO 5 IPON=1,NPON
       X=XCORD(IPON)
       Y=YCORD(IPON)
C
C***   DEFLECTION W(IPON)
C
       W(IPON) = W(IPON) + CMN * SIN(M*PI*X/AA)*SIN(N*PI*Y/BB)
C
C***   SLOPE WUX(IPON)
C
       WUX(IPON)=WUX(IPON)+AMN*COS((FLOAT(M)*PI*X)/AA)*
      .SIN((FLOAT(N)*PI*Y)/BB)
C
C***   SLOPE WUY(IPON)
C
       WUY(IPON)=WUY(IPON)+BMN*SIN((FLOAT(M)*PI*X)/AA)*
      .COS((FLOAT(N)*PI*Y)/BB)
C
C***   CURVATURE CX(IPON)
C
       CX(IPON)=CX(IPON)+AMN*(FLOAT(M)*PI/AA)*SIN((FLOAT(M)*PI*X)/AA)*
      .SIN((FLOAT(N)*PI*Y)/BB)
C
C***   CURVATE CY(IPON)
C
       CY(IPON)=CY(IPON)+BMN*(FLOAT(N)*PI/BB)*SIN((FLOAT(M)*PI*X)/AA)*
      .SIN((FLOAT(N)*PI*Y)/BB)
C
C***   CURVATE CXY(IPON)
C
       CXY(IPON)=CXY(IPON)+((AMN*(FLOAT(N)*PI/BB))+
      .(BMN*(FLOAT(M)*PI/AA)))*
      .COS((FLOAT(M)*PI*X)/AA)*COS((FLOAT(N)*PI*Y)/BB)
C
C***   BENDING MOMENT BMX(IPON)
C
       BMX(IPON)=-D11*CX(IPON)-D12*CY(IPON)
C
C***   BENDING MOMENT BMY(IPON)
C
       BMY(IPON)=-D22*CY(IPON)-D12*CX(IPON)
C
C***   TWISTING MOMENT BMXY(IPON)
C
       BMXY(IPON)=D66*CXY(IPON)
C
C***   SHEAR FORCE QX(IPON)
C
       QX(IPON)=QX(IPON)+G1*S55*((CMN*FLOAT(M)*PI/AA)+AMN)*
      .COS((FLOAT(M)*PI*X)/AA)*SIN((FLOAT(N)*PI*Y)/BB)
C
C***   SHEAR FORCE QY(IPON)
C
       QY(IPON)=QY(IPON)+G1*S44*((CMN*FLOAT(N)*PI/BB)+BMN)*
      .SIN((FLOAT(M)*PI*X)/AA)*COS((FLOAT(N)*PI*Y)/BB)
     5 CONTINUE
       RETURN
       END
```

```fortran
      SUBROUTINE OUTP (AA,BB,BMX,BMY,BMXY,D11,D22,D21,D12,D66,
     .                 ETA,ETB,
     .              GFS,G1,IQ,IT,MPON,NPON,NUM,QX,QY,PZ,S44,
     .              S55,TITLE,U,V,W,WUX,WUY,XCORD,YCORD)
C
C***  THIS ROUTINE PRINTS OUT THE RESULTS
C
      IMPLICIT REAL*8(A-H,O-Z)
      INTEGER TITLE(20)
      DIMENSION        BMX(MPON),BMY(MPON),BMXY(MPON),
     .                 QX(MPON),QY(MPON),WUX(MPON),
     .                 WUY(MPON),W(MPON),XCORD(MPON),YCORD(MPON)
C     WRITE(6,900)
      WRITE(6,905)TITLE
      WRITE(6,910)
      WRITE(6,915)AA,BB
      WRITE(6,920)D11,D22,D21,D66
      WRITE(6,925)S44,S55
      WRITE(6,930)G1,GFS,PZ
      WRITE(6,935)NUM,NPON
      IF(IQ .EQ. 1) GOTO 5
      WRITE(6,940)ETA,ETB
      IF(IQ .EQ. 2) GOTO 5
      WRITE(6,945)U,V
    5 WRITE(6,950)
      WRITE(6,955)
      IF(IQ .NE. 1) GOTO 10
      WRITE(6,960)
   10 IF(IQ .NE. 2) GOTO 15
      WRITE(6,965)
   15 IF(IQ .NE. 3) GOTO 20
      WRITE(6,970)
   20 IF(IQ .NE. 4) GOTO 25
      WRITE(6,975)
   25 IF(IT .GT. 1) GOTO 30
      WRITE(6,980)
   30 IF(IT .NE. 2) GOTO 35
      WRITE(6,985)
   35 WRITE(6,990)
      DO 40 IPON =1,NPON
      WRITE(6,995)XCORD(IPON),YCORD(IPON),W(IPON),WUX(IPON),
     .WUY(IPON)
   40 CONTINUE
      WRITE(6,1000)
      DO 45 IPON=1,NPON
      WRITE(6,1005)XCORD(IPON),YCORD(IPON),BMX(IPON),BMY(IPON),
     .BMXY(IPON)
   45 CONTINUE
      WRITE(6,1010)
      DO 50 IPON=1,NPON
      WRITE(6,1015)XCORD(IPON),YCORD(IPON),QX(IPON),QY(IPON)
   50 CONTINUE
  900 FORMAT(//,1X,'**** CLOSED FORM SOLUTION ****',/)
  905 FORMAT(/,20A4)
  910 FORMAT(1X,50('*'))
  915 FORMAT(//,1X,'DIMENSION OF PLATE IN X DIRECTION.','(AA)=',E12.5,
     ./,1X,'DIMENSION OF PLATE IN Y DIRECTION.','(BB)=',E12.5,/)
  920 FORMAT(1X,'FLEXURAL RIGIDITY.................(D11) = ',E15.8,/,
     .       1X,'FLEXURAL RIGIDITY.................(D22) = ',E15.8,/,
     .       1X,'COUPLING RIGIDITY.................(D12) = ',E15.8,/,
     .       1X,'TORSIONAL RIGIDITY...............(D66) = ',E15.8,/)
  925 FORMAT(1X,'TRANSVERSE SHEAR RIGIDITY........(S44) = ',E15.8,/,
     .       1X,'TRANSVERSE SHEAR RIGIDITY........(S55) = ',E15.8,/)
  930 FORMAT(1X,'SHEAR CORRECTION FACTOR..........(G1) = ',E15.8,/,
     .       1X,'MODULUS FOR ELASTIC FOUNDATION...(GFS) = ',E15.8,/,
     .       1X,'LOAD INTENSITY...................(PZ) = ',E15.8,/)
  935 FORMAT(1X,'NO. OF TERMS IN FOURIER SERIER   (NUM) = ',I5,
     .       /,1X,'NO. OF POINTS ON PLATE          (NPON) = ',I5)
  940 FORMAT(1X,'X-COORD.',5X,'(ETA)=',E15.8,
     ./,1X,'Y-COORD.',5X,'(ETB)=',E15.8)
  945 FORMAT(1X,'DIMENS. OF LOADED AREA IN X DIRECT.',1X,'(U)=',E15.8,
     ./,1X,'DIMENS. OF LOADED AREA IN Y DIRECT.',2X,'(V)=',E15.8)
  950 FORMAT(//,50('*'))
```

```
 955 FORMAT(///,1X,'TABLE SHOWS THE COMPUTED VALUES FOR'/,
     .1X,'SPECIFIED X ANFD Y COORDINATES.')
 960 FORMAT(/,1X,'FOR UNIFORM LOADING.')
 965 FORMAT(/,1X,'FOR CONCENTRATED LOADING.')
 970 FORMAT(/,1X,'FOR UNIFORM LOADING OVER RECTANGULAR AREAS (U.V).')
 975 FORMAT(/,1X,'FOR COSINE LOADING.')
 980 FORMAT(/,1X,'NON SYMETRIC LOADING.')
 985 FORMAT(/,1X,'SYMETRIC LOADING.')
 990 FORMAT(//,9X,'X',9X,'Y',13X,'W',12X,'WUX',11X,'WUY')
 995 FORMAT(/,1X,2E12.5,3E14.5)
1000 FORMAT(//,9X,'X',9X,'Y',13X,'MX',12X,'MY',12X,'MXY')
1005 FORMAT(/,1X,2E12.5,3E14.5)
1010 FORMAT(//,9X,'X',9X,'Y',13X,'QX',13X,'QY')
1015 FORMAT(/,1X,2E12.5,2E14.5)
     RETURN
     END
```

1.5.4 Programm RIGID

Das Programm RIGID berechnet Steifigkeiten für isotrope Platten, Sandwichplatten, Platten aus Verbundmaterialien und Platten mit Kastenprofil entsprechend den Ausdrücken wie im Abschnitt 1.4 dargestellt. RIGID besteht
aus einem Hauptprogramm und sechs weiteren Unterprogrammen, wie aus Bild
1.7 ersichtlich ist. Die Unterprogramme werden im folgenden beschrieben:

DATA   liest interaktiv sämtliche Eingabedaten ein.

HOMG   berechnet die Plattensteifigkeiten für isotrope homogene Platten in
        Abhängigkeit von E, ν und t.

SAND   berechnet die Steifigkeiten für Sandwichplatten in Abhängigkeit von
        E_H, G_K, t, r und ν_H.

VOID   berechnet die Steifigkeiten für eine Platte mit Hohlkastenprofil in
        Abhängigkeit von E, ν, t_f, h, b und t_w.

LAMI   berechnet die Steifigkeiten für Dehnung, Biegung, Kopplung und
        Schub in Abhängigkeit der Materialkennwerte von Faser und Matrix
        und des Schichtaufbaus.

OUTP   schreibt die Ergebnisse auf den Outputfile bzw. auf den Bildschirm.

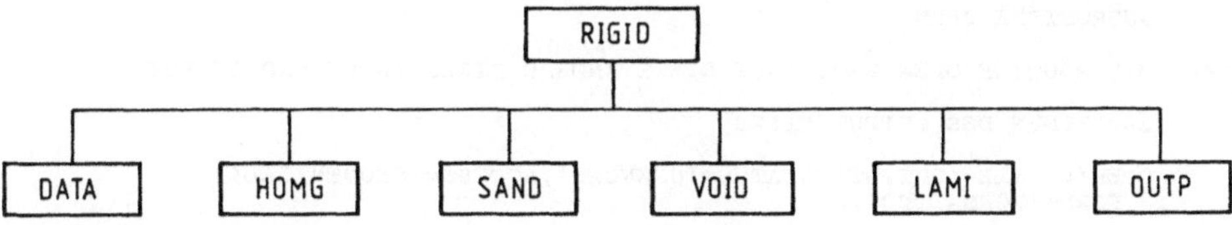

Bild 1.7 Flußdiagramm für das Programm RIGID

1.5.5 Eingabedaten für das Programm RIGID

Eine Beschreibung der Eingabedaten ist nicht notwendig, da diese im interak-
tiven Dialog eingegeben werden.

```fortran
C       PROGRAM RIGID
C*****
C       BERECHNUNG VON STEIFIGKEITEN FUER
C               - HOMOGENE PLATTEN
C               - SANDWICHPLATTEN
C               - HOHLRAUMPROFILE
C               - MEHRSCHICHTVERBUNDPLATTEN
C*****
C
        DIMENSION A(10),D(6,6),H1(11)
        INTEGER TITLE(20)
C
        CALL OPEN
C
        CALL DATA (A,C,E,EF,GC,H,H1,IQ,
     *             M,T,TF,TITLE,TW,V,VF,W)
C
C       VERZEIGUNG JE NACH PLATTENTYP
C
        GOTO (5,10,15,20) , IQ
C
C       HOMOGENE PLATTEN
C
    5 CALL HOMG (D11,D22,D12,D21,D66,E,S44,S55,T,V)
        GOTO 25
C
C       SANDWICHPLATTEN
C
   10 CALL SAND (C,D11,D22,D12,D21,D66,EF,GC,S44,S55,T,VF)
        GOTO 25
C
C       HOHLRAUMPROFILE
C
   15 CALL VOID (D11,D22,D12,D21,D66,E,H,S44,S55,TF,TW,V,W)
        GOTO 25
C
C       PLATTEN AUS MEHRSCHICHTVERBUNDMATERIAL
C
   20 CALL LAMI
C
C       AUSGABE
C
   25 CALL OUTP (D11,D22,D12,D21,D66,E,EF,GC,H,IQ,S44,S55,T,TF,
     *             TITLE,TW,V,V12,VF,W)
C
        STOP ' ***   ALLES FERTIG   ***'
        END




        SUBROUTINE OPEN
C
C***  DIE ROUTINE OPEN EROEFFNET DIE STANDARD FILES INPUT UND OUTPUT
C
C       EROEFFNEN DES OUTPUT FILES
C
        OPEN(6,FILE='OUTPUT',STATUS='UNKNOWN',ACCESS='SEQUENTIAL',
     1  FORM='FORMATTED')
C
        RETURN
        END
```

```fortran
      SUBROUTINE DATA (A,C,E,EF,GC,H,H1,IQ,
     .                 M,T,TF,TITLE,TW,NUE,VF,W)
C
C***   EINLESEN DER EINGABEDATEN
C
      INTEGER TITLE(20),TYP(4)
      REAL NUE,NUEXY1,NUEXY2,NUE12
      COMMON / MSV / EX1,EY1,NUEXY1,GXY1,EX2,EY2,NUEXY2,GXY2,
     .               ALPHA,E11,E22,G12,G23,NUE12,NLAY,HOEHE(21),
     .               PHI(20),G44,G55
C
      DATA TYP / 'HOMG','SAND','HOHL','LAMI' /
C
      WRITE(*,1)
    1 FORMAT(/5X,'LIES TITELZEILE EIN >')
      READ(*,900) TITLE
      WRITE(6,900)TITLE
C
   19 WRITE(*,2)
    2 FORMAT(/5X,'WELCHE ARTEN VON STEIFIGKEITEN SOLLEN BERECHNET',
     .            ' WERDEN ???',
     .        /5X,'LIES EINS DER FOLGENDEN KENNWOERTER EIN >',
     .        /5X,'  "HOMG"   "SAND"   "HOHL"    "LAMI"')
      READ(*,900) IWORT
      DO 3 IQ = 1,4
      IF( IWORT .EQ. TYP(IQ) ) GOTO 4
    3 CONTINUE
      GOTO 19
C
C     VERZWEIGUNG
C
    4 GOTO (5,10,15,20) , IQ
C
C     HOMOGENES, ISOTROPES MATERIAL
C
    5 CONTINUE
      WRITE(*,6)
    6 FORMAT(/5X,'LIES FUER HOMOGENES, ISOTROPES MATERIAL EIN :',
     .        /5X,'   E-MODUL , QUERKONTRAKTION , DICKE ')
      READ(*,*)    E,NUE,T
      WRITE(6,910) E,NUE,T
C
      RETURN
C
C     KENNWERTE FUER SANDWICHPLATTEN
C
   10 CONTINUE
      WRITE(*,11)
   11 FORMAT(/5X,'LIES FUER SANDWICHPLATTEN EIN :',
     .        /5X,'E-MODUL          FUER DECKSCHICHT,',
     .        /5X,'QUERKONTRAKTION FUER DECKSCHICHT,',
     .        /5X,'WANDSTAERKE     DER  DECKSCHICHT',
     .        /5X,'SCHUBMODUL      FUER WABEN,',
     .        /5X,'HOEHE           DER  WABEN ')
      READ(*,*)    EF,VF,T,GC,C
      WRITE(6,915) EF,VF,T,GC,C
      WRITE(*,915)
C
      RETURN
C
C     HOHLRAUMPROFILE
C
   15 CONTINUE
      WRITE(*,16)
   16 FORMAT(/5X,'LIES FUER PLATTEN MIT KASTENPROFIL EIN :',
     .        /5X,'E-MODUL ',
     .        /5X,'QUERKONTRAKTION ',
     .        /5X,'WANDSTAERKE DES FLANSCHES',
     .        /5X,'WANDSTAERKE DER STEGE',
     .        /5X,'ABSTAND DER FLANSCHE',
     .        /5X,'ABSTAND DER STEGE')
      READ(*,*)    E,NUE,TF,TW,H,W
```

```
      WRITE(6,930) E,NUE,TF,TW,H,W
      WRITE(*,930) E,NUE,TF,TW,H,W
C
      RETURN
C
C     LAMINATE
C
   20 CONTINUE
      WRITE(*,21)
   21 FORMAT(/5X,'DAS LAMINAT BESTEHT AUS N SCHICHTEN, MIT N<=20.',
     .        /5X,'JEDE SCHICHT BESTEHT AUS MATERIAL1 UND MATERIAL2.',
     .        /5X,'DIE SCHICHTEN SIND UM DEN WINKEL PHI GEDREHT.',
     .       //5X,'LIES FUER MATERIAL1 FOLGENDE KENNWERTE EIN :',
     .        /5X,'E-MODUL EX1 , E-MODUL EY1 , NUE1 , SCHUBMODUL1 ')
      READ(*,*)    EX1,EY1,NUEXY1,GXY1
      WRITE(6,935) EX1,EY1,NUEXY1,GXY1
      WRITE(*,935) EX1,EY1,NUEXY1,GXY1
      WRITE(*,22)
   22 FORMAT(/5X,'LIES FUER MATERIAL2 FOLGENDE KENNWERTE EIN :',
     .        /5X,'E-MODUL EX2 , E-MODUL EY2 , NUE2 , SCHUBMODUL2 ')
      READ(*,*)    EX2,EY2,NUEXY2,GXY2
      WRITE(6,935) EX2,EY2,NUEXY2,GXY2
      WRITE(*,935) EX2,EY2,NUEXY2,GXY2
      WRITE(*,26)
   26 FORMAT(/5X,'LIES FUER SCHUBVERFORMUNG G44 UND G55 EIN :')
      READ(*,*)    G44,G55
      WRITE(6,940) G44,G55
      WRITE(*,940) G44,G55
   27 WRITE(*,28)
   28 FORMAT(/5X,'LIES VOLUMENANTEIL FUER MATERIAL1 EIN : ')
      READ(*,*)    ALPHA
      WRITE(*,940) ALPHA
      WRITE(6,940) ALPHA
      IF( ALPHA .LT. 0.0 .OR. ALPHA .GT. 1.0 ) THEN
          WRITE(*,29) ALPHA
   29     FORMAT(/5X,'VOLUMENANTEIL FALSCH SPEZIFIZIERT : ',1PE10.2)
          GOTO 27
      ENDIF
C
      WRITE(*,23)
   23 FORMAT(/5X,'GIB ANZAHL DER SCHICHTEN AN :')
      READ(*,*)    NLAY
      WRITE(6,945) NLAY
      WRITE(*,945) NLAY
      WRITE(*,32)
   32 FORMAT(/5X,'LIES SCHICHTDICKEN VON OBEN NACH UNTEN EIN.')
      DO 25 I = 1, NLAY
      WRITE(*,24) I
   24 FORMAT(5X,'GIB DICKE FUER ',I2,'. SCHICHT AN :')
      READ(*,*)    HOEHE(I)
      WRITE(6,950) HOEHE(I)
      WRITE(*,950) HOEHE(I)
   25 CONTINUE
C
      WRITE(*,34)
   34 FORMAT(/5X,'LIES SCHICHTWINKEL VON UNTEN NACH OBEN EIN.')
      DO 30 K = 1, NLAY
      WRITE(*,31) K
   31 FORMAT(5X,'GIB WINKEL FUER ',I2,'. SCHICHT AN :')
      READ(*,*)    PHI(K)
      WRITE(6,955) PHI(K)
      WRITE(*,955) PHI(K)
   30 CONTINUE
C
      RETURN
C
  900 FORMAT(20A4)
  905 FORMAT(I5)
  910 FORMAT(3F20.5)
  915 FORMAT(5F20.5)
  920 FORMAT(2F20.5)
  925 FORMAT(2F20.5)
```

```
  930 FORMAT(6F20.5)
  935 FORMAT(4F20.5)
  940 FORMAT(2F20.5)
  945 FORMAT(I5)
  950 FORMAT(F20.5)
  955 FORMAT(F20.5)
C
      END



      SUBROUTINE HOMG (D11,D22,D12,D21,D66,E,S44,S55,T,V)
C
C***  STEIFIGKEITEN FUER HOMOGENE, ISOTROPE SCHALEN
C
      D11=(E*(T**3))/(12.0*(1.0-V*V))
      D22=D11
      D12=V*D11
      D21=D12
      D66=((1.0-V)*D11)*0.5
      S44=(E*T)/(2.0*(1.0+V)*(1.2))
      S55=S44
C
      RETURN
      END



      SUBROUTINE    SAND (C,D11,D22,D12,D21,D66,EF,GC,S44,S55,T,VF)
C
C***  STEIFIGKEITEN FUER SANDWICHPLATTEN
C
      D11=(EF*T*((C+T)**2.0))/(2.0*(1.0-VF*VF))
      D22=D11
      D12=VF*D11
      D21=D12
      D66=((1.0-VF)*D11)*0.5
      S44=C*GC/1.2
      S55=S44
C
      RETURN
      END



      SUBROUTINE VOID (D11,D22,D12,D21,D66,E,H,S44,S55,TF,TW,V,W)
C
C***  STEIFIGKEITEN FUER KASTENPROFILE
C
      G=E/(2.0*(1.0+V))
      D11=(E*TF*H*H)/(2.0*(1.0-V*V))
      D22=D11*(1.0+(TW*H)/(6.0*TF*W))
      D12=V*D11
      D21=D12
      D66=(G*TF*H*H)/2.0
      S44=(2.0*E*(TF**3))/(W*W*(1.0+(2.0*(H/W))*((TF/TW)**3))
     .          *(1.0-V*V))
      S55=(G*TF*H*(1.0+(TF/H)))/((TF/TW)*W)
C
      RETURN
      END
```

```fortran
      SUBROUTINE LAMI
C
C***  DEHN- , KOPLLUNGS- , BIEGUNGS- UND SCHUBSTEIFIGKEITEN
C     FUER MEHRSCHICHTVERBUNDMATERIALIEN
C
      REAL K,NUEXY1,NUEXY2
      DIMENSION A2(6,6),C1(6,6),H1(21)
      COMMON / MSV / EX1,EY1,NUEXY1,GXY1,EX2,EY2,NUEXY2,GXY2,
     .               ALPHA,E11,E22,G12,G23,NUE12,NLAY,HOEHE(21),
     .               PHI(20),G44,G55,D(6,6),B(6,6),K(6,6),S(6,6),
     .               Q(6,6)
C
C     BERECHNE AUS EINZELKENNWERTEN DIE INGENIEURKONSTANTEN
C
      A0    = ALPHA
      A1    = 1. - ALPHA
      S11   = 1.0 / ( A0*EX1 + A1*EX2 )
      S12   = - ( A0*NUEXY1 + A1*NUEXY2 ) * S11
      S22S  = A0/EY1 + A1/EY2
      S22Q  = 1.0 / ( A0*EY1 + A1*EY2 )
      S22   = S22S - ( 0.2 + 0.4*A0 ) * ( S22S - S22Q )
      S33S  = A0/GXY1 + A1/GXY2
      S33Q  = 1.0 / ( A0*GXY1 + A1*GXY2 )
      S33   = S33S - ( 0.4 + 0.4*A0 ) * ( S33S - S33Q )
      DELT = S11 * S22 - S12 * S12
      DELT = 1.0 / DELT
C
      Q(1,1) = S22 * DELT
      Q(1,2) = - S12 * DELT
      Q(1,6) = 0.0
      Q(2,1) = Q(1,2)
      Q(2,2) = S11 * DELT
      Q(2,6) = 0.0
      Q(4,4) = G44
      Q(5,5) = G55
      Q(6,1) = 0.0
      Q(6,2) = 0.0
      Q(6,6) = 1.0 / S33
C
      TREF = 0.0
      DO 02 I = 1,NLAY
      TREF = TREF + HOEHE(I)
   02 CONTINUE
      TREF = TREF / 2.0
C
      H1(1)   = - TREF
      DO 03 I = 1,NLAY
      H1(I+1) = H1(I) + HOEHE(NLAY-I+1)
   03 CONTINUE
C
      DO 15 I = 1,6
      DO 10 J = 1,6
      D(I,J)  = 0.0
      B(I,J)  = 0.0
      K(I,J)  = 0.0
   10 CONTINUE
   15 CONTINUE
C
      DO 5  L = 1,NLAY
      ANGLE    = 3.1415927 * PHI(NLAY+1-L) / 180.0
      CC       = COS(ANGLE)
      SS       = SIN(ANGLE)
      C1(1,1) = 0.0
      C1(1,2) = 0.0
      C1(1,6) = 0.0
      C1(2,2) = 0.0
      C1(2,6) = 0.0
      C1(2,1) = 0.0
      C1(6,6) = 0.0
      C1(6,1) = 0.0
      C1(6,2) = 0.0
C
```

```fortran
      C1(1,1)=(Q(1,1)*(CC**4))+(2.0*(Q(1,2)+Q(6,6))*CC*CC
     .          *SS*SS)+(Q(2,2)*(SS**4))
      C1(1,2)=((Q(1,1)+Q(2,2)-2.0*Q(6,6))*SS*SS*CC*CC)
     .          +(Q(1,2)*(CC**4+SS**4))
      C1(1,6)=((Q(1,1)-Q(1,2)-Q(6,6))*SS*CC**3)+
     .          ((Q(1,2)-Q(2,2)+Q(6,6))*(SS**3)*CC)
      C1(2,2)=(Q(1,1)*SS**4)+(2.0*(Q(1,2)+Q(6,6))*CC*CC*SS*SS)
     .          +(Q(2,2)*CC**4)
      C1(2,6)=((Q(1,1)-Q(1,2)-Q(6,6))*(SS**3)*CC)+((Q(1,2)-Q(2,2)
     .          +Q(6,6))*SS*(CC**3))
      C1(6,6)=((Q(1,1)+Q(2,2)-2.0*Q(1,2)-Q(6,6))*CC*CC*SS*SS)
     .          +(Q(6,6)*(CC**4+SS**4))
C     BIEGESTEIFIGKEIT
      D(1,1) =D(1,1)+(C1(1,1)*(((H1(L+1))**3)-((H1(L))**3)))/3.0
      D(1,2) =D(1,2)+(C1(1,2)*(((H1(L+1))**3)-((H1(L))**3)))/3.0
      D(1,6) =D(1,6)+(C1(1,6)*(((H1(L+1))**3)-((H1(L))**3)))/3.0
      D(2,2) =D(2,2)+(C1(2,2)*(((H1(L+1))**3)-((H1(L))**3)))/3.0
      D(2,6) =D(2,6)+(C1(2,6)*(((H1(L+1))**3)-((H1(L))**3)))/3.0
      D(6,6) =D(6,6)+(C1(6,6)*(((H1(L+1))**3)-((H1(L))**3)))/3.0
C     DEHNSTEIFIGKEIT
      B(1,1) =B(1,1) + C1(1,1) * ( H1(L+1) - H1(L) )
      B(1,2) =B(1,2) + C1(1,2) * ( H1(L+1) - H1(L) )
      B(1,6) =B(1,6) + C1(1,6) * ( H1(L+1) - H1(L) )
      B(2,2) =B(2,2) + C1(2,2) * ( H1(L+1) - H1(L) )
      B(2,6) =B(2,6) + C1(2,6) * ( H1(L+1) - H1(L) )
      B(6,6) =B(6,6) + C1(6,6) * ( H1(L+1) - H1(L) )
C     KOPPLUNGSTEIFIGKEIT
      K(1,1) =K(1,1) - 0.5*C1(1,1)*( H1(L+1)**2 - H1(L)**2 )
      K(1,2) =K(1,2) - 0.5*C1(1,2)*( H1(L+1)**2 - H1(L)**2 )
      K(1,6) =K(1,6) - 0.5*C1(1,6)*( H1(L+1)**2 - H1(L)**2 )
      K(2,2) =K(2,2) - 0.5*C1(2,2)*( H1(L+1)**2 - H1(L)**2 )
      K(2,6) =K(2,6) - 0.5*C1(2,6)*( H1(L+1)**2 - H1(L)**2 )
      K(6,6) =K(6,6) - 0.5*C1(6,6)*( H1(L+1)**2 - H1(L)**2 )
    5 CONTINUE
C
C     SCHUBSTEIFIGKEITEN
C
      DO 30 I=4,5
      DO 25 J=4,5
      S(I,J)=0.0
      DO 20 L=1,NLAY
      ANGLE = 3.1415927 * PHI(NLAY+1-L) / 180.0
      CC = COS(ANGLE)
      SS = SIN(ANGLE)
      A2(4,4) = 0.0
      A2(5,5) = 0.0
      A2(4,5) = 0.0
      A2(5,4) = 0.0
      A2(4,4) = (Q(4,4)*CC*CC)+(Q(5,5)*SS*SS)
      A2(5,5) = (Q(4,4)*SS*SS)+(Q(5,5)*CC*CC)
      A2(4,5) = ((Q(5,5)-Q(4,4))*CC*SS)
      A2(5,4) = A2(4,5)
      S(I,J) = S(I,J)+(A2(I,J)*((H1(L+1))-(H1(L))))
   20 CONTINUE
   25 CONTINUE
   30 CONTINUE
C
  100 CONTINUE
      RETURN
      END
```

```fortran
      SUBROUTINE OUTP(D11,D22,D12,D21,D66,E,EF,
     .                GC,H,IQ,S44,S55,T,TF,TITLE,
     .                TW,V,V12,VF,W)
C
C***  AUSGABE
C
      REAL K,NUEXY1,NUEXY2
      INTEGER TITLE(20)
      COMMON / MSV / EX1,EY1,NUEXY1,GXY1,EX2,EY2,NUEXY2,GXY2,
     .               ALPHA,E11,E22,G12,G23,NUE12,NLAY,HOEHE(21),
     .               PHI(20),G44,G55,D(6,6),B(6,6),K(6,6),S(6,6),
     .               Q(6,6)
C
      WRITE(6,910)
      WRITE(*,910)
      WRITE(6,905) TITLE
      WRITE(*,905) TITLE
  905 FORMAT(5X,20A4)
      WRITE(6,910)
      WRITE(*,910)
  910 FORMAT(5X,80('-'))
C
      GOTO (5,10,15,20),IQ
C
    5 WRITE(6,915) E,V,T
      WRITE(*,915) E,V,T
  915 FORMAT(/5X,'E-MODUL                      E = ',1PE10.2,/
     .        5X,'QUERKONTRAKTION            NUE = ',1PE10.2,/,
     .        5X,'PLATTENSTAERKE               T = ',1PE10.2,/)
      GOTO 35
C
   10 WRITE(6,920) EF,VF,T,GC,C
      WRITE(*,920) EF,VF,T,GC,C
  920 FORMAT(/5X,'E-MODUL          FUER DECKSCHICHT = ',1PE10.2,
     .       /5X,'QUERKONTRAKTION  FUER DECKSCHICHT = ',1PE10.2,
     .       /5X,'WANDSTAERKE      DER  DECKSCHICHT = ',1PE10.2,
     .       /5X,'SCHUBMODUL       FUER WABEN       = ',1PE10.2,
     .       /5X,'HOEHE            DER  WABEN       = ',1PE10.2)
      GOTO 35
C
   15 WRITE(6,930) E,V,TF,TW,H,W
      WRITE(*,930) E,V,TF,TW,H,W
  930 FORMAT(/5X,'E-MODUL                          = ',1PE10.2,
     .       /5X,'QUERKONTRAKTION                  = ',1PE10.2,
     .       /5X,'WANDSTAERKE DES FLANSCHES        = ',1PE10.2,
     .       /5X,'WANDSTAERKE DER STEGE            = ',1PE10.2,
     .       /5X,'ABSTAND     DER FLANSCHE         = ',1PE10.2,
     .       /5X,'ABSTAND     DER STEGE            = ',1PE10.2)
      GOTO 35
C
   20 WRITE(*,21) EX1,EY1,NUEXY1,GXY1
      WRITE(6,21) EX1,EY1,NUEXY1,GXY1
   21 FORMAT(/5X,'MATERIALKENNWERTE FUER MATERIAL1 :',
     .       /5X,'E-MODUL IN X-RICHTUNG            = ',1PE10.2,
     .       /5X,'E-MODUL IN Y-RICHTUNG            = ',1PE10.2,
     .       /5X,'QUERKONTRAKTION NUEXY            = ',1PE10.2,
     .       /5X,'SCHUBMODUL GXY                   = ',1PE10.2)
      WRITE(*,22) EX2,EY2,NUEXY2,GXY2
      WRITE(6,22) EX2,EY2,NUEXY2,GXY2
   22 FORMAT(/5X,'MATERIALKENNWERTE FUER MATERIAL2 :',
     .       /5X,'E-MODUL IN X-RICHTUNG            = ',1PE10.2,
     .       /5X,'E-MODUL IN Y-RICHTUNG            = ',1PE10.2,
     .       /5X,'QUERKONTRAKTION NUEXY            = ',1PE10.2,
     .       /5X,'SCHUBMODUL GXY                   = ',1PE10.2)
      WRITE(*,23) G44,G55
      WRITE(6,23) G44,G55
   23 FORMAT(/5X,'SCHUBSTEIFIGKEITEN :',
     .       /5X,'SCHUBSTEIFIGKEIT G44             = ',1PE10.2,
     .       /5X,'SCHUBSTEIFIGKEIT G55             = ',1PE10.2)
      WRITE(*,25) NLAY
      WRITE(6,25) NLAY
   25 FORMAT(/5X,'ANZAHL DER SCHICHTEN             = ',I10)
      DO 27 I = 1,NLAY
```

```fortran
      WRITE(*,26) I , HOEHE(I)
      WRITE(6,26) I , HOEHE(I)
   26 FORMAT(5X,'SCHICHTHOEHE  FUER ',I2,'. SCHICHT   = ',1PE10.2)
   27 CONTINUE
      DO 29 I = 1,NLAY
      WRITE(*,28) I,PHI(I)
      WRITE(6,28) I,PHI(I)
   28 FORMAT(5X,'SCHICHTWINKEL FUER ',I2,'. SCHICHT   = ',1PE10.2)
   29 CONTINUE
C
      WRITE(*,50)
      WRITE(6,50)
   50 FORMAT(/5X,'STEIFIGKEITEN FUER SCHICHT :')
      WRITE(6,940) Q(1,1),Q(1,2),Q(1,6),Q(2,1),Q(2,2),Q(2,6),
     .             Q(6,1),Q(6,2),Q(6,6),Q(4,4),Q(5,5)
      WRITE(*,941) Q(1,1),Q(1,2),Q(1,6),Q(2,1),Q(2,2),Q(2,6),
     .             Q(6,1),Q(6,2),Q(6,6),Q(4,4),Q(5,5)
  941 FORMAT(/5X,'C11 = ',1PE12.5,' C12 = ',1PE12.5,' C16 = ',1PE12.5,
     .       /5X,'C21 = ',1PE12.5,' C22 = ',1PE12.5,' C26 = ',1PE12.5,
     .       /5X,'C61 = ',1PE12.5,' C62 = ',1PE12.5,' C66 = ',1PE12.5,
     .       /5X,'C44 = ',1PE12.5,
     .       /5X,'                      C55 = ',1PE12.5)
C
      WRITE(*,30)
      WRITE(6,30)
   30 FORMAT(/5X,'DEHNSTEIFIGKEITEN FUER LAMINAT :')
      WRITE(6,940) B(1,1),B(1,2),B(1,6),B(1,2),B(2,2),B(2,6),
     .             B(1,6),B(2,6),B(6,6)
      WRITE(*,940) B(1,1),B(1,2),B(1,6),B(1,2),B(2,2),B(2,6),
     .             B(1,6),B(2,6),B(6,6)
  940 FORMAT(/5X,'B11 = ',1PE12.5,' B12 = ',1PE12.5,' B16 = ',1PE12.5,
     .       /5X,'B21 = ',1PE12.5,' B22 = ',1PE12.5,' B26 = ',1PE12.5,
     .       /5X,'B61 = ',1PE12.5,' B62 = ',1PE12.5,' B66 = ',1PE12.5)
      WRITE(*,31)
      WRITE(6,31)
   31 FORMAT(/5X,'BIEGESTEIFIGKEITEN FUER LAMINAT :')
      WRITE(6,945) D(1,1),D(1,2),D(1,6),D(1,2),D(2,2),D(2,6),
     .             D(1,6),D(2,6),D(6,6)
      WRITE(*,945) D(1,1),D(1,2),D(1,6),D(1,2),D(2,2),D(2,6),
     .             D(1,6),D(2,6),D(6,6)
  945 FORMAT(/5X,'D11 = ',1PE12.5,' D12 = ',1PE12.5,' D16 = ',1PE12.5,
     .       /5X,'D21 = ',1PE12.5,' D22 = ',1PE12.5,' D26 = ',1PE12.5,
     .       /5X,'D61 = ',1PE12.5,' D62 = ',1PE12.5,' D66 = ',1PE12.5)
      WRITE(*,32)
      WRITE(6,32)
   32 FORMAT(/5X,'KOPPLUNGSSTEIFIGKEITEN FUER LAMINAT :')
      WRITE(6,946) K(1,1),K(1,2),K(1,6),K(1,2),K(2,2),K(2,6),
     .             K(1,6),K(2,6),K(6,6)
      WRITE(*,946) K(1,1),K(1,2),K(1,6),K(1,2),K(2,2),K(2,6),
     .             K(1,6),K(2,6),K(6,6)
  946 FORMAT(/5X,'K11 = ',1PE12.5,' K12 = ',1PE12.5,' K16 = ',1PE12.5,
     .       /5X,'K21 = ',1PE12.5,' K22 = ',1PE12.5,' K26 = ',1PE12.5,
     .       /5X,'K61 = ',1PE12.5,' K62 = ',1PE12.5,' K66 = ',1PE12.5)
      WRITE(*,33)
      WRITE(6,33)
   33 FORMAT(/5X,'SCHUBSTEIFIGKEITEN FUER LAMINAT :')
      WRITE(6,947) S(4,4),S(4,5),S(5,4),S(5,5)
      WRITE(*,947) S(4,4),S(4,5),S(5,4),S(5,5)
  947 FORMAT(/5X,'S44 = ',1PE12.5,' S45 = ',1PE12.5,
     .       /5X,'S54 = ',1PE12.5,' S55 = ',1PE12.5,)
      GOTO 40
C
   35 CONTINUE
      WRITE(6,900)
      WRITE(*,900)
  900 FORMAT(//,5X,'....... BIEGE- UND SCHUBSTEIFIGKEITEN .......')
      WRITE(6,955) D11
      WRITE(*,955) D11
  955 FORMAT(/,5X,'BIEGESTEIFIGKEIT          (D11) = ',1PE15.5)
      WRITE(6,960) D22
      WRITE(*,960) D22
  960 FORMAT(/,5X,'BIEGESTEIFIGKEIT          (D22) = ',1PE15.5)
      WRITE(6,965) D12,D21
```

```
      WRITE(*,965) D12,D21
  965 FORMAT(/,5X,'BIEGESTEIFIGKEIT        (D12) = ',1PE15.5,
     .       //,5X,'BIEGESTEIFIGKEIT        (D21) = ',1PE15.5)
      WRITE(6,970) D66
      WRITE(*,970) D66
  970 FORMAT(/,5X,'TORSIONSSTEIFIGKEIT      (D66) = ',1PE15.5)
      WRITE(6,975) S44,S55
      WRITE(*,975) S44,S55
  975 FORMAT(/,5X,'SCHUBSTEIFIGKEIT         (S44) = ',1PE15.5,
     .       //,5X,'SCHUBSTEIFIGKEIT         (S55) = ',1PE15.5,//)
C
   40 CONTINUE
      RETURN
      END
```

1.6 Beispiele

Die Anwendung der Programme PLATES und RIGID ist sehr einfach und soll
für je ein Beispiel kurz erläutert werden.

Wird das Programm RIGID aufgerufen, so läuft der in Bild 1.8 gezeigte
Dialog ab. Nach Eingabe der Werte für

$$E = 2.1E + 5[\text{N/mm}^2], \quad \nu = 0.3, \quad t = 50.[\text{mm}]$$

werden die Biege- und Schubsteifigkeiten berechnet und ausgegeben - siehe Bild
1.8 - .

Die Ausgabe des Programmes RIGID kann für die Eingabe des Programm-
mes PLATES verwendet werden. Ein Eingabebeispiel für eine quadratische
gelenkig gelagerte Platte unter Gleichlast ist in Bild 1.9 enthalten. Es wurden
die Werte eingegeben

$$\text{Kantenlänge} \quad a = 1000. \, [\text{mm}]$$

$$\text{Gleichlast} \quad p = 0.1 \, [\text{N/mm}^2].$$

Die Ergebnisse von PLATES wurden mit dem analytischen Ausdruck

$$w = 0,00406 pa^4 / K \tag{1.57}$$

mit

$$K = E * t^3 / 12(1 - \nu^2)$$

verglichen, der nach [1.12] die Durchbiegung im Plattenmittelpunkt angibt.
Das Programm PLATES wurde für dieses Beispiel mit (1.57) verifiziert; die
Ergebnisse sind in Tabelle 1.1 dokumentiert.

```
   RIGID

     LIES TITELZEILE EIN >
FINITE ELEMENTE PROGRAMME FUER PLATTEN UND SCHALEN

     WELCHE ARTEN VON STEIFIGKEITEN SOLLEN BERECHNET WERDEN ???
     LIES EINS DER FOLGENDEN KENNWOERTER EIN >
        "HOMG"    "SAND"    "HOHL"    "LAMI"
HOMG

     LIES FUER HOMOGENES, ISOTROPES MATERIAL EIN :
          E-MODUL , QUERKONTRAKTION , DICKE
2.1E+5 .3 50.
     -----------------------------------------------------------
     FINITE ELEMENTE PROGRAMME FUER PLATTEN UND SCHALEN
     -----------------------------------------------------------


     E-MODUL                 E  =    2.10E+05
     QUERKONTRAKTION        NUE =    3.00E-01
     PLATTENSTAERKE          T  =    5.00E+01



     ....... BIEGE- UND SCHUBSTEIFIGKEITEN .......

     BIEGESTEIFIGKEIT       (D11) =      2.40385E+09

     BIEGESTEIFIGKEIT       (D22) =      2.40385E+09

     BIEGESTEIFIGKEIT       (D12) =      7.21154E+08

     BIEGESTEIFIGKEIT       (D21) =      7.21154E+08

     TORSIONSSTEIFIGKEIT    (D66) =      8.41346E+08

     SCHUBSTEIFIGKEIT       (S44) =      3.36538E+06

     SCHUBSTEIFIGKEIT       (S55) =      3.36538E+06
```

Bild 1.8 Interaktiver Dialog und Ausgabe von RIGID


```
GELENKIG GELAGERTE PLATTE : 1000X1000X10
1000. 1000.
2.40385E+09 2.40385E+09 7.21154E+8 8.41346E+8
3.36538E+06 3.36538E+06
99 5
0.1 0. 1.0
1 100. 100.
2 200. 200.
3 300. 300.
4 400. 400.
5 500. 500.
1 2
500. 500.
1000. 1000.
```

Bild 1.9 Eingabebeispiel für PLATES

```
GELENKIG GELAGERTE PLATTE : 1000X1000X10
*********************************************

DIMENSION OF PLATE IN X DIRECTION.(AA)= 0.10000E+04
DIMENSION OF PLATE IN Y DIRECTION.(BB)= 0.10000E+04

FLEXURAL RIGIDITY.................(D11) =   0.24038500E+10
FLEXURAL RIGIDITY.................(D22) =   0.24038500E+10
COUPLING RIGIDITY.................(D12) =   0.72115400E+09
TORSIONAL RIGIDITY...............(D66) =   0.84134600E+09

TRANSVERSE SHEAR RIGIDITY........(S44) =   0.33653800E+07
TRANSVERSE SHEAR RIGIDITY........(S55) =   0.33653800E+07

SHEAR CORRECTION FACTOR..........(G1)  =   0.10000000E+01
MODULUS FOR ELASTIC FOUNDATION...(GFS) =   0.00000000E+00
LOAD INTENSITY...................(PZ)  =   0.10000000E+00

NO. OF TERMS IN FOURIER SERIER   (NUM) =      99
NO. OF POINTS ON PLATE           (NPON) =      5


*********************************************


TABLE SHOWS THE COMPUTED VALUES FOR
SPECIFIED X ANFD Y COORDINATES.

FOR UNIFORM LOADING.

SYMETRIC LOADING.


        X           Y            W            WUX           WUY

  0.10000E+03 0.10000E+03   0.18466E-01  -0.17073E-03  -0.17073E-03

  0.20000E+03 0.20000E+03   0.63558E-01  -0.25708E-03  -0.25708E-03

  0.30000E+03 0.30000E+03   0.11577E+00  -0.24296E-03  -0.24296E-03

  0.40000E+03 0.40000E+03   0.15612E+00  -0.14503E-03  -0.14503E-03

  0.50000E+03 0.50000E+03   0.17118E+00   0.10004E-12   0.10004E-12


        X           Y            MX           MY            MXY

  0.10000E+03 0.10000E+03   0.84962E+03  0.84962E+03  -0.27290E+04

  0.20000E+03 0.20000E+03   0.22520E+04  0.22520E+04  -0.18101E+04

  0.30000E+03 0.30000E+03   0.35647E+04  0.35647E+04  -0.89649E+03

  0.40000E+03 0.40000E+03   0.44684E+04  0.44684E+04  -0.23375E+03

  0.50000E+03 0.50000E+03   0.47886E+04  0.47886E+04  -0.10392E-15
```

X	Y	QX	QY
0.10000E+03	0.10000E+03	0.98884E+01	0.98884E+01
0.20000E+03	0.20000E+03	0.10970E+02	0.10970E+02
0.30000E+03	0.30000E+03	0.88277E+01	0.88277E+01
0.40000E+03	0.40000E+03	0.43541E+01	0.43541E+01
0.50000E+03	0.50000E+03	-0.32229E-08	-0.32229E-08

Bild 1.10 Ausgabe von PLATES

Tabelle 1.1 Durchbiegung in Plattenmitte für verschiedene Plattendicken

t in mm	nach (1.57) in mm	PLATES in mm
10	$2{,}11 \cdot 10^{1}$	$2{,}11 \cdot 10^{1}$
50	$1{,}69 \cdot 10^{-1}$	$1{,}71 \cdot 10^{-1}$
100	$2{,}11 \cdot 10^{-2}$	$2{,}22 \cdot 10^{-2}$

1.7 Literaturverzeichnis

1.1 Mindlin, R.D.: Influence of rotatory inertia and shear or flexural motions of isotropic elastic plates. J. Appl. Mech. 37 (1951) 1031-1036

1.2 Timoshenko, S.P.; Woinowsky-Krieger, S.: Theory of plates and shells. 2nd. ed., New York: McGraw-Hill 1961

1.3 Dobyns, A.L.: Analysis of simply-supported orthotropic plates subject to static and dynamic loads. J. AIAA 19 (1982) 642-650

1.4 Plantema, F.J.: Sandwich Construction. New York: Wiley 1966

1.5 Vinson, J.R.; Chou, T.W.: Composite materials and their use in structures. London: Applied Science Publishers 1975

1.6 Basu, A.K.; Dawson, J.M.: Orthotropic sandwich plates. Proc. Inst. Civ. Eng., Supplement 1970, p. 87-115

1.7 Frederick, D.: Thick rectangular plates on an elastic foundation. Trans. A.S.C.E.; 122(1957) 1069-1085[See also discussion by Lorsch, H.G.: Trans. A.S.C.E. 122 (1957) 1086-1087]

1.8 Ariman, T.: On orthotropic thick elastic plates on an elastic foundation. Bautechnik 7 (1968) 230-234

1.9 Hussainy, S.A.; Srinivas, S.: Flexure of rectangular composite plates. Fibre Sci. Technol. 8 (1975) 59-76

1.10 Srinivas, S.; Rao, A.K.: Bending, vibration and buckling of simply supported thick orthotropic rectangular plates and laminates. Int. J. Solids Struc. 6 (1970) 1463-1481

1.11 Geier, B.: Grundlagen der Strukturmechanischen Berechnung von Bauteilen aus Faserverbundwerkstoffen. Festigkeit und Gestaltung von Bauteilen aus Faserverbundwerkstoffen, Carl Cranz Ges., 1985

1.12 Girkmann, K.: Flächentragwerke. Springer-Verlag 1963

2 Finite Streifenmethode für Mindlinsche Platten und axialsymmetrische Schalen

E. Onate, B. Suarez, E. Hinton

2.1 Einführung

Viele Konstruktionen besitzen konstante geometrische Eigenschaften entlang einer bestimmten Richtung. Derartige prismatische Strukturen sind bei Platten weit verbreitet, bei denen der Querschnitt der Platte in Längsrichtung oft konstant bleibt. Bei axialsymmetrischen Schalen bleibt der Querschnitt der Schale in Umfangsrichtung ebenfalls konstant (siehe Bild 2.1). Falls die Materialeigenschaften der Struktur ebenfalls in der gleichen Richtung konstant sind, kann die Berechnung durch eine Kombination der Methode der finiten Elemente und Fourierreihenentwicklung vereinfacht werden, um das transversale und longitudinale Verhalten zu erfassen.

Die Kombination von finiten Elementen und Fourierreihen ist nicht neu und ist seit einigen Jahren in der Berechnung von unsymmetrisch belasteten axialsymmetrischen Schalen und Körpern in Gebrauch (siehe Grafton und Strone [2.1], Ahmad et al. [2.2] und Wilson [2.3]).

Die Erweiterung der Methode auf Platten und Schalen wurde zuerst von Cheung [2.4] entwickelt und als finite Streifenmethode bezeichnet. Seitdem wurde die Methode weiter verfeinert und einige der wichtigsten Beiträge sind aufgeführt unter [2.5 − 2.18].

In diesem Kapitel wird die Grundlage der finiten Streifenmethode für Mindlinsche Platten dargestellt. Damit werden viele prismatische Strukturen erfaßt. Zuerst werden rechteckige Platten als Einführung zu komplexeren Problemen betrachtet. Grundlegende Einzelheiten der finiten Streifenmethode werden dargestellt. Der zweite Teil des Kapitels behandelt Platten und Schalen. Es wird gezeigt, daß die finite Streifenmethode für gerade Platten mit Hohlquerschnitt und für axialsymmetrische Schalen einfach als Spezialfall der allgemeinen Formulierung für Platten mit ebener, gekrümmter Mittelfläche ab-

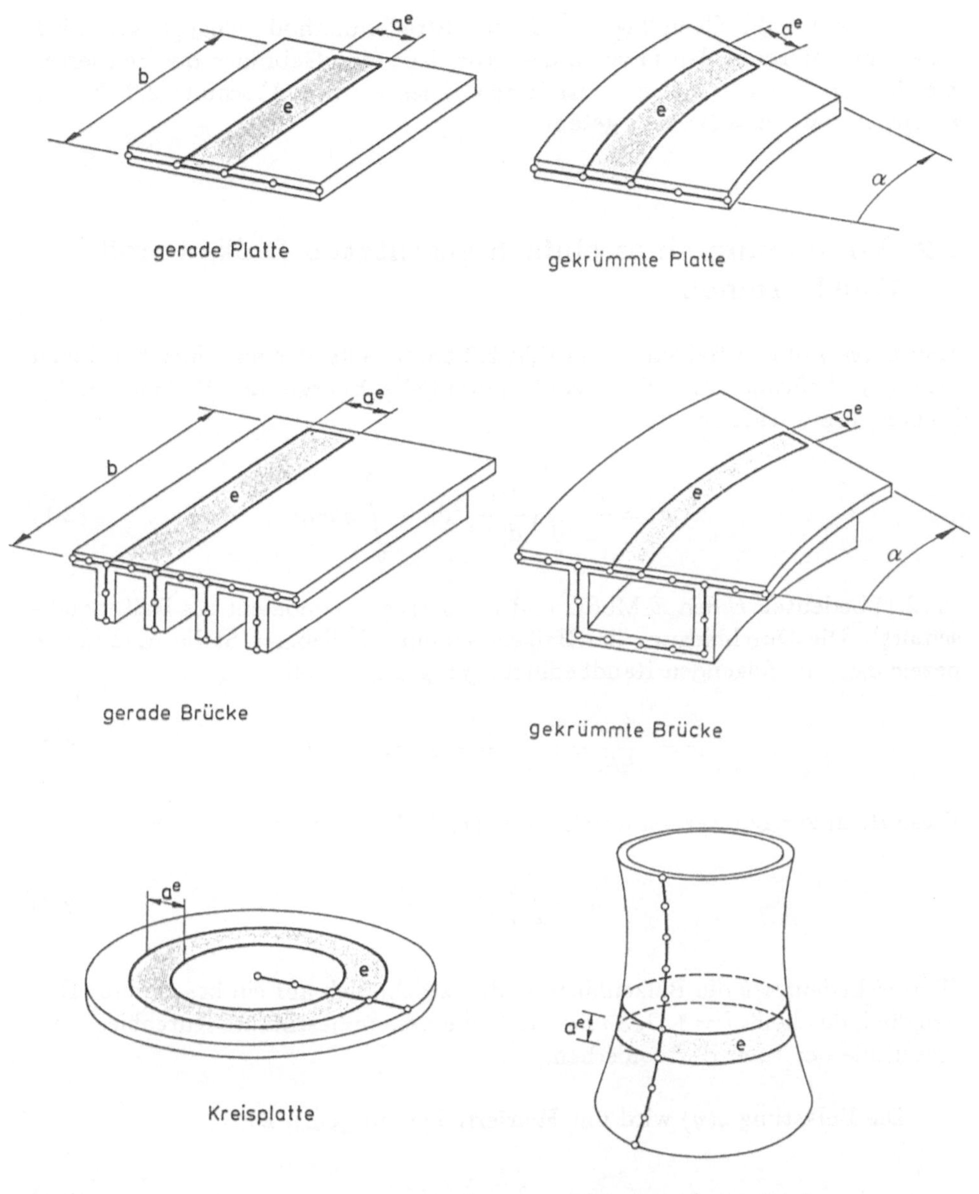

Bild 2.1 Verschiedene Strukturen, die mit der finiten Streifenmethode berechnet
werden können

geleitet werden kann, der zuerst dargelegt wird. Der letzte Teil dieses Kapitels stellt die rechentechnische Erfassung der finiten Streifenmethode auf dem Computer vor. Alle Einzelheiten eines finiten Streifenprogramms werden für die Berechnung von rechteckigen und gekrümmten Platten dargestellt.

Bevor auf die Grundlage der finiten Streifenmethode eingegangen wird, ist es von Interesse, den Leser in den grundlegenden Gebrauch der Fourierreihen für die Strukturanalyse einzuführen. Dies wird in Abschnitt 2.2 für den einfachen Fall eines Balkens getan.

2.2 Berechnung eines einfach gestützten Balkens mit Fourierreihen

Man betrachte den Balken wie in Bild 2.2 dargestellt, der mit einer beliebigen Last $q(y)$ belastet ist. Die gesamte potentielle Energie des Balkens infolge Biegung ergibt sich zu

$$\pi(w) = \frac{EI}{2} \int_0^b (\frac{d^2w}{dy^2})^2 \mathrm{d}y - \int_0^b qw\mathrm{d}y. \tag{2.1}$$

In (2.1) bedeuten E den E-Modul und I das Trägheitsmoment des Balkenquerschnitts. Die Durchbiegung des Balkens an einer beliebigen Stelle wird mit w bezeichnet, die folgenden Randbedingungen genügen soll

$$w = \frac{d^2w}{dy^2} = 0 \text{ für } y = 0 \text{ und } y = b. \tag{2.2}$$

Diese Bedingungen werden durch die folgende Fourierreihe befriedigt

$$w = \sum_{l=1}^{\infty} w^l \mathrm{sin} l\frac{\pi y}{b}. \tag{2.3}$$

Hierbei bedeutet b die Balkenlänge und l bezieht sich auf ein bestimmtes Reihenglied, das heißt $l = 1, 2, 3$ usw. und w^l ist die unbestimmte Durchbiegungsamplitude der l-ten Harmonischen.

Die Belastung $q(y)$ wird mit Fourierreihen ausgedrückt

$$q(y) = \sum_{l=1}^{\infty} q^l \mathrm{sin} l\frac{\pi y}{b}. \tag{2.4}$$

Hierbei ist q^l die Lastamplitude der l-ten Harmonischen, die durch Anwendung der Eulerschen Formel für Fourierreihen erhalten wird, das heißt

$$q^l = -\frac{\int_{b_0}^{b_l} q(y)\mathrm{sin} l\, \pi y/b \, \mathrm{d}y}{\int_0^b \mathrm{sin}^2 l\, \pi y/b \, \mathrm{d}y} = \frac{2}{b} \int_{b_0}^{b_1} q(y)\mathrm{sin} l\, \pi y/b \, \mathrm{d}y, \tag{2.5}$$

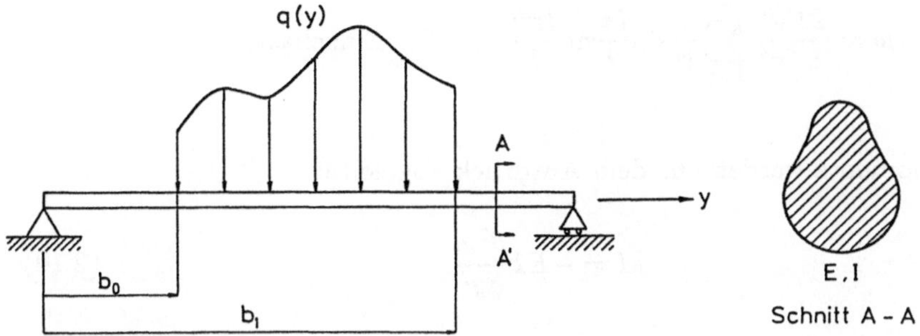

Bild 2.2 Einfach gestützter Balken mit konstantem Querschnitt unter
   beliebiger, Linienlast $q(y)$

wobei die Last in dem Bereich von $y = b_0$ bis $y = b_1$ aufgebracht wird, siehe
Bild 2.2. Der Wert von q^l kann leicht ermittelt werden, vorausgesetzt, daß das
Produkt $q(y)\sin l\pi y/b$ integrierbar ist.

Für eine gegebene Lastharmonische besteht das Problem darin, die unbekannte Amplitude w^l zu finden, die eindeutig die Durchbiegung des Balkens
für diese Harmonische beschreibt. Einsetzen von (2.3) und (2.4) in (2.1) ergibt

$$\pi(w) = \sum_{l=1}^{\infty} \left(\frac{EI}{4}(w^l)^2 \frac{l^4 \pi^4}{b^3} - \frac{b}{2} q^l w^l \right). \tag{2.6}$$

Der Wert von w^l wird durch Minimierung der gesamten potentiellen Energie
nach w^l erhalten, d.h. aus

$$\frac{\partial \pi(w)}{\partial w^l} = 0 \qquad \text{ergibt sich} \qquad w^l = \frac{q^l b^4}{EI l^4 \pi^4}. \tag{2.7}$$

Die Durchbiegung des Balkens erhält man, indem die Summation in (2.3) ausgeführt wird. Aus der Biegelinie können die Krümmungen und somit die Biegemomente berechnet werden.

Als praktisches Beispiel wird der Balken, wie in Bild 2.3 dargestellt, zwei
Lastfällen unterworfen: Eine Gleichlast mit der Belastung q, die über die gesamte Balkenlänge aufgebracht wird; eine vertikale Einzellast P, die in Balkenmitte wirkt. Der Fourierkoeffizient q^l wird für jede Belastung aus (2.5)
erhalten zu

$$q^l = \frac{2q}{l\pi}(1 - \cos l\pi) \qquad \text{für Gleichlast,} \tag{2.8}$$

$$q^l = \frac{2P}{b} \sin \frac{l\pi}{2} \qquad \text{für Einzellast.}$$

Somit wird die vertikale Durchbiegung für jeden Lastfall aus (2.7) und (2.3)
erhalten zu

$$w = \frac{2q b^4}{EI \pi^5} \sum_{l=1}^{\infty} \frac{1 - \cos l\pi}{l^5} \sin \frac{l\pi y}{b} \qquad \text{für Gleichlast,} \tag{2.9}$$

$$w = \frac{2Pb^3}{EI\pi^4} \sum_{l=1}^{\infty} \frac{1}{l^4} \sin\frac{l\pi}{2} \sin\frac{l\pi y}{b} \qquad \text{für Einzellast.}$$

Die Biegemomente werden aus dem Ausdruck abgeleitet

$$M = -EI\frac{d^2 w}{dy^2}. \tag{2.10}$$

Somit können für jeden Lastfall die Biegemomente ausgedrückt werden zu

$$M = \frac{2qb^2}{\pi^3} \sum_{l=1}^{\infty} \frac{1}{l^3}(1 - \cos l\pi)\sin\frac{l\pi y}{b}, \tag{2.11}$$

$$M = \frac{2Pb}{\pi^2} \sum_{l=1}^{\infty} \frac{1}{l^2} \sin\frac{l\pi}{2} \sin\frac{l\pi y}{b}.$$

Man beachte, daß in (2.9) und (2.11) die geraden harmonischen Terme null sind. Dies folgt aus der Symmetrie der Belastung um die Balkenmitte.

Numerische Ergebnisse für die vertikale Durchbiegung und für das Biegemoment in Balkenmitte sind in Bild 2.3 dargestellt. Für beide Lastfälle wurden neun Harmonische ungleich null mitgenommen. Folgende Schlüsse können gezogen werden:

a) Die Konvergenz zu dem theoretischen Wert [2.19] für die Durchbiegung und für das Biegemoment ist für die Gleichlast viel schneller als für die Einzellast.

b) In beiden Lastfällen ist die Konvergenz für das Biegemoment langsamer als die für die Durchbiegung.

Die Konvergenz der Lösung ist deshalb lastabhängig. Als Regel gilt, daß Lösungen für Gleichlasten ungleich schneller konvergieren als solche für Punktlasten. Ebenso gilt, daß die Anzahl der Harmonischen, die gebraucht werden, einen bestimmten Grad an Genauigkeit zu erreichen, größer ist für die Biegemomente als für die Verschiebungen.

Diese praktischen Regeln aus einem einfachen Beispiel abgeleitet, gelten auch für die allgemeine finite Streifenmethode.

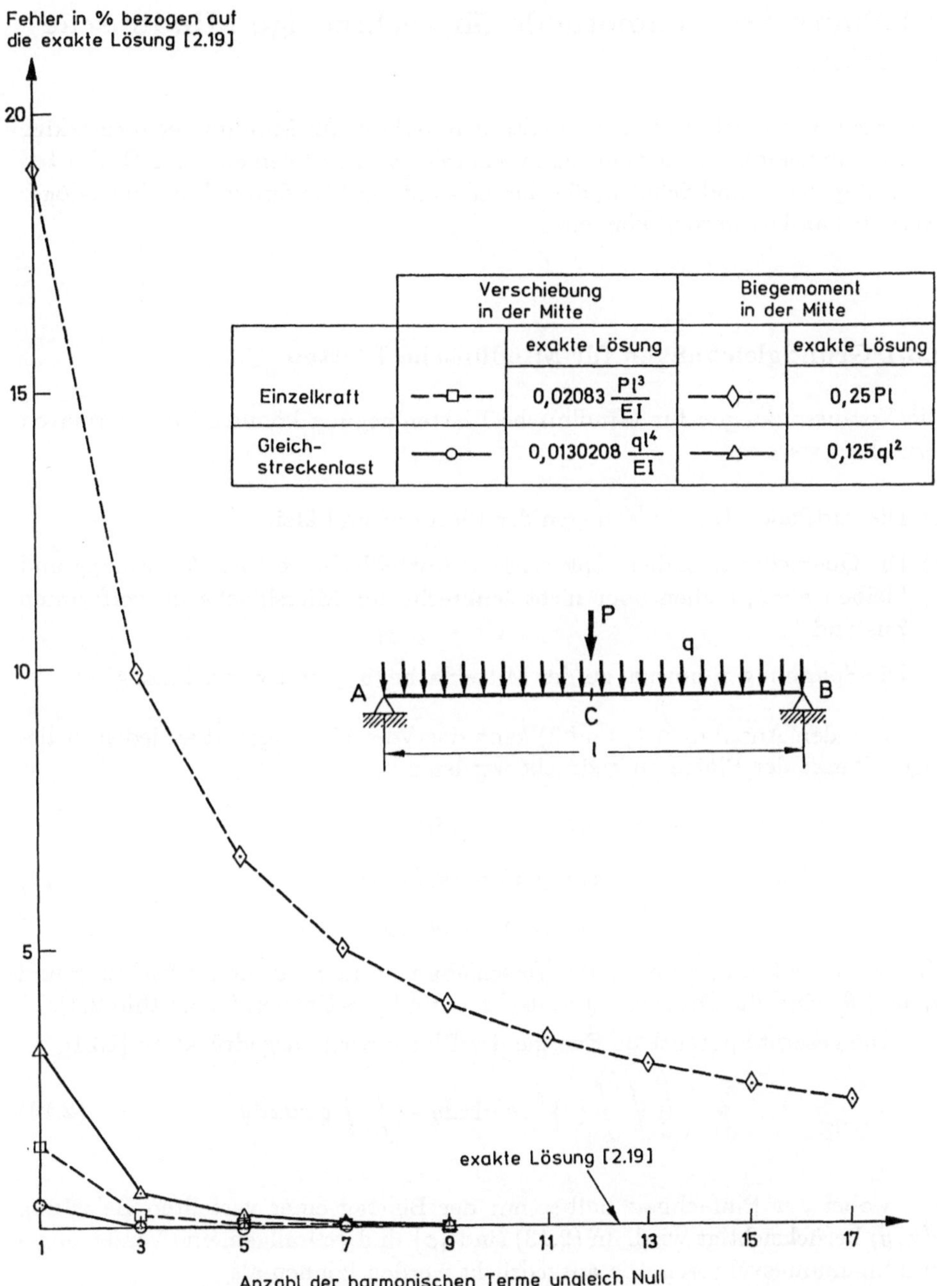

		Verschiebung in der Mitte		Biegemoment in der Mitte	
			exakte Lösung		exakte Lösung
Einzelkraft	— — □ — —		$0{,}02083\,\dfrac{Pl^3}{EI}$	— — ◇ — —	$0{,}25\,Pl$
Gleich-streckenlast	—— ○ ——		$0{,}0130208\,\dfrac{ql^4}{EI}$	—— △ ——	$0{,}125\,ql^2$

Bild 2.3 Einfach gestützter Balken mit Fourierreihen berechnet.
Konvergenzuntersuchung der Durchbiegung und des Biegemomentes
in Feldmitte für Einzellast und Gleichstreckenlast

2.3 Finite Streifenmethode für rechteckige Mindlinsche Platten

In diesem Abschnitt wird die finite Streifenmethode für Mindlinsche rechteckige Platten abgeleitet als Einführung zu komplexeren Problemen wie z.B. Platten mit Hohlprofilen und Schalen, die ebenfalls mit der Streifenmethode in analoger Weise behandelt werden können.

2.3.1 Grundgleichungen für Mindlinsche Platten

Die Voraussetzungen für Mindlinsche Plattenbiegung können folgendermaßen formuliert werden:

1) Die vertikalen Durchbiegungen der Platte w sind klein.

2) Die Querschnitte stehen senkrecht zur Mittelfläche vor der Verformung und bleiben eben, stehen aber nicht senkrecht zur Mittelfläche im verformten Zustand.

3) Die Spannungen normal zu der Mittelfläche, σ_z, sind vernachlässigbar.

Aus den Annahmen 1) und 2) kann das Verschiebungsfeld an jedem beliebigen Punkt der Platte ausgedrückt werden zu

$$u(x,y,z) = z\theta_x(x,y)$$

$$v(x,y,z) = z\theta_y(x,y) \tag{2.12}$$

$$w(x,y,z) = w(x,y).$$

Hierbei bedeuten u, v und w die Verschiebungen in x-, y- und z-Richtung und θ_x und θ_y sind die Drehwinkel in den x-z- und y-z-Ebenen (siehe Bild 2.4).

Die gesamte potentielle Energie der Platte wird ausgedrückt zu [2.21]

$$\pi = \frac{1}{2} \int \int \{\varepsilon\}^T \{\sigma\}\mathrm{d}x\mathrm{d}y - \int \int qw\mathrm{d}x\mathrm{d}y, \tag{2.13}$$

wobei der Einfachheit halber nur der Beitrag einer verteilten Belastung $q(x,y)$ berücksichtigt wird. In (2.13) sind $\{\varepsilon\}$ und $\{\sigma\}$ allgemeine Verzerrungs- und Spannungsvektoren, die ausgedrückt werden können als

$$\{\varepsilon\} = \{\varepsilon_b^T, \varepsilon_s^T\}^T \; ; \; \{\sigma\} = \{\sigma_b^T, \sigma_s^T\}^T \tag{2.14}$$

mit

$$\{\varepsilon_b\} = \{\frac{\partial \theta_x}{\partial x}, \frac{\partial \theta_y}{\partial y}, \frac{\partial \theta_x}{\partial y} + \frac{\partial \theta_y}{\partial x}\}^T \tag{2.15}$$

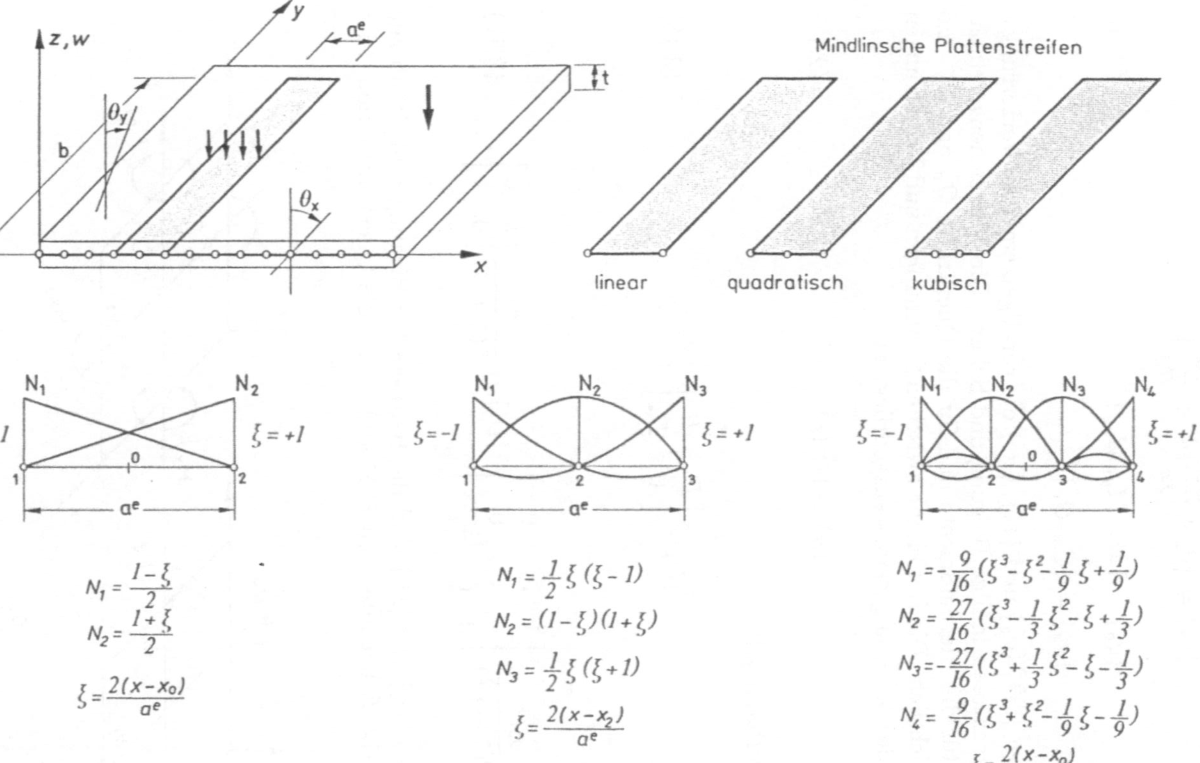

Bild 2.4 Lineare, quadratische und kubische Mindlinsche Plattenstreifen und ihre Ansatzfunktionen

$$\{\varepsilon_s\} = \{\theta_x + \frac{\partial w}{\partial x}, \theta_y + \frac{\partial w}{\partial y}\}^T$$

$$\{\sigma_b\} = \{M_x, M_y, M_{xy}\}^T \tag{2.16}$$

$$\{\sigma_s\} = \{Q_x, Q_y\}^T \ .$$

Hierbei bedeuten $\{\varepsilon_b\}$, $\{\sigma_b\}$ und $\{\varepsilon_s\}$, $\{\sigma_s\}$ die verallgemeinerten Verzerrungs- und Spannungsvektoren infolge Biegung und Schub. Die Vorzeichenvereinbarung in (2.16) für die Biegemomente und für die Querkräfte Q_x und Q_y sind aus Bild 2.5 ersichtlich. Die Beziehung zwischen Spannungen und Verzerrungen wird mit Hilfe des Materialgesetzes ausgedrückt zu

$$\{\sigma\} = [D]\{\varepsilon\} \ , \tag{2.17}$$

für die isotrope Platte gilt

$$[D] = \begin{bmatrix} D_b & 0 \\ 0 & D_s \end{bmatrix} \ , \tag{2.18}$$

wobei gilt

$$[D_b] = \frac{Et^3}{12(1-\nu^2)} \begin{bmatrix} 1 & \nu & 0 \\ \nu & 1 & 0 \\ 0 & 0 & \frac{(1-\nu)}{2} \end{bmatrix} ; [D_s] = \frac{Et}{2(1+\nu)} \begin{bmatrix} k & 0 \\ 0 & k \end{bmatrix} . \tag{2.19}$$

Die Submatrizen $[D_b]$ und $[D_s]$ sind die Beiträge für Biegung und Schub zur Elastizitätsmatrix; E bedeutet den E-Modul und ν die Querkontraktion, t ist

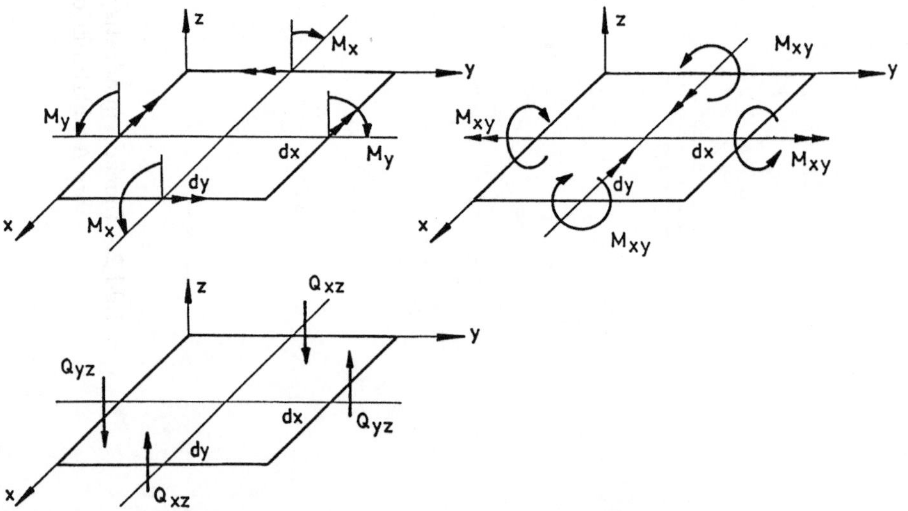

Bild 2.5 Vorzeichenkonvention für Momente und Querkräfte

die Plattendicke, k ist der Schubfaktor, der die Verwölbung des Querschnittes berücksichtigt [2.19]. Für rechteckige Querschnitte gilt $k = 5/6$.

2.3.2 Finite Streifenmethode für Mindlinsche Platten

Die finite Streifenmethode für die Berechnung Mindlinscher Platten folgt genau denjenigen Schritten, wie sie in dem einfachen Beispiel des Abschnitts 2.2 ausgeführt wurden. Also, die Verschiebungen werden jetzt als Fourierreihen entlang der y Richtung entwickelt, in der sowohl die Material- als auch die geometrischen Eigenschaften der Platte als konstant angenommen werden, d.h.

$$w(x,y) = \sum_{l=1}^{\infty} w^l(x)\sin\frac{l\pi}{b}y$$

$$\theta_x(x,y) = \sum_{l=1}^{n} \theta_x^l(x)\sin\frac{l\pi}{b}y \qquad (2.20)$$

$$\theta_y(x,y) = \sum_{l=1}^{n} \theta_y^l(x)\cos\frac{l\pi}{b}y.$$

Dabei bedeutet b die Plattenlänge, w^l, θ_x^l und θ_y^l sind die Amplituden der l-ten Harmonischen und n ist die Anzahl der Reihenglieder.

Der nächste Schritt besteht darin, die Verschiebungsamplituden, die nur eine Funktion der x-Koordinate sind, zu diskretisieren, indem eine übliche finite Elementeeinteilung [2.20] entlang der Querschnittsrichtung der Platte gewählt wird.

Somit wird innerhalb eines Elementes e die Verschiebungsamplitude ausgedrückt zu

$$w^l(x) = \sum_{i=1}^{n_e} N_i(x)w_i^l$$

$$\theta_x^l(x) = \sum_{i=1}^{n_e} N_i(x)\theta_{xi}^l \qquad (2.21)$$

$$\theta_y^l(x) = \sum_{i=1}^{n_e} N_i(x)\theta_{yi}^l.$$

Hierbei bedeuten w_i^l, θ_{xi}^l und θ_{yi}^l die Knotenamplituden des i-ten Knotens am Element e, $N_i(x)$ ist die eindimensionale Verschiebungsfunktion am Knoten i des Elementes e, und n_e ist die Anzahl der Knoten des Elementes e.

Somit ist die gesamte Vorgehensweise gleichbedeutend mit der Einteilung der Platte in longitudinale Elemente oder Streifen in der Art, daß jeder Streifen eine bestimmte Anzahl von Knoten oder genauer Knotenlinien besitzt, die mit der Querrichtung verbunden sind. Das gesamte Verschiebungsfeld wird in Längsrichtung durch Fourierreihenentwicklung entsprechend (2.20) erfaßt und in Querrichtung mit Hilfe finiter Elemente entsprechend (2.21) diskretisiert (siehe Bild 2.4).

Wird (2.20) in (2.21) eingesetzt, so folgt daraus

$$\{u\} = \sum_{l=1}^{n} \sum_{i=1}^{n_e} [N_i^l]\{a_i^l\}. \tag{2.22}$$

Hierbei bedeutet

$$\{u\} = \{w, \theta_x, \theta_y\}^T$$

$$[N_i^l] = \begin{bmatrix} N_i S_l & 0 & 0 \\ 0 & N_i S_l & 0 \\ 0 & 0 & N_i C_l \end{bmatrix}$$

$$\{a_i^l\} = \{w_i^l, \theta_{xi}^l, \theta_{yi}^l\}^T$$

$$S_l = \sin\frac{l\pi}{b}y \quad \text{und} \quad C_l = \cos\frac{l\pi}{b}y.$$

Die harmonische Reihenentwicklung genügt, wie sie gewählt worden ist, folgenden Randbedingungen für $y = 0$ und $y = b$:

$$w = \theta_x = 0 \tag{2.23}$$

$$\frac{\partial w}{\partial x} = \frac{\partial \theta_x}{\partial x} = \frac{\partial \theta_y}{\partial y} = 0.$$

Die Randbedingungen bedeuten, daß die Platte an den beiden gegenüberliegenden Enden in y-Richtung einfach gelagert ist. Andere Randbedingungen können durch eine geeignete Auswahl von Fourierreihenentwicklungen entsprechend (2.20) dargestellt werden. Jedoch ist die Entwicklung, so wie sie hier gewählt worden ist, die einfachste und in der Praxis aus ökonomischen Gründen gebräuchlichste, wie später erläutert wird.

Die diskreten Ausdrücke innerhalb eines Streifens für die Verzerrungen und Spannungen werden dadurch erhalten, daß (2.22) in (2.14) bzw. (2.17) eingesetzt wird. Somit werden nach Einsetzen folgende Ausdrücke erhalten

$$\{\varepsilon\} = \sum_{l=1}^{n} \sum_{i=1}^{n_e} [B_i^l]\{a_i^l\} \tag{2.24}$$

und

$$\{\sigma\} = \sum_{l=1}^{n} \sum_{i=1}^{n_e} [D][B_i^l]\{a_i^l\}. \tag{2.25}$$

Hierbei bedeutet $[B_i^l]$ die Verzerrungsverschiebungsmatrix am Knoten i des Streifens e für die l-te Harmonische, die ausgedrückt werden kann zu

$$[B_i^l] = \begin{bmatrix} B_{bi}^l \\ B_{si}^l \end{bmatrix} \tag{2.26}$$

mit

$$[B_{bi}^l] = \begin{bmatrix} 0 & \partial N_i/\partial x \; S_l & 0 \\ 0 & 0 & -N_i \; l\pi/b \; S_l \\ 0 & N_i \; l\pi/b \; C_l & \partial N_i/\partial x \; C_l \end{bmatrix} \tag{2.27}$$

und

$$[B_{si}^l] = \begin{bmatrix} \partial N_i/\partial x \; S_l & N_i S_l & 0 \\ N_i \; l\pi/jb \; C_l & 0 & N_i C_l \end{bmatrix}.$$

Die Matrizen $[B_{bi}^l]$ und $[B_{si}^l]$ sind die Beiträge am Knoten i in Folge Biegung und Schub für die l-te Harmonische.

Werden die äußeren Belastungen in der gleichen Weise wie die Verschiebungen entwickelt, so kann die verteilte vertikale Last durch Reihenentwicklung ausgedrückt werden zu

$$q = \sum_{l=1}^{n} q^l \sin\frac{l\pi}{b}y. \tag{2.28}$$

Somit folgt, daß die gesamte potentielle Energie der Platte als Summe der Beiträge π^e jedes Streifens ausgedrückt werden kann, indem (2.24) und (2.25) sowie (2.20) und (2.28) in (2.13) eingesetzt werden.

$$\pi = \sum_{e} \pi^e = \sum_{e} \left\{ \frac{1}{2} \int\int_{A_e} (\sum_{l=1}^{n} \sum_{i=1}^{n_e} [B_i^l]\{a_i^l\})^T [D] (\sum_{m=1}^{m} \sum_{j=1}^{n_e} [B_j^m]\{a_j^m\}) dA \right.$$

$$\left. - \int\int_{A^e} (\sum_{l=1}^{n} \sum_{i=1}^{n_e} N_i S_l w^l)(\sum_{m=1}^{n} q^m S_m) dA \right\}, \tag{2.29}$$

wenn A^e die Querschnittsfläche des Streifens e bedeutet.

Indem die orthogonalen Eigenschaften der Funktionen S_l und C_l berücksichtigt werden, erhält man

$$\int_0^b S_l S_m dy = \frac{b}{2} \text{ für } l = m$$

$$\int_0^b C_l C_m dy = 0 \text{ für } l \neq m. \tag{2.30}$$

Somit kann die gesamte potentielle Energie des Streifens e von (2.29) ausgedrückt werden zu

$$\pi^e = \frac{1}{2} \sum_{l=1}^{n} \sum_{m=1}^{n} \sum_{i=1}^{n_e} \sum_{j=1}^{n_e} \{a_i^l\}^T [K_{ij}^{lm}]^e \{a_j^m\}$$

$$- \sum_{l=1}^{n} \sum_{i=1}^{n_e} \{a_i^l\}^T \{f_i^l\}^e \qquad (2.31)$$

mit

$$[K_{ij}^{lm}]^e = \frac{b}{2} \int_0^{a^e} [B_i^l]^T [D]\, [B_j^m]\mathrm{d}x \qquad \text{für } l = m \qquad (2.32)$$

bzw.

$$[K_{ij}^{lm}]^e = 0 \qquad \text{für } l \neq m.$$

Die Steifigkeitsmatrix des Streifens e mit der Breite a^e ist $[K_{ij}^{lm}]^e$ und verknüpft die Knoten i und j für die l-te Harmonische.

Der Ausdruck

$$\{f_i^l\}^e = \frac{b}{2} \int_0^{a^e} \{0, N_i q^l, 0\}^T \mathrm{d}x \qquad (2.33)$$

stellt den Vektor der äußeren Kräfte am Knoten i des Elementes e für die l-te Harmonische dar. Die Matrix $[B_i^l]$ von (2.32) wird aus (2.27) erhalten, indem einfach $S_l = C_l = 1$ gesetzt wird.

Aus (2.32) und (2.33) wird ersichtlich, daß zwischen den einzelnen harmonischen Termen keine Kopplung besteht. Aus diesem Grunde können die Steifigkeitsmatrizen und Belastungsvektoren jedes Streifens für jede Harmonische getrennt berechnet werden.

Die diskretesierte Form der Gleichgewichtsbedingungen wird einfach dadurch erhalten, indem die gesamte potentielle Energie der Platte π im Hinblick auf die Knotenamplituden minimiert wird, d.h.

$$\frac{\partial \pi}{\partial a_i^l} = 0. \qquad (2.34)$$

Beziehung (2.34) führt zu einem linearen Gleichungssystem der Form

$$\begin{bmatrix} K^{11} & & & & 0 \\ & K^{22} & & & \\ & & \cdot & & \\ & & & \cdot & \\ 0 & & & & K^{nn} \end{bmatrix} \begin{Bmatrix} a^1 \\ a^2 \\ \cdot \\ \cdot \\ \cdot \\ a^n \end{Bmatrix} = \begin{Bmatrix} f^1 \\ f^2 \\ \cdot \\ \cdot \\ \cdot \\ f^n \end{Bmatrix}. \qquad (2.35)$$

Die globale Steifigkeitsmatrix $[K^{ll}]$ und der globale Lastvektor $\{f^l\}$ wird für jede Harmonische getrennt berechnet und die Beiträge der verschiedenen Streifenmatrizen werden in der üblichen Art und Weise zusammengefaßt [2.20]. Das Gleichungssystem für die l-te Harmonische kann dann unabhängig für die Knotenamplitude a^l gelöst werden. Indem dieser Prozeß für alle Harmonischen wiederholt wird, werden die verschiedenen Knotenamplituden erhalten. Folglich werden die Verschiebungen an jedem Punkt der Struktur mit (2.22) berechnet, die Verzerrungen und die Spannungen können aus (2.24) bzw. (2.25) erhalten werden.

Es wird darauf hingewiesen, daß die Entkopplung der Steifigkeits- und Lastmatrizen für jede Harmonische eine direkte Folge der Fourierreihenentwicklung ist, wie sie für das Verschiebungsfeld in (2.20) gewählt wurde. Falls irgendeine andere Entwicklung benötigt wird, um verschiedene Arten von Randbedingungen an den Plattenenden zu erfassen, so tritt eine Entkopplung nicht auf, infolge der Tatsache, daß die Produkte $S_l C_m$ nicht die Orthogonalitätsbedingung erfüllen [2.12]. In derartigen Fällen ist die Steifigkeitsmatrix voll besetzt und besondere iterative Methoden müssen angewendet werden, damit die finite Streifenmethode mit der allgemeinen finiten Elementmethode konkurrieren kann [2.12].

2.3.3 Numerische Integration

In der momentanen Darstellung werden alle Integrale in Querrichtung wie die z.B. in (2.32) und in (2.33) numerisch berechnet, indem die eindimensionalen Gauss-Legendre-Quadraturformeln benutzt werden [2.20]. Somit wird jedes Integral berechnet wie folgt

$$\int_0^{a^e} f(x)\mathrm{d} = \int_{-1}^{+1} g(\xi)\mathrm{d}\xi = \sum_{i=1}^{n_g} g(\xi_i) W_i. \tag{2.36}$$

Hierbei bedeuten ξ_i und W_i eine dimensionslose Koordinate und einen Gewichtsfaktor am i-ten Gauss-Punkt und n_g ist die Anzahl der Integrationspunkte. Eine Tabelle mit den Werten der Gaussschen Koordinaten und Gewichte kann in [2.20] gefunden werden.

2.3.4 Eine Familie von Mindlinschen finiten Streifen mit reduzierter Integration

Mindlinsche finite Streifen dürfen nur vorsichtig eingesetzt werden, falls die Platte sehr dünn ist. Dieses Problem ist analog demjenigen, das mit Mindlinschen finiten Plattenelementen beobachtet wird. In dem Maße wie die Plattenstärke kleiner wird, in dem Maße neigen die Schubterme dazu, die numerische Lösung zu dominieren. Es werden unrealistische Resultate erhalten, die viel zu steif sind (locking), falls nicht Vorsichtsmaßnahmen getroffen werden.

Die Steifigkeitsmatrix, die mit der l-ten Harmonischen verknüpft ist, kann als Beiträge von Biegung $[K_b^{ll}]$ und Schub $[K_s^{ll}]$ ausgedrückt werden zu

$$[K^{ll}] = [K_b^{ll}] + [K_s^{ll}] \; . \tag{2.37}$$

Eine der einfachsten Methoden, die Singularität der Matrix $[K_s^{ll}]$ und somit das Phänomen "locking" zu vermeiden, besteht darin, die Zwänge, die von den Schubtermen ausgehen, durch reduzierte Integration der Koeffizienten von $[K_s^{ll}]$, wie sie in der Steifigkeitsmatrix $[K^{ll}]$ auftauchen, abzumindern. Die anderen Teile der Steifigkeitsmatrix werden exakt integriert. Dieser Prozeß wird als selektive Integration bezeichnet. Dieser Teil kann ebenso mit niedriger Ordnung integriert werden und wird dann als reduzierte Integration bezeichnet.

Die Anzahl der Integrationspunkte, um die Streifenmatrizen exakt zu integrieren, hängt offensichtlich von der Ordnung der Ansatzfunktionen jedes Streifens ab. Bild 2.4 zeigt die Ansatzfunktionen für lineare, quadratische und kubische Mindlinsche Streifenelemente. Tabelle 2.1 enthält die Anzahl von Gaussschen Integrationspunkten, die gebraucht werden für volle, reduzierte und selektive Integration der Matrizen $[K_b^{ll}]$ und $[K_s^{ll}]$.

Tabelle 2.1 Gauss-Integrationsregeln für die Matrizen $[K_b^{ll}]$ und $[K_s^{ll}]$ und für verschiedene Mindlinsche Streifenelemente

Streifen-element	Anzahl der Integrationspunkte					
	vollständig (F)		selektiv (S)		reduziert (R)	
	$\underset{\sim}{K}_b''$	$\underset{\sim}{K}_s''$	$\underset{\sim}{K}_b''$	$\underset{\sim}{K}_s''$	$\underset{\sim}{K}_b''$	$\underset{\sim}{K}_s''$
o—o	2	2	2	1	1	1
o—o—o	3	3	3	2	2	2
o—o—o—o	4	4	3	3	3	3

Von Onate und Suarez [2.18] wurde gezeigt, daß die Singularität der Matrix $[K_s^{ll}]$ für lineare, quadratische und kubische Streifen in den meisten praktischen Fällen beseitigt wird, falls reduzierte oder selektive Integration benutzt wird.

Der lineare Streifen mit voller Integration liefert i.a. schlechte, viel zu steife Ergebnisse, sogar in den Fällen, in denen die Platte relativ dick ist. Der Streifen mit quadratischen Ansatzfunktionen und voller Integration ist unzuverlässig. Obwohl die Durchbiegungen und die Biegemomente in den meisten Fällen mit den theoretischen Werten übereinstimmen, oszillieren die Querkräfte und ein Glättungsprozeß wird empfohlen. Jedoch führt der kubische Streifen zu guten Resultaten bei voller Integration. Nichts desto trotz kann die reduzierte

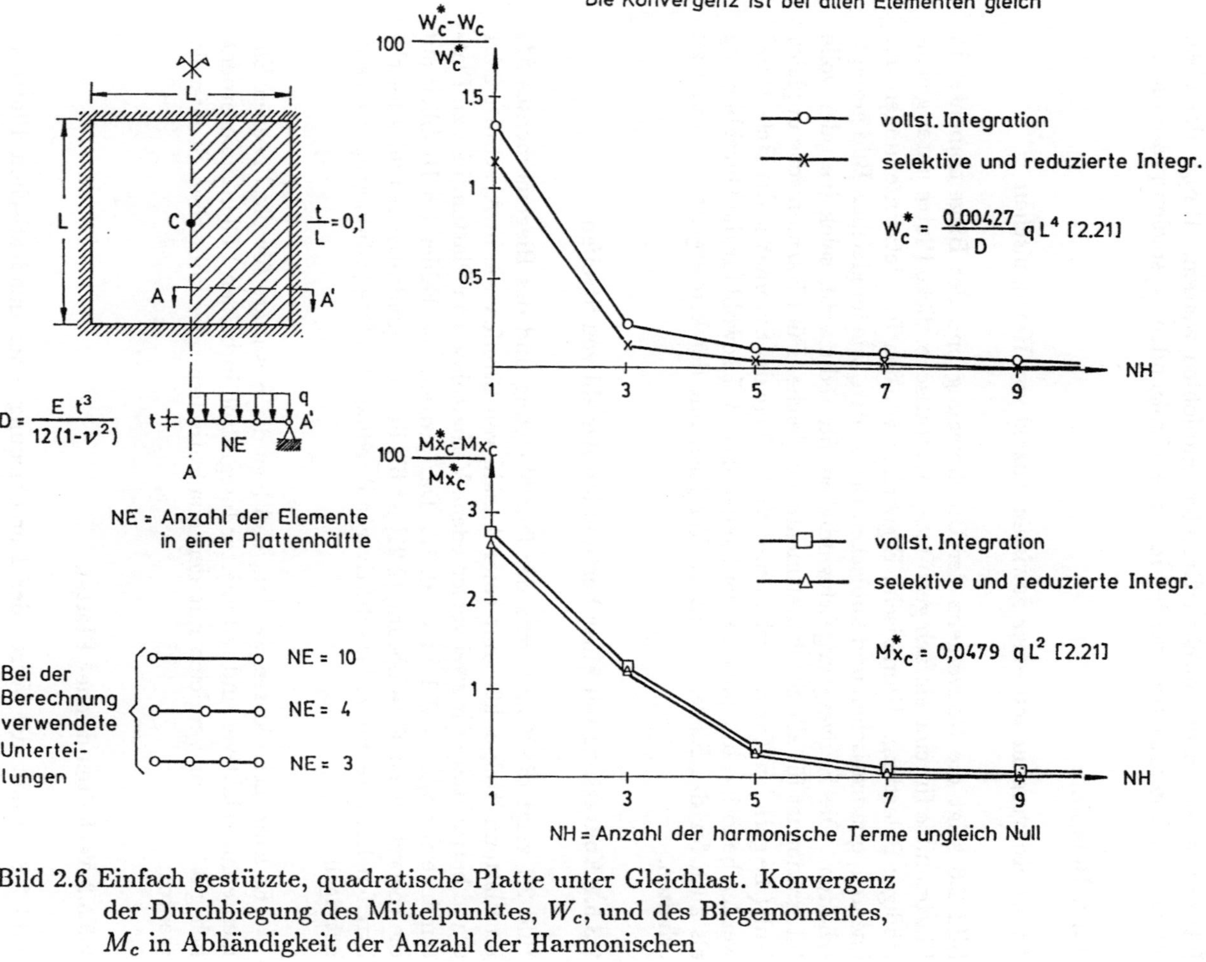

Bild 2.6 Einfach gestützte, quadratische Platte unter Gleichlast. Konvergenz der Durchbiegung des Mittelpunktes, W_c, und des Biegemomentes, M_c in Abhändigkeit der Anzahl der Harmonischen

Integration aus ökonomischen Gründen empfohlen werden. Einige der oben erwähnten Eigenschaften werden in den nachfolgenden Beispielen präsentiert.

2.3.5 Beispiele

2.3.5.1 Konvergenz mit einer gewissen Anzahl von Harmonischen

Bild 2.6 zeigt die Konvergenz der Durchbiegung und des Biegemomentes in Plattenmitte für eine einfach gestützte, quadratische, dicke Platte unter gleichmäßiger Belastung. Numerische Ergebnisse wurden für Netzeinteilungen mit linearen, quadratischen und kubischen Elementen, wie im gleichen Bild gezeigt, erhalten. Die Konvergenzgeschwindigkeit für reduzierte, selektive oder volle Integration ist für alle Streifenelemente die gleiche. Fünf Harmonische ungleich Null (die geraden Harmonischen sind Null infolge der Symmetrie der Belastung) werden benötigt, um einen Fehler kleiner als $0,3\,\%$ sowohl für die Durchbiegung als auch für das Biegemoment im Vergleich mit der konvergierten Lösung zu erhalten.

2.3.5.2 Konvergenz mit einer bestimmten Anzahl von Streifen

Bild 2.7 zeigt die Konvergenz der Durchbiegung und des Biegemomentes M_x im Plattenmittelpunkt – mit einer Anzahl von Streifen wie in Abschnitt 2.5.1 schon betrachtet – für zwei verschiedene Verhältnisse von Plattendicke zu Plattenlänge für $t/L = 0,1$ bzw. $0,01$. Der prozentuale Fehler im Hinblick auf die theoretische exakte Lösung [2.21] ist für lineare, quadratische und kubische Streifenelemente mit voller selektiver und reduzierter Integration graphisch aufgetragen.

Es kann geschlossen werden, daß hier die Resultate für die linearen Elemente mit selektiver und reduzierter Integration in beiden Fällen außerordentlich gut sind im Vergleich mit den quadratischen oder kubischen Streifenelementen.

2.3.5.3 Verhalten dünner Platten

Bild 2.8 enthält die Werte der Durchbiegung einer quadratischen Platte in Plattenmitte entsprechend Bild 2.6 für eine große Anzahl von Verhältnissen Plattendicke zu Plattenabmessung. Es kann beobachtet werden, daß alle Elemente ein gutes Verhalten mit reduzierter oder selektiver Integration zeigen und die korrekte Lösung für dicke, dünne und sehr dünne Platten wiedergeben.

Es ist interessant, sich die Verteilung der Querkräfte entlang der Mittellinie der Platte für verschiedene Plattenstärken anzusehen. Die Querkräfte sind in Bild 2.9 für zwei Verhältnisse Plattendicke zu Plattenabmessung für $t/L = 0,1$ bzw. $0,01$ dargestellt. Es ist ersichtlich, daß für diese beiden

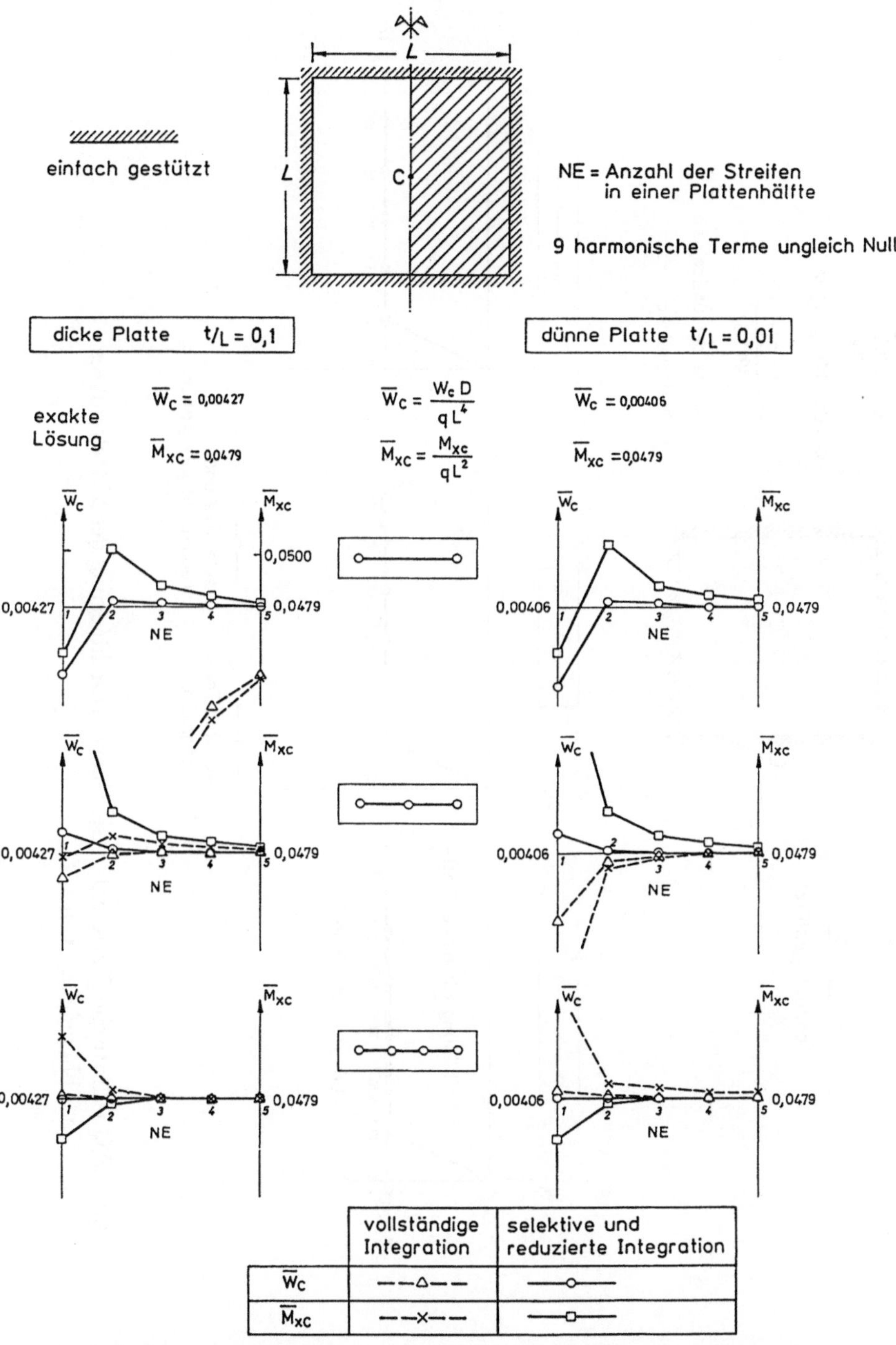

	vollständige Integration	selektive und reduzierte Integration
$\overline{W}_C$	—–△—–	—○—
$\overline{M}_{XC}$	—–×—–	—□—

Bild 2.7 Quadratische Platte unter Gleichlast. Konvergenzuntersuchung der Durchbiegung und des Biegemomentes M_x im Mittelpunkt der Platte für lineare, quadratische und kubische Streifen mit vollständiger, selektiver und reduzierter Integration

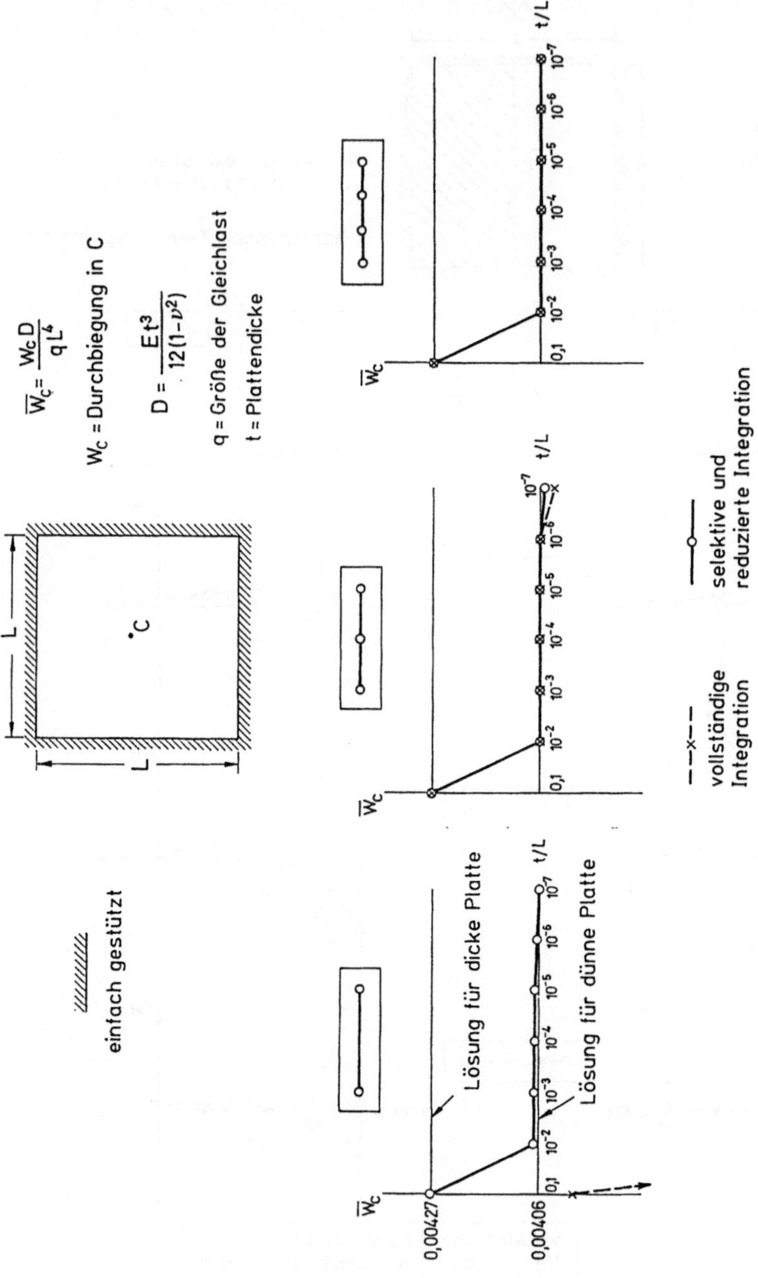

Bild 2.8 Quadratische Platte unter Gleichlast. Durchbiegung des Mittelpunktes in Abhängigkeit von t/L

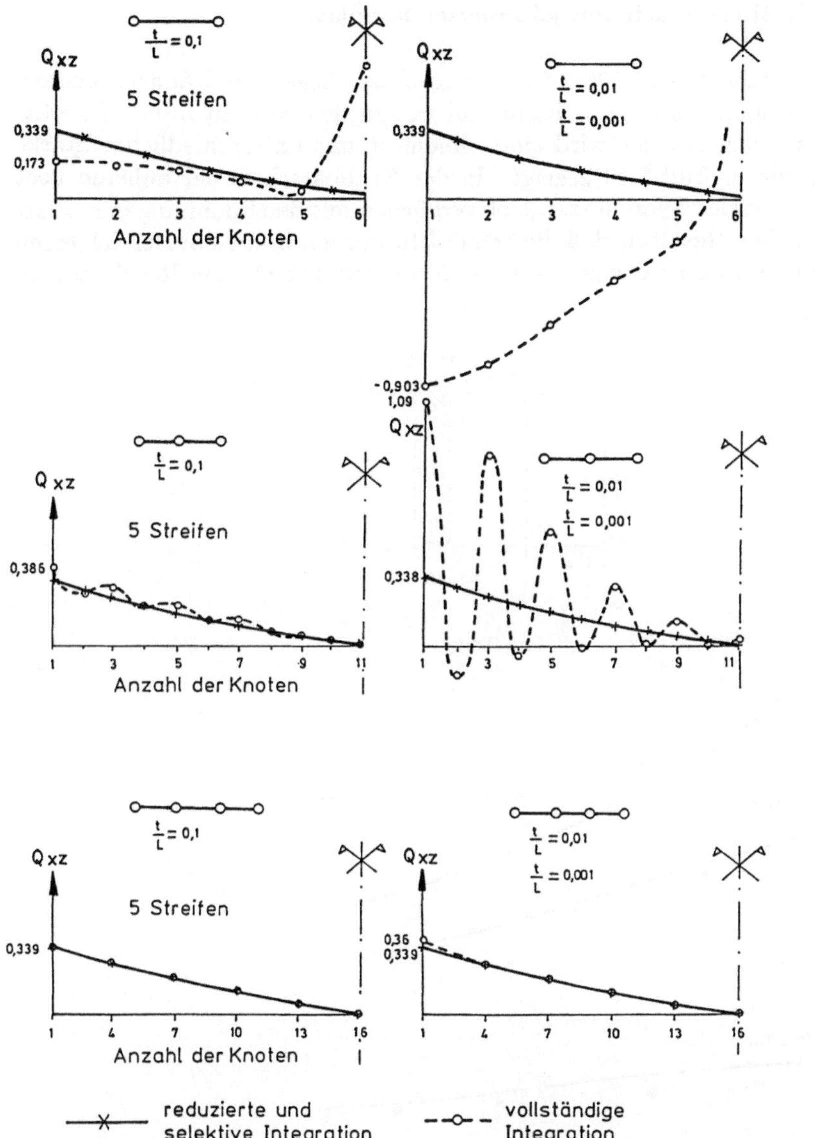

Bild 2.9 Querkraftverlauf für lineare, quadratische und kubische Elemente
        entlang der Mittellinie für verschiedene
        Streifenelemente und Integrationsregeln

Fälle falsche Ergebnisse mit linearen Elementen mit voller Integration erhalten
werden, wohingegen selektive und reduzierte Integration korrekte Ergebnisse
liefern. Die Resultate für das quadratische Element mit voller Integration oszillieren wie schon erwähnt. Diese Oszillationen werden durch selektive oder
reduzierte Integration eliminiert. In [2.18] kann mehr Information über dieses
Beispiel gefunden werden.

2.3.5.4 Quadratische Platte mit lokalisierter Randlast

Diese quadratische Platte ist auf zwei gegenüber liegenden Rändern einfach gestützt, eingespannt an einem Rand und frei an dem vierten Rand. Im Mittelpunkt des freien Randes wird eine Linienlast mit unterschiedlicher Stärke aufgebracht wie in Bild 2.10 gezeigt. In der Nachbarschaft der äußeren Last sind die transversalen Spannungen groß verglichen mit den Spannungen in Plattenebene mit dem Resultat, daß die Schubdeformation in diesem Bereich einen bedeutenden Beitrag zu der gesamten Deformation liefert. Die Resultate, die

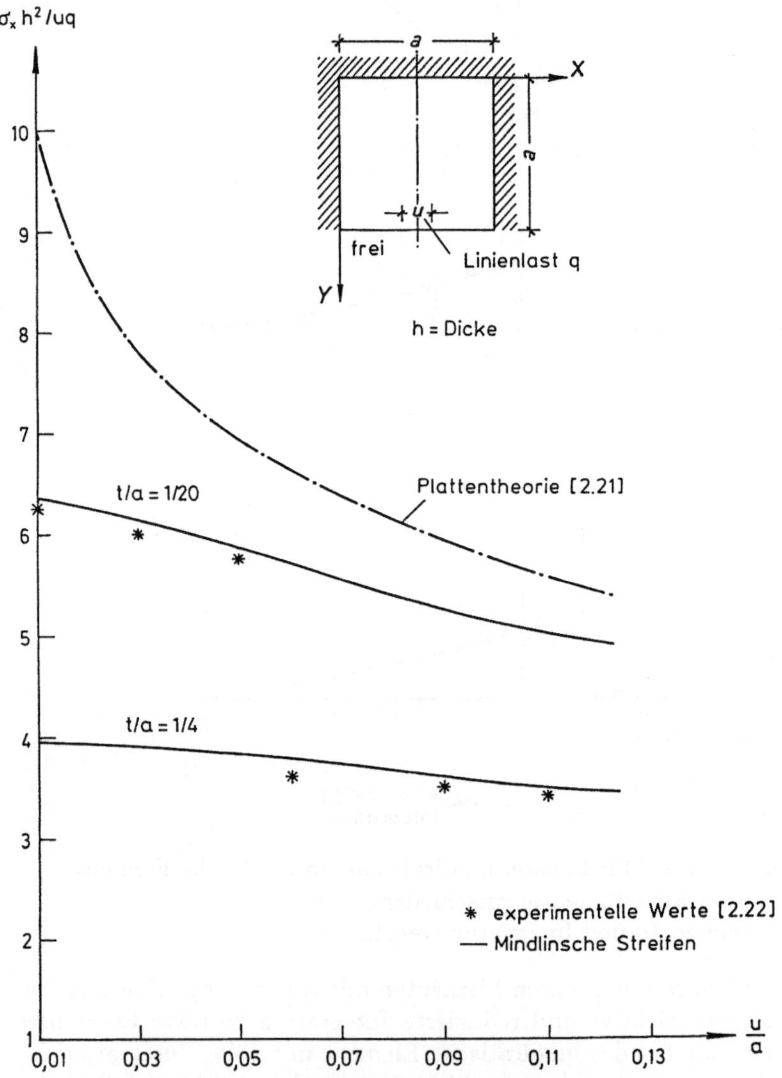

Bild 2.10 Quadratische Platte, an drei Kanten gestützt, unter einer Linienlast an der freien Kante. Maximale Zugspannung

mit linearen, quadratischen und kubischen Mindlinschen Streifenelementen mit reduzierter Integration erhalten werden , werden Lösungen, basierend auf der klassischen Plattentheorie [2.21] und Resultaten von Alwar und Ramachandran, in denen Reissners Theorie mit experimentellen Ergebnissen verglichen wird, gegnübergestellt [2.22]. Bild 2.10 zeigt deutlich die Bedeutung der Schubdeformation. In dem Maße wie die Belastung der Linienlast anwächst, überschätzen die numerischen Resultate, wie sie mit der klassischen Plattentheorie erhal-

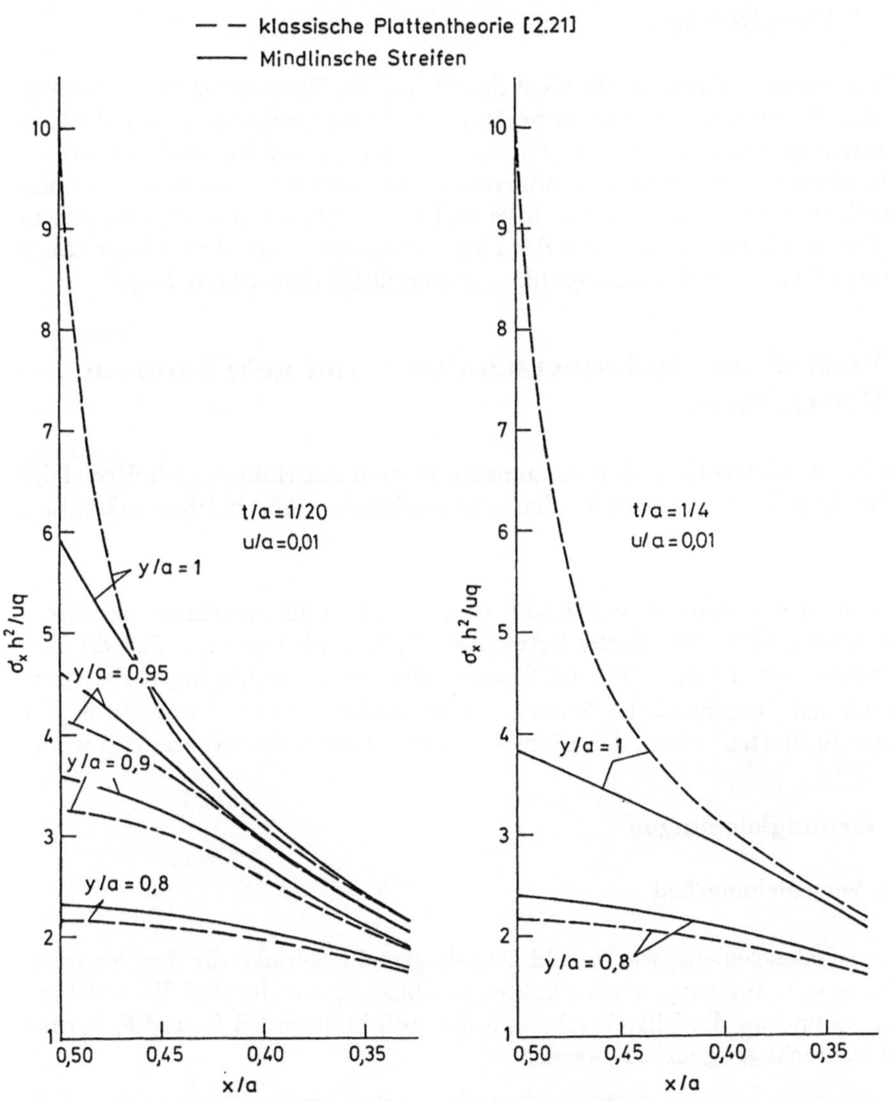

Bild 2.11 Quadratische Platte, an drei Kanten gelagert, unter einer Linienlast an der freien Kante. Maximale Zugspannung an verschiedenen Punkten

ten werden, erheblich die maximalen Schubspannungen in der Mitte des freien Randes. Diese Situation verschlechtert sich noch für dickere Platten. Die numerischen Resultate, wie sie mit allen drei Mindlinschen Streifenelementen erhalten werden, befinden sich in guter Übereinstimmung mit den experimentellen Ergebnissen. Bild 2.11 zeigt das lokale Verhalten dieser Überschätzung sowie, daß die dünne Plattentheorie in Bereichen, die nicht zu weit von der aufgebrachten Last entfernt sind, befriedigend ist.

2.3.5.5 Schlußfolgerungen

Für ökonomische Lösungen, die nicht das Phänomen "locking" aufweisen sollen, sollte für alle Streifenelemente in praktischen Plattenproblemen die reduzierte Integration benutzt werden. Ergänzend soll gesagt werden, daß das lineare Streifenelement mit reduzierter Integration das beste Element zu sein scheint hinsichtlich seines Verhaltens für dicke und dünne Platten und seiner Einfachheit. Ferner, eine explizite Form der Elementmatrizen wird durch Ausrechnen der Integrale am Streifenmittelpunkt erhalten [2.18] (Ein-Punkt-Regel).

2.4 Platten mit Hohlquerschnitten und gekrümmten Plattformen

Die finite Streifenmethode für Mindlinsche Platten mit Hohlquerschnitten folgt eng der Berechnung wie sie in den vorhergehenden Abschnitten präsentiert wurde.

Es wird der allgemeine Fall von Platten mit Hohlquerschnitt und kreisförmig gekrümmter Deckfläche betrachtet. Später wird gezeigt, daß die Formulierungen für Platten mit Hohlquerschnitten und rechteckiger Plattform sowie für axialsymmetrische Schalen als Spezialfall dieser Formulierung für gekrümmte Platten, wie in den nächsten Abschnitten erläutert, erhalten wird.

2.4.1 Grundgleichungen

2.4.1.1 Verschiebungsfeld

In dem Schalenelement, wie in Bild 2.12 dargestellt, können die drei Verschiebungen u, v, w eines typischen Punktes in Abhängigkeit der drei Verschiebungen u_0, v_0 und w_0 der Mittelfläche und der zwei Drehwinkel θ_s und θ_t normal zur Mittelfläche ausgedrückt werden

$$u(s,\theta,n) = u_0(s,\theta) + n\theta_s(s,\theta)$$

$$v(s,\theta,n) = v_0(s,\theta) + n\theta_t(s,\theta) \tag{2.38}$$

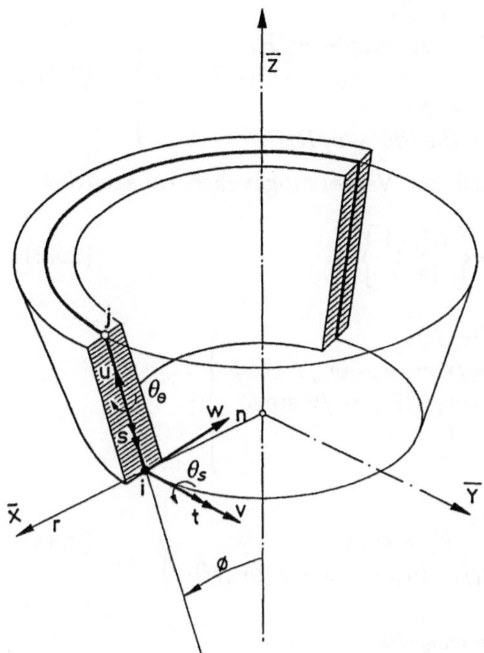

Bild 2.12 Vorzeichenkonvention der Verschiebungen bei einer Kegelschale

$$w(s, \theta, n) = w_0(s, \theta).$$

In (2.38) bedeuten θ_s und θ_t die Drehwinkel normal zur Mittelfläche, die in den Ebenen sn und tn wirken. Diese Drehwinkel können als Summe ausgedrückt werden, die sich zusammensetzt aus der Änderung der Tangente der Mittelfläche und einer zusätzlichen mittleren Drehung infolge Schub, so daß gilt

$$\theta_s = -\frac{\partial w_0}{\partial s} + \phi_s \tag{2.39}$$

$$\theta_t = -\frac{1}{r}\frac{\partial w_0}{\partial \theta} + \phi_t.$$

Der Verschiebungsvektor an einem typischen Punkt wird nun definiert zu

$$\{u\} = \{u_0, v_0, w_0, \theta_s, \theta_t\}^T. \tag{2.40}$$

2.4.1.2 Verzerrungen

Die relevanten Verzerrungen in dem lokalen System (s, t, n), wie in Bild 2.12 illustriert, werden definiert zu

$$\{\varepsilon\} = \left\{\begin{array}{c} \varepsilon_s \\ \varepsilon_t \\ \gamma_{st} \\ \gamma_{sn} \\ \gamma_{tn} \end{array}\right\} = \left\{\begin{array}{c} \partial u/\partial s \\ 1/r\ \partial v/\partial\theta + u/r\ \sin\phi - w/R_t \\ 1/r\ \partial u/\partial\theta + \partial v/\partial s - v/r\ \sin\phi - n/R_t\ \partial v/\partial s \\ \theta_s + \partial w/\partial s \\ \theta_t + 1/r\ \partial w/\partial\theta + v/R_t \end{array}\right\} . \quad (2.41)$$

Nach Einsetzen von (2.38) in (2.41) wird der Verzerrungsvektor ausgedrückt zu

$$\{\varepsilon\} = \{\varepsilon_m\} + \left\{\begin{array}{c} n\{\varepsilon_b\} \\ \{\varepsilon_s\} \end{array}\right\} , \quad (2.42)$$

wobei

$$\{\varepsilon_m\} = \left\{\begin{array}{c} \partial u_0/\partial s \\ 1/r\ \partial v_0/\partial\theta + u_0/r\ \sin\phi - w_0/r\ \cos\phi \\ \partial v_0/\partial s + 1/r\ \partial u_0/\partial\theta - v_0/r\ \sin\phi \\ 0 \\ 0 \end{array}\right\} ;$$

$$\{\varepsilon_b\} = \left\{\begin{array}{c} \partial\theta_s/\theta s \\ 1/r\ \partial\theta_t/\partial\theta + \theta_s/r\ \sin\phi \\ \partial\theta_t/\partial s + 1/r\ \partial\theta_s/\partial\theta - \theta_t/r\ \sin\phi - \cos\phi/r\ \partial v_0/\partial s \end{array}\right\} \quad (2.43)$$

und

$$\{\varepsilon_s\} = \left\{\begin{array}{c} \theta_s + \partial w_0/\partial s \\ 1/r\ \partial w_0/\partial\theta + v_0/r\ \cos\phi \end{array}\right\} .$$

Hierbei bedeuten $\{\varepsilon_m\}$, $\{\varepsilon_b\}$ und $\{\varepsilon_s\}$ die allgemeinen Verzerrungsvektoren infolge Membran-, Biegungs- und Schubeinfluß. In (2.43) wurden die folgenden Annahmen getroffen

$$(1 + \frac{n}{R_t}) = 1,$$

$$\frac{n^2}{R_t}\frac{\partial\theta_t}{\partial s} = 0 \quad (2.44)$$

und

$$r = R_t\cos\phi .$$

Der allgemeine Verzerrungsvektor wird definiert zu

$$\{\varepsilon\} = \{\{\varepsilon_m\}^T, \{\varepsilon_b\}^T, \{\varepsilon_s\}^T\}^T . \quad (2.45)$$

2.4.1.3 Spannungen

Der Vektor der resultierenden Spannungen, der mit dem allgemeinen Verzerrungsvektor gemäß (2.45) korrespondiert, wird ausgedrückt zu

$$\{\sigma\} = \{\{\sigma_m\}^T, \{\sigma_b\}^T, \{\sigma_s\}^T\}^T. \quad (2.46)$$

Hierbei ist

$$\{\sigma_m\} = \{N_s, N_t, N_{st}\}^T$$

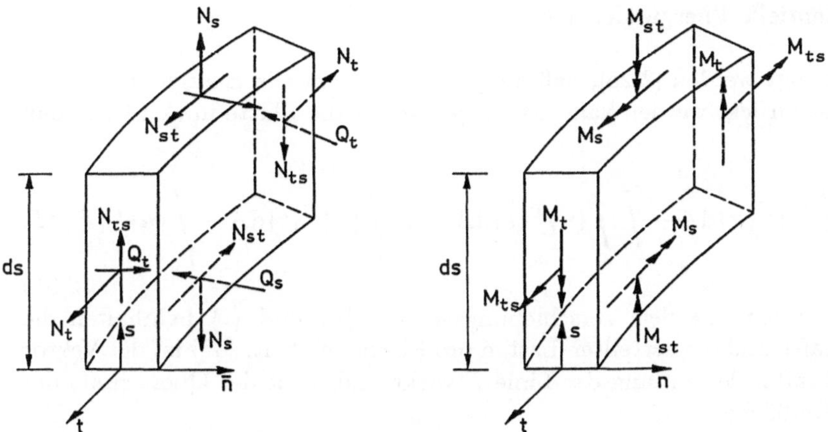

Bild 2.13 Vorzeichenkonvention der Schnittlasten bei einer Kegelschale

$$\{\sigma_b\} = \{M_s, M_t, M_{st}\}^T \tag{2.47}$$

$$\{\sigma_s\} = \{Q_s, Q_t\}^T.$$

Die resultierenden Spannungsvektoren $\{\sigma_m\}$, $\{\sigma_b\}$ und $\{\sigma_s\}$ beinhalten den Einfluß infolge Membran, Biegung und Schub. Die Vorzeichenregelung geht aus Bild 2.13 hervor.

2.4.1.4 Spannungsverzerrungsgesetz

Für elastische Materialien wird der Zusammenhang zwischen Verzerrungen und Spannungen ausgedrückt als

$$\{\sigma\} = [D]\{\varepsilon\} \tag{2.48}$$

mit

$$[D] = \begin{bmatrix} D_m & 0 & 0 \\ 0 & D_b & 0 \\ 0 & 0 & D_s \end{bmatrix}. \tag{2.49}$$

Für isotrope Materialien wird die Membranelastizitätsmatrix geschrieben zu

$$[D_m] = \frac{Et}{1-\nu^2} \begin{bmatrix} 1 & \nu & 0 \\ 0 & 1 & 0 \\ 0 & 0 & \frac{1-\nu}{2} \end{bmatrix}. \tag{2.50}$$

Die Bedeutung der Elastizitätsmatrizen für $[D_b]$ und $[D_s]$ geht aus (2.19) hervor.

2.4.1.5 Potentielle Energie der Schale

Es kann gezeigt werden [2.25], daß die gesamte potentielle Energie der Schale ähnlich ausgedrückt werden kann wie diejenige für die Platte in (2.13), so daß folgt

$$\pi = \frac{1}{2} \int\limits_A \int \{\varepsilon\}^T \{\sigma\} \mathrm{d}A - \int\limits_A \int \{u\}^T \{b\} \mathrm{d}A - \int\limits_A \int \{u\}^T \{t\} \mathrm{d}A - \int\limits_\Gamma \{u\}^T \{P\} \mathrm{d}\Gamma.$$

$$(2.51)$$

Hierbei bedeuten $\{u\}$ den Verschiebungsvektor, $\{b\}$ und $\{t\}$ beinhalten die Volumenkräfte und die verteilten Lasten pro Flächeneinheit, $\{P\}$ ist der Vektor der Einzelkräfte, der entlang der Linie Γ wirkt und A ist der Querschnitt der Schalenmittelfläche.

2.4.2 Formulierung der finiten Streifenmethode für Platten mit gekrümmten Deckflächen

Die Platte mit Hohlquerschnitt wird in longitudinaler Richtung in Streifen eingeteilt wie aus Bild 2.14 ersichtlich ist.

Wenn k die Anzahl der Knoten eines bestimmten Streifens e ist, dann kann das Verschiebungsfeld innerhalb dieses Streifens ausgedrückt werden zu

$$\{u\} = \sum_{l=1}^{n} \sum_{i=1}^{k} [N_i^l]\{a_i^l\}.$$

$$(2.52)$$

Hierbei bedeuten N_i^l Matrix, die die Ansatzfunktionen enthält, und $\{a_i^l\}$ den Vektor der Knotenverschiebungsamplituden verknüpft mit dem Knoten i für die l-te Harmonische. Diese Matrizen haben folgende Gestalt

$$[N_i^l] = \begin{bmatrix} N_i S_l & 0 & 0 & 0 & 0 \\ 0 & N_i C_l & 0 & 0 & 0 \\ 0 & 0 & N_i S_l & 0 & 0 \\ 0 & 0 & 0 & N_i S_l & 0 \\ 0 & 0 & 0 & 0 & N_i C_l \end{bmatrix}$$

$$(2.53)$$

$$\{a_i^l\} = \{u_{oi}^l, v_{oi}^l, w_{oi}^l, \theta_{si}^l, \theta_{ti}^l\}^T.$$

$$(2.54)$$

Es bedeutet $S_l = \sin\frac{l\pi}{\alpha}\theta$, $C_l = \cos\frac{l\pi}{\alpha}\theta$. Der Winkel α ist in Bild 2.14 definiert.

Es kann leicht überprüft werden, daß die gewählte harmonische Entwicklung die einfachen Randbedingungen an den Stellen $\theta = 0$ und $\theta = \alpha$ erfüllt. Diese Formulierung ist somit für einfach gestützte Platten mit Hohlquerschnitten und mit starren Querschnitten an beiden Enden gültig.

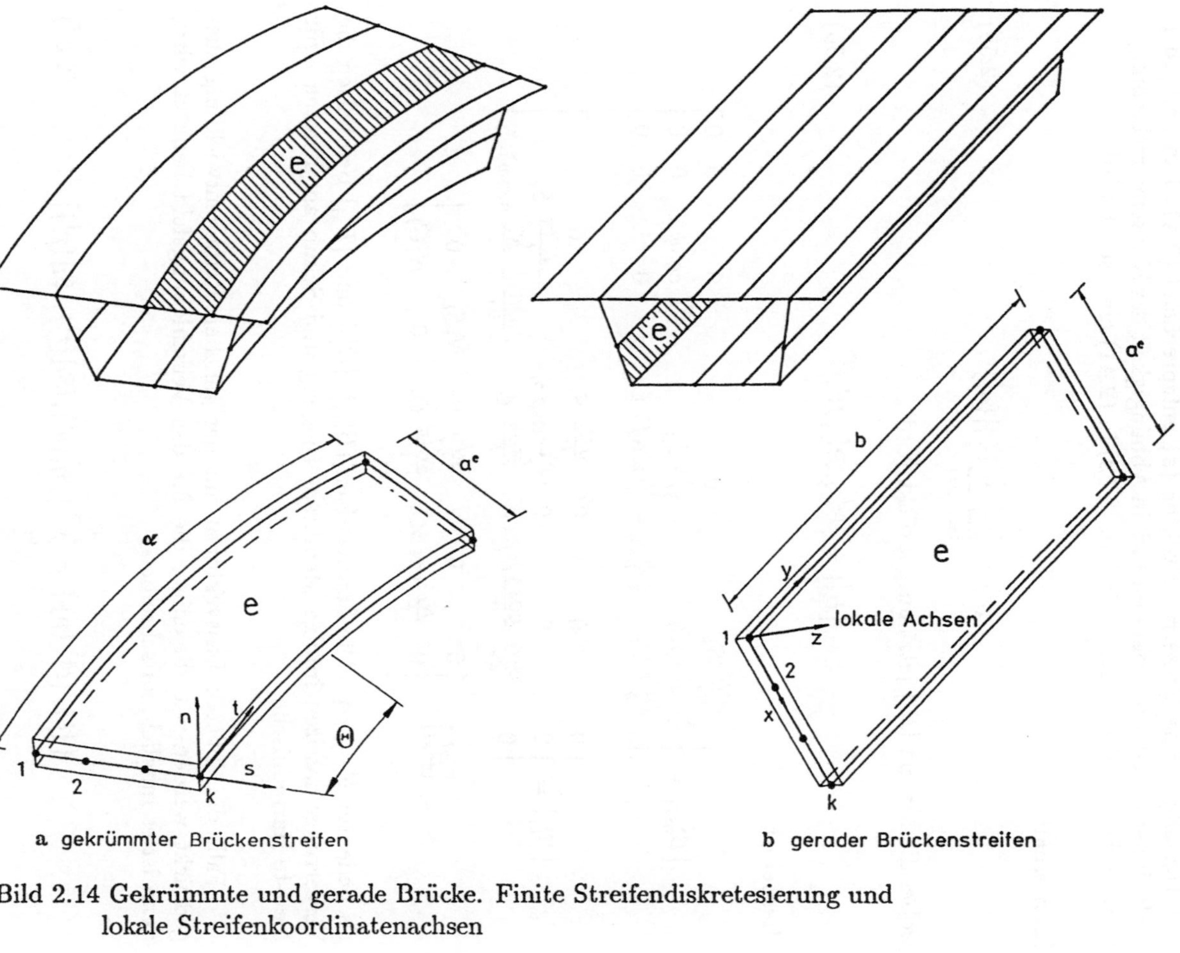

Bild 2.14 Gekrümmte und gerade Brücke. Finite Streifendiskretesierung und lokale Streifenkoordinatenachsen

Der allgemeine Verzerrungsvektor $\{\varepsilon\}$ entsprechend (2.41) kann an jeder Stelle innerhalb des Streifens einfach in Abhängigkeit der Knotenverschiebungsamplituden erhalten werden, indem (2.52) in (2.41) eingesetzt wird.

Man erhält

$$\{\varepsilon\} = \sum_{l=1}^{n} \sum_{i=1}^{k} [B_i^l]\{a_i^l\} \,, \tag{2.55}$$

wobei die Matrix $[B_i^l]$ jetzt ausgedrückt wird

$$[B_i^l] = [B_{mi}^l, B_{bi}^l, B_{si}^l]^T. \tag{2.56}$$

Hierbei ist

$$[B_{mi}^l] = \begin{bmatrix} \frac{\partial N_i}{\partial s} S_l & 0 & 0 & 0 & 0 \\ \frac{N_i}{r} \sin\phi S_l & -\frac{N_i l \pi}{b'} S_l & -\frac{N_i}{r} \cos\phi S_l & 0 & 0 \\ \frac{N_i l \pi}{b'} C_l & \left(\frac{\partial N_i}{\partial s} - \frac{N_i}{r}\sin\phi\right) C_l & 0 & 0 & 0 \end{bmatrix}$$

$$[B_{bi}^l] = \begin{bmatrix} 0 & 0 & 0 & \frac{\partial N_i}{\partial s} S_l & 0 \\ 0 & 0 & 0 & \frac{N_i}{r}\sin\phi S_l & -\frac{N_i l \pi}{b'} S_l \\ 0 & -\frac{\partial N_i}{\partial s}\frac{\cos\phi}{r} C_l & 0 & \frac{N_i l \pi}{b'} C_l & \left(\frac{\partial N_i}{\partial s} - \frac{N_i}{r} \sin\phi\right) C_l \end{bmatrix}$$

$$[B_{si}^l] = \begin{bmatrix} 0 & 0 & \frac{\partial N_i}{\partial s} S_l & N_i S_l & 0 \\ 0 & \frac{N_i}{r} \cos\phi C_l & \frac{N_i l \pi}{b'} C_l & 0 & N_i C_l \end{bmatrix}. \tag{2.57}$$

Es bedeutet $b' = r\alpha$. Die Submatrizen $[B_{mi}^l]$, $[B_{bi}^l]$ und $[B_{si}^l]$ beinhalten die Verzerrungsmatrizen infolge Membran, Biegung und Schub am Knoten i für die l-te Harmonische.

Falls die äußeren Lastvektoren mit der gleichen Reihenentwicklung ausgedrückt werden wie diejenige, die für das Verschiebungsfeld benutzt wird, dann ist es möglich, zu schreiben

$$\big\{\{b\}, \{t\}, \{p\}\big\} = \sum_{l=1}^{n} \big[[S_l]\{b^l\}, [S_l]\{t^l\}, [S_l]\{p^l\}\big] \tag{2.58}$$

mit

$$[S_l] = \begin{bmatrix} S_l & 0 & 0 & 0 & 0 \\ 0 & C_l & 0 & 0 & 0 \\ 0 & 0 & S_l & 0 & 0 \\ 0 & 0 & 0 & S_l & 0 \\ 0 & 0 & 0 & 0 & C_l \end{bmatrix} \,, \tag{2.59}$$

wobei $\{b^l\}$, $\{t^l\}$ und $\{p^l\}$ die Vektoren für die Kraftamplituden für die l-te Harmonische sind.

Einsetzen von (2.52), (2.56) und (2.48) in den Ausdruck für die potentielle Energie (2.51) und unter Berücksichtigung der orthogonalen Eigenschaften der Funktionen S_l und C_m ist es möglich, nach einem identischen Prozeß, der genauso abläuft wie in (2.30) bis (2.33) für den Fall der Plattenbiegung, Ausdrücke für die Steifigkeitsmatrix und den Lastvektor zu erhalten, die folgende Gestalt besitzen

$$[K_{ij}^{lm}] = \frac{\alpha}{2} \int\limits_{0}^{a_e} [B_i^l]^T [D][B_j^l] r \, \mathrm{d}s \quad \text{für } l = m \tag{2.60}$$

bzw.

$$[K_{ij}^{lm}] = 0 \qquad\qquad \text{für } l \neq m$$

und

$$\{f_i^l\} = \int\limits_{A}\int [N_i^l]^T \{b\} \, \mathrm{d}A + \int\limits_{A}\int [N_i^l]^T \{t\} \, \mathrm{d}A + \int\limits_{\Gamma} [N_i^l]^T \{p\} \, \mathrm{d}\Gamma. \tag{2.61}$$

Weitere Einzelheiten über den Lastvektor für verschiedene Lastfälle werden im Abschnitt 2.8 gegeben. Die Matrix $[B_i^l]$ in (2.60) wird aus (2.57) durch die einfache Annahme $S_l = C_l = 1$ erhalten.

Die diskreten Gleichgewichtsbedingungen der gesamten Struktur werden durch Minimierung der potentiellen Energie abgeleitet. Dieser Vorgang führt zu einem Satz von ungekoppelten Gleichungssystemen, die ähnlich wie die von (2.35) aufgebaut sind. Diese können getrennt für jede Harmonische gelöst werden.

2.4.3 Zusammenfassen der Steifigkeitsmatrizen und Koordinatentransformation

Eine der hauptsächlichsten Unterschiede zwischen der Platte und der Platte mit Hohlquerschnitt besteht darin, daß im Falle der einfachen Plattenbiegung die Streifen sich alle in der gleichen Ebene befinden, die mit der Plattenmittelfläche zusammenfällt. Dagegen treffen im Falle der Platte mit Hohlquerschnitt die Streifen mit verschiedenen Winkeln aneinander. Damit die komplette Steifigkeitsmatrix der Struktur aus den einzelnen Steifigkeitsmatrizen der Streifen zusammengestellt werden kann, müssen alle Knotenkräfte und Verschiebungen in einem gemeinsamen eindeutig definierten Koordinatensystem ausgedrückt werden. Die Knotenverschiebungen wie sie in dem lokalen Streifenkoordinatensystem definiert sind, siehe Bild 2.12, enthalten nur die beiden Drehwinkel θ_s und θ_i. Die dritte Drehung, θ_n, um die n-Achse erscheint nicht in der Definition der Verzerrungen und wird deshalb auch nicht benötigt, um das Verhalten der Struktur in jedem einzelnen Streifen zu modellieren. Jedoch, wenn mehrere Streifen sich an einer gemeinsamen Knotenlinie in verschiedenen Ebenen treffen, ist es notwendig, den Winkel θ_z einzuführen, die Rotation um die globale z-Achse, damit eine konsistente Transformation der Verschiebungen und der Kräfte von dem lokalen zum globalen Koordinatensystem stattfinden kann. Somit ist es möglich zu schreiben

$$\{\overline{a}_i^l\} = [T^{(e)}]\{a_i^l\} \tag{2.62}$$

$$\{\overline{f}_i^l\} = [T^{(e)}]\{f_i^l\} \tag{2.63}$$

und mit

$$\{\overline{a}_i^l\} = \{\overline{u}_i^l, \overline{v}_i^l, \overline{w}_i^l, \theta_{xi}^l, \theta_{yi}^l, \theta_{zi}^l\}^T \tag{2.64}$$

$$\{\overline{f}_i^l\} = \{F_{xi}^l, F_{yi}^l, F_{zi}^l, M_{\theta_{xi}}^l, M_{\theta_{yi}}^l, M_{\theta_{zi}}^l\}^T.$$

Hierbei sind $\{\overline{a}_i^l\}$ und $\{\overline{f}_i^l\}$ der Verschiebungs- und der Kraftvektor am Knoten i des Elementes e in dem globalen Koordinatensystem x, y, z, wobei y parallel zu t verläuft und z die vertikale Achse darstellt, wie in Bild 2.12 angedeutet. Man beachte auch, daß

$$\{a_i^l\} = \{u_i^l, v_i^l, w_i^l, \theta_{si}^l, \theta_{ti}^l, 0\}^T \tag{2.65}$$

$$\{f_i^l\} = \{F_{si}^l, F_{ti}^l, F_{ni}^l, M_{\theta_{si}}^l, M_{\theta_{ti}}^l, 0\}^T \tag{2.66}$$

die gleichen Vektoren in dem lokalen Streifenkoordinatensystem sind. Die Matrix

$$[T^{(e)}] = \begin{bmatrix} \sin\phi & 0 & -\cos\phi & 0 & 0 & 0 \\ 0 & 1 & 0 & 0 & 0 & 0 \\ \cos\phi & 0 & \sin\phi & 0 & 0 & 0 \\ 1 & 0 & 0 & 1 & 0 & 0 \\ 0 & 0 & 0 & 0 & \sin\phi & \cos\phi \\ 0 & 0 & 0 & 0 & -\cos\phi & \sin\phi \end{bmatrix} \tag{2.67}$$

ist die Koordinatentransformationsmatrix des Elementes e und ϕ ist der Winkel zwischen den Achsen s und z wie in Bild 2.12 gezeigt.

Die Streifensteifigkeitsmatrix im globalen System wird in der üblichen Gestalt geschrieben

$$\left[\overline{K}_{ij}^{ll}\right]^e = [T^{(e)}][K_{ij}^{'ll}][T^e]^T \tag{2.68}$$

mit

$$[K_{ij}^{'ll}] = \begin{bmatrix} K_{ij}^{ll} & 0 \\ 0 & 0 \end{bmatrix}. \tag{2.69}$$

Die sechste Zeile und Spalte der Matrix $[K'^{ll}_{ij}]$ enthält nur Nullelemente. Dies geschieht in (2.69) deswegen, um die Transformation von dem lokalen in das globale System zu erleichtern. (2.69) kann in der mehr praktischen Art und Weise geschrieben werden

$$[K^{ll}_{ij}]^e = \frac{\alpha}{2} \int [B^*_i]^T [D][B^*_j] \, r \, \mathrm{d}s \tag{2.70}$$

mit

$$[B^*_i] = [B_i][T]^T. \tag{2.71}$$

Die Matrix $[B^*_i]$ erlaubt die direkte Berechnung der lokalen Spannungsresultierenden aus den globalen Verschiebungen entsprechend (2.55) und (2.49). Somit können die lokalen Spannungsresultierenden ausgedrückt werden zu

$$\{\sigma\} = \sum_{l=1}^{n} \sum_{i=1}^{K} [D][B^*_i{}^l]\{a^l_i\}. \tag{2.72}$$

Im allgemeinen wird die Matrix $[K^{ll}_{ij}]$ voll besetzt sein und somit erscheint θ_z als unabhängiger Freiheitsgrad. Jedoch wird, der resultierende Diagonalsteifigkeitsterm, der zu θ_z gehört, nach der Zusammenfassung aller Streifen null sein, falls alle Streifen, die mit einem bestimmten Knoten verbunden sind, zufällig in der gleichen Ebene liegen. Ein derartiger Knoten wird als koplanarer Knoten bezeichnet und Beispiele gehen aus Bild 2.14 hervor. Diese Singularität der globalen Steifigkeitsmatrix wird in der Praxis dadurch vermieden, daß die Gleichungen, die mit den drei Rotationen an einem koplanaren Knoten korrespondieren, in dem lokalen System s, t, n zusammengefaßt werden, in dem s und n in der gleichen gemeinsamen Ebene liegen, die alle zusammenstoßenden Streifen enthält. Irgendeine willkürliche Zahl wird dann in der sechsten Diagonale der Matrix $[K^{ll}_{ij}]$ hinzugefügt. Dies bedeutet, daß die sechste Gleichung eine Pseudo-Gleichung ist. Jedoch, dies berührt nicht den Lösungsablauf, da diese Gleichung von dem Rest der Steifigkeitsgleichungen entkoppelt ist. Dieser Kunstgriff, zuerst von Clough und Wilson [2.33] vorgeschlagen, bedeutet, daß alle koplanaren und nicht koplanaren Knoten sechs Freiheitsgrade besitzen. Dies ist sehr bequem, falls das Gleichungslösungssystem keine variable Anzahl von Freiheitsgraden an verschiedenen Knoten gestattet.

2.5 Platten mit gekrümmten Deckflächen

Die Mindlinsche Streifenformulierung für die Berechnung von Platten mit gekrümmten Deckflächen kann direkt von der Formulierung für gekrümmte Platten mit Hohlquerschnitten, wie im vorhergegangenen Abschnitt präsentiert, abgeleitet werden, indem die Membransteifigkeit der Struktur in allen Gleichungen vernachlässigt wird. Einzelheiten der Formulierung folgen genau den gleichen Schritten wie jene zuvor erklärt und sollen hier nicht wiederholt werden. Die Steifigkeitsmatrizen und Lastvektoren für jede Harmonische werden aus (2.60) bzw. (2.61) erhalten. Jedoch erscheinen $[B_i^l]$ und $[D]$ jetzt in der Form

$$[B_i^l] = \begin{bmatrix} 0 & \frac{\partial N_i}{\partial s} S_l & 0 \\ 0 & \frac{N_i}{r} \sin\phi S_l & -\frac{N_i l\pi}{b'} S_l \\ 0 & \frac{N_i l\pi}{b'} C_l & (\frac{\partial N_i}{\partial s} - \frac{N_i}{r} \sin\phi)C_l \\ \frac{\partial N_i}{\partial s} S_l & N_i S_l & 0 \\ \frac{N_i l\pi}{b'} C_l & 0 & N_i C_l \end{bmatrix} \qquad (2.73)$$

und

$$[D] = \begin{bmatrix} D_b & 0 \\ 0 & D_s \end{bmatrix}. \qquad (2.74)$$

Hierbei bedeutet $b' = r\alpha$ und $\{a_i^l\}$ aus (2.54) wird jetzt ausgedrückt zu

$$\{a_i^l\} = \{w_i^l, \theta_{si}^l, \theta_{ti}^l\}^T. \qquad (2.75)$$

Indem der Radius stark vergrößert wird, so daß $1/r \simeq 0$ und $b' = b$ ist, wird es möglich, die Verzerrungsverschiebungsmatrix für eine gerade Platte, wie in (2.27), zu erhalten.

2.6 Platten mit Hohlprofil und rechteckiger Plattform

Die Formulierung für Platten mit Hohlquerschnitten und rechteckiger Plattform kann einfach abgeleitet werden aus der Formulierung für das Beispiel mit gekrümmter Plattform wie in Abschnitt 1.4 geschildert. Somit werden nur Einzelheiten der hauptsächlichen Unterschiede geschildert.

2.6.1 Verschiebungsfeld

Für ein ebenes Schalenelement können die drei Verschiebungen eines Punktes in Dickenrichtung ausgedrückt werden in Abhängigkeit der Verschiebungen der Mittelfläche wie

$$u(x,y,z) = u_0(x,y) + z\theta_x(x,y)$$
$$v(x,y,z) = v_0(x,y) + z\theta_y(x,y) \qquad (2.76)$$
$$w(x,y,z) = w_0(x,y) \qquad .$$

Alle Ausdrücke haben die gleiche Bedeutung wie diejenigen von (2.38) mit der Ausnahme, daß das feste lokale Koordinatensystem x,y,z das krummlinige System s,t,n ersetzt (siehe Bild 2.14b).

2.6.2 Verzerrungsfeld

Aus der üblichen Elastizitätstheorie folgt für den Verzerrungsvektor

$$\{\varepsilon\} = \left\{ \begin{array}{c} \varepsilon_m \\ 0 \end{array} \right\} + \left\{ \begin{array}{c} z\varepsilon_b \\ \varepsilon_s \end{array} \right\} , \tag{2.77}$$

wobei

$$\{\varepsilon_m\} = \left\{ \begin{array}{c} \partial u_0/\partial x \\ \partial v_0/\partial y \\ \partial u_0/\partial y + \partial v_0/\partial x \end{array} \right\}$$

$$\{\varepsilon_b\} = \left\{ \begin{array}{c} \partial\theta_x/\partial x \\ \partial\theta_y/\partial y \\ \partial\theta_x/\partial y + \partial\theta_y/\theta x \end{array} \right\} \tag{2.78}$$

$$\{\varepsilon_s\} = \left\{ \begin{array}{c} \theta_x + \partial w_0 \partial x \\ \theta_y + \partial w_0/\partial y \end{array} \right\}$$

die zugehörigen Verzerrungsvektoren für Membran-Biegung und Schub sind. Es soll auf die Entkopplung zwischen Membran und Biegung auf Elementebene hingewiesen werden, die in der gekrümmten Formulierung nicht auftritt (siehe (2.43)).

2.6.3 Spannungen

Die Ausdrücke für den resultierenden Spannungsvektor sind identisch mit denen für die gekrümmte Formulierung (siehe (2.47)), wobei die Indizes x, y und s diejenigen von s, θ und n ersetzen. Die Vorzeichenformulierung entsprechend dem Bild 2.13 wird beibehalten. Die Beziehung zwischen Spannungen und Verzerrungen ist identisch mit der in (2.48).

2.6.4 Finite Streifenformulierung für Platten mit Hohlquerschnitt und rechteckiger Plattform

Die Verschiebungen und Verzerrungen werden in genau der gleichen Art und Weise ausgedrückt wie für gekrümmte Plattformen (siehe (2.52) und (2.56)) mit der Plattformlänge b und der Koordinate y, die die Drehwinkel α und ε ersetzen (siehe Bild 2.14). Die Verzerrungsmatrix $[B_i^l]$ wird aus (2.78) und (2.56) erhalten und erscheint jetzt in der Form

$$[B_i^l] = [B_{mi}^l, B_{bi}^l, B_{si}^l]^T , \tag{2.79}$$

wobei

$$[B_{mi}^l] = \begin{bmatrix} \partial N_i/\partial x \, S_l & 0 & 0 & 0 & 0 \\ 0 & -N_i \, l\pi/b \, S_l & 0 & 0 & 0 \\ N_i \, l\pi/b \, C_l & \partial N_i/\partial x \, C_l & 0 & 0 & 0 \end{bmatrix}$$

$$[B_{bi}^l] = \begin{bmatrix} 0 & 0 & 0 & \partial N_i/\partial x\; S_l & 0 \\ 0 & 0 & 0 & 0 & -N_i\; l\pi/b\; S_l \\ 0 & 0 & 0 & N_i\; l\pi/b\; C_l & \partial N_i/\partial x\; C_l \end{bmatrix} \qquad (2.80)$$

$$[B_{si}^l] = \begin{bmatrix} 0 & 0 & \partial N_i/\partial x\; S_l & N_i S_l & 0 \\ 0 & 0 & N_i\; l\pi/b\; C_l & 0 & N_i C_l \end{bmatrix}$$

die Membran-, Biegung und Schubverzerrungsmatrix für den Knoten i und der l-ten Harmonischen darstellen.

Es wird darauf hingewiesen, daß die Matrix $[B_i^l]$ für rechteckige Platten aus den Ausdrücken für Platten mit gekrümmten Plattformen direkt abgeleitet werden kann, indem einfach der Radius r stark vergrößert wird, so daß $1/r$ gegen Null geht und indem $b' = b$ in (2.57) gesetzt wird.

Diese nützlichen Analogien gestatten, daß alle relevanten Matrizen für rechteckige Platten aus den zugehörigen Ausdrücken für gekrümmte Platten abgeleitet werden können [2.17].

2.7 Axialsymmetrische Schalen

Die Mindlinsche Formulierung für axialsymmetrische Schalen folgt eng derjenigen Formulierung für Faltwerke mit gekrümmten Plattformen. Die Ausdrücke für die Verschiebungen, Verzerrungen und Spannungen sind für axialsymmetrische Schalen identisch mit denen von (2.38) bis (2.50). Mehr noch, die gesamte potentielle Energie der Schale kann in fast identischer Form zu der von (2.51) geschrieben werden. Der einzige Unterschied besteht darin, daß die Integrale jetzt über die Umfangsrichtung genommen werden müssen.

Somit kann die finite Streifenmethode für axialsymmetrische Schalen in Mindlinscher Formulierung als ein weiterer Spezialfall der gekrümmten Faltwerke angesehen werden (wie es der Fall war für rechteckige Platten und Faltwerke). Die grundlegenden Schritte in beiden Formulierungen sind im wesentlichen die gleichen.

2.7.1 Mindlinsche finite Streifenmethode für axialsymmetrische Schalen unter beliebiger Belastung

Die Schale wird in kreisförmige Streifen unterteilt wie in Bild 2.1 dargestellt. Der Verschiebungsvektor kann für axialsymmetrische Schalen unter beliebiger Belastung ausgedrückt werden in Form von symmetrischen und unsymmetrischen Gliedern

$${u} = \sum_{l=0}^{n} \sum_{i=1}^{k} ([N_i^l]\{a_i^l\} + [\bar{N}_i^l]\{\bar{a}_i^l\}) \,, \tag{2.81}$$

wobei der Verschiebungsvektor $\{u\}$ und die Knotenvektoren $\{a_i^l\}$ und $\{\bar{a}_i^l\}$ in (2.40) bzw. (2.54) definiert sind und

$$[N_i^l] = \begin{bmatrix} N_i C_l & 0 & 0 & 0 & 0 \\ 0 & N_i S_l & 0 & 0 & 0 \\ 0 & 0 & N_i C_l & 0 & 0 \\ 0 & 0 & 0 & N_i C_l & 0 \\ 0 & 0 & 0 & 0 & N_i S_l \end{bmatrix} \tag{2.82}$$

$$[\bar{N}_i^l] = \begin{bmatrix} N_i S_l & 0 & 0 & 0 & 0 \\ 0 & N_i C_l & 0 & 0 & 0 \\ 0 & 0 & N_i S_l & 0 & 0 \\ 0 & 0 & 0 & N_i S_l & 0 \\ 0 & 0 & 0 & 0 & N_i C_l \end{bmatrix}$$

die Matrizen $[N_i^l]$ und $[\bar{N}_i^l]$, die die Ansatzfunktionen enthalten, korrespondieren mit den symmetrischen bzw. unsymmetrischen Verschiebungsfeldern. Ferner gilt $S_l = \sin l\theta$ und $C_l = \cos l\theta$.

Man beachte, daß in (2.81) die Harmonische "Null" mitgenommen wurde. Dieser Term hat eine besondere physikalische Bedeutung und gehört zu einer axialsymmetrischen Deformation.

Zur Vereinfachung der Berechnung ist es üblich, die Antwort der Schale auf eine beliebige Belastung als unabhängige Summe der symmetrischen und unsymmetrischen Anteile der Deformation auszurechnen. In dem Falle, in dem alle Lasten hinsichtlich einer Ebene (die wir der Einfachheit halber an der Stelle $\theta = 0$ nehmen wollen) symmetrisch sind, wird nur die Matrix $[N_i^l]$ benutzt.

Der unsymmetrische Anteil wird identisch behandelt; an Stelle von $[N_i^l]$ tritt $[\bar{N}_i^l]$.

Indem wir ganz genau den gleichen Schritten folgen wie denjenigen, die in Abschnitt 2.4.2 für die gekrümmten Faltwerke erklärt wurden, werden die entkoppelten Gleichgewichtsgleichungen für jeden harmonischen Term der Steifigkeitsmatrix erhalten und ausgedrückt zu

$$[K_{ij}^{ll}]^e = 2\pi \int_0^{a^e} [\bar{B}_i^l]^T [D][\bar{B}_j^l]\, r \, \mathrm{d}s \text{ für } l = 0 \tag{2.83}$$

$$[K_{ij}^{ll}]^e = \pi \int_0^{a^e} [B_i^l]^T [D][B_j^l]\, r\, \mathrm{d}s \text{ für } l \neq 0 \,,$$

wobei die Matrix $[D]$ in (2.49) gegeben ist und die Matrix $[B_i^l]$ in allgemeiner Form für die axialsymmetrischen und unsymmetrischen Fälle geschrieben werden kann als

$$[\bar{B}_i^l] = \left[[\bar{B}_{mi}^l]^T, [\bar{B}_{bi}^l]^T, [B_{si}^l]^T\right]^T \,, \tag{2.84}$$

wobei

$$[B_{mi}^l] = \begin{bmatrix} \frac{\partial N_i}{\partial s} & 0 & 0 & 0 & 0 \\ N_i\,\frac{\sin\phi}{r} & \frac{N_i}{r}\,\bar{l} & -\frac{N_i}{r}\cos\phi & 0 & 0 \\ -\frac{N_i}{r}\,\bar{l} & \frac{\partial N_i}{\partial s} - \frac{N_i}{r}\sin\phi & 0 & 0 & 0 \end{bmatrix}$$

$$[B_{bi}^l] = \begin{bmatrix} 0 & 0 & 0 & \frac{\partial N_i}{\partial s} & 0 \\ 0 & 0 & 0 & \frac{N_i}{r}\sin\phi & \frac{N_i}{r}\,\bar{l} \\ 0 & -\frac{\partial N_i}{\partial r}\frac{\cos\phi}{r} & 0 & -\frac{N_i}{r}\,\bar{l} & \frac{\partial N_i}{\partial s} - \frac{N_i}{r}\sin\phi \end{bmatrix}$$

$$[B_{si}^l] = \begin{bmatrix} 0 & 0 & \frac{\partial N_i}{\partial s} & N_i & 0 \\ 0 & \frac{N_i}{r}\cos\phi & -\frac{N_i}{r}\,\bar{l} & 0 & N_i \end{bmatrix} \tag{2.85}$$

die Membran, die Biegung und Schubverzerrungsmatrizen für die l-te Harmonische mit

$\bar{l} = l$ im symmetrischen Fall

$\bar{l} = -l$ für den unsymmetrischen Fall bedeuten.

Es ist bemerkenswert, daß die Matrix $[\bar{B}_i^l]$ direkt aus dem analogen Ausdruck für die gekrümmten Faltwerke abgeleitet werden kann, indem einfach in (2.57) der Wert von $l\pi/\alpha$ durch $\bar{l}$ ersetzt und $S_l = C_l = 1$ gesetzt wird.

Dies zeigt die Vielseitigkeit der allgemeinen Formulierung des Abschnitts 2.4 und wie es gestattet ist, Faltwerke, Platten und axialsymmetrische Schalen in der gleichen Art und Weise zu behandeln.

Die Transformation von der Steifigkeitsmatrix eines Streifens in das globale Koordinatensystem folgt genau den Schritten wie in Abschnitt 2.4.3 für gekrümmte Faltwerke dargestellt, wobei die Transformationsmatrix identisch ist mit der von (2.67). Die Transformation soll hier nicht wiederholt werden.

Die Lasten werden mit der Methode wie in Abschnitt 2.4.2 beschrieben ermittelt, indem die folgende Entwicklung benutzt wird

$$\{\{b\}, \{t\}, \{p\}\} = \sum_{l=0}^{n} \{[S_l]\{b^l\}, [S_l]\{t^l\}, [S_l]\{p^l\}\} \,, \tag{2.86}$$

wobei

$$[S_l] = \begin{bmatrix} C_l & 0 & 0 & 0 & 0 \\ 0 & S_l & 0 & 0 & 0 \\ 0 & 0 & C_l & 0 & 0 \\ 0 & 0 & 0 & C_l & 0 \\ 0 & 0 & 0 & 0 & S_l \end{bmatrix} \qquad (2.87)$$

für den symmetrischen Lastfall. Für den unsymmetrischen Lastfall gilt

$$[S_l] = \begin{bmatrix} S_l & 0 & 0 & 0 & 0 \\ 0 & C_l & 0 & 0 & 0 \\ 0 & 0 & S_l & 0 & 0 \\ 0 & 0 & 0 & S_l & 0 \\ 0 & 0 & 0 & 0 & C_l \end{bmatrix}. \qquad (2.88)$$

Einzelheiten des Lastvektors für verschiedene Lastfälle sind in Abschnitt 2.7.2 zu finden.

Falls die Belastung auch axialsymmetrisch ist, ist die gleiche Formulierung direkt anwendbar, indem nur die Beiträge des Null harmonischen Gliedes (das heißt $\bar{l} = 0$ in (2.85)) ausgerechnet werden. Jedoch kann eine einfachere Formulierung automatisch abgeleitet werden, indem nur die Beiträge der ungleich Null Verschiebungen u, w und θ_s in die Matrix $[\bar{B}_i^0]$ berücksichtigt werden. Einzelheiten dieser Formulierung können in [2.24] gefunden werden.

2.8 Berechnung des äquivalenten Knotenkraftvektors

Wie schon in Abschnitt 2.4.2 erwähnt, werden die äußeren Lasten, die auf die Struktur einwirken, in der gleichen Weise wie die Verschiebungen entwikkelt, das ist die Summe der harmonischen Reihenglieder entlang der Längs-/Umfangsrichtung der Struktur. Ferner ist die Gestalt der Fourierreihen für die Belastungen die gleiche wie diese für die zugehörigen Verschiebungen, das heißt

$$\{u\} = \sum_{l=1}^{n} [S^l]\{u^l\}$$

$$\{f\} = \sum_{l=1}^{n} [S^l]\{f^l\}, \qquad (2.89)$$

wobei $\{f^l\}$ und $[S^l]$ den Lastamplitudenvektor und die Matrix der harmonischen Funktionen für die l-te Harmonische bedeuten. Somit gilt für den Fall der rechteckigen Platte

$$\{P\} = \{P_w, M_{\theta x}, M_{\theta y}\}^T = \sum_{l=1}^{n} [S^l]\{P_w^l, M_{\theta x}^l, M_{\theta y}^l\}^T = \sum_{l=1}^{n} [S^l]\{P^l\}$$

$$\{t\} = \{t_w, M_{\theta x}, M_{\theta y}\}^T = \sum_{l=1}^{n} [S^l]\{t_w^l, M_{\theta x}^l, M_{\theta y}^l\}^T = \sum_{l=1}^{n} [S^l]\{t^l\} \qquad (2.90)$$

$$\{b\} = \{b_w, 0, 0\}^T = \sum_{l=1}^{n} [S^l]\{b_w^l, 0, 0\}^T = \sum_{l=1}^{n_i} [S^l]\{b^l\}.$$

Die Matrix $[S^l]$ kann aus (2.59) einfach abgeleitet werden zu

$$[S^l] = \begin{bmatrix} S_l & 0 & 0 \\ 0 & S_l & 0 \\ 0 & 0 & C_l \end{bmatrix}. \qquad (2.91)$$

In (2.90) bedeuten $\{P\}$, $\{t\}$ und $\{b\}$ die Vektoren für Einzelkräfte, Oberflächenlasten und Volumenkräfte. Die drei Komponenten dieser Vektoren korrespondieren mit den Lasten, die mit der vertikalen Durchbiegung und den beiden Drehwinkeln verbunden sind. Im Falle der Volumenkraft wurde nur die vertikale Komponente b_w, die zu dem Eigengewicht der Struktur pro Flächeneinheit gehört, betrachtet.

Die Lastamplituden werden einzeln mit der Eulerschen Formel berechnet. Es gilt z.B. für eine gleichförmig verteilte vertikale Last

$$q_w^l = \frac{q_w \int_0^b \sin\frac{l\pi}{b} y \, dy}{\int_0^b \sin^2 \frac{l\pi}{b} y \, dy} = \frac{2q_w}{l\pi}(l - \cos l\pi). \qquad (2.92)$$

Eine ähnliche Prozedur wird für die Berechnung der restlichen Lastamplituden durchlaufen.

Der Vektor der Knotenkräfte kann für jeden Streifen der l-ten Harmonischen in allgemeiner Form für die verschiedenen Strukturen, die in diesem Kapitel betrachtet werden, mit (2.61) und den Eigenschaften der orthogonalen Funktionen S_l und C_l ausgedrückt werden zu

$$\{f_i^l\} = C \int_0^{a^e} [N_i]\{b^l\} r \, ds + C \int_0^{a^e} [N_i]\{t^l\} r \, ds + C\{q_i^l\}. \qquad (2.93)$$

Für Platten und Faltwerke gilt $C = L/2$. Hierbei bedeutet L die Länge oder den Winkel der Struktur für den rechteckigen oder den gekrümmten Fall. Für axialsymmetrische Schalen gilt $C = 2\pi$ für $l = 0$ und $C = \pi$ für $l \neq 0$. Für gerade Strukturen muß in (2.93) $r = 1$ gesetzt werden.

In Tabelle 2.2 sind die Ausdrücke für $\{f_i^l\}$ für die drei typischen Lastfälle Einzellast, Gleichlast und Eigengewicht für Platten, Faltwerke und axialsym-

Tabelle 2.2 Ausdrücke für den Knotenlastvektor $\{f_i^e\}$ am Knoten i für die l-te Harmonische

Lastfall	Platte	Faltwerk	axialsymmetrische Schale	
Einzellast am Knoten bei $y=c$	$\underset{\sim}{f}_i^l = \left\{ \begin{matrix} P_i \sin \frac{l\pi c}{L} \\ M_{txi}\sin \frac{l\pi c}{L} \\ M_{tyi}\cos \frac{l\pi c}{L} \end{matrix} \right\}$	$\underset{\sim}{f}_i^l = \left\{ \begin{matrix} P_{xi}\sin \frac{l\pi c}{L} \\ P_{yi}\cos \frac{l\pi c}{L} \\ P_{zi}\sin \frac{l\pi c}{L} \\ M_{txi}\sin \frac{l\pi c}{L} \\ M_{tyi}\cos \frac{l\pi c}{L} \end{matrix} \right\}$	$l=0$ $\underset{\sim}{f}_i^l = \left\{ \begin{matrix} P_{ri} \\ 0 \\ P_{zi} \\ M_{tsi} \\ 0 \end{matrix} \right\}$	$l\neq0$ $\underset{\sim}{f}_i^l = \left\{ \begin{matrix} P_{ri}\cos l\pi \\ 0 \\ P_{zi}\cos l\pi \\ M_{tsi}\cos l\pi \\ 0 \end{matrix} \right\}$
Gleichlast auf das gesamte Element zwischen $b_0 < y < b_1$ $(-\alpha_0 < \alpha < +\alpha_0$ für axialsymmetrische Schalen)	$\underset{\sim}{f}_i^l = C_i \left\{ \begin{matrix} q_z(\cos \frac{l\pi b_0}{L} -\cos \frac{l\pi b_1}{L}) \\ m_{tx}(\cos \frac{l\pi b_0}{L} -\cos \frac{l\pi b_1}{L}) \\ m_{ty}(\sin \frac{l\pi b_1}{L} -\sin \frac{l\pi b_0}{L}) \end{matrix} \right\}$ $C_i = \frac{L}{l\pi}\int_0^a r N_i(x)\,dx$	$\underset{\sim}{f}_i^l = C_i \left\{ \begin{matrix} q_x(\cos \frac{l\pi b_0}{L} -\cos \frac{l\pi b_1}{L}) \\ q_y(\sin \frac{l\pi b_1}{L} \\ q_z(\cos \frac{l\pi b_0}{L} \\ m_{tx}(\cos \frac{l\pi b_0}{L} -\cos \frac{l\pi b_1}{L}) \\ m_{ty}(\sin \frac{l\pi b_1}{L} -\sin \frac{l\pi b_0}{L}) \end{matrix} \right\}$ $C_i = \frac{L}{l\pi}\int_0^a r N_i(x)\,dx$	$\underset{\sim}{f}_i^l = C_i \left\{ \begin{matrix} q_r l\alpha_0 \\ 0 \\ q_z l\alpha_0 \\ m_{ts} l\alpha_0 \\ 0 \end{matrix} \right\}$ $C_i = \frac{2}{l}\int_0^a N_i r\,d_r$	$\underset{\sim}{f}_i^l = C_i \left\{ \begin{matrix} q_r \sin l\alpha_0\cos l\pi \\ 0 \\ q_z \sin l\alpha_0\cos l\pi \\ m_{ts}\sin l\alpha_0\cos l\pi \\ 0 \end{matrix} \right\}$
Eigengewicht ϱ = Dichte g = Erdbeschleunigung	$\underline{l\ \text{ungerade}}$ $\underset{\sim}{f}_i^l = \frac{2L\varrho g t}{l\pi}\int_0^a r N_i(x)\,dx \left\{ \begin{matrix} 1 \\ 0 \\ 0 \end{matrix} \right\}$ $\underline{l\ \text{gerade}}$ $\underset{\sim}{f}_i^l = 0$	$\underline{l\ \text{ungerade}}$ $\underset{\sim}{f}_i^l = \frac{2L\varrho g t}{l\pi}\int_0^a r N_i(x)\,dx \left\{ \begin{matrix} 0 \\ 0 \\ 1 \\ 0 \\ 0 \end{matrix} \right\}$ $\underline{l\ \text{gerade}}$ $\underset{\sim}{f}_i^l = 0$	$\underset{\sim}{f}_i^l = 2\varrho g t\pi \int_0^a N_i r\,d_r \left\{ \begin{matrix} 0 \\ 0 \\ 1 \\ 0 \\ 0 \end{matrix} \right\}$	$\underset{\sim}{f}_i^l = 0$

gekrümmt $L=\alpha$;   gerade $L=b$, $r=1$ Belastung symmetrisch zu $\alpha=0$

metrische Schalen (unter symmetrischer Belastung) aufgeführt. Die Berechnung der Formeln der Tabelle 2.2 für verschiedene Streifenelemente, wie in diesem Kapitel erwähnt, ist einfach und involviert nur die geeignete Berechnung der zugehörigen Integrale für die Ansatzfunktionen des Streifens über die Streifenlänge. Dies kann einfach ausgeführt werden, indem die Ausdrücke der Ansatzfunktionen aus Bild 2.4 genommen werden und wird als Übung für den Leser empfohlen. Weitere Einzelheiten sind in [2.17] und [2.25] zu finden.

2.9 Mindlinsche Streifenelemente für Faltwerke und axialsymmetrische Schalen mit reduzierter Integration

Das Verhalten der Mindlinschen Streifenelemente für Faltwerke und axialsymmetrische Schalen ist analog dem Verhalten für Platten wie in Abschnitt 2.3.4 ausgeführt, das heißt, das optimale Verhalten aller Streifenelemente tritt dann ein, wenn selektive oder reduzierte Integration benutzt wird.

Die Gaussschen Quadraturregeln für die verschiedenen Integrationen der linearen, quadratischen und kubischen Elemente für die Faltwerke wie sie im letzten Abschnitt dargestellt wurden, sind identisch mit denen in Tabelle 2.1. Wie von Suarez [2.25] und Onate und Suarez [2.17, 2.18] gezeigt wurde, besitzt der lineare Streifen mit reduzierter Integration (ein einziger Gaussscher Integrationspunkt für alle Integrale) ein ausgezeichnetes Verhalten in praktischen Problemen für Faltwerke und axialsymmetrische Schalen. Sehr nützliche explizite Ausdrücke für sämtliche Elementmatrizen können durch einfache Berechnung der Integrale im Streifenmittelpunkt [2.17] erhalten werden. Die Genauigkeit des linearen Elementes mit reduzierter Integration wird in den Beispielen, die jetzt präsentiert werden, gezeigt.

2.10 Beispiele

2.10.1 Gelenkig gelagerte Platte mit gekrümmter Deckfläche

In diesem Beispiel wird eine gekrümmte, dünne Platte, die an beiden Enden gelenkig gelagert ist, mit einer Einzellast belastet. Für dieses Beispiel stehen sowohl experimentelle als auch numerische Ergebnisse zur Verfügung.

Die Geometrie der Platte, Materialeigenschaften, die Lastaufbringung und das finite Streifennetz gehen aus Bild 2.15 hervor. Die Resultate für die Durchbiegung in der Mitte, die mit dem linearen Element mit reduzierter Integration, und mit sechs harmonischen Gliedern erhalten werden, sind ebenfalls in dem gleichen Bild zu sehen. Experimentelle und theoretische Resultate veröffentlicht von Coull und Das [2.26], Lösungen nach der finiten Streifenmethode basierend auf der Kirchhoffschen Theorie veröffentlicht von Thorpe [2.27] und Cheung

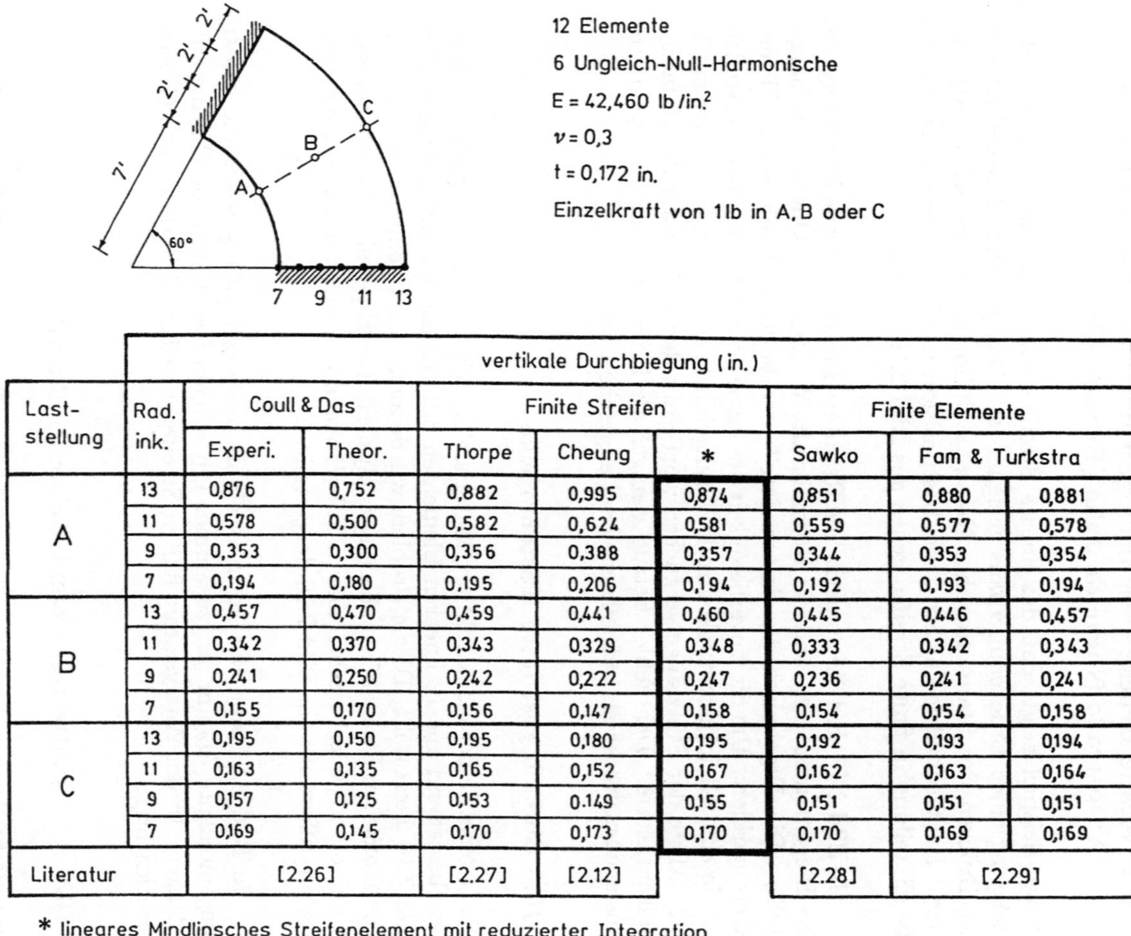

Last-stellung	Rad. ink.	Coull & Das		Finite Streifen			Finite Elemente		
		Experi.	Theor.	Thorpe	Cheung	*	Sawko	Fam & Turkstra	
								vertikale Durchbiegung (in.)	
A	13	0,876	0,752	0,882	0,995	0,874	0,851	0,880	0,881
	11	0,578	0,500	0,582	0,624	0,581	0,559	0,577	0,578
	9	0,353	0,300	0,356	0,388	0,357	0,344	0,353	0,354
	7	0,194	0,180	0,195	0,206	0,194	0,192	0,193	0,194
B	13	0,457	0,470	0,459	0,441	0,460	0,445	0,446	0,457
	11	0,342	0,370	0,343	0,329	0,348	0,333	0,342	0,343
	9	0,241	0,250	0,242	0,222	0,247	0,236	0,241	0,241
	7	0,155	0,170	0,156	0,147	0,158	0,154	0,154	0,158
C	13	0,195	0,150	0,195	0,180	0,195	0,192	0,193	0,194
	11	0,163	0,135	0,165	0,152	0,167	0,162	0,163	0,164
	9	0,157	0,125	0,153	0,149	0,155	0,151	0,151	0,151
	7	0,169	0,145	0,170	0,173	0,170	0,170	0,169	0,169
Literatur		[2.26]		[2.27]	[2.12]		[2.28]	[2.29]	

* lineares Mindlinsches Streifenelement mit reduzierter Integration

Bild 2.15 Plattenmodell von Coull und Das: Vergleich der Ergebnisse für die Durchbiegung entlang Schnitt ABC

[2.12] und Lösungen nach der finiten Elementmethode veröffentlicht von Sawko und Meriman [2.28] und Fam und Turkstra [2.29] werden für Vergleichszwecke ebenfalls gezeigt. Die Lösung, die mit dem linearen Streifenelement erhalten wird, erweist sich als hinreichend genau.

2.10.2 Gerade Brücke — einfach gestützte Betonbrücke für die Autostraße Nueve de Julio (Buenos Aires)

Dieses Beispiel zeigt, daß das lineare Streifenelement für die praktische Berechnung eines Brückenüberbaus geeignet ist. Das gewählte Beispiel ist eine der Brücken der Stadtautobahn, Nueve de Julio, in Buenos Aires (Argentinien). Die Geometrie der Struktur, Lastpositionen, Materialeigenschaften und die Einteilung in finite Streifen gehen aus Bild 2.16 hervor.

In Bild 2.17 sind die numerischen Resultate für die vertikale Durchbiegung, das Biegemoment M_x und die Normalkraft N_y über den Querschnitt dargestellt. Die Ergebnisse der finiten Streifenmethode sind mit einem kleinen Kreis markiert. Um die Zuverlässigkeit der numerischen Lösung sicherzustellen, wurde eine Gleichgewichtskontrolle durchgeführt, indem das Biegemoment in der Mitte der Stützlänge verglichen wurde mit demjenigen aus der einfachen Balkentheorie. Der Fehler betrug weniger als 5 %; das kann für praktische Auslegungszwecke als zufriedenstellend angesehen werden.

2.10.3 Einfach gestützte Kastenbrücke

Die Geometrie der Konstruktion, Materialeigenschaften und das finite Streifennetz bestehend aus 18 linearen Elementen mit reduzierter Integration sind in Bild 2.18 dargestellt. Dieses Problem wurde auch von Cheung [2.16] mit einer Kirchhoffschen Streifenformulierung analysiert. Die Ergebnisse für die horizontale und vertikale Verschiebung in Stützlängenmitte sind für drei verschiedene Lastangriffspunkte in Bild 2.19 dargestellt.

In Bild 2.20 sind die Normalkraft in Umfangsrichtung sowie die beiden Biegemomente M_θ und M_s zusammen mit einigen Resultaten von Cheung aufgetragen. In der Analyse mit finiten Streifen wurden 15 harmonische Glieder berücksichtigt.

2.10.4 Kreisplatte mit exzentrischer Punktlast

Das vierte Beispiel besteht aus einer dünnen Kreisplatte, auf die eine Einzelkraft wirkt, die in einer bestimmten Entfernung vom Kreismittelpunkt angreift, siehe Bild 2.21 .

Ebenfalls aufgetragen wurden die Resultate für die Durchbiegung und das radiale Biegemoment für mehrere Querschnitte mit dem linearen axialsymmetrischen Element. Aus Vergleichsgründen werden die Ergebnisse, die mit einem Netz aus Mindlinschen Plattenelementen mit 8 Knoten und reduzierter Integration erhalten wurden, gezeigt. Die exakte Lösung für die dünne Platte nach Timoshenko [2.21] für die Durchbiegung unter der Last ist ebenfalls eingetragen. Die Genauigkeit des linearen Elementes erweist sich als gut.

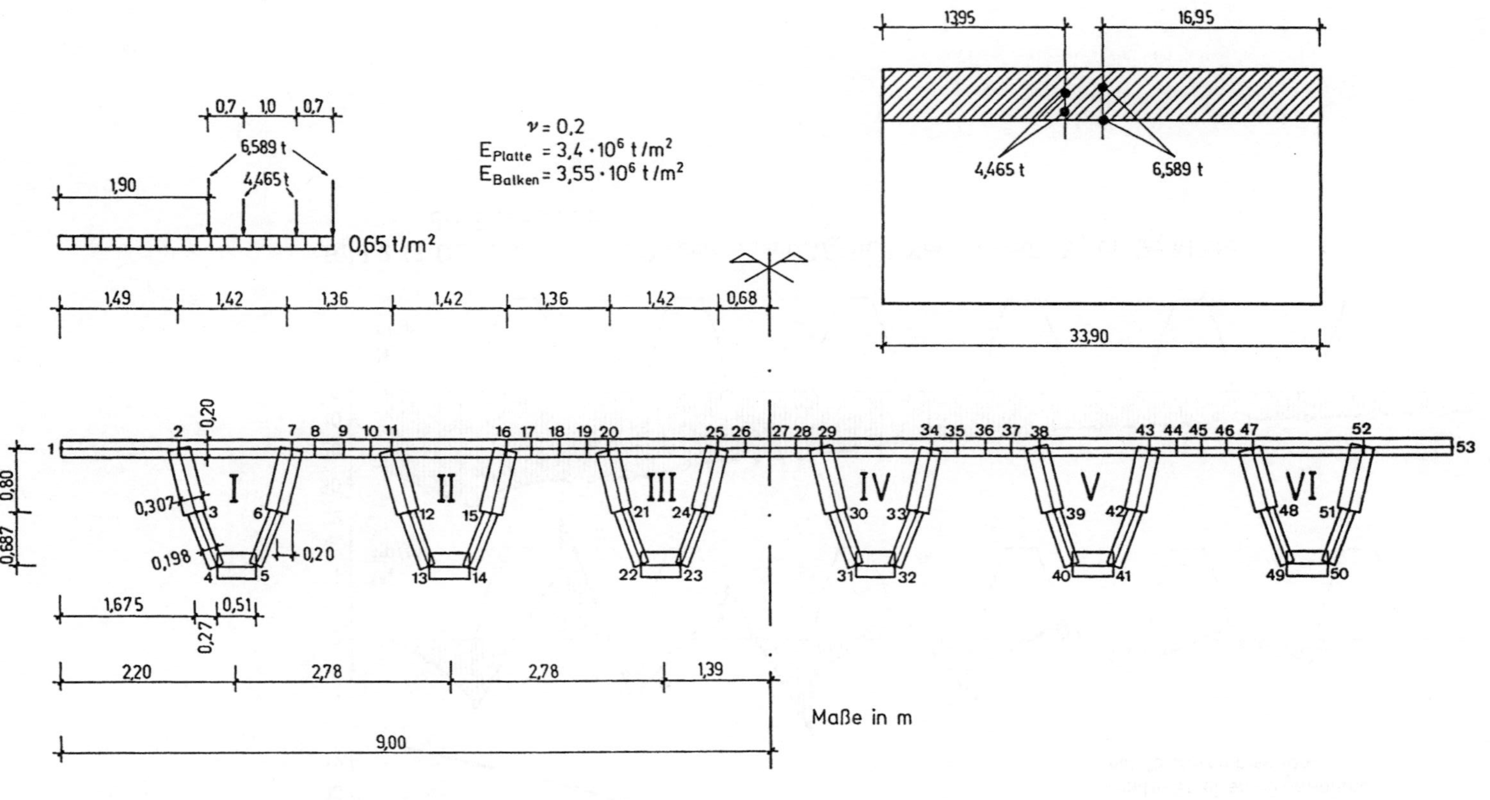

Bild 2.16 Einfach gestützte Betonbrücke: Geometrie, Lastbild und
Modellabbildung in finite Streifenelemente mit zwei Knoten

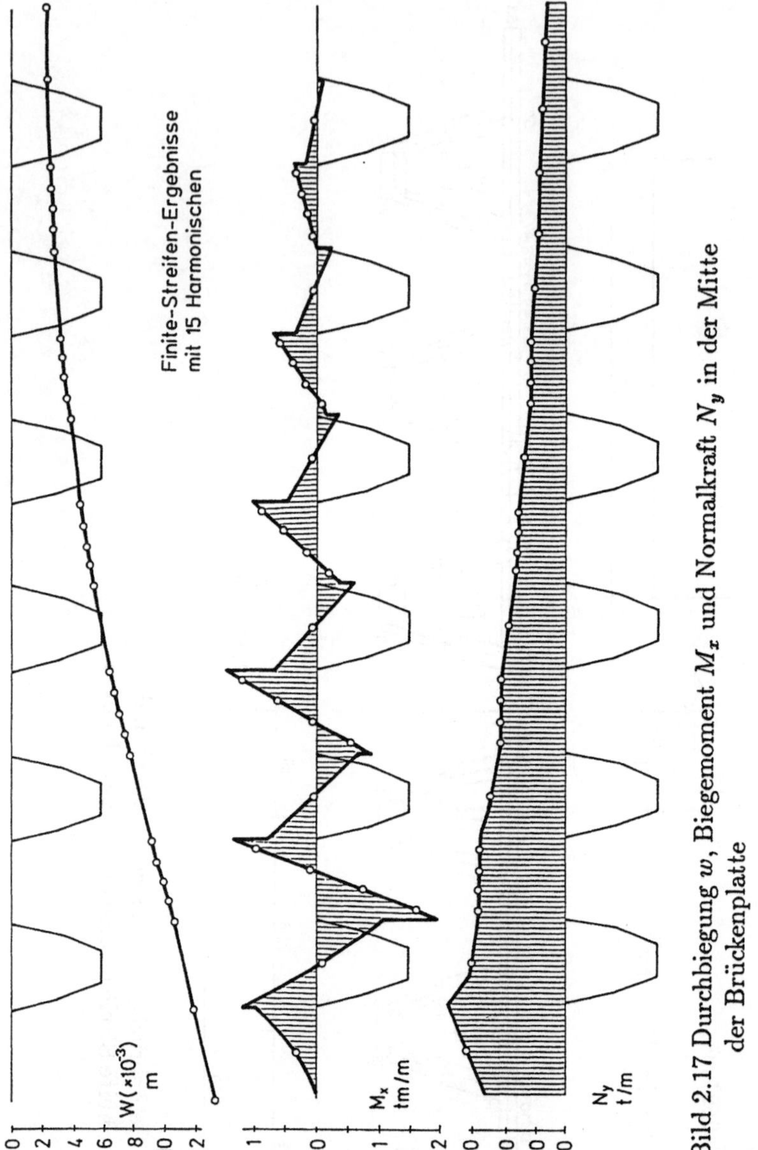

Bild 2.17 Durchbiegung w, Biegemoment M_x und Normalkraft N_y in der Mitte der Brückenplatte

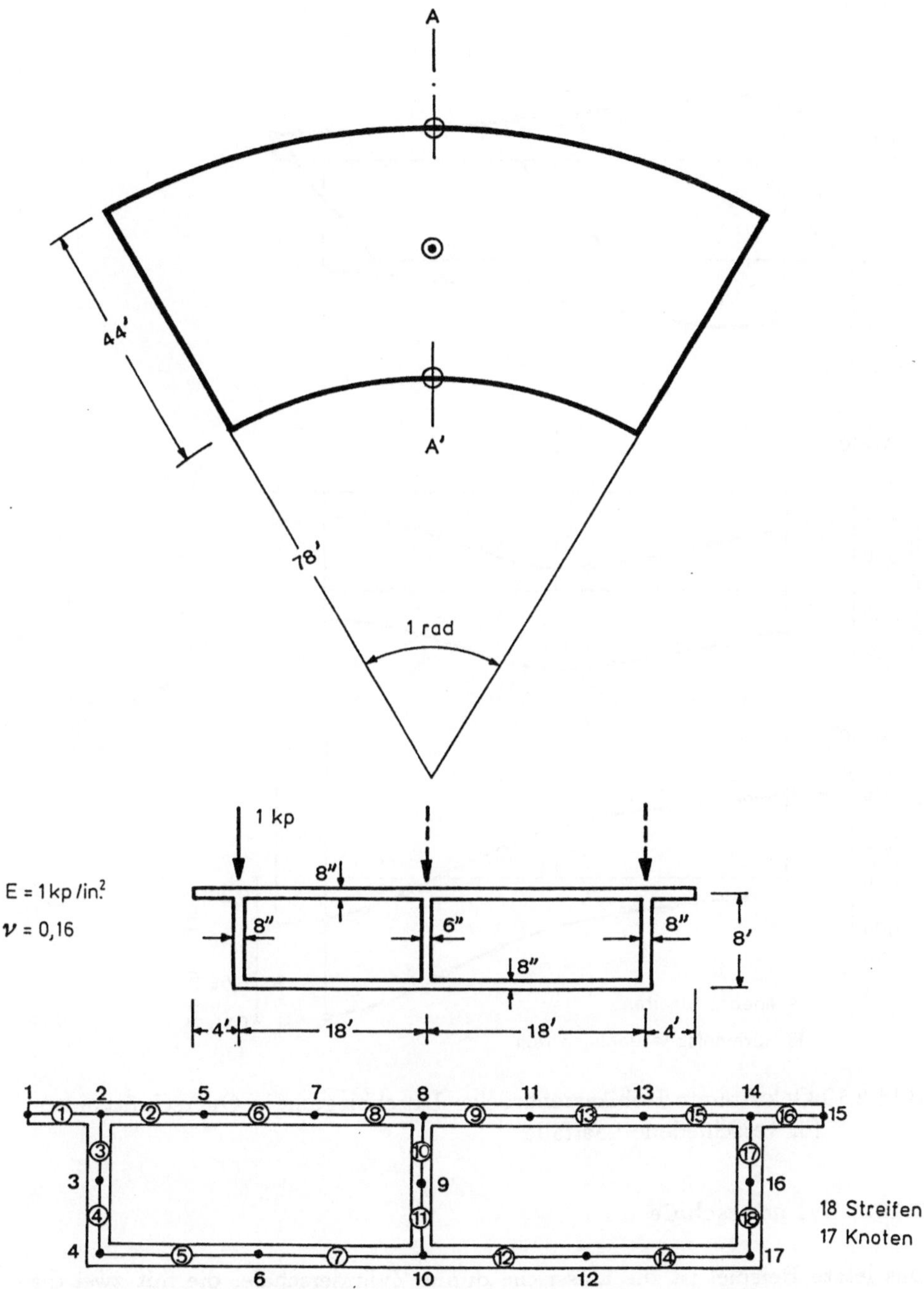

Bild 2.18 Gekrümmte Hohlkastenbrücke. Geometrie und Modellabbildung mit 18 Streifenelemente

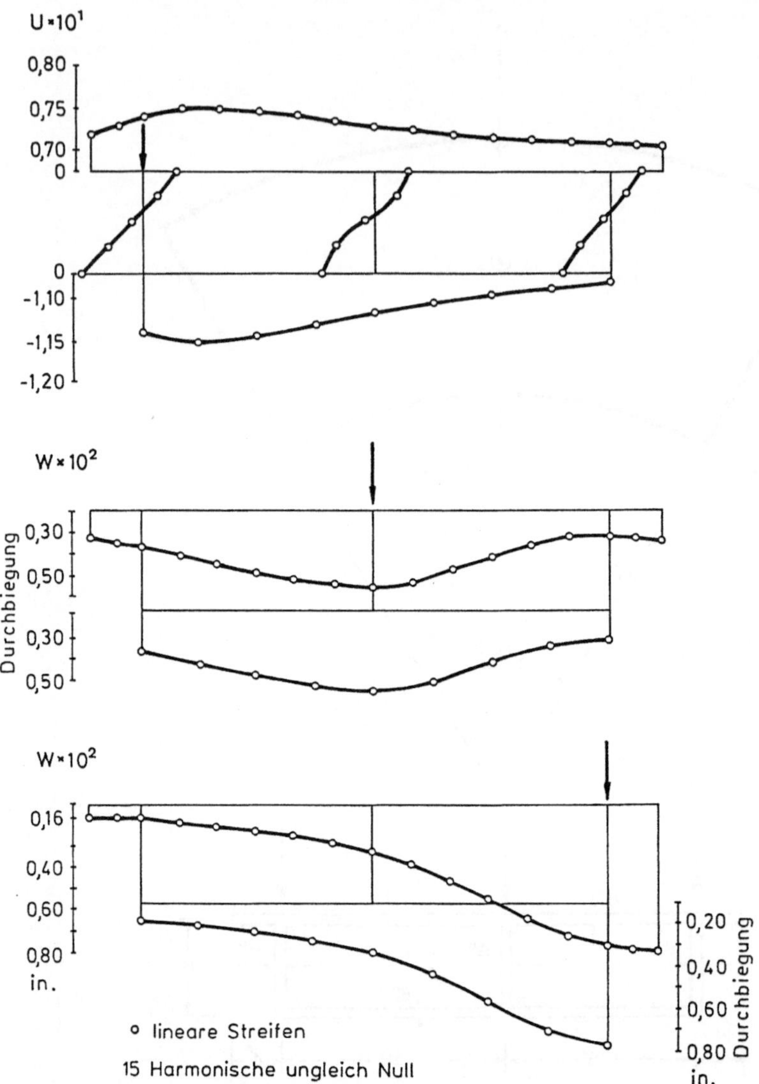

Bild 2.19 Gekrümmte Hohlkastenbrücke: Durchbiegung in Querschnittsmitte für verschiedene Lastfälle

2.10.5 Zylinderschale

Das letzte Beispiel ist die klassische dünne Zylinderschale, die mit zwei diametral einander gegenüberliegenden Kräften belastet ist. An den beiden Endquerschnitten (siehe Bild 2.22) ist der Zylinder starr gestützt.

Dieses Beispiel ist aus der Schalenliteratur gut bekannt und wurde von mehreren Autoren gelöst. Unter anderem existiert eine exakte analytische

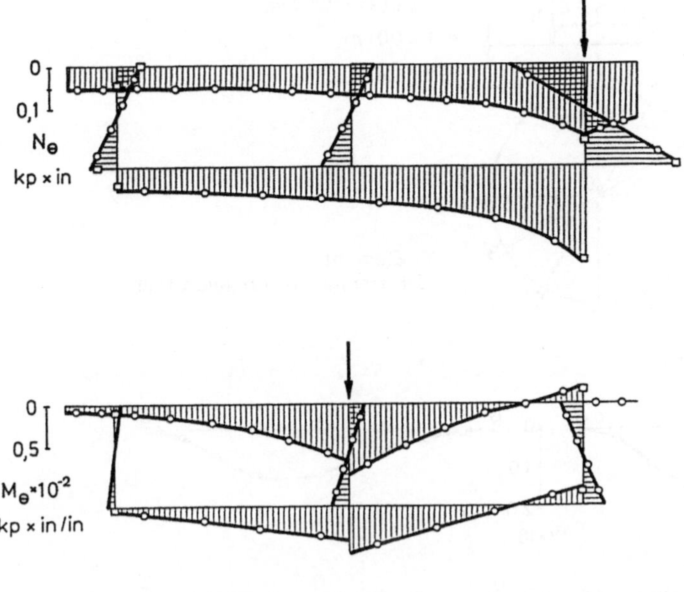

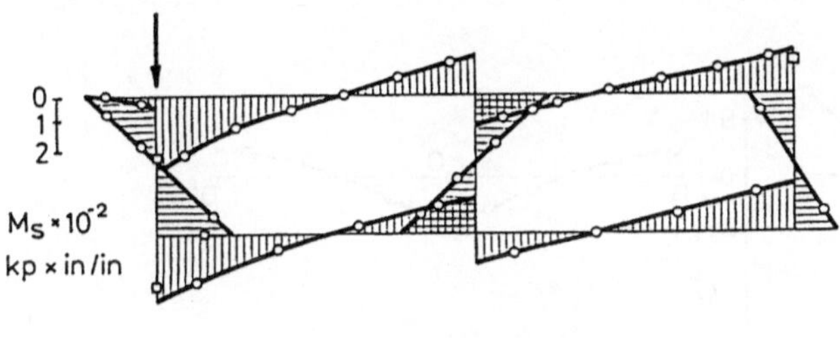

Bild 2.20 Gekrümmte Hohlkastenbrücke Normalkraft N_θ und
Biegemomente M_s und M_θ in Querschnittsmitte

Lösung mit Doppelreihen nach Flügge [2.30]. Lösungen nach der finiten Elementmethode gibt es von Onate und anderen [2.31], Lindberg et al. [2.32], Ahmad et al. [2.33] und vielen anderen. Die hier präsentierte Lösung ist wahrscheinlich die einfachste und benutzt nur 20 lineare axialsymmetrische Schalenelemente. Nichts desto trotz ist die Lösung sehr genau wie aus Bild 2.22 hervorgeht. Die Ergebnisse, die mit dem linearen Element für die Verschiebungen und die Axialkräfte für verschiedene Querschnitte mit 15 harmonischen Gliedern erhalten werden, stimmen gut mit den viel aufwendiger entwickelten analytischen Lösungen und Ergebnissen mit finiten Elementen überein.

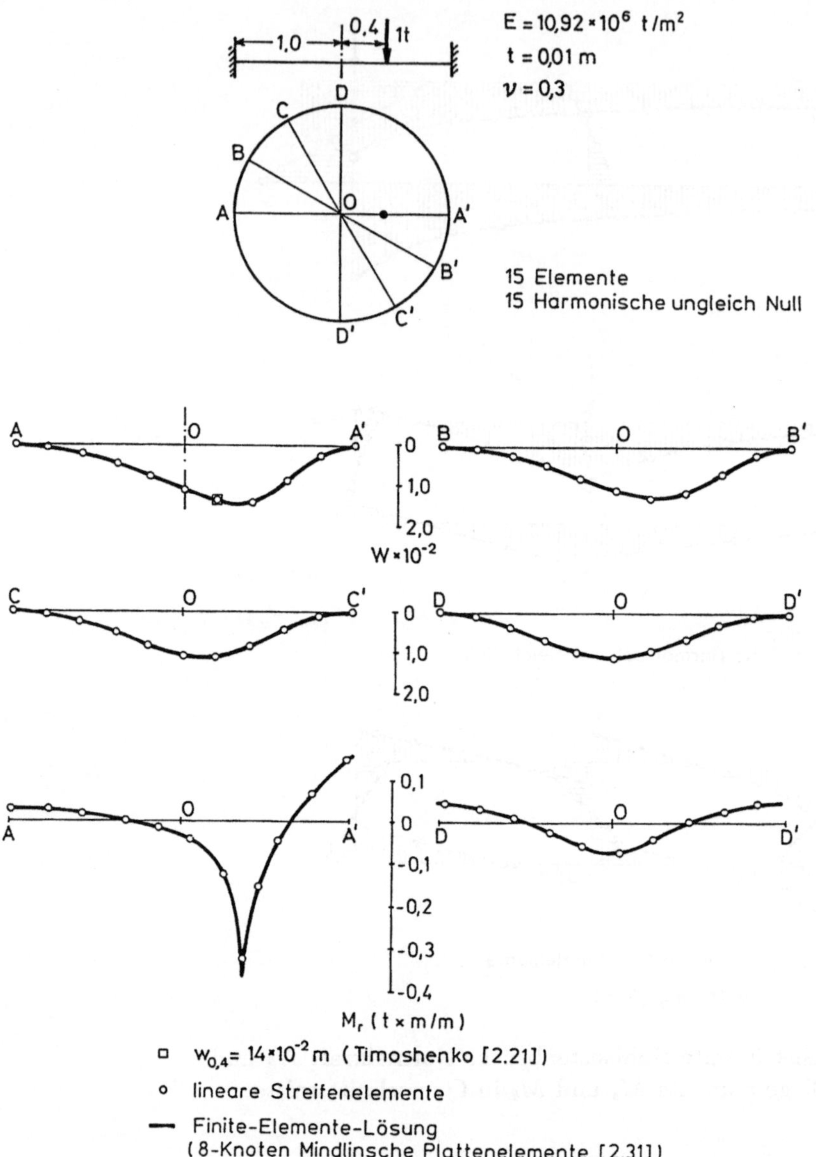

Bild 2.21 Dünne Kreisplatte unter Einzellast. Verlauf der Durchbiegung w und des radialen Biegemomentes M_r in verschiedenen Querschnitten

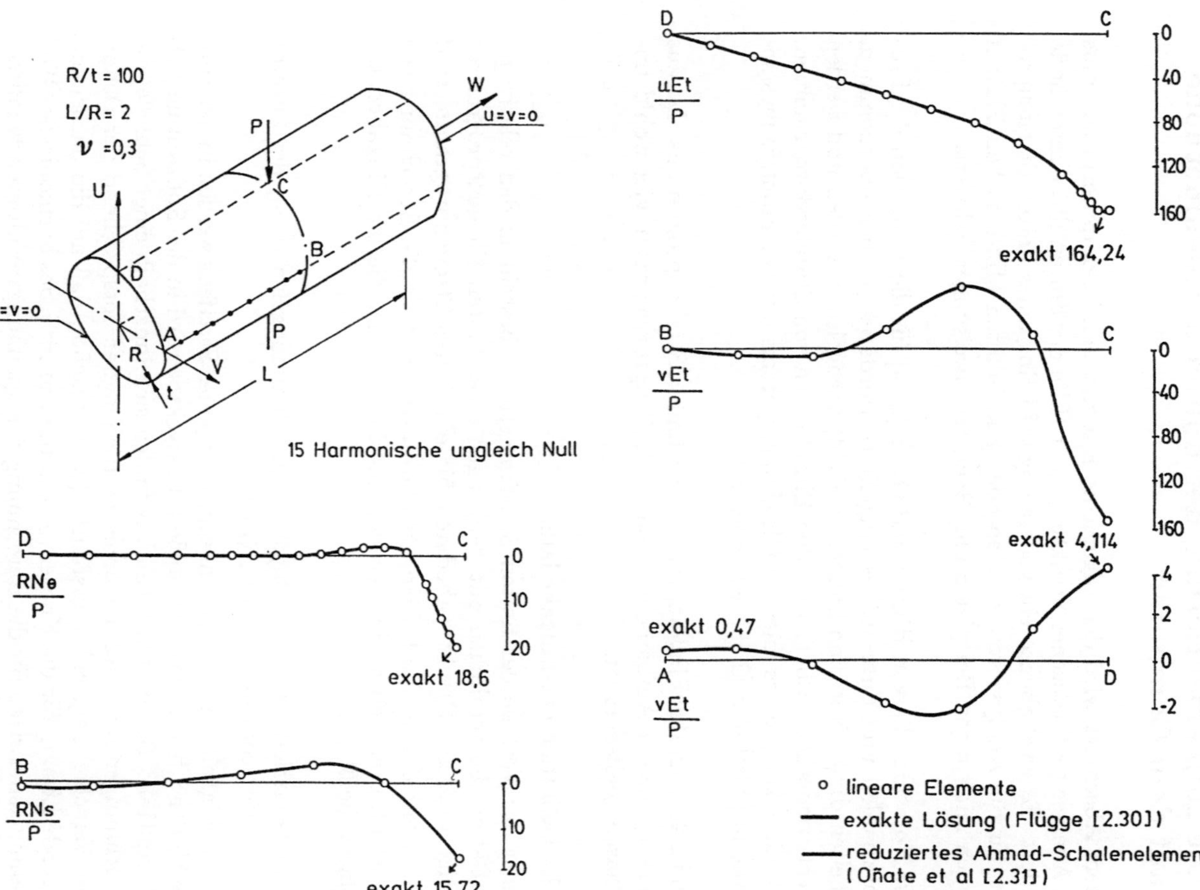

Bild 2.22 Eingeklemmte Zylinderschale, Verschiebungen und Axialkräfte in verschiedenen Querschnitten

2.11 Die Implementierung der finiten Streifenmethode auf dem Computer

In diesem Abschnitt wird der allgemeine Entwurf eines Computerprogramms für die Analyse prismatischer Strukturen mit Hilfe der finiten Streifenmethode präsentiert. Es wird ebenso ein vollständiges Listing eines finiten Streifenprogramms für die Analyse von geraden oder gekrümmten Mindlinschen Platten zusammen mit einigen Beispielen und Benutzeranweisungen geliefert.

Die Notation, die von Hinton und Owen [2.34] für die Definition der Programmvariablen und Subroutines eingeführt wurde, wird hier übernommen. Einzelheiten dieser Notation können in [2.34] nachgelesen werden und werden hier nicht wiederholt. Ebenso werden Einzelheiten von Standardprogrammen, wie z.B. die Lösung eines linearen Gleichungssystems mit der Frontlösungsmethode wie in [2.34] und [2.35], weggelassen.

Bild 2.23 zeigt das Flußdiagramm eines finiten Streifenprogramms. Daraus geht hervor, daß der Aufbau eines finiten Streifenprogramms in vier wohldefinierte Phasen gegliedert ist.

Phase 1 - Definition der Eingabedaten

Einer der Vorteile der finiten Streifenmethode besteht in den relativ geringen Daten, die verglichen mit denjenigen eines finiten Elementprogramms be- nötigt werden. Die Eingabedaten für ein finites Streifenprogramm sind äquivalent mit denen, die für ein Standardprogramm für die Berechnung von Rahmenstrukturen gebraucht werden. Die Subroutine, die die Eingabedaten kontrolliert, heißt INPUT.

Phase 2 - Generierung der Steifigkeits- und Spannungsmatrizen, des äußeren Lastvektors für jedes harmonische Glied

Die Steifigkeits- und Spannungsmatrizen eines Streifens werden in der Subroutine STIFFS berechnet. Der äußere Lastvektor wird in der Subroutine LOADFS ermittelt. Beide Subroutinen befinden sich innerhalb einer Schleife, die die Berechnungen für jedes harmonische Reihenglied entsprechend der Definition des Verschiebungsfeldes ausführt. (Man beachte, daß auf die nacheinander folgende Lösung für die Knotenverschiebungen für jedes harmonische Glied die Spannungsmatrizen für die Berechnung der Spannungsresultierenden dieser Harmonischen benutzt werden. Diese Aufgabe wird in der Subroutine STREFS ausgeführt.)

Phase 3 - Lösung der Steifigkeitsgleichungen für jede Harmonische

Die Subroutine FRONT ist der Gleichungslöser, der die Steifigkeitsgleichungen eines jeden Streifens für jedes harmonische Glied aufstellt und mit der Frontlösungsmethode die unbekannten Verschiebungsamplituden für die momentane Harmonische löst [2.34, 2.35].

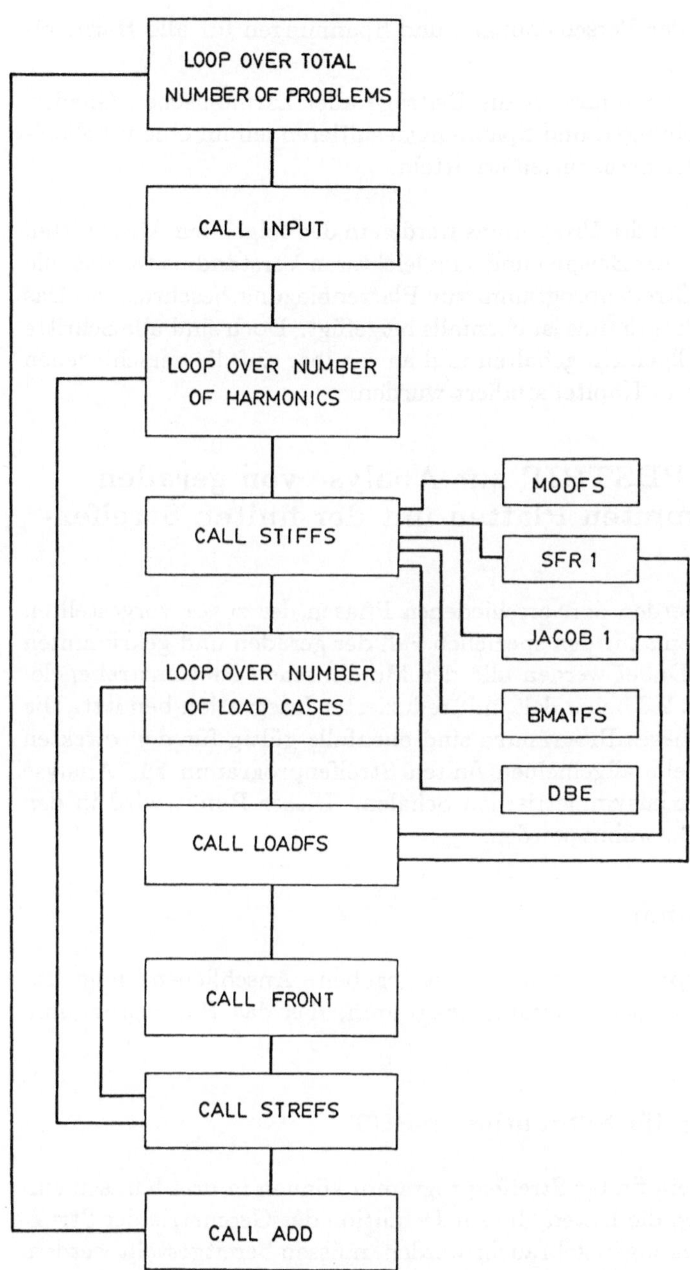

Bild 2.23 Flußdiagramm für das Programm PBSTRIP

Phase 4 - Summation der Verschiebungen und Spannungen für alle Harmonischen

Die Subroutine ADD summiert die Beiträge aller harmonischen Glieder, um die Knotenverschiebungen und Spannungsresultierenden an einem beliebigen Punkt innerhalb der Struktur zu ermitteln.

Die einzelnen Phasen des Programms werden in den folgenden Abschnitten detaillierter behandelt. Als Beispiel und zum leichteren Verständnis werden alle Phasen für ein finites Streifenprogramm zur Plattenbiegung beschrieben. Das Listing eines Fortran-Programms ist ebenfalls beigefügt. Doch sind alle Schritte in diesem Programm allgemein gehalten und anwendbar auf die verschiedenen Strukturen, die in diesem Kapitel studiert wurden.

2.12 Programm PBSTRIP zur Analyse von geraden oder gekrümmten Platten mit der finiten Streifenmethode

In diesem Abschnitt werden die verschiedenen Phasen des zuvor vorgestellten finiten Streifenprogramms für den speziellen Fall der geraden und gekrümmten Platten beschrieben. Dabei werden alle der Mindlinschen Plattenstreifenelemente wie in Abschnitt 2.3 behandelt, mit reduzierter Integration benutzt. Die meisten Subroutinen dieses Programms sind ebenfalls gültig für den direkten Gebrauch in einem mehr allgemeinen finiten Streifenprogramm zur Analyse von Faltwerken oder axialsymmetrischen Schalen. Dieser Punkt wird in den folgenden Abschnitten erwähnt werden.

2.12.1 Hauptprogramm

Ein Listing des Hauptprogramms wird jetzt gegeben. Anschließend folgt Tabelle 2.3 mit dem Nassi-Schneiderman-Diagramm, das das Hauptprogramm beschreibt.

2.12.2 Eingabedaten für Subroutine INPUT

Die Eingabedaten für ein finites Streifenprogramm können in drei Klassen eingeteilt werden. Erstens, die Daten, die zur Definition der Geometrie der Struktur und der Randbedingungen gebraucht werden, müssen bereitgestellt werden. Zweitens, die Eigenschaften der Materialien müssen definiert werden.

Die Subroutine für die Eingabedaten, wie in diesem Abschnitt präsentiert, behandelt nur die geometrischen Daten und die Materialeigenschaften. Die Eingabedaten für die Lasteingaben werden von der Subroutine LOADFS übernommen. Die Subroutine INPUT kann für jede beliebige Anwendung der finiten Streifenmethode benutzt werden. Wie schon zuvor erwähnt, besitzen alle Va-

Tabelle 2.3 Nassi-Schneidermann (NS) Diagramm für das Hauptprogramm PBSTRIP

Dimensionierung, Anzahl der Lastfälle MAIN 11-27	1
Schleife über die Lastfälle MAIN 28	2
Lesen der Eingabedaten MAIN 29-46	3
Schleife über die Harmonischen MAIN 50	4
STIFFS Berechnung der Elementsteifigkeiten MAIN 51-61	5
Schleife über die Lastfälle MAIN 62	6
LOADFS Berechnung des Lastvektors MAIN 67-69	7
FRONT Lösen des Gleichungsystems MAIN 74-77	8
Schreiben der Verschiebungen auf Platte MAIN 78-85	9
STREFS Berechnung der Spannungsresultierenden MAIN 89-90	10
ADD Aufaddieren der Verschiebungen und Spannungen der einzelnen Harmonischen; Ausgabe der Ergebnisse MAIN 96-97	11

```fortran
C       MASTER PBSTRIP
        DIMENSION ADISP(3,40),AFORC(5,4,20),ASDIS(120),COORD(40,1),
       .DISPL(120),DIZPL(120),EFORC(400),ELOAD(20,12),FORCE(400),
       .IFPRE(2,3),LNODS(20,4),MATNO(20),NOFIX(2),  POSGP(4),PRESC(2,3),
       .PROPS(20,5),TITLE(18),WEIGP(4)
C
C       DIMENSION STATEMENTS ASSOCIATED WITH FRONTAL SOLUTION
C
        DIMENSION EQRHS(1),EQUAT(12,1),FIXED(120),GLOAD(12),
       .GSTIF(72),IFFIX(120),NACVA(12),NAMEV(1),NPIVO(1),VECRV(12)
        DATA MELEM/20/,MFACT/400/,MMATS/20/,MPOIN/40/,MTOTV/120/
C
C       DATA STATEMENT ASSOCIATED WITH FRONTAL SOLUTION ARRAYS
C
        DATA MBUFA/1/,MFRON/12/,MSTIF/72/,MVFIX/2/
C       **********************************************************************
C                                                                        *
C       PROGRAM FOR THE ANALYSIS OF RIGHT AND CURVED PLATES              *
C       BY THE MINDLIN FINITE STRIP METHOD USING LINEAR,                 *
C       QUADRATIC OR CUBIC STRIP ELEMENTS WITH FULL, REDUCED OR          *
C       SELECTIVE INTEGRATION                                            *
C                                                                        *
C       **********************************************************************
        READ(5,900) NPROB
900     FORMAT(I5)
        WRITE(6,905) NPROB
905     FORMAT(// 5X,'NUMBER OF PROBLEMS TO BE SOLVED=',I3)
```

```
      DO 40 IPROB=1,NPROB
      REWIND 7
      REWIND 8
      READ(5,910) TITLE
  910 FORMAT(18A4)
      WRITE(6,915) IPROB,TITLE
  915 FORMAT(/////,6X,12HPROBLEM NO. ,I3,10X,18A4)
      READ(5,920) NHARM,NSYME
  920 FORMAT(2I5)
      WRITE(6,925) NHARM,NSYME
  925 FORMAT(//, ' NUMBER OF HARMONIC TERMS TO BE USED =',I5,
     ./,' INDICATOR FOR SYMMETRY OF LOADING ( 1 FOR NON SYMMETRY,
     . 2 FOR SYMMETRY) =',I5)
C
C***  CALL THE SUBROUTINE WHICH READS MOST OF THE PROBLEM DATA.
C
      CALL INPUT(COORD,IFPRE,LNODS,MATNO,MELEM,MMATS,MPOIN,MVFIX,
     .NCASEE,NDIME,NDOFN,NELEM,NEVAB,NGAUB,NGAUS,NMATS,NNODE,NOFIX,
     .NPOIN,NPROP,NSTRE,NTYPE,NVIX,PRESC,PROPS,TLENG)
C
C***  LOOP OVER ALL THE HARMONICS
C
      DO 30 IHARM=1,NHARM,NSYME
      REWIND 1
      REWIND 2
      REWIND 3
      REWIND 4
      REWIND 9
C
C***  NEXT CREATE THE STRIP ELEMENT STIFFNESS FILE FOR EACH
C***  HARMONIC
C
      CALL STIFFS(COORD,IHARM,LNODS,MATNO,MELEM,MMATS,MPOIN,NELEM,
     .NEVAB,NGAUB,NGAUS,NNODE,NSTRE,NTYPE,POSGP,PROPS,TLENG,WEIGP)
      DO 20 ICASE=1,NCASE
C
C***  COMPUTE LOADS,FOR EACH HARMONIC,AFTER READING THE RELEVANT
C***  EXTRA DATA
C
      CALL LOADFS(COORD,ELOAD,ICASE,IHARM,LNODS,MATNO,MELEM,MMATS,
     .MPOIN,NDOFN,NELEM,NEVAB,NGAUS,NNODE,NPOIN,NTYPE,POSGP,PROPS,
     .TLENG,WEIGP)
C
C***  MERGE AND SOLVE THE RESULTING EQUATIONS BY THE FRONTAL SOLVER
C***  FOR EACH HARMONIC
C
      CALL FRONT(ASDIS,ELOAD,EQUHS,EQUAT,FIXED,GLOAD,GSTIF,ICASE,
     .IFFIX,IFPRE,LNODS,MBUFA,MELEM,MFRON,MSTIF,MTOTV,MVFIX,NACVA,
     .NAMEV,NDOFN,NELEM,NEVAB,NNODE,NOFIX,NPIVO,NPOIN,NVFIX,PROSD,
     .VECRV)
      DO 10 IPOIN=1,NPOIN
      NGASH=IPOIN*NDOFN
      NGISH=NGASH-NDOFN+1
C
C***  WRITE IN DISC DISPLACEMENTS FOR EACH HARMONIC
C
      WRITE(7) (ASDIS(IGASH),IGASH=NGISH,NGASH)
   10 CONTINUE
C
C***  COMPUTE THE STRESSES IN ALL THE STRIPS FOR EACH HARMONIC
C
      CALL STREFS(ASDIS,LNODS,MELEM,MTOTV,NDOFN,NELEM,NGAUS,NNODE,
     .NSTRE)
   20 CONTINUE
   30 CONTINUE
C
C***  SUM DISPLACEMENTS AND STRESSES FOR ALL HARMONICS
C
      CALL ADD(ADISP,AFORC,DISPL,DIZPL,EFORC,FORCE,MELEM,MFACT,MPOIN,
     .MTOTV,NCASE,NDOFN,NELEM,NGAUS,NHARM,NPOIN,NSTRE,NSYME,TLENG)
   40 CONTINUE
      STOP
      END
```

riablen die gleiche Bedeutung wie in [2.35]. Jedoch zur Eindeutigkeit wird die Definition der Kontrollparameter und der hauptsächlichen Variablen am Ende dieses Abschnitts aufgeführt.

Die Geometrie der Struktur, wie sie für die Berechnung gebraucht wird, ist vollständig durch die Beschreibung der Knotenkoordinaten eines jeden Streifens definiert. Die Streifen diskretisieren den Querschnitt der Struktur. Die Koordinaten der Knoten müssen in bezug auf ein globales x-z-Koordinatensystem definiert werden, das einen beliebigen Ursprung haben kann.

Vorgegebene Freiheitsgrade sind entlang der gesamten Länge der Struktur festgehalten. Einfache Randbedingungen an den Stellen $y = 0$ und $y = b$ benötigen keine Definitionen, da diese Bedingungen automatisch von der angenommenen Fourierreihenentwicklung befriedigt wird.

```
      SUBROUTINE INPUT(COORD,IFPRE,LNODS,MATNO,MELEM,MMATS,MPOIN,
     .MVFIX,NCASE,NDIME,NDOFN,NELEM,NEVAB,NGAUB,NGAUS,NMATS,NNODE,
     .NOFIX,NPOIN,NPROP,NSTRE,NTYPE,NVFIX,PRESC,PROPS,TLENG)
C
      DIMENSION COORD(MPOIN,1),IFPRE(MVFIX,3),LNODS(MELEM,4),
     .MATNO(MELEM),NOFIX(MVFIX),PRESC(MVFIX,3),PROPS(MMATS,5)
C
C***  DATA INPUT SUBROUTINE
C
C
C***  READ THE FORST DATA CARD, AND ECHO IT IMMEDIATELY.
C
      READ(5,900) NPOIN,NELEM,NVFIX,NCASE,NTYPE,NNODE,NMATS,
     .NGAUB,NGAUS
      NDOFN=3
      NPROP=5
      NSTRE=5
      NDIME=1
  900 FORMAT(13I5)
      READ(5,905) TLENG
  905 FORMAT(F10.5)
      IF(NTYPE.EQ.1) GO TO 5
      WRITE(6,910) TLENG
  910 FORMAT(/5X,'ANGLE OF THE PLATE =',F10.5)
      GO TO 10
    5 WRITE(6,915) TLENG
  915 FORMAT(/ 5X,'LENGTH OF THE PLATE=',F10.5)
   10 CONTINUE
      NEVAB=NDOFN*NNODE
      WRITE(6,920) NPOIN,NELEM,NVFIX,NCASE,NTYPE,NNODE,NDOFN,NMATS,
     .NPROP,NGAUB,NGAUS,NDIME,NSTRE,NEVAB
  920 FORMAT(//8H NPOIN =,I4,4X,8H NELEM =,I4,4X,8H NVFIX =,I4,4X,
     .8H NCASE =,I4,4X,8H NTYPE =,I4,4X,8H NNODE =,I4,4X,8H NDOFN =,I4//
     .8H NMATS =,I4,4X,8H NPROP =,I4,4X,8H NGAUB =,I4,4X,8H NGAUS =,I4,
     .4X,8H NDIME =,I4,4X,8H NSTRE =,I4,4X,8H NEVAB =,I4)
C
C***  READ THE ELEMENT NODAL CONNECTIONS, AND THE PROPERTY NUMBERS.
C
      WRITE(6,925)
  925 FORMAT(//8H ELEMENT,3X,8HPROPERTY,6X,12HNODE NUMBERS)
      DO 15 IELEM=1,NELEM
      READ(5,900) NUMEL,MATNO(NUMEL),(LNODS(NUMEL,INODE),INODE=1,NNODE)
   15 WRITE(6,930) NUMEL,MATNO(NUMEL),(LNODS(NUMEL,INODE),INODE=1,
     .NNODE)
  930 FORMAT(1X,I5,I9,6X,8I5)
C
C***  ZERO ALL THE NODAL COORDINATES, PRIOR TO REAADING SOME OF THEM.
C
```

```
      DO 20 IPOIN=1,NPOIN
      DO 20 IDIME=1,NDIME
   20 COORD(IPOIN,IDIME)=0.0
C
C*** READ SOME NODAL COORDINATES, FINISHING WITH LAST NODE OF ALL.
C
      WRITE(6,935)
  935 FORMAT(//25H  NODAL POINT COORDINATES)
      WRITE(6,940)
  940 FORMAT(6H NODE,7X,1HX,9X)
   25 READ(5,945) IPOIN,(COORD(IPOIN,IDIME),IDIME=1,NDIME)
  945 FORMAT(I5,2F10.5)
      IF(IPOIN.NE.NPOIN) GO TO 25
      DO 30 IPOIN=1,NPOIN
   30 WRITE(6,950) IPOIN,(COORD(IPOIN,IDIME),IDIME=1,NDIME)
  950 FORMAT(1X,I5,3F10.5)
      IF(NVFIX.EQ.0) GO TO 40
C
C*** READ THE FIXED VALUES.
C
      WRITE(6,955)
  955 FORMAT(// ,' RESTRAINED NODES')
      WRITE(6,960)
  960 FORMAT(2X,'NODE',1X,'CODE',6X,'FIXED VALUES')
      DO 35 IVFIX=1,NVFIX
      READ(5,965) NOFIX(IVFIX),(IFPRE(IVFIX,IDOFN),IDOFN=1,NDOFN),
     .(PRESC(IVFIX,IDOFN),IDOFN=1,NDOFN)
   35 WRITE(6,965) NOFIX(IVFIX),(IFPRE(IVFIX,IDOFN),IDOFN=1,NDOFN),
     .(PRESC(IVFIX,IDOFN),IDOFN=1,NDOFN)
  965 FORMAT(I5,2X,3I1,3F10.5)
      CONTINUE
   40 CONTINUE
C
C*** READ THE AVAILABLE SELECTION OF ELEMENT PROPERTIES.
C
      WRITE(6,970)
  970 FORMAT(//21H  MATERIAL PROPERTIES)
      WRITE(6,975)
  975 FORMAT(8H  NUMBER,25X,10HPROPERTIES)
      DO 45 IMATS=1,NMATS
      READ(5,980) NUMAT,(PROPS(NUMAT,IPROP),IPROP=1,NPROP)
  980 FORMAT(I5,5F10.5)
   45 WRITE(6,985) NUMAT,(PROPS(NUMAT,IPROP),IPROP=1,NRPOP)
  985 FORMAT(1X,I5,7X,5E14.6)
      RETURN
      END
```

2.12.3 Subroutine STIFFS für Steifigkeitsmatrizen

Der Zweck dieser Routine besteht in der Berechnung der Steifigkeits- und Spannungsmatrizen für jeden Streifen und für jedes harmonische Glied der Reihe. Beide Matrizen werden auf einem File abgespeichert, um anschließend in der Gleichungslösungsroutine FRONT benutzt zu werden, sowie in der Subroutine STREFS zur Berechnung der Spannungsresultierenden.

Das Computer-Programm von STIFFS, wie zuvor für den Fall der Platte geliefert, kann für Faltwerke oder axialsymmetrische Schalen direkt benutzt werden mit dem einzigen Unterschied, daß im Fall der axialsymmetrischen Schalen die Matrix $[B_i^l]$ von (2.57), die die lokalen Verzerrungen mit den globalen Verschiebungen verknüpft, an Stelle der Matrix $[B_i^l]$ von (2.56) benutzt werden sollte. Ebenso ersetzt die Matrix $[D]$ von (2.49) die Matrix $[D]$ entsprechend (2.18).

```
      SUBROUTINE STIFFS(COORD,IHARM,LNODS,MATNO,MELEM,MMATS,MPOIN,
     .NELEM,NEVAB,NGAUB,NGAUS,NNODE,NSTRE,NTYPE,POSGP,PROPS,TLENG,
     .WEIGP)
      DIMENSION BMATX(5,12),CARTD(1,4),COORD(MPOIN,1),DBMAT(5,12),
     .DERIV(1,4),DMATX(5,5),ELCOD(1,4),ESTIF(12,12),GPCOD(1,4),
     .LNODS(MELEM,4),MATNO(MELEM),POSGP(4),PROPS(MMATS,5),SHAPE(4),
     .SMATX(5,12,4),WEIGP(4)
C
C***  EVALUATION OF THE STIFFNESS MATRIX FOR THE
C***  LINEAR,QUADRATIC OR STRIP ELEMENT
C
C
C***  LOOP OVER EACH ELEMENT
C
      DO 55 IELEM=1,NELEM
      LPROP=MATNO(IELEM)
      DO 5 INODE=1,NNODE
      LNODE=LNODS(IELEM,INODE)
      ELCOD(1,INODE)=COORD(LNODE,1)
    5 CONTINUE
C
C***  EVALUATE THE D-MATRIX
C
      CALL MODPB(DMATX,LPROP,MMATS,NSTRE,PROPS)
C
C***  INITIALIZE THE ELEMENT STIFFNESS MATRIX
C
      DO 10 IEVAB=1,NEVAB
      DO 10 JEVAB=1,NEVAB
   10 ESTIF(IEVAB,JEVAB)=0.0
      KGASP=0
      CALL GAUSSQ(NGAUB,POSGP,WEIGP)
C
C***  FULL OR SELECTIVE INTEGRATION FOR BENDING (NO. GAUSS POINTS=NGAUB)
C
      DO 25 IGAUS=1,NGAUB
      KGASP=KGASP+1
      EXISP=POSGP(IGAUS)
      CALL SFR1(DERIV,EXISP,NNODE,SHAPE)
      CALL JACOB1(CARTD,DERIV,DJACB,ELCOD,GPCOD,IELEM,KGASP,
     .NNODE,SHAPE)
      DLENG=DJACB*WEIGP(IGAUS)
      CALL BMATFS(BMATX,DBMAT,DMATX,NEVAB,NSTRE)
      KSTRE=NSTRE-2
      DO 20 IEVAB=1,NEVAB
      DO 20 JEVAB=IEVAB,NEVAB
      DO 20 ISTRE=1,KSTRE
      IF(NTYPE.EQ.2) GO TO 15
      ESTIF(IEVAB,JEVAB)=ESTIF(IEVAB,JEVAB)+BMATX(ISTRE,IEVAB)*
     .DBMAT(ISTRE,JEVAB)*DLENG*TLENG/2.0
      GO TO 20
   15 ESTIF(IEVAB,JEVAB)=ESTIF(IEVAB,JEVAB)+GPCOD(1,IGAUS)
     .*BMATX(ISTRE,IEVAB)*DBMAT(ISTRE,JEVAB)*DLENG*TLENG/2.0
   20 CONTINUE
   25 CONTINUE
C
C***  REDUCED INTEGRATION FOR SHEAR TERMS (NO. GAUSS POINTS=NGAUS)
C
      CALL GAUSSQ(NGAUS,POSGP,WEIGP)
C
C***  ENTER LOOPS FOR AREA NUMERICAL INTEGRATION
C
      KGASP=0
      DO 45 IGAUS=1,NGAUS
      KGASP=KGASP+1
      EXISP=POSGP(IGAUS)
      CALL SFR1(DERIV,EXISP,NNODE,SHAPE)
      CALL JACOB1(CARTD,DERIV,DJACB,ELCOD,GPCOD,IELEM,KGASP,
     .NNODE,SHAPE)
      DLENG=DJACB*WEIGP(IGAUS)
      CALL BMATFS(BMATX,CARTD,GPCOD,IGAUS,IHARM,NEVAB,NNODE,NSTRE,
     .NTYPE,SHAPE,TLENG)
      CALL DBE(BMATX,DBMAT,DMATX,NEVAB,NSTRE)
```

```
      LSTRE=NSTRE-1
      DO 35 IEVAB=1,NEVAB
      DO 35 JEVAB=IEVAB,NEVAB
      DO 35 ISTRE=LSTRE,NSTRE
      IF(NTYPE.EQ.2) GO TO 30
C
C***  STRAIGHT PLATE
C
      ESTIF(IEVAB,JEVAB)=ESTIF(IEVAB,JEVAB)+BMATX(ISTRE,IEVAB)*DBMAT
     .(ISTRE,JEVAB)*DLENG*TLENG/2.0
      GO TO 35
C
C***  CURVED PLATE
C
   30 ESTIF(IEVAB,JEVAB)=ESTIF(IEVAB,JEVAB)+GPCOD(1,IGAUS)*BMATX(
     .ISTRE,IEVAB)*DBMAT(ISTRE,JEVAB)*DLENG*TLENG/2.0
   35 CONTINUE
C
C***  STORE THE COMPONENTS OF THE DB MATRIX FOR THE ELEMENT
C
      DO 40 ISTRE=1,NSTRE
      DO 40 IEVAB=1,NEVAB
   40 SMATX(ISTRE,IEVAB,KGASP)=DBMAT(ISTRE,IEVAB)
   45 CONTINUE
C
C***  CONSTRUCT THE LOWER TRIANGLE OF THE STIFFNESS MATRIX
C
      DO 50 IEVAB=1,NEVAB
      DO 50 JEVAB=1,NEVAB
   50 ESTIF(JEVAB,IEVAB)=ESTIF(IEVAB,JEVAB)
C
C***  STORE THE STIFFNESS MATRIX,STRESS MATRIX AND SAMPLING
C***  POINT COORDINATES FOR EACH ELEMENT ON DISC FILE
C
      WRITE(1) ESTIF
      WRITE(3) SMATX,GPCOD
   55 CONTINUE
      RETURN
      END
```

2.12.4 Von STIFFS aufgerufene Subroutinen

2.12.4.1 Subroutine MODPB

Diese Subroutine berechnet die Matrix der Plattensteifigkeiten $[D]$ wie in (2.18) und (2.19) gegeben.

Für Faltwerke und axialsymmetrische Schalen sollte die Matrix $[D]$ erweitert werden, um Membraneffekte entsprechend (2.49) zu erhalten.

```
      SUBROUTINE MODPB(DMATX,LPROP,MMATS,NSTRE,PROPS)
      DIMENSION DMATX(5,5),PROPS(MMATS,5)
C
C***  EVALUATE D MATRIX
C
      DO 5 ISTRE=1,NSTRE
      DO 5 JSTRE=1,NSTRE
      DMATX(ISTRE,JSTRE)=0.0
    5 CONTINUE
      YUENG=PROPS(LPROP,1)
      POISS=PROPS(LPROP,2)
      THICK=PROPS(LPROP,3)
      DMATX(1,1)=YOUNG*THICK*THICK*THICK/(12.0*(1.0-POISS*POISS))
      DMATX(1,2)=POISS*DMATX(1,1)
      DMATX(2,2)=DMATX(1,1)
```

```
      DMATX(2,1)=DMATX(1,2)
      DMATX(3,3)=(1.0-POISS)*DMATX(1,1)/2.0
      DMATX(4,4)=YOUNG*THICK/(2.4*(1.0+POISS))
      DMATX(5,5)=DMATX(4,4)
      RETURN
      END
```

2.12.4.2 Subroutine GAUSSQ

Diese Subroutine stellt die lokalen Gauss-Punkte und ihre Gewichte bereit.

Man beachte, daß NGAUT Werte von 1 bis 4 für die zugehörige Gauss-Legendre-Regel durchlaufen kann. Diese Routine ist ebenso gültig für Faltwerke und axialsymmetrische Schalen.

```
      SUBROUTINE GAUSSQ(NGAUT,POSGP,WEIGP)
      DIMENSION POSGP(4),WEIGP(4)
C
C***  SET UP GAUSS POINT COORDINATES AND WEIGHTS
C
      IF(NGAUT.GT.3) GO TO 30
      IF(NGAUT.GT.2) GO TO 20
      IF(NGAUT.GT.1) GO TO 10
      POSGP(1)=0.0
      WEIGP(1)=2.0
      GO TO 50
   10 POSGP(1)=-0.577350269189626
      WEIGP(1)=1.0
      GO TO 40
   20 POSGP(1)=-0.774596669241483
      POSGP(2)=0.0
      WEIGP(1)=0.555555555555556
      WEIGP(2)=0.888888888888889
      GO TO 40
   30 POSGP(1)=-0.8611363115
      POSGP(2)=-0.2299810435
      WEIGP(1)=0.3478548452
      WEIGP(2)=0.6521451548
   40 KGAUT=NGAUT/2
      DO 50 IGASH=1,KGAUT
      JGASH=NGAUT+1-IGASH
      POSGP(LGASH)=-POSGP(IGASH)
      WEIGP(JGASH)=WEIGP(IGASH)
   50 CONTINUE
      RETURN
      END
```

2.12.4.3 Subroutine SFR1

Diese Routine berechnet die Ansatzfunktionen SHAPE und ihre Ableitungen DERIV für einen bestimmten Integrationspunkt mit der Koordinate S.

```
      SUBROUTINE SFR1(DERIV,S,NNODE,SHAPE)
      DIMENSION DERIV(1,4),SHAPE(4)
C
C***  CALCULATES SAHAPE FUNCTIONS AND THEIR DERIVATIVES
C
C
C***  SHAPE FUNCTIONS
C
      IF(NNODE.EQ.4) GO TO 10
      IF(NNODE.EQ.3) GO TO 5
```

```
C
C***   TWO NODED STRIP
C
       SHAPE(1)=(1.0-S)/2.0
       SHAPE(2)=(1.0+S)/2.0
       DERIV(1,1)=-1.0/2.0
       DERIV(1,2)=1.0/2.0
       GO TO 15
C
C***   THREE NODED STRIP
C
     5 SHAPE(1)=(S*S-S)/2.0
       SHAPE(2)=1.0-S*S
       SHAPE(3)=(S+S*S)/2.0
       DERIV(1,1)=(2.0*S-1.0)/2.0
       DERIV(1,2)=-2.0*S
       DERIV(1,3)=(1.0+2.0*S)/2.0
       GO TO 15
C
C***   FOUR NODED STRIP
C
    10 SHAPE(1)=-9.0/16.0*(S*S*S-S/9.0-S*S+1.0/9.0)
       SHAPE(2)=27.0/16.0*(S*S*S-S-S*S/3.0+1.0/3.0)
       SHAPE(3)=-27.0/16.0*(S*S*S-S+S*S/3.0-1.0/3.0)
       SHAPE(4)=9.0/16.0*(S*S*S-S/9.0+S*S-1.0/9.0)
       DERIV(1,1)=-9.0/16.0*(3.0*S*S-1.0/9.0-2.0*S)
       DERIV(1,2)=27.0/16.0*(3.0*S*S-1.0-2.0/3.0*S)
       DERIV(1,3)=-27.0/16.0*(3.0*S*S-1.0+2.0/3.0*S)
       DERIV(1,4)=9.0/16.0*(3.0*S*S-1.0/9.0+2.0*S)
    15 CONTINUE
       RETURN
       END
```

2.12.4.4 Subroutine JACOB1

Diese Routine berechnet die Gauss-Punkte und die kartesischen Ableitungen $\mathrm{d}N_i/\mathrm{d}x$. Man beachte, daß JACOB1 auch für Faltwerke und axialsymmetrische Schalen gilt.

```
       SUBROUTINE JACOB1(CARTD,DERIV,DJACB,ELCOD,GPCOD,IELEM,KGASP,
      .NNODE,SHAPE)
       DIMENSION CARTD(1,4),DERIV(1,4),ELCOD(1,4),GPCOD(1,4),SHAPE(4)
C
C***   CALCULATES COORCINATES OF GAUSS POINTS AND THE JACOBIAN
C***   MATRIX AND ITS DETERMINANT AND THE INVERSE
C
       DJACB=0.0
       GPCOD(1,KGASP)=0.0
C
C***   CALCULATE COORDINATES OF SAMPLING POINT
C
       DO 5 INODE=1,NNODE
       GPCOD(1,KGASP)=GPCOD(1,KGASP)+SHAPE(INODE)*ELCOD(1,INODE)
     5 CONTINUE
C
C***   CALCULATE DETERMINANT OF JACOBIAN MATRIX
C
       DO 10 INODE=1,NNODE
       DJACB=DJACB+DERIV(1,INODE)*ELCOD(1,INODE)
    10 CONTINUE
       IF(DJACB) 15,15,20
    15 WRITE(6,900) IELEM
       STOP
C
C***   CALCULATE CARTESIAN DERIVATIVES
C
    20 DO 25 INODE=1,NNODE
```

```
      CARTD(1,INODE)=DERIV(1,INODE)/DJACB
   25 CONTINUE
  900 FORMAT(//,10X,36H PROGRAM HALTED IN SUBROUTINE JACOB1,/ 11X,
     .22H ZERO OR NEGAARIVE AREA,/ 10X,16H ELEMENT NUMBER ,I5)
      RETURN
      END
```

2.12.4.5 Subroutine BMATFS

Diese Routine berechnet die Verzerrungsmatrix entsprechend (2.27) an einem
Integrationspunkt. Für Faltwerke und axialsymmetrische Schalen sollte die
Subroutine BMATFS die Verzerrungsmatrix entsprechend (2.56) bis (2.57) be-
rechnen.

```
      SUBROUTINE BMATFS(BMATX,CARTD,GPCOD,IGAUS,IHARM,NEVAB,NNODE,
     .NSTRE,NTYPE,SHAPE,TLENG)
      DIMENSION BMATX(5,12),CARTD(1,4),GPCOD(1,4),SHAPE(4)
C
C***  EVALUATE B MATRIX
C
      DO 5 ISTRE=1,NSTRE
      DO 5 IEVAB=1,NEVAB
      BMATX(ISTRE,IEVAB)=0.0
    5 CONTINUE
      JGASH=0
      DO 15 INODE=1,NNODE
      IGASH=JGASH+1
      IF(NTYPE.EQ.2) GO TO 10
C
C***  STRAIGHT PLATE
C
      BMATX(4,IGASH)=CARTD(1,INODE)
      BMATX(5,IGASH)=SHAPE(INODE)*FLOAT(IHARM)*3.14159265/TLENG
      IGASH=IGASH+1
      JGASH=IGASH+1
      BMATX(1,IGASH)=-CARTD(1,INODE)
      BMATX(3,IGASH)=-SHAPE(INODE)*FLOAT(IHARM)*3.14159265/TLENG
      BMATX(4,IGASC)=-SHAPE(INODE)
      BMATX(2,JGASH)=SHAPE(INODE)*FLOAT(IHARM)*3.14159265/TLENG
      BMATX(3,JGASH)=-CARTD(1,INODE)
      BMATX(5,JGASH)=-SHAPE(INODE)
      GO TO 15
C
C***  CURVED PLATE
C
   10 BMATX(4,IGASH)=CARTD(1,INODE)
      BMATX(5,IGASH)=(SHAPE(INODE)/GPCOD(1,IGAUS))*FLOAT(IHARM)*
     .3.14159265/TLENG
      IGASH=IGASH+1
      JGASH=IGASH+1
      BMATX(1,IGASH)=-CARTD(1,INODE)
      BMATX(2,IGASH)=-SHAPE(INODE)/GPCOD(1,IGAUS)
      BMATX(3,IGASH)=-(SHAPE(INODE)/GPCOD(1,IGAUS))*FLOAT(IHARM)*
     .3.14159265/TLENG
      BMATX(4,IGASH)=-SHAPE(INODE)
      BMATX(2,JGASH)=(SHAPE(INODE)/GPCOD(1,IGAUS))*FLOAT(IHARM)*
     .3.14159265/TLENG
      BMATX(3,JGASH)=-CARTD(1,INODE)+SHAPE(INODE)/GPCOD(1,IGAUS)
      BMATX(5,JGASH)=-SHAPE(INODE)
   15 CONTINUE
      RETURN
      END
```

2.12.4.6 Subroutine DBE

Diese Routine berechnet die Spannungsmatrix $[D][B^l]$ an einem beliebigen Integrationspunkt.

```
      SUBROUTINE DBE(BMATX,DBMAT,DMATX,NEVAB,NSTRE)
      DIMENSION BMATX(5,12),DBMAT(5,12),DMATX(5,5)
C
C***  CALCULATE D * B
C
      DO 5 ISTRE=1,NSTRE
      DO 5 IEVAB=1,NEVAB
      DBMAT(ISTRE,IEVAB)=0.0
      DO 5 JSTRE=1,NSTRE
      DBMAT(ISTRE,IEVAB)=DBMAT(ISTRE,IEVAB)+
     .DMATX(ISTRE,JSTRE)*BMATX(JSTRE,IEVAB)
    5 CONTINUE
      RETURN
      END
```

2.12.5 Berechnung des äquivalenten Knotenlastvektors für jede Harmonische: Subroutine LOADFS

In diesem hier vorgestellten Plattenprogramm werden nur zwei Lastfälle behandelt: a) Vertikale Einzelkraft, die an einem Knoten in einem bestimmten Abstand vom gestützten Rand angreift und b) gleichförmig verteilte Kräfte, die auf eine bestimmte Anzahl von Streifen einwirken. Erweiterungen des Programms zur Berücksichtigung anderer Lastfälle ist sehr einfach, wenn einmal die grundlegenden Schritte für die hier vorgestellten beiden Fälle voll verstanden wurden.

```
      SUBROUTINE LOADFS(COORD,ELOAD,ICASE,IHARM,LNODS,MATNO,MELEM,
     .MMATS,MPOIN,NDOFN,NELEM,NEVAB,NGAUS,NNODE,NPOIN,NTYPE,POSGP,
     .PROPS,TLENG,WEIGP)
      DIMENSION CARTD(1,4),COORD(MPOIN,1),DERIV(1,4),ELCOD(1,4),
     .ELOAD(MELEM,12),GPCOD(1,4),LNODS(MELEM,4),MATNO(MELEM),POINT(3),
     .POSGP(4),PROPS(MMATS,5),SHAPE(4),TITLE(18),WEIGP(4)
C
C***  EVALLUATE NODAL FORCE VECTOR
C
      IF(IHARM.GT.1) GO TO 5
C
C***  READ AND WRITE TITLE OF LOAD CASE
C
      READ(5,900) TITLE
  900 FORMAT(18A4)
C
C***  READ AND WRITE INDICATORS FOR TYPE OF LEAD
C
      READ(5,905) IPLOD,IUNIF
  905 FORMAT(2I5)
      WRITE(9) IPLOD,IUNIF
      WRITE(6,910) ICASE
  910 FORMAT(/ 10X,' LOAD CASE NUMBER ',1X,I2)
      WRITE(6,900) TITLE
      WRITE(6,905) IPLOD,IUNIF
      GO TO 10
    5 READ(9) IPLOD,IUNIF
   10 CONTINUE
      DO 15 IELEM=1,NELEM
```

```
         DO 15 IEVAB=1,NEVAB
    15 ELOAD(IELEM,IEVAB)=0.0
C
C***   POINT LOAD
C
       IF(IPLOD.EQ.0) GO TO 50
       IF(IHARM.EQ.1) WRITE(6,915)
    20 CONTINUE
       IF(IHARM.GT.1) GO TO 25
       READ(5,920) LODPT,POINT(1),YLOAD
       WRITE(9) LODPT,(POINT(IDOFN),IDIFN=1,NDOFN),YLOAD
   915 FORMAT(/10X,'POINT LOAD')
       WRITE(6,920) LODPT,(POINT(IDOFN),IDOFN=1,NDOFN),YLOAD
   920 FORMAT(I5,4F10.5)
       GO TO 30
    25 READ(9) LODPT,(POINT(IDOFN),IDOFN=1,NDOFN),YLOAD
    30 CONTINUE
C
C***   CALCULATE LOADS AND ASSOCIATE WITH NODAL POINTS
C
       FPLOA=FLOAT(IHARM)*3.14159265*YLOAD/TLENG
       DO 35 IELEM=1,NELEM
       DO 35 INODE=1,NNODE
       NLOCA=LNODS(IELEM,INODE)
       IF(LODPT.EQ.NLOCA) GO TO 40
    35 CONTINUE
    40 DO 45 IDOFN=1,NDOFN
       IF(IDOFN.EQ.1.OR.IDOFN.EQ.2) SINCO=SIN(FPLOA)
       NGASH=(INODE-1)*NDOFN+IDOFN
       ELOAD(IELEM,NGASH)=ELOAD(IELEM,NGASH)+POINT(IDOFN)*SINCO
    45 CONTINUE
       IF(LODPT.LT.NPOIN) GO TO 20
    50 CONTINUE
C
C***   UNIFORM DISTRIBUTED LOAD
C
       VLEPI=3.14159265*FLOAT(IHARM)
       COEFL=2.0*TLENG/VLEPI
C
C***   LOOP OVER EACH STRIP
C
       CALL GAUSSQ(NGAUS,POSGP,WEIGP)
       DO 75 IELEM=1,NELEM
       LPROP=MATNO(IELEM)
       VDLOD=COEFL*PROPS(LPROP,4)
       IF(VDLOD.EQ.0.0) GO TO 75
       KGASP=0
C
C***   EXTRACT ELEMENT NODAL COORDINATES
C
       DO 55 INODE=1,NNODE
       LNODE=LNODS(IELEM,INODE)
       ELCOD(1,INODE)=COORD(LNODE,1)
    55 CONTINUE
C
C***   ENTER LOOPS FOR NUMERICAL INTEGRATION
C
       DO 70 IGAUS=1,NGAUS
       KGASP=KGASP+1
       EXISP=POSGP(IGAUS)
C
C***   EVALUATE THE SHAPE FUNCTIONS AT THE SAMPLING POINTS AND
C***   ELEMENTAL LENGTH
C
       CALL SFR1(DERIV,EXISP,NNODE,SHAPE)
       CALL JACOB1(CARTD,DERIV,DJACB,ELCOD,GPCOD,IELEM,KGASP,NNODE,
      .SHAPE)
C
C***   CALCULATE LOADS AND ASSOCIATE WITH ELEMENT NODAL POINTS
C
       DO 65 INODE=1,NNODE
       NPOSN=(INODE-1)*NDOFN+1
       IF(NTYPE.EQ.2) GO TO 60
```

```
C
C***   STRAIGHT PLATE
C
       ELOAD(IELEM,NPOSN)=ELOAD(IELEM,NPOSN)+
      .SHAPE(INODE)*VDLOD*DJACB*WEIGP(IGAUS)
       GO TO 65
C
C***   CURVED PLATE
C
    60 ELOAD(IELEM,NPOSN)=ELOAD(IELEM,NPOSN)+GPCOD(1,IGAUS)*
      .SHAPE(INODE)*VDLOD*DJACB*WEIGP(IGAUS)
    65 CONTINUE
    70 CONTINUE
    75 CONTINUE
       RETURN
       END
```

2.12.6 Berechnung der Spannungsresultierenden des Streifens für jede Harmonische: Subroutine STREFS

Diese Routine ermittelt die Schubspannungsresultierenden für jeden Streifen an den Schub-Gauss-Punkten für jedes harmonische Glied entsprechend (2.25), indem von der Spannungsmatrix (siehe Abschnitt 2.12.3) und den Knotenverschiebungen, berechnet in der Subroutine FRONT, Gebrauch gemacht wird. Die Spannungsresultierenden des Streifens werden für jede Harmonische auf einem File für den nachfolgenden Gebrauch in Subroutine ADD abgespeichert.

Diese Routine ist für alle der verschiedenen Anwendungsbeispiele, die in diesem Kapitel behandelt werden, identisch.

```
       SUBROUTINE STREFS(ASDIS,LNODS,MELEM,MTOTV,NDOFN,NELEM,NGAUS,
      .NNODE,NSTRE)
       DIMENSION ASDIS(MTOTV),ELDIS(3,4),LNODS(MELEM,4),GPCOD(1,4),
      .SMATX(5,12,4),STRSG(5)
C
C***   EVALUATE STRESSES AT THE SHEAR GAUSS POINTS FOR
C***   EACH STRIP
C
C
C***   LOOP OVER EACH STRIP ELEMENT
C
       DO 20 IELEM=1,NELEM
C
C***   READ THE STRESS MATRIX ,SAMPLING POINT COORDINATES
C***   FOR THE STRIP
C
       READ(3) SMATX,GPCOD
C
C***   IDENTIFY THE DISPLACEMENTS OF THE ELEMENT NODAL POINTS
C
       DO 5 INODE=1,NNODE
       LNODE=LNODS(IELEM,INODE)
       NPOSN=(LNODE-1)*NDOFN
       DO 5 IDOFN=1,NDOFN
       NPOSN=NPOSN+1
       ELDIS(IDOFN,INODE)=ASDIS(NPOSN)
     5 CONTINUE
       KGASP=0
C
C***   ENTER LOOPS OVER EACH SHEAR SAMPLING POINT
C
       DO 15 IGAUS=1,NGAUS
       KGASP=KGASP+1
```

```
      DO 10 ISTRE=1,NSTRE
      STRSG(ISTRE)=0.0
      KGASH=0
C
C***  COMPUTE THE STRESS RESULTANTS
C
      DO 10 INODE=1,NNODE
      DO 10 IDOFN=1,NDOFN
      KGASH=KGASH+1
      STRSG(ISTRE)=STRSG(ISTRE)+SMATX(ISTRE,KGASH,KGASP)*ELDIS
     .(IDOFN,INODE)
   10 CONTINUE
C
C***  WRITE STRESSES IN DISC FOR EACH HARMONIC
C
      WRITE(8) (STRSG(ISTRE),ISTRE=1,NSTRE)
   15 CONTINUE
   20 CONTINUE
      RETURN
      END
```

2.12.7 Subroutine zur Summierung sämtlicher Beiträge der Harmonischen: Subroutine ADD

Diese Routine berechnet die Verschiebungen und die Spannungsresultierenden an einem gegebenen Querschnitt in Längsrichtung der Struktur, indem die Knotenverschiebungen und die Spannungsresultierenden an den Gauss-Punkten, die von allen harmonischen Termen erhalten wurden, aufsummiert werden.

Diese Routine ist fast für alle verschiedenen Strukturen, wie sie in diesem Kapitel erwähnt werden, identisch. Der einzige Unterschied liegt in der Anzahl von Verschiebungs- und Spannungskomponenten und in der Art der Reihenentwicklung, wie sie für jedes spezielle Problem gewählt werden muß .

```
      SUBROUTINE ADD(ADISP,AFORC,DISPL,DIZPL,EFORC,FORCE,MELEM,MFACT,
     .MPOIN,MTOTV,NCASE,NDOFN,NELEM,NGAUS,NHARM,NPOIN,NSTRE,NSYME,
     .TLENG)
      DIMENSION ADISP(3,MPOIN),AFORC(5,4,MELEM),DISPL(MTOTV),
     .DIZPL(MTOTV),EFORC(MFACT),FORCE(MFACT),GPCOD(1,4),SMATX(5,12,4),
     .YSECT(5)
C
C***  SUM DISPLACEMENTS AND STRESSES FOR ALL HARMONICS
C
C***  READ AND WRITE SECTION ANALYSIS DATA
C
      READ(5,900) NSECT
  900 FORMAT(I5)
      WRITE(6,950) NSECT
      READ(5,905) (YSECT(ISECT),ISECT=1,NSECT)
  905 FORMAT(8F10.3)
      VARAD=3.14159265/TLENG
      DO 105 ICASE=1,NCASE
      DO 100 ISECT=1,NSECT
      WRITE(6,915) YSECT(ISECT)
      RADIA=VARAD*YSECT(ISECT)
      WRITE(6,910) ICASE
  910 FORMAT(//,5X,14H LOAD CASE NO=,I3,//)
      REWIND 7
      REWIND 8
      NUMDR=NPOIN
      DO 5 IDOFN=1,NDOFN
      DO 5 IUMDR=1,NUMDR
```

```fortran
    5 ADISP(IDOFN,IUMDR)=0.0
      DO 10 IELEM=1,NELEM
      DO 10 ISTRE=1,NSTRE
      DO 10 IGAUS=1,NGAUS
   10 AFORC(ISTRE,IGAUS,IELEM)=0.0
      WRITE(6,920)
      WRITE(6,925)
      LDDIS=NUMDR*NDOFN
C
C***  READ BACK DISPLACEMENTS
C
      DO 95 IHARM=1,NHARM,NSYME
      DO 30 ICASO=1,NCASE
      DO 15 IPOIN=1,NPOIN
      NGASH=IPOIN*NDOFN
      NGISH=NGASH-NDOFN+1
   15 READ(7) (DIZPL(IDDIS),IDDIS=NGISH,NGASH)
      IF(ICASO.NE.ICASE) GO TO 25
      DO 20 IDDIS=1,LDDIS
   20 DISPL(IDDIS)=DIZPL(IDDIS)
   25 CONTINUE
   30 CONTINUE
      HARMO=FLOAT(IHARM)
      FCTOR=HARMO*RADIA
C
C***  SUM DISPLACEMENTS FOR ALL HARMONICS
C
      DO 35 IUMDR=1,NUMDR
      IWDIS=(IUMDR-1)*3+1
      IROTX=IWDIS+1
      IROTY=IWDIS+2
      ADISP(1,IUMDR)=ADISP(1,IUMDR)+DISPL(IWDIS)*SIN(FCTOR)
      ADISP(2,IUMDR)=ADISP(2,IUMDR)+DISPL(IROTX)*SIN(FCTOR)
      ADISP(3,IUMDR)=ADISP(3,IUMDR)+DISPL(IROTY)*COS(FCTOR)
   35 CONTINUE
C
C***  PRINT DISPLACEMENTS
C
      IF(IHARM.LT.NHARM) GO TO 45
      DO 40 IPOIN=1,NPOIN
      WRITE(6,930) IPOIN,(ADISP(IDOFN,IPOIN),IDOFN=1,NDOFN)
   40 CONTINUE
   45 CONTINUE
C
C***  STRESSES AT SHEAR GAUSS POINTS
C
      LDSTR=NELEM*NSTRE*NGAUS
C
C***  READ BACK STRESSES AT SHEAR GAUSS POINTS
C
      DO 70 ICASO=1,NCASE
      DO 55 IELEM=1,NELEM
      KSTEG=NSTRE*NGAUS
      LSTEG=(IELEM-1)*KSTEG
      DO 50 IGAUS=1,NGAUS
      NGEST=IGAUS*NSTRE+LSTEG
      NGIST=NGEST-NSTRE+1
   50 READ(8) (EFORC(IDSTR),IDSTR=NGIST,NGEST)
   55 CONTINUE
      IF(ICASO.NE.ICASE) GO TO 65
      DO 60 IDSTR=1,LDSTR
   60 FORCE(IDSTR)=EFORC(IDSTR)
   65 CONTINUE
   70 CONTINUE
      REWIND 3
C
C***  SUM SHEAR GAUSS POINT STRESSES FOR ALL HARMONICS
C
      DO 90 IELEM=1,NELEM
      MSTEG=NSTRE*NGAUS
      NSTEG=(IELEM-1)*MSTEG
      READ(3) SMATX,GPCOD
      DO 85 IGAUS=1,NGAUS
```

```
      ISXDI=(IGAUS-1)*NSTRE+1+NSTEG
      ISYDI=ISXDI+1
      ISXYD=ISXDI+2
      ISXZD=ISXDI+3
      ISYZD=ISXDI+4
      AFORC(1,IGAUS,IELEM)=AFORC(1,IGAUS,IELEM)+FORCE(ISXDI)*SIN(FCTOR)
      AFORC(2,IGAUS,IELEM)=AFORC(2,IGAUS,IELEM)+FORCE(ISYDI)*SIN(FCTOR)
      AFORC(3,IGAUS,IELEM)=AFORC(3,IGAUS,IELEM)+FORCE(ISXYD)*COS(FCTOR)
      AFORC(4,IGAUS,IELEM)=AFORC(4,IGAUS,IELEM)+FORCE(ISXZD)*SIN(FCTOR)
      AFORC(5,IGAUS,IELEM)=AFORC(5,IGAUS,IELEM)+FORCE(ISYZD)*COS(FCTOR)
      IF(IHARM.LT.NHARM) GO TO 80
      IF(IGAUS.GT.1) GO TO 75
      WRITE(6,935)
      WRITE(6,940)
      WRITE(6,945)
   75 CONTINUE
C
C***  PRINT FINAL SHEAR GAUSS POINT STRESSES
C
      WRITE(6,935) IELEM,IGAUS,(AFORC(ISTRE,IGAUS,IELEM),ISTRE=1,
     .NSTRE),GPCOD(1,IGAUS)
   80 CONTINUE
   85 CONTINUE
   90 CONTINUE
   95 CONTINUE
  100 CONTINUE
  105 CONTINUE
  915 FORMAT(1H0,'TOTAL DISPLACEMENTS AND STRESSES AT Z=',F8.3,//)
  920 FORMAT(1H0,5X,13HDISPLACEMENTS)
  925 FORMAT(1H0,5X,4HNODE,6X,5HDISP.,8X,9H XZ-ROT.,7X,8H YZ-ROT.)
  930 FORMAT(I10,3E16.6)
  935 FORMAT(2I5,6E15.6,F10.4)
  940 FORMAT(// 1X,'STRESSES AT THE SHEAR GAUSS POINTS',/)
  945 FORMAT(/ 4X,'EL',3X,'GP.',13H XX-MOMENT   ,
     .15H   YY-MOMENT   ,15H   XY-MOMENT   ,15H   XZ-FORCE    ,
     .15H   YZ-FORCE    ,1X,'X-CORD GAUS P.')
  950 FORMAT(// 1X,'NUMBER OF SECTIONS TO BE ANALYSED=',I3)
      RETURN
      END
```

2.12.8 Subroutine zur Lösung der linearen Gleichungen für jede Harmonische: Subroutine FRONT

Diese Routine löst die entkoppelten Systeme der Steifigkeitsgleichungen für jede Harmonische (siehe (2.35)) mit der Front-Lösungsmethode [2.35]. In [2.34] wird eine vollständige Beschreibung dieser Routine zusammen mit entsprechenden Kommentaren gegeben.

2.13 Beispiele

2.13.1 Einfach gestützte quadratische dicke Platte unter gleichförmiger Belastung

Die Geometrie der Platte und die Materialeigenschaften sind in Bild 2.24 verzeichnet.

Ein Netz von fünf drei-Knoten-Streifen mit voller Integration wurde benutzt. Bild 2.24 enthält die Darstellung der numerischen Resultate für das

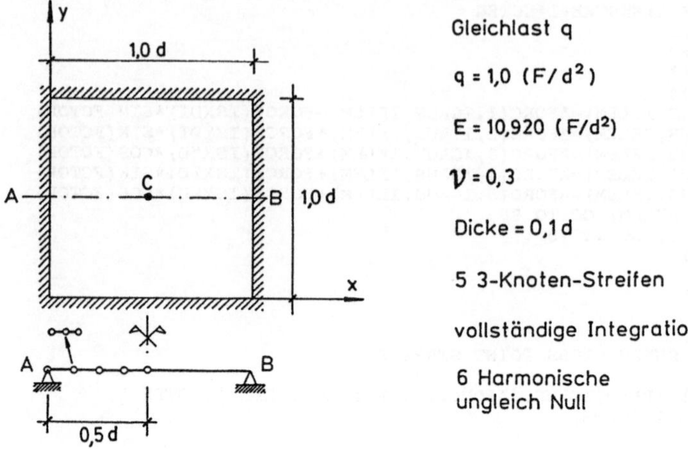

$$W_C \text{ (berechnet)} = 0{,}4272 \times 10^{-2} \text{ (d)}$$
$$W_C \text{ (exakt) [2.21]} = 0{,}4270 \times 10^{-2} \text{ (d)}$$

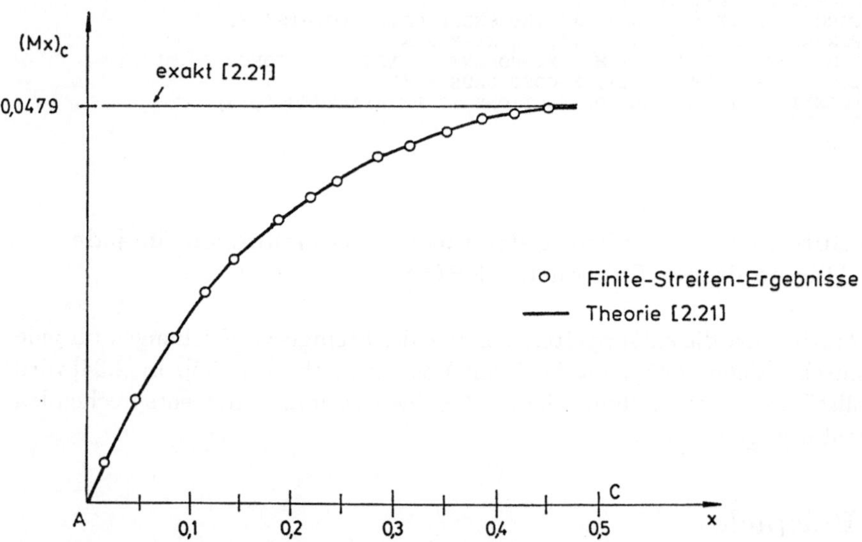

Bild 2.24 Quadratische dicke Platte unter Gleichlast

Biegemoment M_x in transversaler Richtung für einen Querschnitt in Plattenmitte verglichen mit der theoretischen exakten Lösung [2.32]. Die Genauigkeit der numerischen Lösung ist bemerkenswert. Anschließend sind die Eingabedaten und die Ergebnisausgabe für dieses Beispiel aufgeführt.

```
    1
SIMPLY SUPPORTED SQUARE PLATE. QUADRATIC STRIP WITH FULL INTEGRATION
   11    2
   11    5    2    1    1    3    1    3    3
    1.
    1    1    1    2    3
    2    1    3    4    5
    3    1    5    6    7
    4    1    7    8    9
    5    1    9   10   11
    1   .0
    2   .05
    3   .1
    4   .15
    5   .2
    6   .25
    7   .30
    8   .35
    9   .40
   10   .45
   11   .5
    1  101
   11  010
    110920.       .3          .1       1.
    UNIFORM LOAD
    0    1
    1
    0.5
```

```
        PROBLEM NO.    1            SIMPLY SUPPORTED SQUARE PLATE. QUADRATIC STRIP WITH FULL INTEGRATION


NUMBER OF HARMONIC TERMS TO BE USED =    11
INDICATOR FOR SYMMETRY OF LOADING ( 1 FOR NON SYMMETRY,          2 FOR SYMMETRY) =    2

     LENGHT OF THE PLATE=    1.00000


NPOIN =  11      NELEM =   5      NVFIX =   2      NCASE =   1      NTYPE =   1      NNODE =   3      NDOFN =   3

NMATS =   1      NPROP =   5      NGAUO =   3      NGAUS =   3      NDIME =   1      NSTRE =   5      NEVAB =   9


ELEMENT     PROPERTY      NODE NUMBERS
    1           1          1    2    3
    2           1          3    4    5
    3           1          5    6    7
    4           1          7    8    9
    5           1          9   10   11


NODAL POINT COORDINATES
NODE        X
    1    0.00000
    2    0.05000
    3    0.10000
    4    0.15000
    5    0.20000
    6    0.25000
    7    0.30000
    8    0.35000
    9    0.40000
   10    0.45000
   11    0.50000


RESTRAINED NODES
NODE CODE        FIXED VALUES
    1  101   0.00000    0.00000    0.00000
   11  010   0.00000    0.00000    0.00000


MATERIAL PROPERTIES
NUMBER                          PROPERTIES
    1          0.109200E+05  0.300000E+00  0.100000E+00  0.100000E+01  0.000000E+00
```

```
            LOAD CASE NUMBER   1
     UNIFORM LOAD
     0   1


  NUMBER OF SECTIONS TO BE ANALYSED=   1




 ·TOTAL DISPLACEMENTS AND STRESSES AT Z.    0.500



     LOAD CASE NO=   1


     DISPLACEMENTS

     NODE      DISP.          XZ-ROT.         YZ-ROT.
        1    0.000000E+00    0.134854E-01    0.000000E+00
        2    0.714032E-03    0.132200E-01   -0.923487E-10
        3    0.139803E-02    0.125430E-01   -0.182944E-09
        4    0.203262E-02    0.115109E-01   -0.267722E-09
        5    0.260408E-02    0.102355E-01   -0.344004E-09
        6    0.310131E-02    0.875862E-02   -0.410277E-09
        7    0.351682E-02    0.714906E-02   -0.465529E-09
        8    0.384477E-02    0.543559E-02   -0.509111E-09
        9    0.408153E-02    0.365863E-02   -0.540538E-09
       10    0.422445E-02    0.183859E-02   -0.559517E-09
       11    0.427220E-02    0.000000E+00   -0.565858E-09




 STRESSES AT THE SHEAR GAUSS POINTS


  EL   GP. XX-MOMENT      YY-MOMENT       XY-MOMENT       XZ-FORCE        YZ-FORCE       X-CORD GAUS P.
   1    1  0.344624E-02   0.224752E-02    0.129786E-08    0.344417E+00    0.777929E-09    0.112702E-01
   1    2  0.111826E-01   0.868759E-02    0.128385E-08    0.266092E+00    0.207174E-08    0.500000E-01
   1    3  0.180927E-01   0.150399E-01    0.125730E-08    0.274231E+00    0.122838E-08    0.887298E-01

 STRESSES AT THE SHEAR GAUSS POINTS


  EL   GP. XX-MOMENT      YY-MOMENT       XY-MOMENT       XZ-FORCE        YZ-FORCE       X-CORD GAUS P.
   2    1  0.231534E-01   0.186229E-01    0.121808E-08    0.247447E+00    0.208295E-09    0.111270E+00
   2    2  0.281676E-01   0.238984E-01    0.112975E-08    0.192361E+00   -0.100963E-08    0.150000E+00
   2    3  0.330994E-01   0.288991E-01    0.103397E-08    0.188392E+00   -0.212736E-08    0.188730E+00

 STRESSES AT THE SHEAR GAUSS POINTS


  EL   GP. XX-MOMENT      YY-MOMENT       XY-MOMENT       XZ-FORCE        YZ-FORCE       X-CORD GAUS P.
   3    1  0.356971E-01   0.316057E-01    0.969291E-09    0.167687E+00   -0.270671E-08    0.211270E+00
   3    2  0.387503E-01   0.355468E-01    0.851558E-09    0.129077E+00   -0.355219E-08    0.250000E+00
   3    3  0.416819E-01   0.390826E-01    0.730621E-09    0.118339E+00   -0.425440E-08    0.288730E+00

 STRESSES AT THE SHEAR GAUSS POINTS


  EL   GP. XX-MOMENT      YY-MOMENT       XY-MOMENT       XZ-FORCE        YZ-FORCE       X-CORD GAUS P.
   4    1  0.431349E-01   0.408900E-01    0.656436E-09    0.102008E+00   -0.459466E-08    0.311270E+00
   4    2  0.447815E-01   0.433952E-01    0.525483E-09    0.740215E-01   -0.507922E-08    0.350000E+00
   4    3  0.462832E-01   0.454172E-01    0.393004E-09    0.593722E-01   -0.544764E-08    0.388730E+00

 STRESSES AT THE SHEAR GAUSS POINTS


  EL   GP. XX-MOMENT      YY-MOMENT       XY-MOMENT       XZ-FORCE        YZ-FORCE       X-CORD GAUS P.
   5    1  0.469292E-01   0.463202E-01    0.314104E-09    0.456623E-01   -0.560721E-08    0.411270E+00
   5    2  0.474945E-01   0.473364E-01    0.177364E-09    0.240905E-01   -0.579543E-08    0.450000E+00
   5    3  0.479053E-01   0.478345E-01    0.401654E-10    0.643182E-02   -0.588011E-08    0.488730E+00
```

2.13.2 Einfach gestützte Kreisplatte unter einer Einzellast am freien Rand

Die Geometrie und Materialeigenschaften sind in Bild 2.25 enthalten.

In der Berechnung wurde ein Netz von zwölf zwei-Knoten-Elementen mit reduzierter Integration benutzt. Im gleichen Bild ist die numerische Lösung,

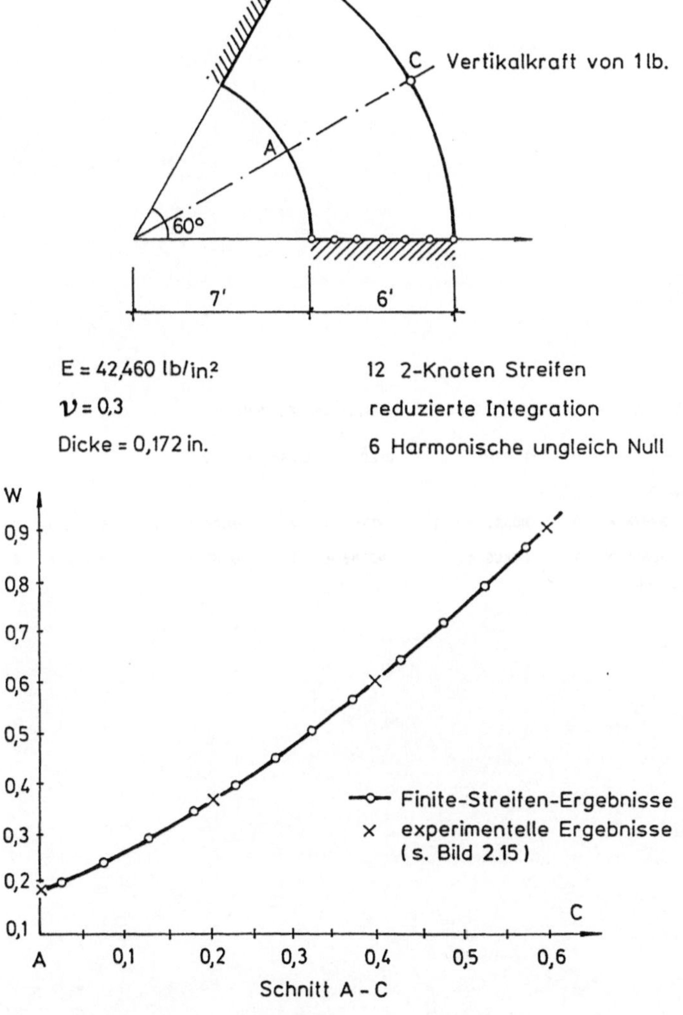

Bild 2.25 Gekrümmte Platte, an zwei Kanten gestützt, unter
Einzellast in Punkt C

wie sie Coull und Das für das gleiche Problem erhalten haben [2.26], aus Vergleichsgründen eingezeichnet . Die Genauigkeit der numerischen Lösung ist wieder gut. Die Eingabedaten so wie die numerischen Ergebnisse sind anschließend dokumentiert.

```
   1
CIRCULAR PLATE SUPPORTED AT TWO ENDS.LINEAR ELEMENT WITH REDUCED INTEGRATION
  11    2
  13   12    0    1    2    2    1    1    1
1.04720
   1    1    1    2
   2    1    2    3
   3    1    3    4
   4    1    4    5
   5    1    5    6
   6    1    6    7
   7    1    7    8
   8    1    8    9
   9    1    9   10
  10    1   10   11
  11    1   11   12
  12    1   12   13
   1    7.
   2    7.5
   3    8.
   4    8.5
   5    9.
   6    9.5
   7   10.
   8   10.5
   9   11.
  10   11.5
  11   12.
  12   12.5
  13   13.
 142460.3       .3          .172
CIRCULAR PLATE UNDER EDGE POINT LOAD
   1
  13   1.         .5236
   1
   .5236


       PROBLEM NO.   1           CIRCULAR PLATE SUPPORTED AT TWO ENDS.LINEAR ELEMENT

NUMBER OF HARMONIC TERMS TO BE USED =   11
INDICATOR FOR SYMMETRY OF LOADING ( 1 FOR NON SYMMETRY,        2 FOR SYMMETRY) =    2

    ANGLE OF THE PLATE =   1.04720

NPOIN =  13      NELEM =  12      NVFIX =    0      NCASE =    1      NTYPE =    2      NNODE =    2      NDOFN =    3

NMATS =   1      NPROP =   5      NGAUB =    1      NGAUS =    1      NDIME =    1      NSTRE =    5      NEVAB =    8

ELEMENT    PROPERTY    NODE NUMBERS
   1          1          1    2
   2          1          2    3
   3          1          3    4
   4          1          4    5
   5          1          5    6
   6          1          6    7
   7          1          7    8
   8          1          8    9
   9          1          9   10
  10          1         10   11
  11          1         11   12
  12          1         12   13

NODAL POINT COORDINATES
NODE        X
   1    7.00000
   2    7.50000
   3    8.00000
   4    8.50000
   5    9.00000
   6    9.50000
   7   10.00000
   8   10.50000
   9   11.00000
  10   11.50000
  11   12.00000
  12   12.50000
  13   13.00000
```

```
MATERIAL PROPERTIES
NUMBER                        PROPERTIES
   1            0.424603E+05  0.300000E+00  0.172000E+00  0.000000E+00  0.000000E+00

          LOAD CASE NUMBER   1
CIRCULAR PLATE UNDER EDGE POINT LOAD
   1    0

          POINT LOAD
  13   1.00000    0.00000    0.00000    0.52360


NUMBER OF SECTIONS TO BE ANALYSED=  1

TOTAL DISPLACEMENTS AND STRESSES AT Z=   0.524



          LOAD CASE NO=  1

          DISPLACEMENTS

          NODE      DISP.         XZ-ROT.        YZ-ROT.
            1    0.194096E+00   0.691507E-01  -0.370931E-08
            2    0.229811E+00   0.737695E-01  -0.398639E-08
            3    0.268167E+00   0.797073E-01  -0.441637E-08
            4    0.309768E+00   0.867174E-01  -0.479085E-08
            5    0.355035E+00   0.943580E-01  -0.517592E-08
            6    0.404263E+00   0.102548E+00  -0.565801E-08
            7    0.457668E+00   0.111042E+00  -0.602984E-08
            8    0.515410E+00   0.119893E+00  -0.670909E-08
            9    0.577619E+00   0.128876E+00  -0.709822E-08
           10    0.644414E+00   0.138241E+00  -0.826672E-08
           11    0.715932E+00   0.147683E+00  -0.885258E-08
           12    0.792337E+00   0.157792E+00  -0.114704E-07
           13    0.873764E+00   0.167534E+00  -0.130092E-07


STRESSES AT THE SHEAR GAUSS POINTS


  EL   GP. XX-MOMENT    YY-MOMENT      XY-MOMENT      XZ-FORCE       YZ-FORCE      X-CORD GAUS P.
   1    1 -0.230874E-01  0.477447E+00   0.905515E-08  -0.692050E-01   0.286227E-07   0.725000E+01


STRESSES AT THE SHEAR GAUSS POINTS


  EL   GP. XX-MOMENT    YY-MOMENT      XY-MOMENT      XZ-FORCE       YZ-FORCE      X-CORD GAUS P.
   2    1 -0.700285E-01  0.479293E+00   0.112162E-07  -0.631946E-01  -0.294223E-07   0.775000E+01


STRESSES AT THE SHEAR GAUSS POINTS


  EL   GP. XX-MOMENT    YY-MOMENT      XY-MOMENT      XZ-FORCE       YZ-FORCE      X-CORD GAUS P.
   3    1 -0.105912E+00  0.488393E+00   0.105541E-07  -0.249140E-01   0.145402E-07   0.825000E+01


STRESSES AT THE SHEAR GAUSS POINTS


  EL   GP. XX-MOMENT    YY-MOMENT      XY-MOMENT      XZ-FORCE       YZ-FORCE      X-CORD GAUS P.
   4    1 -0.126036E+00  0.496996E+00   0.109210E-07  -0.803686E-02  -0.227869E-07   0.875000E+01


STRESSES AT THE SHEAR GAUSS POINTS


  EL   GP. XX-MOMENT    YY-MOMENT      XY-MOMENT      XZ-FORCE       YZ-FORCE      X-CORD GAUS P.
   5    1 -0.140982E+00  0.513161E+00   0.126238E-07   0.798940E-02   0.169662E-07   0.925000E+01


STRESSES AT THE SHEAR GAUSS POINTS


  EL   GP. XX-MOMENT    YY-MOMENT      XY-MOMENT      XZ-FORCE       YZ-FORCE      X-CORD GAUS P.
   6    1 -0.146456E+00  0.531339E+00   0.115947E-07   0.336699E-01  -0.325593E-07   0.975000E+01
```

```
STRESSES AT THE SHEAR GAUSS POINTS

  EL   GP. XX-MOMENT      YY-MOMENT      XY-MOMENT  .  XZ-FORCE      YZ-FORCE      X-CORD GAUS P.
  7    1  -0.150729E+00   0.559987E+00   0.167009E-07  0.370290E-01  0.346755E-07  0.102500E+02


STRESSES AT THE SHEAR GAUSS POINTS

  EL   GP. XX-MOMENT      YY-MOMENT      XY-MOMENT     XZ-FORCE      YZ-FORCE      X-CORD GAUS P.
  8    1  -0.145828E+00   0.592085E+00   0.140238E-07  0.815567E-01 -0.661010E-07  0.107500E+02


STRESSES AT THE SHEAR GAUSS POINTS

  EL   GP. XX-MOMENT      YY-MOMENT      XY-MOMENT     XZ-FORCE      YZ-FORCE      X-CORD GAUS P.
  9    1  -0.144149E+00   0.643693E+00   0.273290E-07  0.738511E-01  0.775397E-07  0.112500E+02


STRESSES AT THE SHEAR GAUSS POINTS

  EL   GP. XX-MOMENT      YY-MOMENT      XY-MOMENT     XZ-FORCE      YZ-FORCE      X-CORD GAUS P.
  10   1  -0.128782E+00   0.704029E+00   0.237931E-07  0.169320E+00 -0.155664E-06  0.117500E+02


STRESSES AT THE SHEAR GAUSS POINTS

  EL   GP. XX-MOMENT      YY-MOMENT      XY-MOMENT     XZ-FORCE      YZ-FORCE    .  X-CORD GAUS P.
  11   1  -0.120586E+00   0.811450E+00   0.607846E-07  0.168711E+00  0.155147E-06  0.122500E+02


STRESSES AT THE SHEAR GAUSS POINTS

  EL   GP. XX-MOMENT      YY-MOMENT      XY-MOMENT     XZ-FORCE      YZ-FORCE      X-CORD GAUS P.
  12   1  -0.654474E-01   0.951187E+00   0.601473E-07  0.450070E+00 -0.445427E-06  0.127500E+02
```

2.14 Aufbereiten der Eingabedaten für das Programm PBSTRIP

<u>1.Input-Deck</u>		(I5) eine Zeile
Spalten 1-5	NPROB	Anzahl der Probleme, die in einem Rechenlauf gelöst werden sollen.
<u>2.Input-Deck</u>		Titel (12A6) eine Zeile
Spalten 1-72	TITLE	Titelzeile, maximal 72 Zeichen
<u>3.Input-Deck</u>		Anzahl der Harmonischen, eine Zeile
Spalten 1-5	NHARM	Anzahl der Harmonischen, die in der Berechnung verwendet werden sollen
6-10	NSYME	Symmetrieparameter = 0 unsymmetrische Belastung = 1 symmetrische Belastung (bezogen auf die Achse y=b/2).

<u>4.Input-Deck</u>   Kontrolldaten (9I5) eine Zeile

Spalten 1-5   NPOIN   Anzahl der Knoten
       6-10   NELEM   Anzahl der Streifen
      11-15   NVFIX   Anzahl der Punkte an denen mindestens ein
                          Freiheitsgrad in Längsrichtung vorbelegt ist
      16-20   NCASE   Anzahl der Lastfälle
      21-25   NTYPE   Kennummer für die Platte
                          = 1 Rechteckplatte
                          = 2 gekrümmte Platte
      26-30   NNODE   Anzahl der Knoten je Streifen
                          = 2 linearer Streifen
                          = 3 quadratischer Streifen
                          = 4 kubischer Streifen
      31-35   NMATS   Anzahl der verschiedenen Materialien
      36-40   NGAUB   Kennummer für die Integration der
                          Biegesteifigkeit (siehe Tabelle 1)
      41-45   NGAUS   Kennummer für die Integration der
                          Schubsteifigkeit (siehe Tabelle 1)

<u>5.Input-Deck</u>   Plattengeometrie

Spalten 1-10   TLENG   Plattenlänge (Rechteckplatte oder Öffnungs-
                          winkel (gekrümmte Platte)

<u>6.Input-Deck</u>   Elementdaten (6I5)
                          eine Zeile je Streifen

Spalten 1-5   NUMEL   Streifennummer
       6-10   MATNO(NUMEL)   Materialeigenschaftsnummer
      11-15   LNODS(NUMEL,1)   Nummer des ersten Streifenknotens
      16-20   LNODS(NUMEL,2)   Nummer des zweiten Streifenknotens
      21-25   LNODS(NUMEL,3)   Nummer des dritten Streifenknotens
                                 (nur bei quadratischen oder
                                 kubischen Streifen)
      26-30   LNODS(NUMEL,3)   Nummer des vierten Streifenknotens
                                 (nur bei kubischen Streifen)
<u>7.Input-Deck</u>   Knotendaten (I5,2F10.5)
                          eine Zeile je Knoten

Spalten 1-5   IPOIN   Knotennummer
       6-15   COORD(IPOIN,1)   x-Koordinate des Knotens
      16-25   COORD(IPOIN,2)   z-Koordinate des Knotens
<u>8.Input-Deck</u>   Randbedingungen (I5,2X,3I1,3F10.5)
                          eine Zeile je Knoten mit mindestens
                          einem vorbelegten Freiheitsgrad

Spalten 1-5	NVFIX(IVFIX)	Knotennummer
8	IFPRE(IVFIX,1)	w-Verschiebung
9	IFPRE(IVFIX,2)	θ_x-Verdrehung
10	IFPRE(IVFIX,3)	θ_y-Verdrehung
		In Spalten 8-10
		IFPRE = 0 keine Verschiebung, Verdrehung
		IFPRE = 1 Knotenverschiebung vorbelegt
11-20	PRESC(IVFIX,1)	der vorgegebene Wert für die w-Verschiebung
21-30	PRESC(IVFIX,2)	der vorgegebene Wert für die θ_x-Verdrehung
31-40	PRESC(IVFIX,3)	der vorgegebene Wert für die θ_y-Verdrehung

Bemerkung: Das Programm kann nur zu Null vorbelegte Werte verarbeiten. Von Null verschiedene, vorgegebene Werte müßen für jeden harmonische Term einzeln, gemäß ihrem Beitrag zur Verschiebung, eingegeben werden. Diese Anteile müssen zuvor du rch eine Handrechnung ermittelt werden.

<u>9.Input-Deck</u>   Materialdaten (I5,4F10.5)
                                          eine Zeile je Material

Spalten 1-5	NUMAT	Materialkennummer
6-15	PROPS(NUMAT,1)	Elastizitätsmodul, E.
16-25	PROPS(NUMAT,2)	Querdehnungszahl, ν .
26-35	PROPS(NUMAT,3)	Dicke des Elements.
36-45	PROPS(NUMAT,4)	Intensität der verteilten Last.

<u>10.Input-Deck</u>   Lastfall Titel (12A6) eine Zeile

Spalten 1-72	TITLE	Titel des Lastfalls

<u>11.Input-Deck</u>   Lastkontrolldaten (2I5) eine Zeile

Spalten 1-5	IPLOD	Kennummer für Knotenlasten
		= 0 keine vertikale Knotenlast
		= 1 vertikale Knotenlast wird spezifiziert
6-10	IUNIF	Kennummer für Gleichlast
		= 0 keine Gleichlast
		= 1 Gleichlast wird spezifiziert

<u>12.Input-Deck</u>   vertikale Knotenlasten (I5,2F10.5)
                                          eine Zeile je belasteten Knoten

Spalten 1-5   LODPT   Knotennummer
        6-15   POINT(i)   Größe der Knotenlast
       16-25   YLOAD   y-Koordinate des Punktes an der die Last wirkt.

Bemerkung:

1) Als letzte Zeile muß der letzte Knoten eingegeben werden, gleich ob er belastet ist oder nicht.

2) Falls in Input-Deck 11 IPLOD = 0 entfällt dieses Input-Deck.

Die Input-Decks 10 bis 12 werden für jeden Lastfall wiederholt, in Abhängigkeit von NCASE in Deck 4

Die Input-Decks 2 bis 12 werden für jedes Problem wiederholt, in Abhängigkeit von NPROB in Deck 1

13.Input-Deck   Anzahl der Ausgabepunkte (I5) eine Zeile
Spalten 1-5   NSECT   Anzahl der Ausgabepunkte
14.Input-Deck   Koordinaten der Ausgabepunkte (8F10.5) eine Zeile

Spalten 1-10   YSECT(1)   y- oder θ-Koordinate des
                                ersten Ausgabepunktes
       11-20   YSECT(2)   y- oder θ-Koordinate des
                                zweiten Ausgabepunktes
       21-30   YSECT(3)   y- oder θ-Koordinate des
                                dritten Ausgabepunktes
         "   "
         "   "
       41-50   YSECT(5)   y- oder θ-Koordinate des
                                fünften Ausgabepunktes

2.15 Verzeichnis der Variablennamen

ASDIS (NTOTV)   Vektor der Knotenverschiebungsamplituden
                            für jede Harmonische.
BMATX (NSTRE,NEVAB)   Matrix $[B^l]$ für jedes Element.
CARTD (1,INODE)   Ableitung der kartesischen Ansatzfunktion $\frac{\partial N_i^{(e)}}{\partial x}$.
COORD (NPOIN,1)   Knotenkoordinaten.
DBMAT (NSTRE,NEVAR)   Matrix $[DB^l]$ für jedes Element.
DERIV (1,NODE)   Ableitung der Ansatzfunktion $\frac{\partial N_i^{(e)}}{\partial \xi}$.
DMATX (NSTRE,NSTRE)   Matrix $[D]$ für jedes Elememt
ELOAD (NELEM,NEVAB)   Knotenkräfte an jedem Element
ESTIF (NEVAB,NEVAB)   Elementsteifigkeitsmatrix $[K^e]^l$
GPCOD (1,NGAUS)   Koordinate x der Schubintegrationspunkte.
IFPRE (2,NDOFN)   Kennnummer zur Spezifizierung der vorbelegten
                          Freiheitsgrade.

LNODS (10,NNODE)   Liste der Elementknotennummern
für jedes Element.
MATNO (NELEM)   Materialkennummer für das Element.
NDIME   Anzahl der Koordinatenrichtungen, die zur Definition
eines Knotens benötigt werden (=1).
NDOFN   Anzahl der Freiheitsgrade je Knoten.
NELEM   Anzahl der Streifenelemente.
NEVAB   Anzahl der Variablen pro Element = NNODE * NDOFN.
NGAUB   Anzahl der Gauss - Integrationspunkte für Biegung.
NGAUS   Anzahl der Gauss - Integrationspunkte für Schub.
NHARM   Anzahl der Harmonischen, die bei der Berechnung
verwendet werden.
NNODE   Anzahl der Knoten je Streifenelement.
NOFIX (2)   Liste der vorbelegten Knotennummern
(maximal zwei Knoten).
NPOIN   Gesamtzahl der Knotenpunkte.
NPROP   Anzahl der Materialparameter, die benötigt werden,
um ein Material vollständig zu beschreiben.
NSTRE   Anzahl der Spannungskomponenten je Element.
NSYME   Kennung für symmetrische Last.
NTYPE   Kennung für gerade (=1) oder gekrümmte (=2) Platte
POINT   Wert der vertikalen Einzellast.
POSGP (4)   Koordinaten der Integrationspunkte.
PRESC (2,NDOFN)   Größe des vorbelegten Freiheitsgrades.
PROPS (1,5)   Materialparameter.
TLENG   Plattenlänge (gerade) oder Öffnungswinkel (gekrümmt).
YLOAD   Koordinate y bei der die Einzellast angreift.
WEIGP (4)   Gewichtung der Integrationspunkte.

2.16 Literaturverzeichnis

2.1   Grafton, P.E.; Strome, D.R.: Analysis of axisymmetric shells by the direct stiffness method. J.A.I.A.A. (1963) 2342-7

2.2   Ahmad, S.; Irons, B.M.; Zienkiewicz, O.C.: Curved thick shell and membrane elements with particular reference to axisymmetric shell problems. Proc. 2nd. Conf. on Matrix Methods in Struc. Mech. Ohio: Wright-Patterson A.F. Base (1968) AFFDL-TR-68-150

2.3   Wilson, E.L.: Structural analysis of axisymmetric solids. J.A.I.A.A. 3 (1965) 2269-74

2.4   Cheung, Y.K.: Finite strip method analysis of elastic slabs. Proc. A.S.C.E. 94 (1968) 1365-1378

2.5   Cheung, Y.K.: The finite strip method in the analysis of elastic plates with two opposite simply supported ends. Proc. I.C.E. 40 (1968) 1-7

2.6   Cheung, Y.K.: Analysis of box girder bridges by finite strip method. Proc. A.C.I. Publications (1969) SP 26, 357-378

2.7   Cheung, Y.K.: Folded plate structures by finite strip method. Proc. A.S.C.E. 96 (1969) 2963-2979

2.8   Cheung, Y.K.: The analysis of cylindrical orthotropic curved bridge decks. Pub. Int. Ass. Struct. Eng. 29 (1969) 41-52

2.9   William, K.J.; Scordelis, A.C.: Analysis of orthotropic folded plates with eccentric stiffeners. Report No. SESM 70-2. Dept. of Civil Eng., Univ. of California, Berkeley 1970

2.10   Loo, Y.C.; Cusens, A.R.: A refined finite strip method for the analysis of orthotropic plates. Proc. I.C.E. 48 (1970) 85-91

2.11   Cusens, A.R.; Loo, Y.C.: Application of the finite strip method in the analysis of concrete box girders. Proc. I.C.E. (1974) 57-II, 251-273

2.12   Cheung, Y.K.: The finite strip method in structural analysis. Oxford: Pergamon Press 1976 p.232

2.13   Benson, P.R.; Hinton, E.: A thick finite strip solution for static free vibration and stability problems. Int. J. Num. Meth. Eng. 10 (1976) 665-678

2.14   Onate, E.: Comparisons of finite strip method for the analysis of box girder bridges. M. Cx. Thesis Dept. of Civil Eng., Univ. College of Swansea 1976

2.15   Loo, Y.C.; Cusens, A.R.: The finite strip method in bridge engineering. Viewpoint Public 1978

2.16   Cheung, M.S.; Cheung, Y.K.: Analysis of curved bridges by the finite strip method. Research Report Dept. of Civil Eng., Univ. of Calgary, Canada 1970

2.17   Onate, E.; Suarez, B.: A unified approach for the analysis of bridges, plates and axisymmetric shells using the linear Mindlin strip elements. Computers and Structures 17 (1983) 407-426

2.18   Onate, E.; Suarez, B.: A comparision of the linear quadratic and cubic Mindlin strip elements for the analysis of thick and thin plate. Computers and Structures 17 (1983) 427-439

2.19   Timoshenko, S.: Strength of Materials. New York: Van Nostrand 1955

2.20   Zienkiewicz, O.C.: The Finite Element Method. New York: Mc Graw-Hill 1979

2.21   Timoshenko, S.; Woinowsky-Krieger, S.: Theory of Plates and Shells, 2nd. ed. New York: McGraw-Hill 1959

2.22   Alwar, R.S.; Ramachandran, K.N.: Theoretical and photoelastic analysis of thick slabs subjekt to highly localised loads. Oxford: Pergamon Press, Buid. Sci. 7 (1972) 159-166

2.23   Clough, R.W.; Wilson, E.L.: Dynamic finite element analysis of arbitrary thin shells. Computers and Structures 1 (1971) 35

2.24   Zienkiewicz, O.C.; Bauer, O.C.; Morgan, K.; Onate, E.: A simple and efficient element for axisymmetric shells. Int. J. Num. Meth. Engng. 11 (1977) 1545-1558

2.25   Suarez, B.: La formulacion de Bandas finitas de Reissner Mindlin para analisis de placas, puentes y laminas de revolucion. Barcelona: Ph. D. Theses E.T.S. Ing. Caminos 1982

2.26   Coull, A.; Das, Y.P.C.: Analysis of curved bridge decks. Proc. I.C.E. 37 (1967) 75-85

2.27   Thorpe, J.: Ph. D. Thesis, University of Dundee 1976

2.28   Sawko, F.; Merriman, Y.P.A.: An annular segment finite element for plate bending. Int. J. Num. Meth. Eng. 3 (1971) 119-129

2.29   Fam, A.; Turkstra, Y.C.: A finite element method for box bridge analysis. Computers and Structures 5 (1975) 179-186

2.30   Flugge, W.: Stresses in Shells. Berlin: Springer-Verlag 1973, p.525

2.31   Onate, E.; Hinton, E.; Glover, Y.N.: Techniques for improving the performance of Ahmad shell elements. Int. Conf. Appl. Num. Modelling, Madrid: Edited by Pentech Press 1979

2.32   Lindberg, G.M.; Olsen, M.D.; Cowper, Y.G.R.: New developments in the finite element analysis of shells. Struc. Mat. Lab. (1969) 1-38

2.33   Ahmad, S.; Irons, B.M.; Zienkiewicz, O.C.: Curved thick shell and membrane elements with particular reference to axisymmetric problems. Proc. 2nd Conf. Matrix Methods in Struc. Mech., Ohio: Wright-Patterson A.F. Base, 1968

2.34   Hinton, E.; Owen, D.R.J.: Finite Element Programming. London: Academic Press 1979

2.35 Irons, B.M.: A frontal solution programm for finite element analysis. Int. J. Num. Meth. Eng. 2 (1970) 5-32

2.36 Sekulovic, M.; Milasinovic, D.: Non-linear analysis of plate and folded plate structures by the finite strip method. Engineering Computations 4 (1987) 41-47

2.37 Manko, Z.: Application of the finite strip method to the thermal analysis of engineering structures. Engineering Computations 4 (1987) 64-74

2.38 Suarez, B.; Canet, J.M.; Onate, E.: Free vibration analysis of plates, bridges and axisymmetric shells using a thick finite strip method. Engineering Computations 5 (1988) 158-164

3 Mindlinsche finite Plattenelemente Marguerre-Mindlinsche Schalenelemente

E. Hinton, G. Krause

3.1 Einführung

Das Ziel dieses Kapitels liegt darin,

- einen kurzen Überblick über verschiedene Plattenelemente zu geben, die auf der Mindlinschen Plattentheorie beruhen,
- das Heterosis Plattenelement zu beschreiben,
- ein dokumentiertes Programm mit dem Namen MINDLIN zu präsentieren, in dem das Heterosis Element implementiert ist,
- Benutzeranweisungen für das Programm MINDLIN bereitzustellen und zusätzlich Beispiele, die den Gebrauch des Programmes und das Funktionieren des Heterosis Plattenelementes demonstrieren,
- das Marguerre-Mindlinsche Schalenelement und das Programm QUAD9 vorzustellen.

3.2 Mindlinsche Plattentheorie

Die Grundgleichungen der Mindlinschen Plattentheorie wurden schon im ersten Kapitel dargestellt. Sie sollen der Vollständigkeit halber hier jedoch kurz wiederholt werden.

3.2.1 Mindlinsche Plattentheorie-Formulierung mit Verschiebungsansätzen

Die Mindlinsche Plattentheorie [3.1] gestattet, Schubverformungen zu berücksichtigen und stellt somit eine attraktive Alternative zur klassischen dünnen Kirchhoffschen Plattentheorie dar. Die hauptsächlichen Annahmen sind:
- Die Verschiebungen sind verglichen mit der Plattendicke klein,
- die Spannungen normal zur Plattenmittelfläche sind vernachlässigbar,

- Querschnitte, die senkrecht zur Mittelfläche vor der Deformation stehen, bleiben nach der Deformation eben, stehen aber nicht notwendigerweise senkrecht auf der Mittelfläche.

Eine typische Mindlinsche Platte ist in Bild 3.1(a) dargestellt.

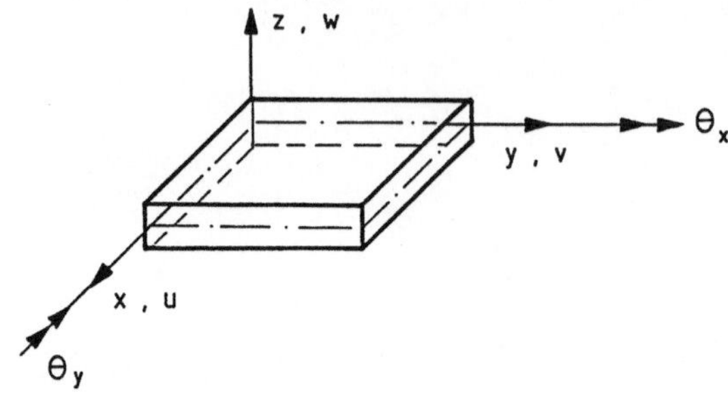

a Ursprüngliche Bezeichnung

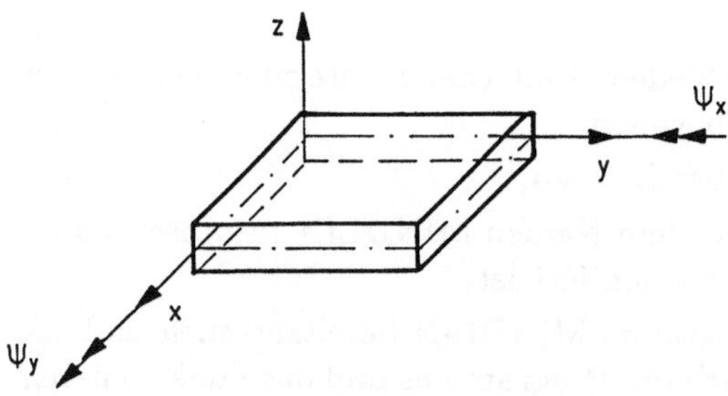

b Modifizierte Bezeichnung wie in der
  Finite Elemente Formulierung benutzt

Bild 3.1 Definition der Drehwinkel

Wird die xy-Ebene als Referenzebene genommen, dann werden die Verschiebungen der Platte ausgedrückt zu

$$u(x,y,z) = z\theta_x(x,y) \ ,$$

$$v(x,y,z) = z\theta_y(x,y) \ , \tag{3.1}$$

$$w(x,y,z) = w(x,y) \ ,$$

wobei $w(x,y)$, $\theta_x(x,y)$ und $\theta_y(x,y)$ die vertikale Durchbiegung und die Rotationen der Normalen in den xz- bzw. yz-Ebenen sind.

Die Biege- und Schubverzerrungen erscheinen in der Gestalt

$$z\{\varepsilon_b\} = z\{\theta_{x,x}, \theta_{y,y}, \theta_{x,y} + \theta_{y,x}\}^T$$

$$= z\{\kappa_x, \kappa_y, \kappa_{xy}\}^T \tag{3.2}$$

und

$$\{\varepsilon_s\} = \{w_{,x} + \theta_x, w_{,y} + \theta_y\}^T$$

$$= \{\, \gamma_{xz} \quad , \quad \gamma_{yz}\,\}^T, \tag{3.3}$$

wobei $\theta_{x,x}$ bedeutet $\partial\theta_x/\partial x$ usw., κ_x und κ_y sind die Krümmungen, κ_{xy} ist die Verwindung, γ_{xz} und γ_{yz} stellen die Scherung dar.

Für den allgemeinen anisotropen Fall unter der Annahme eines ebenen Spannungszustandes besteht zwischen Biegemomenten und Krümmungen der Zusammenhang

$$\left\{\begin{array}{c} M_x \\ M_y \\ M_{xy} \end{array}\right\} = \left[\begin{array}{ccc} D_{11} & D_{12} & D_{16} \\ D_{12} & D_{22} & D_{26} \\ D_{16} & D_{26} & D_{66} \end{array}\right] \left\{\begin{array}{c} \kappa_x \\ \kappa_y \\ \kappa_{xy} \end{array}\right\} \tag{3.4}$$

oder

$$\{\sigma_b\} = [D_b]\{\varepsilon_b\}.$$

Die Beziehung zwischen Querkräften und Schubwinkeln wird ausgedrückt zu

$$\left\{\begin{array}{c} Q_x \\ Q_y \end{array}\right\} = \left[\begin{array}{cc} D_{55} & D_{45} \\ D_{45} & D_{44} \end{array}\right] \left\{\begin{array}{c} \gamma_{xz} \\ \gamma_{yz} \end{array}\right\} \tag{3.5}$$

oder

$$\{\sigma_s\} = [D_s]\{\varepsilon_s\}.$$

Hierbei bedeutet

$$D_{ij} = C_{ij}t^3/12 \qquad (i, j = 1, 2, 6) \tag{3.6}$$

$$D_{ij} = k_{ij}^2 C_{ij}t \qquad (i, j = 4, 5)\,,$$

wobei t die Plattendicke ist, D_{ij} stellen die elastischen Konstanten für den ebenen Spannungszustand dar, und k_{ij}^2 sind die Schubkorrekturfaktoren. Für den nichthomogenen Fall können Näherungswerte der Plattensteifigkeiten D_{ij} mit Hilfe der Ausdrücke, wie im ersten Kapitel angegeben, berechnet werden.

Die gesamte potentielle Energie der Mindlinschen Platte wird ausgedrückt zu

$$\pi(w, \theta_x, \theta_y) = \frac{1}{2}\int\int_A \{\varepsilon_b\}^T[D_b]\{\varepsilon_b\}\,\mathrm{d}x\mathrm{d}y + \frac{1}{2}\int\int_A \{\varepsilon_s\}^T[D_s]\{\varepsilon_s\}\,\mathrm{d}x\mathrm{d}y$$

$$- \int\int_A wq\,\mathrm{d}x\mathrm{d}y$$

$$- \int_{S_\sigma} (\overline{M}_n \theta_n + \overline{M}_{ns} \theta_s + \overline{Q}_n w) \, ds. \tag{3.7}$$

Hierbei bedeutet q eine gleichmäßig verteilte Flächenlast, $\overline{M}_n$, $\overline{M}_{ns}$ und $\overline{Q}_n$ sind die Biegemomente und Querkräfte pro Längeneinheit, die an dem Randabschnitt S_σ angreifen. Die Terme in (3.7) bedeuten die Verzerrungsenergien resultierend aus Biegung und Schub und die potentielle Energie der vertikalen äußeren Last und der Randkräfte.

Falls $D_{45} = 0$, kann der Ausdruck für die Schubverzerrung geschrieben werden zu

$$\frac{1}{2} \int \int_A \{\varepsilon_s\}^T [D_s] \{\varepsilon_s\} \, dxdy = \tag{3.8}$$

$$\frac{1}{2} \int \int_A [D_{55}(\theta_x + w_{,x})^2 + D_{44}(\theta_y + w_{,y})^2] \, dxdy \, .$$

Gleichung (3.8) kann als Zwangsbedingung betrachtet werden, die allmählich die Bedingungen für die dünne Platte

$$\gamma_{xz} = \theta_x + w_{,x} = 0$$

$$\gamma_{yz} = \theta_y + w_{,y} = 0 \tag{3.9}$$

erzwingt in dem Maße wie das Verhältnis von Plattendicke zu Plattenlänge reduziert wird.

3.2.2 Alternative Formulierung

Ein anderes bekanntes Funktional, das als Ausgangspunkt zur Herleitung von finiten Elementen benutzt wird, ist das modifizierte Funktional nach Hellinger-Reissner, das in der Gestalt erscheint

$$\pi_{HR}(w, \theta_x, \theta_y, Q_x, Q_y) = \frac{1}{2} \int \int_A \{\varepsilon_b\}^T [D_b] \{\varepsilon_b\} \, dxdy$$

$$+ \int \int_A \{\sigma_s\}^T \{\varepsilon_s\} \, dxdy - \frac{1}{2} \int \int_A \{\sigma_s\} [D_s]^{-1} \{\sigma_s\} \, dxdy \tag{3.10}$$

$$- \int \int_A wq \, dxdy + \int_{S_\sigma} (\overline{M}_n \theta_n + \overline{M}_{ns} \theta_s + \overline{Q}_n w) \, ds.$$

3.2.3 Geänderte Bezeichnungen

In dem folgenden Abschnitt, in dem eine finite Elemente Formulierung vorgestellt wird, wird eine modifizierte Definition der Rotationen angenommen gemäß

$$\left\{ \begin{array}{c} \theta_x \\ \theta_y \end{array} \right\} = \left[\begin{array}{cc} -1 & 0 \\ 0 & -1 \end{array} \right] \left\{ \begin{array}{c} \psi_x \\ \psi_y \end{array} \right\}. \tag{3.11}$$

Siehe Bild 3.1(b)

3.3 Mindlinsche Plattenelemente

3.3.1 Finite Elemente Formulierung

Finite Elemente, die auf den Mindlinschen Annahmen beruhen, besitzen einen großen Vorteil gegenüber denjenigen Elementen, die auf der klassischen dünnen Plattentheorie basieren. Mindlinsche Plattenelemente verlangen nur $C(0)$ Stetigkeit der vertikalen Verschiebung w und der unabhängigen Rotationen ψ_x und ψ_y. Elemente, die auf der klassischen dünnen Kirchhoffschen Plattentheorie beruhen, verlangen jedoch $C(1)$ Stetigkeit. Mit anderen Worten, die Ableitungen $w_{,x}$ und $w_{,y}$ ebenso wie w sollten entlang der Elementgrenzen stetig sein, obwohl diese Forderung bei nichtkonformen Plattenelementen gelockert wird. Somit ist zu vermuten, daß Mindlinsche Plattenelemente leichter zu formulieren sind. Sie haben den zusätzlichen Vorteil, sowohl schubweiche als auch schubstarre Platten zu modellieren - falls Schubeffekte in der Platte vorhanden sind, sind sie automatisch in den Mindlinschen Elementen abgebildet.

In einem typischen Element e mit n Knoten werden die Verschiebungen und die Rotationen an jedem beliebigen Punkt (ξ, η) ausgedrückt zu

$$\left\{ \begin{array}{c} w \\ \theta_x \\ \theta_y \end{array} \right\} = \sum_{i=1}^{n} \left[\begin{array}{ccc} N_i^e & 0 & 0 \\ 0 & -N_i^e & 0 \\ 0 & 0 & -N_i^e \end{array} \right] \left\{ \begin{array}{c} w_i^e \\ \psi_{xi}^e \\ \psi_{yi}^e \end{array} \right\} \tag{3.12}$$

oder

$$\{u\} = \sum_{i=1}^{n} [N_i^e]\{a_i^e\}.$$

Die Ansatzfunktionen N_i^e werden zur Interpolation sowohl der vertikalen Verschiebung w als auch der Rotationen ψ_x und ψ_y benutzt. Die Ansatzfunktionen N_i^e werden in Abhängigkeit des natürlichen Elementkoordinatensystems (ξ, η) ausgedrückt.

Die Krümmungen erscheinen in der Form

$$\left\{ \begin{array}{c} \theta_{x,x} \\ \theta_{y,y} \\ (\theta_{x,y} + \theta_{y,x}) \end{array} \right\} = \sum_{i=1}^{n} \left[\begin{array}{ccc} 0 & -N_{i,x}^e & 0 \\ 0 & 0 & -N_{i,y}^e \\ 0 & -N_{i,y}^e & -N_{i,x}^e \end{array} \right] \left\{ \begin{array}{c} w_i^e \\ \psi_{xi}^e \\ \psi_{yi}^e \end{array} \right\} \tag{3.13}$$

oder

$$\{\varepsilon_b\} = \sum_{i=1}^{n} [B_{bi}^e]\{a_i^e\}.$$

Hierbei bedeutet $[B_{bi}^e]$ die Krümmungs-Verschiebungsmatrix des Elementes e.

Die Schubverzerrungen erscheinen in der Gestalt

$$\begin{Bmatrix} w_{,x} + \theta_x \\ w_{,y} + \theta_y \end{Bmatrix} = \begin{bmatrix} N_{i,x}^e & -N_i^e & 0 \\ N_{i,y}^e & 0 & -N_i^e \end{bmatrix} \begin{Bmatrix} w_i^e \\ \psi_{xi}^e \\ \psi_{yi}^e \end{Bmatrix} \tag{3.14}$$

oder

$$\{\varepsilon_s\} = \sum_{i=1}^{n} [B_{si}^e]\{a_i^e\} \,,$$

wobei $[B_{si}^e]$ die Schubverzerrungs-Verschiebungsmatrix ist.

Unter Vernachlässigung von Einzelkräften und Einzelmomenten kann der Beitrag des Elementes e zur gesamten potentiellen Energie ausgedrückt werden zu

$$I^e = \sum_{i=1}^{n} \sum_{j=1}^{n} (\frac{1}{2} \int \int \{a_i^e\}^T ([B_{bi}^e]^T [D_b][B_{bj}^e] + [B_{si}^e]^T [D_s][B_{sj}^e]) \, \mathrm{d}x \mathrm{d}y)\{a_j^e\}$$

$$- \sum_{i=1}^{n} \int \int \{a_i^e\}^T [N_i^e]^T \{q\} \, \mathrm{d}x \mathrm{d}y \tag{3.15}$$

$$= \sum_{i=1}^{n} \sum_{j=1}^{n} \{a_i^e\}^T ([K_{bij}^e] + [K_{sij}^e])\{a_j^e\} - \sum_{i=1}^{n} \{a_i^e\}^T \{f_i^e\}.$$

Hierbei bedeuten

$$q = \{q, 0, 0\}^T$$

und $[K_{bij}^e]$ und $[K_{sij}^e]$ die Beiträge zu den Submatrizen der Elementsteifigkeits-matrix, die die Knoten i und j verbinden und die die Biege- und Schubverzer-rungsenergien beinhalten.

3.3.2 Isoparametrische Darstellung

In einem isoparametrischen Element werden die Koordinaten dargestellt als

$$\begin{Bmatrix} x \\ y \end{Bmatrix} = \sum_{i=1}^{n} \begin{bmatrix} N_i^e & 0 \\ 0 & N_i^e \end{bmatrix} \begin{Bmatrix} x_i^e \\ y_i^e \end{Bmatrix} \,, \tag{3.16}$$

wobei x_i^e und y_i^e die Koordinaten des Knotens i sind.

Die Jacobi-Matrix des Elementes ist definiert zu

$$[J] = \begin{bmatrix} x,_\xi & y,_\xi \\ x,_\eta & y,_\eta \end{bmatrix} = \begin{bmatrix} \sum_{i=1}^n N_{i,\xi}^e x_i^e & \sum_{i=1}^n N_{i,\xi}^e y_i^e \\ \sum_{i=1}^n N_{i,\eta}^e x_i^e & \sum_{i=1}^n N_{i,\eta}^e y_i^e \end{bmatrix}. \tag{3.17}$$

Die Inverse der Jacobi-Matrix lautet

$$[J]^{-1} = \begin{bmatrix} \xi,_x & \eta,_x \\ \xi,_y & \eta,_y \end{bmatrix} = \frac{1}{\det J} \begin{bmatrix} y,_\eta & -y,_\xi \\ -x,_\eta & x,_\xi \end{bmatrix}. \tag{3.18}$$

Hierbei ist $\det J$ die Determinante der Jacobi-Matrix.

Um die kartesischen Ableitungen der Ansatzfunktionen zu berechnen, wird die Kettenregel der Differentialrechnung benutzt, so daß gilt

$$N_{i,x} = N_{i,\xi} \ \xi,_x + N_{i,\eta} \ \eta,_x \tag{3.19}$$

$$N_{i,y} = N_{i,\xi} \ \xi,_y + N_{i,\eta} \ \eta,_y.$$

Für ein infinitesimales Flächenelement gilt $dx dy = \det J \, d\xi \, d\eta$. Somit ergeben sich die Beiträge zur Steifigkeitsmatrix und zum äußeren Lastvektor zu

$$[K_{bij}^e] = \int_{-1}^{+1} \int_{-1}^{+1} [B_{bi}^e]^T [D_b][B_{bj}^e] \, \det J \, d\xi d\eta$$

$$[K_{sij}^e] = \int_{-1}^{+1} \int_{-1}^{+1} [B_{si}^e]^T [D_s][B_{sj}^e] \, \det J \, d\xi d\eta \tag{3.20}$$

$$\{f_i^e\} = \int_{-1}^{+1} \int_{-1}^{+1} [N_i^e]^T \{q\} \, \det J \, d\xi d\eta.$$

3.4 Wünschenswerte Eigenschaften eines Mindlinschen Plattenelementes

3.4.1 Das Phänomen Locking

Die Forderung der Mindlinschen Formulierung, daß die Verschiebungen und die Drehwinkel nur $C(0)$ stetig sein müssen, erlaubt die Verwendung einer großen Anzahl von Interpolationsfunktionen. Serendipity- und Lagrangesche Verschiebungselemente wurden mit derartigen Formulierungen ausgiebig verwendet. Wenn jedoch eine exakte numerische Integration für die üblichen Mindlinschen finiten Elemente benutzt wird, werden sehr enttäuschende Ergebnisse für dünne Platten erhalten. Dieses Phänomen, das als "Locking",d.h.

Blockieren, bezeichnet wird, wird durch die Zwänge $\gamma_{xz} = \gamma_{yz} = 0$ durch die Schubverzerrungsanteile in der gesamten potentiellen Energie verursacht, wenn die Platte immer dünner wird. Die Schubverzerrungsausdrücke können als Straffunktion interpretiert werden, die erzwingen, daß die Schubverzerrungen Null werden, sobald das Verhältnis Plattendicke zu Plattenlänge reduziert wird. Die Einführung dieser Zwänge führt zu einer Entartung der Steifigkeitsmatrix, und es werden zu starre Ergebnisse ermittelt.

3.4.2 Reduzierte und selektive Integration

Wird eine reduzierte Ordnung der numerischen Integration der Steifigkeitsterme benutzt, so wird bei einigen isoparametrischen Mindlinschen Plattenelementen mit Verschiebungsansätzen ein verbessertes Verhalten beobachtet. Als diese Methode jedoch zuerst verwendet wurde [3.2], fehlte ein tieferes Verständnis der Verwendung der reduzierten Integration. Diese Technik wurde ursprünglich als Trick betrachtet, denn als legitime Methode. Der Gebrauch der reduzierten Integration, obwohl in einigen Fällen erfolgreich, erzeugt das weitere Problem des Rangabfalles in der Steifigkeitsmatrix [3.3 − 3.5].

Es wurden Verfahren der selektiven Integration entwickelt [3.6], in denen eine reduzierte Integrationsregel zur Berechnung desjenigen Teils der Steifigkeitsmatrix benutzt wird, der mit den unangenehmen Schubverzerrungen ver-

Ansatz-funktionen	Linear Langrange	Quadratisch Serendipity	Quadratisch Langrange	Kubisch Serendipity	Kubisch Langrange
Volle Integration	2 × 2 LF1	3 × 3 SF2	3 × 3 LF2	4 × 4 SF3	4 × 4 LF3
Reduzierte Integration	1 × 1 LR1	2 × 2 SR2	2 × 2 LR2	3 × 3 SR3	3 × 3 LR3
Selektive Integration	Schub 1 × 1 Biegung 2 × 2 LS1	2 × 2 3 × 3 SS2	2 × 2 3 × 3 LS2	3 × 3 4 × 4 SS3	3 × 3 4 × 4 LS3

Bild 3.2 Integrationsregeln für Serendipity- und Lagrange-Mindlinsche
     Plattenelemente

bunden ist. Dies geschieht, um die beherrschenden Zwänge dieses Teils der Steifigkeitsmatrix zu vermindern. Die volle Integration wird für die übrigen Terme benutzt, als Versuch den erforderlichen Rang der Gesamtsteifigkeitsmatrix zu erhalten. Bild 3.2 enthält die Regel für die exakte, reduzierte und

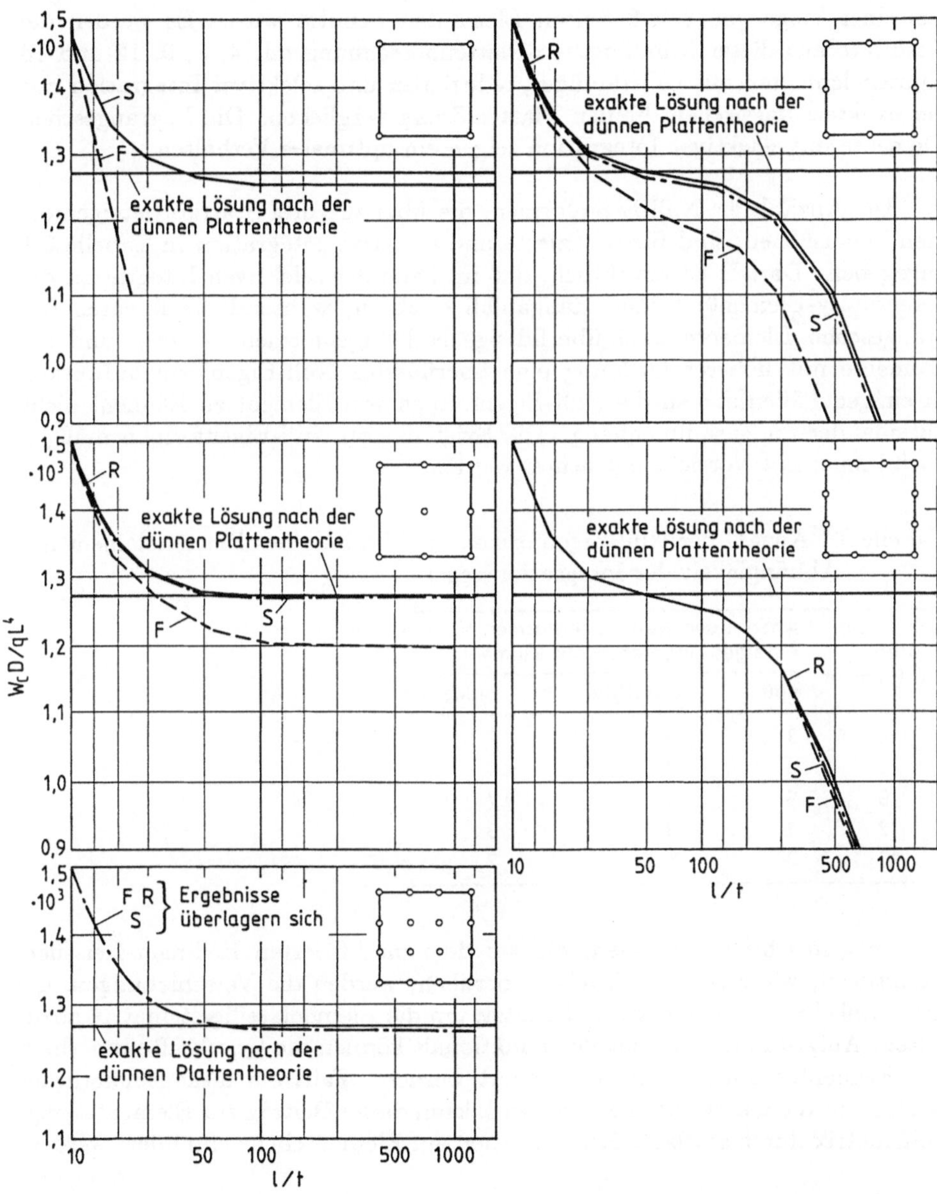

Bild 3.3 Untersuchungen über "Shear Locking" für Serendipity- und Lagrangesche Plattenelemente

selektive Integration, die für typische Serendipity- und Lagrangesche Mindlinsche Plattenelemente verwendet werden.

In Bild 3.3 ist ein Beispiel [3.7] gegeben, das das Verhalten mit ”Locking” demonstriert. Eine dünne, gleichmäßig belastete, quadratische, eingespannte Platte wird für abnehmende Plattendicke analysiert, in denen Netzeinteilungen aus einer Folge von 8 × 8 finiten Elementen benutzt wird. Es werden die Resultate aus dieser Mindlinschen Plattenberechnung mit 4, 8, 9, 12 und 16 Knotenelementen mit vollständiger, reduzierter und selektiver Integration mit der exakten klassischen dünnen Plattenlösung verglichen. Die Lagrangeschen Elemente mit selektiver Integration zeigen ein optimales Verhalten.

Die Anzahl der Null-Eigenformen, die über die drei Starrkörpereigenformen hinausgehen, sind für reduzierte und selektive Integration in Tabelle 3.1 angegeben. Daraus ist ersichtlich, daß im Falle der selektiven Integration die Serendipity-Elemente keinen Rangabfall erfahren, während die linearen Lagrangeschen Elemente zwei überflüssige Null-Eigenformen besitzen und die Elemente mit höherer Ordnung eine überflüssige Null-Eigenform aufweisen. In einigen Fällen stehen die Null-Eigenformen von Element zu Element nicht miteinander im Zusammenhang. Die Existenz von Null-Eigenformen muß jedoch immer mit Vorsicht betrachtet werden.

Tabelle 3.1 Anzahl der Null-Eigenformen für Mindlinsches Plattenelement in Abhängigkeit der Integrationsregel

Anzahl der Knoten pro Element	Anzahl der Null-Eigenformen für ein einziges ungefesseltes Element		
	voll	selektiv	reduziert
4	3	5	7
8	3	3	4
9	3	4	7
12	3	3	3
16	3	4	7

In gemischten Methoden, die auf dem modifizierten Hellinger-Reissner-Funktional, wie zuvor beschrieben, beruhen, werden die Verschiebungen, die Drehwinkel und die Querkräfte benutzt, um die Elementsteifigeitsmatrix abzuleiten. Aufgrund der Gestalt des Funktionals können die Querkräfte innerhalb des Elementes unabhängig interpoliert werden. Falls ein diskontinuierlicher Verlauf für die Querkräfte benutzt wird, kann dieser Beitrag zur Elementsteifigkeitsmatrix durch statische Kondensation auf Elementebene eliminiert werden.

Es wurde eine Äquivalenz hergestellt [3.8] zwischen den gemischten Verfahren, die auf dem modifizierten Hellinger-Reissner-Funktional beruhen, und den Elementen mit Verschiebungsansätzen, die selektive Integration verwenden. Dies erhebt die selektiven Integrationsverfahren von einem bloßen Trick zu einer legitimen Methode und ermöglicht, daß Konvergenzbeweise und Fehlerabschätzungen, die für die gemischten Verfahren entwickelt wurden, auf die selektiv integrierten Elemente mit Verschiebungsansätzen übertragen werden. Eine nützliche Folge der Äquivalenz zwischen den selektiv integrierten Mindlinschen Plattenelementen und denjenigen, die auf den gemischten Verfahren basieren, besteht in dem Gebrauch lokaler Extrapolation der Spannungen über die einzelnen Elemente. In dieser Technik werden die Werte der Querkräfte an den Integrationspunkten, die dort als genau angesehen werden, innerhalb eines jeden Elementes getrennt extrapoliert. Die Werte an den Knoten, die von primärem Interesse sind, können dadurch erhalten werden, daß die extrapolierten Beiträge aus benachbarten Elementen, die denselben Knoten teilen, gemittelt werden. Es kann gezeigt werden, daß die Spannungen an den Gauss-Punkten in gewissen Fällen als unbekannte Parameter in der gemischten Formulierung interpretiert werden können und ferner, daß die Spannungsverteilung, die durch die Extrapolation erhalten wird, die gleiche Verteilung darstellt, die benutzt wird, um die Schubkräfte in der gemischten Formulierung zu repräsentieren.

Kürzlich wurden Elemente mit Verschiebungsansätzen, die auf Kirchhoffschen Kriterien beruhen, vorgestellt [3.9 − 3.10]. In diesen Elementen müssen die Interpolationsfunktionen so gewählt werden, daß die Schubwinkel den Kirchhoffschen Zwängen (3.19) entweder innerhalb des gesamten Elementgebietes oder an gewissen Schlüsselpositionen gehorchen. Verschiedene Interpolationsansätze müssen deshalb für die Verschiebungen und für die Rotationen benutzt werden. Diese Elemente, obwohl sie als effektiv angesehen werden, sind für die praktische Implementierung nicht geeignet. Es müssen besondere Vorkehrungen getroffen werden, um die Einfachheit des so erhaltenen Elementes zu bewahren. Auf diesen Gedanken aufbauend sind einige sehr effektive quadratische Elemente entwickelt worden [3.9 − 3.17].

Es ist aufgrund der vorangegangenen Überlegungen möglich, die wesentlichen Merkmale eines idealen Mindlinschen Plattenelementes zusammenzufassen:

- Das Element sollte im Fall der dünnen Platte nicht blockieren,

- das Element sollte keine überflüssigen Null-Eigenformen enthalten,

- das Element sollte die üblichen Konvergenzforderungen befriedigen [3.18],

- die Formulierung sollte keine künstlichen, numerisch justierten, Korrekturfaktoren besitzen,

- das Element sollte in der Lage sein, genügend genaue Verschiebungen, Biegemomente und Querkräfte zu liefern, und relativ unempfindlich gegenüber Elementverzerrungen sein,

- das Element sollte leicht zu implementieren und zu handhaben sein.

Im nächsten Abschnitt wird das Heterosis Element, wie es von Hughes [3.9] entwickelt wurde, präsentiert. Dieses Element hat viele Merkmale eines idealen Mindlinschen Plattenelementes. Es sollte erwähnt werden, daß es in den vergangenen Jahren erhebliche Forschungsaktivitäten gegeben hat, die auf die Entwicklung eines idealen Mindlinschen Platten- und eines damit verbundenen degenerierten Schalenelementes gerichtet waren. Dazu beigetragen haben Hughes [3.9, 3.12], Bathe [3.14], Crisfield [3.15], Belytschko [3.17], Park [3.16] und MacNeal [3.11].

3.5 Das Heterosis Mindlin-Plattenelement

3.5.1 Vorbemerkungen

Das 9-Knoten-Heterosis-Element wurde von Hughes und anderen [3.19] entwickelt. Die grundlegende Idee, die zu dieser Entwicklung führte, ist, daß die überflüssigen Null-Eigenformen, die das Element $LS2$ (siehe Bild 3.2) besitzt, eliminiert werden, falls die 8-Knoten-Serendipity-Ansatzfunktionen für die transversiale Verschiebung w benutzt werden. Das Heterosis-Element wird somit formuliert, indem die 9-Knoten-Lagrange-Ansatzfunktionen für die Rotationen (ψ_x und ψ_y) und die 8-Knoten-Serendipity-Ansatzfunktionen für die vertikale Verschiebung w benutzt werden. Das Heterosis-Element, das verbesserte

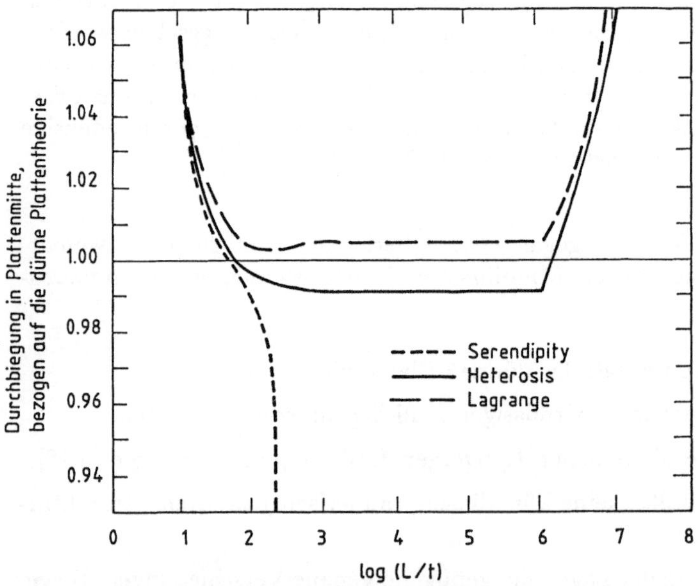

Bild 3.4 Durchbiegung in Plattenmitte als Funktion von L/t für eine
gleichmäßig belastete, gelenkig
gelagerte quadratische Platte und für verschiedene Elementtypen

Eigenschaften aufweist, funktioniert in einem großen Problembereich [3.9] wesentlich besser als die verwandten Elemente. Im Zusammenhang mit selektiver Integration blockiert es nicht bei geringer Plattendicke und anders als das Element $LS2$ besitzt es einen korrekten Rang. Ergebnisse einer Studie, wie in Bild 3.4 dargestellt, stützen die obigen Schlußfolgerungen.

3.5.2 Hierarchische Formulierung des Heterosis-Elementes

Da es für Forschungszwecke nützlich ist, sowohl das 8-Knoten-Serendipity- und das 9-Knoten-Lagrange-Element ebenso wie das Heterosis-Element in dem Programm MINDLIN zu implementieren, ist es bequemer, eine hierarchische Formulierung anzunehmen, um alle Freiheitsgrade zu repräsentieren. Somit werden für ein typisches Element e die folgenden Serendipity-Ansatzfunktionen für die Knoten 1 bis 8 angenommen, so daß

für die Eckknoten $i = 1, 3, 5, 7$

$$N_i^e = \frac{1}{4}(1 + \xi\xi_i)(1 + \eta\eta_i)(\xi\xi_i + \eta\eta_i - 1), \tag{3.21}$$

für die Mittelknoten $i = 2, 4, 6, 8$

$$N_i^e = \frac{\xi_i^2}{2}(1 + \xi\xi_i)(1 - \eta^2) + \frac{\eta_i^2}{2}(1 + \eta\eta_i)(1 - \xi^2) \tag{3.22}$$

und für den neunten Knoten die Seifenblasenfunktion

$$N_9^e(\xi, \eta) = (1 - \xi^2)(1 - \eta^2) \tag{3.23}$$

gilt. (Siehe auch Bild 3.5)

Somit sind am Knoten 9 die hierarchischen Freiheitsgrade Störungen aus den damit verknüpften Serendipity-Interpolationen. Die hierarchische Formulierung kann sowohl für die geometrische Darstellung als auch zur Interpolation der Verschiebungen benutzt werden.

In dem Programm MINDLIN kann das 8-Knoten, 9-Knoten- oder das Heterosis Element ausgewählt werden :

a) Um das 8-Knoten-Serendipity-Element zu erhalten, werden alle Freiheitsgrade am neunten Knoten unterdrückt.

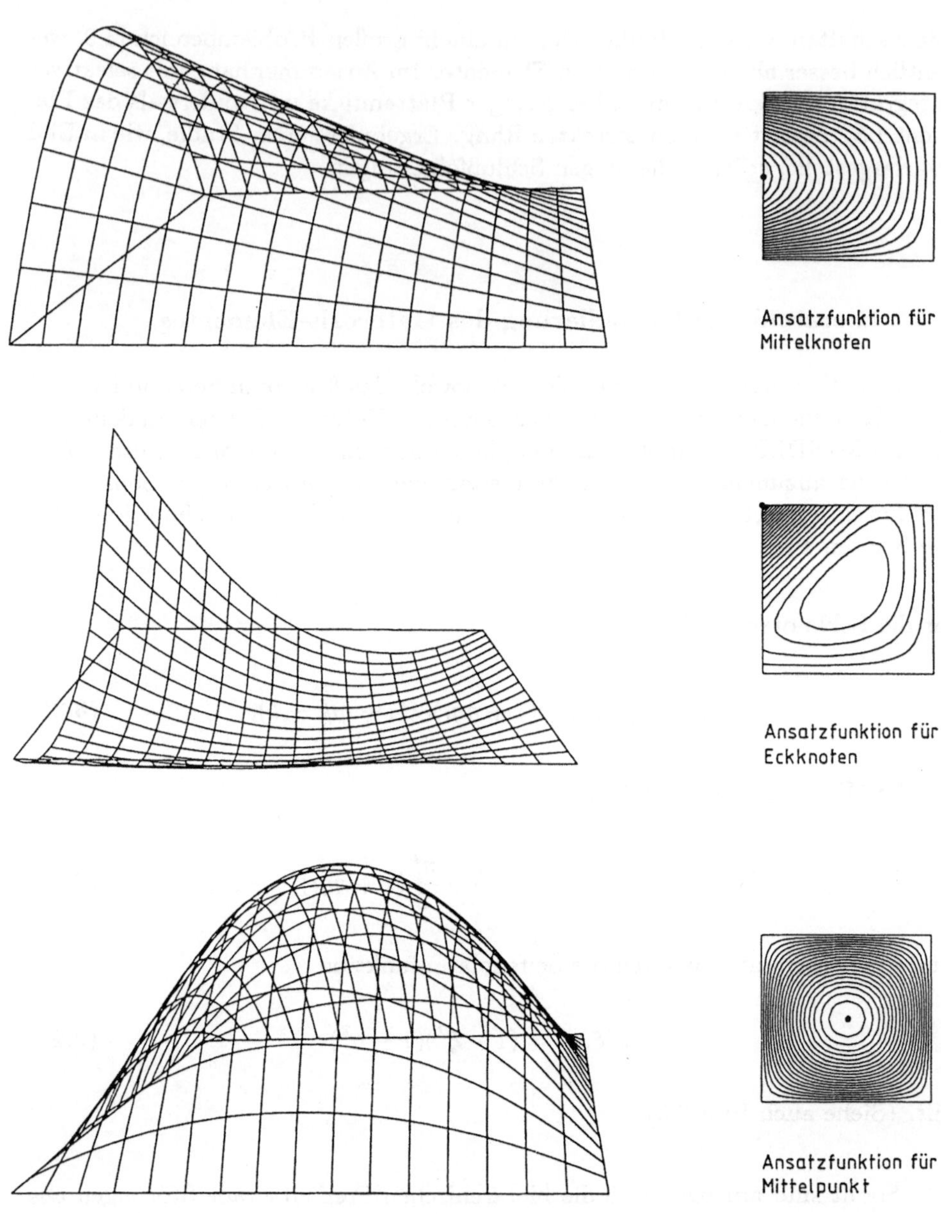

Bild 3.5 Hierarchische Ansatzfunktionen für das Heterosis-Element

b) Um das 9-Knoten-Lagrange-Element zu erhalten, werden alle Freiheitsgrade am neunten Knoten mitgenommen. Die Verschiebungen am neunten Knoten werden mit Hilfe des Ausdrucks berechnet

$$\{u\} = \sum_{i=1}^{8} [N_i^e(0,0)]\{a_i^e\} + \{a_9^e\}. \tag{3.24}$$

c) Um das Heterosis Element zu erhalten wird nur die vertikale Verschiebung am neunten Knoten (w_9^e) zu Null gesetzt und (3.24) wird wieder benutzt, um die Verschiebung am Knoten 9 zu interpretieren.

3.5.3 Berechnung der Spannungsresultierenden (Schnittlasten)

In MINDLIN werden die Biegemomente direkt berechnet, indem die Beziehung zwischen Biegemomenten und Verschiebungen an den 3×3 Gauss-Legendre-Punkten und an den Knotenpunkten benutzt wird. Die Querkräfte werden auch direkt ermittelt, indem die Beziehung zwischen den Querkräften und Verschiebungen an den 2×2 Gauss-Legendre-Punkten verwendet wird. Diese werden dann mit Hilfe von [3.20] auf die Eckknoten 1, 3, 5, 7 extrapoliert.

$$\begin{Bmatrix} Q_1 \\ Q_3 \\ Q_5 \\ Q_7 \end{Bmatrix} = \begin{bmatrix} (1+\sqrt{3}/2) & -1/2 & (1-\sqrt{3}/2) & -1/2 \\ -1/2 & (1+\sqrt{3}/2) & -1/2 & (1-\sqrt{3}/2) \\ (1-\sqrt{3}/2) & -1/2 & (1+\sqrt{3}/2) & -1/2 \\ -1/2 & (1-\sqrt{3}/2) & -1/2 & (1+\sqrt{3}/2) \end{bmatrix} \begin{Bmatrix} Q_I \\ Q_{II} \\ Q_{III} \\ Q_{IV} \end{Bmatrix}.$$

$$(3.25)$$

Hierbei bedeutet z.B. Q_1 die Querkraft am Knoten 1 und Q_I ist die Querkraft, die am ersten Gauss-Legendre-Punkt (ξ_I, η_I) berechnet wird - siehe auch Bild 3.6. Q steht stellvertretend für Q_x bzw. Q_y. Man beachte, daß (3.25) eine bilineare Extrapolation ist, die, wie zuvor erwähnt, mit der Äquivalenz zwischen den gemischten Verfahren und den selektiv integrierten Elementen mit Verschiebungsansätzen begründet werden kann [3.8].

In dem vorliegenden Fall besitzt das Heterosis-, selektiv integrierte Mindlinsche Plattenelement ein äquivalentes gemischtes Element, das die gleichen

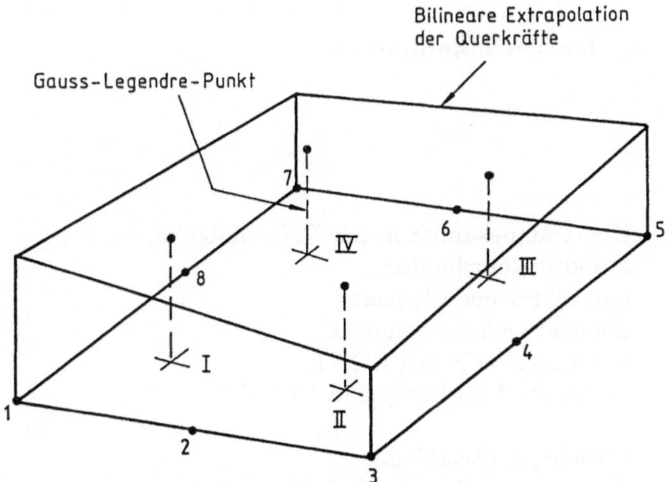

Bild 3.6 Bilineare Extrapolation der Querkräfte von den 2 * 2 Gauss-Punkten auf die Knotenpunkte

Knotenverschiebungen hat, aber mit bilinearen Querkraftverläufen für Q_x und Q_y, die an den Elementgrenzen diskontinuierlich sind. Die unbekannten Parameter, die Q_x und Q_y definieren, werden in dem gemischten Element vor dem Aufstellen der Steifigkeitsmatrix eliminiert, und die resultierende Steifigkeitsmatrix ist mit der identisch, die aus den Verschiebungsansätzen erhalten wird.

3.6 Das Programm MINDLIN

3.6.1 Einführung

Dieser Abschnitt beschreibt das Programm MINDLIN, das für die lineare elastische Analyse von Platten mit Mindlinschen Plattenelementen geeignet ist. Alle Elementsteifigkeitsmatrizen werden mit selektiver Integration erhalten. Die Aufmerksamkeit wird auf das Heterosis-Element gelenkt, da dieses das erfolgreichste Element ist und keine wesentlichen Defekte besitzt wie das Serendipity-Element, das übertragbare Mechanismen aufweist.

Das Programm MINDLIN besteht aus fünf Hauptmodulen:

a) Eingabemodul,

b) Steifigkeitsmodul,

c) Lastmodul,

d) Lösungsmodul,

e) Ausgabe- und Spannungsmodul.

Die wesenlichen Variablen, die in dem Programm MINDLIN benutzt werden, sind nachfolgend beschrieben.

3.6.2 Zusammenstellung der Variablennamen

3.6.2.1 Felder

ASDIS (MTOTV)	Knotenunbekannte in der Reihenfolge w, ψ_x, ψ_y.
COORD (MPOIN,2)	x und y Koordinaten.
ELOAD (MELEM,27)	Lastvektor des Elements.
ESTIF (27,27)	Elementsteifigkeitsmatrix.
EQRHS (MBUFA)	reduzierte RHS in FRONT.
EQUAT (MFRON, MBUFA)	reduzierte Gleichungen in FRONT.
FIXED (MTOTV)	vorbelegte Variablen.
IFFIX (MTOTV)	Kennummer für jede Variable 0 - frei 1 - vorbelegt.

GLOAD (MFRON)	globaler Lastvektor, in FRONT gespeichert.
GSTIF (MSTIF)	obere Dreieckzerlegung der Steifigkeitsmatrix, in FRONT gespeichert.
KOUNT (MPOIN)	Anzahl der Elemente, die mit einem Knoten verknüpft sind.
LNODS (MELEM,9)	Elemente mit Knotennummern.
LOCEL (27)	Vektor, der die globale Position jeder Elementvariablen in FRONT enthält.
MATNO (MELEM)	Materialkennummer für jedes Element.
NACVA (MFRON)	Vektor der aktiven Variablen in FRONT.
NAMEV (MBUFA)	Variable in FRONT.
NDEST (27)	Bestimmungsvektor in FRONT.
NOFIX (MVFIX)	Knoten mit mindestens einem vorbelegten Freiheitsgrad.
NPIVO (MBUFA)	Pivot-Position in FRONT.
POSGP (3)	Koordinaten der Gauss-Integrationspunkte.
PRESC (MVFIX,3)	vorbelegte Werte.
PROPS (MMATS,8)	Materialproperties.
STRND (MPOIN,5)	gemittelte Schnittlasten.
TREAC (MVFIV,3)	Auflagerreaktionen.
VECRV (MFRON)	Vektor der Laufvariablen in denen die berechneten Freiheitsgrade gespeichert werden.
VIXED (MTOTV)	Auflagerreaktionen.
WEIGP (3)	Gauss-Legendre Gewichte.

3.6.2.2 Variablen

ICASE	Lastfall.
MBUFA	maximale Puffergröße.
MELEM	maximale Elementanzahl.
MEVAB	= 27, maximale Anzahl von Elementvariablen.
MFRON	maximale Frontbreite
MMATS	maximale Anzahl an Materialien.
MPOIN	maximale Knotenanzahl.
MTOTV	maximale Gesamtanzahl der Variablen.
MVFIX	maximale Anzahl von vorbelegten Knoten.
NCASE	Anzahl der Lastfälle.
NDIME	= 2, Anzahl der Dimensionen.
NDOFN	= 3, Freiheitsgrade pro Knoten.
NELEM	Elementanzahl.
NEVAB	= 27, Anzahl der Elementvariablen.
NGAUB	= 3, Gauss-Legendre Regel zur Berechnung der Biege-Steifigkeitsmatrix.
NGAUS	= 2, Gauss-Legendre Regel zur Berechnung der Schub-Steifigkeitsmatrix.

NMATS	Anzahl der Materialien.
NNODE	=9, Anzahl der Knoten je Element.
NPOIN	Gesamtzahl der Knoten.
NSTRE	= 5, Anzahl der Spannungsresultierenden.
NTOTV	Gesamtanzahl der Variablen.
NVFIX	Anzahl der vorbelegten Knoten.

3.6.3 Hauptprogramm

Das Hauptprogramm, das die Aufrufe der Hauptmodule kontrolliert, wird jetzt beschrieben. Das Nassi-Schneiderman(NS)-Diagramm für diese Routine enthält Tabelle 3.2.

Tabelle 3.2 NS-Diagramm für Hauptprogramm MINDLIN

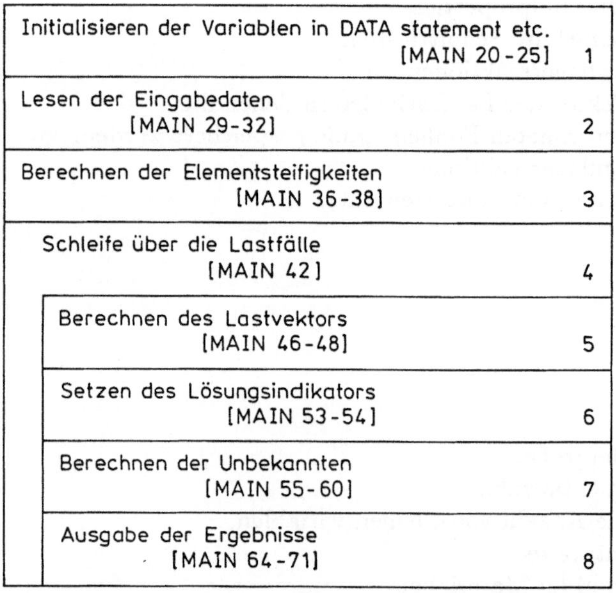

Initialisieren der Variablen in DATA statement etc. [MAIN 20-25]	1
Lesen der Eingabedaten [MAIN 29-32]	2
Berechnen der Elementsteifigkeiten [MAIN 36-38]	3
Schleife über die Lastfälle [MAIN 42]	4
Berechnen des Lastvektors [MAIN 46-48]	5
Setzen des Lösungsindikators [MAIN 53-54]	6
Berechnen der Unbekannten [MAIN 55-60]	7
Ausgabe der Ergebnisse [MAIN 64-71]	8

```
C*****************************************************************************MAIN
C                                                                            MAIN
C***    ELASTIC ANALYSIS OF MINDLIN PLATES USING THE                         MAIN
C***    NEW ISOPARAMETRIC QUADRILATERAL MINDLIN PLATE ELEMENT                 MAIN
C                                                                            MAIN
C*****************************************************************************MAIN
       IMPLICIT REAL*8(A-H,O-Z)                                              MAIN
       DIMENSION ASDIS(3750),COORD(1250,2),ELOAD(260,27),ESTIF(27,27),       MAIN
      .          EQRHS(10),EQUAT(100,10),FIXED(3750),IFFIX(3750),            MAIN
      .          GLOAD(100),GSTIF(5050),KOUNT(1250),LNODS(260,9),            MAIN
      .          LOCEL(27),MATNO(260),NACVA(100),NAMEV(10),NDEST(27),        MAIN
      .          NOFIX(400),NPIVO(10),PRESC(400,3),PROPS(10,8),              MAIN
      .          STRND(1250,5),TREAC(400,3),VECRV(400),VIXED(3750)           MAIN
C                                                                            MAIN
C***************************************************************************  MAIN
C                                                                            MAIN
C                     DYNAMIC DIMENSIONING                                    MAIN
C                                                                            MAIN
C***************************************************************************  MAIN
```

```
          DATA MBUFA/10/,MELEM/260/,MFRON/100/,MMATS/10/,MPOIN/1250/,      MAIN
         .     NDOFN/3/,MVFIX/400/,NDIME/2/,NEVAB/27/,NGAUB/3/,            MAIN
         .     NGAUS/3/,NNODE/9/                                          MAIN
          MSTIF=(MFRON*MFRON-MFRON)/2.0+MFRON                             MAIN
          MTOTV=MPOIN*NDOFN                                              MAIN
          MEVAB=NDOFN*9                                                  MAIN
C                                                                        MAIN
C*** CALL THE SUBROUTINE WHICH READS MOST OF THE PROBLEM DATA            MAIN
C                                                                        MAIN
      CALL          INPUT      (COORD,FIXED,IFFIX,LNODS,MATNO,MELEM,      MAIN
         .                      MMATS,MPOIN,MTOTV,MVFIX,NCASE,NDIME,      MAIN
         .                      NDOFN,NELEM,NMATS,NNODE,NOFIX,NPOIN,      MAIN
         .                      NTOTV,NVFIX,PRESC,PROPS)                  MAIN
C                                                                        MAIN
C*** COMPUTE THE ELEMENT STIFFNESSES                                     MAIN
C                                                                        MAIN
      CALL          STIFPB     (COORD,LNODS,MATNO,MELEM,MEVAB,MMATS,      MAIN
         .                      MPOIN,NELEM,NEVAB,NGAUB,NGAUS,NNODE,      MAIN
         .                      PROPS)                                    MAIN
C                                                                        MAIN
C*** BEGIN LOAD CASE LOOP                                                MAIN
C                                                                        MAIN
      DO 10 ICASE=1,NCASE                                                MAIN
C                                                                        MAIN
C*** COMPUTE LOAD AFTER READING RELEVANT EXTRA DATA                      MAIN
C                                                                        MAIN
      CALL          LOADPB     (COORD,ELOAD,ICASE,LNODS,MATNO,MELEM,      MAIN
         .                      MMATS,MPOIN,NELEM,NEVAB,NGAUB,NNODE,      MAIN
         .                      NPOIN,PROPS)                              MAIN
C                                                                        MAIN
C                                                                        MAIN
C*** SOLVE EQUATIONS                                                     MAIN
C                                                                        MAIN
      KRESL=1                                                            MAIN
      IF(ICASE.GT.1) KRESL=2                                             MAIN
      CALL          FRONT      (ASDIS,ELOAD,EQRHS,EQUAT,ESTIF,FIXED,      MAIN
         .                      IFFIX,GLOAD,GSTIF,KRESL,                  MAIN
         .                      LNODS,LOCEL,MBUFA,MELEM,MEVAB,MFRON,      MAIN
         .                      MSTIF,MTOTV,MVFIX,NACVA,NAMEV,NDEST,      MAIN
         .                      NDOFN,NELEM,NEVAB,NNODE,NOFIX,NPIVO,      MAIN
         .                      NPOIN,NTOTV,TREAC,VECRV,VIXED)            MAIN
C                                                                        MAIN
C*** OUTPUT DISPLACEMENTS                                                MAIN
C                                                                        MAIN
      CALL          OUTDIS     (ASDIS,MTOTV,MVFIX,NOFIX,                  MAIN
         .                      NPOIN,NVFIX,TREAC)                        MAIN
C                                                                        MAIN
C*** OUTPUT STRESS RESULTANTS                                            MAIN
C                                                                        MAIN
      CALL          OUTSTR     (ASDIS,COORD,KOUNT,LNODS,MATNO,MELEM,      MAIN
         .                      MMATS,MPOIN,MTOTV,NDOFN,NELEM,NGAUB,      MAIN
         .                      NGAUS,NPOIN,PROPS,STRND)                  MAIN
   10 CONTINUE                                                           MAIN
C                                                                        MAIN
      STOP                                                               MAIN
      END                                                                MAIN
```

3.6.4 Eingabemodul

3.6.4.1 Subroutine INPUT

Die wesentliche Funktion der Subroutine INPUT besteht darin, die meisten
Eingabedaten zu lesen.

```
      SUBROUTINE INPUT           (COORD,FIXED,IFFIX,LNODS,MATNO,MELEM,     INPU
     .                           MMATS,MPOIN,MTOTV,MVFIX,NCASE,NDIME,      INPU
     .                           NDOFN,NELEM,NMATS,NNODE,NOFIX,NPOIN,      INPU
     .                           NTOTV,NVFIX,PRESC,PROPS)                  INPU
C*****************************************************************************INPU
C                                                                          INPU
C***   INPUT MAIN DATA                                                     INPU
C                                                                          INPU
C*****************************************************************************INPU
      IMPLICIT REAL*8(A-H,O-Z)                                            INPU
      DIMENSION COORD(MPOIN,NDIME),FIXED(MTOTV),                         INPU
     .          IFFIX(MTOTV),LNODS(MELEM,9),                             INPU
     .          MATNO(MELEM),NOFIX(MVFIX),PRESC(MVFIX,NDOFN),            INPU
     .          PROPS(MMATS,8),TITLE(20)                                 INPU
      READ(5,920)  TITLE                                                 INPU
      WRITE(6,921) TITLE                                                 INPU
  920 FORMAT(20A4)                                                       INPU
  921 FORMAT(/////,1X,20A4)                                              INPU
C                                                                          INPU
C*** READ THE FIRST DATA CARD, AND ECHO IT IMMEDIATELY.                   INPU
C                                                                          INPU
      READ(5,900) NPOIN,NELEM,NVFIX,NCASE,NMATS                         INPU
  900 FORMAT(14I5)                                                       INPU
      NTOTV=NPOIN*NDOFN                                                  INPU
      WRITE(6,901)NPOIN,NELEM,NVFIX,NCASE,NMATS                         INPU
  901 FORMAT(//8H NPOIN =,I4,4X,8H NELEM =,I4,4X,8H NVFIX =,I4,4X,       INPU
     .8H NCASE =,I4,4X,8H NMATS =,I4)                                    INPU
C                                                                          INPU
C*** READ THE ELEMENT NODAL CONNECTIONS, AND THE PROPERTY NUMBERS.        INPU
C                                                                          INPU
      WRITE(6,902)                                                       INPU
  902 FORMAT(//8H ELEMENT,3X,8HPROPERTY,6X,12HNODE NUMBERS)             INPU
      DO 2 IELEM=1,NELEM                                                INPU
      READ(5,900) NUMEL,MATNO(NUMEL),(LNODS(NUMEL,INODE),INODE=1,NNODE) INPU
    2 WRITE(6,903) NUMEL,MATNO(NUMEL),(LNODS(NUMEL,INODE),INODE=1,NNODE)INPU
  903 FORMAT(1X,I5,I9,6X,9I5)                                           INPU
C                                                                          INPU
C*** ZERO ALL THE NODAL COORDINATES, PRIOR TO READING SOME OF THEM.       INPU
C                                                                          INPU
      CALL RAZERO(COORD,MPOIN,2)                                        INPU
C                                                                          INPU
C*** READ SOME NODAL COORDINATES, FINISHING WITH THE LAST NODE OF ALL.    INPU
C                                                                          INPU
      WRITE(6,904)                                                       INPU
  904 FORMAT(//5H NODE,7X,1HX,9X,1HY)                                    INPU
    4 READ(5,905) IPOIN,(COORD(IPOIN,IDIME),IDIME=1,NDIME)             INPU
  905 FORMAT(I5,6F10.3)                                                  INPU
      IF(IPOIN.NE.NPOIN) GO TO 4                                         INPU
C                                                                          INPU
C*** INTERPOLATE COORDINATES OF MID-SIDE NODES                            INPU
C                                                                          INPU
      CALL       NODEXY      (COORD,LNODS,MELEM,MPOIN,NDIME,NELEM,       INPU
     .                        NNODE)                                     INPU
      DO 6 IPOIN=1,NPOIN                                                 INPU
    6 WRITE(6,906) IPOIN,(COORD(IPOIN,IDIME),IDIME=1,NDIME)            INPU
  906 FORMAT(1X,I4,2X,6F10.5)                                           INPU
C                                                                          INPU
C*** READ THE FIXED VALUES AND INTERPRET FIXITY CODES IN VECTOR FORM      INPU
C                                                                          INPU
      CALL IVZERO(IFFIX,NTOTV)                                          INPU
      WRITE(6,907)                                                       INPU
  907 FORMAT(//5H NODE,6X,4HCODE,6X,12HFIXED VALUES)                     INPU
      DO 10 IVFIX=1,NVFIX                                               INPU
      READ(5,908) NOFIX(IVFIX),IFPRE,                                   INPU
     . (PRESC(IVFIX,IDOFN),IDOFN=1,NDOFN)                               INPU
      WRITE(6,909) NOFIX(IVFIX),IFPRE,                                  INPU
     . (PRESC(IVFIX,IDOFN),IDOFN=1,NDOFN)                               INPU
      NLOCA=(NOFIX(IVFIX)-1)*NDOFN                                      INPU
      IFDOF=10**(NDOFN-1)                                               INPU
      DO 10 IDOFN=1,NDOFN                                               INPU
      NGASH=NLOCA+IDOFN                                                 INPU
      IF(IFPRE.LT.IFDOF) GO TO 10                                       INPU
      IFFIX(NGASH)=1                                                    INPU
```

```
      IFPRE=IFPRE-IFDOF                                        INPU
    8 FIXED(NGASH)=PRESC(IVFIX,IDOFN)                          INPU
   10 IFDOF=IFDOF/10                                           INPU
  908 FORMAT(1X,I4,I5,5F10.6)                                  INPU
  909 FORMAT(1X,I4,5X,I5,6X,5F10.6)                            INPU
C                                                              INPU
C*** READ THE AVAILABLE SELECTION OF ELEMENT PROPERTIES.       INPU
C                                                              INPU
      WRITE(6,910)                                             INPU
  910 FORMAT(//7H NUMBER,4X,18HELEMENT PROPERTIES)             INPU
      DO 12 IMATS=1,NMATS                                      INPU
      READ(5,900) NUMAT                                        INPU
      READ(5,911) (PROPS(NUMAT,IPROP),IPROP=1,8)               INPU
  911 FORMAT(8F12.5)                                           INPU
   12 WRITE(6,912) NUMAT,(PROPS(NUMAT,IPROP),IPROP=1,8)        INPU
  912 FORMAT(1X,I4,3X,8E14.6)                                  INPU
      RETURN                                                   INPU
      END                                                      INPU
C                                                              INPU
```

3.6.4.2 Subroutinen NODEXY, RAZERO und IVZERO

Die Hilfsroutinen NODEXY, RAZERO und IVZERO, die von INPUT aufgerufen werden, sind nachfolgend gelistet.

```
      SUBROUTINE NODEXY     (COORD,LNODS,MELEM,MPOIN,NDIME,NELEM,   NODE
     .                       NNODE)                                 NODE
C*************************************************************************NODE
C                                                              NODE
C***   INTERPOLATES MIDSIDE NODE COORDINATES FOR 8-NODED ELEMENTS   NODE
C***   INTERPOLATES CENTRAL AND MIDSIDE NODE COORDINATES FOR    NODE
C***   9-NODE ELEMENTS PROVIDED THAT THE SIDES ARE STRAIGHT    NODE
C                                                              NODE
C*************************************************************************NODE
      IMPLICIT REAL*8(A-H,O-Z)                                 NODE
      DIMENSION COORD(MPOIN,2),LNODS(MELEM,9)                  NODE
      IF(NNODE.EQ.4) GO TO 50                                  NODE
C                                                              NODE
C*** LOOP OVER EACH ELEMENT                                    NODE
C                                                              NODE
      DO 40 IELEM=1,NELEM                                      NODE
C                                                              NODE
C*** LOOP OVER EACH ELEMENT EDGE                               NODE
C                                                              NODE
      NNOD1=NNODE                                              NODE
      IF(NNODE.EQ.8) NNOD1=9                                   NODE
      DO 20 INODE=1,NNOD1,2                                    NODE
      IF(INODE.EQ.9.AND.NNODE.EQ.8) GO TO 40                   NODE
      IF(INODE.EQ.9) GO TO 30                                  NODE
C                                                              NODE
C*** COMPUTE THE NODE NUMBER OF THE FIRST NODE                 NODE
C                                                              NODE
      NODST=LNODS(IELEM,INODE)                                 NODE
      IGASH=INODE+2                                            NODE
      IF(IGASH.GE.NNODE) IGASH=1                               NODE
C                                                              NODE
C*** COMPUTE THE NODE NUMBER OF THE LAST NODE                  NODE
C                                                              NODE
      NODFN=LNODS(IELEM,IGASH)                                 NODE
      MIDPT=INODE+1                                            NODE
C                                                              NODE
C*** COMPUTE THE NODE NUMBER OF THE INTERMEDIATE NODE          NODE
C                                                              NODE
      NODMD=LNODS(IELEM,MIDPT)                                 NODE
      TOTAL=ABS(COORD(NODMD,1))+ABS(COORD(NODMD,2))            NODE
C                                                              NODE
C*** IF THE COORDINATES OF THE INTERMEDIATE NODE ARE BOTH ZERO NODE
C    INTERPOLATE BY A STRAIGHT LINE                            NODE
C                                                              NODE
```

```
      IF(TOTAL.GT.0.0) GO TO 20                                        NODE
      KOUNT=1                                                          NODE
   10 COORD(NODMD,KOUNT)=(COORD(NODST,KOUNT)+COORD(NODFN,KOUNT))/2.0    NODE
      KOUNT=KOUNT+1                                                     NODE
      IF(KOUNT.EQ.2) GO TO 10                                          NODE
   20 CONTINUE                                                         NODE
   30 LNODE=LNODS(IELEM,INODE)                                         NODE
   40 CONTINUE                                                         NODE
   50 CONTINUE                                                         NODE
      RETURN                                                           NODE
      END                                                              NODE


      SUBROUTINE RAZERO(RVECT,NSIZE,MSIZE)                             RAZE
      IMPLICIT REAL*8(A-H,O-Z)                                         RAZE
      DIMENSION RVECT(NSIZE,MSIZE)                                     RAZE
C                                                                      RAZE
C*** ZERO REAL ARRAY                                                   RAZE
C                                                                      RAZE
      DO 5 ISIZE=1,NSIZE                                               RAZE
      DO 5 JSIZE=1,MSIZE                                               RAZE
      RVECT(ISIZE,JSIZE)=0.0                                           RAZE
    5 CONTINUE                                                         RAZE
      RETURN                                                           RAZE
      END                                                              RAZE


      SUBROUTINE IVZERO(IVECT,NSIZE)                                   IVZE
      IMPLICIT REAL*8(A-H,O-Z)                                         IVZE
      DIMENSION IVECT(NSIZE)                                           IVZE
C                                                                      IVZE
C*** ZERO INTEGER VECTOR                                               IVZE
C                                                                      IVZE
      DO 5 ISIZE=1,NSIZE                                               IVZE
      IVECT(ISIZE)=0                                                   IVZE
    5 CONTINUE                                                         IVZE
      RETURN                                                           IVZE
      END                                                              IVZE
```

3.6.5 Steifigkeitsmodul

3.6.5.1 Subroutine STIFPB

```
      SUBROUTINE STIFPB     (COORD,LNODS,MATNO,MELEM,                  STIF
     .                       MEVAB,MMATS,MPOIN,NELEM,                  STIF
     .                       NEVAB,NGAUB,NGAUS,NNODE,PROPS)            STIF
C*****************************************************************************STIF
C                                                                      STIF
C*** EVALUATE STIFFNESS MATRICES FOR ELASTIC                           STIF
C*** MINDLIN PLATE ELEMENTS                                            STIF
C                                                                      STIF
C*****************************************************************************STIF
      IMPLICIT REAL*8(A-H,O-Z)                                         STIF
      DIMENSION                                                        STIF
     .          CARTD(2,9),COORD(MPOIN,2),                            STIF
     .          DERIV(2,9),ELCOD(2,9),                                STIF
     .          ESTIF(27,27),GPCOD(2,9),LNODS(MELEM,9),               STIF
     .          MATNO(MELEM),POSGP(3),PROPS(MMATS,8),SHAPE(9),STRES(5),STIF
     .          WEIGP(3),XJACI(2,2),XJACM(2,2),                       STIF
     .          DFLEX(3,3),DSHER(2,2),BFLEI(3,3),BFLEJ(3,3),          STIF
     .          BSHEI(2,3),BSHEJ(2,3),BMETA(6,27),BMEXI(6,27),        STIF
     .          SHAP1(6),SHAP2(6)                                     STIF
      REWIND 1                                                        STIF
C                                                                      STIF
C*** LOOP OVER EACH ELEMENT                                            STIF
C                                                                      STIF
      DO 80 IELEM=1,NELEM                                             STIF
      LPROP=MATNO(IELEM)                                              STIF
```

```
C                                                                    STIF
C*** EVALUATE THE COORDINATES OF THE ELEMENT NODAL POINTS            STIF
C                                                                    STIF
      DO 10 INODE=1,NNODE                                            STIF
      LNODE=LNODS(IELEM,INODE)                                       STIF
      LNODE=IABS(LNODE)                                              STIF
      DO 10 IDIME=1,2                                                STIF
   10 ELCOD(IDIME,INODE)=COORD(LNODE,IDIME)                          STIF
C                                                                    STIF
C*** INITIALIZE THE ELEMENT STIFFNESS MATRIX                         STIF
C                                                                    STIF
      DO 20 IEVAB=1,NEVAB                                            STIF
      DO 20 JEVAB=1,NEVAB                                            STIF
   20 ESTIF(IEVAB,JEVAB)=0.0                                         STIF
C                                                                    STIF
C*** EVALUATE PART OF STIFFNESS MATRIX                               STIF
C    ASSOCIATED WITH BENDING DEFORMATION                             STIF
C                                                                    STIF
      KGASP=0                                                        STIF
C                                                                    STIF
C*** ENTER LOOPS FOR AREA NUMERICAL INTEGRATION                      STIF
C                                                                    STIF
C                                                                    STIF
C*** SET UP GAUSSIAN INTEGRATION CONSTANTS                           STIF
C                                                                    STIF
      CALL      GAUSSQ      (NGAUB,POSGP,WEIGP)                      STIF
      DO 40 IGAUS=1,NGAUB                                            STIF
      EXISP=POSGP(IGAUS)                                             STIF
      DO 40 JGAUS=1,NGAUB                                            STIF
      KGASP=KGASP+1                                                  STIF
      ETASP=POSGP(JGAUS)                                             STIF
C                                                                    STIF
C*** EVALUATE THE SHAPE FUNCTIONS,ELEMENTAL AREA,ETC                 STIF
C                                                                    STIF
      CALL      SFR2        (DERIV,ETASP,EXISP,NNODE,SHAPE)          STIF
      CALL      JACOB2      (CARTD,DERIV,DJACB,ELCOD,GPCOD,IELEM,    STIF
     .                       KGASP,NNODE,SHAPE,XJACI,XJACM)          STIF
      DAREA=DJACB*WEIGP(IGAUS)*WEIGP(JGAUS)                          STIF
C                                                                    STIF
C*** EVALUATE THE B AND DB MATRICES                                  STIF
C                                                                    STIF
      CALL      MODPB       (DFLEX,DSHER,LPROP,MMATS,PROPS,          STIF
     .                          1,     0)                            STIF
C                                                                    STIF
C                                                                    STIF
C*** CALCULATE THE ELEMENT STIFFNESSES                               STIF
C                                                                    STIF
      DO 30 INODE=1,NNODE                                            STIF
      CALL      BMATPB      (BFLEI,BSHEI,CARTD,INODE,SHAPE,          STIF
     .                          1,     0)                            STIF
      DO 30 JNODE=INODE,NNODE                                        STIF
      CALL      BMATPB      (BFLEJ,BSHEJ,CARTD,JNODE,SHAPE,          STIF
     .                          1,     0)                            STIF
   30 CALL      SUBPB       (BFLEI,BFLEJ,DAREA,DFLEX,ESTIF,INODE,    STIF
     .                       JNODE,     3,     3,     3)             STIF
   40 CONTINUE                                                       STIF
C                                                                    STIF
C*** EVALUATE PART OF STIFFNESS MATRIX                               STIF
C    ASSOCIATED WITH SHEAR DEFORMATION                               STIF
C                                                                    STIF
      KGASP=0                                                        STIF
      CALL BSAMP(BMETA,BMEXI,ELCOD,IELEM,NNODE)                      STIF
C                                                                    STIF
C*** ENTER LOOPS FOR AREA INTEGRATION                                STIF
C                                                                    STIF
C                                                                    STIF
C*** SET UP GAUSSIAN INTEGRATION CONSTANTS                           STIF
C                                                                    STIF
      CALL      GAUSSQ      (NGAUS,POSGP,WEIGP)                      STIF
      DO 60 IGAUS=1,NGAUS                                            STIF
      EXISP=POSGP(IGAUS)                                             STIF
      DO 60 JGAUS=1,NGAUS                                            STIF
      KGASP=KGASP+1                                                  STIF
```

```
      ETASP=POSGP(JGAUS)                                            STIF
C                                                                   STIF
C*** EVALUATE THE SHAPE FUNCTIONS,ELEMENTAL AREA,ETC                STIF
C                                                                   STIF
      CALL       SFR2        (DERIV,ETASP,EXISP,NNODE,SHAPE)        STIF
      CALL       JACOB2      (CARTD,DERIV,DJACB,ELCOD,GPCOD,IELEM,  STIF
     .                        KGASP,NNODE,SHAPE,XJACI,XJACM)        STIF
      CALL SFRM(ETASP,EXISP,SHAP1,SHAP2)                            STIF
      DAREA=DJACB*WEIGP(IGAUS)*WEIGP(JGAUS)                         STIF
      CALL MODPB(DFLEX,DSHER,LPROP,MMATS,PROPS,0,1)                 STIF
      DO 50 INODE=1,NNODE                                           STIF
      IPOSN=(INODE-1)*3                                             STIF
      CALL BMOTPB(BMETA,BMEXI,BSHEI,IPOSN,SHAP1,SHAP2,XJACI)        STIF
      DO 50 JNODE=INODE,NNODE                                       STIF
      IPOSN=(JNODE-1)*3                                             STIF
      CALL BMOTPB(BMETA,BMEXI,BSHEJ,IPOSN,SHAP1,SHAP2,XJACI)        STIF
      CALL SUBPB(BSHEI,BSHEJ,DAREA,DSHER,ESTIF,INODE,               STIF
     .           JNODE,3,2,3)                                       STIF
   50 CONTINUE                                                      STIF
C                                                                   STIF
C                                                                   STIF
   60 CONTINUE                                                      STIF
C                                                                   STIF
C*** CONSTRUCT THE LOWER TRIANGLE OF THE STIFFNESS MATRIX           STIF
C                                                                   STIF
      DO 70 IEVAB=1,NEVAB                                           STIF
      DO 70 JEVAB=IEVAB,NEVAB                                       STIF
   70 ESTIF(JEVAB,IEVAB)=ESTIF(IEVAB,JEVAB)                         STIF
C                                                                   STIF
C*** STORE THE STIFFNESS MATRIX,STRESS MATRIX AND SAMPLING POINT    STIF
C    COORDINATES FOR EACH ELEMENT ON DISC FILE                     STIF
C                                                                   STIF
      WRITE(1) ESTIF                                                STIF
   80 CONTINUE                                                      STIF
      RETURN                                                        STIF
      END                                                           STIF
```

3.6.5.2 Hilfsroutinen GAUSSQ, SFR2, JACOB2, MODPB, BMATPB, BSAMP, BMOTPB, SFRM und SUBPB

Im folgenden sind die Hilfsroutinen, die von STIFPB benutzt werden, aufgeführt.

```
      SUBROUTINE GAUSSQ     (NGAUS,POSGP,WEIGP)                     GAUS
C************************************************************************GAUS
C                                                                   GAUS
C*** SETS UP GAUSS-LEGENDRE SAMPLING POSITIONS AND WEIGHTS          GAUS
C                                                                   GAUS
C************************************************************************GAUS
      IMPLICIT REAL*8(A-H,O-Z)                                      GAUS
      DIMENSION POSGP(3),WEIGP(3)                                   GAUS
      GO TO (1,2,3) NGAUS                                           GAUS
    1 POSGP(1)= 0.                                                  GAUS
      WEIGP(1)= 2.                                                  GAUS
      RETURN                                                        GAUS
    2 POSGP(1)=-0.577350269189626                                  GAUS
      POSGP(2)= 0.577350269189626                                  GAUS
      WEIGP(1)= 1.                                                  GAUS
      WEIGP(2)= 1.                                                  GAUS
      RETURN                                                        GAUS
    3 POSGP(1)=-0.774596669241483                                  GAUS
      POSGP(2)= 0.                                                  GAUS
      POSGP(3)= 0.774596669241483                                  GAUS
      WEIGP(1)= 0.555555555555556                                  GAUS
      WEIGP(2)= 0.888888888888889                                  GAUS
      WEIGP(3)= 0.555555555555556                                  GAUS
      RETURN                                                        GAUS
      END                                                           GAUS
```

```fortran
      SUBROUTINE SFR2         (DERIV,ETASP,EXISP,NNODE,SHAPE)           SFR2
C********************************************************************SFR2
C                                                                      SFR2
C***  EVALUATES SHAPE FUNCTIONS AND THEIR DERIVATIVES                  SFR2
C***  FOR 4,8 AND 9 NODED QUADRILATERAL ISOPARAMETRIC                  SFR2
C***  ELEMENTS                                                         SFR2
C                                                                      SFR2
C********************************************************************SFR2
      IMPLICIT REAL*8(A-H,O-Z)                                         SFR2
      DIMENSION DERIV(2,9)  ,SHAPE(9)                                  SFR2
C                                                                      SFR2
C*** SHAPE FUNCTIONS                                                   SFR2
C                                                                      SFR2
      S=EXISP                                                          SFR2
      T=ETASP                                                          SFR2
      S2=S*2.0                                                         SFR2
      T2=T*2.0                                                         SFR2
      SS=S*S                                                           SFR2
      TT=T*T                                                           SFR2
      ST=S*T                                                           SFR2
      SST=S*S*T                                                        SFR2
      STT=S*T*T                                                        SFR2
      ST2=S*T*2.0                                                      SFR2
C                                                                      SFR2
C*** SHAPE FUNCTIONS FOR 8 NODED ELEMENT                               SFR2
C                                                                      SFR2
      SHAPE(1)=(-1.0+ST+SS+TT-SST-STT)/4.0                             SFR2
      SHAPE(2)=(1.0-T-SS+SST)/2.0                                      SFR2
      SHAPE(3)=(-1.0-ST+SS+TT-SST+STT)/4.0                             SFR2
      SHAPE(4)=(1.0+S-TT-STT)/2.0                                      SFR2
      SHAPE(5)=(-1.0+ST+SS+TT+SST+STT)/4.0                             SFR2
      SHAPE(6)=(1.0+T-SS-SST)/2.0                                      SFR2
      SHAPE(7)=(-1.0-ST+SS+TT+SST-STT)/4.0                             SFR2
      SHAPE(8)=(1.0-S-TT+STT)/2.0                                      SFR2
C                                                                      SFR2
C*** SHAPE FUNCTION DERIVATIVES                                        SFR2
C                                                                      SFR2
      DERIV(1,1)=(T+S2-ST2-TT)/4.0                                     SFR2
      DERIV(1,2)=-S+ST                                                 SFR2
      DERIV(1,3)=(-T+S2-ST2+TT)/4.0                                    SFR2
      DERIV(1,4)=(1.0-TT)/2.0                                          SFR2
      DERIV(1,5)=(T+S2+ST2+TT)/4.0                                     SFR2
      DERIV(1,6)=-S-ST                                                 SFR2
      DERIV(1,7)=(-T+S2+ST2-TT)/4.0                                    SFR2
      DERIV(1,8)=(-1.0+TT)/2.0                                         SFR2
      DERIV(2,1)=(S+T2-SS-ST2)/4.0                                     SFR2
      DERIV(2,2)=(-1.0+SS)/2.0                                         SFR2
      DERIV(2,3)=(-S+T2-SS+ST2)/4.0                                    SFR2
      DERIV(2,4)=-T-ST                                                 SFR2
      DERIV(2,5)=(S+T2+SS+ST2)/4.0                                     SFR2
      DERIV(2,6)=(1.0-SS)/2.0                                          SFR2
      DERIV(2,7)=(-S+T2+SS-ST2)/4.0                                    SFR2
      DERIV(2,8)=-T+ST                                                 SFR2
      SHAPE(9)=(1.0-SS)*(1.0-TT)                                       SFR2
      DERIV(1,9)=-S2*(1.0-TT)                                          SFR2
      DERIV(2,9)=-T2*(1.0-SS)                                          SFR2
      RETURN                                                           SFR2
      END                                                              SFR2
```

```
      SUBROUTINE JACOB2      (CARTD,DERIV,DJACB,ELCOD,GPCOD,IELEM,      JACO
     .                 KGASP,NNODE,SHAPE,XJACI,XJACM)                   JACO
C***********************************************************************JACO
C                                                                      JACO
C***   EVALUATE JACOBIAN MATRIX AND ITS INVERSE                        JACO
C***   GAUSS POINT COORDINATES                                         JACO
C***   CARTESIAN SHAPE FUNCTION DERIVATIVES                            JACO
C***   AT PRESENT SAMPLING POINT                                       JACO
C                                                                      JACO
C***********************************************************************JACO
      IMPLICIT REAL*8(A-H,O-Z)                                         JACO
      DIMENSION CARTD(2,9),DERIV(2,9),ELCOD(2,9) ,GPCOD(2,9) ,SHAPE(9), JACO
     .           XJACI(2,2),XJACM(2,2)                                 JACO
C                                                                      JACO
C***   CALCULATE COORDINATES OF SAMPLING POINT                         JACO
C                                                                      JACO
      DO 2 IDIME=1,2                                                   JACO
      GPCOD(IDIME,KGASP)=0.0                                           JACO
      DO 2 INODE=1,NNODE                                               JACO
      GPCOD(IDIME,KGASP)=GPCOD(IDIME,KGASP)+ELCOD(IDIME,INODE)         JACO
     .*SHAPE(INODE)                                                    JACO
    2 CONTINUE                                                         JACO
C                                                                      JACO
C***   CREATE JACOBIAN MATRIX XJACM                                    JACO
C                                                                      JACO
      DO 4 IDIME=1,2                                                   JACO
      DO 4 JDIME=1,2                                                   JACO
      XJACM(IDIME,JDIME)=0.0                                           JACO
      DO 4 INODE=1,NNODE                                               JACO
      XJACM(IDIME,JDIME)=XJACM(IDIME,JDIME)+DERIV(IDIME,INODE)*        JACO
     .ELCOD(JDIME,INODE)                                               JACO
    4 CONTINUE                                                         JACO
C                                                                      JACO
C***   CALCULATE DETERMINANT AND INVERSE OF JACOBIAN MATRIX            JACO
C                                                                      JACO
      DJACB=XJACM(1,1)*XJACM(2,2)-XJACM(1,2)*XJACM(2,1)                JACO
      IF(DJACB) 6,6,8                                                  JACO
    6 WRITE(6,900) IELEM                                               JACO
      STOP                                                             JACO
    8 CONTINUE                                                         JACO
      XJACI(1,1)=XJACM(2,2)/DJACB                                      JACO
      XJACI(2,2)=XJACM(1,1)/DJACB                                      JACO
      XJACI(1,2)=-XJACM(1,2)/DJACB                                     JACO
      XJACI(2,1)=-XJACM(2,1)/DJACB                                     JACO
C                                                                      JACO
C***   CALCULATE CARTESIAN DERIVATIVES                                 JACO
C                                                                      JACO
      DO 10 IDIME=1,2                                                  JACO
      DO 10 INODE=1,NNODE                                              JACO
      CARTD(IDIME,INODE)=0.0                                           JACO
      DO 10 JDIME=1,2                                                  JACO
      CARTD(IDIME,INODE)=CARTD(IDIME,INODE)+XJACI(IDIME,JDIME)*        JACO
     .DERIV(JDIME,INODE)                                               JACO
   10 CONTINUE                                                         JACO
  900 FORMAT(//,36H PROGRAM HALTED IN SUBROUTINE JACOB2,/,11X,         JACO
     .22H ZERO OR NEGATIVE AREA,/,10X,16H ELEMENT NUMBER ,I5)          JACO
      RETURN                                                           JACO
      END                                                              JACO
```

```
      SUBROUTINE MODPB        (DFLEX,DSHER,LPROP,MMATS,PROPS,          MODP
     .                         IFFLE,IFSHE)                            MODP
C*******************************************************************MODP
C                                                                     MODP
C*** CALCULATES MATRIX OF ELASTIC RIGIDITIES                          MODP
C*** FOR MINDLIN PLATE                                                MODP
C                                                                     MODP
C*******************************************************************MODP
      IMPLICIT REAL*8(A-H,O-Z)                                        MODP
      DIMENSION DFLEX(3,3),DSHER(2,2),                                MODP
     .          PROPS(MMATS,8)                                        MODP
      IF(PROPS(LPROP,4).NE.0.0) GO TO 30                              MODP
      YOUNG=PROPS(LPROP,1)                                            MODP
      POISS=PROPS(LPROP,2)                                            MODP
      THICK=PROPS(LPROP,3)                                            MODP
C                                                                     MODP
C*** FORM DFLEX (ISOTROPIC)                                           MODP
C                                                                     MODP
   10 IF(IFFLE.EQ.0) GO TO 20                                         MODP
      CALL RAZERO(DFLEX,3,3)                                          MODP
      CONST=(YOUNG*THICK**3)/(12.*(1.-POISS*POISS))                   MODP
      DFLEX(1,1)=CONST                                                MODP
      DFLEX(2,2)=CONST                                                MODP
      DFLEX(1,2)=CONST*POISS                                          MODP
      DFLEX(2,1)=CONST*POISS                                          MODP
      DFLEX(3,3)=CONST*(1.-POISS)/2.                                  MODP
C                                                                     MODP
C*** FORM DSHER (ISOPTROPIC)                                          MODP
C                                                                     MODP
   20 IF(IFSHE.EQ.0) RETURN                                           MODP
      CALL RAZERO(DSHER,2,2)                                          MODP
      DSHER(1,1)=(YOUNG*THICK)/(2.4+2.4*POISS)                        MODP
      DSHER(2,2)=(YOUNG*THICK)/(2.4+2.4*POISS)                        MODP
      RETURN                                                          MODP
C                                                                     MODP
C*** FORM DFLEX (ORTHOTROPIC)                                         MODP
C                                                                     MODP
   30 IF(IFFLE.EQ.0) GO TO 40                                         MODP
      CALL RAZERO(DFLEX,3,3)                                          MODP
      DFLEX(1,1)=PROPS(LPROP,1)                                       MODP
      DFLEX(1,2)=PROPS(LPROP,2)                                       MODP
      DFLEX(2,1)=PROPS(LPROP,2)                                       MODP
      DFLEX(2,2)=PROPS(LPROP,3)                                       MODP
      DFLEX(3,3)=PROPS(LPROP,4)                                       MODP
C                                                                     MODP
C*** FORM DSHER (ORTHOTROPIC)                                         MODP
C                                                                     MODP
   40 IF(IFSHE.EQ.0) RETURN                                           MODP
      CALL RAZERO(DSHER,2,2)                                          MODP
      DSHER(1,1)=PROPS(LPROP,5)                                       MODP
      DSHER(2,2)=PROPS(LPROP,6)                                       MODP
      RETURN                                                          MODP
      END                                                             MODP
```

```
      SUBROUTINE BMATPB       (BFLEX,BSHER,CARTD,KNODE,SHAPE,        BMAT
     .                   IFFLE,IFSHE)                                BMAT
C****************************************************************BMAT
C                                                                   BMAT
C*** EVALUATES STRAIN-DISPLACEMENT MATRIX FOR                       BMAT
C*** FOR MINDLIN PLATE                                              BMAT
C                                                                   BMAT
C****************************************************************BMAT
      IMPLICIT REAL*8(A-H,O-Z)                                      BMAT
      DIMENSION  BFLEX(3,3),BSHER(2,3),                             BMAT
     .           CARTD(2,9),SHAPE(9)                                BMAT
      DNKDX=CARTD(1,KNODE)                                          BMAT
      DNKDY=CARTD(2,KNODE)                                          BMAT
C*** FORM BFLEX                                                     BMAT
   10 IF(IFFLE.EQ.0) GO TO 20                                       BMAT
      CALL RAZERO(BFLEX,3,3)                                        BMAT
      BFLEX(1,2)=-DNKDX                                             BMAT
      BFLEX(2,3)=-DNKDY                                             BMAT
      BFLEX(3,2)=-DNKDY                                             BMAT
      BFLEX(3,3)=-DNKDX                                             BMAT
C*** FORM BSHER                                                     BMAT
   20 IF(IFSHE.EQ.0) RETURN                                         BMAT
      CALL RAZERO(BSHER,2,3)                                        BMAT
      BSHER(1,1)=DNKDX                                              BMAT
      BSHER(1,2)=-SHAPE(KNODE)                                      BMAT
      BSHER(2,1)=DNKDY                                              BMAT
      BSHER(2,3)=-SHAPE(KNODE)                                      BMAT
      RETURN                                                        BMAT
      END                                                           BMAT


      SUBROUTINE BSAMP(BMETA,BMEXI,ELCOD,IELEM,NNODE)               BSAM
C****************************************************************  BSAM
C                                                                   BSAM
C*** SAMPLES B-MATRIX AT 12 POINTS                                  BSAM
C                                                                   BSAM
C****************************************************************  BSAM
      IMPLICIT REAL*8(A-H,O-Z)                                      BSAM
      DIMENSION                                                     BSAM
     .          BFLEI(3,3),BMETA(6,27),BMEXI(6,27),BSHEI(2,3),      BSAM
     .          BSHEX(3),CARTD(2,9),DERIV(2,9),ELCOD(2,9),          BSAM
     .          GPCOD(2,9),PASGP(3),POSGP(3),SHAPE(9),WEIGP(3),     BSAM
     .          XJACI(2,2),XJACM(2,2)                               BSAM
      DATA  PASGP/1.0,0.0,-1.0/                                     BSAM
      CALL GAUSSQ(2,POSGP,WEIGP)                                    BSAM
      KGISP=0                                                       BSAM
      DO 40 ISAMP=1,2                                               BSAM
      EXISP=POSGP(ISAMP)                                            BSAM
      DO 30 JSAMP=1,3                                               BSAM
      KGISP=KGISP+1                                                 BSAM
      ETASP=PASGP(JSAMP)                                            BSAM
      CALL SFR2(DERIV,ETASP,EXISP,NNODE,SHAPE)                      BSAM
      CALL JACOB2(CARTD,DERIV,DJACB,ELCOD,GPCOD,IELEM,KGISP,        BSAM
     .            NNODE,SHAPE,XJACI,XJACM)                          BSAM
      IPOSN=0                                                       BSAM
      DO 20 INODE=1,NNODE                                           BSAM
      CALL BMATPB(BFLEI,BSHEI,CARTD,INODE,SHAPE,0,1)                BSAM
      DO 10 IDOFN=1,3                                               BSAM
      IPOSN=IPOSN+1                                                 BSAM
      BSHEX(IDOFN)=XJACM(1,1)*BSHEI(1,IDOFN)                        BSAM
     .            +XJACM(1,2)*BSHEI(2,IDOFN)                        BSAM
      BMEXI(KGISP,IPOSN)=BSHEX(IDOFN)                               BSAM
   10 CONTINUE                                                      BSAM
   20 CONTINUE                                                      BSAM
   30 CONTINUE                                                      BSAM
   40 CONTINUE                                                      BSAM
C                                                                   BSAM
      KGISP=0                                                       BSAM
      DO 80 ISAMP=1,2                                               BSAM
      ETASP=POSGP(ISAMP)                                            BSAM
      DO 70 JSAMP=1,3                                               BSAM
      EXISP=PASGP(JSAMP)                                            BSAM
```

```
      KGISP=KGISP+1                                                 BSAM
      CALL SFR2(DERIV,ETASP,EXISP,NNODE,SHAPE)                      BSAM
      CALL JACOB2(CARTD,DERIV,DJACB,ELCOD,GPCOD,                    BSAM
     .            IELEM,KGISP,NNODE,SHAPE,XJACI,XJACM)              BSAM
      IPOSN=0                                                       BSAM
      DO 60 INODE=1,NNODE                                           BSAM
      CALL BMATPB(BFLEI,BSHEI,CARTD,INODE,SHAPE,0,1)                BSAM
      DO 50 IDOFN=1,3                                               BSAM
      IPOSN=IPOSN+1                                                 BSAM
      BSHEX(IDOFN)=XJACM(2,1)*BSHEI(1,IDOFN)+                       BSAM
     .             XJACM(2,2)*BSHEI(2,IDOFN)                        BSAM
      BMETA(KGISP,IPOSN)=BSHEX(IDOFN)                               BSAM
   50 CONTINUE                                                      BSAM
   60 CONTINUE                                                      BSAM
   70 CONTINUE                                                      BSAM
   80 CONTINUE                                                      BSAM
      RETURN                                                        BSAM
      END                                                           BSAM


      SUBROUTINE BMOTPB(BMETA,BMEXI,BSHEI,IPOSN,SHAP1,SHAP2,        BMOT
     .                  XJACI)                                      BMOT
C*******************************************************************BMOT
C                                                                  BMOT
C*** EVALUATES SUBSTITUTE B-MATRIX                                 BMOT
C                                                                  BMOT
C*******************************************************************BMOT
      IMPLICIT REAL*8(A-H,O-Z)                                     BMOT
      DIMENSION BMETA(6,27),BMEXI(6,27),BSHER(2,3),SHAP1(6),       BMOT
     .          SHAP2(6),XJACI(2,2),BSHEI(2,3)                     BMOT
      DO 20 IDOFN=1,3                                              BMOT
      BSHER(1,IDOFN)=0.0                                           BMOT
      BSHER(2,IDOFN)=0.0                                           BMOT
      IPOSN=IPOSN+1                                                BMOT
      DO 10 IGOSP=1,6                                              BMOT
      BSHER(1,IDOFN)=BSHER(1,IDOFN)+                               BMOT
     .               BMEXI(IGOSP,IPOSN)*SHAP1(IGOSP)               BMOT
      BSHER(2,IDOFN)=BSHER(2,IDOFN)+                               BMOT
     .               BMETA(IGOSP,IPOSN)*SHAP2(IGOSP)               BMOT
   10 CONTINUE                                                     BMOT
   20 CONTINUE                                                     BMOT
      DO 50 ISTRE=1,2                                              BMOT
      BSHEI(ISTRE,1)=0.0                                           BMOT
      BSHEI(ISTRE,2)=0.0                                           BMOT
      BSHEI(ISTRE,3)=0.0                                           BMOT
      DO 40 JSTRE=1,2                                              BMOT
      DO 30 IDOFN=1,3                                              BMOT
      BSHEI(ISTRE,IDOFN)=BSHEI(ISTRE,IDOFN)+                       BMOT
     .XJACI(ISTRE,JSTRE)*BSHER(JSTRE,IDOFN)                        BMOT
   30 CONTINUE                                                     BMOT
   40 CONTINUE                                                     BMOT
   50 CONTINUE                                                     BMOT
      RETURN                                                       BMOT
      END                                                          BMOT
```

```
      SUBROUTINE SFRM(ETASP,EXISP,SHAP1,SHAP2)                         SFRM
C*********************************************************************** SFRM
C                                                                       SFRM
C*** SHEAR SHAPE FUNCTIONS                                              SFRM
C                                                                       SFRM
C*********************************************************************** SFRM
      IMPLICIT REAL*8(A-H,O-Z)                                          SFRM
      DIMENSION SHAP1(6),SHAP2(6)                                       SFRM
      S=EXISP                                                           SFRM
      T=ETASP                                                           SFRM
      A=1./SQRT(3.0)                                                    SFRM
      SHAP1(1)=0.25*(1.-S/A)*T*(1.+T)                                   SFRM
      SHAP1(4)=0.25*(1.+S/A)*T*(1.+T)                                   SFRM
      SHAP1(2)=0.50*(1.-S/A)*(1.-T*T)                                   SFRM
      SHAP1(5)=0.50*(1.+S/A)*(1.-T*T)                                   SFRM
      SHAP1(3)=0.25*(1.-S/A)*T*(T-1.)                                   SFRM
      SHAP1(6)=0.25*(1.+S/A)*T*(T-1.)                                   SFRM
C                                                                       SFRM
      SHAP2(1)=0.25*(1.-T/A)*S*(1.+S)                                   SFRM
      SHAP2(4)=0.25*(1.+T/A)*S*(1.+S)                                   SFRM
      SHAP2(2)=0.50*(1.-T/A)*(1.-S*S)                                   SFRM
      SHAP2(5)=0.50*(1.+T/A)*(1.-S*S)                                   SFRM
      SHAP2(3)=0.25*(1.-T/A)*S*(S-1.)                                   SFRM
      SHAP2(6)=0.25*(1.+T/A)*S*(S-1.)                                   SFRM
      RETURN                                                            SFRM
      END                                                               SFRM


      SUBROUTINE SUBPB        (BIMAT,BJMAT,DAREA,DMATX,ESTIF,INODE,     SUBP
     .                         JNODE,NCOLI,NROIJ,NCOLJ)                 SUBP
C***********************************************************************SUBP
C                                                                       SUBP
C*** CARRY OUT MATRIX MULTIPLICATION                                    SUBP
C                                                                       SUBP
C***********************************************************************SUBP
      IMPLICIT REAL*8(A-H,O-Z)                                          SUBP
      DIMENSION BIMAT(NROIJ,NCOLI),BJMAT(NROIJ,NCOLJ),                  SUBP
     .          DMATX(NROIJ,NROIJ),DBMAT(3,3),                         SUBP
     .          ESTIF(27,27),SBSTF(3,3)                                 SUBP
C                                                                       SUBP
C*** EVALUATE   D*BJ                                                    SUBP
C                                                                       SUBP
      DO 10 J=1,NCOLJ                                                   SUBP
      DO 10 I=1,NROIJ                                                   SUBP
      DBMAT(I,J)=0.0                                                    SUBP
      DO 10 K=1,NROIJ                                                   SUBP
   10 DBMAT(I,J)=DBMAT(I,J)+DMATX(I,K)*BJMAT(K,J)                       SUBP
C                                                                       SUBP
C*** EVALUATE   BIT*(D*BJ)                                              SUBP
C                                                                       SUBP
      DO 20 J=1,NCOLJ                                                   SUBP
      DO 20 I=1,NCOLI                                                   SUBP
      SBSTF(I,J)=0.0                                                    SUBP
      DO 20 K=1,NROIJ                                                   SUBP
   20 SBSTF(I,J)=SBSTF(I,J)+BIMAT(K,I)*DBMAT(K,J)                       SUBP
C                                                                       SUBP
C*** ASSEMBLE SBSTF INTO ELEMENT STIFFNESS MATRIX                       SUBP
C                                                                       SUBP
      IFROW=0                                                           SUBP
      JFCOL=0                                                           SUBP
      IFROW=(INODE-1)*3+IFROW                                           SUBP
      JFCOL=(JNODE-1)*3+JFCOL                                           SUBP
      DO 30 I=1,NCOLI                                                   SUBP
      IRSUB=IFROW+I                                                     SUBP
      DO 30 J=1,NCOLJ                                                   SUBP
      JCSUB=JFCOL+J                                                     SUBP
   30 ESTIF(IRSUB,JCSUB)=ESTIF(IRSUB,JCSUB)+SBSTF(I,J)*DAREA            SUBP
      RETURN                                                            SUBP
      END                                                               SUBP
```

3.6.6 Lastmodul

3.6.6.1 Subroutine LOADPB

Die Subroutine LOADPB berechnet die Elementknotenkräfte für

a) gleichmäßig verteilte vertikale Belastung und

b) Einzellasten.

```
      SUBROUTINE LOADPB     (COORD,ELOAD,ICASE,LNODS,MATNO,MELEM,        LOAD
     .                       MMATS,MPOIN,NELEM,NEVAB,NGAUB,NNODE,        LOAD
     .                       NPOIN,PROPS)                                LOAD
C*****************************************************************************LOAD
C                                                                       LOAD
C***   COMPUTE NODAL FORCES AFTER READING RELEVANT DATA                 LOAD
C***   FOR MINDLIN PLATE ELEMENTS                                       LOAD
C                                                                       LOAD
C*****************************************************************************LOAD
      IMPLICIT REAL*8(A-H,O-Z)                                          LOAD
      DIMENSION CARTD(2,9),COORD(MPOIN,2),DERIV(2,9),ELCOD(2,9),        LOAD
     .          GPCOD(2,9),LNODS(MELEM,9),MATNO(MELEM),                 LOAD
     .          POINT(3),POSGP(3),PROPS(MMATS,8),ELOAD(MELEM,27),       LOAD
     .          SHAPE(9),TITLE(20),WEIGP(3),XJACI(2,2),XJACM(2,2)       LOAD
      CALL RAZERO(ELOAD,MELEM,27)                                       LOAD
      READ(5,900) TITLE                                                 LOAD
  900 FORMAT(20A4)                                                      LOAD
      WRITE(6,905) TITLE                                                LOAD
  905 FORMAT(1H0,20A4)                                                  LOAD
      WRITE(6,910) ICASE                                                LOAD
  910 FORMAT(/2X,12HLOAD CASE = ,I5)                                    LOAD
C                                                                       LOAD
C*** READ DATA CONTROLLING LOADING TYPES TO BE INPUT                    LOAD
C                                                                       LOAD
      READ(5,915)IPLOD                                                  LOAD
      WRITE(6,915)IPLOD                                                 LOAD
  915 FORMAT(4I5)                                                       LOAD
C                                                                       LOAD
C*** READ NODAL POINT LOADS                                             LOAD
C                                                                       LOAD
      IF(IPLOD.EQ.0) GO TO 50                                           LOAD
   10 READ(5,920) LODPT,(POINT(IDOFN),IDOFN=1,3)                        LOAD
      WRITE(6,920) LODPT,(POINT(IDOFN),IDOFN=1,3)                       LOAD
  920 FORMAT(I5,3F10.3)                                                 LOAD
C                                                                       LOAD
C*** ASSOCIATE THE NODAL POINT LOADS WITH AN ELEMENT                    LOAD
C                                                                       LOAD
      DO 20 IELEM=1,NELEM                                               LOAD
      DO 20 INODE=1,NNODE                                               LOAD
      NLOCA=IABS(LNODS(IELEM,INODE))                                    LOAD
   20 IF(LODPT.EQ.NLOCA) GO TO 30                                       LOAD
   30 DO 40 IDOFN=1,3                                                   LOAD
      NGASH=(INODE-1)*3+IDOFN                                           LOAD
   40 ELOAD(IELEM,NGASH)=POINT(IDOFN)                                   LOAD
      IF(LODPT.LT.NPOIN) GO TO 10                                       LOAD
   50 CONTINUE                                                          LOAD
C                                                                       LOAD
C***    LOOP OVER EACH ELEMENT                                          LOAD
C                                                                       LOAD
      IF(ICASE.GT.1) GO TO 100                                          LOAD
      DO 90  IELEM=1,NELEM                                              LOAD
      LPROP=MATNO(IELEM)                                                LOAD
      UDLOD=PROPS(LPROP,7)                                              LOAD
      IF(UDLOD.EQ.0.0)GO TO 90                                          LOAD
C                                                                       LOAD
C***   EVALUATE THE COORDINATES OF THE ELEMENT NODAL POINTS             LOAD
C                                                                       LOAD
```

```
      DO 60 INODE=1,NNODE                                         LOAD
      LNODE=LNODS(IELEM,INODE)                                    LOAD
      LNODE=IABS(LNODE)                                           LOAD
      DO 60 IDIME=1,2                                             LOAD
      ELCOD(IDIME,INODE)=COORD(LNODE,IDIME)                       LOAD
   60 CONTINUE                                                    LOAD
      KGASP=0                                                     LOAD
      CALL GAUSSQ      (NGAUB,POSGP,WEIGP)                        LOAD
C                                                                 LOAD
C*** ENTER  LOOPS  FOR NUMERICAL  INTEGRATION                     LOAD
C                                                                 LOAD
      DO 80 IGAUS=1,NGAUB                                         LOAD
      EXISP=POSGP(IGAUS)                                          LOAD
      DO 80 JGAUS=1,NGAUB                                         LOAD
      ETASP=POSGP(JGAUS)                                          LOAD
      KGASP=KGASP+1                                               LOAD
C                                                                 LOAD
C*** EVALUATE THE SHAPE FUNCTIONS AT THE SAMPLING                 LOAD
C          POINTS AND ELEMENTAL AREA                              LOAD
C                                                                 LOAD
      CALL      SFR2       (DERIV,ETASP,EXISP,NNODE,SHAPE)        LOAD
      CALL      JACOB2     (CARTD,DERIV,DJACB,ELCOD,GPCOD,IELEM,  LOAD
     .                      KGASP,NNODE,SHAPE,XJACI,XJACM)        LOAD
      DAREA=DJACB*WEIGP(IGAUS)*WEIGP(JGAUS)                       LOAD
C                                                                 LOAD
C***  CALCULATE LOADS  AND ASSOCIATE WITH ELEMENT NODALPOINTS     LOAD
C                                                                 LOAD
      DO 70 INODE=1,NNODE                                         LOAD
      NPOSN=(INODE-1)*3+1                                         LOAD
      ELOAD(IELEM,NPOSN)=ELOAD(IELEM,NPOSN)+                      LOAD
     . SHAPE(INODE)*UDLOD*DAREA                                   LOAD
   70 CONTINUE                                                    LOAD
   80 CONTINUE                                                    LOAD
   90 CONTINUE                                                    LOAD
  100 RETURN                                                      LOAD
C 100 WRITE(6,925)                                                LOAD
C 925 FORMAT(1H0,5X,36H TOTAL NODAL FORCES FOR EACH ELEMENT)      LOAD
C     DO 110 IELEM=1,NELEM                                        LOAD
C 110 WRITE(6,935) IELEM,(ELOAD(IELEM,IEVAB),IEVAB=1,NEVAB)       LOAD
C 935 FORMAT(1X,I4,5X,8E12.4/(10X,8E12.4))                        LOAD
C     RETURN                                                      LOAD
      END                                                         LOAD
```

Man beachte, daß die Routinen RAZERO, GAUSSQ, SFR2 und JACOB2, die von LOADPB benutzt werden, schon in dem vorangegangenen Abschnitt gelistet wurden.

3.6.7 Lösungsmodul

Die Frontlösungsmethode wird für die Zusammenfassung der Steifigkeitsmatrizen und zur Lösung des linearen Gleichungssystems verwendet. Der Frontlöser wird im einzelnen in [3.21, 3.22] beschrieben. Folglich ist im Anhang dieses Kapitels nur ein Listing enthalten.

3.6.8 Ausgabe- und Spannungsmodul

3.6.8.1 Subroutine OUTDIS

Die Subroutine OUTDIS gibt die Knotenverschiebungen, die Rotationen und die Auflagerreaktionen aus. Da diese Routine selbsterklärend ist, wird kein weiterer Kommentar gegeben.

```
      SUBROUTINE OUTDIS(ASDIS,MTOTV,MVFIX,NOFIX,NPOIN,            OUTD
     .                 NVFIX,TREAC)                               OUTD
      IMPLICIT REAL*8(A-H,O-Z)                                    OUTD
      DIMENSION ASDIS(MTOTV),NOFIX(MVFIX),TREAC(MVFIX,3)          OUTD
C                                                                 OUTD
C*** OUTPUT DISPLACEMENTS                                         OUTD
C                                                                 OUTD
      WRITE(6,900)                                                OUTD
  900 FORMAT(1H0,5X,13HDISPLACEMENTS)                             OUTD
      WRITE(6,905)                                                OUTD
  905 FORMAT(1H0,6X,4HNODE,6X,5HDISP.,8X,7HXZ-ROT.,7X,7HYZ-ROT.)  OUTD
      DO 5 IPOIN=1,NPOIN                                          OUTD
      NGASH=IPOIN*3                                               OUTD
      NGISH=NGASH-3+1                                             OUTD
    5 WRITE(6,910) IPOIN,(ASDIS(IGASH),IGASH=NGISH,NGASH)         OUTD
  910 FORMAT(I10,3E14.6)                                          OUTD
C                                                                 OUTD
C*** OUTPUT REACTIONS                                             OUTD
C                                                                 OUTD
      WRITE(6,915)                                                OUTD
  915 FORMAT(1H0,5X,9HREACTIONS)                                  OUTD
      WRITE(6,920)                                                OUTD
  920 FORMAT(1H0,6X,4HNODE,6X,5HFORCE,6X,9HXZ-MOMENT,5X,          OUTD
     .9HYZ-MOMENT)                                                OUTD
      DO 10 IVFIX=1,NVFIX                                         OUTD
   10 WRITE(6,910) NOFIX(IVFIX),(TREAC(IVFIX,IDOFN),IDOFN=1,3)    OUTD
      RETURN                                                      OUTD
      END                                                         OUTD
```

3.6.8.2 Subroutine OUTSTR

Die Subroutine OUTSTR berechnet und gibt die Spannungsresultierenden an
den Gauss-Legendre- und an den Knotenpunkten aus. Im einzelnen werden die
folgenden Werte geliefert:

a) M_x, M_y, M_{xy} und M_1, M_2, θ an den 3×3 Gauss-Legendre-Punkten,

b) M_x, M_y, M_{xy} und M_1, M_2, θ an den Knotenpunkten

c) Q_x, Q_y an den 2×2 Gauss-Legendre-Punkten,

d) extrapolierte Werte für Q_x, Q_y an den Knotenpunkten

e) gemittelte Knotenwerte für M_x, M_y, M_{xy} und M_1, M_2, θ und Q_x, Q_y.

Es werden die Routinen BENDM, SHEAR und AVERAG benutzt, die
später beschrieben werden.

```
      SUBROUTINE OUTSTR(ASDIS,COORD,KOUNT,LNODS,MATNO,MELEM,     OUTS
     .                  MMATS,MPOIN,MTOTV,NDOFN,NELEM,NGAUB,      OUTS
     .                  NGAUS,NPOIN,PROPS,STRND)                  OUTS
      IMPLICIT REAL*8(A-H,O-Z)                                   OUTS
      DIMENSION ASDIS(MTOTV),COORD(MPOIN,2),ELCOD(2,9),          OUTS
     .ELDIS(3,9),KOUNT(MPOIN),LNODS(MELEM,9),MATNO(MELEM),       OUTS
     .PROPS(MMATS,8),POSGP(3),POSSP(3),SHEAV(9,2),STRES(5),      OUTS
     .STRND(MPOIN,5),STRSG(9,2),WEIGP(3),ICODE(9),               OUTS
     .BMETA(6,27),BMEXI(6,27)                                    OUTS
      DATA POSSP/-1.0,0.0,1.0/,ICODE/1,8,7,2,9,6,3,4,5/,         OUTS
     .     NNODE/9/                                              OUTS
C                                                                OUTS
C*** OUTPUT STRESS RESULTANTS AT GAUSS AND NODAL POINTS          OUTS
C                                                                OUTS
      WRITE(6,900)                                               OUTS
  900 FORMAT(//1H0,5X,17HSTRESS RESULTANTS)                      OUTS
```

```
      CALL IVZERO(KOUNT,MPOIN)                                      OUTS
      CALL RAZERO(STRND,MPOIN,5)                                    OUTS
      DO 35 IELEM=1,NELEM                                           OUTS
      LPROP=MATNO(IELEM)                                            OUTS
      DO 10 INODE=1,NNODE                                           OUTS
      LNODE=LNODS(IELEM,INODE)                                      OUTS
      LNODE=IABS(LNODE)                                             OUTS
      DO 5 IDIME=1,2                                                OUTS
    5 ELCOD(IDIME,INODE)=COORD(LNODE,IDIME)                         OUTS
      NPOSN=(LNODE-1)*3                                             OUTS
      DO 10 IDOFN=1,3                                               OUTS
      NPOSN=NPOSN+1                                                 OUTS
      ELDIS(IDOFN,INODE)=ASDIS(NPOSN)                               OUTS
   10 CONTINUE                                                      OUTS
C                                                                   OUTS
C*** EVALUATE BENDING MOMENTS AT GAUSS POINTS                      OUTS
C                                                                   OUTS
      KSAMP=0                                                       OUTS
      CALL GAUSSQ(NGAUB,POSGP,WEIGP)                                OUTS
C     WRITE(6,905)IELEM                                            OUTS
C905  FORMAT(//1HO,5X,13HELEMENT NO. =,I5)                         OUTS
C     WRITE(6,910)                                                 OUTS
C910  FORMAT(/,1X,31HBENDING MOMENTS AT GAUSS POINTS,/)            OUTS
C     WRITE(6,915)                                                 OUTS
C915  FORMAT(1HO,2X,4HS.P.,2X,8HX-COORD.,1X,8HY-COORD.,3X,         OUTS
C    .8HX-MOMENT,4X,8HY-MOMENT,3X,9HXY-MOMENT,4X,                  OUTS
C    .8HMAX P.M.,4X,8HMIN P.M.,6X,5HANGLE)                         OUTS
      DO 15 IGAUB=1,NGAUB                                           OUTS
      EXISP=POSGP(IGAUB)                                            OUTS
      DO 15 JGAUB=1,NGAUB                                           OUTS
      ETASP=POSGP(JGAUB)                                            OUTS
      CALL BENDM(ELCOD,ELDIS,ETASP,EXISP,IELEM,KSAMP,LPROP,         OUTS
     .MMATS,NDOFN,PROPS,STRES)                                     OUTS
   15 CONTINUE                                                      OUTS
C                                                                   OUTS
C*** EVALUATE BENDING MOMENTS AT NODAL POINTS                      OUTS
C                                                                   OUTS
      KSAMP=0                                                       OUTS
C     WRITE(6,920)                                                 OUTS
C920  FORMAT(/,1X,31HBENDING MOMENTS AT NODAL POINTS,/)            OUTS
C     WRITE(6,915)                                                 OUTS
      DO 20 ISAMP=1,3                                               OUTS
      EXISP=POSSP(ISAMP)                                            OUTS
      DO 20 JSAMP=1,3                                               OUTS
      ETASP=POSSP(JSAMP)                                            OUTS
      CALL BENDM(ELCOD,ELDIS,ETASP,EXISP,IELEM,KSAMP,LPROP,         OUTS
     .MMATS,NDOFN,PROPS,STRES)                                     OUTS
      INODE=ICODE(KSAMP)                                            OUTS
      LNODE=LNODS(IELEM,INODE)                                      OUTS
      LNODE=IABS(LNODE)                                             OUTS
      KOUNT(LNODE)=KOUNT(LNODE)+1                                   OUTS
      DO 20 ISTRE=1,3                                               OUTS
      STRND(LNODE,ISTRE)=STRND(LNODE,ISTRE)                         OUTS
     .+STRES(ISTRE)                                                 OUTS
   20 CONTINUE                                                      OUTS
C                                                                   OUTS
C*** EVALUATE THE SHEAR FORCES AT NODAL POINTS                     OUTS
C                                                                   OUTS
      CALL BSAMP(BMETA,BMEXI,ELCOD,IELEM,NNODE)                     OUTS
      KSAMP=0                                                       OUTS
      WRITE(6,925)                                                  OUTS
  925 FORMAT(/,1X,28HSHEAR FORCES AT NODAL POINTS)                 OUTS
      WRITE(6,930)                                                  OUTS
  930 FORMAT(/,2X,4HN.P.,2X,8HX-COORD.,2X,8HY-COORD.,              OUTS
     .4X,8HXZ-SHEAR,4X,8HYZ-SHEAR)                                 OUTS
      DO 25 ISAMP=1,3                                               OUTS
      EXISP=POSSP(ISAMP)                                            OUTS
      DO 25 JSAMP=1,3                                               OUTS
      ETASP=POSSP(JSAMP)                                            OUTS
      CALL SHEAR(BMETA,BMEXI,ELCOD,ELDIS,ETASP,EXISP,IELEM,         OUTS
     .          KSAMP,LPROP,MMATS,NDOFN,PROPS,STRES,STRSG)         OUTS
   25 CONTINUE                                                      OUTS
      DO 30 ISAMP=1,9                                               OUTS
```

```
       INODE=ICODE(ISAMP)                                        OUTS
       LNODE=LNODS(IELEM,INODE)                                  OUTS
       LNODE=IABS(LNODE)                                         OUTS
       DO 30 ISTRE=1,2                                           OUTS
       KSTRE=ISTRE+3                                             OUTS
  30   STRND(LNODE,KSTRE)=STRND(LNODE,KSTRE)+                    OUTS
     .STRSG(ISAMP,ISTRE)                                         OUTS
  35   CONTINUE                                                  OUTS
C                                                                OUTS
C*** EVALUATE AND PRINT AVERAGE NODAL VALUES                     OUTS
C                                                                OUTS
       CALL AVERAG(KOUNT,MPOIN,NPOIN,STRES,STRND)               OUTS
       RETURN                                                    OUTS
       END                                                       OUTS
```

3.6.8.3 Subroutine BENDM

Diese Routine berechnet und gibt aus die Biegemomente und die Hauptmomente an vorgegebenen Werten von (ξ, η). Die Routine benutzt die Subroutinen SFR2, JACOB2, MODPB, STRPB und PRINC.

```
       SUBROUTINE BENDM(ELCOD,ELDIS,ETASP,EXISP,IELEM,           BEND
     .KSAMP,LPROP,MMATS,NDOFN,PROPS,STRES)                       BEND
       IMPLICIT REAL*8(A-H,O-Z)                                  BEND
       DIMENSION CARTD(2,9),DERIV(2,9),DFLEX(3,3),DGRAD(6),      BEND
     .DSHER(2,2),ELCOD(2,9),ELDIS(3,9),                          BEND
     .PROPS(MMATS,8),SHAPE(9),SPCOD(2,9),STRES(5),               BEND
     .XJACI(2,2),XJACM(2,2)                                      BEND
       DATA NNODE/9/                                             BEND
C                                                                BEND
C*** EVALUATES AND PRINTS BENDING MOMENTS MX MY MXY AND          BEND
C*** PRINCIPAL MOMENTS M1 M2 AND ANGLE.                          BEND
C                                                                BEND
       KSAMP=KSAMP+1                                             BEND
       CALL SFR2(DERIV,ETASP,EXISP,NNODE,SHAPE)                  BEND
       CALL JACOB2(CARTD,DERIV,DJACB,ELCOD,SPCOD,                BEND
     .IELEM,KSAMP,NNODE,SHAPE,XJACI,XJACM)                       BEND
       CALL MODPB(DFLEX,DSHER,LPROP,MMATS,                       BEND
     .           PROPS,1,0)                                      BEND
       CALL STRPB(CARTD,DFLEX,DGRAD,DSHER,ELDIS,NDOFN,           BEND
     .           NNODE,SHAPE,STRES,1,0)                          BEND
       CALL PRINC(ANGLE,PMMAX,PMMIN,STRES)                       BEND
C      WRITE(6,900)KSAMP,(SPCOD(IDIME,KSAMP),IDIME=1,2),         BEND
C    .(STRES(ISTRE),ISTRE=1,3),PMMAX,PMMIN,ANGLE                 BEND
C900   FORMAT(1X,I5,2F10.4,6E12.4)                               BEND
       RETURN                                                    BEND
       END                                                       BEND
```

3.6.8.4 Subroutine STRPB

Diese Routine berechnet die Biegemomente M_x, M_y, M_{xy} oder Querkräfte. Es werden die Subroutinen RAZERO und GRADPB benutzt.

```
      SUBROUTINE STRPB      (CARTD,DFLEX,DGRAD,DSHER,ELDIS,NDOFN,   STRP
                             NNODE,SHAPE,STRES,IFFLE,IFSHE)         STRP
C*****************************************************************STRP
C                                                                  STRP
C*** EVALUATES STRESS RESULTANTS FOR MINDLIN PLATE                 STRP
C                                                                  STRP
C*****************************************************************STRP
      IMPLICIT REAL*8(A-H,O-Z)                                     STRP
      DIMENSION CARTD(2,9),DFLEX(3,3),DGRAD(6),DSHER(2,2),         STRP
                ELDIS(3,9),SHAPE(9),STRES(5)                       STRP
```

```
C*** ZERO STRESS VECTOR                                          STRP
      CALL RAZERO(STRES,5,1)                                     STRP
      CALL GRADPB(CARTD,DGRAD,ELDIS,NDOFN,NNODE)                 STRP
C                                                                STRP
C*** EVALUATE ROTATIONS AT GAUSS POINT , IF NEEDED               STRP
C                                                                STRP
      IF(IFSHE.EQ.0) GO TO 20                                    STRP
      XZROT=0.0                                                  STRP
      YZROT=0.0                                                  STRP
      DO 10 INODE=1,NNODE                                        STRP
      XZROT=XZROT+SHAPE(INODE)*ELDIS(2,INODE)                    STRP
   10 YZROT=YZROT+SHAPE(INODE)*ELDIS(3,INODE)                    STRP
C                                                                STRP
C*** EVALUATE BENDING STRESS RESULTANTS                          STRP
C                                                                STRP
   20 IF(IFFLE.EQ.0) GOTO 30                                     STRP
      EFLXX=-DGRAD(2)                                            STRP
      EFLYY=-DGRAD(6)                                            STRP
      EFLXY=-(DGRAD(3)+DGRAD(5))                                 STRP
      STRES(1)=DFLEX(1,1)*EFLXX+DFLEX(1,2)*EFLYY                 STRP
      STRES(2)=DFLEX(2,1)*EFLXX+DFLEX(2,2)*EFLYY                 STRP
      STRES(3)=DFLEX(3,3)*EFLXY                                  STRP
C                                                                STRP
C*** EVALUATE SHEAR STRESS RESULTANTS                            STRP
C                                                                STRP
   30 IF(IFSHE.EQ.0) RETURN                                      STRP
      ESHXX=DGRAD(1)-XZROT                                       STRP
      ESHYY=DGRAD(4)-YZROT                                       STRP
      STRES(4)=DSHER(1,1)*ESHXX                                  STRP
      STRES(5)=DSHER(2,2)*ESHYY                                  STRP
      RETURN                                                     STRP
      END                                                        STRP
```

3.6.8.5 Subroutine GRADPB

Diese Routine berechnet die Verschiebungsgradienten $w_{,x}$, $w_{,y}$, $\theta_{x,x}$, $\theta_{x,y}$, $\theta_{y,x}$ und $\theta_{y,y}$.

```
      SUBROUTINE GRADPB      (CARTD,DGRAD,ELDIS,NDOFN,NNODE)     GRAD
C**************************************************************************GRAD
C                                                                GRAD
C*** FORM DISPLACEMENTS GRADIENTS                                GRAD
C                                                                GRAD
C**************************************************************************GRAD
      IMPLICIT REAL*8(A-H,O-Z)                                   GRAD
      DIMENSION CARTD(2,9),DGRAD(6),ELDIS(3,9)                   GRAD
C                                                                GRAD
C*** ZERO DGRAD                                                  GRAD
C                                                                GRAD
      CALL RAZERO(DGRAD,6,1)                                     GRAD
C                                                                GRAD
C*** FORM DISPLACEMENTS GRADIENTS                                GRAD
C                                                                GRAD
      DO 10 INODE=1,NNODE                                        GRAD
      DNIDX=CARTD(1,INODE)                                       GRAD
      DNIDY=CARTD(2,INODE)                                       GRAD
      DO 10 IDOFN=1,NDOFN                                        GRAD
      IPOSN=NDOFN+IDOFN                                          GRAD
      CONST=ELDIS(IDOFN,INODE)                                   GRAD
      DGRAD(IDOFN)=DGRAD(IDOFN)+DNIDX*CONST                      GRAD
   10 DGRAD(IPOSN)=DGRAD(IPOSN)+DNIDY*CONST                      GRAD
      RETURN                                                     GRAD
      END                                                        GRAD
```

3.6.8.6 Subroutine PRINC

Diese Routine ermittelt die Hauptmomente und ihre Richtung.

```
      SUBROUTINE PRINC(ANGLE,PMMAX,PMMIN,STRES)                PRIN
      IMPLICIT REAL*8(A-H,O-Z)                                 PRIN
      DIMENSION STRES(5)                                       PRIN
C                                                              PRIN
C*** EVALUATE PRINCIPAL MOMENTS                               PRIN
C                                                              PRIN
      XXMOM=STRES(1)                                           PRIN
      YYMOM=STRES(2)                                           PRIN
      XYMOM=STRES(3)                                           PRIN
      XXAYY=0.5*(XXMOM+YYMOM)                                  PRIN
      XXMYY=0.5*(XXMOM-YYMOM)                                  PRIN
      IF(XXMYY.EQ.0.0)XXMYY=0.000000001                        PRIN
      SUMMM=SQRT(XXMYY*XXMYY+XYMOM*XYMOM)                      PRIN
      PMMAX=XXAYY+SUMMM                                        PRIN
      PMMIN=XXAYY-SUMMM                                        PRIN
      ANGLE=ATAN(XYMOM/XXMYY)*0.5                              PRIN
      ANGLE=ANGLE*(180.0/3.141593)                            PRIN
      RETURN                                                   PRIN
      END                                                      PRIN
```

3.6.8.7 Subroutine SHEAR

Die Subroutine SHEAR berechnet und gibt die Querkräfte Q_x und Q_y für
vorgegebene Werte von (ξ, η) aus. Diese Routine benutzt die Subroutinen
SFR2, JACOB2, MODPB und STRPB und ähnelt in der Struktur BENDM.

```
      SUBROUTINE SHEAR(BMETA,BMEXI,ELCOD,ELDIS,ETASP,EXISP,IELEM,    SHEA
     .                 KSAMP,LPROP,MMATS,NDOFN,PROPS,STRES,STRSG)     SHEA
      IMPLICIT REAL*8(A-H,O-Z)                                        SHEA
      DIMENSION CARTD(2,9),DERIV(2,9),DFLEX(3,3),DGRAD(6),            SHEA
     .DSHER(2,2),ELCOD(2,9),ELDIS(3,9),                              SHEA
     .PROPS(MMATS,8),SHAPE(9),SPCOD(2,9),STRES(5),STRSG(9,2),        SHEA
     .XJACI(2,2),XJACM(2,2),SHAP1(6),SHAP2(6),BMETA(6,27),BMEXI(6,27), SHEA
     .BSHEI(2,3),DBMAT(2,3)                                          SHEA
      DATA NNODE/9/                                                   SHEA
C                                                                     SHEA
C*** EVALUATES AND PRINTS SHEAR FORCES AT NODAL POINTS               SHEA
C                                                                     SHEA
      KSAMP=KSAMP+1                                                   SHEA
      CALL SFR2(DERIV,ETASP,EXISP,NNODE,SHAPE)                       SHEA
      CALL JACOB2(CARTD,DERIV,DJACB,ELCOD,SPCOD,IELEM,               SHEA
     .KSAMP,NNODE,SHAPE,XJACI,XJACM)                                 SHEA
      CALL SFRM(ETASP,EXISP,SHAP1,SHAP2)                             SHEA
      CALL MODPB(DFLEX,DSHER,LPROP,MMATS,PROPS,0,1)                  SHEA
      DO 5 ISTRE=4,5                                                  SHEA
      STRES(ISTRE)=0.0                                                SHEA
    5 CONTINUE                                                        SHEA
      DO 30 INODE=1,9                                                 SHEA
      IPOSN=(INODE-1)*3                                               SHEA
      CALL BMOTPB(BMETA,BMEXI,BSHEI,IPOSN,SHAP1,SHAP2,XJACI)         SHEA
      CALL RAZERO(DBMAT,2,3)                                          SHEA
      DO 10 ISTRE=1,2                                                 SHEA
      DO 10 JSTRE=1,2                                                 SHEA
      DO 10 IDOFN=1,3                                                 SHEA
      DBMAT(ISTRE,IDOFN)=DBMAT(ISTRE,IDOFN)+DSHER(ISTRE,JSTRE)*      SHEA
     .                   BSHEI(JSTRE,IDOFN)                          SHEA
   10 CONTINUE                                                        SHEA
      DO 20 ISTRE=4,5                                                 SHEA
      KSTRE=ISTRE-3                                                   SHEA
      DO 20 IDOFN=1,3                                                 SHEA
      STRES(ISTRE)=STRES(ISTRE)+DBMAT(KSTRE,IDOFN)*                  SHEA
     .             ELDIS(IDOFN,INODE)                                SHEA
   20 CONTINUE                                                        SHEA
   30 CONTINUE                                                        SHEA
      WRITE(6,900)KSAMP,(SPCOD(IDIME,KSAMP),IDIME=1,2),             SHEA
     .(STRES(ISTRE),ISTRE=4,5)                                       SHEA
  900 FORMAT(1X,I5,2F10.4,2E12.5)                                    SHEA
      STRSG(KSAMP,1)=STRES(4)                                         SHEA
      STRSG(KSAMP,2)=STRES(5)                                         SHEA
      RETURN                                                          SHEA
      END                                                             SHEA
```

3.6.8.8 Subroutine AVERAG

Die Subroutine AVERAG berechnet gemittelte Knotenwerte für die Biegemomente und Querkräfte und druckt diese aus.

```
      SUBROUTINE AVERAG(KOUNT,MPOIN,NPOIN,STRES,STRND)                 AVER
      IMPLICIT REAL*8(A-H,O-Z)                                         AVER
      DIMENSION KOUNT(MPOIN),STRES(5),STRND(MPOIN,5)                   AVER
C                                                                      AVER
C*** EVALUATES AND PRINTS AVERAGED NODAL STRESS RESULTANTS            AVER
C                                                                      AVER
      WRITE(6,900)                                                     AVER
  900 FORMAT(/1X,24HBENDING MOMENTS AT NODES)                          AVER
      WRITE(6,905)                                                     AVER
  905 FORMAT(1X,5H NODE,2X,9HMX-MOMENT,4X,9HMY-MOMENT,                 AVER
     .3X,10HMXY-MOMENT,2X,8HMAX-P.M.,4X,8HMIN-P.M.,                    AVER
     .6X,5HANGLE)                                                      AVER
      DO 10 IPOIN=1,NPOIN                                              AVER
      EJOIN=FLOAT(KOUNT(IPOIN))                                        AVER
      DO 5 ISTRE=1,3                                                   AVER
    5 STRES(ISTRE)=STRND(IPOIN,ISTRE)/EJOIN                            AVER
      CALL PRINC(ANGLE,PMMAX,PMMIN,STRES)                             AVER
      WRITE(6,910)IPOIN,(STRES(ISTRE),ISTRE=1,3),                      AVER
     .PMMAX,PMMIN,ANGLE                                                AVER
  910 FORMAT(1X,I5,6E12.4)                                             AVER
   10 CONTINUE                                                         AVER
      WRITE(6,915)                                                     AVER
  915 FORMAT(/1X,21HSHEAR FORCES AT NODES)                             AVER
      WRITE(6,920)                                                     AVER
  920 FORMAT(1X,5H NODE,4X,8HXZ-SHEAR,4X,8HYZ-SHEAR)                   AVER
      DO 20 IPOIN=1,NPOIN                                              AVER
      EJOIN=FLOAT(KOUNT(IPOIN))                                        AVER
      DO 15 ISTRE=4,5                                                  AVER
   15 STRES(ISTRE)=STRND(IPOIN,ISTRE)/EJOIN                            AVER
   20 WRITE(6,925)IPOIN,(STRES(ISTRE),ISTRE=4,5)                       AVER
  925 FORMAT(1X,I5,2E12.4)                                             AVER
      RETURN                                                           AVER
      END                                                              AVER
```

3.7 Benutzeranweisungen für das Programm MINDLIN

Aufbereiten der Eingabedaten für das Programm MINDLIN

1.Input-Deck	Titel	(20A4) eine Zeile
Spalten 1-80	TITLE	Titel des Rechenlaufes

2.Input-Deck	Kontrolldaten	(5I5) eine Zeile
Spalten 1-5	NPOIN	Knotenanzahl
6-10	NELEM	Elementanzahl
11-15	NVFIX	Anzahl der Knoten an denen mindestens ein Freiheitsgrad vorbelegt ist
16-20	NCASE	Anzahl der Lastfälle
21-25	NMATS	Anzahl der verschiedenen Materialien

3.Input-Deck	Elementdaten	(11I5) eine Zeile
Spalten 1-5	NUMEL	Elementnummer
6-10	MATNO(NUMEL)	Materialkennummer

11-15	LNODS(NUMEL,1)	Nummer des 1. Knotens
16-20	LNODS(NUMEL,2)	Nummer des 2. Knotens
„	„	„
„	„	„
51-55	LNODS(NUMEL,9)	Nummer des 9. Knotens

4.Input-Deck   Knotendaten   (I5,2F10.5) eine Zeile je Knoten
Spalten 1-5   IPOIN   Knotennummer
    6-10   COORD(IPOIN,1)   x-Koordinate
   11-15   COORD(IPOIN,2)   y-Koordinate

Bemerkung: Die Koordinaten des Mittelknotens müssen nicht eingegeben werden. Falls die Mittelknoten der Kanten durch lineare Interpolation der Eckknoten erhalten werden können, brauchen sie nicht eingegeben zu werden

5.Input-Deck   Randbedingungen   (2I5,3F10.6) NVFIX Zeilen
Spalten 1-5   NOFIX(IVFIX)   Knotennummer
    8-10   IFPRE   w-Verschiebung

ψ_x-Verdrehung

ψ_y-Verdrehung

In Spalten 8-10

IFPRE = 0 keine Verschiebung, Verdrehung

IFPRE = 1 Knotenverschiebung vorbelegt

   11-20   PRESC(IVFIX,1)   der vorgegebene Wert
für die w-Verschiebung

   21-30   PRESC(IVFIX,2)   der vorgegebene Wert
für die ψ_x-Verdrehung

   31-40   PRESC(IVFIX,3)   der vorgegebene Wert
für die ψ_y-Verdrehung

6.Input-Deck   Materialdaten 1   (I5) 1 Zeile
Spalten 1-5   NUMAT   Materialnummer

7.Input-Deck   Materialdaten 2   (8F10.5) 1 Zeile
Spalten 1-10   PROPS(NUMAT,1)   Elastizitätsmodul, E oder D_{11}
   11-20   PROPS(NUMAT,2)   Querdehnungszahl, ν oder D_{12}
   21-30   PROPS(NUMAT,3)   Dicke, t oder D_{22}
   31-40   PROPS(NUMAT,4)   0 oder D_{66}
   41-50   PROPS(NUMAT,5)   0 oder D_{55}
   51-60   PROPS(NUMAT,6)   0 oder D_{44}
   61-70   PROPS(NUMAT,6)   Gleichlast q

Deck 6 und 7 NMATS -mal eingeben.

8.Input-Deck   Titel des Lastfalls   (20A4) eine Zeile
Spalten 1-80   TITLE   Titel des Lastfalls

9.Input-Deck   Lastart   (I5) eine Zeile
Spalten 1-5   IPLOD   Lastartkennung
                                 0 - Gleichlast
                                 1 - Einzellast

10.Input-Deck   Knotenlasten   (I5,3F10.3) eine Zeile je belasteten Knoten
Spalten 1-5   LODPT   Knotennummer
        6-15   POINT(1)   Lateralkraft
        16-25   POINT(2)   gekoppelt in der xz-Ebene
        26-35   POINT(3)   gekoppelt in der yz-Ebene

Bemerkung: Dieses Eingabedeck muß mit der höchsten Knotennummer enden, egal ob dieser Knoten belastet ist oder nicht. Decks 8-10 NCASE -mal eingeben.

3.8 Beispiele

3.8.1 Vorbemerkungen

Dieser Abschnitt enthält die folgenden Beispiele, die mit dem Programm MINDLIN analysiert wurden:

a) Ein Patch-Test mit konstanter Krümmung und einem 2×2 Netz,

b) eine einfach gestützte gleichförmig belastete quadratische Platte,

c) eine eingespannte gleichförmig belastete Kreisplatte.

3.8.2 Patch-Test

Der Patch-Test wird als Testbeispiel für das Programm MINDLIN benutzt. Er beweist Konvergenz des in MINDLIN benutzten Heterosis-Element. Dieser Patch-Test, der für Mindlinsche Platten geeignet ist, besitzt konstante Krümmungen und Schubverzerrungen, die Null sind. Es werden an den Randknoten eines Netzes aus vier Heterosis-Plattenelementen, wie in Bild 3.7 gezeigt, Verschiebungen und Rotationen aufgebracht, die mit einem Zustand konstanter Krümmungen und verschwindender Querkräfte korrespondieren. Man beachte, daß dieses Beispiel das ungewöhnliche Merkmal keiner äußeren Lasten aufweist.

Die Ausdrücke für die Verschiebungen und die Rotationen in diesem Patch-Test sind gegeben durch

$$w(x,y) = \frac{a}{2}x^2 + b_{xy} + cx + ey + \frac{d}{2}y^2$$

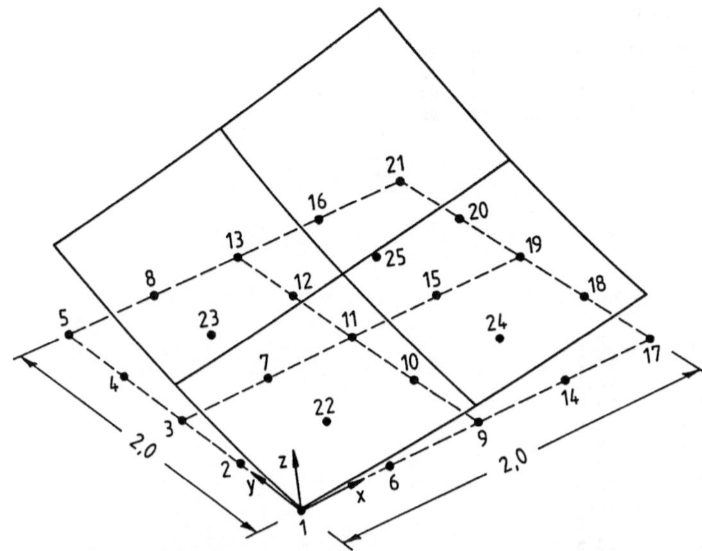

Bild 3.7 Patch-Test für konstante Biegung
Geometrie und Deformation

$$\psi_x(x,y) = -\theta_x(x,y) = ax + by + c \qquad 0 < x < a \tag{3.26}$$

$$\psi_y(x,y) = -\theta_y(x,y) = bx + dy + e \qquad 0 < y < a \; .$$

Nur mit den vorgegebenen Knotenwerten, die zu (3.26) gehören und die
auf die Randknoten des Netzes, wie in (3.26) gezeigt, aufgebracht werden, aber
ohne äußere Kräfte oder Momente, sollte das Programm MINDLIN Knotenwerte an den inneren Knoten liefern, die mit (3.26) korrespondieren. Die Krümmungen und die Schubverzerrungen und die Biegemomente und die Querkräfte
besitzen die folgenden Ausdrücke

$$M_x = -D(\psi_{x,x} + \nu\psi_{y,y}) = -D(a + \nu d)$$

$$M_y = -D(\psi_{y,y} + \nu\psi_{x,x}) = -D(d + \nu a) \tag{3.27}$$

$$M_{xy} = -(1-\nu)/2\,D(\psi_{x,y} + \psi_{y,x}) = -(1-\nu)Db$$

$$Q_x = Q_y = 0 \; .$$

Im vorliegenden Fall wurden die folgenden Werte für den Patch-Test gewählt:

Seitenlänge $\qquad\qquad a = 2,0$

Biegesteifigkeit $\qquad\quad D = 0,001$ (d.h. E-Modul $= 10,92 \times 10^3, t = 0,01$

$\qquad\qquad\qquad\qquad$ Plattendicke)

Querkontraktion $\qquad\quad \nu = 0,3$

Patch-Test-Parameter $a = -2,0,\; b = -3,0,\; c = -4,0,\; d = -6,0,\; e = -7,0$

```
PATCH TEST - CONSTANT CURVATURE
25    4    20     1     1
 1    1     1     6     9    10    11     7     3     2    22
 2    1     3     7    11    12    13     8     5     4    23
 3    1     9    14    17    18    19    15    11    10    24
 4    1    11    15    19    20    21    16    13    12    25
 1         0.0         0.0
 3         0.0         1.0
 5         0.0         2.0
 9         1.0         0.0
11         1.0         1.0
13         1.0         2.0
17         2.0         0.0
19         2.0         1.0
21         2.0         2.0
25         0.0         0.0
 1   111         0.0         4.0         7.0
 2   111         4.25        5.5        10.0
 3   111        10.0         7.0        13.0
 4   111        17.25        8.5        16.0
 5   111        26.0        10.0        19.0
 6   111         2.25        5.0         8.5
 8   111        31.25       11.0        20.5
 9   111         5.0         6.0        10.0
13   111        37.0        12.0        22.0
14   111         8.25        7.0        11.5
16   111        43.25       13.0        23.5
17   111        12.0         8.0        13.0
18   111        19.25        9.5        16.0
19   111        28.0        11.0        19.0
20   111        38.25       12.5        22.0
21   111        50.0        14.0        25.0
22   100
23   100
24   100
25   100
 1
10920.0          0.3         0.01        0.0        0.0        0.0        0.0
NO LOADS
 0
```

Bild 3.8 Eingabedaten für Patch-Test

Somit erscheinen die Verschiebungen und die Rotationen in der folgenden Gestalt

$$w = -(x^2 + 3xy + 4x + 7y + 3y^2)$$

$$\psi_x = -\theta_x = -(2x + 3y + 4) \tag{3.28}$$

$$\psi_y = -\theta_y = -(3x + 6y + 7) \; .$$

Typische Eingabedaten für den Patch-Test mit konstanter Krümmung sind in
Bild 3.8 enthalten.

Mit (3.28) werden die folgenden Schnittlasten an allen Knoten innerhalb
des finiten Elementnetzes erwartet:

$$M_x = -0,0038, \; M_y = -0,0066, \; M_{xy} = -0,0021, \; Q_x = 0, \; Q_y = 0.$$

Eine typische Ausgabe wie in Bild 3.9 dargestellt bestätigt, daß das Element
den Patch-Test erfüllt und somit Konvergenz sichergestellt ist.

```
DISPLACEMENTS
  NODE      DISP.        XZ-ROT.        YZ-ROT.
     1  0.000000E+00  0.400000E+01   0.700000E+01
     2  0.425000E+01  0.550000E+01   0.100000E+02
     3  0.100000E+02  0.700000E+01   0.130000E+02
     4  0.172500E+02  0.850000E+01   0.160000E+02
     5  0.260000E+02  0.100000E+02   0.190000E+02
     6  0.225000E+01  0.500000E+01   0.850000E+01
     7  0.137500E+02  0.800000E+01   0.145000E+02
     8  0.312500E+02  0.110000E+02   0.205000E+02
     9  0.500000E+01  0.600000E+01   0.100000E+02
    10  0.107500E+02  0.750000E+01   0.130000E+02
    11  0.180000E+02  0.900000E+01   0.160000E+02
    12  0.267500E+02  0.105000E+02   0.190000E+02
    13  0.370000E+02  0.120000E+02   0.220000E+02
    14  0.825000E+01  0.700000E+01   0.115000E+02
    15  0.227500E+02  0.100000E+02   0.175000E+02
    16  0.432500E+02  0.130000E+02   0.235000E+02
    17  0.120000E+02  0.800000E+01   0.130000E+02
    18  0.192500E+02  0.950000E+01   0.160000E+02
    19  0.280000E+02  0.110000E+02   0.190000E+02
    20  0.382500E+02  0.125000E+02   0.220000E+02
    21  0.500000E+02  0.140000E+02   0.250000E+02
    22  0.000000E+00  0.305868E-12  -0.476226E-12
    23  0.000000E+00 -0.320409E-12   0.467983E-12
    24  0.000000E+00 -0.323712E-12   0.470296E-12
    25  0.000000E+00  0.310449E-12  -0.473560E-12


REACTIONS
  NODE      FORCE       XZ-MOMENT       YZ-MOMENT
     1 -0.473173E-13 -0.983333E-03  -0.145000E-02
     2  0.300325E-13 -0.253333E-02  -0.140000E-02
     3  0.726247E-13 -0.126667E-02  -0.700000E-03
     4 -0.522956E-14 -0.253333E-02  -0.140000E-02
     5 -0.177161E-13 -0.283333E-03   0.750000E-03
     6  0.209507E-13 -0.140000E-02  -0.440000E-02
     8 -0.752257E-13  0.140000E-02   0.440000E-02
     9 -0.445160E-13 -0.700000E-03  -0.220000E-02
    13  0.935142E-13  0.700000E-03   0.220000E-02
    14 -0.291546E-13 -0.140000E-02  -0.440000E-02
    16 -0.777188E-13  0.140000E-02   0.440000E-02
    17  0.862237E-14  0.283333E-03  -0.750000E-03
    18 -0.180683E-13  0.253333E-02   0.140000E-02
    19  0.532907E-14  0.126667E-02   0.700000E-03
    20 -0.126478E-12  0.253333E-02   0.140000E-02
    21 -0.375716E-13  0.983333E-03   0.145000E-02
    22  0.595080E-13  0.000000E+00   0.000000E+00
    23 -0.698766E-13  0.000000E+00   0.000000E+00
    24  0.232513E-13  0.000000E+00   0.000000E+00
    25  0.145928E-12  0.000000E+00   0.000000E+00
```

Bild 3.9 Ergenisse des Patch-Tests

3.8.3 Einfach gestützte, gleichmäßig belastete quadratische Platte

Der Zweck dieses Beispiels einer einfach gestützten, gleichförmig belasteten
quadratischen Platte besteht darin, die Bezeichnungen, die in MINDLIN für
Verschiebungen, Rotationen und die Schnittlasten verwendet werden, und die
Genauigkeit des Heterosis-Element zu illustrieren. Die Platte und das 2 × 2 finite Elementenetz, das einen symmetrischen Quadranten abbildet, sind zusammen mit den Eingabedaten in Bild 3.10 dargestellt. Die Platte besitzt folgende
Eigenschaften:

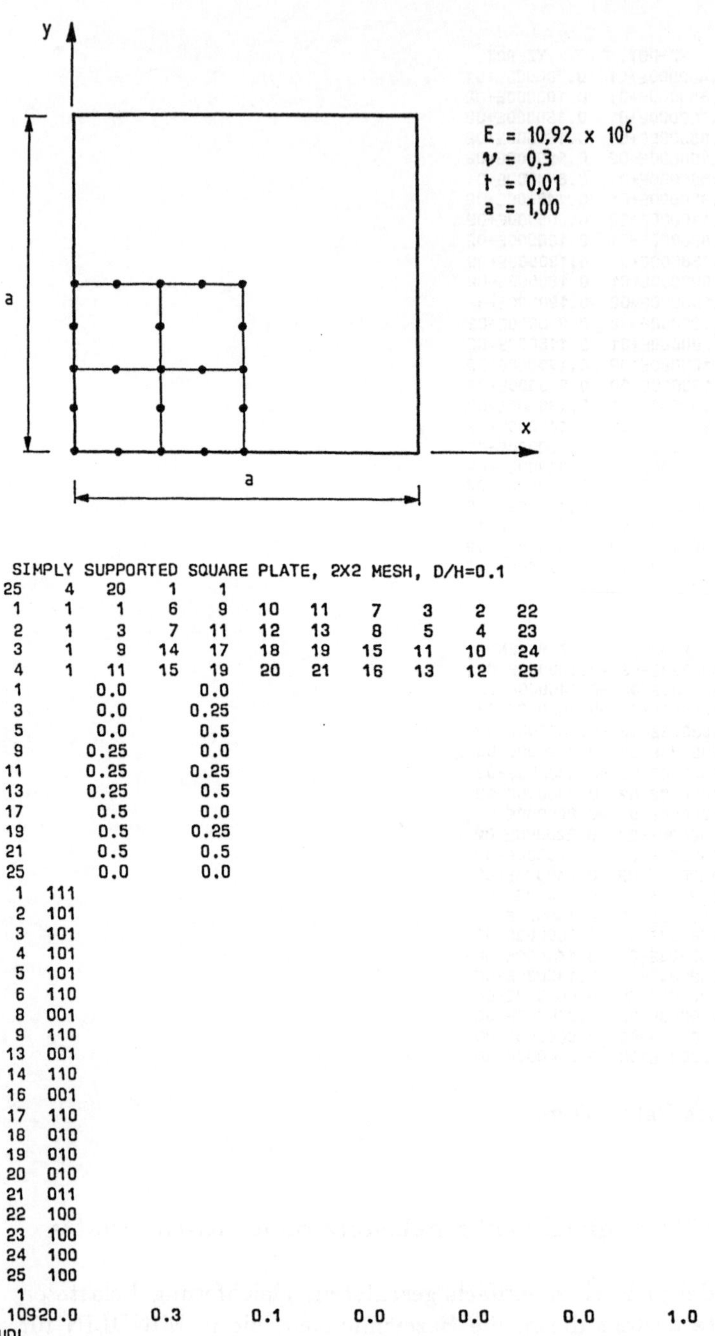


```
SIMPLY  SUPPORTED  SQUARE  PLATE,  2X2 MESH,  D/H=0.1
25    4    20    1    1
 1    1     1    6    9   10   11    7    3    2   22
 2    1     3    7   11   12   13    8    5    4   23
 3    1     9   14   17   18   19   15   11   10   24
 4    1    11   15   19   20   21   16   13   12   25
 1        0.0       0.0
 3        0.0       0.25
 5        0.0       0.5
 9        0.25      0.0
11        0.25      0.25
13        0.25      0.5
17        0.5       0.0
19        0.5       0.25
21        0.5       0.5
25        0.0       0.0
 1   111
 2   101
 3   101
 4   101
 5   101
 6   110
 8   001
 9   110
13   001
14   110
16   001
17   110
18   010
19   010
20   010
21   011
22   100
23   100
24   100
25   100
 1
10920.0      0.3       0.1       0.0       0.0       0.0       1.0
UDL
 0    1
```

Bild 3.10 Einfach gestützte, gleichmäßig belastete quadratische Platte

Seitenlänge $a = 1,0$

Gleichlast $q = 1,0$

Biegesteifigkeit $D = 1,0$ (d.h. isotropisches Material mit E-Modul $= 10,92 \times 10^3$ und Plattendicke $t = 0,1$)

Querkraft $\nu = 0,3$.

Die folgenden Ergebnisse werden aus der Mindlinschen Plattentheorie an Hand geschlossener Lösung erwartet:

Vertikale Durchbiegung $w = 0,00427$ im Plattenmittelpunkt

```
DISPLACEMENTS
 NODE      DISP.        XZ-ROT.        YZ-ROT.
    1   0.000000E+00   0.000000E+00   0.000000E+00
    2   0.000000E+00   0.543055E-02   0.000000E+00
    3   0.000000E+00   0.989111E-02   0.000000E+00
    4   0.000000E+00   0.125661E-01   0.000000E+00
    5   0.000000E+00   0.135156E-01   0.000000E+00
    6   0.000000E+00   0.000000E+00   0.543055E-02
    7   0.126444E-02   0.878433E-02   0.345732E-02
    8   0.172200E-02   0.121085E-01   0.000000E+00
    9   0.000000E+00   0.000000E+00   0.989111E-02
   10   0.126444E-02   0.345732E-02   0.878433E-02
   11   0.225748E-02   0.630609E-02   0.630609E-02
   12   0.289606E-02   0.811601E-02   0.326844E-02
   13   0.309963E-02   0.877420E-02   0.000000E+00
   14   0.000000E+00   0.000000E+00   0.125661E-01
   15   0.289606E-02   0.326844E-02   0.811601E-02
   16   0.398362E-02   0.455949E-02   0.000000E+00
   17   0.000000E+00   0.000000E+00   0.135156E-01
   18   0.172200E-02   0.000000E+00   0.121085E-01
   19   0.309963E-02   0.000000E+00   0.877420E-02
   20   0.398362E-02   0.000000E+00   0.455949E-02
   21   0.426902E-02   0.000000E+00   0.000000E+00
   22   0.000000E+00   0.636367E-04   0.636367E-04
   23   0.000000E+00   0.740310E-04  -0.115907E-04
   24   0.000000E+00  -0.115907E-04   0.740310E-04
   25   0.000000E+00   0.243240E-04   0.243240E-04

REACTIONS
 NODE      FORCE       XZ-MOMENT      YZ-MOMENT
    1  -0.695702E-03  -0.135815E-02  -0.135815E-02
    2  -0.349264E-01   0.000000E+00  -0.469070E-02
    3  -0.204734E-01   0.000000E+00  -0.172762E-02
    4  -0.559913E-01   0.000000E+00  -0.169526E-02
    5  -0.132611E-01   0.000000E+00  -0.135465E-03
    6  -0.349264E-01  -0.469070E-02   0.000000E+00
    8   0.000000E+00   0.000000E+00  -0.331962E-02
    9  -0.204734E-01  -0.172762E-02   0.000000E+00
   13   0.000000E+00   0.000000E+00  -0.305359E-02
   14  -0.559913E-01  -0.169526E-02   0.000000E+00
   16   0.000000E+00   0.000000E+00  -0.736452E-02
   17  -0.132611E-01  -0.135465E-03   0.000000E+00
   18   0.000000E+00  -0.331962E-02   0.000000E+00
   19   0.000000E+00  -0.305359E-02   0.000000E+00
   20   0.000000E+00  -0.736452E-02   0.000000E+00
   21   0.000000E+00  -0.204364E-02  -0.204364E-02
   22  -0.769965E-02   0.000000E+00   0.000000E+00
   23  -0.718324E-03   0.000000E+00   0.000000E+00
   24  -0.718324E-03   0.000000E+00   0.000000E+00
   25  -0.976152E-03   0.000000E+00   0.000000E+00
```

Bild 3.11 Verschiebungen und Auflagerreaktionen für die quadratische Platte

Biegemomente $\qquad$ $M_x = M_y = 0,0479$ im Plattenmittelpunkt

Querkraft $\qquad$ $Q_x = 0,338$ in Randmitte der Platte

Drillmoment $\qquad$ $M_{xy} = 0,0325$ im Eckpunkt der Platte

Die Ausgabe von MINDLIN, wie in den Bildern 3.11 und 3.12 gezeigt, offenbart die exzellente Genauigkeit, die mit diesem groben Netz von Heterosis-Elementen erreicht wurde.

```
STRESS RESULTANTS
```

BENDING MOMENTS AT NODES

NODE	MX-MOMENT	MY-MOMENT	MXY-MOMENT	MAX-P.M.	MIN-P.M.	ANGLE
1	0.0000E+00	0.0000E+00	-0.3313E-01	0.3313E-01	-0.3313E-01	-0.4500E+02
2	0.1389E-02	0.4167E-03	-0.2871E-01	0.2962E-01	-0.2781E-01	-0.4452E+02
3	0.3368E-02	0.1011E-02	-0.2105E-01	0.2327E-01	-0.1889E-01	-0.4340E+02
4	0.3421E-02	0.1026E-02	-0.1044E-01	0.1273E-01	-0.8282E-02	-0.4173E+02
5	0.3549E-02	0.1065E-02	-0.2433E-03	0.3572E-02	0.1041E-02	-0.5542E+01
6	0.4167E-03	0.1389E-02	-0.2871E-01	0.2962E-01	-0.2781E-01	0.4452E+02
7	0.1846E-01	0.1805E-01	-0.1824E-01	0.3650E-01	0.1106E-04	-0.4467E+02
8	0.2334E-01	0.2026E-01	-0.2113E-03	0.2335E-01	0.2024E-01	-0.3908E+01
9	0.1011E-02	0.3368E-02	-0.2105E-01	0.2327E-01	-0.1889E-01	0.4340E+02
10	0.1805E-01	0.1846E-01	-0.1824E-01	0.3650E-01	0.1106E-04	0.4467E+02
11	0.3165E-01	0.3165E-01	-0.1380E-01	0.4545E-01	0.1784E-01	0.4500E+02
12	0.3854E-01	0.3452E-01	-0.7128E-02	0.4394E-01	0.2912E-01	-0.3711E+02
13	0.4148E-01	0.3708E-01	-0.2305E-03	0.4149E-01	0.3707E-01	-0.2989E+01
14	0.1026E-02	0.3421E-02	-0.1044E-01	0.1273E-01	-0.8282E-02	0.4173E+02
15	0.3452E-01	0.3854E-01	-0.7128E-02	0.4394E-01	0.2912E-01	0.3711E+02
16	0.4564E-01	0.4568E-01	-0.5884E-04	0.4573E-01	0.4560E-01	0.3539E+02
17	0.1065E-02	0.3549E-02	-0.2433E-03	0.3572E-02	0.1041E-02	0.5542E+01
18	0.2026E-01	0.2334E-01	-0.2113E-03	0.2335E-01	0.2024E-01	0.3908E+01
19	0.3708E-01	0.4148E-01	-0.2305E-03	0.4149E-01	0.3707E-01	0.2989E+01
20	0.4568E-01	0.4564E-01	-0.5884E-04	0.4573E-01	0.4560E-01	-0.3539E+02
21	0.4921E-01	0.4921E-01	0.0000E+00	0.4921E-01	0.4921E-01	0.0000E+00
22	0.1026E-01	0.1026E-01	-0.2460E-01	0.3486E-01	-0.1434E-01	0.4500E+02
23	0.2195E-01	0.1917E-01	-0.9230E-02	0.2989E-01	0.1123E-01	-0.4072E+02
24	0.1917E-01	0.2195E-01	-0.9230E-02	0.2989E-01	0.1123E-01	0.4072E+02
25	0.4220E-01	0.4220E-01	-0.3615E-02	0.4582E-01	0.3859E-01	-0.4500E+02

SHEAR FORCES AT NODES

NODE	XZ-SHEAR	YZ-SHEAR
1	0.3586E-02	0.3586E-02
2	0.1528E+00	0.2467E-01
3	0.2954E+00	0.5309E-02
4	0.3136E+00	0.3630E-03
5	0.3386E+00	0.3586E-01
6	0.2467E-01	0.1528E+00
7	0.1901E+00	0.5441E-01
8	0.2376E+00	0.2903E-02
9	0.5309E-02	0.2954E+00
10	0.5441E-01	0.1901E+00
11	0.9968E-01	0.9968E-01
12	0.1171E+00	0.5139E-01
13	0.1384E+00	-0.1171E-01
14	0.3630E-03	0.3136E+00
15	0.5139E-01	0.1171E+00
16	0.6680E-01	0.4417E-04
17	0.3586E-01	0.3386E+00
18	0.2903E-02	0.2376E+00
19	-0.1171E-01	0.1384E+00
20	0.4417E-04	0.6680E-01
21	-0.6545E-02	-0.6545E-02
22	0.1076E+00	0.1076E+00
23	0.2136E+00	0.2463E-01
24	0.2463E-01	0.2136E+00
25	0.6035E-01	0.6035E-01

Bild 3.12 Biegemomente und Querkräfte für die quadratische Platte

3.8.4 Eingespannte, gleichförmig belastete Kreisplatte

In diesem Beispiel wird eine eingespannte, gleichförmig belastete Kreisplatte
mit einem Netz aus 12 Elementen, wie in Bild 3.13 gezeigt, analysiert.

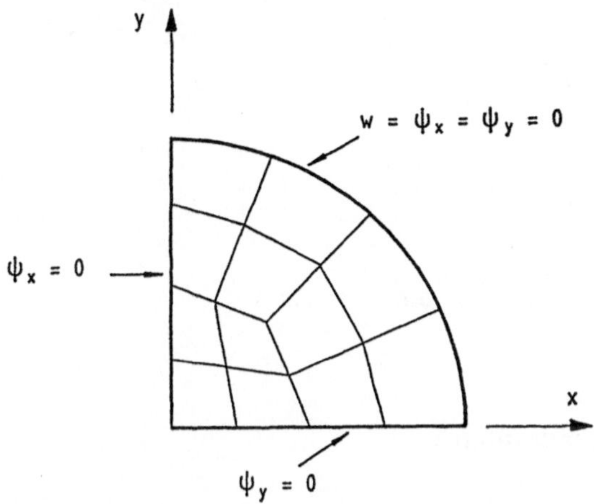


```
CLAMPED CIRCULAR PLATE - UDL - 12 ELEMENTS
 61   12   24    1    1
  1    1    1    2    3   12   21   20   19   10   11
  2    1    3    4    5   14   23   22   21   12   13
  3    1   19   20   21   30   39   38   37   28   29
  4    1   21   22   23   32   41   40   39   30   31
  5    1    5    6    7   16   25   24   23   14   15
  6    1   23   24   25   34   43   42   41   32   33
  7    1   39   40   41   42   43   50   55   48   49
  8    1   37   38   39   48   55   54   53   46   47
  9    1    7    8    9   18   27   26   25   16   17
 10    1   25   26   27   36   45   44   43   34   35
 11    1   55   50   43   44   45   52   57   56   51
 12    1   53   54   55   56   57   60   61   58   59
  1       0.0        0.0
  3       0.25       0.0
  5       0.5        0.0
  7       0.75       0.0
  9       1.0        0.0
 18       0.9808     0.1951
 19       0.0        0.25
 21       0.1768     0.1768
 23       0.4268     0.1768
 25       0.6402     0.2652
 27       0.9239     0.3827
 36       0.8315     0.5556
 37       0.0        0.5
 39       0.1768     0.4268
 41       0.3535     0.3535
 43       0.5303     0.5303
 45       0.7071     0.7071
 52       0.5556     0.8315
 53       0.0        0.75
 55       0.2652     0.6402
 57       0.3827     0.9239
 60       0.1951     0.9808
 61       0.0        1.0
  1   011
  2   001
  3   001
  4   001
```

Bild 3.13

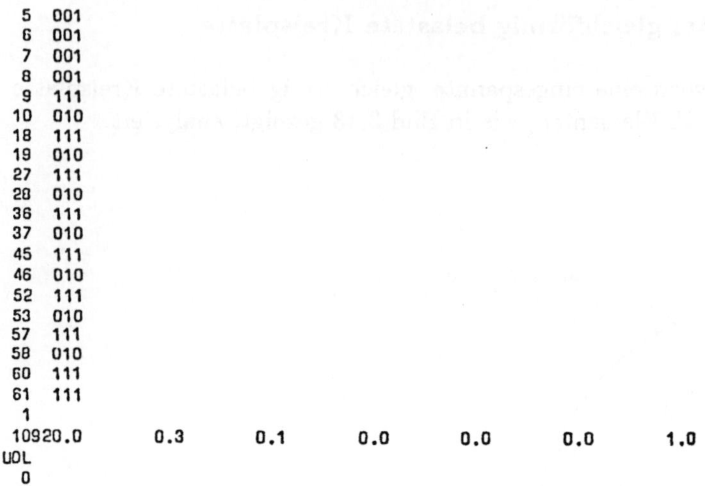

Bild 3.13 Eingespannte Kreisplatte
        Netzeinteilung für einen Quadranten

Tabelle 3.3 vergleicht Verschiebungen, Biegemomente und Querkräfte mit Lösungen der dünnen Platte.

Tabelle 3.3 Ergebnisse für eingespannte Kreisplatte unter Gleichlast

| t/a | $w\,qa^4/D$ | $M_x\,qa^2$ | | $Q_x\,qa$ |
	$r=0$	$r=0$	$r=1$	$r=1$
0,01	0,01562	0,0912	$-0{,}1213$	$-0{,}5644$
0,02	0,01564	0,0874	$-0{,}1222$	$-0{,}5512$
0,10	0,01633	0,0832	$-0{,}1238$	$-0{,}5194$
dünne Platte	0,01565	0,0813	$-0{,}1254$	$-0{,}5000$

Auflagerreaktionen und Schnittlasten sind in Bild 3.14 für ein Wandstärkenverhältnis $t/a = 0,1$ enthalten.

```
REACTIONS
 NODE      FORCE       XZ-MOMENT      YZ-MOMENT
    1  0.000000E+00  0.341395E-02   0.341395E-02
    2  0.000000E+00  0.000000E+00   0.131685E-01
    3  0.000000E+00  0.000000E+00   0.622694E-02
    4  0.000000E+00  0.000000E+00   0.106782E-01
    5  0.000000E+00  0.000000E+00   0.437875E-02
    6  0.000000E+00  0.000000E+00   0.568645E-02
    7  0.000000E+00  0.000000E+00   0.135413E-02
    8  0.000000E+00  0.000000E+00  -0.180994E-02
    9 -0.348519E-01  0.835757E-02  -0.160143E-02
   10  0.000000E+00  0.131685E-01   0.000000E+00
   18 -0.130906E+00  0.319313E-01   0.594752E-02
   19  0.000000E+00  0.622694E-02   0.000000E+00
   27 -0.611628E-01  0.152403E-01   0.631327E-02
   28  0.000000E+00  0.106782E-01   0.000000E+00
   36 -0.130893E+00  0.267790E-01   0.183761E-01
   37  0.000000E+00  0.437875E-02   0.000000E+00
   45 -0.697691E-01  0.118212E-01   0.118212E-01
   46  0.000000E+00  0.568645E-02   0.000000E+00
   52 -0.130893E+00  0.183761E-01   0.267790E-01
   53  0.000000E+00  0.135413E-02   0.000000E+00
   57 -0.611628E-01  0.631327E-02   0.152403E-01
   58  0.000000E+00 -0.180994E-02   0.000000E+00
   60 -0.130906E+00  0.594752E-02   0.319313E-01
   61 -0.348519E-01 -0.160143E-02   0.835757E-02


   STRESS RESULTANTS

BENDING MOMENTS AT NODES
 NODE  MX-MOMENT    MY-MOMENT     MXY-MOMENT   MAX-P.M.     MIN-P.M.      ANGLE
    1  0.8320E-01   0.8320E-01    0.0000E+00   0.8320E-01   0.8320E-01   0.0000E+00
    2  0.7742E-01   0.8039E-01   -0.1711E-04   0.8039E-01   0.7742E-01   0.3304E+00
    3  0.7060E-01   0.7519E-01    0.2460E-03   0.7521E-01   0.7059E-01  -0.3060E+01
    4  0.5151E-01   0.6544E-01   -0.5350E-04   0.6544E-01   0.5151E-01   0.2200E+00
    5  0.3273E-01   0.5389E-01    0.1430E-03   0.5390E-01   0.3273E-01  -0.3870E+00
    6  0.4727E-03   0.3567E-01   -0.5916E-03   0.3568E-01   0.4628E-03   0.9628E+00
    7 -0.3176E-01   0.1879E-01   -0.7953E-03   0.1880E-01  -0.3177E-01   0.9011E+00
    8 -0.7770E-01  -0.9167E-02   -0.4082E-03  -0.9165E-02  -0.7771E-01   0.3412E+00
    9 -0.1238E+00  -0.3714E-01   -0.7626E-04  -0.3714E-01  -0.1238E+00   0.5042E-01
   10  0.8039E-01   0.7742E-01   -0.1711E-04   0.8039E-01   0.7742E-01  -0.3304E+00
   11  0.7663E-01   0.7663E-01   -0.9751E-C3   0.7761E-01   0.7566E-01   0.4500E+02
   12  0.7263E-01   0.7398E-01   -0.1421E-02   0.7488E-01   0.7173E-01   0.3230E+02
   13  0.5543E-01   0.6520E-01   -0.2637E-02   0.6587E-01   0.5477E-01   0.1418E+02
   14  0.3780E-01   0.5410E-01   -0.3265E-02   0.5473E-01   0.3717E-01   0.1091E+02
   15  0.9389E-02   0.3778E-01   -0.5629E-02   0.3885E-01   0.8314E-02   0.1082E+02
   16 -0.1904E-01   0.1986E-01   -0.7415E-02   0.2123E-01  -0.2040E-01   0.1043E+02
   17 -0.6805E-01  -0.8787E-02   -0.1223E-01  -0.6363E-02  -0.7047E-01   0.1121E+02
   18 -0.1192E+00  -0.3983E-01   -0.1607E-01  -0.3669E-01  -0.1223E+00   0.1103E+02
   19  0.7519E-01   0.7060E-01    0.2460E-03   0.7521E-01   0.7059E-01   0.3060E+01
   20  0.7398E-01   0.7263E-01   -0.1421E-02   0.7488E-01   0.7173E-01  -0.3230E+02
   21  0.7291E-01   0.7291E-01   -0.2847E-02   0.7575E-01   0.7006E-01   0.4500E+02
   22  0.5829E-01   0.6488E-01   -0.4919E-02   0.6750E-01   0.5566E-01   0.2810E+02
   23  0.4215E-01   0.5445E-01   -0.6362E-02   0.5714E-01   0.3945E-01   0.2298E+02
   24  0.1692E-01   0.3918E-01   -0.1114E-01   0.4380E-01   0.1230E-01   0.2252E+02
   25 -0.8616E-02   0.2024E-01   -0.1438E-01   0.2618E-01  -0.1456E-01   0.2245E+02
   26 -0.5795E-01  -0.1197E-01   -0.2299E-01  -0.2451E-02  -0.6748E-01   0.2250E+02
   27 -0.1105E+00  -0.4956E-01   -0.3047E-01  -0.3694E-01  -0.1231E+00   0.2249E+02
   28  0.6544E-01   0.5151E-01   -0.5350E-04   0.6544E-01   0.5151E-01  -0.2200E+00
   29  0.6520E-01   0.5543E-01   -0.2637E-02   0.6587E-01   0.5477E-01  -0.1418E+02
   30  0.6488E-01   0.5829E-01   -0.4919E-02   0.6750E-01   0.5566E-01  -0.2810E+02
```

```
31  0.5417E-01  0.5417E-01 -0.7007E-02  0.6117E-01  0.4716E-01  0.4500E+02
32  0.4291E-01  0.4874E-01 -0.8453E-02  0.5477E-01  0.3688E-01  0.3549E+02
33  0.1798E-01  0.2927E-01 -0.1422E-01  0.3892E-01  0.8325E-02  0.3418E+02
34 -0.7048E-02  0.7840E-02 -0.1943E-01  0.2121E-01 -0.2041E-01  0.3452E+02
35 -0.5064E-01 -0.2618E-01 -0.2963E-01 -0.6352E-02 -0.7047E-01  0.3379E+02
36 -0.9558E-01 -0.6342E-01 -0.3967E-01 -0.3669E-01 -0.1223E+00  0.3397E+02
37  0.5389E-01  0.3273E-01  0.1430E-03  0.5390E-01  0.3273E-01  0.3870E+00
38  0.5410E-01  0.3780E-01 -0.3265E-02  0.5473E-01  0.3717E-01 -0.1091E+02
39  0.5445E-01  0.4215E-01 -0.6362E-02  0.5714E-01  0.3945E-01 -0.2298E+02
40  0.4874E-01  0.4291E-01 -0.8453E-02  0.5477E-01  0.3688E-01 -0.3549E+02
41  0.4330E-01  0.4330E-01 -0.1055E-01  0.5385E-01  0.3275E-01 -0.4500E+02
42  0.1816E-01  0.1816E-01 -0.1764E-01  0.3579E-01  0.5218E-03 -0.4500E+02
43 -0.6494E-02 -0.6494E-02 -0.2528E-01  0.1879E-01 -0.3177E-01 -0.4500E+02
44 -0.4343E-01 -0.4343E-01 -0.3428E-01 -0.9151E-02 -0.7770E-01 -0.4500E+02
45 -0.8050E-01 -0.8050E-01 -0.4335E-01 -0.3715E-01 -0.1238E+00  0.4500E+02
46  0.3567E-01  0.4727E-03 -0.5916E-03  0.3568E-01  0.4628E-03 -0.9628E+00
47  0.3778E-01  0.9389E-02 -0.5629E-02  0.3885E-01  0.8314E-02 -0.1082E+02
48  0.3918E-01  0.1692E-01 -0.1114E-01  0.4380E-01  0.1230E-01 -0.2252E+02
49  0.2927E-01  0.1798E-01 -0.1422E-01  0.3892E-01  0.8325E-02 -0.3418E+02
50  0.7840E-02 -0.7048E-02 -0.1943E-01  0.2121E-01 -0.2041E-01 -0.3452E+02
51 -0.2618E-01 -0.5064E-01 -0.2963E-01 -0.6352E-02 -0.7047E-01 -0.3379E+02
52 -0.6342E-01 -0.9558E-01 -0.3967E-01 -0.3669E-01 -0.1223E+00 -0.3397E+02
53  0.1879E-01 -0.3176E-01 -0.7953E-03  0.1880E-01 -0.3177E-01 -0.9011E+00
54  0.1986E-01 -0.1904E-01 -0.7415E-02  0.2123E-01 -0.2040E-01 -0.1043E+02
55  0.2024E-01 -0.8616E-02 -0.1438E-01  0.2618E-01 -0.1456E-01 -0.2245E+02
56 -0.1197E-01 -0.5795E-01 -0.2299E-01 -0.2451E-02 -0.6748E-01 -0.2250E+02
57 -0.4956E-01 -0.1105E+00 -0.3047E-01 -0.3694E-01 -0.1231E+00 -0.2249E+02
58 -0.9167E-02 -0.7770E-01 -0.4082E-03 -0.9165E-02 -0.7771E-01 -0.3412E+00
59 -0.8787E-02 -0.6805E-01 -0.1223E-01 -0.6363E-02 -0.7047E-01 -0.1121E+02
60 -0.3983E-01 -0.1192E+00 -0.1607E-01 -0.3669E-01 -0.1223E+00 -0.1103E+02
61 -0.3714E-01 -0.1238E+00 -0.7626E-04 -0.3714E-01 -0.1238E+00 -0.5042E-01

SHEAR FORCES AT NODES
NODE   XZ-SHEAR     YZ-SHEAR
   1 -0.3655E-03  -0.3655E-03            32 -0.1971E+00  -0.1316E+00
   2 -0.6177E-01  -0.3655E-03            33 -0.2427E+00  -0.1690E+00
   3 -0.1194E+00  -0.2550E-02            34 -0.2953E+00  -0.1958E+00
   4 -0.1841E+00   0.9506E-03            35 -0.3505E+00  -0.2395E+00
   5 -0.2432E+00  -0.1048E-02            36 -0.3939E+00  -0.3079E+00
   6 -0.3156E+00   0.3945E-02            37 -0.1048E-02  -0.2432E+00
   7 -0.3785E+00  -0.8405E-02            38 -0.4896E-01  -0.2305E+00
   8 -0.4395E+00   0.7798E-03            39 -0.9316E-01  -0.2144E+00
   9 -0.5194E+00   0.3499E-01            40 -0.1316E+00  -0.1971E+00
  10 -0.3655E-03  -0.6177E-01            41 -0.1748E+00  -0.1748E+00
  11 -0.5355E-01  -0.5355E-01            42 -0.2239E+00  -0.2239E+00
  12 -0.1083E+00  -0.4431E-01            43 -0.2672E+00  -0.2672E+00
  13 -0.1718E+00  -0.4355E-01            44 -0.3109E+00  -0.3109E+00
  14 -0.2305E+00  -0.4896E-01            45 -0.3674E+00  -0.3674E+00
  15 -0.2913E+00  -0.5073E-01            46  0.3945E-02  -0.3156E+00
  16 -0.3469E+00  -0.7133E-01            47 -0.5073E-01  -0.2913E+00
  17 -0.4173E+00  -0.7834E-01            48 -0.1087E+00  -0.2653E+00
  18 -0.4962E+00  -0.6137E-01            49 -0.1690E+00  -0.2427E+00
  19 -0.2550E-02  -0.1194E+00            50 -0.1958E+00  -0.2953E+00
  20 -0.4431E-01  -0.1083E+00            51 -0.2395E+00  -0.3505E+00
  21 -0.8867E-01  -0.8867E-01            52 -0.3079E+00  -0.3939E+00
  22 -0.1483E+00  -0.8917E-01            53 -0.8405E-02  -0.3785E+00
  23 -0.2144E+00  -0.9316E-01            54 -0.7133E-01  -0.3469E+00
  24 -0.2653E+00  -0.1087E+00            55 -0.1320E+00  -0.3167E+00
  25 -0.3167E+00  -0.1320E+00            56 -0.1626E+00  -0.3928E+00
  26 -0.3928E+00  -0.1626E+00            57 -0.1905E+00  -0.4593E+00
  27 -0.4593E+00  -0.1905E+00            58  0.7798E-03  -0.4395E+00
  28  0.9506E-03  -0.1841E+00            59 -0.7834E-01  -0.4173E+00
  29 -0.4355E-01  -0.1718E+00            60 -0.6137E-01  -0.4962E+00
  30 -0.8917E-01  -0.1483E+00            61  0.3499E-01  -0.5194E+00
  31 -0.1413E+00  -0.1413E+00
```

Bild 3.14 Biegemomente und Querkräfte für die Kreisplatte

3.9 Lagrange-Plattenelement mit extra Schubansätzen

Der Patchtest - siehe Abschnitt 3.8.2 - scheint ein harter Test für Plattenelemente zu sein. Dies ist jedenfalls dann der Fall, wenn anstelle des regelmäßigen Netzes entsprechend Bild 3.8 eine unregelmäßige Netzeinteilung gewählt wird. Dann werden für alle drei Elementtypen sehr schlechte Ergebnisse für dünne Platten erzielt. Dem interessierten Leser sei empfohlen, dies nachzuvollziehen, indem einfach der Mittelknoten versetzt wird. Auf diesen Umstand haben u.a. Huang und Hinton hingewiesen [3.25] und eine Familie von isoparametrischen Elementen entwickelt, die über zusätzliche Ansätze für die Schubverformung verfügen [3.26], [3.27], [3.28]. Darauf wird im folgenden eingegangen [3.29].

Für dünne Platten gilt, daß die Schubverzerrungen immer kleiner werden sollten, wenn das Verhältnis Plattendicke zu Plattenabmessung verringert wird. Im Grenzfall sollte die Aussage zutreffen

$$\{\epsilon_s\} = \left\{ \begin{array}{c} \gamma_{xz} \\ \gamma_{yz} \end{array} \right\} = \left\{ \begin{array}{c} \theta_x + w_{,x} \\ \theta_y + w_{,y} \end{array} \right\} \to 0. \tag{3.29}$$

Analog muß im Elementkoordinatensystem $\xi - \eta$ gelten

$$\left\{ \begin{array}{c} \gamma_{\xi\zeta} \\ \gamma_{\eta\zeta} \end{array} \right\} = \left\{ \begin{array}{c} \theta_\xi + w_{,\xi} \\ \theta_\eta + w_{,\eta} \end{array} \right\} \to 0. \tag{3.30}$$

Für die Verschiebung w und die Verdrehungen θ_x und θ_y werden nach (3.12) jedoch die gleichen Ansatzfunktionen verwendet. Somit können die Beziehungen (3.29) bzw. (3.30) überhaupt nicht erfüllt werden, denn die Polynomausdrücke für θ_ξ und $w_{,\xi}$ bzw. für θ_η und $w_{,\eta}$ stimmen nicht überein. Es treten in den Ausdrücken folgende Glieder auf

$$\theta_\xi = \theta_\xi(1, \xi, \eta, \xi\eta, \xi^2, \eta^2, \xi^2\eta, \xi\eta^2, \xi^2\eta^2)$$

$$w_{,\xi} = w_{,\xi}(1, \xi, \eta, \xi\eta, \eta^2, \xi\eta^2)$$

$$\theta_\eta = \theta_\eta(1, \xi, \eta, \xi\eta, \xi^2, \eta^2, \xi^2\eta, \xi\eta^2, \xi^2\eta^2) \tag{3.31}$$

$$w_{,\eta} = w_{,\eta}(1, \xi, \eta, \xi\eta, \xi^2, \xi^2\eta).$$

Dennoch ist es möglich, mit zusätzlichen Polynomansätzen ein Element zu finden, das die erforderliche Anzahl von Null-Eigenformen hat, das für dünne Platten nicht blockiert und das geeignete Patchtests passiert [3.25]. Zu diesem Zweck wird das Funktional (3.7) mit Hilfe Lagrangescher Multiplikatoren um Nebenbedingungen erweitert. Diese neue Form hat die Gestalt

$$\overline{\pi} = \pi + \int_A \lambda_{13}(\overline{\gamma}_{\xi\zeta} - \gamma_{\xi\zeta})\,\mathrm{d}A + \int_A \lambda_{23}(\overline{\gamma}_{\eta\zeta} - \gamma_{\eta\zeta})\,\mathrm{d}A. \tag{3.32}$$

Die Ausdrücke $\gamma_{\xi\zeta}$ und $\gamma_{\eta\zeta}$ stellen die Schubverzerrungen dar, die aus der Verschiebung und den Rotationen gewonnen werden. Die Ersatzschubverzerrungen $\overline{\gamma}_{\xi\zeta}$ und $\overline{\gamma}_{\eta\zeta}$ erhalten die Polynomansätze

$$\overline{\gamma}_{\xi\zeta} = b_1 + b_2\xi + b_3\eta + b_4\xi\eta + b_5\eta^2 + b_6\xi\eta^2$$

$$\overline{\gamma}_{\eta\zeta} = c_1 + c_2\xi + c_3\eta + c_4\xi\eta + c_5\xi^2 + c_6\xi^2\eta$$

oder anders ausgedrückt

$$\overline{\gamma}_{\xi\zeta} = \sum_{i=1}^{n}\sum_{j=1}^{m} R_{ij}(\xi,\eta)\overline{\gamma}_{\xi\zeta}^{ji} \tag{3.33}$$

$$\overline{\gamma}_{\eta\zeta} = \sum_{i=1}^{m}\sum_{j=1}^{n} S_{ij}(\xi,\eta)\overline{\gamma}_{\eta\zeta}^{ij}.$$

Hier bedeuten $\overline{\gamma}_{\xi\zeta}^{ji}$ und $\overline{\gamma}_{\eta\zeta}^{ij}$ die $m*n$ unbekannten Parameter der Ersatzschubverzerrungen, die zwei Gruppen von Stützstellen $(\hat{\xi}_i,\hat{\eta}_i)$ und $(\hat{\hat{\xi}}_i,\hat{\hat{\eta}}_i)$ zugewiesen werden. Für die Lagrangeschen Multiplikatoren λ_{13} und λ_{23} werden Dirac'sche Deltafunktionen gewählt

$$\lambda_{13} = \sum_{i=1}^{n}\sum_{j=1}^{m} \lambda_{13}^{ji}\delta(\hat{\xi}_i - \xi)\delta(\hat{\eta}_j - \eta) \tag{3.34}$$

$$\lambda_{23} = \sum_{i=1}^{m}\sum_{j=1}^{n} \lambda_{23}^{ij}\delta(\hat{\hat{\xi}}_i - \xi)\delta(\hat{\hat{\eta}}_j - \eta).$$

Einsetzen von (3.34) in (3.32) liefert zusammen mit dem stationären Wert des Funktionals die Beziehungen

$$\overline{\gamma}_{\xi\zeta}(\hat{\xi}_i,\hat{\eta}_j) = \gamma_{\xi\zeta}(\hat{\xi}_i,\hat{\eta}_j) \qquad (i=1,m,\ \ j=1,n) \tag{3.35}$$

$$\overline{\gamma}_{\eta\zeta}(\hat{\hat{\xi}}_j,\hat{\eta}_i) = \gamma_{\eta\zeta}(\hat{\hat{\xi}}_j,\hat{\eta}_i) \qquad (i=1,n,\ \ j=1,m).$$

Gelingt es, die Beziehungen (3.35) einzuhalten, dann kann anstelle mit (3.7) mit dem Funktional

$$\pi = \frac{1}{2}\int_A \{\epsilon_b\}^T [D_b] \{\epsilon_b\}\ \mathrm{d}A + \frac{1}{2}\int_A \{\overline{\epsilon}_s\}^T [D_s] \{\overline{\epsilon}_s\}\ \mathrm{d}A - W \tag{3.36}$$

gearbeitet werden. Die Ersatzschubverzerrungen im x-y-Koordinatensystem

$$\{\overline{\epsilon}_s\} = \left\{ \begin{array}{c} \overline{\gamma}_{xz} \\ \overline{\gamma}_{yz} \end{array} \right\} \tag{3.37}$$

werden aus den Ersatzschüben $\overline{\gamma}_{\xi\zeta}$ und $\overline{\gamma}_{\eta\zeta}$ mit Hilfe der Tensortransformation für krummlinige Koordinaten

$$e_{\alpha\beta} = \frac{\partial x^i}{\partial \xi^\alpha} \frac{\partial x^j}{\partial \xi^\beta} \epsilon_{ij} \qquad (3.38)$$

gewonnen. In (3.38) wird angenommen, daß $e_{\alpha\beta}$ eine Komponente des Verzerrungstensors im ξ-η-Koordinatensystem ist und die ϵ_{ij} Tensorkomponenten im x-y-System sind.

Für die Platte gelten die Beziehungen

$$x,_\zeta = y,_\zeta = z,_\xi = z,_\eta = 0. \qquad (3.39)$$

Der Zusammenhang zwischen den Ersatzschubverzerrungen in beiden Koordinatensystemen wird mit dem Operator $[L]$ ausgedrückt zu

$$\left\{ \begin{array}{c} \overline{\gamma}_{\xi\zeta} \\ \overline{\gamma}_{\eta\zeta} \end{array} \right\} = [L] \left\{ \begin{array}{c} \overline{\gamma}_{xz} \\ \overline{\gamma}_{yz} \end{array} \right\} \qquad (3.40)$$

mit

$$[L] = z,_\zeta \begin{bmatrix} x,_\xi & y,_\xi \\ x,_\eta & y,_\eta \end{bmatrix} = \frac{t}{2} [J]. \qquad (3.41)$$

Analog trifft

$$\xi,_z = \eta,_z = \zeta,_x = \zeta,_y = 0 \qquad (3.42)$$

zu, so daß umgekehrt gilt

$$\left\{ \begin{array}{c} \overline{\gamma}_{xz} \\ \overline{\gamma}_{yz} \end{array} \right\} = [L]^{-1} \left\{ \begin{array}{c} \overline{\gamma}_{\xi\zeta} \\ \overline{\gamma}_{\eta\zeta} \end{array} \right\} \qquad (3.43)$$

mit

$$[L]^{-1} = \frac{2}{t} [J]^{-1}. \qquad (3.44)$$

Die Definition der Ersatzschubverzerrungen (3.37) führt zu einer Ersatz-Schubverzerrungs-Verschiebungsmatrix $[\overline{B}^e_{si}]$, die in (3.14) bzw. in (3.15) anstelle von $[B^e_{si}]$ zu verwenden ist; dadurch erhöht sich der Rechenaufwand. Die Implementierung dieser $\overline{B}$-Matrix ist im nachfolgenden Programm QUAD9 demonstriert.

Für das 9-Knoten-Lagrange-Mindlinsche Plattenelement sind die Stützstellen für $\overline{\gamma}^{ji}_{\xi\zeta}$ und $\overline{\gamma}^{ij}_{\eta\zeta}$ in Bild 3.15 dargestellt. Entsprechend den Ansätzen (3.33) soll gelten

$$\overline{\gamma}_{\xi\zeta} = \sum_{i=1}^{2} \sum_{j=1}^{3} P_i(\xi) Q_j(\eta) \overline{\gamma}^{ji}_{\xi\eta} \qquad (3.45)$$

$$\overline{\gamma}_{\eta\zeta} = \sum_{i=1}^{3} \sum_{j=1}^{2} Q_i(\xi) P_j(\eta) \overline{\gamma}^{ij}_{\eta\zeta}$$

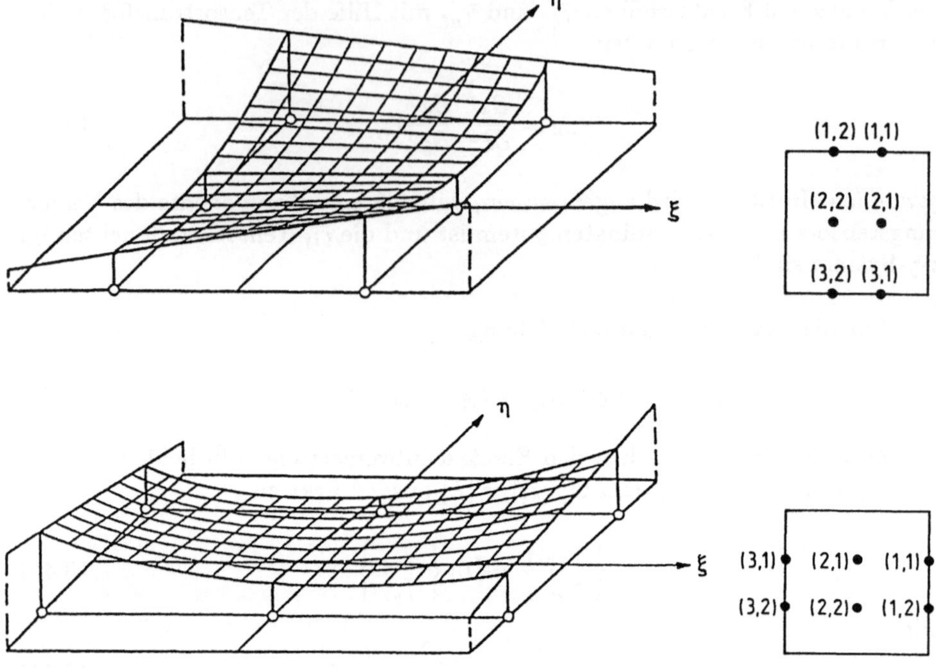

Stützstellen	$\gamma_{\xi\zeta}^{-ij}$		$\gamma_{\eta\zeta}^{-ij}$	
Position (i,j)	$\hat{\xi}$	$\hat{\eta}$	$\hat{\xi}$	$\hat{\eta}$
$(1,1)$	a	1	1	a
$(1,2)$	$-a$	1	1	$-a$
$(2,1)$	a	0	0	a
$(2,2)$	$-a$	0	0	$-a$
$(3,1)$	a	-1	-1	a
$(3,2)$	$-a$	-1	-1	$-a$

$$a = 1/\sqrt{3}$$

Bild 3.15 Ansatzfunktionen und Stützstellen für Ersatzschubverzerrungen des 9-Knoten Elementes

mit den Interpolationsfunktionen

$$Q_1(s) = s(1+s)/2 \qquad P_1(s) = (1+s/a)/2$$

$$Q_2(s) = 1 - s^2 \qquad P_2(s) = (1-s/a)/2 \qquad (3.46)$$

$$Q_3(s) = s(s-1)/2,$$

die in Bild 3.15 graphisch dargestellt sind. Die Interpolationsfunktionen, das ist aus den Ansätzen (3.33) ersichtlich, stellen Felder dar, die in jeweils einer Richtung linear und in der anderen quadratisch verlaufen. Die Stützstellen sind bewußt auf die Ränder, d.h. bei ± 1, gelegt worden, damit Stetigkeit entlang den Elementkanten gewährleistet ist.

Das in diesem Abschnitt beschriebene Element ist in seiner Herleitung frei von jeglichen "Tricks". Es basiert weder auf reduzierter noch auf selektiver Integration noch besitzt es numerisch justierte Parameter. Es wird mit großem Erfolg auch in der Dynamik eingesetzt und ist zusammen mit Computerprogrammen in [3.29] veröffentlicht. Auch diese Formulierung läßt sich hinsichtlich reduzierter Integration weiterentwickeln [3.28]. Der Gewinn an Rechenzeit, wenn anstelle einer $3*3$- nur eine $2*2$-Integration ausgeführt wird, wird teilweise durch das Aufstellen einer sog. "Stabilisierungsmatrix" kompensiert. Diese Matrix ist notwendig, um den korrekten Rang der Steifigkeitsmatrix bei reduzierter Integration sicherzustellen.

3.10 Schwach gekrümmte Schalenelemente

Schalenelemente werden ausführlich im nächsten Kapitel besprochen, insbesondere die aus Volumenelementen degenerierten Ahmand'schen Schalenelemente. Die Methode der finiten Elemente gestattet, außerordentlich komplexe Strukturen abzubilden und zu berechnen, somit auch Schalenstrukturen. Leider ist die Forschung in dieser Hinsicht immer noch auf der Suche, einfache und robuste Schalenelemente zu finden. Die degenerierten Schalenelemente liefern zwar zuverlässige Ergebnisse, sind aber hinsichtlich Datenaufbereitung und Rechenzeit sehr aufwendig.

Es wäre wünschenswert, ein allgemeines Flächenelement zur Verfügung zu haben, das wahlweise als Scheibe (Membran), Platte oder als doppelt gekrümmte Schale eingesetzt werden kann und ebenso zuverlässig funktioniert wie das zuvor beschriebene 9-Knoten-Lagrangesche Plattenelement. Jedes Plattenelement kann bekanntlich durch Kombination mit einem Scheiben(Membran)element zu einer flachen Schale - Facettenelement - erweitert werden. Stützt sich der Entwickler auf eine der Schalentheorien, wird die Krümmung erfaßt, wodurch Kopplung zwischen Membran- und Biegesteifigkeiten in der Steifigkeitsmatrix auftritt. In den nachfolgenden Abschnitten wird eine einfache Formulierung für ein schwach doppelt gekrümmtes Schalenelement vorgeschlagen, das die direkte Weiterentwicklung des 9-Knoten-Lagrange-Mindlinschen Elementes ist [3.33]. Damit soll eine verwandte Alternative zu den degenerierten Schalenelementen bereit gestellt werden, um z.B. Kontrollrechnungen durchführen zu können.

3.10.1 Grundgleichungen für die schwach gekrümmte Schale Marguerre-Mindlinsches Schalenelement

Kürzlich sind Schalenelemente vorgeschlagen worden [3.31], die auf den Annahmen von Marguerre beruhen. Marguerre selbst benutzte nicht den Ausdruck

Schale sondern schwach gebogene Platte [3.32]. Die von Marguerre aufgestellten Beziehungen sollten dazu dienen, der in den 30-er Jahren aufstrebenden Flugzeugindustrie Beulformeln für Platten zur Verfügung zu stellen. Die Tatsache, daß zur Entwicklung finiter Schalenelemente auf die Marguerre'schen Gleichungen zurückgegriffen wird, beruht auf der einfachen Art der Formulierung, die in kartesischen Koordinaten stattfindet. Somit sind derartige Elemente in der Lage, die Starrkörperbewegungen verzerrungsfrei auszuführen. Damit ist eine grundsätzliche Forderung an finite Elemente erfüllt.

Die Geometrie der Schale und die Festlegung eines lokalen $x'-y'-z'-$Koordinatensystems geht aus Bild 3.16 hervor. Die Schalenmittelfläche wird mit den isoparametrischen Ansatzfunktionen beschrieben

$$w_0(x,z) = \sum_i N_i(\xi,\eta)z_i',\qquad\qquad(3.47)$$

wobei z_i' die lokale $z-$ Koordinate am Knoten i ist. Um den Einfluß der Krümmung zu erfassen, werden die Ableitungen $w_{0,x}$ und $w_{0,y}$ benötigt. Für diese gilt nach der Kettenregel

$$w_{0,x} = \sum_i N_{i,x}z_i'$$

$$= \sum_i (N_{i,\xi}\xi_{,x} + N_{i,\eta}\eta_{,x})z_i'\qquad\qquad(3.48)$$

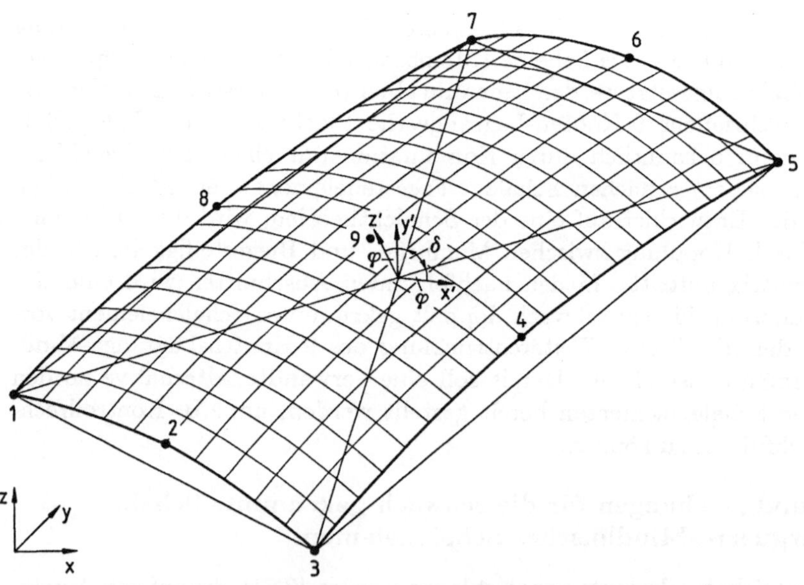

Bild 3.16 Schalengeometrie und lokales Koordinatensystem

und

$$w_{0,y} = \sum_i N_{i,y} z_i'$$

$$= \sum_i (N_{i,\xi}\xi_{,\eta} + N_{i,\eta}\eta_{,\eta}) z_i' \; .$$

Das Verschiebungsfeld der schwach gekrümmten Schale wird analog zur Platte ausgedrückt, jetzt aber mit Berücksichtigung der Tatsache, daß die Mittelfläche gekrümmt ist. Es soll gelten

$$u(x,y,z) = \overline{u}(x,y) - z\theta_x(x,y)$$

$$v(x,y,z) = \overline{v}(x,y) - z\theta_y(x,y) \tag{3.49}$$

$$w(x,y,z) = \overline{w}(x,y) + w_0(x,y).$$

Die unabhängigen Verschiebungen und Verdrehungen werden in einem Verschiebungsvektor zusammengefaßt

$$\{d\} = \{u,v,w,\theta_x,\theta_y\}^T. \tag{3.50}$$

Die Biege- und Schubverzerrungen werden wie in (3.2) und (3.3) definiert. Es müssen die Membranverzerrungen ergänzt werden, sodaß der gesamte Verzerrungsvektor lautet

$$\{\epsilon\} = \{\epsilon_{xx}, \epsilon_{yy}, \epsilon_{xy}, \kappa_{xx}, \kappa_{yy}, \kappa_{xy}, \gamma_{xy}, \gamma_{xz}\}^T. \tag{3.51}$$

Dieser besteht somit aus acht Komponenten.

Nach Marguerre erscheinen die Verzerrungen für den Membranzustand in der Gestalt

$$\epsilon_{xx} = \overline{u}_{,x} + w_{0,x}\overline{w}_{,x}$$

$$\epsilon_{yy} = \overline{v}_{,y} + w_{0,y}\overline{w}_{,y} \tag{3.52}$$

$$\epsilon_{xy} = \overline{u}_{,y} + \overline{v}_{,x} + w_{0,x}\overline{w}_{,y} + w_{0,y}\overline{w}_{,x}.$$

Über die $w-$Terme wird die Kopplung zwischen Membran- und Biegezustand erreicht.

Das Verschiebungsfeld wird mit den isoparametrischen Ansatzfunktionen ähnlich wie in (3.12) ausgedrückt, jedoch um die Verschiebungen u und v in der Ebene erweitert

$$u = \sum_i N_i u_i \qquad v = \sum_i N_i v_i \qquad w = \sum_i N_i w_i \tag{3.53}$$

$$\theta_x = \sum_i N_i \theta_{xi} \qquad \theta_y = \sum_i N_i \theta_{yi}$$

mit den unbekannten Knotenverschiebungen u_i, v_i, w_i, θ_{xi} und θ_{yi}.

Werden die Verschiebungen entsprechend (3.53) in (3.51) bzw. in (3.52), (3.2) und (3.3) eingesetzt, so erhält man die Verzerrungs-Verschiebungsmatrix für die Membranverzerrungen

$$[B_m^e + B_{mb}^e] = \begin{bmatrix} N_{,x} & & w_{0,x}N_{,x} \\ & N_{,y} & w_{0,y}N_{,y} \\ N_{,y} & N_{,x} & w_{0,x}N_{,y} + w_{0,y}N_{,x} \end{bmatrix}, \tag{3.54}$$

für die Krümmungen

$$[B_b^e] = \begin{bmatrix} N_{,x} & \\ & N_{,y} \\ N_{,y} & N_{,x} \end{bmatrix} \tag{3.55}$$

und für die Schubverzerrungen

$$[B_s^e + N^e] = \begin{bmatrix} N_{,x} & N & \\ N_{,y} & & N \end{bmatrix}. \tag{3.56}$$

Der allgemeine Zusammenhang zwischen Verzerrungen und Verschiebungen lautet in Matrizenschreibweise

$$\{\epsilon^e\} = [B^e]\{d^e\}. \tag{3.57}$$

Die B-Matrix in (3.57) besteht aus den Submatrizen (3.54) bis (3.56), so daß diese die Gestalt besitzt

$$[B^e] = \begin{bmatrix} [B_m^e] & [B_{mb}^e] & \\ & & [B_b^e] \\ & [B_s^e] & [N^e] \end{bmatrix}. \tag{3.58}$$

Analog zu (3.51) werden die Komponenten der Spannungsresultierenden - Schnittlasten - in einem Spannungsvektor zusammengefaßt

$$\{\sigma\} = \{n_{xx}, n_{yy}, n_{xy}, m_{xx}, m_{yy}, m_{xy}, q_x, q_y\}. \tag{3.59}$$

Die Verknüpfung zwischen Spannungen und Verzerrungen stellt das Materialgesetz her. Die verallgemeinerte Form von (3.4) bzw. (3.5) lautet

$$\{\sigma\} = [D]\{\epsilon\}. \tag{3.60}$$

Die Materialmatrix $[D]$ läßt sich auch aus Submatrizen zusammengesetzt denken:

$$[D^e] = \begin{bmatrix} [D^e_m] & [D^e_c] & \\ [D^e_c] & [D^e_b] & \\ & & [D^e_s] \end{bmatrix}.$$ (3.61)

Die Submatrizen $[D^e_m]$, $[D^e_b]$, $[D^e_s]$ enthalten für jedes Element die Materialkennwerte für den Membran-, Biege- und Schubanteil. Die Submatrix $[D_c]$ ist der Vollständigkeit halber erwähnt und enthält die Kennwerte für Laminate (Composites).

Die Steifigkeitsmatrix $[K^e]$ ist gegenüber (3.20) um den Membrananteil erweitert; allgemein gilt

$$[K^e] = \int_A [B^e]^T [D^e][B^e]\, \mathrm{d}A.$$ (3.62)

Werden die Matrizenmultiplikationen in (3.62) mit den Matrizen (3.58) und (3.61) im Detail ausgeführt, so ergibt sich der Aufbau der Elementsteifigkeitsmatrix $[K^e]$ aus Bild 3.17. Eine typische Submatrix von $[K^e]$ enthält Bild 3.18. Der Einfluß der verschiedenen Anteile und die Besetzung der Matrix wird verdeutlicht.

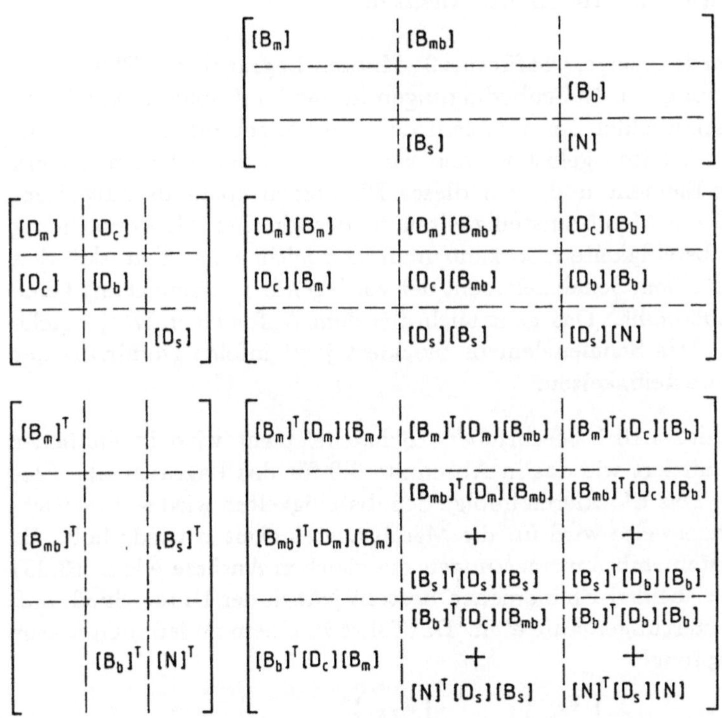

Bild 3.17 Aufbau der Elementsteifigkeitsmatrix für ein Schalenelement

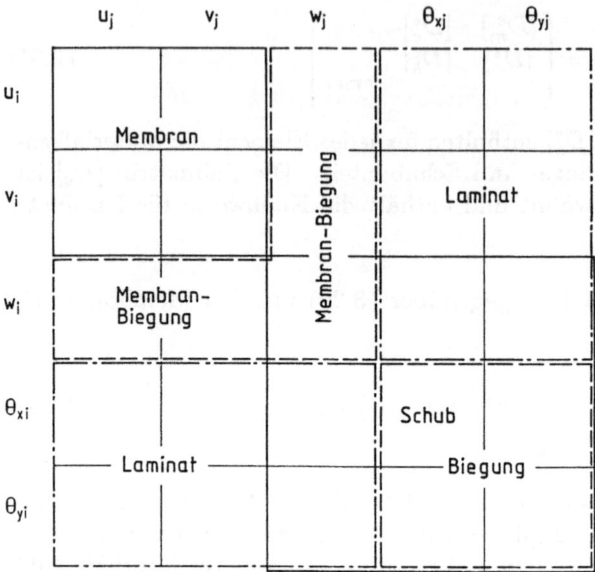

Bild 3.18 Submatrix der Steifigkeitsmatrix $[K^e]$

3.10.2 Extra Membran- und Schubansätze

In Abschnitt 3.9 wurde gezeigt, wie für das 9−Knoten-Lagrangesche Plattenelement durch Einführung von Nebenbedingungen in das Funktional sowie durch
zusätzliche Ersatzschubfelder das Problem des Blockierens infolge der domi-
nierenden Schubsteifigkeiten gelöst werden kann. Das Schalenelement ist ein
9-Knoten-Lagrange-Element und wird dieses Phänomen ebenfalls aufweisen.
Bedenkt man, daß die Membransteifigkeiten in der gleichen Größenordnung
liegen wie die Schubsteifigkeiten, so kann man sich leicht vorstellen, daß den
Biegesteifigkeiten in einem Schalenelement der vorliegenden Formulierung keine
große Bedeutung zukommt. Das geht auch aus dem Aufbau von $[K^e]$ - siehe
Bild 3.17 - hervor. Das Schalenelement blockiert jetzt infolge Dominanz der
Membran- und Schubsteifigkeiten.

Das in Abschnitt 3.10.1 beschriebene Schalenelement wird in ähnlicher
Art und Weise modifiziert wie das in Abschnitt 3.9 für das Lagrangesche Element geschehen ist. Das Blockieren infolge Schubsteifigkeiten wird so beseitigt.
Die analoge Vorgehensweise wird für die Membransteifigkeiten wiederholt. Es
werden für die Ersatzmembranverzerrungen die gleichen Ansätze wie in (3.33)
verwendet. Zwischen beiden Phänomenen besteht jedoch der Unterschied, daß
jetzt 3 anstatt 2 Verzerrungen auftreten. Das führt zu einem anderen Operator
$[L]$, der die Verknüpfung

$$\left\{ \begin{array}{c} \bar{\epsilon}_{\xi\xi} \\ \bar{\epsilon}_{\eta\eta} \\ \bar{\epsilon}_{\xi\eta} \end{array} \right\} = [L] \left\{ \begin{array}{c} \bar{\epsilon}_{xx} \\ \bar{\epsilon}_{yy} \\ \bar{\epsilon}_{xy} \end{array} \right\} \tag{3.63}$$

herstellt. Aufgrund der Tensortransformation (3.38) wird dieser Operator ermittelt zu

$$[L] = \begin{bmatrix} x_{,\xi}x_{,\xi} & y_{,\xi}y_{,\xi} & x_{,\xi}y_{,\xi} \\ x_{,\eta}x_{,\eta} & y_{,\eta}y_{,\eta} & x_{,\eta}y_{,\eta} \\ x_{,\xi}x_{,\eta} & y_{,\xi}y_{,\eta} & \frac{1}{2}(x_{,\xi}y_{,\eta} + x_{,\eta}y_{,\xi}) \end{bmatrix}.$$ (3.64)

3.10.3 Das Programm QUAD9

```
C*******************************************************************
C       FEM-PROGRAMM FUER ISOPARAMETRISCHE ELEMENTE
C*******************************************************************
C
        INTEGER MSG1(2),MSG2(2)
        COMMON / KONST   / NPOIN,NELEM,NNODE,NDOFN,NDIME,NPROP,NLAYR,
       1                   NSTRE,NGAUB,NGAUS,NMATS,NVFIX,NEVAB,NTOTV,
       2                   ICASE,NCASE,ITEMP,MBUFA,MELEM,MEVAB,MFRON,
       .                   MMATS,MPOIN,MVFIX,MTOTV,MSTIF,IELEM,NONL,LAM
        COMMON / XXXSEC / CPU0
C
        DATA MSG1 / 'ISOF' , 'EM  ' /
        DATA MSG2 / 'ISOF' , 'EM  ' /
C
        CPU0 = SECOND(X)
        CALL ANZEIGE ( MSG1,2,0)
C
C***    INITIALISIERUNG
C
        CALL INITIAL
C
C***    EINLESEN DER EINGABEDATEN
C
        CALL INPUT
C
C***    ERSTELLEN DER ELEMENTSTEIFIGKEITSMATRIZEN
C
        DO 05 IELEM = 1,NELEM
C
C       QUAD9-SCHALENELEMENT
C
        CALL QUAD9
C
   05 CONTINUE
C
C***    SCHLEIFE UEBER ANZAHL DER LASTFAELLE
C
        KRESL = 1
        DO 10 ICASE=1,NCASE
C
C***    BERECHNUNG DER RECHTEN SEITEN INFOLGE AEUSSERER LASTEN
C
        CALL LOADPB
C
C***    FRONT-LOESUNGSROUTINE
C
        CALL FRONT (KRESL,NONL)
        KRESL = 2
C
C       AUSGABE DER VERSCHIEBUNGEN
C
        CALL OUTDIS
C
C***    BERECHNUNG DER ELEMENTSPANNUNGEN
C
        CALL OUTSTR
C
   10 CONTINUE
C
        CALL ANZEIGE ( MSG2,2,0)
        STOP '      ALLES FERTIG'
        END
```

```fortran
      SUBROUTINE ANZEIGE(IW,NW,ISW)
C*****************************************************************
C     FUER  EINZELNE PROGRAMMSCHRITTE WIRD DIE UHRZEIT, DIE
C     ANWESENHEITSZEIT UND DIE CPZEIT IN DEN FILE  -OUTPUT-
C     GESCHRIEBEN .
C
C     P A R A M E T E R :
C     IW   =    WORT, DAS EINE NACHRICHT ENTHAELT. JEDES ELEMENT
C               VON IW HAT 4 CHARACTER .
C     NW   =    ANZAHL DER ELEMENTE VON IW.
C     ISW  =    STEUERPARAMETER
C          =    0 BEDEUTET NACHRICHT IN DAYFILE
C          =    1 BEDEUTET NACHRICHT IN OUTPUT-FILE
C
C*****************************************************************
C
      DIMENSION IW(NW)
      COMMON / XXXSEC / CPU0
      CHARACTER*8 NDATE,DTIME,ZEIT
C
      DATA IFRST / 0 /
C
C     SCHREIBE UEBERSCHRIFT FUER PROTOKOLL
C
      IF ( IFRST .NE. 0 ) GOTO 5
      CALL DATE ( NDATE)
      IFRST = IFRST + 1
      WRITE(*, 10)
      WRITE(* ,45)  NDATE
C
C     BESTIMME CPU-ZEIT UND ANWESENHEITSZEIT
C
    5 CP = SECOND (X) - CPU0
C*****ENTRY POINT IN ROUTINE DATE
      CALL DAYTIME (DTIME)
      CALL TIME (ZEIT)
C
      WRITE(* ,FMT=50) DTIME,ZEIT,CP,(IW(I),I=1,NW)
      RETURN
C
  10  FORMAT(//,30('>'),'    Q U A D 9 -  PROTOKOLL-FILE  ',30('<'))
  45  FORMAT(/,10X,'DATUM : ',A8,/)
  50  FORMAT(  10X,'ZEIT = ',A8,2X,'ANWESEND = ',A8,
     *           2X,'CPZEIT = ',F7.1,2X,'MODUL = ',10A4)
  60  FORMAT(72('-'))
  70  FORMAT(5X,A8,5X,F10.2,5X,F10.2,5X,10A4)
  80  FORMAT(72('*'))
      END
      SUBROUTINE DATE (ITIME)
C************************************************************************
C     DIE ROUTINE DATE ERMITTELT DAS JAHR,DEN MONAT,DEN TAG,DIE STUNDE,
C     DIE MINUTE UND DIE SEKUNDE
C
C     DATE HAT DIE ENTRY PUNKTE : DAYTIME UND TDATE
C************************************************************************
C
      INTEGER*2 TIMED(6),STD,MIN,SEK,TSTART
      INTEGER*4 IDATE(3)
      CHARACTER ITIME*8,ZEIT*8,T0*6
      COMMON / XXXSEC / CPU0,TSTART(6)
      EQUIVALENCE (T0,TSTART(1))
C
      IOPT = 1
C     ACHTUNG : APOLLO-ROUTINE ; SIEHE APOLLO FORTARN-MANUAL SEITE 4-8
C     TIMED(1) = JAHR
C     TIMED(2) = MONAT
C     TIMED(3) = TAG
C     TIMED(4) = STUNDE
C     TIMED(5) = MINUTE
C     TIMED(6) = SEKUNDE
   10 CALL CAL_$DECODE_LOCAL_TIME (TIMED)
C
      IF( IOP .EQ. 4 ) GOTO 50
```

```
C
      IF ( IOPT .EQ. 2 ) GOTO 20
C
C     AENDERN DER JAHRESZAHL IN Z.B. 83 ANSTATT 1983
      IY = TIMED(1)/100
      TIMED(1) = TIMED(1) - IY * 100
C
      IF ( IOP .EQ. 3) GOTO 40
C
C     ABSPEICHERN VON JAHR/MONAT/TAG
      WRITE(ITIME,'(I2,1H/,I2,1H/,I2)') (TIMED(I),I=1,3)
      DO 15 I = 4,6
   15 TSTART(I) = TIMED(I)
      RETURN
C*****
      ENTRY DAYTIME (ITIME)
C*****
      IOPT = 2
      GO TO 10
C     ABSPEICHERN VON STUNDE/MINUTE/SEKUNDE
   20 WRITE(ITIME,'(I2,1H:,I2,1H:,I2)') (TIMED(I),I=4,6)
      RETURN
C
C*****
      ENTRY TDATE(IDATE)
C*****
      IOP = 3
      GOTO 10
C
   40 DO 30 I=1,3
      IDATE(I) = TIMED(I)
   30 CONTINUE
      RETURN
C
C*****
      ENTRY TIME (ZEIT)
C*****
      IOP = 4
      GOTO 10
C
   50 SEK = TIMED(6) - TSTART(6)
      MIN = TIMED(5) - TSTART(5) - 1 + ( 60 + SEK ) / 60
      STD = TIMED(4) - TSTART(4) - 1 + ( 60 + MIN ) / 60
      IF( SEK .LT. 0 ) SEK = SEK + 60
      IF( MIN .LT. 0 ) MIN = MIN + 60
      WRITE(ZEIT,'(I2,1H:,I2,1H:,I2)') STD,MIN,SEK
C
      RETURN
      END



      SUBROUTINE AVERAG ( KOUNT )
C
C     EVALUATES AND PRINTS AVERAGED NODAL STRESS RESULTANTS
C
      DIMENSION KOUNT(900),STRES(8)
C
      DOUBLE PRECISION FIXED,ASDIS,ELOAD,TREAC,STRND,STRES,
     .                 ANGLE,PMMAX,PMMIN
C
      COMMON / KONST  / NPOIN,NELEM,NNODE,NDOFN,NDIME,NPROP,NLAYR,
     1                  NSTRE,NGAUB,NGAUS,NMATS,NVFIX,NEVAB,NTOTV,
     2                  ICASE,NCASE,ITEMP,MBUFA,MELEM,MEVAB,MFRON,
     .                  MMATS,MPOIN,MVFIX,MTOTV,MSTIF,KELEM,NONL,LAM
      COMMON / RESULT / FIXED(5400),ASDIS(5400),ELOAD(100,54),
     .                  TREAC(100,6),STRND(900,8)
C
C
      WRITE(6,900)
      WRITE(6,905)
C
```

```fortran
      DO 10 IPOIN = 1,NPOIN
      EJOIN = KOUNT(IPOIN)
C
      DO 05 ISTRE = 1,8
   05 STRES(ISTRE) = STRND(IPOIN,ISTRE) / EJOIN
C
      CALL PRINC ( ANGLE,PMMAX,PMMIN,STRES )
C
      WRITE(6,910) IPOIN,(STRES(ISTRE),ISTRE=1,8),PMMAX,PMMIN,ANGLE
   10 CONTINUE
C
C
C     FORMATANWEISUNGEN
C
  900 FORMAT(//,10X,20('-'),' G E M I T T E L T E   ',
     .                      'S C H N I T T L A S T E N ',20('-'),/)
  905 FORMAT(/,1X,'KNOTEN',2X,'NX-KRAFT',3X,'NY-KRAFT',2X,'NXY-KRAFT',
     .         2X,'MX-MOMENT',2X,'MY-MOMENT',2X,'MXY-MOMENT',2X,'XZ-SCHUB',
     .         2X,'YZ-SCHUB',4X,'MAX P.M.',3X,'MIN P.M.',3X,'WINKEL',/)
  910 FORMAT(1X,I5,11(1X,1PE10.3))
C
      RETURN
      END




      SUBROUTINE BENDM (ELCOD,ELDIS,ETASP,EXISP,KSAMP,LPROP,STRES)
C
C     EVALUATES AND PRINTS BENDING MOMENTS MX , MY , MXY  AND
C     PRINCIPAL MOMENTS M1 , M2 AND ANGLE
C
      DIMENSION ELDIS(6,9),ELCOD(3,9),CARTD(2,9),DERIV(2,9),
     .          DFLEX(3,3),DSHER(2,2),SHAPE(9),SPCOD(3,9),
     .          STRES(8),XJACI(4),XJACM(4),DMEM(3,3),DLAM(3,3)
C
      DOUBLE PRECISION ELCOD,ETASP,EXISP,POSGP2,POSGP3,POSSP,SHAPE,
     .                 CARTD,DERIV,DJACB,DFLEX,DSHER,XJACI,XJACM,
     .                 ELDIS,ANGLE,STRES,PMMAX,PMMIN,DMEM,DLAM
C
      COMMON / KONST  / NPOIN,NELEM,NNODE,NDOFN,NDIME,NPROP,NLAYR,
     1                  NSTRE,NGAUB,NGAUS,NMATS,NVFIX,NEVAB,NTOTV,
     2                  ICASE,NCASE,ITEMP,MBUFA,MELEM,MEVAB,MFRON,
     .                  MMATS,MPOIN,MVFIX,MTOTV,MSTIF,KELEM,NONL,LAM
C
      DATA DMEM / 9*0.D0 / , DFLEX / 9*0.D0 / , DLAM / 9*0.D0 /
C
      KSAMP = KSAMP + 1
C
      CALL LAGRAN9 ( EXISP,ETASP,SHAPE,DERIV)
      CALL JACOB2  ( KELEM,NNODE,DJACB,CARTD,DERIV,SHAPE,ELCOD,
     .               XJACI,XJACM,*100 )
C
      CALL MODPB ( DMEM,DFLEX,DLAM )
C
      CALL STRPB (CARTD,DMEM,DFLEX,ELDIS,SHAPE,STRES)
C
      CALL PRINC ( ANGLE,PMMAX,PMMIN,STRES)
C
      RETURN
C
  100 CONTINUE
      STOP ' PROGRAMMSTOP IN ROUTINE BENDM'
      END
```

```fortran
      SUBROUTINE BETRAG (VECTOR,NDIME,BET)
C
C***  ERMITTELN DES BETRAGES EINES VECTORS
C
      DOUBLE PRECISION VECTOR(NDIME),SUMM,BET
C
      SUMM = 0.D0
C
      DO 100 IDIME = 1, NDIME
  100 SUMM = SUMM + VECTOR(IDIME)**2
C
      BET = DSQRT ( SUMM )
C
      RETURN
      END




      SUBROUTINE BMATPB (KPVT,NNODE,CARTD,BMATX)
C********************************************************************
C     VERZERRUNGS-VERSCHIEBUNGSMATRIX FUER DEHNUNG (SCHEIBEN-) UND
C     BIEGUNG (PLATTEN-ELEMENTE).
C********************************************************************
C
      DOUBLE PRECISION CARTD(2,NNODE),BMATX(3,2),BMATY(3,2),SHAPE(NNODE)
C
      BMATX(1,1) =     0.D0
      BMATX(1,2) =     CARTD(1,KPVT)
      BMATX(2,1) = -   CARTD(2,KPVT)
      BMATX(2,2) =     0.D0
      BMATX(3,1) = -   CARTD(1,KPVT)
      BMATX(3,2) =     CARTD(2,KPVT)
C
      RETURN
C
C*****
      ENTRY BMATPM (KPVT,NNODE,CARTD,BMATY)
C*****
C
      BMATY(1,1) = CARTD(1,KPVT)
      BMATY(1,2) = 0.D0
      BMATY(2,1) = 0.D0
      BMATY(2,2) = CARTD(2,KPVT)
      BMATY(3,1) = CARTD(2,KPVT)
      BMATY(3,2) = CARTD(1,KPVT)
C
      RETURN
      END




      SUBROUTINE BMOTPB(BMETA,BMEXI,BSHEI,IPOS,SHAP1,SHAP2,XJACI)
C*******
C
C***  EVALUATES SUBSTITUTE B-MATRIX
C
C*******
C
      DOUBLE PRECISION BMETA(6,27),BMEXI(6,27),BSHER(2,3),SHAP1(6),
     .                 SHAP2(6),XJACI(2,2),BSHEI(2,3),INV,SUM1,SUM2
C
      COMMON / KONST  / NPOIN,NELEM,NNODE,NDOFN,NDIME,NPROP,NLAYR,
     1                  NSTRE,NGAUB,NGAUS,NMATS,NVFIX,NEVAB,NTOTV,
     2                  ICASE,NCASE,ITEMP,MBUFA,MELEM,MEVAB,MFRON,
     .                  MMATS,MPOIN,MVFIX,MTOTV,MSTIF,KELEM,NONL,LAM
C
C
      IPOSN = IPOS
C
      DO 20 IDOFN = 1,3
      SUM1 = 0.0
      SUM2 = 0.0
```

```fortran
      IPOSN=IPOSN+1
      DO 10 IGOSP=1,6
      SUM1 = SUM1 + BMEXI(IGOSP,IPOSN)*SHAP1(IGOSP)
      SUM2 = SUM2 + BMETA(IGOSP,IPOSN)*SHAP2(IGOSP)
   10 CONTINUE
      BSHER(1,IDOFN) = SUM1
      BSHER(2,IDOFN) = SUM2
   20 CONTINUE
C
      DO 50 ISTRE=1,2
      BSHEI(ISTRE,1)=0.0
      BSHEI(ISTRE,2)=0.0
      BSHEI(ISTRE,3)=0.0
      DO 40 JSTRE=1,2
      INV = XJACI(ISTRE,JSTRE)
      DO 30 IDOFN = 1,3
      BSHEI(ISTRE,IDOFN) = BSHEI(ISTRE,IDOFN) +
     .                     INV * BSHER(JSTRE,IDOFN)
   30 CONTINUE
   40 CONTINUE
   50 CONTINUE
C
      RETURN
      END




      SUBROUTINE BMOTPB91 (BMETA,BMEXI,BMETA1,BMEXI1,BMEM,IPOS,
     .                     SHAP1,SHAP2,XJACM,THETA)
C
C     EVALUATES SUBSTITUTE B-MATRIX FUER QUAD9
C
      DOUBLE PRECISION BMETA(6,27),BMEXI(6,27),BMETA1(6,27),
     .                 THETA(3,3),
     .                 BMEXI1(6,27),BSHER(2,3),BSHER1(2,3),SHAP1(6),
     .                 SHAP2(6),XJACM(2,2),BMEM(3,3),BMEMJ(3,3),SUM1,
     .                 SUM2,LMAT(3,3),LMATI(3,3),DET,SUM3,SUM4
C
      IPOSN = IPOS
C
      DO 20 IDOFN = 1,3
      SUM1 = 0.D0
      SUM2 = 0.D0
      SUM3 = 0.D0
      SUM4 = 0.D0
      IPOSN=IPOSN+1
      DO 10 IGOSP=1,6
      SUM1 = SUM1 + BMEXI(IGOSP,IPOSN) *SHAP1(IGOSP)
      SUM2 = SUM2 + BMETA(IGOSP,IPOSN) *SHAP2(IGOSP)
      SUM3 = SUM3 + BMEXI1(IGOSP,IPOSN)*SHAP1(IGOSP)
      SUM4 = SUM4 + BMETA1(IGOSP,IPOSN)*SHAP2(IGOSP)
   10 CONTINUE
      BSHER(1,IDOFN)  = SUM1
      BSHER(2,IDOFN)  = SUM2
      BSHER1(1,IDOFN) = SUM3
      BSHER1(2,IDOFN) = SUM4
   20 CONTINUE
C
      DO 30 J      = 1,3
      BMEMJ(1,J) = BSHER(1,J)
      BMEMJ(2,J) = BSHER(2,J)
      BMEMJ(3,J) = 0.5D0 * ( BSHER1(1,J) + BSHER1(2,J) )
   30 CONTINUE
C
      LMAT(1,1) = XJACM(1,1) * XJACM(1,1)
      LMAT(1,2) = XJACM(1,2) * XJACM(1,2)
      LMAT(1,3) = XJACM(1,1) * XJACM(1,2)
      LMAT(2,1) = XJACM(2,1) * XJACM(2,1)
      LMAT(2,2) = XJACM(2,2) * XJACM(2,2)
      LMAT(2,3) = XJACM(2,1) * XJACM(2,2)
      LMAT(3,1) = XJACM(1,1) * XJACM(2,1)
```

```fortran
      LMAT(3,2) = XJACM(1,2) * XJACM(2,2)
      LMAT(3,3) = 0.5D0*(XJACM(1,1)*XJACM(2,2) + XJACM(2,1)*XJACM(1,2))
C
      CALL INV3D (LMAT,LMATI,DET)
C
      CALL MATMUL (LMATI,3,3,BMEMJ,3,3,BMEM,3,3,2)
C
      RETURN
      END




      SUBROUTINE BMOTPS (BMETAS,BMEXIS,BSHEI,IPOS,SHAP1,SHAP2,XJACI)
C*******
C
C***   EVALUATES SUBSTITUTE B-MATRIX
C
C*******
C
      DOUBLE PRECISION BMETAS(6,27),BMEXIS(6,27),BSHER(2,3),SHAP1(6),
     .                 SHAP2(6),XJACI(2,2),BSHEI(2,3),INV,SUM1,SUM2
C
      COMMON / KONST  / NPOIN,NELEM,NNODE,NDOFN,NDIME,NPROP,NLAYR,
     1                  NSTRE,NGAUB,NGAUS,NMATS,NVFIX,NEVAB,NTOTV,
     2                  ICASE,NCASE,ITEMP,MBUFA,MELEM,MEVAB,MFRON,
     .                  MMATS,MPOIN,MVFIX,MTOTV,MSTIF,KELEM,NONL,LAM
C
      IPOSN = IPOS
C
      DO 20 IDOFN = 1, 3
C
      SUM1 = 0.0
      SUM2 = 0.0
C
      IPOSN = IPOSN+1
C
      DO 10 IGOSP = 1, 6
      SUM1 = SUM1 + BMEXIS(IGOSP,IPOSN) * SHAP1(IGOSP)
      SUM2 = SUM2 + BMETAS(IGOSP,IPOSN) * SHAP2(IGOSP)
   10 CONTINUE
C
      BSHER(1,IDOFN) = SUM1
      BSHER(2,IDOFN) = SUM2
C
   20 CONTINUE
C
      DO 50 ISTRE = 1, 2
C
      BSHEI(ISTRE,1) = 0.0
      BSHEI(ISTRE,2) = 0.0
      BSHEI(ISTRE,3) = 0.0
C
      DO 40 JSTRE = 1, 2
      INV = XJACI(ISTRE,JSTRE)
C
      DO 30 IDOFN = 1, 3
      BSHEI(ISTRE,IDOFN) = BSHEI(ISTRE,IDOFN) +
     .                     INV * BSHER(JSTRE,IDOFN)
C
   30 CONTINUE
C
   40 CONTINUE
C
   50 CONTINUE
C
      RETURN
      END
```

```fortran
      SUBROUTINE BSAMP(BMETA,BMEXI,ELCOD)
C******
C
C***  SAMPLES B-MATRIX AT 12 POINTS
C
C******
C
      DOUBLE PRECISION BMETA(6,27),BMEXI(6,27),BSHEI(2,3),
     .                 CARTD(2,9),DERIV(2,9),ELCOD(3,9),
     .                 PASGP(3),POSGP(2),SHAPE(9),WEIGP(2),DJACB,
     .                 XJACI(2,2),XJACM(2,2),EXISP,ETASP
C
      COMMON / KONST  / NPOIN,NELEM,NNODE,NDOFN,NDIME,NPROP,NLAYR,
     1                  NSTRE,NGAUB,NGAUS,NMATS,NVFIX,NEVAB,NTOTV,
     2                  ICASE,NCASE,ITEMP,MBUFA,MELEM,MEVAB,MFRON,
     .                  MMATS,MPOIN,MVFIX,MTOTV,MSTIF,KELEM,NONL,LAM
C
      DATA PASGP /  1.0 , 0.0, -1.0 /
      DATA POSGP / -0.577350269189626D0 ,           0.577350269189626D0 /
C     DATA POSGP / -0.5D0 , 0.5D0 /
C
      KGISP=0
      DO 40 ISAMP=1,2
      EXISP=POSGP(ISAMP)
      DO 30 JSAMP=1,3
      KGISP=KGISP+1
      ETASP=PASGP(JSAMP)
C
      CALL LAGRAN9 ( EXISP,ETASP,SHAPE,DERIV)
      CALL JACOB2 ( KELEM,NNODE,DJACB,CARTD,DERIV,SHAPE,ELCOD,
     .              XJACI,XJACM,*101)
C
      IPOS = 0
      DO 20 INODE=1,NNODE
C
      IPOS = IPOS + 1
      BMEXI(KGISP,IPOS) =    XJACM(1,1) * CARTD(1,INODE)
     .                     + XJACM(1,2) * CARTD(2,INODE)
      IPOS = IPOS + 1
      BMEXI(KGISP,IPOS) = - XJACM(1,2) * SHAPE(INODE)
      IPOS = IPOS + 1
      BMEXI(KGISP,IPOS) =    XJACM(1,1) * SHAPE(INODE)
C
   20 CONTINUE
C
   30 CONTINUE
C
   40 CONTINUE
C
      KGISP=0
      DO 80 ISAMP=1,2
      ETASP=POSGP(ISAMP)
      DO 70 JSAMP=1,3
      EXISP=PASGP(JSAMP)
      KGISP=KGISP+1
C
      CALL LAGRAN9 ( EXISP,ETASP,SHAPE,DERIV)
      CALL JACOB2 ( KELEM,NNODE,DJACB,CARTD,DERIV,SHAPE,ELCOD,
     .              XJACI,XJACM,*101)
C
      IPOS = 0
      DO 60 INODE=1,NNODE
C
      IPOS = IPOS + 1
      BMETA(KGISP,IPOS) =    XJACM(2,1) * CARTD(1,INODE)
     .                     + XJACM(2,2) * CARTD(2,INODE)
      IPOS = IPOS + 1
      BMETA(KGISP,IPOS) = - XJACM(2,2) * SHAPE(INODE)
      IPOS = IPOS + 1
      BMETA(KGISP,IPOS) =    XJACM(2,1) * SHAPE(INODE)
C
   60 CONTINUE
```

```fortran
C
   70 CONTINUE
C
   80 CONTINUE
C
      RETURN
C
  101 CONTINUE
      STOP ' PROGRAMMSTOP IN ROUTINE BSAMP'
      END


      SUBROUTINE BSAMP91 (BMETA,BMEXI,ELCOD)
C
C     SAMPLES B-MATRIX AT 12 POINTS FUER QUAD9
C
      INTEGER MSG(3)
      COMMON / KONST  / NPOIN,NELEM,NNODE,NDOFN,NDIME,NPROP,NLAYR,
     1                  NSTRE,NGAUB,NGAUS,NMATS,NVFIX,NEVAB,NTOTV,
     2                  ICASE,NCASE,ITEMP,MBUFA,MELEM,MEVAB,MFRON,
     .                  MMATS,MPOIN,MVFIX,MTOTV,MSTIF,KELEM,NONL,LAM
C
      DOUBLE PRECISION BMETA(6,27),BMEXI(6,27),W0(2),
     .                 CARTD(2,9),DERIV(2,9),ELCOD(3,9),
     .                 PASGP(3),POSGP(2),SHAPE(9),DJACB,
     .                 XJACI(2,2),XJACM(2,2),EXISP,ETASP
C
      DATA PASGP  /  1.0 , 0.0, -1.0 /
      DATA POSGP  / -0.577350269189626D0 ,        0.577350269189626D0 /
C     DATA POSGP  / -0.70D0 , 0.70D0 /
C
      KGISP=0
      DO 40 ISAMP=1,2
      EXISP=POSGP(ISAMP)
      DO 30 JSAMP=1,3
      KGISP=KGISP+1
      ETASP=PASGP(JSAMP)
C
      CALL LAGRAN9 ( EXISP,ETASP,SHAPE,DERIV)
      CALL JACOB2  ( KELEM,9,DJACB,CARTD,DERIV,SHAPE,ELCOD,
     .               XJACI,XJACM,*101 )
      CALL MARGUERRE (NNODE,DERIV,XJACI,ELCOD,W0)
C
      IPOS = 0
      DO 20 INODE=1,NNODE
C
      IPOS = IPOS + 1
      BMEXI(KGISP,IPOS) = XJACM(1,1) * ( XJACM(1,1) *
     *  CARTD(1,INODE)
     .                                 + XJACM(1,2) *
     *  CARTD(2,INODE))
      IPOS = IPOS + 1
      BMEXI(KGISP,IPOS) = XJACM(1,2) * ( XJACM(1,2) *
     * CARTD(2,INODE)
     .                                 + XJACM(1,1) *
     * CARTD(1,INODE))
      IPOS = IPOS + 1
      BMEXI(KGISP,IPOS) = XJACM(1,1)*XJACM(1,1)*
     * W0(1)*CARTD(1,INODE)
     .                    +XJACM(1,2)*XJACM(1,2)*
     * W0(2)*CARTD(2,INODE)
     .
     * +XJACM(1,1)*XJACM(1,2)*(W0(1)*CARTD(2,INODE)
     .
     * +W0(2)*CARTD(1,INODE))
C
   20 CONTINUE
C
   30 CONTINUE
C
   40 CONTINUE
C
```

```fortran
      KGISP=0
      DO 80 ISAMP=1,2
      ETASP=POSGP(ISAMP)
      DO 70 JSAMP=1,3
      EXISP=PASGP(JSAMP)
      KGISP=KGISP+1
C
      CALL LAGRAN9 ( EXISP,ETASP,SHAPE,DERIV)
      CALL JACOB2   ( KELEM,9,DJACB,CARTD,DERIV,SHAPE,ELCOD,
     .                XJACI,XJACM,*101 )
      CALL MARGUERRE (NNODE,DERIV,XJACI,ELCOD,W0)
C
      IPOS = 0
      DO 60 INODE=1,NNODE
C
      IPOS = IPOS + 1
      BMETA(KGISP,IPOS) = XJACM(2,1) * ( XJACM(2,1) * CARTD(1,INODE)
     .                                 + XJACM(2,2) * CARTD(2,INODE))
      IPOS = IPOS + 1
      BMETA(KGISP,IPOS) = XJACM(2,2) * ( XJACM(2,2) * CARTD(2,INODE)
     .                                 + XJACM(2,1) * CARTD(1,INODE))
      IPOS = IPOS + 1
      BMETA(KGISP,IPOS) = XJACM(2,1)*XJACM(2,1)* W0(1)*CARTD(1,INODE)
     .                   +XJACM(2,2)*XJACM(2,2)* W0(2)*CARTD(2,INODE)
     .                   +XJACM(2,1)*XJACM(2,2)*(W0(1)*CARTD(2,INODE)
     .                                         +W0(2)*CARTD(1,INODE))
C
   60 CONTINUE
C
   70 CONTINUE
C
   80 CONTINUE
C
      RETURN
C
  101 CONTINUE
      STOP ' PROGRAMMSTOP IN ROUTINE BSAMP'
      END




      SUBROUTINE BSAMP92 (BMETA,BMEXI,ELCOD)
C
C     SAMPLES B-MATRIX AT 12 POINTS FUER QUAD9
C
      INTEGER MSG(3)
      COMMON / KONST   / NPOIN,NELEM,NNODE,NDOFN,NDIME,NPROP,NLAYR,
     1                   NSTRE,NGAUB,NGAUS,NMATS,NVFIX,NEVAB,NTOTV,
     2                   ICASE,NCASE,ITEMP,MBUFA,MELEM,MEVAB,MFRON,
     .                   MMATS,MPOIN,MVFIX,MTOTV,MSTIF,KELEM,NONL,LAM
C
      DOUBLE PRECISION BMETA(6,27),BMEXI(6,27),W0(2),
     .                 CARTD(2,9),DERIV(2,9),ELCOD(3,9),
     .                 PASGP(3),POSGP(2),SHAPE(9),DJACB,
     .                 XJACI(2,2),XJACM(2,2),EXISP,ETASP
C
      DATA PASGP  /  1.0 , 0.0, -1.0 /
      DATA POSGP  / -0.577350269189626D0 ,          0.577350269189626D0 /
C     DATA POSGP  / -0.70D0 , 0.70D0 /
C
      KGISP=0
      DO 40 ISAMP=1,2
      EXISP=POSGP(ISAMP)
      DO 30 JSAMP=1,3
      KGISP=KGISP+1
      ETASP=PASGP(JSAMP)
C
      CALL LAGRAN9 ( EXISP,ETASP,SHAPE,DERIV)
      CALL JACOB2   ( KELEM,9,DJACB,CARTD,DERIV,SHAPE,ELCOD,
     .                XJACI,XJACM,*101 )
      CALL MARGUERRE (NNODE,DERIV,XJACI,ELCOD,W0)
C
```

```fortran
      IPOS = 0
      DO 20 INODE=1,NNODE
C
      IPOS = IPOS + 1
      BMEXI(KGISP,IPOS) = XJACM(1,1) * XJACM(2,1) * CARTD(1,INODE)
     .                    + 0.5 * ( XJACM(1,1) * XJACM(2,2)   +
     .                              XJACM(2,1) * XJACM(1,2))
     .                    * CARTD(2,INODE)
      IPOS = IPOS + 1
      BMEXI(KGISP,IPOS) = XJACM(1,2) * XJACM(2,2) * CARTD(2,INODE)
     .                    + 0.5 * ( XJACM(1,1) * XJACM(2,2)   +
     .                              XJACM(2,1) * XJACM(1,2))
     .                    * CARTD(1,INODE)
      IPOS = IPOS + 1
      BMEXI(KGISP,IPOS) = XJACM(1,1)*XJACM(2,1)* WO(1)*CARTD(1,INODE)
     .                    +XJACM(1,2)*XJACM(2,2)* WO(2)*CARTD(2,INODE)
     .                    + 0.5  * ( XJACM(1,1) * XJACM(2,2)   +
     .                               XJACM(2,1) * XJACM(1,2))
     .                    *(WO(1)*CARTD(2,INODE)+WO(2)*CARTD(1,INODE))
C
   20 CONTINUE
C
   30 CONTINUE
C
   40 CONTINUE
C
      KGISP=0
      DO 80 ISAMP=1,2
      ETASP=POSGP(ISAMP)
      DO 70 JSAMP=1,3
      EXISP=PASGP(JSAMP)
      KGISP=KGISP+1
C
      CALL LAGRAN9 ( EXISP,ETASP,SHAPE,DERIV)
      CALL JACOB2  ( KELEM,9',DJACB,CARTD,DERIV,SHAPE,ELCOD,
     .               XJACI,XJACM,*101 )
      CALL MARGUERRE (NNODE,DERIV,XJACI,ELCOD,WO)
C
      IPOS = 0
      DO 60 INODE=1,NNODE
C
      IPOS = IPOS + 1
      BMETA(KGISP,IPOS) = XJACM(1,1) * XJACM(2,1) * CARTD(1,INODE)
     .                    + 0.5 * ( XJACM(1,1) * XJACM(2,2)   +
     .                              XJACM(2,1) * XJACM(1,2))
     .                    * CARTD(2,INODE)
      IPOS = IPOS + 1
      BMETA(KGISP,IPOS) = XJACM(1,2) * XJACM(2,2) * CARTD(2,INODE)
     .                    + 0.5 * ( XJACM(1,1) * XJACM(2,2)   +
     .                              XJACM(2,1) * XJACM(1,2))
     .                    * CARTD(1,INODE)
      IPOS = IPOS + 1
      BMETA(KGISP,IPOS) = XJACM(1,1)*XJACM(2,1)* WO(1)*CARTD(1,INODE)
     .                    +XJACM(1,2)*XJACM(2,2)* WO(2)*CARTD(2,INODE)
     .                    + 0.5  * ( XJACM(1,1) * XJACM(2,2)   +
     .                               XJACM(2,1) * XJACM(1,2))
     .                    *(WO(1)*CARTD(2,INODE)+WO(2)*CARTD(1,INODE))
C
   60 CONTINUE
C
   70 CONTINUE
C
   80 CONTINUE
C
      RETURN
C
  101 CONTINUE
      STOP ' PROGRAMMSTOP IN ROUTINE BSAMP'
      END
```

```fortran
      SUBROUTINE BSAMPS (BMETAS,BMEXIS,ELCOD)
C******
C
C***   SAMPLES B-MATRIX AT 12 POINTS
C
C******
C
      DOUBLE PRECISION BMETAS(6,27),BMEXIS(6,27),BSHEI(2,3),
     .                 CARTD(2,9),DERIV(2,9),ELCOD(3,9),
     .                 PASGP(3),POSGP(2),SHAPE(9),WEIGP(2),DJACB,
     .                 XJACI(2,2),XJACM(2,2),EXISP,ETASP
C
      COMMON / KONST  / NPOIN,NELEM,NNODE,NDOFN,NDIME,NPROP,NLAYR,
     1                  NSTRE,NGAUB,NGAUS,NMATS,NVFIX,NEVAB,NTOTV,
     2                  ICASE,NCASE,ITEMP,MBUFA,MELEM,MEVAB,MFRON,
     .                  MMATS,MPOIN,MVFIX,MTOTV,MSTIF,KELEM,NONL,LAM
C
      DATA PASGP  /  1.0 , 0.0, -1.0 /
      DATA POSGP  / -0.577350269189626D0 ,       0.577350269189626D0 /
      DATA WEIGP  /  1.D0 , 1.D0  /
C
      KGISP=0
      DO 40 ISAMP=1,2
      EXISP=POSGP(ISAMP)
      DO 30 JSAMP=1,3
      KGISP=KGISP+1
      ETASP=PASGP(JSAMP)
C
      CALL LAGRAN9 ( EXISP,ETASP,SHAPE,DERIV)
      CALL JACOB2  ( KELEM,NNODE,DJACB,CARTD,DERIV,SHAPE,ELCOD,
     .               XJACI,XJACM,*101)
C
      IPOS = 0
C
      DO 20 INODE=1,NNODE
C
      IPOS = IPOS + 1
C
      BMEXIS(KGISP,IPOS) =   XJACM(1,1) * CARTD(1,INODE)
     .                     + XJACM(1,2) * CARTD(2,INODE)
C
      IPOS = IPOS + 1
C
      BMEXIS(KGISP,IPOS) = - XJACM(1,2) * SHAPE(INODE)
C
      IPOS = IPOS + 1
C
      BMEXIS(KGISP,IPOS) =   XJACM(1,1) * SHAPE(INODE)
C
   20 CONTINUE
C
   30 CONTINUE
C
   40 CONTINUE
C
      KGISP=0
      DO 80 ISAMP=1,2
      ETASP=POSGP(ISAMP)
      DO 70 JSAMP=1,3
      EXISP=PASGP(JSAMP)
      KGISP=KGISP+1
C
      CALL LAGRAN9 ( EXISP,ETASP,SHAPE,DERIV)
      CALL JACOB2  ( KELEM,NNODE,DJACB,CARTD,DERIV,SHAPE,ELCOD,
     .               XJACI,XJACM,*101)
C
      IPOS = 0
C
      DO 60 INODE=1,NNODE
C
      IPOS = IPOS + 1
C
```

```fortran
      BMETAS(KGISP,IPOS) =      XJACM(2,1) * CARTD(1,INODE)
     .                        + XJACM(2,2) * CARTD(2,INODE)
C
      IPOS = IPOS + 1
C
      BMETAS(KGISP,IPOS) =    - XJACM(2,2) * SHAPE(INODE)
C
      IPOS = IPOS + 1
C
      BMETAS(KGISP,IPOS) =      XJACM(2,1) * SHAPE(INODE)
C
   60 CONTINUE
C
   70 CONTINUE
C
   80 CONTINUE
C
      RETURN
C
  101 CONTINUE
      STOP ' PROGRAMMSTOP IN ROUTINE BSAMPS '
      END


      SUBROUTINE CHECK1
C
C***  TO CRITICIZE THE DATA CONTROL CARD AND
C     PRINT ANY DIAGNOSTICS
C
      DIMENSION NEROR(27),NTITL(80)
C
      COMMON / KONST  / NPOIN,NELEM,NNODE,NDOFN,NDIME,NPROP,NLAYR,
     1                  NSTRE,NGAUB,NGAUS,NMATS,NVFIX,NEVAB,NTOTV,
     2                  ICASE,NCASE,ITEMP,MBUFA,MELEM,MEVAB,MFRON,
     .                  MMATS,MPOIN,MVFIX,MTOTV,MSTIF,KELEM,NONL,LAM
C
      CALL SETINT ( NEROR(1),1,27,1,0)
C
C
C***  CREATE THE DIAGNOSTIC MESSAGES
C
      IF( NPOIN .LE. 0 .OR. NPOIN .GT. MPOIN ) NEROR(1)=1
      IF(NELEM*NNODE.LT.NPOIN) NEROR(2)=1
      IF(NVFIX.LT.1.OR.NVFIX.GT.NPOIN) NEROR(3)=1
      IF(NCASE.LE.0) NEROR(4)=1
      IF(NNODE.LT.3.OR.NNODE.GT.9) NEROR(6)=1
      IF(NMATS.LE.0.OR.NMATS.GT.NELEM) NEROR(8)=1
C
C***  EITHER RETURN,OR ELSE PRINT THE ERRORS DIAGNOSED
C
      DO 20 IEROR=1,12
      IF(NEROR(IEROR).EQ.0) GO TO 20
      WRITE(6,920) IEROR
  920 FORMAT(//,5X,'***** DIAGNOSE DURCH CHECK1;  FEHLER = ',I3)
      GOTO 100
C
   20 CONTINUE
      RETURN
C
C***  OTHERWISE ECHO ALL THE REMAINING DATA WITHOUT FURTHER COMMENT
C
      ENTRY ECHO
C
  100 CONTINUE
      WRITE(6,900)
  900 FORMAT(//,'RESTLICHE EINGABEZEILEN NACH FEHLERDIAGNOSE :'/)
   10 READ(5,905,ERR=1000) NTITL
  905 FORMAT(80A1)
      WRITE(6,910) NTITL
  910 FORMAT(20X,80A1)
      GO TO 10
C
 1000 CONTINUE
      STOP ' ABBRUCH IN ROUTINE CHECK1'
      END
```

```
      SUBROUTINE CHECK2
C
C***   TO CRITICIZE THE DATA FROM SUBROUTINE INPUT
C
      DIMENSION NDFRO(50),NEROR(27)
C
C
      COMMON / KONST   / NPOIN,NELEM,NNODE,NDOFN,NDIME,NPROP,NLAYR,
     1                   NSTRE,NGAUB,NGAUS,NMATS,NVFIX,NEVAB,NTOTV,
     2                   ICASE,NCASE,ITEMP,MBUFA,MELEM,MEVAB,MFRON,
     .                   MMATS,MPOIN,MVFIX,MTOTV,MSTIF,KELEM,NONL,LAM
      COMMON / GLOBAL / COORD(900,3),PROPS(10,23),PRESC(100,6),
     2                   NOFIX(100),IFFIX(5400),LNODS(100,9),
     3                   MATNO(100),SHOEHE(10),WDICKE
C
C
C
C***   CHECK AGAINST TWO IDENTICAL NONZERO NODAL COORDINATES
C
      CALL SETINT (NDFRO(1),1,50,1,0)
      CALL SETINT (NEROR(1),1,27,1,0)
C
      DO 40 IPOIN = 2,NPOIN
      KPOIN          = IPOIN - 1
C
      DO 30 JPOIN = 1,KPOIN
C
      DO 20 IDIME = 1,NDIME
      IF( COORD(IPOIN,IDIME) .NE. COORD(JPOIN,IDIME)) GO TO 30
   20 CONTINUE
      NEROR(13)=NEROR(13)+1
C
   30 CONTINUE
C
   40 CONTINUE
C
C***   CHECK THE LIST OF ELEMENT PROPERTY NUMBERS
C
      DO 50 IELEM=1,NELEM
   50 IF(MATNO(IELEM).LE.0.OR.MATNO(IELEM).GT. NMATS)
     .                                          NEROR(14)=NEROR(14)+1
C
C***   CHECK FOR IMPOSSIBLE NODE NUMBERS
C
      DO 70 IELEM=1,NELEM
      DO 60 INODE=1,NNODE
      IF(LNODS(IELEM,INODE).EQ.0) NEROR(15) = NEROR(15)+1
   60 IF(LNODS(IELEM,INODE).LT.0.OR.LNODS(IELEM,
     . INODE).GT.NPOIN) NEROR(16)=NEROR(16)+1
   70 CONTINUE
C
C***   CHECK FOR ANY REPETITION OF A NODE NUMBER WITHIN AN ELEMENT
C
      DO 140 IPOIN=1,NPOIN
      KSTAR=0
      DO 100 IELEM=1,NELEM
      KZERO=0
      DO 90 INODE=1,NNODE
      IF(LNODS(IELEM,INODE).NE.IPOIN) GO TO 90
      KZERO=KZERO+1
      IF(KZERO.GT.1) NEROR(17)=NEROR(17)+1
C
C***   SEEK FIRST,LAST AND INTERMEDIATE APPEARANCES OF NODE IPOIN
C
      IF(KSTAR.NE.0) GO TO 80
      KSTAR=IELEM
C
C***   CALCULATE INCREASE OR DECREASE IN FRONTWIDTH AT EACH ELEMENT STAGE
C
      NDFRO(IELEM)=NDFRO(IELEM)+NDOFN
   80 CONTINUE
C
C***   AND CHANGE THE SIGN OF THE LAST APPEARANCE OF EACH NODE
```

```fortran
C
      KLAST=IELEM
      NLAST=INODE
   90 CONTINUE
  100 CONTINUE
      IF(KSTAR.EQ.0) GO TO 110
      IF(KLAST.LT.NELEM) NDFRO(KLAST+1) = NDFRO(KLAST+1)-NDOFN
      LNODS(KLAST,NLAST)=-IPOIN
      GO TO 140
C
C***  CHECK THAT COORDINATES FOR AN UNUSED NODE HAVE
C     NOT BEEN SPECIFIED
C
  110 WRITE(6,900) IPOIN
  900 FORMAT(/5X,'KNOTEN = ',I4,' NICHT ELEMENTTABELLE')
      NEROR(18)=NEROR(18)+1
      SIGMA=0.0
      DO 120 IDIME=1,NDIME
  120 SIGMA=SIGMA+ABS(COORD(IPOIN,IDIME))
      IF(SIGMA.NE.0.0) NEROR(19)=NEROR(19)+1
C
C***  CHECK THAT AN UNUSED NODE NUMBER IS NOT
C     A RESTRAINED NODE
C
      DO 130 IVFIX=1,NVFIX
  130 IF(NOFIX(IVFIX).EQ.IPOIN) NEROR(20)= NEROR(20)+1
  140 CONTINUE
C
C***  CALCULATE THE LARGEST FRONTWIDTH
C
      NFRON=0
      KFRON=0
      DO 150 IELEM=1,NELEM
      NFRON=NFRON+NDFRO(IELEM)
  150 IF(NFRON.GT.KFRON) KFRON=NFRON
      WRITE(6,905) KFRON
  905 FORMAT(//5X,'MAX. FRONTBREITE = ',I5)
      IF(KFRON.GT.MFRON) NEROR(21)=1
C
C***  CONTINUE CHECKING THE DATA FOR THE FIXED VALUES
C
      DO 170 IVFIX=1,NVFIX
      IF( NOFIX(IVFIX) .LE. 0 .OR. NOFIX(IVFIX)
     . .GT. NPOIN)    NEROR(22) = NEROR(22) + 1
      KOUNT=0
      NLOCA = (NOFIX(IVFIX)-1)*NDOFN
      DO 160 IDOFN=1,NDOFN
      NLOCA = NLOCA + 1
  160 IF(IFFIX(NLOCA).GT.0) KOUNT=1
      IF( KOUNT .EQ. 0 ) NEROR(23) = NEROR(23) + 1
      KVFIX=IVFIX-1
      DO 170 JVFIX=1,KVFIX
  170 IF(IVFIX.NE.1.AND.NOFIX(IVFIX).EQ. NOFIX(JVFIX))
     .                      NEROR(24)=NEROR(24)+1
      KEROR=0
      DO 180 IEROR=13,24
      IF(NEROR(IEROR).EQ.0) GO TO 180
      KEROR=1
      WRITE(6,910) IEROR,NEROR(IEROR)
  910 FORMAT(//5X,' DIAGNOSE DURCH CHECK2; FEHLER = ',I3,
     .            3X,'NUMMER = ',I5)
  180 CONTINUE
      IF(KEROR.NE.0) GO TO 200
C
C***  RETURN ALL NODAL CONNECTION NUMBERS TO
C     POSITIVE VALUES
C
      DO 190 IELEM=1,NELEM
      DO 190 INODE=1,NNODE
  190 LNODS(IELEM,INODE)=IABS(LNODS(IELEM,INODE))
C
      RETURN
C
  200 CALL ECHO
C
      END
```

```fortran
      SUBROUTINE DATE (ITIME)
C*********************************************************************
C     DIE ROUTINE DATE ERMITTELT DAS JAHR,DEN MONAT,DEN TAG,DIE STUNDE,
C     DIE MINUTE UND DIE SEKUNDE
C
C     DATE HAT DIE ENTRY PUNKTE : DAYTIME UND TDATE
C*********************************************************************
C
      INTEGER*2  TIMED(6),STD,MIN,SEK,TSTART
      INTEGER*4  IDATE(3)
      CHARACTER  ITIME*8,ZEIT*8,T0*6
      COMMON / XXXSEC / CPU0,TSTART(6)
      EQUIVALENCE (T0,TSTART(1))
C
      IOPT = 1
C     ACHTUNG : APOLLO-ROUTINE ; SIEHE APOLLO FORTARN-MANUAL SEITE 4-8
C     TIMED(1) = JAHR
C     TIMED(2) = MONAT
C     TIMED(3) = TAG
C     TIMED(4) = STUNDE
C     TIMED(5) = MINUTE
C     TIMED(6) = SEKUNDE
   10 CALL CAL_$DECODE_LOCAL_TIME (TIMED)
C
      IF( IOP .EQ. 4 ) GOTO 50
C
      IF ( IOPT .EQ. 2 ) GOTO 20
C
C     AENDERN DER JAHRESZAHL IN Z.B. 83 ANSTATT 1983
      IY = TIMED(1)/100
      TIMED(1) = TIMED(1) - IY * 100
C
      IF ( IOP .EQ. 3) GOTO 40
C
C     ABSPEICHERN VON JAHR/MONAT/TAG
      WRITE(ITIME,'(I2,1H/,I2,1H/,I2)') (TIMED(I),I=1,3)
      DO 15 I = 4,6
   15 TSTART(I) = TIMED(I)
      RETURN
C*****
      ENTRY DAYTIME (ITIME)
C*****
      IOPT = 2
      GO TO 10
C     ABSPEICHERN VON STUNDE/MINUTE/SEKUNDE
   20 WRITE(ITIME,'(I2,1H:,I2,1H:,I2)') (TIMED(I),I=4,6)
      RETURN
C
C*****
      ENTRY TDATE(IDATE)
C*****
      IOP = 3
      GOTO 10
C
   40 DO 30 I=1,3
      IDATE(I) = TIMED(I)
   30 CONTINUE
      RETURN
C
C*****
      ENTRY TIME (ZEIT)
C*****
      IOP = 4
      GOTO 10
C
   50 SEK = TIMED(6) - TSTART(6)
      MIN = TIMED(5) - TSTART(5) - 1 + ( 60 + SEK ) / 60
      STD = TIMED(4) - TSTART(4) - 1 + ( 60 + MIN ) / 60
      IF( SEK .LT. 0 ) SEK = SEK + 60
      IF( MIN .LT. 0 ) MIN = MIN + 60
      WRITE(ZEIT,'(I2,1H:,I2,1H:,I2)') STD,MIN,SEK
C
      RETURN
      END
```

```fortran
      SUBROUTINE GRADIENT ( CARTD,DGRAD,ELDIS )
C
C     GRADIENTENVEKTOR SAEMTLICHER VERSCHIEBUNGEN + ROTATIONEN
C
      DIMENSION ELDIS(6,9),CARTD(2,9),DGRAD(12)
C
      DOUBLE PRECISION CARTD,DX,DY,DGRAD,ELDIS,CONST
C
      COMMON / KONST  / NPOIN,NELEM,NNODE,NDOFN,NDIME,NPROP,NLAYR,
     1                  NSTRE,NGAUB,NGAUS,NMATS,NVFIX,NEVAB,NTOTV,
     2                  ICASE,NCASE,ITEMP,MBUFA,MELEM,MEVAB,MFRON,
     .                  MMATS,MPOIN,MVFIX,MTOTV,MSTIF,KELEM,NONL,LAM
C
C
      CALL SETRDP ( DGRAD(1),1,12,1,0.D0 )
C
      DO 10 INODE = 1,NNODE
      DX = CARTD(1,INODE)
      DY = CARTD(2,INODE)
      DO 10 IDOFN = 1,NDOFN
      IPOSN = NDOFN + IDOFN
      CONST = ELDIS(IDOFN,INODE)
      DGRAD(IDOFN) = DGRAD(IDOFN) + DX * CONST
      DGRAD(IPOSN) = DGRAD(IPOSN) + DY * CONST
   10 CONTINUE
C
      RETURN
      END



      SUBROUTINE INITIAL
C****************************************************************
C     INITIALISIERUNG DER ANFANGSWERTE FUER FE-PROGRAMM QUAD9
C****************************************************************
C
      INTEGER MSG(2)
      DOUBLE PRECISION FIXED,ASDIS,ELOAD,TREAC,STRND
C
      COMMON / KONST  / NPOIN,NELEM,NNODE,NDOFN,NDIME,NPROP,NLAYR,
     1                  NSTRE,NGAUB,NGAUS,NMATS,NVFIX,NEVAB,NTOTV,
     2                  ICASE,NCASE,ITEMP,MBUFA,MELEM,MEVAB,MFRON,
     .                  MMATS,MPOIN,MVFIX,MTOTV,MSTIF,KELEM,NONL,LAM
      COMMON / GLOBAL / COORD(900,3),PROPS(10,23),PRESC(100,6),
     2                  NOFIX(100),IFFIX(5400),LNODS(100,9),
     3                  MATNO(100),SHOEHE(10),WDICKE
      COMMON / RESULT / FIXED(5400),ASDIS(5400),ELOAD(100,54),
     .                  TREAC(100,6),STRND(900,8)
C
      DATA MSG / 'INIT','IAL ' /
      DATA MBUFA / 10 / , MELEM / 100 / , MFRON / 201 /
      DATA MMATS / 10 / , MPOIN / 900 / , NDOFN / 6 /
      DATA MVFIX / 100/ , NDIME / 3 /   , NGAUB / 3 /
      DATA NGAUS / 2 / , NNODE / 9 /   , NPROP / 23 /
      DATA NONL  / 0 / , NSTRE / 6 /   , LAM   / 0 /
C
      CALL ANZEIGE ( MSG,2,0)
C
      MSTIF = ( MFRON*MFRON - MFRON )/2  + MFRON
      MTOTV = MPOIN * NDOFN
      MEVAB = NDOFN * NNODE
      NEVAB = MEVAB
C
C***  EROEFFNEN DER STANDARDFILES
C
      CALL OPEN
C
C***  NULLSETZEN DER COMMON BLOECKE
C
      NCOOR = MPOIN * NDIME * 2
      CALL SETRSP (COORD(1,1),1,NCOOR,1,0.0)
      CALL SETINT (IFFIX(1),1,MTOTV,1,0)
      CALL SETRDP (FIXED(1),1,MTOTV,1,0.D0)
```

```fortran
C
C***   REWINDEN DER SCRATCHFILES
C
       REWIND 1
       REWIND 2
       REWIND 8
       REWIND 4
C
 1000 RETURN
       END



       SUBROUTINE INPUT
C**********************************************************************
C      EINLESEN DER EINGABEDATEN
C      (TAPE5=INPUT,TAPE6=OUTPUT)
C**********************************************************************
C
       INTEGER MSG(2)
       CHARACTER*80 TITLE
C
       DOUBLE PRECISION FIXED,ASDIS,ELOAD,TREAC,STRND
C
       COMMON / KONST  / NPOIN,NELEM,NNODE,NDOFN,NDIME,NPROP,NLAYR,
      1                  NSTRE,NGAUB,NGAUS,NMATS,NVFIX,NEVAB,NTOTV,
      2                  ICASE,NCASE,ITEMP,MBUFA,MELEM,MEVAB,MFRON,
      .                  MMATS,MPOIN,MVFIX,MTOTV,MSTIF,KELEM,NONL,LAM
       COMMON / GLOBAL / COORD(900,3),PROPS(10,23),PRESC(100,6),
      2                  NOFIX(100),IFFIX(5400),LNODS(100,9),
      3                  MATNO(100),SHOEHE(10),WDICKE
       COMMON / RESULT / FIXED(5400),ASDIS(5400),ELOAD(100,54),
      .                  TREAC(100,6),STRND(900,8)
C
       DATA MSG / 'INPU','T   '/
C
       CALL ANZEIGE ( MSG,2,0)
C
C***   EINLESEN DER TITELZEILE FUER DAS PROBLEM
C
       READ(5,900) TITLE
       WRITE(6,901) TITLE
C
C***   EINLESEN VON STRUKTURPARAMETERN
C
       READ(5,*) NPOIN,NELEM,NVFIX,NCASE,NMATS,NLAYR
       NTOTV = NPOIN * NDOFN
C
       WRITE(6,905) NPOIN,NELEM,NVFIX,NCASE,NMATS,NLAYR
C
C***   UEBERPRUEFEN DER EINGABEDATEN
C
       CALL CHECK1
C
C***   EINLESEN DER ELEMENTE MIT KNOTENPUNKTEN UND PROPERTIES
C
       WRITE(6,910)
       DO 10 IELEM=1,NELEM
       READ(5,*) NUMEL,MATNO(NUMEL),(LNODS(NUMEL,INODE),INODE=1,NNODE)
    10 WRITE(6,915) NUMEL,MATNO(NUMEL),(LNODS(NUMEL,INODE),INODE=1,NNODE)
C
C***   EINLESEN DER SCHICHTHOEHEN
C
       READ(5,*)    (SHOEHE(ILAYR),ILAYR=1,NLAYR)
       WDICKE = 0.0
       DO 15 ILAYR = 1,NLAYR
       WRITE(6,975) ILAYR,SHOEHE(ILAYR)
       WDICKE = WDICKE + SHOEHE(ILAYR)
    15 CONTINUE
C
C***   EINLESEN DER KOORDINATENWERTE
C
```

```fortran
      WRITE(6,920)
      WRITE(6,925)
   30 READ(5,*) IPOIN,(COORD(IPOIN,IDIME), IDIME=1,NDIME)
      IF( IPOIN .NE. NPOIN ) GO TO 30
C
C***  INTERPOLATION VON ZWISCHENKNOTEN UND DES ZENTRALKNOTENS
C
C     CALL NODEXY
C
      DO 50 IPOIN = 1,NPOIN
   50 WRITE(6,935) IPOIN,(COORD(IPOIN,IDIME),IDIME=1,NDIME)
C
C***  EINLESEN DER VORGEGEBENEN WERTE
C
      WRITE(6,940)
      WRITE(6,945)
      DO 80 IVFIX=1,NVFIX
      READ(5,*)      NOFIX(IVFIX),IFPRE,(PRESC(IVFIX,IDOFN),IDOFN=1,NDOFN)
      WRITE(6,955) NOFIX(IVFIX),IFPRE,(PRESC(IVFIX,IDOFN),IDOFN=1,NDOFN)
C
C     EINORDNEN DER RANDBEDINGUNGEN
C
      NLOCA = ( NOFIX(IVFIX) - 1 ) * NDOFN
      IFDOF = 10 ** ( NDOFN - 1 )
      DO 70 IDOFN = 1,NDOFN
      NGASH = NLOCA + IDOFN
      IF( IFPRE .LT. IFDOF ) GOTO 70
      IFFIX(NGASH) = 1
      IFPRE = IFPRE - IFDOF
      FIXED(NGASH) = DBLE(PRESC(IVFIX,IDOFN))
   70 IFDOF = IFDOF / 10
C
   80 CONTINUE
C
C***  EINLESEN DER ELEMENTPROPERTIES
C
      WRITE(6,960)
      DO 100 IMATS=1,NMATS
      READ(5,*) NUMAT,(PROPS(NUMAT,IPROP),IPROP=1,NPROP)
C
C***  AUSGABE DER MAT. GRUPPEN UNTERSCHIEDEN NACH ISOTROPEN BZW. ORTHOTROPEN
C***  MATERIALGESETZ
C
      IF ( PROPS(NUMAT,3) .EQ. 0.) THEN
         WRITE(6,965) NUMAT, PROPS(NUMAT,1     ),PROPS(NUMAT, 2)
      ELSE
         WRITE(6,970) NUMAT,(PROPS(NUMAT,IPROP),IPROP=1,NPROP)
      ENDIF
C
  100 CONTINUE
C
C***  FORMATANWEISUNGEN
C
  900 FORMAT(A80)
  901 FORMAT(1H0,5X,'........ : ',A80)
  905 FORMAT(//8H NPOIN =,I4,4X,8H NELEM =,I4,4X,8H NVFIX =,I4,
     .          4X,8H NCASE =,I4,4X,8H NMATS =,I4,4X,' NLAYR = ',I4)
  910 FORMAT(//8H ELEMENT,3X,8HPROPERTY,10X,'KNOTEN')
  915 FORMAT(1X,I5,I9,6X,9I5)
  920 FORMAT(//,5X,'KOORDINATENWERTE')
  925 FORMAT(5X,'KNOTEN',7X,1HX,9X,1HY)
  935 FORMAT(4X,I5,3F15.3)
  940 FORMAT(//,5X,'RANDBEDINGUNGEN')
  945 FORMAT(5X,'KNOTEN',4X,'CODE',10X,
     .            '-----  VORGEGEBENE WERTE  ------',/)
  955 FORMAT(4X,I5,5X,I6,5X,6(1PE15.5))
  960 FORMAT(//,30X,'-----  MATERIALEIGENSCHAFTEN  -----')
  965 FORMAT(2X,'LFD. NR.',10X,' "ELASTIZITAETSMODUL" :',10X,
     .                      ' "POISSON - ZAHL   " : ',/,
     .            1X,I5,2(12X,1PE12.5))
  970 FORMAT(2X,'LFD. NR.',10X,' "DEHNSTEIFIGKEITEN" :',/,
     .            1X,I5,7X,6(1PE12.5),/,20X,' "BIEGESTEIFIGKEITEN" : ',/,
```

```
      .              13X,6(1PE12.5),/,20X,' "SCHUBSTEIFIGKEITEN" :',/,
      .              13X,2(1PE12.5),/,20X,' "KOPPLUNGSSTEIFIGKEITEN" :',
      .                 /,13X,6(1PE12.5),/,20X,' FLAECHENLASTEN :',/,
      .              13X,3(1PE12.5))
  975 FORMAT(/,5X,'SCHICHTHOEHEN VON UNTEN NACH OBEN : ',/,
      .              5X,I5,5X,1PE10.3)
C
      CALL CHECK2
C
      RETURN
      END




      SUBROUTINE INV3D (A,B,DET)
C*******
C
C**   PROGRAM ZUR BERECHNUNG DER INVERSEN EINER MATRIX 3X3
C
C*******
      DOUBLE PRECISION A(9),B(9),DET,DET1
C
C     DET  = A(1)*A(5)*A(9)+A(4)*A(8)*A(3)+A(2)*A(6)*A(7)
C     .          -A(7)*A(5)*A(3)-A(1)*A(8)*A(6)-A(4)*A(2)*A(9)
C
      B(1) =   A(5)*A(9) - A(8)*A(6)
      B(5) =   A(1)*A(9) - A(7)*A(3)
      B(9) =   A(1)*A(5) - A(4)*A(2)
      B(2) = -A(2)*A(9) + A(8)*A(3)
      B(3) =   A(2)*A(6) - A(5)*A(3)
      B(6) = -A(1)*A(6) + A(4)*A(3)
      B(4) = -A(4)*A(9) + A(7)*A(6)
      B(7) =   A(4)*A(8) - A(7)*A(5)
      B(8) = -A(1)*A(8) + A(7)*A(2)
C
      DET  = A(1) * B(1) + A(4) * B(2) + A(7) * B(3)
      DET1 = 1.0 / DET
      DO 10 I = 1,9
      B(I) = DET1 * B(I)
   10 CONTINUE
C
      RETURN
      END




      SUBROUTINE JACOB2 (IELEM,NNODE,DJACB,CARTD,DERIV,SHAPE,
      .                  ELCOD,XJACI,XJACM,*)
C
C***  CALCULATES COORDINATES OF GAUSS POINTS , THE JACOBIAN MATRIX
C     AND ITS DETERMINANT AND THE INVERSE FOR 2D ELEMENTS
C
      DOUBLE PRECISION XJACM(4),XJACI(2,2),SHAPE(NNODE),DJACB,DJAC,
      .                  DERIV(2,NNODE),CARTD(2,NNODE),ELCOD(3,NNODE)
C
C
C***  BERECHNE JACOBI-MATRIX XJACM
C
      DO 10 I  = 1,4
   10 XJACM(I) = 0.D0
C

      DO 20 INODE = 1,NNODE
      XJACM(1) = XJACM(1) + DERIV(1,INODE) * ELCOD(1,INODE)
      XJACM(3) = XJACM(3) + DERIV(1,INODE) * ELCOD(2,INODE)
      XJACM(2) = XJACM(2) + DERIV(2,INODE) * ELCOD(1,INODE)
      XJACM(4) = XJACM(4) + DERIV(2,INODE) * ELCOD(2,INODE)
   20 CONTINUE
C
C***  JACOBI - DETERMINANTE
C
      DJACB = XJACM(1) * XJACM(4) - XJACM(2) * XJACM(3)
      IF( DJACB .GT. 0.D0 ) GO TO 30
```

```fortran
      WRITE(6,900) IELEM
      RETURN 1
C
C     BERECHNUNG DER INVERSEN
C
   30 CONTINUE
      DJAC        =    1.D0 / DJACB
      XJACI(1,1) =    XJACM(4) * DJAC
      XJACI(2,2) =    XJACM(1) * DJAC
      XJACI(1,2) = -  XJACM(3) * DJAC
      XJACI(2,1) = -  XJACM(2) * DJAC
C
C***  BERECHNE KARTESISCHE ABLEITUNGEN
C
      DO 40 IDIME = 1,2
      DO 40 INODE = 1,NNODE
      CARTD(IDIME,INODE) = 0.D0
      DO 40 JDIME = 1,2
      CARTD(IDIME,INODE) = CARTD(IDIME,INODE) +
     .                     XJACI(IDIME,JDIME) * DERIV(JDIME,INODE)
   40 CONTINUE
C
      RETURN
C
  900 FORMAT(1H0,'.....FATALE BENUTZER NACHRICHT :',/,5X,
     .       'DIE JACOBI-DETERMINANTE FUER DAS QUAD9-ELEMENT = ',I10,
     .       ' IST NULL ODER NEGATIV.')
C
      END




      SUBROUTINE KREUZD (A,B,C)
C
C     KREUZPRODUKT
C
      DOUBLE PRECISION A(3),B(3),C(3)
C
      C(1) = A(2)*B(3) - A(3)*B(2)
      C(2) = A(3)*B(1) - A(1)*B(3)
      C(3) = A(1)*B(2) - A(2)*B(1)
C
      RETURN
      END




      SUBROUTINE LAGRAN9(S,T,SHAPE,DERIV)
C
C***  BERECHNUNG DER ANSATZFUNKTIONEN + ABLEITUNGEN FUER 9-KNOTEN
C     ISOPARAMETRISCHES ELEMENT MIT LAGRANGE FUNKTIONEN
C
      DOUBLE PRECISION S,T,SS,ST,STT,SST,SSTT,TT,STT2,S2,ST2,T2,SST2,
     .                 SHAPE(9),DERIV(2,9)
C
      SS=S*S
      ST=S*T
      STT=S*T*T
      SST=S*S*T
      SSTT=S*S*T*T
      TT=T*T
      STT2=S*T*T*2.D0
      S2=S*2.D0
      ST2=S*T*2.D0
      T2=T*2.D0
      SST2=S*S*T*2.D0
C
C***  ANSATZFUNKTIONEN
C
      SHAPE(1) = 0.25D0 * (SSTT - SST - STT + ST)
      SHAPE(2) = 0.50D0 * (TT - SSTT - T + SST)
      SHAPE(3) = 0.25D0 * (SSTT - SST + STT - ST)
```

```
      SHAPE(4) = 0.50D0 * (SS - SSTT + S - STT)
      SHAPE(5) = 0.25D0 * (SSTT + SST + STT + ST)
      SHAPE(6) = 0.50D0 * (TT - SSTT + T - SST)
      SHAPE(7) = 0.25D0 * (SSTT + SST - STT - ST)
      SHAPE(8) = 0.50D0 * (SS - SSTT - S + STT)
      SHAPE(9) = 1.D0 - TT - SS + SSTT
C
C***  SHAPE FUNCTIONS DERIVATIVES
C
      DERIV(1,1) = 0.25D0 * (STT2 - ST2 - TT + T)
      DERIV(1,2) = - STT + ST
      DERIV(1,3) = 0.25D0 * (STT2 - ST2 + TT - T)
      DERIV(1,4) = 0.50D0 * (S2 - STT2 + 1.D0 - TT)
      DERIV(1,5) = 0.25D0 * (STT2 + ST2 + TT + T)
      DERIV(1,6) = - STT - ST
      DERIV(1,7) = 0.25D0 * (STT2 + ST2 - TT - T)
      DERIV(1,8) = 0.50D0 * (S2 - STT2 - 1.D0 + TT)
      DERIV(1,9) = STT2 - S2
      DERIV(2,1) = 0.25D0 * (SST2 - SS - ST2 + S)
      DERIV(2,2) = 0.50D0 * (T2 - SST2 - 1.D0 +SS)
      DERIV(2,3) = 0.25D0 * (SST2 - SS + ST2 - S)
      DERIV(2,4) = - SST - ST
      DERIV(2,5) = 0.25D0 * (SST2 + SS + ST2 + S)
      DERIV(2,6) = 0.50D0 * (T2 - SST2 + 1.D0 - SS)
      DERIV(2,7) = 0.25D0 * (SST2 + SS - ST2 - S)
      DERIV(2,8) = ST - SST
      DERIV(2,9) = SST2 - T2
C
      RETURN
      END



      SUBROUTINE LOADPB
C
C***  CALCULATE NODAL FORCES FOR PLATE ELEMENT
C
      INTEGER MSG(2)
      DIMENSION TITLE(20),POINT(6)
C
      DOUBLE PRECISION DJACB,DAREA,EXISP,ETASP,POSGP(3),WEIGP(3),
     .                 SHAPE(9),DERIV(2,9),ELCOD(3,9),CARTD(2,9),
     .                 XJACI(4),XJACM(4),GLOAD(3),KLOAD(100,54)
      DOUBLE PRECISION FIXED,ASDIS,ELOAD,TREAC,STRND,UDLOAD
      DOUBLE PRECISION TRANSF(3,3),ELCODL(3,9),VECTOR(3),VECM(3)
C
      COMMON / KONST  / NPOIN,NELEM,NNODE,NDOFN,NDIME,NPROP,NLAYR,
     1                  NSTRE,NGAUB,NGAUS,NMATS,NVFIX,NEVAB,NTOTV,
     2                  ICASE,NCASE,ITEMP,MBUFA,MELEM,MEVAB,MFRON,
     .                  MMATS,MPOIN,MVFIX,MTOTV,MSTIF,KELEM,NONL,LAM
      COMMON / GLOBAL / COORD(900,3),PROPS(10,23),PRESC(100,6),
     2                  NOFIX(100),IFFIX(5400),LNODS(100,9),
     3                  MATNO(100),SHOEHE(10),WDICKE
      COMMON / RESULT / FIXED(5400),ASDIS(5400),ELOAD(100,54),
     .                  TREAC(100,6),STRND(900,8)
C
      EQUIVALENCE ( ELCOD(1,1) , ELCODL(1,1) )
C
      DATA MSG / 'LOAD','PB ' /
C     GAUSZ'SCHE INTEGRATIONSKONSTANTEN
      DATA POSGP / -0.774596669241483D0 , 0.D0 , 0.774596669241483D0 /
      DATA WEIGP /  0.555555555555556D0 ,
     .              0.888888888888889D0 ,
     .              0.555555555555556D0 /
C
      CALL ANZEIGE ( MSG,2,0)
C
C***  NULLSETZEN DER LASTMATRIX
C
      DO 10 IELEM=1,NELEM
      DO 10 IEVAB=1,NEVAB
      ELOAD(IELEM,IEVAB) = 0.D0
      KLOAD(IELEM,IEVAB) = 0.D0
   10 CONTINUE
```

```
C
      READ(5,900) TITLE
      WRITE(6,905) TITLE,ICASE
C
C***  READ DATA CONTROLLING LOADING TYPES TO BE INPUT
C
      READ(5,*)     IPLOAD
      WRITE(6,915) IPLOAD
C
C***  READ NODAL POINT LOADS
C
      IF(IPLOAD.EQ.0) GO TO 60
C
   20 READ(5,*,END=60) LOADPT,(POINT(IDOFN),IDOFN=1,NDOFN)
      WRITE(6,925)      LOADPT,(POINT(IDOFN),IDOFN=1,NDOFN)
C
C***  ASSOCIATE THE NODAL POINT LOADS WITH AN ELEMENT
C
      DO 30 IELEM=1,NELEM
      DO 30 INODE=1,NNODE
      NLOCA=IABS(LNODS(IELEM,INODE))
      IF(LOADPT.EQ.NLOCA) GO TO 40
   30 CONTINUE
C
      WRITE(6,35) LOADPT
   35 FORMAT(/,5X,'***** FATALER BENUTZERFEHLER : ',/,5X,
     .           'DER LASTPUNKT = ',I4,' IST KEIN KNOTENPUNKT.')
      STOP 'PROGRAMMSTOP IN ROUTINE LOADPB'
C
   40 DO 50 IDOFN = 1, NDOFN
      NGASH = (INODE - 1) * NDOFN + IDOFN
      IF (IPLOAD .EQ. 2) THEN
      KLOAD(IELEM,NGASH) = DBLE(POINT(IDOFN))
      ELSE
      ELOAD(IELEM,NGASH) = DBLE(POINT(IDOFN))
C
      ENDIF
   50 CONTINUE
C
      IF(LOADPT.NE.NPOIN) GO TO 20
C
   60 CONTINUE
C
C***  ABFRAGE, OB FLAECHENLASTEN VORLIEGEN
C
      IF ( IPLOAD .EQ. 1 ) GOTO 115
C
      IF ( ICASE  .GT. 1 ) GOTO 115
C
C***  LOOP OVER EACH ELEMENT
C
      DO 110 IELEM=1,NELEM
C
C***  SET UP PRELIMINARY CONSTANTS
C
      LPROP  = MATNO(IELEM)
      UDLOAD = DBLE(PROPS(LPROP,23))
      IF(UDLOAD .EQ. 0.D0 ) GO TO 110
C
C***  LESEN DER TRANSFORMATIONSMATRIZEN UND DES TRANSLATIONSVECTORS
C
                  IREC = 2 * IELEM - 1
      READ (7, REC = IREC) ( VECM(I) , I = 1, 3 )
C
                  IREC = IREC + 1
      READ (7, REC = IREC) ( ( TRANSF(I,J), J = 1, 3 ), I = 1, 3 )
C
C***  GLOBAL COORDINATES OF THE ELEMENT NODAL POINTS
C
      DO 70 INODE=1,NNODE
      LNODE=IABS(LNODS(IELEM,INODE))
      DO 70 IDIME=1,NDIME
      ELCOD(IDIME,INODE) = DBLE(COORD(LNODE,IDIME))
   70 CONTINUE
```

```
C
C***   TRANSFORMATION IN LOKALE ELEMENTKOORDINATEN
C      DAZU MUSS ERST DIE NULLPUNKTVERSCHIEBUNG DURCHGEFUEHRT
C      WERDEN ( SIEHE QUAD9 )
C
       DO 80 INODE = 1, NNODE
C
       DO 75 IDIME = 1, NDIME
    75 VECTOR(IDIME) = ELCOD(IDIME,INODE) - VECM(IDIME)
C
       CALL MATMUL (TRANSF,3,3,VECTOR,3,1,ELCODL(1,INODE),3,1,1)
C
    80 CONTINUE
C
C***   ENTER LOOPS FOR NUMERICAL INTEGRATION
C
       DO 100 IGAUS=1,NGAUB
       EXISP=POSGP(IGAUS)
       DO 100 JGAUS=1,NGAUB
       ETASP=POSGP(JGAUS)
C
C***   EVALUATE THE SHAPE FUNCTIONS AT THE SAMPLING POINTS AND ELEMENTAL AREA
C
       CALL LAGRAN9 ( EXISP,ETASP,SHAPE,DERIV)
       CALL JACOB2  ( IELEM,NNODE,DJACB,CARTD,DERIV,SHAPE,ELCODL,
      .                XJACI,XJACM,IDUMMY)
       DAREA=DJACB*WEIGP(IGAUS)*WEIGP(JGAUS)
C
C***   CALCULATE LOADS AND ASSOCIATE WITH ELEMENT NODAL POINTS
C
       DO 90 INODE = 1, NNODE
       NGASH = (INODE-1) * NDOFN + NDIME
       ELOAD(IELEM,NGASH) = ELOAD(IELEM,NGASH)
      .                          + SHAPE(INODE) * UDLOAD * DAREA
    90 CONTINUE
C
   100 CONTINUE
C
C***   RUECKTRANSFORMATION IN GLOBALES KOORDINATENSYSTEM
C
       DO 105 IPOS = 1, NEVAB, 3
C
       DO 101 IDIME = 1, NDIME
       I = IPOS + IDIME - 1
   101 VECTOR(IDIME) = ELOAD(IELEM,I)
C
       CALL MATMUL (TRANSF,3,3,VECTOR,3,1,GLOAD,3,1,2)
C
       DO 102 IDIME = 1, NDIME
       I = IPOS + IDIME - 1
   102 ELOAD(IELEM,I) = GLOAD(IDIME)
C
   105 CONTINUE
C
       IF (IPLOAD .LT. 2) GOTO 110
C
       DO 107 IEVAB = 1, NEVAB
   107 ELOAD(IELEM,IEVAB) = KLOAD(IELEM,IEVAB) + ELOAD(IELEM,IEVAB)
C
   110 CONTINUE
C
   115 CONTINUE
C
C      FORMATANWEISUNGEN
C
   900 FORMAT(20A4)
   905 FORMAT(//,5X,20A4,/5X,'LASTFALL = ',I3)
   915 FORMAT(I5)
   925 FORMAT(I5,6F10.5)
   930 FORMAT(1H0,5X,'AEUSSERE KNOTENLASTEN PRO ELEMENT')
   935 FORMAT((1X,I4,5X,6E12.4,8(/,10X,6E12.4))//)
C
       RETURN
       END
```

```fortran
      SUBROUTINE MARGUERRE ( NNODE,DERIV,XJACI,ELCODE,WO)
C
C*** ANSATZFUNKTIONEN FUER DIE MITTELFLAECHENKRUEMMUNG
C    DA DIE ANSATZFUNKTIONEN NUR ALS ABLEITUNGEN IN DEN DIFFERENTIAL-
C    OPERATOR EINGEHEN, WERDEN IN DER SUBROUTINE MARGUERRE SOFORT DIE
C    ABLEITUNGEN ERMITTELT.
C
C    BERECHNUNG DER GROESSEN WO    UND WO     NACH MARGUERRE
C                              'X          'Y
C
      DOUBLE PRECISION DERIV(2,NNODE),WO(2),
     .                 XJACI(2,2),ELCODE(3,NNODE),WXSI,WETA
C
      WXSI = 0.D0
      WETA = 0.D0
C
      DO 10 INODE = 1,NNODE
      WXSI = WXSI + DERIV(1,INODE) * ELCODE(3,INODE)
      WETA = WETA + DERIV(2,INODE) * ELCODE(3,INODE)
   10 CONTINUE
C
      WO(1) = WXSI * XJACI(1,1) + WETA * XJACI(1,2)
      WO(2) = WXSI * XJACI(2,1) + WETA * XJACI(2,2)
C
      RETURN
      END




      SUBROUTINE MATMUL (A, NZA, NSA, B, NZB, NSB, C, NZC, NSC, MODE)
C
C*** AUSFUEHREN EINER MATRIZENMULTIPLIKATION
C
C.....................................................................
C
C     MODE = 1 : A_T * B   = C
C
C     MODE = 2 : A   * B   = C
C
C     MODE = 3 : A   * B_T = C
C
C.....................................................................
C
      DOUBLE PRECISION A(NZA,NSA), B(NZB,NSB), C(NZC,NSC)
C
      CALL SETRDP (C(1,1), 1, NZC*NSC, 1, 0.D0)
C
      GOTO ( 10, 20, 30 ) MODE
C
   10 IF (NZA .NE. NZB .OR. NSA .NE. NZC .OR. NSB .NE. NSC) GOTO 1000
C
      DO 100 I = 1, NZC
      DO 100 J = 1, NSC
      DO 100 K = 1, NZA
  100 C(I,J) = C(I,J) + A(K,I) * B(K,J)
C
      RETURN
C
   20 IF (NSA .NE. NZB .OR. NZA .NE. NZC .OR. NSB .NE. NSC) GOTO 1000
      DO 200 I = 1, NZC
      DO 200 J = 1, NSC
      DO 200 K = 1, NSA
  200 C(I,J) = C(I,J) + A(I,K) * B(K,J)
C
      RETURN

   30 IF (NSA .NE. NSB .OR. NZA .NE. NZC .OR. NZB .NE. NSC) GOTO 1000
C
      DO 300 I = 1, NZC
      DO 300 J = 1, NSC
      DO 300 K = 1, NSA
  300 C(I,J) = C(I,J) + A(I,K) * B(J,K)
C
```

```fortran
      RETURN
C
 1000 STOP 'MATRIZENMULTIPLIKATION : MATRIZEN SIND NICHT KOMPATIBEL '
C
      END



      SUBROUTINE MODPB ( DMEM,DFLEX,DLAM )
C
C*** BELEGEN DER MATERIALMATRIZEN DMEM,DFLEX,DSHER,DLAM
C
C
      DOUBLE PRECISION DMEM(3,3),DFLEX(3,3),DSHER(2,2),DLAM(3,3),
     .                 CONST,KONST,YOUNG,POISS,THICK,MEM,FLEX
C
      COMMON / KONST  / NPOIN,NELEM,NNODE,NDOFN,NDIME,NPROP,NLAYR,
     1                  NSTRE,NGAUB,NGAUS,NMATS,NVFIX,NEVAB,NTOTV,
     2                  ICASE,NCASE,ITEMP,MBUFA,MELEM,MEVAB,MFRON,
     .                  MMATS,MPOIN,MVFIX,MTOTV,MSTIF,KELEM,NONL,LAM
      COMMON / GLOBAL / COORD(900,3),PROPS(10,23),PRESC(100,6),
     2                  NOFIX(100),IFFIX(5400),LNODS(100,9),
     3                  MATNO(100),SHOEHE(10),WDICKE
C
      DATA KONST / 0.416666666666667D0 /
C
      LPROP = MATNO(KELEM)
      IF( PROPS(LPROP,3) .NE. 0.0 ) GOTO 10
C
      YOUNG = DBLE( PROPS(LPROP,1))
      POISS = DBLE( PROPS(LPROP,2))
      THICK = DBLE( WDICKE )
C
C     ISOTROPES MATERIAL
C
      LAM           = 0
      CONST         = 1.D0 - POISS*POISS
      MEM           = YOUNG * THICK / CONST
      DMEM(1,1)     = MEM
      DMEM(2,2)     = MEM
      DMEM(1,2)     = MEM    * POISS
      DMEM(2,1)     = MEM    * POISS
      DMEM(3,3)     = 0.5D0 * MEM    * ( 1.D0 - POISS )
C
      FLEX          = MEM    * THICK * THICK / 12.D0
      DFLEX(1,1) = FLEX
      DFLEX(2,2) = FLEX
      DFLEX(1,2) = FLEX   * POISS
      DFLEX(2,1) = FLEX   * POISS
      DFLEX(3,3) = 0.5D0 * FLEX * ( 1.D0 - POISS )
      GOTO 100
C
C     ANISOTROPES MATERIAL
C
   10 CONTINUE
      DMEM(1,1) = DBLE( PROPS(LPROP,1))
      DMEM(1,2) = DBLE( PROPS(LPROP,2))
      DMEM(1,3) = DBLE( PROPS(LPROP,3))
      DMEM(2,1) = DMEM(1,2)
      DMEM(2,2) = DBLE( PROPS(LPROP,4))
      DMEM(2,3) = DBLE( PROPS(LPROP,5))
      DMEM(3,1) = DMEM(1,3)
      DMEM(3,2) = DMEM(2,3)
      DMEM(3,3) = DBLE( PROPS(LPROP,6))
C
      DFLEX(1,1) = DBLE( PROPS(LPROP,7))
      DFLEX(1,2) = DBLE( PROPS(LPROP,8))
      DFLEX(1,3) = DBLE( PROPS(LPROP,9))
      DFLEX(2,1) = DFLEX(1,2)
      DFLEX(2,2) = DBLE( PROPS(LPROP,10))
      DFLEX(2,3) = DBLE( PROPS(LPROP,11))
      DFLEX(3,1) = DFLEX(1,3)
```

```fortran
      DFLEX(3,2) = DFLEX(2,3)
      DFLEX(3,3) = DBLE( PROPS(LPROP,12))
C
      IF( PROPS(LPROP,15) .EQ. 0.0 ) GOTO 100
      LAM = 1
      DLAM(1,1) = DBLE( PROPS(LPROP,15))
      DLAM(1,2) = DBLE( PROPS(LPROP,16))
      DLAM(1,3) = DBLE( PROPS(LPROP,17))
      DLAM(2,1) = DLAM(1,2)
      DLAM(2,2) = DBLE( PROPS(LPROP,18))
      DLAM(2,3) = DBLE( PROPS(LPROP,19))
      DLAM(3,1) = DLAM(1,3)
      DLAM(3,2) = DLAM(2,3)
      DLAM(3,3) = DBLE( PROPS(LPROP,20))
      GOTO 100
C
C*****
      ENTRY MODPS ( DSHER )
C*****
C
      LPROP = MATNO(KELEM)
      IF( PROPS(LPROP,3) .NE. 0.0 ) GOTO 20
C
      YOUNG = DBLE( PROPS(LPROP,1))
      POISS = DBLE( PROPS(LPROP,2))
      THICK = DBLE( WDICKE )
C
C     ISOTROPES MATERIAL
C
      DSHER(1,1) = KONST * YOUNG * THICK / ( 1.D0 + POISS )
      DSHER(2,2) = DSHER(1,1)
      GOTO 100
C
C     ANISOTROPES MATERIAL
C
   20 CONTINUE
      DSHER(1,1) = DBLE( PROPS(LPROP,13))
      DSHER(2,2) = DBLE( PROPS(LPROP,14))
C
  100 RETURN
      END




      SUBROUTINE OPEN
C********************************************************************
C
C     DIE ROUTINE OPEN EROEFFNET DIE STANDARD FILES INPUT,OUTPUT
C     UND DEI SCRATCHFILES.
C
C********************************************************************
C
C
C     EROEFFNEN DES OUTPUT FILES
C
      OPEN(6,FILE='OUTPUT',STATUS='UNKNOWN',ACCESS='SEQUENTIAL',
     1  FORM='FORMATTED')
C
C     EROEFFNEN DES INPUT FILES
C
      OPEN(5,FILE='INPUT',STATUS='UNKNOWN',ACCESS='SEQUENTIAL',FORM=
     1   'FORMATTED')
C
C     EROEFFNEN DES FILES FUER DIE ELEMENTSTEIFIGKEITSMATRIZEN
C
      OPEN(1,ACCESS='DIRECT',FORM='UNFORMATTED',
     1        STATUS='SCRATCH',RECL=23328)
C
C     EROEFFNEN DES NOTIZFILES  1
C
      OPEN(2,ACCESS='SEQUENTIAL',FORM='UNFORMATTED',
     1        STATUS='SCRATCH',RECL=8240)
C
```

```fortran
C     EROEFFNEN DES NOTIZFILES 2
C
      OPEN(4,ACCESS='SEQUENTIAL',FORM='UNFORMATTED',
     1       STATUS='SCRATCH')
C
C     EROEFFNEN DES DIRECT ACCESS FILES FUER DIE TRANSFORMATIONSMATRIZEN
C
      OPEN (7,ACCESS='DIRECT',FORM='UNFORMATTED',STATUS='SCRATCH',
     1       RECL=72)
C
C     EROEFFNEN DES FILES FUER DIE ELEMENTSPANNUNGEN
C
      OPEN(8,ACCESS='SEQUENTIAL',FORM='UNFORMATTED',
     1       STATUS='SCRATCH')
C
      RETURN
      END




      SUBROUTINE OUTDIS
C
C     AUSGABE DER VERSCHIEBUNGEN UND AUFLAGERREAKTIONEN
C
      INTEGER MSG(2)
      DOUBLE PRECISION FIXED,ASDIS,ELOAD,TREAC,STRND
C
      COMMON / KONST  / NPOIN,NELEM,NNODE,NDOFN,NDIME,NPROP,NLAYR,
     1                  NSTRE,NGAUB,NGAUS,NMATS,NVFIX,NEVAB,NTOTV,
     2                  ICASE,NCASE,ITEMP,MBUFA,MELEM,MEVAB,MFRON,
     .                  MMATS,MPOIN,MVFIX,MTOTV,MSTIF,KELEM,NONL,LAM
      COMMON / GLOBAL / COORD(900,3),PROPS(10,23),PRESC(100,6),
     2                  NOFIX(100),IFFIX(5400),LNODS(100,9),
     3                  MATNO(100)
      COMMON / RESULT / FIXED(5400),ASDIS(5400),ELOAD(100,54),
     .                  TREAC(100,6),STRND(900,8)
C
      DATA MSG / 'OUTD','IS  ' /
C
      CALL ANZEIGE ( MSG,2,0)
C
      WRITE(6,900)
  900 FORMAT(//,20X,25('-'),' V E R S C H I E B U N G E N ',25('-'),/)
      WRITE(6,915)
  915 FORMAT(/,5X,'KNOTEN',7X,'X-TRANS',8X,'Y-TRANS',8X,'Z-TRANS',
     .            9X,'ROT-X',10X,'ROT-Y',10X,'ROT-Z',/)
C     OUTPUT THE NODAL DISPLACEMENTS
      DO 05 IPOIN = 1,NPOIN
      NGASH = IPOIN * NDOFN
      NGISH = NGASH - NDOFN + 1
   05 WRITE(6,920) IPOIN,(ASDIS(IGASH),IGASH = NGISH,NGASH)
  920 FORMAT(I10,3X,6(1PE15.5))
C
C     WRITE HEADINGS FOR THE REACTIONS AT NODAL POINTS HAVING PRESCRIBED
C     DISPLACEMENTS, DEPENDING ON THE APPLICATION UNDER CONSIDERATION
C
      WRITE(6,925)
  925 FORMAT(//,20X,20('-'),' A U F L A G E R R E A K T I O N E N ',
     .            20('-'),/)
      WRITE(6,940)
  940 FORMAT(/,5X,'KNOTEN',8X,'X-KRAFT',7X,'Y-KRAFT',7X,'Z-KRAFT',
     .            9X,'MOMENT-X',7X,'MOMENT-Y',7X,'MOMENT-Z',/)
C
      DO 10 IVFIX = 1,NVFIX
   10 WRITE(6,920) NOFIX(IVFIX),(TREAC(IVFIX,IDOFN),IDOFN=1,NDOFN)
C
      RETURN
      END
```

```fortran
      SUBROUTINE OUTSTR
C
C***  CALCULATES STRESS RESULTANTS FOR PLATE BENDING ELEMENT
C
      INTEGER MSG(2)
      DIMENSION ELDIS(6,9),STRES(8),KOUNT(900),ELCOD(3,9),STRSG(9,2),
     .          POSSP(3),SHEAV(9,2),POSGP3(3),POSGP2(2),ICODE(9),
     .          BMETA(6,27),BMEXI(6,27)
C
      DOUBLE PRECISION ELCOD,ETASP,EXISP,POSGP2,POSGP3,POSSP,
     .                 FIXED,ASDIS,ELOAD,TREAC,STRND,
     .                 BMETA,BMEXI,ELDIS,STRES,STRSG
      DOUBLE PRECISION TRANSF(3,3),ELCODL(3,9),VECTOR(3),VECM(3),
     .                 ELDISL(6,9)
C
      COMMON / KONST  / NPOIN,NELEM,NNODE,NDOFN,NDIME,NPROP,NLAYR,
     1                  NSTRE,NGAUB,NGAUS,NMATS,NVFIX,NEVAB,NTOTV,
     2                  ICASE,NCASE,ITEMP,MBUFA,MELEM,MEVAB,MFRON,
     .                  MMATS,MPOIN,MVFIX,MTOTV,MSTIF,IELEM,NONL,LAM
      COMMON / GLOBAL / COORD(900,3),PROPS(10,23),PRESC(100,6),
     2                  NOFIX(100),IFFIX(5400),LNODS(100,9),
     3                  MATNO(100),SHOEHE(10),WDICKE
      COMMON / RESULT / FIXED(5400),ASDIS(5400),ELOAD(100,54),
     .                  TREAC(100,6),STRND(900,8)
C
      DATA MSG    / 'OUTS','TR  ' /
      DATA POSSP  / -1.D0 , 0.D0 , 1.D0 /
      DATA ICODE  /  1 , 8 , 7 , 2 , 9 , 6 , 3 , 4 , 5 /
      DATA POSGP2 / -0.577350269189626D0 ,         0.577350269189626D0 /
      DATA POSGP3 / -0.774596669241483D0 , 0.D0 , 0.774596669241483D0 /
C
      CALL ANZEIGE ( MSG,2,0)
C
      WRITE(6,900)
C
      CALL SETINT (KOUNT(1),1,MPOIN,1,0)
      CALL SETRDP (STRND(1,1),1,7200,1,0.0)
C
C***  LOOP OVER EACH ELEMENT
C
      DO 35 IELEM=1,NELEM
C
      LPROP = MATNO(IELEM)
C
C***  LESEN DER TRANSFORMATIONSMATRIZEN UND DES TRANSLATIONSVECTORS
C
                    IREC = 2 * IELEM - 1
      READ (7, REC = IREC)  ( VECM(I) , I = 1, 3 )
C
                    IREC = IREC + 1
      READ (7, REC = IREC)  ( ( TRANSF(I,J), J = 1, 3 ), I = 1, 3 )
C
C***  GLOBAL COORDINATES OF THE ELEMENT NODAL POINTS
C
      DO  3 INODE=1,NNODE
      LNODE=IABS(LNODS(IELEM,INODE))
      DO  3 IDIME=1,NDIME
      ELCOD(IDIME,INODE) = DBLE(COORD(LNODE,IDIME))
    3 CONTINUE
C
C***  TRANSFORMATION IN LOKALE ELEMENTKOORDINATEN
C     DAZU MUSS ERST DIE NULLPUNKTVERSCHIEBUNG DURCHGEFUEHRT
C     WERDEN ( SIEHE QUAD9 )
C
      DO  5 INODE = 1, NNODE
C
      DO  4 IDIME = 1, NDIME
    4 VECTOR(IDIME) = ELCOD(IDIME,INODE) - VECM(IDIME)
C
      CALL MATMUL (TRANSF,3,3,VECTOR,3,1,ELCODL(1,INODE),3,1,1)
C
    5 CONTINUE
C
```

```
C***    IDENTIFY THE DISPLACEMENTS OF THE ELEMENT NODAL POINTS
C
        DO 10 INODE = 1, NNODE
C
        LNODE = IABS( LNODS(IELEM,INODE) )
C
        NPOSN = ( LNODE - 1 ) * NDOFN
        DO  6 IDOFN = 1,NDOFN
        NPOSN = NPOSN + 1
      6 ELDIS(IDOFN,INODE) = ASDIS(NPOSN)
C
C***    TRANSFORMATION DER GLOBALEN VERSCHIEBUNGEN IN DAS LOKALE KOORDINATENSYS
C
        CALL MATMUL (TRANSF,3,3,ELDIS(1,INODE),3,1,
       .              ELDISL(1,INODE),3,1,1)
C
        CALL MATMUL (TRANSF,3,3,ELDIS(4,INODE),3,1,
       .              ELDISL(4,INODE),3,1,1)
C
   10 CONTINUE
C
C***    EVALUATE BENDING MOMENTS AT GAUSS POINTS
C
C      KSAMP = 0
C      WRITE(6,905) IELEM
C      WRITE (6,910)
C      WRITE(6,915)
C
C       DO 15 IGAUB = 1,NGAUB
C       EXISP = POSGP3(IGAUB)
C       DO 15 JGAUB = 1,NGAUB
C       ETASP = POSGP3(JGAUB)
C       CALL BENDM (ELCODL,ELDISL,ETASP,EXISP,KSAMP,LPROP,STRES )
C   15 CONTINUE
C
C***    EVALUATE BENDING MOMENTS AT NODAL POINTS
C
        KSAMP = 0
C      WRITE(6,920)
C      WRITE(6,915)
C
        DO 20 ISAMP = 1,3
        EXISP = POSSP(ISAMP)
        DO 20 JSAMP = 1,3
        ETASP = POSSP(JSAMP)
C
        CALL BENDM (ELCODL,ELDISL,ETASP,EXISP,KSAMP,LPROP,STRES)
C
        INODE = ICODE(KSAMP)
        LNODE = LNODS(IELEM,INODE)
        LNODE = IABS(LNODE)
        KOUNT(LNODE) = KOUNT(LNODE) + 1
        DO 20 ISTRE = 1,6
        STRND(LNODE,ISTRE) = STRES(ISTRE)
   20 CONTINUE
C
C***    EVALUATE THE SHEAR FORCES AT NODAL POINTS
C
        CALL BSAMP (BMETA,BMEXI,ELCODL)
C
        KSAMP = 0
C       WRITE(6,925)
C       WRITE(6,930)
C
        DO 25 ISAMP = 1,3
        EXISP = POSSP (ISAMP)
        DO 25 JSAMP = 1,3
        ETASP = POSSP (JSAMP)
C
        CALL SHEAR ( BMETA,BMEXI,ELCODL,ELDISL,ETASP,EXISP,KSAMP,
       .              LPROP,STRES,STRSG)
C
   25 CONTINUE
```

```fortran
C
      DO 30 ISAMP = 1,9
      INODE = ICODE(ISAMP)
      LNODE = LNODS(IELEM,INODE)
      LNODE = IABS(LNODE)
      DO 30 ISTRE = 1,2
      KSTRE = ISTRE + 6
   30 STRND(LNODE,KSTRE) = STRSG(ISAMP,ISTRE)
C
C***  ELEMENTWEISE AUSGABE DER  L O K A L E N   SCHNITTKRAEFTE
C
      WRITE (6,940)
C
      DO 31 INODE = 1, NNODE
C
      LNODE = IABS ( LNODS(IELEM,INODE) )
C
      WRITE (6,945) LNODE,(STRND(LNODE,I),I=1,8)
C
   31 CONTINUE
C
   35 CONTINUE
C
C     FORMATANWEISUNGEN
C
  900 FORMAT(//,10X,'S C H N I T T L A S T E N :',/)
  905 FORMAT(/,5X,'ELEMENTNR. = ',I5)
  910 FORMAT(/,1X,'BENDING MOMENTS AT GAUSS POINTS',/)
  915 FORMAT(/,'S.P.',2X,8HX-COORD.,2X,8HY-COORD.,3X,8HX-MOMENT,
     .            4X,8HY-MOMENT,3X,9HXY-MOMENT,4X,'MAX P.M.',4X,
     .            'MIN P.PM.',6X,'ANGLE')
  920 FORMAT(1H0,1X,'BENDING MOMENTS AT NODAL POINTS',/)
  925 FORMAT(1H0,1X,'SHEAR FORCES AT GAUSS POINTS',/)
  930 FORMAT(1H0,4HS.P.,2X,8HX-COORD.,2X,8HY-COORD.,4X,10HXZ-S.FORCE,4X,
     .            10HYZ-S.FORCE)
  940 FORMAT(///,1X,'KNOTEN',2X,'NX-KRAFT',3X,'NY-KRAFT',2X,'NXY-KRAFT',
     .          2X,'MX-MOMENT',2X,'MY-MOMENT',2X,'MXY-MOMENT',2X,'XZ-SCHUB',
     .          2X,'YZ-SCHUB',//)
  945 FORMAT(1X,I5,8(1X,1PE10.3))
C
      RETURN
      END




      SUBROUTINE PRINC ( ANGLE,PMMAX,PMMIN,STRES )
C
C     EVALUATE PRINCIPAL MOMENTS
C
      DIMENSION STRES(8)
C
      DOUBLE PRECISION ANGLE,PMMAX,PMMIN,STRES,XX,YY,XY,XXAYY,
     .                 XXMYY,SUM
C
      XX    = STRES(4)
      YY    = STRES(5)
      XY    = STRES(6)
      XXAYY = 0.5D0 * ( XX + YY )
      XXMYY = 0.5D0 * ( XX - YY )
      IF( XXMYY .EQ. 0.D0 ) XXMYY = 0.000001D0
      SUM   = DSQRT( XXMYY*XXMYY + XY*XY )
      PMMAX = XXAYY + SUM
      PMMIN = XXAYY - SUM
      ANGLE = 28.64789 * ATAN( XY / XXMYY )
C
      RETURN
      END
```

```
      SUBROUTINE QUAD9
C
C***  STEIFIGKEITSMATRIX FUER GEKRUEMMTES, GESCHICHTETES SCHALENELEMENT
C
      INTEGER MSG(2)
      DOUBLE PRECISION ESTIF(54,54),DBEND(3,3),DSHER(2,2),DJACB,DAREA,
     .                 DMEMB(3,3),DLAM(3,3),KM(3,3),KL(3,3),KS(2,3),
     .                 EXISP,ETASP,POSGP3(3),POSGP2(2),WEIGP(3),
     .                 SHAPE(9),DERIV(2,9),ELCOD(3,9),CARTD(2,9),
     .                 KB(3,2),BMEMBI(3,3),BMEMBJ(3,3),BSHERI(2,3),
     .                 BSHERJ(2,3),BBENDI(3,2),BBENDJ(3,2),BMETA(6,27),
     .                 BMEXI(6,27),SHAP1(6),SHAP2(6),XJACI(4),XJACM(4),
     .                 SUMM,SUMB,SUML,SUMS,BDETA(6,27),BDEXI(6,27),
     .                 BDETA1(6,27),BDEXI1(6,27)
C
      DOUBLE PRECISION TRANSF(3,3),VECEX(3),BVECEX,VECEY(3),BVECEY,
     .                 VECEZ(3),BVECEZ,VECA(3),VECB(3),VECC(3),VECD(3),
     .                 VECBD(3),BVECBD,VECCA(3),BVECCA,VECM(3),DELTA,
     .                 ARCD,PHI,VECTOR(3),ELCODL(3,9),THETA(3,3),
     .                 VECCLZ(9),W0(2),BMAGRI(3,2),BMAGRJ(3,2),
     .                 ESTMAT(3,3),ESTMOT(3,3),KW(3,2),SUMW,VORGAB(54),
     .                 STARR(54),U,V,W,PHIX,PHIY,PHIZ
C
      COMMON / KONST  / NPOIN,NELEM,NNODE,NDOFN,NDIME,NPROP,NLAYR,
     1                  NSTRE,NGAUB,NGAUS,NMATS,NVFIX,NEVAB,NTOTV,
     2                  ICASE,NCASE,ITEMP,MBUFA,MELEM,MEVAB,MFRON,
     .                  MMATS,MPOIN,MVFIX,MTOTV,MSTIF,KELEM,NONL,LAM
      COMMON / GLOBAL / COORD(900,3),PROPS(10,23),PRESC(100,6),
     2                  NOFIX(100),IFFIX(5400),LNODS(100,9),
     3                  MATNO(100),SHOEHE(10),WDICKE
C
      EQUIVALENCE (TRANSF(1,1), VECEX (1)) , (TRANSF(1,2), VECEY (1))
      EQUIVALENCE (TRANSF(1,3), VECEZ (1))
C
      EQUIVALENCE (ELCOD (1,1), ELCODL (1,1))
C
C     DATA MSG / 'QUAD','9   '/
      DATA DBEND / 9*0.D0 / , DSHER / 4*0.D0 /
      DATA DMEMB / 9*0.D0 / , DLAM  / 9*0.D0 /
      DATA DAREA / 0.D0 /    , SHAPE / 9*0.D0 /
      DATA BMETA / 162*0.D0 / , BMEXI / 162*0.D0 /
      DATA XJACM / 4*0.D0 /   , XJACI / 4*0.D0  /
C
C***  GAUSZ'SCHE INTEGRATIONSKONSTANTEN
C
      DATA POSGP2 / -0.577350269189626D0 ,          0.577350269189626D0 /
      DATA POSGP3 / -0.774596669241483D0 , 0.D0 , 0.774596669241483D0 /
      DATA WEIGP  /  0.555555555555556D0 ,
     .               0.888888888888889D0 ,
     .               0.555555555555556D0 /
C
C     CALL ANZEIGE ( MSG,2,0)
C
C***  ELEMENTKOORDINATEN IM GLOBALEN KOORDINATENSYSTEM
C
      DO 10 INODE = 1,NNODE
      LNODE = LNODS(KELEM,INODE)
      DO 10 IDIME = 1,NDIME
      ELCOD(IDIME,INODE) = DBLE(COORD(LNODE,IDIME))
   10 CONTINUE
C
C***  ERMITTELN DES ELEMENTMITTELPUNKTVEKTORS VECM ( GLOBAL )
C
      DO 11 IDIME = 1, NDIME
   11 VECM(IDIME) = 0.25D0 * ( ELCOD(IDIME,1) + ELCOD(IDIME,3) +
     .                         ELCOD(IDIME,5) + ELCOD(IDIME,7) )
C
C***  SCHREIBEN DES TRANSLATIONSVECTORS AUF TAPE
C
      IREC = 2 * KELEM - 1
      WRITE (7,REC=IREC) ( VECM(I), I = 1, 3 )
C
C***  ERMITTELN DER ORTSVEKTOREN DER SEITENHALBIERENDEN
```

```fortran
C         VECA, VECB, VECC, VECD ( GLOBAL )
C
          DO 12 IDIME = 1,NDIME
          VECA (IDIME) = 0.5 * ( ELCOD(IDIME,1) + ELCOD(IDIME,3) )
          VECB (IDIME) = 0.5 * ( ELCOD(IDIME,3) + ELCOD(IDIME,5) )
          VECC (IDIME) = 0.5 * ( ELCOD(IDIME,5) + ELCOD(IDIME,7) )
       12 VECD (IDIME) = 0.5 * ( ELCOD(IDIME,7) + ELCOD(IDIME,1) )
C
C***   ERMITTELN DER "DIAGONAL"VEKTOREN VECDB, VECCA ( GLOBAL )
C
          DO 13 IDIME = 1, NDIME
          VECBD(IDIME) = VECB(IDIME) - VECD(IDIME)
       13 VECCA(IDIME) = VECC(IDIME) - VECA(IDIME)
C
          CALL BETRAG (VECBD,NDIME,BVECBD)
          CALL BETRAG (VECCA,NDIME,BVECCA)
C
C***   BILDEN DER LOKALEN Z - ACHSE ( KREUZPRODUKT DER DIAGONALVEKTOREN )
C      DIE LOKALE  Z - ACHSE ENTSPRICHT ALSO DEM NORMALENEINHEITSVEKTOR
C
          VECEZ(1) = VECBD(2) * VECCA(3) - VECBD(3) * VECCA(2)
          VECEZ(2) = VECBD(3) * VECCA(1) - VECBD(1) * VECCA(3)
          VECEZ(3) = VECBD(1) * VECCA(2) - VECBD(2) * VECCA(1)
C
          CALL BETRAG (VECEZ,NDIME,BVECEZ)
C
          VECEZ(1) = VECEZ(1) / BVECEZ
          VECEZ(2) = VECEZ(2) / BVECEZ
          VECEZ(3) = VECEZ(3) / BVECEZ
C
C***   WINKEL ZWISCHEN DIAGONALVEKTOREN
C
          ARCD = VECBD(1)*VECCA(1) + VECBD(2)*VECCA(2) + VECBD(3)*VECCA(3)
          ARCD = ARCD / ( BVECBD * BVECCA )
          ARCD = DACOS ( ARCD )
C
          PHI  = 0.5D0 * ( 1.570796326794897D0 - ARCD )
C
C***   BILDEN DER LOKALEN X - ACHSE
C      DIE LOKALE X - ACHSE SCHLIESST MIT VECBD DEN WINKEL PHI EIN
C
          VECEX(1) = DCOS(PHI) * VECBD(1) - DSIN(PHI) * VECBD(2)
          VECEX(2) = DSIN(PHI) * VECBD(1) + DCOS(PHI) * VECBD(2)
          VECEX(3) = VECBD(3)
C
          CALL BETRAG (VECEX,NDIME,BVECEX)
C
          VECEX(1) = VECEX(1) / BVECEX
          VECEX(2) = VECEX(2) / BVECEX
          VECEX(3) = VECEX(3) / BVECEX
C
C***   BILDEN DER LOKALEN Y - ACHSE ( HIER UEBER KREUZPRODUKT )
C      DIE LOKALE Y - ACHSE SCHLIESST MIT VECCA DEN WINKEL PHI EIN
C
          VECEY(1) = VECEZ(2) * VECEX(3) - VECEZ(3) * VECEX(2)
          VECEY(2) = VECEZ(3) * VECEX(1) - VECEZ(1) * VECEX(3)
          VECEY(3) = VECEZ(1) * VECEX(2) - VECEZ(2) * VECEX(1)
C
          CALL BETRAG (VECEY,NDIME,BVECEY)
C
          VECEY(1) = VECEY(1) / BVECEY
          VECEY(2) = VECEY(2) / BVECEY
          VECEY(3) = VECEY(3) / BVECEY
C
C
C***   SCHREIBEN DER ( TRANSPONIERTEN ) TRANSFORMATIONSMATRIX AUF TAPE
C
          IREC = IREC + 1
          WRITE (7, REC = IREC ) ( ( TRANSF(I,J), J = 1, 3 ), I = 1, 3 )
C
C***   TRANSFORMATION DER KNOTENKOORDINATEN INS LOKALE KOORDINATENSYSTEM
C
C      DAZU MUSS MAN ERST DEN ' TRANSLATIONSVEKTOR ' ABZIEHEN, DA SOWOHL
```

```
C     DIE GLOBALEN ELEMENTKOORDINATEN ALS AUCH DER TRANSLATIONSVECTOR
C     BEZUEGLICH DERSELBEN BASIS DEFINIERT SIND !!!!!
C
      DO 15 INODE = 1, NNODE
C
      DO 14 IDIME = 1, NDIME
   14 VECTOR(IDIME) = ELCOD(IDIME,INODE) - VECM(IDIME)
C
      CALL MATMUL (TRANSF,3,3,VECTOR,3,1,ELCODL(1,INODE),3,1,1)
C
   15 CONTINUE
C
C***  DER VEKTOR VECCLZ ENTHAELT DIE LOKALEN Z - KOORDINATEN
C
      DO 16  INODE  = 1, NNODE
   16 VECCLZ(INODE) = ELCODL(3,INODE)
C
C***  AUFBAU DER ELEMENTSTEIFIGKEITSMATRIX IM LOKALEN KOORDINATENSYSTEM
C     ---------------------------------------------------------------
C
C
C***  NULLSETZEN DER STEIFIGKEITSMATRIX
C
      LONG = NEVAB * NEVAB
      CALL SETRDP (ESTIF(1,1),1,LONG,1,0.D0)
C
C***  MATERIALMATRIZEN FUER DEHNUNG, BIEGUNG UND KOPPLUNG (NUR FUER LAMINATE)
C
      CALL MODPB ( DMEMB,DBEND,DLAM )
C
C***  MATERIALKENNWERTE FUER SCHUB
C
      CALL MODPS (DSHER)
C
C***  VERZERRUNGS-VERSCHIEBUNGSMATRIX FUER SCHUB
C
      CALL BSAMP (BMETA,BMEXI,ELCODL)
C
C***  VERZERRUNGS-VERSCHIEBUNGSMATRIX FUER MEMBRAN
C
      CALL BSAMP91 (BDETA ,BDEXI ,ELCODL)
      CALL BSAMP92 (BDETA1,BDEXI1,ELCODL)
C
C***  NUMERISCHE INTEGRATION
C
      DO 60 IGAUS = 1,NGAUB
      EXISP = POSGP3(IGAUS)
      DO 60 JGAUS = 1,NGAUB
      ETASP = POSGP3(JGAUS)
C
C***  BERECHNUNG DER ANSATZFUNKTIONEN , ABLEITUNGEN , DJACOBI
C
      CALL LAGRAN9 ( EXISP,ETASP,SHAPE,DERIV)
      CALL JACOB2   ( KELEM,NNODE,DJACB,CARTD,DERIV,SHAPE,ELCODL,
     .                XJACI,XJACM)
      DAREA = DJACB * WEIGP(IGAUS) * WEIGP(JGAUS)
C
C***  ANSATZFUNKTIONEN FUER SCHUB
C
      CALL SHAPS6 (EXISP,ETASP,SHAP1,SHAP2)
C
C***  ERMITTLUNG DER ELEMENTSTEIFIGKEITEN FUER DEHNUNG, BIEGUNG UND KOPPLUNG
C     DIE KOPPLUNG RESULTIERT EINERSEITS AUS DEM STOFFGESETZ , ANDERERSEITS
C     AUS DER KRUEMMMUNG DER MITTELFLAECHE
C
      DO 55 INODE = 1,NNODE
      ISTIF = ( INODE - 1 ) * NDOFN
      I1    = ISTIF + 1
      I2    = ISTIF + 2
      I3    = ISTIF + 3
      I4    = ISTIF + 4
      I5    = ISTIF + 5
C
```

```fortran
      CALL BMATPB ( INODE,NNODE,CARTD,BBENDI )
C
      ISTFF = ( INODE - 1 ) * 3
      CALL BMOTPB    (BMETA,BMEXI,BSHERI,ISTFF,SHAP1,SHAP2,XJACI)
      CALL BMOTPB91 (BDETA,BDEXI,BDETA1,BDEXI1,BMEMBI,ISTFF,SHAP1,
     .                SHAP2,XJACM,THETA)
C
      DO 50 JNODE = INODE,NNODE
      JSTIF = ( JNODE - 1 ) * NDOFN
      J1    = JSTIF + 1
      J2    = JSTIF + 2
      J3    = JSTIF + 3
      J4    = JSTIF + 4
      J5    = JSTIF + 5
C
      CALL BMATPB ( JNODE,NNODE,CARTD,BBENDJ )
C
      JSTFF = ( JNODE - 1 ) * 3
      CALL BMOTPB    (BMETA,BMEXI,BSHERJ,JSTFF,SHAP1,SHAP2,XJACI)
      CALL BMOTPB91 (BDETA,BDEXI,BDETA1,BDEXI1,BMEMBJ,JSTFF,SHAP1,
     .                SHAP2,XJACM,THETA)
C
C***  BERECHNE BEITRAEGE AUS DEHNUNG , BIEGUNG UND KOPPLUNG UEBER DAS
C     MATERIALGESETZ ( EINFLUSS VON LAMINATEN AUF DAS STOFFGESETZ )
C
      CALL MATMUL ( DMEMB,3,3,BMEMBJ,3,3,KM,3,3,2)
      CALL MATMUL ( DBEND,3,3,BBENDJ,3,2,KB,3,2,2)
      IF( LAM .NE. 0 ) CALL MATMUL ( DLAM,3,3,BMEMBJ,3,3,KL,3,3,2)
C
      DO 20 K = 1,3
C
C***  DEHNUNGSANTEIL
C
      ESTIF(I1,J1) = ESTIF(I1,J1) + BMEMBI(K,1) * KM(K,1) * DAREA
      ESTIF(I1,J2) = ESTIF(I1,J2) + BMEMBI(K,1) * KM(K,2) * DAREA
      ESTIF(I1,J3) = ESTIF(I1,J3) + BMEMBI(K,1) * KM(K,3) * DAREA
      ESTIF(I2,J1) = ESTIF(I2,J1) + BMEMBI(K,2) * KM(K,1) * DAREA
      ESTIF(I2,J2) = ESTIF(I2,J2) + BMEMBI(K,2) * KM(K,2) * DAREA
      ESTIF(I2,J3) = ESTIF(I2,J3) + BMEMBI(K,2) * KM(K,3) * DAREA
      ESTIF(I3,J1) = ESTIF(I3,J1) + BMEMBI(K,3) * KM(K,1) * DAREA
      ESTIF(I3,J2) = ESTIF(I3,J2) + BMEMBI(K,3) * KM(K,2) * DAREA
      ESTIF(I3,J3) = ESTIF(I3,J3) + BMEMBI(K,3) * KM(K,3) * DAREA
C
C***  BIEGUNGSANTEIL
C
      ESTIF(I4,J4) = ESTIF(I4,J4) + BBENDI(K,1) * KB(K,1) * DAREA
      ESTIF(I4,J5) = ESTIF(I4,J5) + BBENDI(K,1) * KB(K,2) * DAREA
      ESTIF(I5,J4) = ESTIF(I5,J4) + BBENDI(K,2) * KB(K,1) * DAREA
      ESTIF(I5,J5) = ESTIF(I5,J5) + BBENDI(K,2) * KB(K,2) * DAREA
C
C
C***  ANTEILE AUS DEM ( "ORTHOTROPEN" ) MATERIALGESETZ
C
      IF( LAM .EQ. 0 ) GOTO 20
C
      ESTIF(I1,J4) = ESTIF(I1,J4) + BMEMBI(K,1) * KL(K,1) * DAREA
      ESTIF(I1,J5) = ESTIF(I1,J5) + BMEMBI(K,1) * KL(K,2) * DAREA
      ESTIF(I2,J4) = ESTIF(I2,J4) + BMEMBI(K,2) * KL(K,1) * DAREA
      ESTIF(I2,J5) = ESTIF(I2,J5) + BMEMBI(K,2) * KL(K,2) * DAREA
C
   20 CONTINUE
C
      IF( LAM .EQ. 0 ) GOTO 30
C
      ESTIF(I4,J1) = ESTIF(I1,J4)
      ESTIF(I4,J2) = ESTIF(I2,J4)
      ESTIF(I5,J1) = ESTIF(I1,J5)
      ESTIF(I5,J2) = ESTIF(I2,J5)
C
   30 CONTINUE
C
C***  BERECHNE BEITRAEGE AUS SCHUBVERFORMUNG
C
C     ZWISCHENSPEICHERN IN KS = DSHER * BSHERJ
C
```

```fortran
      DO 35 J = 1,3
      KS(1,J) = DSHER(1,1) * BSHERJ(1,J)
   35 KS(2,J) = DSHER(2,2) * BSHERJ(2,J)
C
C                             T
C     ESTIF   = ESTIF + [BSHERI]  * [KS]
C
      DO 37 I = 1,3
      IPOS     = ISTIF + I + 2
      DO 37 J = 1,3
      JPOS     = JSTIF + J + 2
      SUMS     = 0.D0
      DO 36 K = 1,2
   36 SUMS     = SUMS + BSHERI(K,I) * KS(K,J)
   37 ESTIF(IPOS,JPOS) = ESTIF(IPOS,JPOS) + SUMS * DAREA
C
C***  BESETZEN DES DIAGONALELEMENTES FUER DEN FREIIHEIITSGRAD PSI_Z
C
      IF (INODE.NE.JNODE) GOTO 50
C
      IPOS = INODE * NDOFN
      JPOS = JNODE * NDOFN
C
      ESTIF(IPOS,JPOS) = DMIN1 ( ESTIF(I1,J1), ESTIF(I2,J2),
     .                           ESTIF(I3,J3), ESTIF(I4,J4),
     .                           ESTIF(I5,J5)                )
C
      ESTIF(IPOS,JPOS) = 1.0D-8 * ESTIF(IPOS,JPOS)
C
   50 CONTINUE
C
   55 CONTINUE
C
   60 CONTINUE
C
C***  TRANSFORMATION DER ELEMENTSTEIFIGKEITSMATRIX IN DAS
C     GLOBALE   KOORDINATENSYSTEM
C
      DO 63 IPOS = 1    , NEVAB, NDIME
      DO 63 JPOS = IPOS, NEVAB, NDIME
C
      DO 61 IDIME = 1, NDIME
      DO 61 JDIME = 1, NDIME
      I = IPOS + IDIME - 1
      J = JPOS + JDIME - 1
   61 ESTMAT(IDIME,JDIME) = ESTIF(I,J)
C
      CALL MATMUL (ESTMAT,3,3,TRANSF,3,3,ESTMOT,3,3,3)
C
      CALL MATMUL (TRANSF,3,3,ESTMOT,3,3,ESTMAT,3,3,2)
C
      DO 62 IDIME = 1, NDIME
      DO 62 JDIME = 1, NDIME
      I = IPOS + IDIME - 1
      J = JPOS + JDIME - 1
   62 ESTIF(I,J) = ESTMAT(IDIME,JDIME)
C
   63 CONTINUE
C
C***  UNTERE HAELFTE DER STEIFIGKEITSMATRIX
C
      DO 70 IEVAB = 1     ,NEVAB
      DO 70 JEVAB = IEVAB,NEVAB
      ESTIF(JEVAB,IEVAB) = ESTIF(IEVAB,JEVAB)
   70 CONTINUE
C
C
C***  ABSPEICHERN AUF FILE 1
C
      IREC = KELEM
      WRITE(1,REC=IREC) ESTIF
C
      RETURN
C
      END
```

```fortran
      FUNCTION SECOND (X)
      INTEGER*2 CLOCK(3)
      DOUBLE PRECISION SEC
C
C     ACHTUNG : APOLLO ROUTINE ; SIEHE PROGRAMMER'S REFERENCE MANUAL, S.10-23
C     ERMITTELT DIE CPU-ZEIT IN EINHEITEN VON 4 MICRO-SEKUNDEN
C     SEIT PROGRAMMSTART
      CALL PROC1_$GET_CPUT (CLOCK)
C
C     ACHTUNG : APOLLO ROUTINE ; SIEHE PROGRAMMER'S REFERENCE MANUAL, S.10-16
C     UMWANDLUNG VON CLOCK IN REALE SEKUNDEN
      CALL CAL_$FLOAT_CLOCK (CLOCK,SEC)
      SECOND = SEC
C
      RETURN
      END




      SUBROUTINE SET (IR,IA,IE,INC,IV)
C*****************************************************************
C     SETZEN EINES FELDES ODER VEKTORS AUF VORGEGEBENEN ANFANGSWERT
C*****************************************************************
C
      DIMENSION I4(IE),I2(IE),RDP(IE),RSP(IE)
      DOUBLE PRECISION RDP,DV
C*****
      ENTRY SETINT (I4,IA,IE,INC,IV)
C*****
      DO 10 I = IA,IE,INC
      I4(I) = IV
   10 CONTINUE
      RETURN
C*****
      ENTRY SETRDP (RDP,IA,IE,INC,DV)
C*****
      DO 20 I = IA,IE,INC
      RDP(I) = DV
   20 CONTINUE
      RETURN
C*****
      ENTRY SETRSP (RSP,IA,IE,INC,WERT)
C*****
      DO 30 I = IA,IE,INC
      RSP(I) = WERT
   30 CONTINUE
      RETURN
C
      END




      SUBROUTINE SHAPS6 (S,T,SHAP1,SHAP2)
C*******
C
C***  SHEAR SHAPE FUNTIONS
C
C******
C
      DOUBLE PRECISION SHAP1(6),SHAP2(6),S,T,A,SA,TA,TT,TP1,TM1,
     .                 SAM,SAP,TAM,TAP,SS,SP1,SM1
C
      A   = DSQRT(3.D0)
      SA  = S * A
      SAM = 1.D0 - SA
      SAP = 1.D0 + SA
      TA  = T * A
      TAM = 1.D0 - TA
      TAP = 1.D0 + TA
      TP1 = T * ( 1.D0 + T )
      TM1 = T * ( T - 1.D0 )
      TT  = 1.D0 - T * T
      SP1 = S * ( 1.D0 + S )
```

```fortran
      SM1 = S * ( S - 1.D0 )
      SS  = 1.D0 - S * S
C
      SHAP1(1) = 0.25 * SAM * TP1
      SHAP1(4) = 0.25 * SAP * TP1
      SHAP1(2) = 0.50 * SAM * TT
      SHAP1(5) = 0.50 * SAP * TT
      SHAP1(3) = 0.25 * SAM * TM1
      SHAP1(6) = 0.25 * SAP * TM1
C
      SHAP2(1) = 0.25 * TAM * SP1
      SHAP2(4) = 0.25 * TAP * SP1
      SHAP2(2) = 0.50 * TAM * SS
      SHAP2(5) = 0.50 * TAP * SS
      SHAP2(3) = 0.25 * TAM * SM1
      SHAP2(6) = 0.25 * TAP * SM1
C
      RETURN
      END




      SUBROUTINE SHEAR ( BMETA,BMEXI,ELCOD,ELDIS,ETASP,EXISP,KSAMP,
     .                   LPROP,STRES,STRSG)
C
C     EVALUATES AND PRINTS SHEAR FORCES AT GAUSS POINTS
C
      DIMENSION ELDIS(6,9),ELCOD(3,9),CARTD(2,9),DERIV(2,9),
     .          DSHER(2,2),SHAPE(9),SPCOD(3,9),
     .          STRES(8),STRSG(9,2)
C
      DOUBLE PRECISION ELCOD,CARTD,DERIV,SHAPE,EXISP,ETASP,DJACB,
     .                 DSHER,ELDIS,STRES,STRSG
      DOUBLE PRECISION XJACI(4),XJACM(4),SHAP1(6),SHAP2(6),BMETA(6,27),
     .                 BMEXI(6,27),BSHERI(2,3),DBMAT(2,3)
C
      COMMON / KONST  / NPOIN,NELEM,NNODE,NDOFN,NDIME,NPROP,NLAYR,
     1                  NSTRE,NGAUB,NGAUS,NMATS,NVFIX,NEVAB,NTOTV,
     2                  ICASE,NCASE,ITEMP,MBUFA,MELEM,MEVAB,MFRON,
     .                  MMATS,MPOIN,MVFIX,MTOTV,MSTIF,KELEM,NONL
C
C
      KSAMP = KSAMP + 1
C
      CALL LAGRAN9 ( EXISP,ETASP,SHAPE,DERIV)
      CALL JACOB2  ( KELEM,9,DJACB,CARTD,DERIV,SHAPE,ELCOD,
     .               XJACI,XJACM,*100)
      CALL SHAPS6  ( ETASP,EXISP,SHAP1,SHAP2)
C
      CALL MODPS (DSHER)
C
      DO 05 ISTRE = 7,8
   05 STRES(ISTRE) = 0.D0
C
      DO 30 INODE = 1,9
      IPOSN = ( INODE - 1 ) * 3
C
      CALL BMOTPB (BMETA,BMEXI,BSHERI,IPOSN,SHAP1,SHAP2,XJACI)
C
      CALL SETRDP ( DBMAT ,1,6,1,0.D0)
C
      DO 10 ISTRE = 1,2
      DO 10 JSTRE = 1,2
      DO 10 IDOFN = 1,3
      DBMAT(ISTRE,IDOFN) = DBMAT(ISTRE,IDOFN) + DSHER(ISTRE,JSTRE)
     .                                        * BSHERI(JSTRE,IDOFN)
   10 CONTINUE
C
      DO 20 ISTRE    = 7,8
      KSTRE          = ISTRE - 6
      DO 20 IDOFN    = 3,NDOFN - 1
      IDOF           = IDOFN - 2
      STRES(ISTRE) = STRES(ISTRE) + DBMAT(KSTRE,IDOF)
     .                            * ELDIS(IDOFN,INODE)
```

```fortran
   20 CONTINUE
C
   30 CONTINUE
C
C     CALL STRPS (CARTD,DSHER,ELDIS,SHAPE,STRES)
C
      DO 40 IDIME = 1,NDIME
      SPCOD(IDIME,KSAMP) = 0.0
      DO 40 INODE = 1,NNODE
      SPCOD(IDIME,KSAMP) = SPCOD(IDIME,KSAMP) + ELCOD(IDIME,INODE)
     .                                        * SHAPE(INODE)
   40 CONTINUE
C     WRITE(6,900) KSAMP,(SPCOD(IDIME,KSAMP),IDIME=1,NDIME),
C    .                        (STRES(ISTRE),ISTRE=7,8)
  900 FORMAT(1X,I5,2F10.4,2(2X,E12.5))
C
      STRSG(KSAMP,1) = STRES(7)
      STRSG(KSAMP,2) = STRES(8)
C
      RETURN
C
  100 CONTINUE
      STOP ' PROGRAMMSTOP IN ROUTINE SHEAR'
      END



      SUBROUTINE SIGMA ( KOUNT )
C
C     BERECHNUNG DER ELEMENTSPANNUNGEN UEBER DIE SCHICHTHOEHE
C     VON UNTEN NACH OBEN , KNOTENPUNKTWEISE
C
      DIMENSION KOUNT(900),STRES(8),STRESSO(8),STRESSU(8)
C
      DOUBLE PRECISION FIXED,ASDIS,ELOAD,TREAC,STRND,STRES,
     .                 ANGLE,PMMAX,PMMIN,DICKE,D12,ZO,ZU,
     .                 STRESSO,STRESSU,OBEN
C
      COMMON / KONST  / NPOIN,NELEM,NNODE,NDOFN,NDIME,NPROP,NLAYR,
     1                  NSTRE,NGAUB,NGAUS,NMATS,NVFIX,NEVAB,NTOTV,
     2                  ICASE,NCASE,ITEMP,MBUFA,MELEM,MEVAB,MFRON,
     .                  MMATS,MPOIN,MVFIX,MTOTV,MSTIF,KELEM,NONL,LAM
      COMMON / GLOBAL / COORD(900,3),PROPS(10,23),PRESC(100,6),
     2                  NOFIX(100),IFFIX(5400),LNODS(100,9),
     3                  MATNO(100),SHOEHE(10),WDICKE
      COMMON / RESULT / FIXED(5400),ASDIS(5400),ELOAD(100,54),
     .                  TREAC(100,6),STRND(900,8)
C
C
      WRITE(6,900)
      WRITE(6,905)
C
      OBEN = 0.5D0 * DBLE(WDICKE)
C
      DO 30 IPOIN = 1,NPOIN
      FAKTOR  = 1. / KOUNT(IPOIN)
C
      DO 40 ISTRE = 1,8
   40 STRES(ISTRE) = STRND(IPOIN,ISTRE) * FAKTOR
C
      ZO    = OBEN
      DO 20 ILAYR = NLAYR,1,-1
      DICKE = DBLE(SHOEHE(ILAYR))
      D12   = 12.D0 / ( DICKE**3 )
      ZU    = ZO - DICKE
C
      STRESSO(4) = STRES(1) / DICKE + D12 * STRES(4) * ZO
      STRESSO(5) = STRES(2) / DICKE + D12 * STRES(5) * ZO
      STRESSO(6) = STRES(3) / DICKE + D12 * STRES(6) * ZO
      STRESSO(7) = STRES(7) / DICKE
      STRESSO(8) = STRES(8) / DICKE
C
```

```fortran
      STRESSU(4) = STRES(1) / DICKE + D12 * STRES(4) * ZU
      STRESSU(5) = STRES(2) / DICKE + D12 * STRES(5) * ZU
      STRESSU(6) = STRES(3) / DICKE + D12 * STRES(6) * ZU
      STRESSU(7) = STRES(7) / DICKE
      STRESSU(8) = STRES(8) / DICKE
C
      CALL PRINC ( ANGLE,PMMAX,PMMIN,STRESSO )
      WRITE(6,910) IPOIN,ILAYR,ZO,
     .             (STRESSO(ISTRE),ISTRE = 4,8),PMMAX,PMMIN,ANGLE
C
      CALL PRINC ( ANGLE,PMMAX,PMMIN,STRESSU )
      WRITE(6,911) ILAYR,ZU,(STRESSU(ISTRE),ISTRE = 4,8)
     .                      ,PMMAX,PMMIN,ANGLE
C
      ZO = ZO - DICKE
   20 CONTINUE
C
   30 CONTINUE
C
C
C     FORMATANWEISUNGEN
C
  900 FORMAT(//,10X,30('-'),' G E M I T T E L T E ',
     .                      ' S P A N N U N G E N '
     .             ,30('-'),/)
  905 FORMAT(/,2X,'KNOTEN',1X,'SCHICHT',3X,'HOEHE'
     .          ,5X,'SIGMA-X',5X,'SIGMA-Y',
     .           5X,'SIGMA-XY',5X,'TAU-XZ',5X,'TAU-YZ',5X,'SIGMA-MAX',
     .           3X,'SIGMA-MIN',5X,'WINKEL',/)
  910 FORMAT(1X,I5,5X,I2,3X,1PE10.3,8(1X,1PE11.4))
  911 FORMAT(11X,I2,3X,1PE10.3,8(1X,1PE11.4))
C
      RETURN
      END



      SUBROUTINE STRPB ( CARTD,DMEM,DFLEX,ELDIS,SHAPE,STRES)
C
C     BERECHNUNG SAEMTLICHER SCHNITTLASTEN
C
      DIMENSION ELDIS(6,9),STRES(8),SHAPE(9),ELCOD(3,9),DMEM(3,3),
     .          CARTD(2,9),DFLEX(3,3),DSHER(2,2),DGRAD(12)
C
      DOUBLE PRECISION ELCOD,CARTD,SHAPE,DFLEX,DSHER,DGRAD,ELDIS,
     .                 STRES,XZROT,YZROT,ESHXX,ESHYY,EFLXX,EFLYY,
     .                 EFLXY ,DMEM,EMXX,EMYY,EMXY
C
      COMMON / KONST  / NPOIN,NELEM,NNODE,NDOFN,NDIME,NPROP,NLAYR,
     1                  NSTRE,NGAUB,NGAUS,NMATS,NVFIX,NEVAB,NTOTV,
     2                  ICASE,NCASE,ITEMP,MBUFA,MELEM,MEVAB,MFRON,
     .                  MMATS,MPOIN,MVFIX,MTOTV,MSTIF,KELEM,NONL,LAM
C
C
C
C     BILDE VERSCHIEBUNGSABLEITUNGEN
C
      CALL GRADIENT ( CARTD,DGRAD,ELDIS )
C
C     SCHNITTLASTEN FUER MEMBRANANTEIL
C
      EMXX      = DGRAD(1)
      EMYY      = DGRAD(8)
      EMXY      = DGRAD(7) + DGRAD(2)
      STRES(1) = DMEM(1,1) * EMXX + DMEM(1,2) * EMYY + DMEM(1,3) * EMXY
      STRES(2) = DMEM(2,1) * EMXX + DMEM(2,2) * EMYY + DMEM(2,3) * EMXY
      STRES(3) = DMEM(3,1) * EMXX + DMEM(3,2) * EMYY + DMEM(3,3) * EMXY
C
C     SCHNITTLASTEN FUER BIEGEANTEIL
C
      EFLXX     =   DGRAD( 5)
      EFLYY     = - DGRAD(10)
      EFLXY     =   DGRAD(11) - DGRAD(4)
```

```fortran
        STRES(4) = DFLEX(1,1)*EFLXX + DFLEX(1,2)*EFLYY + DFLEX(1,3)*EFLXY
        STRES(5) = DFLEX(2,1)*EFLXX + DFLEX(2,2)*EFLYY + DFLEX(2,3)*EFLXY
        STRES(6) = DFLEX(3,1)*EFLXX + DFLEX(3,2)*EFLYY + DFLEX(3,3)*EFLXY
C
        RETURN
C
C*****
        ENTRY STRPS ( CARTD,DSHER,ELDIS,SHAPE,STRES)
C*****
C
        CALL GRADIENT ( CARTD,DGRAD,ELDIS )
C
C       ROTATIONEN
C
        XZROT = 0.0
        YZROT = 0.0
        DO 10 INODE = 1,NNODE
        XZROT = XZROT + SHAPE(INODE) * ELDIS(4,INODE)
        YZROT = YZROT + SHAPE(INODE) * ELDIS(5,INODE)
     10 CONTINUE
C
C       SCHNITTLASTEN FUER SCHUBANTEIL
C
        ESHXX     = DGRAD(3) + XZROT
        ESHYY     = DGRAD(8) - YZROT
        STRES(7) = DSHER(1,1) * ESHXX
        STRES(8) = DSHER(2,2) * ESHYY
C
RETURN
END




        SUBROUTINE ZUSATZ (XSI,ETA,NNODE,SHAPE,VECCLZ,WDICKE,WOFAK)
C
        DOUBLE PRECISION XSI,ETA,SHAPE(NNODE),VECCLZ(NNODE),
                         T,WOFAK,FAK
C
        T = DBLE ( WDICKE )
C
        FAK = 0.D0
C
        DO 10 INODE = 1, NNODE
C
        FAK = FAK + SHAPE(INODE) * VECCLZ(INODE)
C
     10 CONTINUE
C
        WOFAK = FAK * 12.D0 / (T*T)
C
        RETURN
        END
```

3.10.4 Beispiele

3.10.4.1 Patch-Test

Der Patch-Test, wie in Abschnitt 3.8.2 geschildert, wird von dem QUAD9 Element bestanden. Das bedeutet, daß das Schalenelement in der Lage ist, einen reinen Biegezustand darzustellen ohne Membranverzerrungen aufzuweisen.

3.10.4.2 Eingespanntes Kreissegment

Als Testbeispiel wird ein Viertel eines kreisförmigen Bogens gewählt, der an einem Ende eingespannt und am freien Ende durch Kräfte belastet ist (Bild 3.19). Dieses Beispiel [3.34] ist nicht so einfach wie es zu sein scheint. Die Ergebnisse werden mit der analytischen Lösung eines kreisförmigen Balkens verglichen.

Dieses Beispiel wurde mit 3 verschiedenen Elementtypen gerechnet; mit einem QUAD4-, einem QUAD9-Element und einem degenerierten 9-Knoten Schalenelement [3.35]. Letzteres stellt einen weiterentwickelten Typ dar, wie er im 4.Kapitel beschrieben ist. Das QUAD4-Element ist flach; das QUAD9 und das degenerierte Element sind gekrümmt. Um den Einfluß der Krümmung in der QUAD9-Formulierung zu untersuchen, wurden die Mittelknoten sowohl auf den Kreisbogen als auch auf eine Gerade zwischen den Eckknoten gelegt (dies entspricht einem flachen Element).

Die Ergebnisse dieser Untersuchung sind in Tabelle 3.4 zu finden. Das QUAD4-Element liefert Werte, die gegen die Lösung des gekrümmten Balkens streben. Die Konvergenz wird besser je feiner die Netzeinteilung ist und je besser der Kreisbogen angenähert wird. Die Lösungen für die 9-Knoten Elemente sind eher enttäuschend. Im QUAD9-Element ist die Berücksichtigung der Krümmung erkennbar, wirkt sich aber nicht so stark wie erhofft aus. Auch das degenerierte Schalenelement — die numerischen Ergebnisse stellte der Autor von [3.35] zur Verfügung — entspricht bei gleicher Knotenanzahl den Ergebnissen des wesentlich einfacheren QUAD4-Elementes.

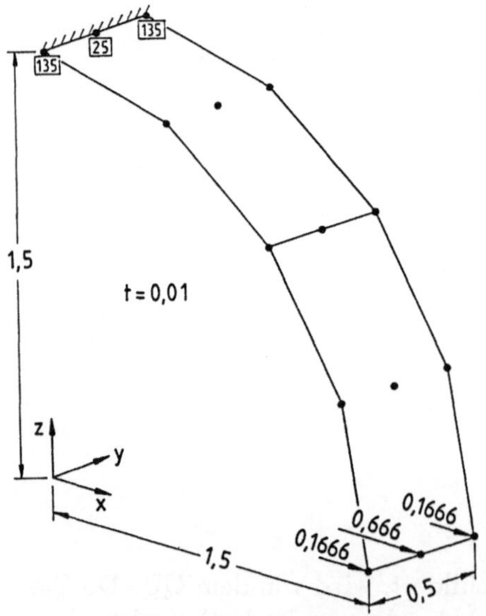

Bild 3.19 Eingespannter Kreisbogen

Tabelle 3.4 Ergebnisse für eingespannten Kreisbogen verschiedener Schalenelemente

| Verschiebung | exakt (Balken) | QUAD4 | | | | QUAD9 | | | | Schale |
| | | 4 Elemente | | 8 Elemente | | 2 Elemente | | 4 Elemente | | 2 Elemente |
		flach	gekrümmt	flach	gekrümmt	flach	gekrümmt	flach	gekrümmt	gekrümmt
x	3,07	2,62	2,90	2,93	3,01	2,65	2,78	2,81	2,83	2,87
z	1,956	1,84	1,88	1,91	1,92	1,89	1,78	1,86	1,81	1,85
ϕ	2,608	2,38	2,53	2,54	2,57	2,39	2,35	2,42	2,40	2,43

[a] $E = 2{,}07 \cdot 10^{11}$ N/m^2; $\nu = 0{,}3$; $r = 1{,}5$ m; $b = 0{,}5$ m; $t = 0{,}01$ m; $P = 0{,}5$ N
Sämtliche Ergebnisse müssen mit einen Faktor 10^{-4} multipliziert werden.

3.11 Literaturverzeichnis

3.1   Mindlin, R.D.: Influence of rotary inertia and shear on flexural motions of isotropic elastic plates. J. Appl. Mech. 18 (1951) 31-38

3.2   Zienkiewicz, O.C.; Taylor, R.L.; Too, J.M.: Reduced integration in general analysis of plates and shells. Int. J. Num. Meth. Eng. 3 (1971) 275-290

3.3   Hinton, E.; Razzaque, A.; Zienkiewicz, O.C.; Davies, J.D.: Simple finite element solution vor plates of homogeneos, sandwich and cellular construction. Proc. ICE, Part II 59 (1975) 43-65

3.4   Zienkiewicz, O.C.; Hinton, E.: Reduced integration, function smoothing and nonreference in finite element analysis (with special reference to thick plates). J. Franklin Institute 302

3.5   Pugh, E.D.L.; Hinton, E.; Zienkiewicz, O.C.: A study of quadrilateral plate bending elements with reduced integration. Int. J. Num. Meth. Eng. 12 (1978) 1059-1079

3.6   Hughes, R.J.R.; Cohen, M.; Haroun, M.: Reduced and selektive integration techniques in the finite element analysis of plates. Nucl. Eng. and Design 46 (1978) 203-222

3.7   Hinton, E.; Salonen, E.M.; Bicanic, N.: A study of locking phenomena in isoparametric, 3rd MAFELAP Conf. Brunel Univ., Uxbrigde 1978, Proc. (ed. J.R. Whiteman). London: Academic Press 1979

3.8   Malkus, D.S.; Hughes, R.J.R.: Mixed finite elements - reduced and selektive integration techniques: a unification of concepts. Comp. Meth. Appl. Mech. Eng. 15 (1978) 63-81

3.9   Hughes, T.J.R.; Tezduyar, T.E.: Finite elements based upon Mindlin plate theory with particular reference to the four-node bilinear isoparametric element. ASME. J. Appl. Mech. 48 (1981) 587-596

3.10   Tessler, A.: On a conforming Mindlin-type plate element, 4th MAFELAP Conf. Brunel Univ., Uxbridge 1981, Proc. (ed. J.R. Whiteman). London: Academic Press 1982

3.11   MacNeal, R.H.: A simple quadrilateral shell element. Comput. and Structures 8 (1978) 175-183

3.12   Tessler, A.; Hughes, T.J.R.: An improved treatment of transverse shear in the Mindlin-type four-node quadrilateral element. Comp. Meth. Appl. Mech. Eng. 39 (1983) 311-335

3.13   Dvorkin, E.N.; Bathe, K.J.: A continuum mechanics based four-node shell element for general non-linear analysis. Eng. Comp. 1 (1984) 77-88

3.14   Bathe, K.J.; Dvorkin, E.N.: A four-node plate bending element based on Mindlin/Reissner plate theory and a mixed interpolation. Int. J. Num. Meth. Eng. (in press)

3.15   Crisfield, M.A.: A quadratic Mindlin element using shear constraints. Comput. and Structures (in press)

3.16   Park, K.C.; Flaggs, D.L.: A rank-sufficient four-noded plate element with one-point integration, part I: element design. Comp. Meth. Appl. Mech. and Eng. (in press)

3.17   Belytschko, T.; Tsay, C.S.; Liu, W.K.: A stabilisation matrix for the bilinear Mindlin plate element. Comp. Meth. Appl. Mech. Eng. 29 (1981) 313-327

3.18   Bathe, K.J.: Finite element procedures in engineering analysis. Englewood Cliffs:Prentice-Hall 1982

3.19   Hughes, T.J.R.; Cohen, M.: The heterosis finite element for plate bending. Comput. and Structures 9 (1978) 445-450

3.20   Hinton, E.; Scott, F.C.; Ricketts, R.E.: Local least squares smoothing for parabolic isoparametric elements. Int. J. Num. Meth. Eng. 9 (1975) 235-238

3.21   Hinton, E.; Owen, D.R.J.: Finite element programming. London: Academic Press 1977

3.22   Owen, D.R.J.; Hinton, E.: Finite elements in plasticity: theory and practice. Swansea: Pineridge Press 1981

3.23   Hussainy, S.A.; Srinivas, S.: Flexure of rectangular composite plates. Fibre Science and Technology 8 (1975) 59-76

3.24   Srinivas, S.; Rao, A.K.: Bending, vibration and buckling of simply supported thick orthotropic rectangular plates and laminates. Int. J. Solids Structures 6 (1970) 1463-1481

3.25 Huang, H.C.; Hinton, E.: A nine node Lagrangian Mindlin plate element with enhanced shear interpolation. Engineering Computations 1 (1984) 369-379

3.26 Huang, H.C.; Hinton, E.: Shear forces and twisting moments in plates using Mindlin elements. Engineering Computations 3 (1986) 129-142

3.27 Hinton, E.; Huang, H.C.: A family of quadrilateral Mindlin plate elements with substitute shear strain fields. Comput. and Structures 23 (1986) 409-431

3.28 Aleksovski, G.; Hinton, E.: A study of 9-node Lagrange Mindlin/Reissner plate elements with modified representation of transverse shear.

3.29 Hinton, E.: Dynamic analysis of plates and shells. Swansea, Pineridge Press 1988

3.30 Hughes, Th.J.R.; Hinton, E.: Finite element methods for plate and shell structures. Vol. 1: Element Technology. Vol. 2: Formulations and Algorithmus. Pineridge Press 1986

3.31 Jetteur, Ph.; Frey, F.: A four node Marguerre element for non-linear shell analysis. Engineering Computations 3 (1986) 276-282

3.32 Marguerre, K.: Neuere Festigkeitsprobleme des Ingenieurs. Springer Verlag 1950

3.33 Krause, G.: Marguerre-Mindlin shallow shell elements. Engineering Computations 6 (1989)

3.34 Robinson, J.: Cantilivered curved beam problem for evaluating shell elements. Finite Element News 2 (1989)

3.35 Huang, H.-Ch.: Static and dynamic analyses of plates and shells. Springer Verlag 1989

3.12 Anhang 1 : Subroutine FRONT

```
      SUBROUTINE FRONT ( ASDIS, ELOAD, EQRHS, EQUAT, ESTIF, FIXED,
     *                   GLOAD, GSTIF, IFFIX, IINCS, IITER, KRESL,
     *                   LOCEL, LNODS, MBUFA, MELEM, MEVAB, MFRON,
     *                   MSTIF, MTOTV, MVFIX, NACVA, NAMEV, NDEST,
     *                   NDOFN, NELEM, NEVAB, NNODE, NOFIX, NPIVO,
     *                   NPOIN, NTOTV, TDISP, TLOAD, TREAC, VECRV)
C
C***********************************************************************
C     FRONT-LOESUNGSROUTINE
C***********************************************************************
C
      DIMENSION    ASDIS (MTOTV), ELOAD (MELEM, MEVAB), EQRHS (MBUFA),
     *             EQUAT (MFRON, MBUFA), ESTIF (MEVAB, MEVAB),
     *             GLOAD (MFRON), GSTIF (MSTIF), IFFIX (MTOTV),
     *             LNODS (MELEM, 9), LOCEL (MEVAB), NACVA (MFRON),
     *             NAMEV (MBUFA), NDEST (MEVAB), NOFIX (MVFIX),
     *             NPIVO (MBUFA), TDISP (MTOTV), TLOAD (MELEM, MEVAB),
     *             TREAC (MVFIX, NDOFN), VECRV (MFRON), FIXED (MTOTV)
      INTEGER MSG(3)
C
      NFUNC (I, J) = (J*J-J)/2+I
C
      DATA MSG/'FRON','T   ','ANFG'/
      CALL ANZEIGE (MSG,3,0)
C
C***   CHANGE THE SIGN OF THE LAST APPEARANCE OF EACH NODE
C
      IF(IINCS .GT. 1 .OR. IITER .GT. 1) GOTO 455
      DO 140 IPOIN = 1, NPOIN
      KLAST = 0
      DO 130 IELEM = 1, NELEM
      DO 120 INODE = 1, NNODE
      IF (LNODS (IELEM, INODE) .NE. IPOIN) GOTO 120
      KLAST = IELEM
      NLAST = INODE
  120 CONTINUE
  130 CONTINUE
      IF(KLAST.NE.0) LNODS(KLAST,NLAST)=-IPOIN
  140 CONTINUE
  455 CONTINUE
C
```

```
C***    START BY INITIALIZING EVERYTHING THAT MATTERS TO ZERO
C
        DO 145 IBUFA        = 1, MBUFA
    145 EQRHS (IBUFA)       = 0.0
        DO 150 ISTIF        = 1,MSTIF
    150 GSTIF(ISTIF)        = 0.0
        DO 160 IFRON        = 1,MFRON
        GLOAD(IFRON)        = 0.0
        VECRV(IFRON)        = 0.0
        NACVA(IFRON)        = 0.0
        DO 160 IBUFA        = 1,MBUFA
    160 EQUAT(IFRON,IBUFA) = 0.0
C
C***    AND PREPARE FOR DISC READING AND WRITING OPERATIONS
C
        NBUFA = 0
        IF( KRESL .GT. 1 ) NBUFA = MBUFA
        REWIND 1
        REWIND 2
        REWIND 4
        REWIND 7
C
C***    ENTER MAIN ASSEMBLY-REDUCTION LOOP
C
        NFRON=0
        KELVA=0
        DO 320 IELEM=1,NELEM
        IF( KRESL .GT. 1 ) GOTO 400
        KEVAB=0
C
        READ(1) ESTIF
C
        DO 170 INODE=1,NNODE
        DO 170 IDOFN=1,NDOFN
        NPOSI=(INODE-1)*NDOFN+IDOFN
        LOCNO=LNODS(IELEM,INODE)
        IF(LOCNO.GT.0) LOCEL(NPOSI)=(LOCNO-1)* NDOFN+IDOFN
        IF(LOCNO.LT.0) LOCEL(NPOSI)=(LOCNO+1)*NDOFN-IDOFN
    170 CONTINUE
C
C***    START BY LOOKING FOR EXISTING DESTINATIONS
C
        DO 210 IEVAB=1,NEVAB
        NIKNO=IABS(LOCEL(IEVAB))
        KEXIS=0
        DO 180 IFRON=1,NFRON
        IF(NIKNO.NE.NACVA(IFRON)) GO TO 180
        KEVAB=KEVAB+1
        KEXIS=1
        NDEST(KEVAB)=IFRON
    180 CONTINUE
        IF(KEXIS.NE.0) GO TO 210
C
C***    WE NOW SEEK NEW EMPTY PLACES FOR DESTINATIONS VECTOR
C
        DO 190 IFRON=1,MFRON
        IF(NACVA(IFRON).NE.0) GO TO 190
        NACVA(IFRON)=NIKNO
        KEVAB=KEVAB+1
        NDEST(KEVAB)=IFRON
        GO TO 200
    190 CONTINUE
C
C***    THE NEW PLACES MAY DEMAND AN INCREASE IN CURRENT FRONTWIDTH
C
    200 IF(NDEST(KEVAB).GT.NFRON) NFRON=NDEST(KEVAB)
    210 CONTINUE
        WRITE(7)                        LOCEL,NDEST,NACVA,NFRON
    400 IF( KRESL .GT. 1 ) READ(7) LOCEL,NDEST,NACVA,NFRON
C
C***    ASSEMBLE ELEMENT LOADS
C
```

```
      DO 220 IEVAB=1,NEVAB
      IDEST=NDEST(IEVAB)
      GLOAD(IDEST)=GLOAD(IDEST)+ELOAD(IELEM,IEVAB)
C
C*** ASSEMBLE THE ELEMENT STIFFNESSES - BUT NOT IN RESOLUTION
C
      IF( KRESL .GT. 1 ) GO TO 402
      DO 222 JEVAB=1,IEVAB
      JDEST=NDEST(JEVAB)
      NGASH=NFUNC(IDEST,JDEST)
      NGISH=NFUNC(JDEST,IDEST)
      IF(JDEST.GE.IDEST) GSTIF(NGASH) = GSTIF(NGASH)+ESTIF(IEVAB,JEVAB)
      IF(JDEST.LT.IDEST) GSTIF(NGISH) = GSTIF(NGISH)+ESTIF(IEVAB,JEVAB)
C
  222 CONTINUE
C
  402 CONTINUE
C
  220 CONTINUE
C
C*** RE-EXAMINE EACH ELEMENT NODE, TO ENQUIRE WHICH CAN BE ELIMINATED
C
      DO 310 IEVAB =1,NEVAB
      NIKNO  = - LOCEL(IEVAB)
      IF(NIKNO.LE.0) GO TO 310
C
C*** FIND POSITIONS OF VARIABLES READY FOR ELIMINATION
C
      DO 300 IFRON=1,NFRON
      IF(NACVA(IFRON).NE.NIKNO) GO TO 300
      NBUFA = NBUFA + 1
C
C*** WRITE EQUATIONS TO DISC OR TO TAPE
C
      IF( NBUFA .LE. MBUFA ) GOTO 406
      NBUFA = 1
      IF( KRESL .GT. 1 )       GO TO 408
      WRITE(2) EQUAT,EQRHS,NPIVO,NAMEV
      GO TO 406
  408 WRITE(4) EQRHS
      READ(2)  EQUAT,EQRHS,NPIVO,NAMEV
  406 CONTINUE
C
C*** EXTRACT THE COEFFICIETS OF THE NEW EQUATION FOR ELIMINATION
C
      IF( KRESL .GT. 1 ) GO TO 404
      DO 230 JFRON=1,MFRON
      IF(IFRON.LT.JFRON) NLOCA=NFUNC(IFRON,JFRON)
      IF(IFRON.GE.JFRON) NLOCA=NFUNC(JFRON,IFRON)
      EQUAT(JFRON,NBUFA) = GSTIF(NLOCA)
  230 GSTIF(NLOCA) = 0.0
  404 CONTINUE
C
C*** AND EXTRACT THE CORRESPONDING RIGHT HAND SIDES
C
      EQRHS(NBUFA) = GLOAD(IFRON)
      GLOAD(IFRON) = 0.0
      KELVA        = KELVA + 1
      NAMEV(NBUFA) = NIKNO
      NPIVO(NBUFA) = IFRON
C
C*** DEAL WITH PIVOT
C
      PIVOT = EQUAT(IFRON,NBUFA)
      IF( PIVOT .GT. 0.0 ) GOTO 235
      WRITE(6,900) NIKNO,PIVOT
  900 FORMAT(1H0,'.....FATALE BENUTZER NACHRICHT :',/,5X,
     .              'DER PIVOTWERT FUER DIE VARIABLE = ',I4,
     .              ' BETRAEGT ',E17.6)
      STOP '        PROGRAMMSTOP IN ROUTINE "FRONT"'
  235 EQUAT(IFRON,NBUFA) = 0.0
C
C*** ENQUIRE WHETHER PRESENT VARIABLE IS FREE OR PRESCRIBED
```

```fortran
C
      IF(IFFIX(NIKNO).EQ.0) GO TO 250
C
C***  DEAL WITH A PRESCRIBED DEFLECTION
C
      DO 240 JFRON=1,NFRON
  240 GLOAD(JFRON)=GLOAD(JFRON) - FIXED(NIKNO) * EQUAT(JFRON,NBUFA)
      GO TO 280
C
C***  ELIMINATE A FREE VARIABLE - DEAL WITH THE RIGHT HAND SIDE FIRST
C
  250 DO 270 JFRON=1,NFRON
      GLOAD(JFRON)=GLOAD(JFRON) - EQUAT(JFRON,NBUFA) * EQRHS(NBUFA)
     .                          / PIVOT
C
C***  NOW DEAL WITH THE COEFFICIENTS IN CORE
C
      IF( KRESL .GT. 1 ) GO TO 418
      IF(EQUAT(JFRON,NBUFA) .EQ. 0.0 ) GO TO 270
      NLOCA = NFUNC(0,JFRON)
      CUREQ = EQUAT(JFRON,NBUFA)
      DO 260 LFRON=1,JFRON
      NGASH=LFRON+NLOCA
  260 GSTIF(NGASH) = GSTIF(NGASH) - CUREQ * EQUAT(LFRON,NBUFA) / PIVOT
  418 CONTINUE
  270 CONTINUE
  280 EQUAT(IFRON,NBUFA) = PIVOT
C
C***  RECORD THE NEW VACANT SPACE, AND REDUCE FRONTWIDTH IF POSSIBLE
C
      NACVA(IFRON)=0
      GO TO 290
C
C***  COMPLETE THE ELEMENT LOOP IN THE FORWARD ELIMINATION
C
  300 CONTINUE
  290 IF(NACVA(NFRON).NE.0) GO TO 310
      NFRON = NFRON - 1
      IF( NFRON .GT. 0 ) GO TO 290
  310 CONTINUE
  320 CONTINUE
      IF( KRESL .EQ. 1 ) WRITE(2) EQUAT,EQRHS,NPIVO,NAMEV
      BACKSPACE 2
C
C***  ENTER BACK-SUBSTITUTION PHASE, LOOP BACKWARDS THROUGH VARIABLES
C
      DO 340 IELVA=1,KELVA
C
C***  READ A NEW BLOCK OF EQUATIONS - IF NEEDED
C
      IF(NBUFA .NE. 0) GOTO 412
      BACKSPACE 2
      READ(2) EQUAT,EQRHS,NPIVO,NAMEV
      BACKSPACE 2
      NBUFA = MBUFA
      IF( KRESL .EQ. 1 ) GO TO 412
      BACKSPACE 4
      READ(4) EQRHS
      BACKSPACE 4
  412 CONTINUE
C
C***  PREPARE TO BACK-SUBSTITUTE FROM THE CURRENT EQUATION
C
      IFRON = NPIVO(NBUFA)
      NIKNO = NAMEV(NBUFA)
      PIVOT = EQUAT(IFRON,NBUFA)
      IF( IFFIX(NIKNO) .NE. 0 ) VECRV(IFRON)= FIXED(NIKNO)
      IF(IFFIX(NIKNO).EQ.0) EQUAT(IFRON,NBUFA) = 0.0
C
C***  BACK SUBSTITUTE IN CURRENT EQUATION
C
      DO 330 JFRON = 1,MFRON
  330 EQRHS(NBUFA) = EQRHS(NBUFA) - VECRV(JFRON) * EQUAT(JFRON,NBUFA)
```

```fortran
      C
      C***   PUT THE FINAL VALUES WHERE THEY BELONG
      C
            IF( IFFIX(NIKNO) .EQ. 0 ) VECRV(IFRON) = EQRHS(NBUFA)/PIVOT
            IF( IFFIX(NIKNO) . NE. 0 ) FIXED(NIKNO) = - EQRHS(NBUFA)
            NBUFA = NBUFA - 1
            ASDIS(NIKNO) = VECRV(IFRON)
        340 CONTINUE
      C
      C***   ADD DISPLACEMENTS TO PREVIOUS TOTAL VALUES
      C
            DO 345 ITOTV = 1,NTOTV
        345 TDISP(ITOTV) = TDISP(ITOTV) + ASDIS(ITOTV)
      C
      C***   STORE REACTION FOR PRINTING LATER
      C
            KBOUN=1
            DO 370 IPOIN = 1,NPOIN
            NLOCA=(IPOIN-1)*NDOFN
            DO350 IDOFN=1,NDOFN
            NGUSH=NLOCA+IDOFN
            IF(IFFIX(NGUSH) .GT. 0) GOTO 360
        350 CONTINUE
            GOTO370
        360 DO 510 IDOFN=1,NDOFN
            NGASH= NLOCA+IDOFN
            IF( IFFIX(NGASH) .EQ. 0 ) GOTO 510
            TREAC(KBOUN,IDOFN)=TREAC(KBOUN,IDOFN) + FIXED(NGASH)
        510 CONTINUE
            KBOUN=KBOUN+1
        370 CONTINUE
      C
      C***   ADD REACTIONS INTO THE TOTAL LOAD ARRAY
      C
            DO 700 IPOIN = 1,NPOIN
            DO 710 IELEM = 1,NELEM
            DO 710 INODE = 1,NNODE
            NLOCA = IABS(LNODS(IELEM,INODE))
        710 IF( IPOIN .EQ. NLOCA ) GOTO 720
        720 DO 730 IDOFN = 1,NDOFN
            NGASH = ( INODE - 1 ) * NDOFN + IDOFN
            MGASH = ( IPOIN - 1 ) * NDOFN + IDOFN
        730 TLOAD(IELEM,NGASH) = TLOAD(IELEM,NGASH) + FIXED(MGASH)
        700 CONTINUE
            RETURN
            END
```

4 Berechnung von elasto-plastischen und geometrisch nichtlinearen anisotropen Platten und Schalen

J.A. Figueiras, D.R.J. Owen

4.1 Einführung

In zunehmendem Maße werden geeignete Methoden für die Analyse von Schalenstrukturen erforderlich, um die sichere Auslegung der Konstruktion zu gewährleisten. Analytische Lösungen für Schalenstrukturen sind auf Spezialfälle beschränkt und im allgemeinen nicht anwendbar auf beliebige Geometrien, Lastfälle, unregelmäßige Versteifungen und Lagerungsbedingungen, Ausschnitte und viele andere Aspekte des praktischen Entwurfs. Die Methode der finiten Elemente wurde folglich für die Berechnung derartiger Schalen im Hinblick auf die Leichtigkeit favorisiert, mit der derartige komplexe Strukturen behandelt werden können.

Obwohl das Verfahren der finiten Elemente seit über zwanzig Jahren in der Schalenanalyse angewendet wird, ist die Suche nach geeigneten Elementen, die für allgemeine Schalenstrukturen verwendet werden können, immer noch im Gange [4.1 − 4.4]. Es wurden drei verschiedene Näherungen in der Abbildung von Schalenstrukturen mit finiten Elementen benutzt basierend auf (I) flachen dreieckigen oder viereckigen Elementen, (II) gekrümmten Elementen, die auf verschiedenen Schalentheorien beruhen, und (III) Elementen, abgeleitet aus dreidimensionalen Elementen mit Hilfe von Degenerierungsverfahren.

Die ersten numerischen Studien von Schalenproblemen facettierten die Schale mit ebenen dreieckigen Plattenelementen, die durch eine Membransteifigkeit ergänzt wurden. Die damit erhaltenen Resultate waren zufriedenstellend, jedoch mußten in Abhängigkeit des Problems sehr feine Netzeinteilungen benutzt werden. Eine Anzahl von Schwierigkeiten und Unzulänglichkeiten entstehen aus der Anwendung von flachen Elementen auf gekrümmte Schalen [4.5], wie z.B. die Diskontinuität der Biegemomente, die bei kontinuierlich gekrümmten Schalen nicht auftritt. Trotz dieser Probleme, die durch zahlreiche

Kunstgriffe und zusätzlichen rechentechnischen Aufwand überwunden werden können, wurden kürzlich einfache Dreieckselemente entwickelt und auf die nichtlineare Analyse von Schalen mit beliebiger Gestalt angewendet[4.6 – 4.8]. Die Frage ist, ob der Verlust an Genauigkeit (verglichen mit den gekrümmten Elementen) durch die geringeren Rechenkosten dieser einfachen Elemente aufgewogen wird.

In der zweiten Näherung wird ein klassisches Konzept herangezogen. Als Ausgangspunkt für die finite Elementeformulierung wird eine Schalentheorie benutzt. Aus den dreidimensionalen Feldgleichungen wurden unterschiedliche Schalentheorien entwickelt, indem verschiedene Annahmen über das Verhalten der Struktur getroffen wurden. Eine ganze Anzahl von finiten Elementen mit verschiedenem Grad an Komplexität wurde für dicke und dünne Schalen formuliert [4.1, 4.9, 4.10]. Gekrümmte Schalenelemente, basierend auf der Kirchhoff-Love-Theorie, gewährleisten einen hohen Grad an Genauigkeit, sind aber kompliziert hinsichtlich Konvergenz und Kompatibilität. Im Fall einer kompletten nichtlinearen Analyse entstehen zusätzliche Schwierigkeiten in der Formulierung von effizienten finiten Elementen infolge der Unverfügbarkeit einer allgemeinen nichtlinearen Schalentheorie.

Die dritte Näherung, die in der Formulierung von Schalenelementen benutzt wird, vermeidet die Komplexität der allgemeinen Schalentheorien, indem die dreidimensionalen Gleichungen der Kontinuumsmechanik direkt diskretisiert werden. Es werden isoparametrische Elemente mit unabhängigen Freiheitsgraden für Verschiebungen und Verdrehungen benutzt, in denen die Beziehungen für die dreidimensionalen Spannungen und Verzerrungen auf das Schalenverhalten "degeneriert" werden. Diese Vorgehensweise wurde ursprünglich von Ahmad et al. [4.11] für die lineare Analyse von halbwegs dicken Schalen eingeführt. Obwohl dieser Elementtyp anfangs sehr vielversprechend erschien, traten später Schwierigkeiten auf, wenn die Dicke des Elementes verringert wurde. Eine weitere Verbesserung des Modells wurde mit Hilfe der sogenannten reduzierten Integration erreicht [4.12, 4.13].

Seitdem wird die Degenerierung zur Formulierung allgemeiner Schalenelemente (für dicke und dünne Strukturen) von vielen Forschern benutzt, um verschiedene Elementtypen abzuleiten [4.14 – 4.16]. Diese Formulierung wurde kürzlich auf die geometrische [4.17, 4.18] und auf das Material [4.19, 4.20] nichtlineare Berechnung von Schalen angewendet, ebenso wie die kombinierte geometrische und Materialnichtlinearität [4.15, 4.16, 4.21 – 4.23]. Die günstigen Effekte der reduzierten Integration für isoparametrische Platten- und Schalenelemente und die Probleme, die aus dem Gebrauch derartiger Techniken entstehen, sind in mehreren Arbeiten diskutiert worden [4.24 – 4.27].

Der zunehmende Gebrauch von weiterentwickelten Verbundmaterialien verlangt die Berücksichtigung der Anisotropie auf das Verhalten der Schalenelemente. Die vorzügliche Steifigkeit im Verhältnis zum Gewicht der modernen faserverstärkten Materialien und die verbesserten Eigenschaften der Laminate rechtfertigen die zunehmende Anwendung dieser heterogenen anisotropen Materialien. Der Entwicklungsingenieur muß nicht nur gegebene Belastungen sondern auch die richtungsabhängige Steifigkeit berücksichtigen, indem die Orientierung der verschiedenen Schichten geändert wird. Ein numerisches Modell ist für diese Aufgabe unerläßlich.

Verschiedene Theorien, die auf den klassischen Kirchhoffschen Hypothesen beruhen, wurden zur Analyse geschichteter Platten aufgestellt [4.29 − 4.30]. Für anisotrope Laminate, bei denen das Verhältnis von E-Modul zu Schubmodul sehr groß sein kann, gewinnt eine Theorie, analog zu der von Reissner [4.32] und Mindlin [4.32] präsentierten für isotrope Platten, an Bedeutung. Experimentelle Ergebnisse ebenso wie exakte Lösungen nach der Elastizitätstheorie deuten an, daß die Schubkorrektur sogar für Länge/Dickenverhältnis bis zu 30 [4.33 − 4.35] bedeutend sein können. Heterogene und anisotrope Plattentheorien, die die Schubverformung berücksichtigen, sind von verschiedenen Forschern entwickelt worden. Konstante transversiale Schubverzerrung in Dickenrichtung wurde in einigen Modellen angenommmem [4.36, 4.37], und die Annahme einer konstanten transversialen Schubverzerrung wird von anderen [4.38] getroffen. Die ersten verletzen die Kontinuität der Schubspannungen an der Schichtgrenze und die letzteren, obwohl sie die Kontinuität an der Schichtgrenze befriedigen, verletzen die Gleichgewichtsbedingungen ebenso wie die Randbedingungen an den äußeren Oberflächen, die üblicherweise von tangentialen Spannungen als frei angenommen werden. Jedoch ist eine allgemeine Theorie für geschichtete anisotrope Platten und Schalen, die Schubverformung berücksichtigt, noch nicht etabliert.

Obwohl isoparametrische Elemente der Serendipity-Familie für dicke und halbwegs dünne Schalen [4.12] befriedigende Lösungen liefern, weisen die Ergebnisse für ein zunehmendes Verhältnis von Länge zu Dicke [4.24 − 4.26] auf das Phänomen "Locking" hin. Um ein numerisches Modell zu entwickeln, das sowohl dicke als auch dünne Platten und Schalen berechnen kann, werden das 9-Knoten-Lagrange-Element und das Heterosis-Element [4.26, 4.27, 4.44, 4.45] in das hier präsentierte Modell eingeführt. Die Berücksichtigung verschiedener Materialeigenschaften nicht nur auf der Oberfläche der Struktur, sondern auch in Dickenrichtung wurde durch eine diskrete Näherung in Schichtrichtung möglich. Es wird die Annahme einer konstanten transversialen Schubverzerrung getroffen und ein Schubkorrekturfaktor, abgeleitet aus zylindrischer Biegung, wird benutzt, um die wirkliche Schubverzerrungsenergie anzunähern [4.46, 4.47].

Der nichtlineare Zusammenhang zwischen Spannungen und Verzerrungen der anisotropen Materialien ist für Ingenieure ebenfalls von Interesse. Das Fließgesetz von Huber-Mises wurde von Hill [4.39, 4.40] für anisotrope Materialien verallgemeinert. Die Hillsche Theorie wurde von Hu [4.41] und Whang

[4.42] weiterentwickelt, um das Verfestigungsverhalten zu berücksichtigen [4.43]. Es wird ein vollständiges dreidimensionales Huber-Mises-Fließgesetz, in dem die Spannungskomponenten durch Einführung anisotroper Parameter modifiziert worden sind, benutzt. Das Tangentialsteifigkeitsverfahren wird für die numerische Lösung herangezogen. Ein damit verbundenes Fließgesetz, in dem das plastische Potential mit der anisotropen Fließfunktion gleichgesetzt wird, wird verwendet, um die elasto-plastischen, inkrementellen, konstitutiven Beziehungen zu definieren [4.48, 4.49].

4.2 Degenerierte isoparametrische Elemente

4.2.1 Allgemeines

Bild 4.1a zeigt ein dreidimensionales Volumenelement, mit quadratischem Verschiebungsansatz.

Die Bilder 4.1b und 4.1c verdeutlichen das zugehörige quadratische degenerierte Schalenelement. In dieser Vorgehensweise werden zwei grundlegende

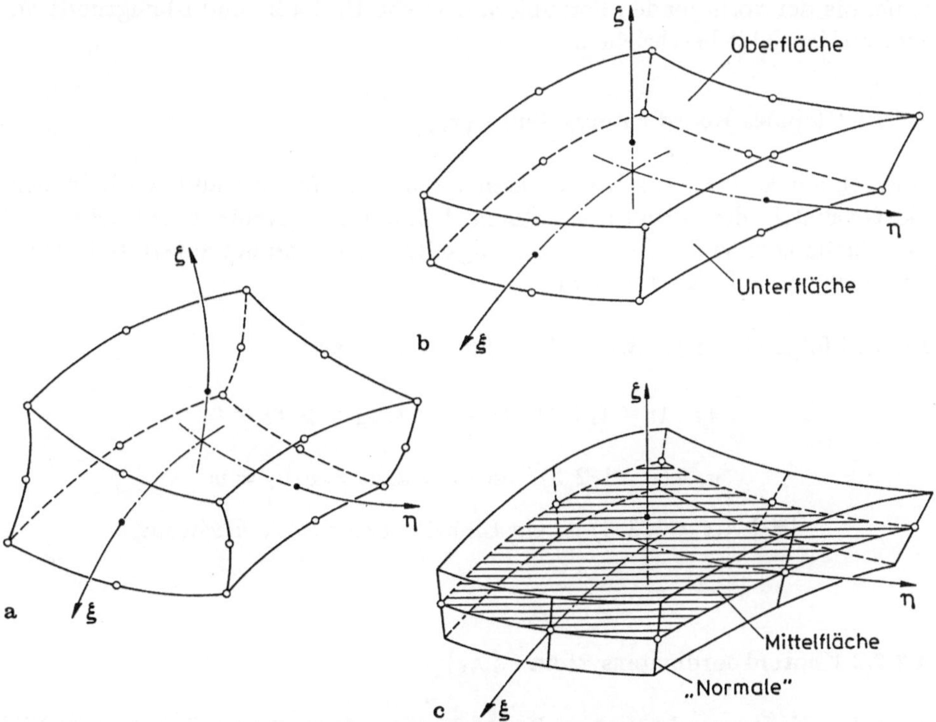

Bild 4.1 (a) Volumenelement mit quadratischen Ansatzfunktionen
        (b) Degeneriertes Schalenelement
        (c) Mittelfläche mit Definition der "Normalen"

Annahmen getroffen: Erstens, es wird angenommen, daß sogar für dicke Schalen gilt, daß Querschnitte senkrecht zur Mittelfläche nach der Deformation praktisch eben bleiben. Zweitens, der Anteil der Verzerrungsenergie, der zur Spannung senkrecht zur Mittelfläche gehört, wird vernachlässigt, d.h. die Spannungskomponente, die normal auf der Schalenmittelfläche steht, wird zu Null in den Materialgleichungen angenommen.

An jedem Knoten werden fünf Freiheitsgrade spezifiziert, die drei Verschiebungen und zwei Rotationen zugeordnet werden. Die Definition von unabhängigen Rotations- und Verschiebungsfreiheitsgraden erlaubt, daß die Schubverformung berücksichtigt wird, da die Rotationen nicht an die Neigung der Mittelfläche gebunden sind. Diese Annahme ist äquivalent mit einer allgemeinen Schalentheorie und führt auf die Hypothesen von Reissner [4.31] und Mindlin [4.32] im Falle von Platten.

4.2.2 Koordinatensysteme

In der Formulierung von degenerierten gekrümmten Schalenelementen müssen verschiedene Koordinatensysteme benutzt werden. Die vier Koordinatensysteme, die der vorliegenden Formulierung (siehe Bild 4.2a und b) zugrunde liegen, werden jetzt beschrieben.

4.2.2.1 Globales Koordinatensystem - $\{x_i\}$

Dies ist ein kartesisches Koordinatensystem, das frei gewählt wird, in dem die Geometrie der Struktur im Raum definiert ist. Knotenkoordinaten und Verschiebungen sowie die globale Steifigkeitsmatrix und der äußere Lastvektor beziehen sich auf dieses System.

Es wird folgende Schreibweise (Bild 4.2a) vereinbart:

$$x_i \quad (i = 1, 2, 3) \text{ und } x_1 = x, x_2 = y, x_3 = z$$

$$u_i \quad (i = 1, 2, 3) \text{ und } u_1 = u, u_2 = v, u_3 = w$$

$$\{\overline{x}_i\} \quad (i = 1, 2, 3) \text{ ist ein Einheitsvektor in } x_i \text{ -Richtung.}$$

4.2.2.2 Knotenkoordinatensystem - $\{v_{ik}\}$

An jedem Knotenpunkt wird ein Knotenkoordinatensystem definiert (siehe Bild 4.2a), dessen Ursprung auf der Mittelfläche liegt. Der Vektor $\{v_{3k}\}$ wird aus den Knotenkoordinaten der oberen und unteren Deckfläche am Knoten k konstruiert

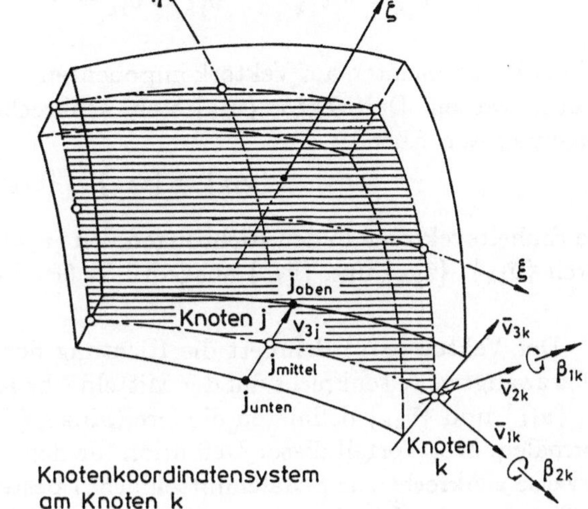
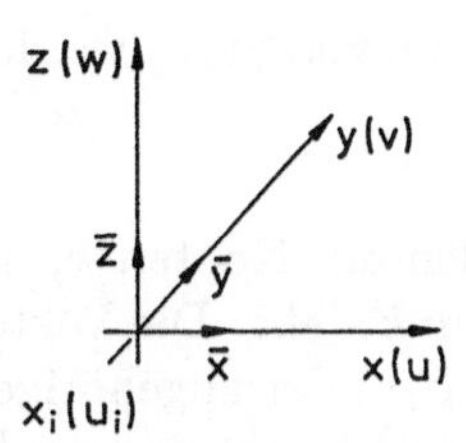

a

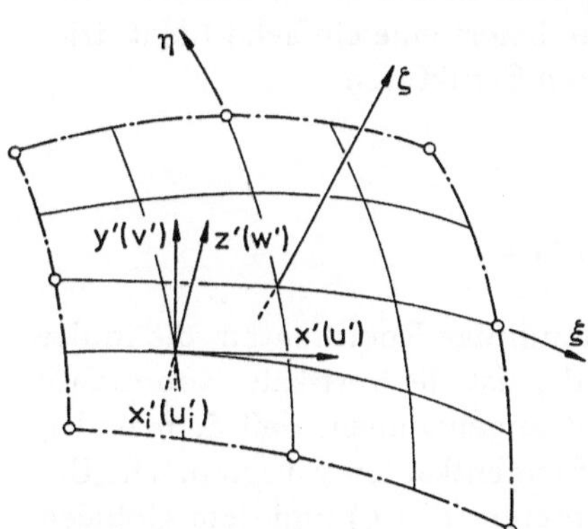

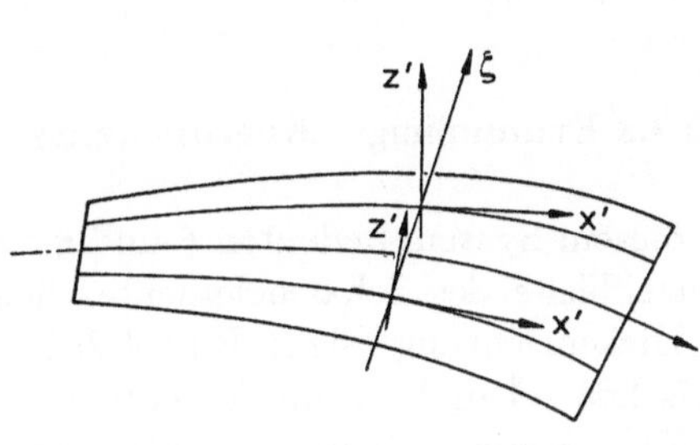

b   lokales Koordinatensystem

Bild 4.2 Definition der Koordinatensysteme
    (a) Knoten- und krummliniges Koordinatensystem
    (b) Lokale Systeme

$$\{v_{3k}\} = \{x_k\}^{\text{oben}} - \{x_k\}^{\text{unten}} \tag{4.1}$$

mit

$$\{x_k\} = \{x_k, \quad y_k, \quad z_k\}^T .$$

Der Vektor $\{v_{1k}\}$ steht senkrecht zu $\{v_{3k}\}$ und verläuft parallel zur globalen x-z-Ebene

$$v_{1k}^x = v_{3k}^z \quad , \quad v_{1k}^y = 0 \quad , \quad v_{1k}^z = -v_{3k}^x$$

oder falls $\{v_{3k}\}$ in der y-Richtung $(v_{3k}^x = v_{3k}^z = 0)$

$$v_{1k}^x = -v_{3k}^y \quad , \quad v_{1k}^y = v_{1k}^z = 0 \qquad (x\text{-Richtung}), \tag{4.2}$$

wobei die Exponenten auf Vektorkomponenten in dem globalen Koordinatensystem hinweisen. Der Vektor $\{v_{2k}\}$ steht senkrecht zu der von $\{v_{1k}\}$ und $\{v_{3k}\}$ aufgespannten Ebene

$$\{v_{2k}\} = \{v_{3k}\} \times \{v_{1k}\}. \tag{4.3}$$

Die Einheitsvektoren in den Richtungen von $\{v_{1k}\}$, $\{v_{2k}\}$ und von $\{v_{3k}\}$ werden durch $\{\overline{v}_{1k}\}$, $\{\overline{v}_{2k}\}$ und $\{\overline{v}_{3k}\}$ ausgedrückt (Bild 4.2a).

Der Vektor $\{\overline{v}_{3k}\}$ definiert die Richtung der Normalen am Knoten k, die nicht zwangsweise senkrecht auf der Mittelfläche am Knoten k steht. Die Vektoren $\{\overline{v}_{1k}\}$ und $\{\overline{v}_{2k}\}$ definieren die Drehwinkel (β_{2k} bzw. β_{1k}) der zugehörigen Normalen. Der Vorteil dieser Definition für den Vektor $\{\overline{v}_{3k}\}$ (nicht notwendigerweise senkrecht zur Schalenmittelfläche) besteht darin, daß als Folge keine Klaffungen oder Überlappungen entlang den Elementkanten vorhanden sind. Die Definition, die für $\{\overline{v}_{1k}\}$ vereinbart wurde, liefert eine einfache Identifizierung ihrer Richtung in allgemeinen gekrümmten Strukturen.

4.2.2.3 Krummliniges Koordinatensystem - ξ, η, ζ

In diesem System bedeuten ξ und η zwei krummlinige Koordinaten, die in der Mittelfläche des Schalenelementes liegen, und ζ ist die vertikale Koordinate in Dickenrichtung (siehe Bild 4.2b). Es wird angenommen, daß ξ, η und ζ zwischen -1 und $+1$ auf den entsprechenden Elementkanten variieren. Die Beziehungen zwischen den krummlinigen Koordinaten (ξ, η, ζ) und dem globalen Koordinatensystem (x, y, z) sind durch dieselben Ausdrücke (4.9) gegeben, die später die Elementgeometrie beschreiben. Es wird darauf hingewiesen, daß die ζ-Richtung nur näherungsweise senkrecht auf der Schalenmittelfläche steht, da ζ als Funktion des Vektors $\{\overline{v}_{3k}\}$ definiert wird.

4.2.2.4 Lokales Koordinatensystem - $\{x_i'\}$

Dies ist ein kartesisches Koordinatensystem, das an den Integrationspunkten, in denen auch Spannungen und Verzerrungen berechnet werden, definiert ist. Die Richtung $x_3'(z')$ steht senkrecht auf der Schnittfläche $\zeta = $ const (siehe Bild 4.2b) und wird aus dem Kreuzprodukt der Vektoren $\{\xi\}$ und $\{\eta\}$ gewonnen gemäß

$$\{x_3'\} = \begin{Bmatrix} \partial x/\partial \xi \\ \partial y/\partial \xi \\ \partial z/\partial \xi \end{Bmatrix} \times \begin{Bmatrix} \partial x/\partial \eta \\ \partial y/\partial \eta \\ \partial z/\partial \eta \end{Bmatrix}. \tag{4.4}$$

Die Richtung $x_1'(x')$ verläuft tangential zu der ξ-Richtung im Integrationspunkt

$$\{x_1'\} = \left\{ \begin{array}{c} \partial x/\partial \xi \\ \partial y/\partial \xi \\ \partial z/\partial \xi \end{array} \right\}. \tag{4.5}$$

Eine unterschiedliche Definition der x_1'-Richtung wird erforderlich, falls verzerrte Netze für anisotrope Strukturen benutzt werden, z.B. für faserverstärkte Kunststoffe und Schalen aus Spannbeton, um die Materialrichtungen hinsichtlich des lokalen Achsensystems konsistent zu definieren. Eine Definition ähnlich zu der der v_{1k}-Richtung wird dann angenommen. Die Richtung $x_2'(y')$ wird aus der Definition des Kreuzprodukts der Richtungen x_3' und x_1' gewonnen

$$\{x_2'\} = \{x_3'\} \times \{x_1'\}. \tag{4.6}$$

Dieses lokale Koordinatensystem variiert in Dickenrichtung in Abhängigkeit der Schalenkrümmung und der veränderlichen Dicke (siehe Bild 4.2b).

Die Matrix der Richtungscosinus, die die Transformation zwischen dem lokalen und dem globalen Koordinatensystem herstellt, ist gegeben durch

$$[\theta] = [\{\overline{x}'\}, \{\overline{y}'\}, \{\overline{z}'\}], \tag{4.7}$$

wobei $\{\overline{x}'\}, \{\overline{y}'\}$ und $\{\overline{z}'\}$ Einheitsvektoren in den Richtungen der Achsen x', y' und z' bedeuten.

4.2.3 Elementgeometrie

Die globalen Koordinaten der Punkte auf der oberen und unteren Deckfläche (Bild 4.2a) sind üblicherweise die Eingabe, um die Elementgeometrie festzulegen. Alternativ können auch die Knotenkoordinaten der Mittelfläche und die zugehörige Richtung der Dicke geliefert werden. In der isoparametrischen Formulierung werden die Koordinaten eines Punktes innerhalb des Elementes dadurch gewonnen, daß die Elementverschiebungsfunktionen auf die Knotenkoordinaten angewendet werden, d.h.

$$\{x_i\} = \sum_{k=1}^{n} N_k \frac{1+\zeta}{2} \{x_{ik}\}^{\text{oben}} + \sum_{k=1}^{n} N_k \frac{1-\zeta}{2} \{x_{ik}\}^{\text{unten}} \tag{4.8}$$

oder

$$\{x_i\} = \sum_{k=1}^{n} N_k \{x_{ik}\}^{\text{mitte}} + \sum_{k=1}^{n} N_k \zeta\, h_k/2\, \{\overline{v}_{3k}^i\}, \tag{4.9}$$

wobei $i = 1, 3$ sich auf die drei globalen Richtungen bezieht, n ist die Anzahl der Elementknoten, $N_k = N_k(\xi, \eta), (k = 1, n)$ bedeuten die Elementverschiebungsfunktion, die zu der Schnittfläche $\zeta = $ const gehören, h_k ist die Schalendicke am Knoten k, d.h. die zugehörige Länge der Normalen, und ξ, η, ζ sind die jeweiligen krummlinigen Koordinaten am betrachteten Punkt.

Der erste Ausdruck auf der rechten Seite von (4.9) stellt den Schnittpunkt zwischen der Normalen mit der Mittelfläche dar, der zweite Ausdruck definiert die Lage eines Punktes entlang dieser Normalen. Ausführlicher geschrieben erscheint (4.9) in der Form

$$\left\{ \begin{matrix} x \\ y \\ z \end{matrix} \right\} = \sum_{k=1}^{n} N_k \left\{ \begin{matrix} x_k \\ y_k \\ z_k \end{matrix} \right\}_{\text{mitte}} + \sum_{k=1}^{n} N_k\, h_k/2\, \zeta \left\{ \begin{matrix} v_{3k}^x \\ v_{3k}^y \\ v_{3k}^z \end{matrix} \right\}. \qquad (4.10)$$

4.2.4 Verschiebungsfeld

Vergegenwärtigt man sich die beiden Schalenannahmen des Degenerierungsprozesses, so wird das Verschiebungsfeld durch die fünf Freiheitsgrade der Normalen beschrieben; drei Verschiebungen am Mittelpunkt $\{u_{ik}\}^{\text{mitte}}$ und zwei Rotationen (β_{1k}, β_{2k}) - siehe Bild 4.3.

Die Verschiebungen eines Punktes auf der Normalen, die aus den beiden Rotationen resultieren, werden wie in Bild 4.3 illustriert ermittelt aus

$$\delta_{1k} = h\beta_{1k} \qquad (4.11)$$

$$\delta_{2k} = h\beta_{2k},$$

wobei δ_{1k} die Verschiebung in $\{\overline{v}_{1k}\}$-Richtung und δ_{2k} die Verschiebung in der negativen $\{\overline{v}_{2k}\}$-Richtung darstellt.

Die zugehörigen Verschiebungskomponenten u_i ergeben sich zu

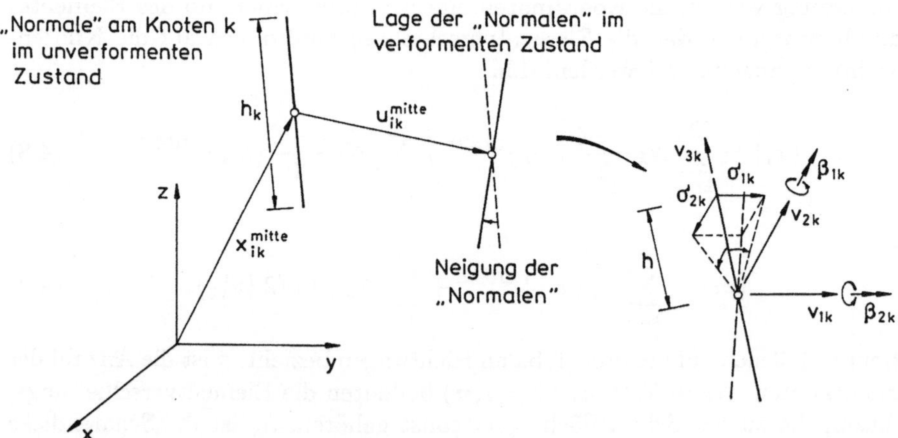

Bild 4.3 Kinematik der "Normalen" am Knoten k

$$(u_i)_{\beta_{1k}} = \delta_{1k}\{\ \ \bar{v}_{1k}^i\},\tag{4.12}$$

$$(u_i)_{\beta_{2k}} = \delta_{2k}\{-\bar{v}_{2k}^i\}.$$

Im Ausdruck (4.11) wurde eine lineare Beziehung benutzt, die annimmt, daß die Rotationen (die inkrementellen Winkel) klein sind; um große Rotationen zuzulassen, müßte (4.11) durch eine nichtlineare Beziehung zwischen Rotation und Verschiebung ersetzt werden [4.16, 4.18, 4.22].

Das Verschiebungsfeld des Elementes wird dann ausgedrückt durch

$$\{u_i\} = \sum_{k=1}^{n} N_k \{u_{ik}\}^{\text{mitte}} + \sum_{k=1}^{n} N_k \zeta\ h_k/2\ [\{\bar{v}_{1k}\}, \{-\bar{v}_{2k}\}] \begin{Bmatrix} \beta_{1k} \\ \beta_{2k} \end{Bmatrix}\tag{4.13}$$

oder

$$\begin{Bmatrix} u \\ v \\ w \end{Bmatrix} = \sum_{k=1}^{n} N_k \begin{Bmatrix} u_k \\ v_k \\ w_k \end{Bmatrix}_{\text{mitte}} + \sum_{k=1}^{n} N_k \zeta h_k/2 \begin{bmatrix} v_{1k'}^x & -v_{2k}^x \\ v_{1k'}^y & -v_{2k}^y \\ v_{1k'}^z & -v_{2k}^z \end{bmatrix} \begin{Bmatrix} \beta_{1k} \\ \beta_{2k} \end{Bmatrix}.\tag{4.14}$$

Der Beitrag zu den globalen Verschiebungen an einem gegebenen Knoten k besteht in:

$$\begin{Bmatrix} u \\ v \\ w \end{Bmatrix} = \begin{bmatrix} N_k & 0 & 0 & N_k \zeta v_{1k}^x h_k/2 & -N_k \zeta v_{2k}^x h_k/2 \\ 0 & N_k & 0 & N_k \zeta v_{1k}^y h_k/2 & -N_k \zeta v_{2k}^y h_k/2 \\ 0 & 0 & N_k & N_k \zeta v_{1k}^z h_k/2 & -N_k \zeta v_{2k}^z h_k/2 \end{bmatrix} \begin{Bmatrix} u_k \\ v_k \\ w_k \\ \beta_{1k} \\ \beta_{2k} \end{Bmatrix}\tag{4.15a}$$

oder

$$\{u_k\} = [N_k]\{\delta_k\}.\tag{4.15b}$$

Für das gesamte Element gilt

$$\{u\} = [N]\{\delta\},\tag{4.16}$$

wobei $[N] = [N_1, ..., N_k, ..., N_n]$ die Matrix des degenerierten Elementes ist, die die Ansatzfunktionen enthält und $\{\delta\}^T = \{\{\delta_1\}^T, ..., \{\delta_k\}^T, ..., \{\delta_n\}^T\}$ den Vektor, der Elementvariablen enthält.

4.2.5 Verzerrungen

Um mit der Schalenannahme, daß die Normalspannung in z'-Richtung Null ist, d.h. $\sigma_{z'} = 0$, leichter fertig zu werden, werden die Verzerrungskomponenten in dem lokalen System x'_i ausgedrückt, in dem $x'_3 = z'$ senkrecht auf der ξ-η-Ebene steht. Das lokale Achsensystem ist somit das bequemste System, in dem die Spannungskomponenten und ihre Resultierenden in der Schalenberechnung ausgedrückt werden. Die fünf bedeutenden Verzerrungskomponenten sind

$$\{\varepsilon\} = \left\{ \begin{array}{c} \varepsilon_{x'} \\ \varepsilon_{y'} \\ \gamma_{x'y'} \\ \gamma_{x'z'} \\ \gamma_{y'z'} \end{array} \right\} = \left\{ \begin{array}{c} \partial u'/\partial x' \\ \partial v'/\partial y' \\ \partial u'/\partial y' + \partial v'/\partial x' \\ \partial u'/\partial z' + \partial w'/\partial x' \\ \partial v'/\partial z' + \partial w'/\partial y' \end{array} \right\}, \qquad (4.17)$$

wobei u', v' und w' die Verschiebungskomponenten im lokalen System x'_i sind. Die lokalen Ableitungen werden aus den globalen Ableitungen der Verschiebungen u, v und w durch folgende Operation erhalten

$$\begin{bmatrix} \partial u'/\partial x' & \partial v'/\partial x' & \partial w'/\partial x' \\ \partial u'/\partial y' & \partial v'/\partial y' & \partial w'/\partial y' \\ \partial u'/\partial z' & \partial v'/\partial z' & \partial w'/\partial z' \end{bmatrix} = [\theta]^T \begin{bmatrix} \partial u/\partial x & \partial v/\partial x & \partial w/\partial x \\ \partial u/\partial y & \partial v/\partial y & \partial w/\partial y \\ \partial u/\partial z & \partial v/\partial z & \partial w/\partial z \end{bmatrix} [\theta],$$
$$(4.18)$$

wobei die Transformationsmatrix $[\theta]$ durch (4.7) definiert ist.

Die Ableitungen der Verschiebungen hinsichtlich des globalen Koordinatensystems werden erhalten aus

$$\begin{bmatrix} \partial u/\partial x & \partial v/\partial x & \partial w/\partial x \\ \partial u/\partial y & \partial v/\partial y & \partial w/\partial y \\ \partial u/\partial z & \partial v/\partial z & \partial w/\partial z \end{bmatrix} = [J]^{-1} \begin{bmatrix} \partial u/\partial \xi & \partial v/\partial \xi & \partial w/\partial \xi \\ \partial u/\partial \eta & \partial v/\partial \eta & \partial w/\partial \eta \\ \partial u/\partial \zeta & \partial v/\partial \zeta & \partial w/\partial \zeta \end{bmatrix}, \qquad (4.19)$$

hierbei bedeutet $[J]$ die Jacobi-Matrix

$$[J] = \begin{bmatrix} \partial x/\partial \xi & \partial y/\partial \xi & \partial z/\partial \xi \\ \partial x/\partial \eta & \partial y/\partial \eta & \partial z/\partial \eta \\ \partial x/\partial \zeta & \partial y/\partial \zeta & \partial z/\partial \zeta \end{bmatrix}. \qquad (4.20)$$

Im Ausdruck (4.19) werden die Verschiebungsableitungen, die sich auf das krummlinige Koordinatensystem beziehen, aus (4.13) gewonnen, wobei die Jacobi-Matrix sich entsprechend (4.8) ergibt.

Die Verzerrungsmatrix $[B]$, die die Verzerrungskomponenten in dem lokalen System mit den Knotenvariablen verknüpft, ergibt sich zu

$$\{\varepsilon\} = [B]\{\delta\}. \qquad (4.21)$$

Hier sind $\{\varepsilon\}$ und $\{\delta\}$ in (4.17) bzw. (4.16) definiert. Die Matrix $[B]$ besitzt fünf Zeilen und eine Anzahl von Spalten, die gleich der Anzahl der Knotenvariablen ist.

4.2.6 Spannungen

Entsprechend der Annahme einer verschwindenden Spannungskomponente senkrecht zur Schalenmittelfläche ($\sigma_{z'} = 0$) ergeben sich die fünf Spannungskomponenten in dem lokalen System zu

$$\{\sigma\} = \left\{\begin{array}{c} \sigma_{x'} \\ \sigma_{y'} \\ \tau_{x'y'} \\ \tau_{x'z'} \\ \tau_{y'z'} \end{array}\right\} = [D](\{\varepsilon\} - \{\varepsilon_0\}), \tag{4.22}$$

wobei $\{\varepsilon\}$ in (4.17) definiert ist und $\{\varepsilon_0\}$ einen Anfangsverzerrungsvektor darstellt, der z.B. die Ausdehnung infolge termischer Belastung enthält. Die Elastizitätsmatrix $[D]$ ist eine 5×5 Matrix, deren spezielle Gestalt in Abschnitt 4.2.7 betrachtet wird.

4.2.7 Die Materialgleichungen

4.2.7.1 Das verallgemeinerte Hooksche Gesetz

Obwohl die Anzahl der unabhängigen Materialkonstanten für den allgemeinen Fall der Anisotropie 21 beträgt, wird diese Anzahl erheblich reduziert, falls die Materialeigenschaften irgendeine Symmetrie besitzen [4.50]. Es soll ein Zustand der Anisotropie vorausgesetzt werden, der drei zueinander senkrechte Symmetrieebenen für jede Schicht vorweist. Kunststoffverstärkte Strukturen weisen diese Art von Symmetrie auf, wobei die mittlere Schicht eine Symmetrieebene ist. Falls das Bezugssystem (x_i') parallel zu den Materialhauptachsen $(1, 2, 3)$ verläuft, so ergeben sich die folgenden Verzerrungs-Spannungsbeziehungen:

$$\varepsilon_1 = C_{11}\sigma_1 + C_{12}\sigma_2 + C_{13}\sigma_3$$

$$\varepsilon_2 = C_{12}\sigma_1 + C_{22}\sigma_2 + C_{23}\sigma_3$$

$$\varepsilon_3 = C_{13}\sigma_1 + C_{23}\sigma_2 + C_{33}\sigma_3 \tag{4.23}$$

$$\gamma_{12} = C_{44}\tau_{12}$$

$$\gamma_{13} = C_{55}\tau_{13}$$

$$\gamma_{23} = C_{66}\tau_{23}.$$

In (4.23) können die neun elastischen Konstanten C_{ij} als Funktion des E-Moduls, der Querkontraktion und des Schubmoduls ausgedrückt werden. Mit der Annahme $\sigma_{z'} = \sigma_3 = 0$ wird die Materialmatrix $[\overline{D}]$, die die Spannungen und Verzerrungen verknüpft, erhalten zu

$$\{\sigma\}_{1,2,3} = [\overline{D}]\{\varepsilon\}_{1,2,3}, \tag{4.24}$$

wobei

$$\{\sigma\}_{1,2,3} = \{\sigma_1, \sigma_2, \tau_{12}, \tau_{13}, \tau_{23}\}^T$$

$$\{\varepsilon\}_{1,2,3} = \{\varepsilon_1, \varepsilon_2, \gamma_{12}, \gamma_{13}, \gamma_{23}\}^T \tag{4.25}$$

$$[\overline{D}] = \begin{bmatrix} \overline{D}_1 & \overline{D}_{12} & 0 & 0 & 0 \\ \overline{D}_{12} & \overline{D}_2 & 0 & 0 & 0 \\ 0 & 0 & \overline{D}_3 & 0 & 0 \\ 0 & 0 & 0 & \overline{D}_4 & 0 \\ 0 & 0 & 0 & 0 & \overline{D}_5 \end{bmatrix}$$

und

$$\begin{aligned} \overline{D}_1 &= E_1/(1 - \nu_{12}\nu_{21}) & \overline{D}_3 &= G_{12} \\ \overline{D}_2 &= E_2/(1 - \nu_{12}\nu_{21}) & \overline{D}_4 &= K_1 * G_{13} \\ \overline{D}_{12} &= E_2\nu_{12}/(1 - \nu_{12}\nu_{21}) & \overline{D}_5 &= K_2 * G_{23}. \end{aligned} \qquad (4.26)$$

Die Terme K_1 und K_2 sind Schubkorrekturfaktoren in der $\overline{13}$ bzw. $\overline{23}$ Ebene, die im nächsten Abschnitt behandelt werden.

Falls die Hauptrichtungen der Anisotropie $1, 2$ mit dem Bezugssystem x', y' nicht zusammenfallen, sondern um einen Winkel θ verdreht sind, so wird die neue Materialmatrix $[D]$ mit folgender Transformation bestimmt:

$$\{\sigma\}_{1,2,3} = [T]\{\sigma\} \qquad (4.27)$$

$$\{\varepsilon\}_{1,2,3} = [T']\{\varepsilon\} \,,$$

wobei

$$[T] = \begin{bmatrix} T_1 & 0 \\ 0 & T_2 \end{bmatrix} \qquad (4.28)$$

mit

$$[T_1] = \begin{bmatrix} \cos^2\theta & \sin^2\theta & 2\sin\theta\cos\theta \\ \sin^2\theta & \cos^2\theta & -2\sin\theta\cos\theta \\ -\sin\theta\cos\theta & \cos\theta\sin\theta & (\cos^2\theta - \sin^2\theta) \end{bmatrix} \qquad (4.29a)$$

$$[T_2] = \begin{bmatrix} \cos\theta & \sin\theta \\ -\sin\theta & \cos\theta \end{bmatrix} \qquad (4.29b)$$

und

$$[T'] = \begin{bmatrix} T'_1 & 0 \\ 0 & T_2 \end{bmatrix}, \qquad (4.30a)$$

wobei

$$[T'_1] = \begin{bmatrix} \cos^2\theta & \sin^2\theta & \sin\theta\cos\theta \\ \sin^2\theta & \cos^2\theta & -\sin\theta\cos\theta \\ -2\sin\theta\cos\theta & 2\sin\theta\cos\theta & (\cos^2\theta - \sin^2\theta) \end{bmatrix}. \qquad (4.30b)$$

Aus (4.24) und (4.27) erhält man

$$\{\sigma\} = [D]\{\varepsilon\}, \qquad (4.31)$$

wobei $[D]$ die allgemeine Materialmatrix ist und $[T]^{-1} \equiv [T']^T$ gilt

$$[D] = [T']^T[D][T'] = \begin{bmatrix} D_1 & D_{12} & D_{13} & 0 & 0 \\ D_{12} & D_2 & D_{23} & 0 & 0 \\ D_{13} & D_{23} & D_3 & 0 & 0 \\ 0 & 0 & 0 & D_4 & D_{45} \\ 0 & 0 & 0 & D_{45} & D_5 \end{bmatrix}. \qquad (4.32)$$

4.2.7.2 Schubfaktoren

An den Schichtgrenzen wird Kontinuität sowohl der Schubspannungen als auch
der Verschiebungen verlangt. Unter der Annahme, daß Querschnitte senkrecht
zur Mittelfläche eben bleiben, aber nicht notwendigerweise senkrecht zur Schalenmittelfläche nach der Deformation stehen, so wird die letztere Forderung
erfüllt aber die erste nicht. Diese Annahme bewirkt, daß die Schubverzerrung
in Dickenrichtung konstant bleibt. Das ist eine grobe Annäherung zum wirklichen Verlauf, sogar für homogene Querschnitte. Für homogene Querschnitte
wird allgemein akzeptiert, daß der Verlauf der Schubverzerrung eine parabolische Funktion von z' ist. Aus diesem Grunde muß ein Schubkorrekturfaktor K eingeführt werden, um die Schubverzerrungsenergie im Mittel besser zu
approximieren. Zur Bestimmung des Faktors K wird eine heterogene Platte
angenommen, deren Oberflächen frei von tangentialen Spannungen sind. Die
Gleichgewichtsbedingungen in x-Richtung ($x \equiv 1, y \equiv 2$ und $z \equiv 3$) werden
ausgedrückt zu

$$\frac{\partial \sigma_x}{\partial x} + \frac{\partial \tau_{xy}}{\partial y} + \frac{\partial \tau_{xz}}{\partial z} = 0 . \qquad (4.33)$$

Mit der Annahme eines zylindrischen Biegezustandes, mit $z = h/2$ und $z = -h/2$ an der oberen und unteren Deckfläche, gilt

$$\tau_{xz} = -\int_{-h/2}^{z} \frac{\partial \sigma_x}{\partial x}\, d\bar{z} = -\int_{-h/2}^{z} \frac{\partial M_x}{\partial x} \frac{D_1(\bar{z})}{R_1} \bar{z}\, d\bar{z}$$

$$= -\frac{Q_x}{R_1} \int_{-h/2}^{z} D_1(\bar{z})\bar{z}\, d\bar{z} = \frac{Q_x}{R_1} g(z). \qquad (4.34)$$

Hierbei ist Q_x die Querkraft in der $\overline{xz}$-Ebene.

$$R_1 = \int_{-h/2}^{h/2} D_1(\bar{z})z^2\, dz$$

ist die Biegesteifigkeit der Platte in x-Richtung, $\bar{z}$ ist die Koordinate in Dik-
kenrichtung,

$$g(z) = - \int\limits_{-h/2}^{z} D_1(\overline{z})\overline{z}\,\mathrm{d}\overline{z}$$

ist die Schubspannungsfunktion.

Die Funktion $g(z)$, die den Verlauf der Schubspannungen bestimmt, wird unabhängig von der Lastaufbringung spezifiziert. Für den Fall eines homogenen Querschnittes erscheint die Funktion $g(z)$ in der bekannten parabolischen Form $[(D_1 h^2)/8][1 - 4(z/h)^2]$. Der Anteil der Verzerrungsenergie (pro Flächeneinheit der Mittelfläche) ergibt sich zu

$$w_s = \int\limits_{-h/2}^{h/2} \tau_{xz}^2 / G_{13}(z)\,\mathrm{d}z. \tag{4.35}$$

Wird (4.34) in (4.35) eingesetzt, so erhält man

$$w_s = \frac{Q_x^2}{R_1^2} \int\limits_{-h/2}^{h/2} g^2(z)/G_{13}(z)\,\mathrm{d}z. \tag{4.36}$$

Hierbei ist $G_{13}(z)$ der variable Schubmodul in der $\overline{x}\,\overline{z}$-Ebene.

Andererseits gilt für den Anteil der Verzerrungsenergie unter der Annahme einer konstanten Schubverzerrung

$$\overline{w}_s = \int\limits_{-h/2}^{h/2} \overline{\gamma}_{xz} G_{13}(z)\overline{\gamma}_{xz}\,\mathrm{d}z = \frac{Q_x^2}{h^2\overline{G}_1^2}h\overline{G}_1 = \frac{Q_x^2}{h\overline{G}_1} \tag{4.37}$$

mit

$$h\overline{G}_1 = \int\limits_{-h/2}^{h/2} G_{13}(z)\,\mathrm{d}z.$$

Hierbei bedeutet $\overline{\gamma}_{xz}$ den Mittelwert der Schubverzerrung. Indem (4.36) und (4.37) gleichgesetzt werden, so erhält man den Schubkorrekturfaktor K_1 in der $\overline{x}\,\overline{z}$-Ebene zu

$$K_1 = \overline{w}_s/w_s = R_1^2[h\overline{G}_1 \int\limits_{-h/2}^{h/2} g^2(z)/G_{13}(z)\,\mathrm{d}z]^{-1}. \tag{4.38}$$

Für einen homogenen Querschnitt ergibt sich der Schubkorrekturfaktor zu 5/6. Um den Schubkorrekturfaktor K_2 der $\overline{yz}$-Ebene zu erhalten, wird in der gleichen Art und Weise verfahren. Diese Berechnung ist für allgemeine Biegung gültig, vorausgesetzt, daß die Funktion $g(z)$ näherungsweise ihren Verlauf beibehält und kann auf symmetrische und nichtsymmetrische Querschnitte angewendet werden.

Im Fließgesetz sollte ein realistischer Wert der Schubverzerrung verwendet werden; dieser kann ermittelt werden gemäß

$$\tau_{xz}^{\mathrm{cor}} = \overline{G}_{13}\gamma_{xz}\frac{g(z)}{\overline{g}} \, , \tag{4.39}$$

wobei

$$\overline{g} = 1/h \int\limits_{-h/2}^{h/2} g(z)\,\mathrm{d}z.$$

Zur numerischen Berechnung werden für den Fall der Laminate mit verschiedenen Materialschichten alle Integrale durch eine Summation über die Dickenrichtung ersetzt.

4.2.8 Quadratische Schalenelemente

In diesem Abschnitt werden die quadratischen Elemente, die in dieser Arbeit verwendet werden, kurz vorgestellt. Die betrachteten Elemente sind das 8-Knoten-Serendipity-, das 9-Knoten-Lagrange- und das Heterosis-Element.

4.2.8.1 8-Knoten-Serendipity-Element

Das 8-Knoten-Serendipity-Element (Bild 4.4) war das einfachste Element, das in der Originalarbeit von Ahmad [4.11] über degenerierte Schalen betrachtet wurde, und ist vermutlich das bekannteste Element in der isoparametrischen Familie [4.52]. Die Ergebnisse, die ursprünglich mit diesem Element [4.11] mit einer Integrationsordnung (3 × 3) erhalten wurden, zeigten, daß die Lösungen in dem Maße zunehmend "steifer" werden wie die Schalendicke reduziert wird. Dieses sogenannte "Locking"-Phänomen tritt bei diesem Element sogar in mäßig dünnen Situationen auf. Eine erhebliche Verbesserung der Resultate wurde durch die reduzierte Integration (2 × 2) erreicht [4.12, 4.13]. Jedoch weisen die Resultate mit dem 8-Knoten-Serendipity-Element mit reduzierter Integration für sehr dünne Elemente zunehmende Divergenz auf, d.h. das Phänomen "Locking" tritt erneut auf.

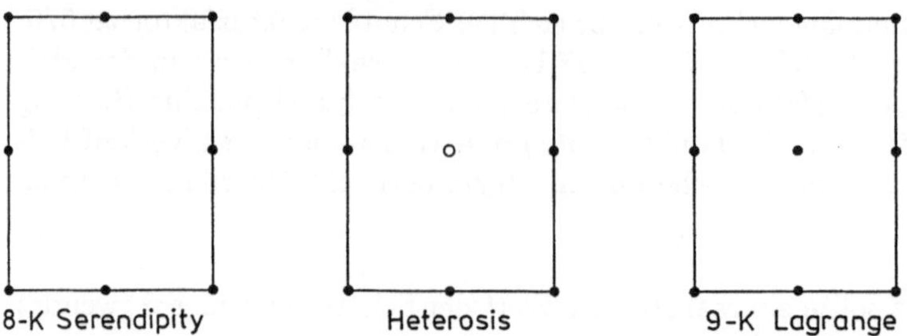

• Knoten mit den Freiheitsgraden u, v, w, β_1, β_2
○ Knoten mit den Freiheitsgraden β_1, β_2

Bild 4.4 Quadratische Schalenelemente mit Definition der Freiheitsgrade

4.2.8.2 9-Knoten-Lagrange-Element

Experimente von Pugh und anderen [4.24] mit linearen, quadratischen und kubischen Elementen der Serendipity- und Lagrangeschen Familien zeigten, daß das 9-Knoten-Lagrange-Element (Bild 4.4) fast optimal für ein allgemeines Plattenelement ist.

Eine ähnliche Meinung wird in [4.25] zum Ausdruck gebracht, in der über Erfahrungen mit eingespannten quadratischen Mindlinschen Platten berichtet wird. Das Verhalten der Lagrangeschen Elemente schien denen der Serendipity-Elemente überlegen, falls reduzierte oder selektive Integration verwendet wird. Jedoch taucht ein ernstes Problem mit diesem Element auf, falls reduzierte Integration angewendet wird. Die Steifigkeitsmatrix offenbart einen Rangabfall, der das Auftauchen von überflüssigen Mechanismen, d.h. Nulleigenformen, bewirkt [4.24 − 4.27]. Diese miteinander verbundenen Mechanismen können in sehr fehlerbehafteten Lösungen resultieren, insbesondere wenn die eingeführten Zwänge durch die Randbedingungen nur gering sind. Dieser Rückschlag wird mit dem 8-Knoten-Serendipity-Element mit reduzierter Integration nicht offenbar.

4.2.8.3 Heterosis-Element

Die oben erwähnten Unzulänglichkeiten (Locking und Nulleigenformen) führten zu der Entwicklung des Heterosis-Elementes (Bild 4.4). Dieses 9-Knoten-Element, ursprünglich für Platten entwickelt [4.44], benutzt Serendipity-Ansatzfunktionen für die vertikale Verschiebung w und Lagrangesche Ansatzfunktionen für die Drehwinkel β_1 und β_2. Das Heterosis-Element zeigt verbesserte Eigenschaften verglichen mit den beiden vorherigen quadratischen Elementen. Bei selektiver Integration besitzt die Steifigkeitsmatrix den richtigen Rang, und das Element blockiert nicht für sehr dünne Tragwerke. Bei gleichmäßiger reduzierter Integration verhält sich das Element besser als das 9-Knoten-Lagrange-

Element. Das Auftreten von Nulleigenformen ist für praktische Anwendungen unwahrscheinlich.

Das Heterosis-Konzept wurde für Schalen erweitert, [4.44] (die Serendipity-Ansatzfunktionen werden nur für die Durchbiegung w benutzt) [4.16] (die Serendipity-Ansatzfunktionen werden für alle Translationsfreiheitsgrade u, v und w benutzt). Dieser letzte Ansatz bedeutet, daß in dem ersten Term auf der rechten Seite von (4.13) Serendipity-Ansatzfunktionen verwendet werden und in dem zweiten Term Lagrangesche Ansatzfunktionen.

4.2.8.4 Hierarchische Formulierung

Eine hierarchische Formulierung wird in der vorliegenden Arbeit angenommen, um die 9-Knoten-Lagrange- und Heterosis-Elemente zu implementieren. Die Ansatzfunktionen für die acht Randknoten sind die Serendipity-Ansatzfunktionen:

(a) für Eckknoten

$$N_k = 1/4(1 + \xi\xi_k)(1 + \eta\eta_k)(\xi\xi_k + \eta\eta_k - 1) \tag{4.40}$$

(b) für Mittelknoten

$$N_k = \xi_k^2/2(1 + \xi\xi_k)(1 - \eta^2) + \eta_k^2/2(1 + \eta\eta_k)(1 - \xi^2) \tag{4.41}$$

und die Ansatzfunktion für den neunten Mittelknoten ist die Seifenblasenfunktion

$$N_9 = (1 - \xi^2)(1 - \eta^2). \tag{4.42}$$

Man beachte, daß in dieser Formulierung diejenigen Variablen, die mit dem Mittelknoten assoziiert sind, relative Verschiebungen darstellen, d.h. sie sind interpolierte Serendipity-Werte. Der aktuelle allgemeine Verschiebungsvektor $\{a\}$ (Verschiebungen und Rotationen) am Mittelknoten ist gegeben durch

$$\{a_{i9}\} = \sum_{k=1}^{8} N_k(0,0)\{a_{ik}\} + \{\Delta a_{i9}\} \qquad (i = 1, 5), \tag{4.43}$$

wobei $N_k(k = 1, 8)$ die Serendipity-Ansatzfunktionen sind, $\{a_{ik}\}$ die zugehörigen Verschiebungen der Randknoten und $\{\Delta a_{i9}\}$ die Verschiebungen assoziiert mit den Freiheitsgraden am Mittelknoten sind.

Die Geometrie der drei quadratischen Elemente wird nur aus den acht Serendipity-Ansatzfunktionen interpoliert. Das Verschiebungsfeld des 9-Knoten-Lagrange-Elementes wird durch Interpolation der Variablen erhalten, die mit den acht Randknoten verknüpft sind, indem die zugehörigen Serendipity-Ansatzfunktionen und die relativen Verschiebungen $\{\Delta a_{i9}\}$ verknüpft mit dem

neunten Knoten und der Blasenfunktion benutzt werden. Das Verschiebungsfeld des Heterosis-Elementes wird aus dem des 9-Knoten-Lagrange-Elementes
einfach dadurch entwickelt, daß entweder die senkrechte Verschiebung am neun-
ten Knoten ($\Delta w_9 = 0$) oder alle drei translatorischen Verschiebungen ($\Delta u_9 = \Delta v_9 = \Delta w_9 = 0$) festgehalten werden.

4.2.9 Numerische Integration

Die Numerische Integration der isoparametrischen Schalenelemente wird in der
Literatur ausführlich betrachtet, seitdem dies ein wichtiges Merkmal der Effektivität der Elemente darstellt. In Dickenrichtung, in der ein linearer Verlauf der
Verzerrungen angenommen wird, sind zwei Gauss-Punkte ausreichend, um das
Biegeverhalten bei linearem Material zu erfassen. Gausssche Quadraturregeln
höherer Ordnung (z.B. 5 bis 7 Gauss-Punkte) wurden für nichtlineare Materialien befürwortet [4.19], aber eine einfache und allgemeine Vorgehensweise,
um zu diskretisieren und um in Dickenrichtung zu integrieren, wird von dem
sogenannten Schichtmodell (siehe Abschnitt 4.2.10) angeboten. In der Schalenebene (Ebenen mit $\zeta = $ const) besteht die normale (volle) Integration in $m \times m$
Gauss-Punkten, wobei m die Anzahl der Knoten entlang jeder Elementkante
ist. Nichts desto trotz, falls degenerierte Schalenelemente vollständig integriert
werden, weisen sie Schub- und Membranblockieren auf [4.4, 4.24 − 4.27], das die
Mehrzahl der Anwendungen beeinflußt. Aus diesem Grunde wurden die günstigen Effekte der reduzierten Integration ($(m - 1) \times (m - 1)$ Gauss-Punkte)
für isoparametrische Schalenelemente in einer Anzahl von Untersuchungen eingeführt. Für Elemente mit geringerer Ordnung erscheint die reduzierte Integration absolut notwendig zu sein, um ein gutes Verhalten bei dünnen Schalen zu
erreichen. Für Elemente mit höherer Ordnung gelangt man zu wesentlichen Ge-
nauigkeitsverbesserungen mit reduzierter Integration. Eine sture Anwendung
der reduzierten Integration kann jedoch gelegentlich zu überflüssigen Nulleigenformen führen, die in den globalen Gleichungen auftreten. Dann wird eine
alternative Vorgehensweise, die selektive Integration, befürwortet.

4.2.9.1 Reduzierte Integration

Bei dünnen Schalen werden bedeutende Verbesserungen in der Lösungsgenauig-
keit erreicht, indem die reduzierte Integration für die Schubverzerrungen sowie
für die Membranverzerrungen angewendet wird. Andererseits, gleichförmige
Anwendung der reduzierten Integration neigt dazu, den Rang der Steifigkeitsmatrix zu verringern. Das führt zu dem Auftreten von Nulleigenformen zusätzlich zu den Starrkörper-Eigenformen. Die Anzahl derartiger Nulleigenformen
für quadratische isoparametrische Elemente betragen [4.53]

	Serendipity	Heterosis	Lagrange
Membraneigenformen	1(*)	1(*)	2+1(*)
Biegeeigenformen	1(*)	2+1(*)	3+1(*)

((*) nicht gekoppelt in einem Netz von zwei oder mehr Elementen)

Das 8-Knoten-Serendipity-Element besitzt nur zwei miteinander nicht gekoppelte Nulleigenformen, so daß dieses Element mit korrektem Rang angesehen werden kann. Unglücklicherweise liefert dieses Element bei dünnen Schalen bizarre Divergenzeigenschaften. Das 9-Knoten-Lagrange- und das Heterosis-Element offenbaren diesen Rückfall nicht, sie besitzen aber sieben bzw. vier Nulleigenformen, von denen zwei ungekoppelt sind. Obwohl die Lagrangeschen Ansatzfunktionen besseres Membranverhalten liefern als die Serendipity- Funktionen für stark verzerrte Elemente, so wird das Heterosis-Element für dünne Schalen aufgrund der geringen Anzahl der Nulleigenformen vorgezogen.

4.2.9.2 Selektive Integration

Bei der selektiven Integration werden die Biege- (oder Biege- und Membran-) anteile normal, d.h. vollständig integriert, während die Schub- und Membran- (oder nur Schub-)anteile mit reduzierter Integration berechnet werden. Diese Vorgehensweise beinhaltet die drei folgenden Schritte, die für quadratische Elemente charakteristisch sind:

a) Schub- und Membran- (oder Schub-)verzerrungen, d.h. die zugehörigen Ausdrücke in der Verzerrungsmatrix $[B]$, werden an den vier Gauss-Punkten I, II, III, IV (siehe Bild 4.5) in der 2×2 reduzierten Integrationsregel berechnet.

b) Indem die Ansatzfunktionen $\overline{N}_r(\xi, \eta)$ benutzt werden, werden die Ausdrücke der zuvor berechneten [B]-Matrix auf die neun Gauss-Punkte der 3×3 Integrationsregel extrapoliert

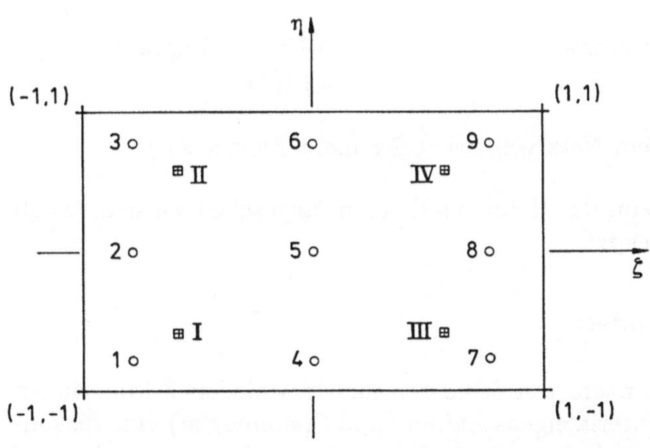

Bild 4.5 Gauss-Punkte für selektive Integration

$$[B](\xi,\eta)_n = \sum_{r=1}^{4} \overline{N}_r(\xi,\eta)_n [B](\xi,\eta)_r, \qquad (4.44)$$

wobei $(\xi,\eta)_n$ und $(\xi,\eta)_r$ mit Gauss-Punkten der normalen und reduzierten Integration korrespondieren. Die vier Ansatzfunktionen $\overline{N}_r(\xi,\eta)$ werden definiert durch

$$\overline{N}_r(\xi,\eta) = 1/4(1 + \xi\overline{\xi}_r)(1 + \eta\overline{\eta}_r), \qquad (4.45)$$

wobei $\overline{\xi}_r$ und $\overline{\eta}_r$ (siehe Tabelle 4.1) so bestimmt werden, daß jede der $\overline{N}_r$ Ansatzfunktionen an dem zugehörigen Gauss-Punkt (2×2 Regel) den Wert eins annimmt und an den anderen drei Stellen null ist.

Tabelle 4.1 Parameter für selektive Integration

Integrationspunkt	Ansatzfunktion	$\overline{\xi}_r$	$\overline{\eta}_r$
I	$\overline{N}_1$	$-1{,}0 / 0{,}57735$	$-1{,}0 / 0{,}57735$
II	$\overline{N}_2$	$-1{,}0 / 0{,}57735$	$+1{,}0 / 0{,}57735$
III	$\overline{N}_3$	$+1{,}0 / 0{,}57735$	$-1{,}0 / 0{,}57735$
IV	$\overline{N}_4$	$+1{,}0 / 0{,}57735$	$+1{,}0 / 0{,}57735$

c) Die Biege- (oder Biege- und Membran-)verzerrungen, die mit den entsprechenden Ausdrücken der $[B]$-Matrix korrespondieren, werden an den neun Gauss-Punkten der normalen Integrationsregel (3×3) berechnet. Die Berechnungspunkte der Verzerrungen und Spannungen sind die neun Positionen der normalen Integrationsregel. Bei Anwendung der selektiven Integration ergibt sich die Anzahl der Nulleigenformen zu

	Heterosis	9-Knoten-Lagrange
Membraneigenformen	1	2+1(*)
Biegeeigenformen	-	1

((*) nicht gekoppelt in einem Netz von zwei oder mehr Elementen)

Aus diesem Grunde kann das Heterosis-Element angesehen werden, als ob es einen korrekten Rang besitzt.

4.2.10 Geschichtetes Modell

Falls die Schale aus einer Anzahl von Schichten mit verschiedenen Materialien besteht, derart, daß die Materialeigenschaften (und Spannungen) eine diskontinuierliche Funktion von ζ sind, so muß eine geeignete Integration in Dickenrichtung durchgeführt werden. Bei Problemen mit nichtlinearem Material sollte der Verlauf der Spannungen in Dickenrichtung an einer gewissen Anzahl von Punkten bekannt sein, in denen das Materialgesetz erfüllt wird. Bei Schalen aus Spannbeton bedürfen das nichtlineare Verhalten des Betons im

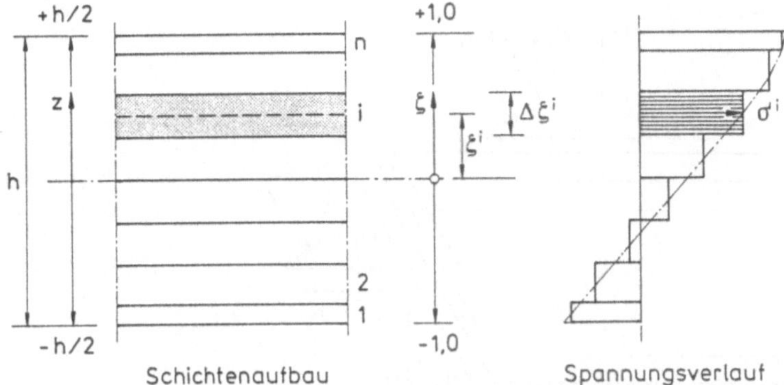

Bild 4.6 Schichtenmodell mit Spannungsapproximation in Dickenrichtung

Druckbereich, das Rißverhalten und die Bewehrung eine geeignete Darstellung entlang der Dicke. In dem vorliegenden Finitelement-Programm werden alle diese Fälle auf einfache und effektive Art und Weise mit einem Schichtmodell angepaßt, wobei für jede Schicht der Mittelpunkt als Integrationspunkt benutzt wird.

Die Schichten werden der Reihe nach nummeriert, beginnend an der unteren Deckfläche der Schale. Jede Schicht besitzt Spannungspunkte auf ihrer Mittelfläche. Die Spannungen jeder Schicht werden an diesen Punkten berechnet und über die Schichtdicke als konstant angenommen, so daß der wirkliche Spannungsverlauf der Schale durch eine schrittweise konstante Näherung modelliert wird (Bild 4.6). Es können Schichten mit unterschiedlicher Dicke vorhanden sein sowie eine unterschiedliche Anzahl von Schichten pro Element. Die Spezifizierung der Schichtdicke in Abhängigkeit der krummlinigen Koordinate ζ erlaubt die Veränderung der Schichtdicke in dem Maße wie die Schalendicke sich verändert.

Die Spannungsresultierenden (Schnittlasten) werden durch Integration der zugehörigen Spannungskomponenten über die Koordinate in Dickenrichtung erhalten:

- Normalkräfte

$$N_x = \int_{-h/2}^{h/2} \sigma_x \, \mathrm{d}z = h/2 \sum_{i=1}^{n} \sigma_x^i \, \Delta\zeta^i \, , \qquad (4.46)$$

- Biegemomente

$$M_x = - \int_{-h/2}^{h/2} \sigma_x z \, \mathrm{d}z = -h^2/4 \sum_{i=1}^{n} \sigma_x^i \, \zeta^i \Delta^i \, , \qquad (4.47)$$

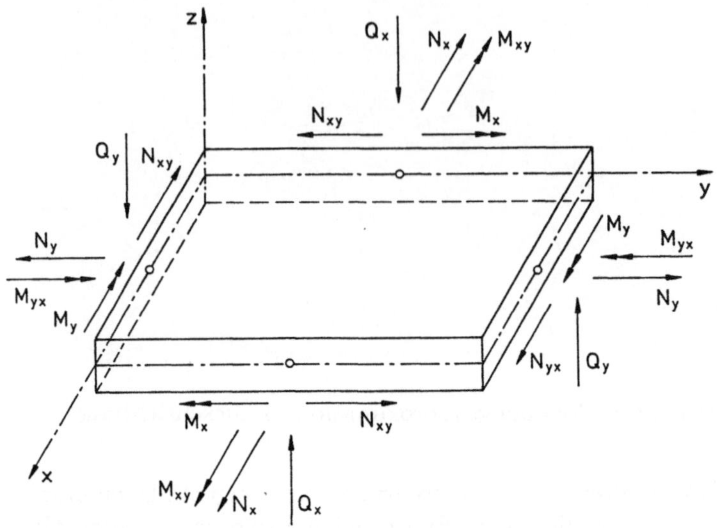

Bild 4.7 Vorzeichenvereinbarung für Schnittlasten

- Querkräfte

$$Q_x = \int\limits_{-h/2}^{h/2} \tau_{xz}\,\mathrm{d}z = h/2 \sum_{i=1}^{n} \tau_{xz}^{i}\,\Delta\zeta^{i}, \qquad (4.48)$$

wobei $n(i = 1, n)$ die Anzahl der Schichten bedeutet. Die Vorzeichenvereinbarung für die Schnittlasten ist in Bild 4.7 verdeutlicht.

In dem vorliegenden Programm wird die Verzerrungsmatrix $[B]$ in der Mitte jeder Schicht berechnet; die Elementsteifigkeitsmatrix $[K^e]$ und der interne Kraftvektor $\{f^e\}$ sind folgendermaßen definiert:

$$[K^e] = \int\int\limits_{-1}^{+1} [B]^T [D][B]\det J\,\mathrm{d}\zeta\,\mathrm{d}A \qquad (4.49)$$

$$\{f^e\} = \int\int\limits_{-1}^{+1} [B]^T \{\sigma\}\det J\,\mathrm{d}\zeta\,\mathrm{d}A, \qquad (4.50)$$

wobei $\int ... \mathrm{d}A = \int\limits_{-1}^{+1}\int\limits_{-1}^{+1} ... \mathrm{d}\xi\,\mathrm{d}\eta$ (Integration über Mittelfläche der Schicht). Hierbei bedeutet $\det J$ die Determinante der Jacobi-Matrix, siehe (4.20).

Der Integrationsprozeß in Dickenrichtung ist hinsichtlich des Rechenaufwandes sehr aufwendig, aber er ist für dicke Schalen und für Schalen mit veränderlicher Dicke gut geeignet, wobei die Veränderung des lokalen Achsensystems (siehe Bild 4.2) ebenso wie die Änderung der Jacobi-Matrix in Dickenrichtung berücksichtigt werden muß.

Die Anzahl der Schichten, die zur Diskretisierung und zur Integration in Dickenrichtung benötigt wird, hängt von dem speziellen Problem ab. Um nichtlineares Materialverhalten in mäßig dünnen Strukturen darzustellen, hat sich herausgestellt, daß eine Anzahl von Schichten zwischen 6 und 10 akzeptabel ist.

4.3 Berücksichtigung des nichtlinearen Verhaltens

In dieser Arbeit werden zwei Arten des nichtlinearen Verhaltens berücksichtigt. Erstens, es wird Materialnichtlinearität infolge eines elasto-plastischen Materialgesetzes betrachtet, und es wird Anisotropie im Fließverhalten mitgenommen. Im nächsten Kapitel wird das komplizierte nichtlineare Verhalten von Beton verbunden mit Rißbildung infolge Zug, Versagen in der Druckzone usw. im einzelnen behandelt. Zweitens wird die geometrische Nichtlinearität der Struktur mitgenommen.

4.3.1 Allgemeine numerische Verfahren für die nichtlineare Analyse

Während des generellen Ablaufes einer inkrementellen, iterativen Lösung eines elastisch-plastischen Problems mit finiten Elementen werden die Gleichgewichtsbedingungen nicht exakt befriedigt, und es existiert ein System von Residualkräften $\{\psi\}$ derart, sodaß gilt

$$\{\psi_i^n\} = \{f^n\} - \{p_i^n\} = \{f^n\} - \int_v [B]^T \{\sigma_i^n\}\, \mathrm{d}v \neq 0 \,. \qquad (4.51)$$

Es bedeuten $\{f^n\}$ und $\{p^n\}$ der äußere Kraftvektor und der innere Gleichgewichtsvektor $[B]$ ist die Verzerrungs-Verschiebungsmatrix (konstant für infinitesimale Deformationen), $\{\sigma_n\}$ ist der momentane Spannungszustand, der die Fließbedingung erfüllt, v bezeichnet das Volumen des Körpers, der Exponent n bezeichnet die Nummer des Lastinkrementes und der Index i die Nummer des Iterationsschrittes innerhalb dieses Inkrementes.

Für jedes Lastinkrement muß eine Iterationsfolge durchlaufen werden, um ein Verschiebungsfeld $\{a_i^n\}$ zu erhalten, das ein Spannungsfeld $\{\sigma_i^n\}$ gemäß (4.51) liefert, derart, daß das Residuum $\{\psi_i^n\}$ verschwindet. Die Verschiebungen werden in jeder Iteration erneuert gemäß

$$\{a_i^n\} = \{a_{i-1}^n\} + \{\Delta a_i^n\}, \qquad (4.52)$$

wobei $\{\Delta a_i^n\}$ die Verschiebungsänderung bezeichnet, die während der Iteration auftritt. Es gibt mehrere Optionen für die Wahl der Verschiebungssuchrichtung. Falls das Verfahren mit tangentialer Steifigkeit benutzt wird, so wird die iterative Zunahme der Verschiebung ermittelt nach

$$\{\Delta a_i^n\} = -[K_{i-1}^n]^{-1}\{\psi_{i-1}^n\}, \tag{4.53}$$

wobei $[K_{i-1}^n]$ die tangentiale Steifigkeitsmatrix der Struktur am Beginn der i-ten Iteration ist. Die auf den neusten Stand gebrachten Verschiebungen $\{a_i^n\}$, erhalten aus (4.52), werden zur Berechnung der momentanen Spannungen $\{\sigma_i^n\}$ herangezogen, und somit ergeben sich die Residualkräfte $\{\psi_i^n\}$ aus (4.51). Der Iterationsprozeß wird solange wiederholt bis diese Residualkräfte als verschwindend klein beurteilt werden.

Man beachte, daß das Aufstellen und die Inversion des gesamten Gleichungssystems für jede Iteration erforderlich ist. Eine Variante des obigen Algorithmus wird durch das Verfahren der Anfangssteifigkeit offeriert, indem die Originalsteifigkeitsmatrix $[K_0^o]$ in jedem Schritt des Iterationsverfahrens benutzt wird. Dies reduziert den Rechenaufwand pro Iteration, aber unglücklicherweise wird die Konvergenzgeschwindigkeit des Verfahrens reduziert. In der Praxis wird der optimale Algorithmus im allgemeinen dadurch erhalten, indem die Steifigkeiten nur an ausgewählten Iterationsintervallen erneuert werden. In dieser Arbeit werden zwei Möglichkeiten betrachtet:

a) Die Steifigkeitsmatrix der Struktur wird zu Beginn eines jeden Lastinkrementes neu berechnet und während der Gleichgewichtsiteration konstant gehalten, sodaß die Matrix $[K_{i-1}^n]$ in (4.53) durch $[K_0^n]$ ersetzt wird.

b) Die Steifigkeiten werden nur nach der ersten Iteration eines jeden Lastinkrementes erneuert (d.h. es wird $[K_1^n]$ in (4.53) verwendet). Die Wahl des Lösungsalgorithmus wird in dem Computerprogramm, das später in Abschnitt 4.4 beschrieben ist, dem Benutzer als Option überlassen.

4.3.2 Plastische Fließtheorie

Um eine Theorie, die elastisches plastisches Materialverhalten modelliert, zu formulieren, müssen drei Anforderungen erfüllt sein [4.48]:

a) Die elastischen Materialbeziehungen müssen formuliert werden;

b) ein Fließgesetz, das anzeigt, bei welchem Spannungsniveau plastische Verformung beginnt, muß aufgestellt werden;

c) eine Beziehung zwischen Spannungen und Verzerrungen während des plastischen Fließens muß entwickelt werden.

Bevor plastisches Fließen eintritt, ist die Beziehung zwischen Spannungen und Verzerrungen durch (4.31) gegeben.

Fließkriterium

Für die hier betrachteten anisotropen Materialien wird ein Fließkriterium benutzt, das eine Verallgemeinerung des Huber-Mises-Gesetz ist. Die Fließbedingung kann in allgemeiner Form geschrieben werden:

$$F(\sigma, \chi) = f(\sigma) - Y(\chi) = 0. \tag{4.54}$$

Hier ist f eine Funktion der deviatorischen Spannungsinvariante und das Fließniveau Y kann eine Funktion des Verfestigungsparameters χ sein.

Das plastische Potential oder die effektive Spannung $\overline{\sigma}$ wird in ähnlicher Weise zu der Fließfunktion von Huber-Mises für isotrope Materialien definiert zu

$$f = \overline{\sigma} = [\alpha_{12}(\sigma_{11} - \sigma_{22})^2 + \alpha_{23}(\sigma_{22} - \sigma_{33})^2 + \alpha_{13}(\sigma_{33} - \sigma_{11})^2$$
$$+3\alpha_{44}\tau_{12}^2 + 3\alpha_{55}\tau_{13}^2 + 3\alpha_{66}\tau_{23}^2]^{1/2}, \tag{4.55}$$

wobei die σ (τ) Spannungskomponenten sind, die α sind Parameter der Anisotropie, und die Indizes $1, 2, 3$ beziehen sich auf die drei Hauptachsen der Anisotropie.

Nach kurzer Zwischenrechnung und unter der Annahme, daß $\sigma_{33} \equiv \sigma_z' = 0$ ist, erhält man

$$\overline{\sigma}^2 = a_1\sigma_1^2 + 2a_{12}\sigma_1\sigma_2 + a_2\sigma_2^2 + a_3\tau_{12}^2 + a_4\tau_{13}^2 + a_5\tau_{23}^2, \tag{4.56}$$

wobei $\sigma_1 \equiv \sigma_{11}, \sigma_2 \equiv \sigma_{22}, \tau_{12}, \tau_{13}, \tau_{23}$ Spannungskomponenten sind, die ungleich Null sind und $a_1, a_{12}, a_2, a_3, a_4$ und a_5 die anisotropischen Parameter sind, die experimentell bestimmt werden.

Falls die Hauptachsen der Anisotropie $1, 2$ nicht mit dem Bezugssystem x', y' übereinstimmen, sondern um einen gewissen Winkel θ gedreht sind, dann werden die anisotropen Parameter für das neue System entsprechend der Transformation der Spannungen geändert. In Matrizenform kann (4.56) geschrieben werden als

$$\{\overline{\sigma}^2\} = \{\sigma\}_{1,2,3}^T [\overline{A}] \{\sigma\}_{1,2,3} \tag{4.57}$$

mit

$$[\overline{A}] = \begin{bmatrix} \overline{a}_1 & \overline{a}_{12} & 0 & 0 & 0 \\ \overline{a}_{12} & \overline{a}_2 & 0 & 0 & 0 \\ 0 & 0 & \overline{a}_3 & 0 & 0 \\ 0 & 0 & 0 & \overline{a}_4 & 0 \\ 0 & 0 & 0 & 0 & \overline{a}_5 \end{bmatrix}.$$

Die Gleichung für die Spannungstransformation lautet

$$\{\sigma\}_{1,2,3} = [T]\{\sigma\},$$

wobei $[T]$ die Transformation, wie zuvor in (4.28) definiert, darstellt. Die effektive Spannung ausgedrückt in dem Bezugssystem x', y', z' ergibt sich zu

$$\sigma^2 = \{\sigma\}^T [A] \{\sigma\}. \tag{4.58}$$

Hier ist $[A]$ die Matrix der neuen anisotropen Parameter erhalten aus

$$[A] = [T]^T [\overline{A}][T] = \begin{bmatrix} a_1 & a_{12} & a_{13} & 0 & 0 \\ a_{12} & a_2 & a_{23} & 0 & 0 \\ a_{13} & a_{23} & a_3 & 0 & 0 \\ 0 & 0 & 0 & a_4 & a_{45} \\ 0 & 0 & 0 & a_{45} & a_5 \end{bmatrix}.$$

Die Parameter der Anisotropie können aus sechs unabhängigen Fließversuchen bestimmt werden. Die Anfangsparameter (keine Verfestigung) werden dadurch gewonnen, daß alle Spannungskomponenten in dem Fließgesetz (4.56) Null sind mit Ausnahme derjenigen, die gerade betrachtet wird. Für einen Zugversuch in 1-Richtung erhält man

$$a_{10} = \overline{\sigma}_0^2 / \sigma_{10}^2, \tag{4.59}$$

wobei $\overline{\sigma}_0$ die einachsiale Fließspannung in der Referenzrichtung ist, σ_{10} ist die einachsiale Fließspannung in 1-Richtung, und die Indizes 0 bezeichnen Werte bevor Verfestigung eintritt.

Nimmt man die 1-Richtung als Referenzrichtung, dann erhält man $a_{10} = 1,0$. Auf ähnliche Art und Weise gilt

$$a_{20} = \overline{\sigma}_0^2 / \sigma_{20}^2 \quad , \quad a_{30} = \overline{\sigma}_0^2 / \tau_{120}^2 \; , \tag{4.60}$$
$$a_{40} = \overline{\sigma}_0^2 / \tau_{130}^2 \quad , \quad a_{50} = \overline{\sigma}_0^2 \tau_{230}^2.$$

Um den Parameter a_{120} zu erhalten, wird ein anderer einachsialer Zugversuch notwendig, indem die Materialprobe aus der $\overline{12}$ Materialebene entnommen wird [4.42]. Falls die Achse der Probe um einen Winkel θ zu der 1-Achse verdreht ist (siehe Bild 4.8) und unter der Annahme, daß $\sigma_{\theta 0}$ die einachsiale Fließspannung ist, die durch den Test erhalten wird, so gilt

$$\sigma_1 = \sigma_{\theta 0} \cos^2\theta \; ,$$

$$\sigma_2 = \sigma_{\theta 0} \sin^2\theta \; , \tag{4.61}$$

$$\tau_{12} = \sigma_{\theta 0} \sin\theta \cos\theta \; ,$$

$$\tau_{13} = \tau_{23} = 0.$$

Einsetzen dieser Spannungskomponenten in (4.56) und unter der Annahme, daß z.B. $\theta = 45$ Grad ist, dann erhält man die übrigen Parameter zu

$$a_{120} = 2(\overline{\sigma}_0 / \sigma_{\theta 0})^2 - 0,5(1,0 + a_{20} + a_{30}). \tag{4.62}$$

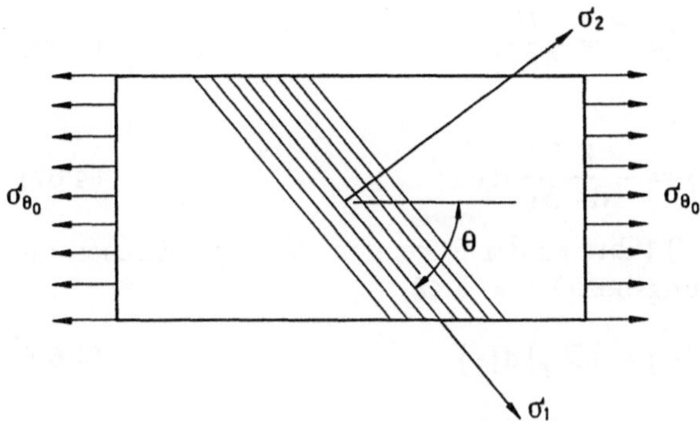

Bild 4.8 Neigung der anisotropen Hauptachsen

Für isotropes Material gilt $\sigma_\theta = \overline{\sigma}_0, a_{20} = 1$ und $a_{30} = 3$ und deshalb nimmt a_{120} den Wert $-0,5$ an.

Diese Parameter sind Funktionen der momentanen Fließspannung. Aus diesem Grunde müssen sie für sich verfestigendes Material variiert werden. Die nachfolgenden Werte werden dadurch erhalten, indem die momentanen Werte der Fließspannung in (4.60) und (4.62) eingesetzt werden.

Spannungsverzerrungsbeziehung für elasto-plastische Materialien

Das gesamte Verzerrungsinkrement $\mathrm{d}\{\varepsilon\}$ ist die Summe der elastischen und plastischen Anteile, so daß gilt

$$\mathrm{d}\{\varepsilon\} = \mathrm{d}\{\varepsilon^e\} + \mathrm{d}\{\varepsilon^p\}. \tag{4.63}$$

Das elastische Verzerrungsinkrement $\mathrm{d}\{\varepsilon^e\}$ ist durch die inkrementelle Form von (4.61) gegeben. Das plastische Verzerrungsinkrement ergibt sich nach dem Fließgesetz zu

$$\mathrm{d}\{\varepsilon^P\} = \mathrm{d}\lambda \frac{\partial Q}{\partial\{\sigma\}}. \tag{4.64}$$

Hierbei bedeutet Q das plastische Potential und $\mathrm{d}\lambda$ ist ein Proportionalitätsfaktor. Die Annahme $Q \equiv f$ läßt eine damit verknüpfte Plastizitätstheorie entstehen, in diesem Fall wird (4.64) als Normalisierungsbedingung bezeichnet, da $\partial f/\partial\{\sigma\}$ ein Vektor ist, der normal auf der Fließfläche steht, wenn der Spannungsraum geometrisch interpretiert wird.

Die differentielle Form von (4.54) wird geschrieben als

$$\{a\}^T \mathrm{d}\{\sigma\} - A\,\mathrm{d}\lambda = 0. \tag{4.65}$$

Der Fließvektor $\{a\}$ ist definiert

$$\{a\}^T = \frac{\partial F}{\partial\{\sigma\}} \tag{4.66}$$

und

$$A = -\frac{1}{\mathrm{d}\lambda}\frac{\partial F}{\partial\chi}\,\mathrm{d}\chi. \tag{4.67}$$

Modifizieren von (4.63) bis (4.67) führt zu der folgenden elasto-plastischen inkrementellen Spannungsverzerrungsbeziehung [4.48]

$$\mathrm{d}\{\sigma\} = [D_{ep}]\,\mathrm{d}\{\varepsilon\} \tag{4.68}$$

mit

$$[D_{ep}] = [D] - \frac{[D]\{a\}\{a\}^T[D]}{A + \{a\}^T[D]\{a\}}. \tag{4.69}$$

Der Verfestigungsparameter A kann aus einachsialen Zuständen abgeleitet werden zu

$$A = H' = \frac{\mathrm{d}\overline{\sigma}}{\mathrm{d}\overline{\varepsilon}_p}. \tag{4.70}$$

Somit ist A die Tangente an die Kurve der effektiven Spannung — plastischen Verzerrung und ist eine Funktion der sich anhäufenden effektiven plastischen Verzerrung $\overline{\varepsilon}_p$.

Die tangentiale Steifigkeitsmatrix, die in (4.53) benötigt wird, kann aus (4.51) bis (4.68) erhalten werden zu

$$[K] = \frac{\mathrm{d}\{p\}}{\mathrm{d}\{a\}} = \int_v [B]^T\frac{\mathrm{d}\{\sigma\}}{\mathrm{d}\{\varepsilon\}}\frac{\mathrm{d}\{\varepsilon\}}{\mathrm{d}\{a\}}\,\mathrm{d}v = \int_v [B]^T[D_{ep}][B]\,\mathrm{d}v. \tag{4.71}$$

4.3.3 Geometrische Nichtlinearität

Zwei grundlegend verschiedene Formulierungen können für die Beschreibung von großen Deformationen benutzt werden:

a) Totale Lagrange-Formulierung, in der die momentanen Spannungen (2. Piola-Kirchhoff-Spannungstensor) und das Green-Lagrange-Verzerrungsfeld sich auf den ursprünglichen geometrischen Zustand beziehen und das Verschiebungsfeld den momentanen Zustand des Systems in bezug auf seine Ausgangsposition liefert.

b) Mitgehende (updated) Lagrange-Formulierung, in der der momentane Zustand des Systems herangezogen wird, um die momentanen Spannungen (Cauchy) und Verzerrungen (Almansi) zu definieren. Die Geometrie der Struktur wird während des inkrementellen Prozesses sukzessive erneuert, und die Spannungs- und Verzerrungsfelder beziehen sich auf den zuletzt berechneten Zustand. Die oben benutzten Spannungs- und Verzerrungsmaße werden derart definiert, daß sie einander konjugiert sind.

Sowohl die Green-Lagrange- als auch die Almansi-Verzerrungen reduzieren sich auf die übliche Definition der Ingenieurverzerrungen für infinitesimale Verformungen. Die Cauchy-Spannungen besitzen die übliche Bedeutung (d.h. Kraft pro Flächeneinheit in der deformierten Konfiguration) aber die physikalische Bedeutung der Piola-Kirchhoffschen Spannungen kann verloren gehen, falls bedeutende Änderungen in der Ausgangsgeometrie auftreten. Die Transformation aller Größen aus der totalen Lagrange-Formulierung zur mitgehenden (updated) Lagrange-Formulierung und umgekehrt kann dadurch ausgeführt werden, indem die Verschiebung und Verzerrung zweier natürlicher Koordinatensysteme betrachtet wird [4.54, 4.55].

Die Formulierung, die für die numerische Lösung am geeignetsten erscheint, hängt von der Art der durchzuführenden Berechnung ab. Für die degenerierten Schalenelemente wird hier eine spezifische (und geeignete) totale Lagrange-Formulierung verwendet, in der große Verformungen und mäßige Drehwinkel (im Sinne der von-Karmanschen Hypothese) zulässig sind. Der Bezug der Variablen auf den Originalzustand ist für quadratische degenerierte Schalenelemente vorteilhaft, da der rechentechnisch aufwendige Transfer der Größen zwischen den lokalen und globalen Achsensystemen nur einmal ausgeführt werden muß. Während des nichtlinearen Prozesses wird die Verzerrungsverschiebungsmatrix nur einmal berechnet, und ihr nichtlinearer Anteil wird mit den momentanen Verschiebungen durch eine einfache Matrizenmultiplikation erneuert. Die konstitutiven Beziehungen, die zuvor in Abhängigkeit der Ingenieurspannungen und -verzerrungen definiert wurden, werden für die neuen Spannungs- Verzerrungsgrößen, bezogen auf den Ausgangszustand, als gültig angesehen.

Variation von (4.51) nach der Verschiebung $d\{a\}$ liefert die tangentielle Steifigkeitsmatrix für ein geometrisch nichtlineares Problem gemäß

$$[K]\,d\{a\} = d\{p\} = \int_v [B]^T\,d\{\sigma\}\,dv + \int_v d[B]^T\{\sigma\}\,dv. \qquad (4.72)$$

Die Verzerrungsverschiebungsmatrix $[B]$ kann in den üblichen infinitesimalen Anteil $[B_0]$ und in den nichtlinearen Beitrag $[B_L]$ aufgespalten werden, so daß

$$[B] = [B_0] + [B_L]\,. \qquad (4.73)$$

Es gilt folglich $d[B]^T = d[B_L]^T$. Die Bestimmung der Anfangsspannungen oder der geometrischen Steifigkeitsmatrix $[K_\sigma]$ liefert

$$[K_\sigma]\,d\{a\} = \int_v d[B_L]^T\{\sigma\}\,dv. \qquad (4.74)$$

Einsetzen von (4.31) und (4.74) in (4.72) ergibt

$$[K] = [\overline{K}] + [K_\sigma]. \qquad (4.75)$$

Hierbei ist $[\overline{K}]$ durch den üblichen Ausdruck definiert

$$[\overline{K}] = \int\limits_{v} [B]^{T}[D][B]\,\mathrm{d}v. \tag{4.76}$$

Für elastisch plastische Probleme resultiert der Gebrauch von (4.68) anstatt (4.31) darin, daß die Matrix $[D]$ durch die Matrix $[D_{ep}]$ in (4.76) ersetzt wird.

Einführung der von Karmanschen Annahmen, die bedeuten, daß die Ableitungen von u' und v' hinsichtlich x', y' und z' klein sind und unter Beachtung, daß die Variation von w' vernachlässigt werden kann, werden die Green-Lagrange-Verzerrungen im lokalen Koordinatensystem ausgedrückt zu

$$\{\varepsilon\} = \left\{\begin{array}{c} \varepsilon_{x'} \\ \varepsilon_{y'} \\ \gamma_{x'y'} \\ \gamma_{x'z'} \\ \gamma_{y'z'} \end{array}\right\} = \left\{\begin{array}{c} \partial u'/\partial x' \\ \partial v'/\partial y' \\ \partial u'/\partial y' + \partial v'/\partial x' \\ \partial u'/\partial z' + \partial w'/\partial x' \\ \partial v'/\partial z' + \partial w'/\partial y' \end{array}\right\} + \left\{\begin{array}{c} 1/2[\partial w'/\partial x']^{2} \\ 1/2[\partial w'/\partial y']^{2} \\ \partial w'/\partial x'\,\partial w'/\partial y' \\ 0 \\ 0 \end{array}\right\}$$

$$= \quad \{\varepsilon_0\} \quad + \quad \{\varepsilon_L\}\,. \tag{4.77}$$

Die Komponenten des Piola-Kirchhoffschen Spannungsvektors sind wieder durch (4.22) gegeben, aber in der die momentanen Verzerrungen jetzt die Green-Lagrange-Verzerrungen sind.

In (4.77) kann der nichtlineare Beitrag zu den Verzerrungen geschrieben werden zu

$$\{\varepsilon_L\} = 1/2[S][R]\,, \tag{4.78}$$

wobei

$$[S]^{T} = \begin{bmatrix} \partial w'/\partial x' & 0 & \partial w'/\partial x' & 0 & 0 \\ 0 & \partial w'/\partial y' & \partial w'/\partial y' & 0 & 0 \end{bmatrix} \tag{4.79}$$

und

$$[R] = \begin{bmatrix} \partial x'/\partial x' \\ \partial w'/\partial y' \end{bmatrix} = [G]\{a\}. \tag{4.80}$$

Der Ausdruck $[G]$ ist eine Matrix mit zwei Zeilen und einer Anzahl Spalten, die der gesamten Anzahl der Elementknotenvariablen entspricht. Die erste Zeile enthält den Beitrag jeder Knotenvariablen zur lokalen Ableitung $\partial w'/\partial x'$ (zugehörige Ableitungen der Ansatzfunktion), und die zweite Zeile enthält die analogen Beiträge für $\partial w'/\partial y'$.

Die Variation von (4.78) liefert

$$\mathrm{d}\{\varepsilon_L\} = 1/2\,\mathrm{d}[S][R] + 1/2[S]\,\mathrm{d}[R] = [S]\,\mathrm{d}[R] = [S][G]\,\mathrm{d}\{a\}. \tag{4.81}$$

Per definitionem gilt

$$[B_L] = [S][G].$$ (4.82)

Im vorliegenden Finite Elemente Programm werden die Matrizen $[B_0]$ und $[G]$ am Anfang berechnet und abgespeichert. Indem die momentanen Verschiebungen und die Ableitungen entsprechend (4.80) herangezogen werden, wird die Matrix $[S]$ gebildet und anschließend wird aus (4.82) die Matrix $[B_L]$ erhalten. Die inkrementelle Verzerrungsverschiebungsmatrix $[B]$ wird dadurch berechnet, daß die Matrix $[B_0]$ zu dem momentanen Wert von $[B_L]$ hinzuaddiert wird.

Um in dem nichtlinearen Lösungsalgorithmus die tangentiale Steifigkeitsmatrix gemäß (4.75) zu bestimmen, verbleibt nur, die geometrische Matrix $[K_\sigma]$ explizit zu berechnen. Einsetzen von (4.82) in (4.74) ergibt

$$[K_\sigma]\,\mathrm{d}\{a\} = \int_v [G]^T \mathrm{d}[S]^T \{\sigma\}\mathrm{d}v.$$ (4.83)

Mit Hilfe von (4.79) und (4.80) kann der Ausdruck $\mathrm{d}[S]^T\{\sigma\}$ geschrieben werden

$$\mathrm{d}[S]^T\{\sigma\} = [\sigma][G]\,\mathrm{d}\{a\},$$ (4.84)

wobei

$$[\sigma] = \begin{bmatrix} \sigma_{x'} & \tau_{x'y'} \\ \tau_{x'y'} & \sigma_{y'} \end{bmatrix}.$$ (4.85)

Substitution von (4.84) in (4.83) liefert die geometrische Steifigkeitsmatrix als symmetrische Matrix in der Gestalt

$$[K_\sigma] = \int_v [G]^T [\sigma][G]\,\mathrm{d}v.$$ (4.86)

Die Matrix $[G]$ ist zuvor in (4.80) definiert worden und wie aus (4.85) ersichtlich ist, besteht die Matrix $[\sigma]$ aus Komponenten des momentanen Piola-Kirchhoffschen Spannungsvektors.

4.4 Finite Elemente Programm PLASTOSHELL

In diesem Abschnitt wird ein Computerprogramm präsentiert, das die elastisch plastische Lösung sowohl von dicken als auch von dünnen Platten und Schalen ermöglicht. Es wird die geschichtete Formulierung, wie in Abschnitt 4.2.10 beschrieben, benutzt, und die geometrischen nichtlinearen Effekte können mitgenommen werden.

Subroutines, geschrieben in FORTRAN, die die verschiedenen Operationen, die für die nichtlineare finite Elemente Schalenberechnung erforderlich sind, ausführen, werden präsentiert. Diese werden später zusammengebunden,

Tabelle 4.2 Flußdiagramm für das Programm PLASTOSHELL

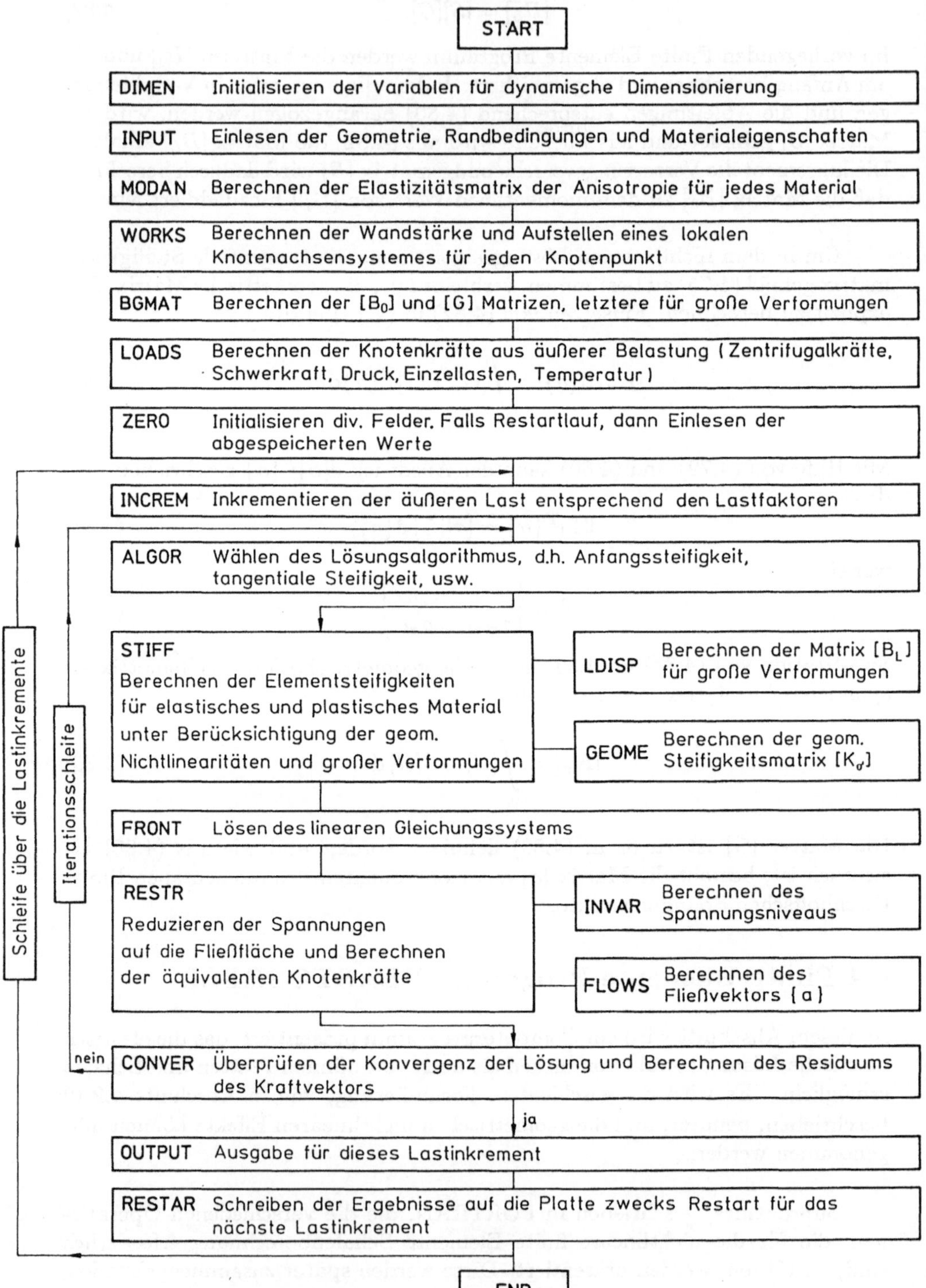

um ein funktionierendes Programm zu bilden. Die Logik und die Programmie-
rung, die für die meisten hier benutzten Subroutinen genommen wird, wurde
in [4.48] im Detail beschrieben. Anweisungen für den Benutzer werden in dem
Anhang, der Kapitel 5 folgt, geliefert.

Der Aufbau des Programmes ist in Tabelle 4.2 schematisch dargestellt, wo
insbesondere die Reihenfolge, in der die verschiedenen Subroutinen aufgerufen
werden, durch ein Kontrollsegment angedeutet ist.

4.4.1 Das Hauptprogramm PLSHELL

Dieses Programm kontrolliert den Aufruf der anderen Subroutines. Eine andere Funktion besteht in der Kontrolle des iterativen Ablaufes sowie in der
inkrementellen Erhöhung der äußeren Lasten.

Die folgenden Kanäle werden von dem Programm benutzt: 5(Eingabe),
6(Output), 1, 2, 4, 7, 8(Notizfiles), 12(Permfile für Restart).

```
C       PROGRAM PLSHELL (INPUT,OUTPUT,TAPE5=INPUT,TAPE6=OUTPUT,
C     .               TAPE1,TAPE2,TAPE4,TAPE7.TAPE8,TAPE12)
C******
C
C*** PROGRAM FOR ELASTO-PLASTIC ANALYSIS OF ANISOTROPIC SHELL STRUCTURES
C   USING QUADRATIC DEGENERATE SHELL ELEMENTS(8-NODE, HETEROSIS AND 9-NODE
C   AND A LAYERED APPROACH. ACCOUNTING FOR LARGE DISPLACEMENTS AND SELECTIV
C   INTEGRATIONS(TRANSVERSE SHEAR TERMS).THE ANISOTROPIC PARAMETERS REMAIN
C   CONSTANT DURING PLASTIC FLOW.RESTART FACILITES INCLUDED.
C
C*******
        DIMENSION ASDIS(500),COORD(100,8),ELOAD(20,45),EQRHS(10),
       .          EQUAT(75,10),EFFST(1800),EPSTN(1800),ESTIF(45,45),
       .          FIXED(500),GLOAD(75),GSTIF(2850),GRAVI(3),
       .          IFFIX(500),LOCEL(45),LNODS(20,9),MATNO(20,10),
       .          NACVA(75),NAMEV(10),NDEST(45),NDFRO(20),
       .          NOFIX(36),NOUTP(2),NPIVO(10),POSGP(5),THICK(100),
       .          PRESC(36,5),PROPS(5,17),RLOAD(20,45),STFOR(500),
       .          STRSG(5,1800),TDISP(500),TLOAD(20,45),TOFOR(500),
       .          TREAC(36,5),VECRV(75),WEIGP(5),DICOS(3,300),
       .          AMATX(9,5),DMATT(5,5,5)
      INTEGER MSG(3)
      COMMON / XXXSEC / CPU0
      DATA MSG/'PLSH','ELL ','ANFG'/
C
      CPU0 = SECOND(X)
      CALL ANZEIGE (MSG,3,0)
C
C     EROEFFNEN DER FILES
C
      CALL OPEN
C
C*** PRESET VARIABLES ASSIOATED WITH DYNAMIC DIMENSIONING
C
      CALL    DIMEN (MBUFA,MELEM,MEVAB,MFRON,MMATS,MPOIN,MSTIF,MTOTG,
     *              MTOTV,MVFIX,NDOFN,NPROP,NSTRE,M3POI,MLAYR)
C
C*** CALL THE SUBROUTINE WHICH READS MOST OF THE PROBLEM DATA
C
      CALL        INPUT (ANVEL, COORD, GRAVI, IFFIX, LNODS,
     *               MATNO, MFRON, MELEM, MMATS, MPOIN,
     *              MTOTV, MVFIX, NDFRO, NDOFN, NELEM, NCOLA,
```

```
      *                        NEVAB, NGAUS, NGAUZ, NMATS, NNODE, MLAYR,
      *                        NOFIX, NPOIN, NPROP, NTOTG, NLAYR, NREST,
      *                        NTOTV, NVFIX, POSGP, PRESC, PROPS, WEIGP,
      *                        NALGO, NINCS, LARGE)
C
C***   CALL SUBROUTINE WHICH COMPUTES THE ELASTICITY MATRIX -D- AND
C      THE MATRIX OF THE ANISOTROPIC PARAMETERS
C
      CALL          MODAN (AMATX,DMATT,NMATS,NPROP,PROPS,MMATS,
      .                    MATNO,MELEM,MLAYR,NELEM,NLAYR)
C
C***   CREATE THE THICKNESS AND A LOCAL ORTHOGONAL SET AT EACH NODAL POINT
C
      CALL          WORKS(COORD,DICOS,LNODS,THICK,MELEM,MPOIN,
      .                    NPOIN,M3POI)
C
C***   CALL SUBROUTINE WHICH COMPUTES BMATX AND GMATX.THESE MATRICES
C      ARE STORED ON TAPE 8 FOR LATER USAGE
C
      CALL          BGMAT (COORD, DICOS, LNODS, MATNO, MELEM,
      *                    MLAYR, MMATS, MPOIN, M3POI, NELEM,
      *                    NEVAB, NGAUS, NGAUZ, NLAYR, NNODE, NPROP,
      *                    POSGP, PROPS, THICK, WEIGP)
C
C***   CALL THE SUBROUTINE WHICH COMPUTES THE APPLIED LOADS
C      AFTER READING SOME LOADING DATA
C
      CALL          LOADS (ANVEL,COORD,RLOAD,GRAVI,LNODS,
      .                    MATNO,MELEM,MEVAB,MMATS,MPOIN,DICOS,
      .                    NELEM,NEVAB,NGAUS,THICK,
      .                    NNODE,NPROP,NSTRE,POSGP,M3POI,
      .                    PROPS,WEIGP,MLAYR,NLAYR)
C
C***   INITIALISE CERTAIN ARRAYS
C
      CALL          ZERO (EFFST,ELOAD,EPSTN,MELEM,MEVAB,KINCS,
      .                   MTOTG,MTOTV,NDOFN,NELEM,NEVAB,NREST,
      .                   NSTRE,NTOTG,NTOTV,NVFIX,MVFIX,STRSG,
      .                   TDISP,TFACT,TLOAD,TREAC)
C
C***   LOOP OVER EACH INCREMENT
C
      DO 100 IINCS = 1, NINCS
C
C***   READ DATA FOR CORRENT INCREMEMT
C
      CALL          INCREM (ELOAD, FIXED, IINCS, MELEM, MEVAB, MITER,
      *                     MTOTV, MVFIX, NDOFN, NELEM, NEVAB, NOUTP,
      *                     NOFIX, NTOTV, NVFIX, PRESC, RLOAD, TFACT,
      *                     TLOAD, TOLER, LNODS, IFFIX, NNODE, NCOLA,
      *                     NREST, KINCS)
C
C***   LOOP OVER EACH ITERATION
C
      KSTOP = 0
      KUNLO = 0
      DO 50 IITER = 1, MITER
      KITER = IINCS+IITER
      JINCS = IINCS-KINCS
C
C***   CALL SUBROUTINE WHICH SELECTS SULOTION ALGORITHM VARIABLE KRESL
C
      CALL          ALGOR (FIXED, KITER, IITER, KRESL, MTOTV, NALGO,
      *                    NTOTV, KUNLO, KINCS)
C
C***   CHECK WHETHER A NEW EVALUATION OF THE STIFFNESS MATRIX
C      IS REQUIRED
C
      IF(KRESL .EQ. 1)
      .CALL          STIFF(EPSTN,ESTIF,KITER,LNODS,MATNO,
      .                    MELEM,MEVAB,MMATS,MPOIN,MTOTG,NDOFN,
      .                    NELEM,NEVAB,NGAUS,NNODE,NPROP,
      .                    NSTRE,POSGP,PROPS,STRSG,WEIGP,AMATX,
```

```
      .                    DMATT,MLAYR,NLAYR,THICK,
      .                    TDISP,MTOTV,LARGE)
C
C***  MERGE AND SOLVE THE RESULTING EQUATIONS BY THE FRONTAL SOLVER
C
      CALL          FRONT ( ASDIS, ELOAD, EQRHS, EQUAT, ESTIF, FIXED,
     *                      GLOAD, GSTIF, IFFIX, JINCS, IITER, KRESL,
     *                      LOCEL, LNODS, MBUFA, MELEM, MEVAB, MFRON,
     *                      MSTIF, MTOTV, MVFIX, NACVA, NAMEV, NDEST,
     *                      NDOFN, NELEM, NEVAB, NNODE, NOFIX, NPIVO,
     *                      NPOIN, NTOTV, TDISP, TLOAD, TREAC, VECRV)
C     CALL OUTDIS (ASDIS,MTOTV,MVFIX,NOFIX,NPOIN,NVFIX,TREAC)
C
C***  CALCULATE RESIDUAL FORCES
C
      CALL          RESTR(ASDIS,EFFST,ELOAD,LNODS,
      .                   MATNO,MELEM,MMATS,MPOIN,MTOTG,MTOTV,
      .                   NDOFN,NELEM,NEVAB,NGAUS,NNODE,
      .                   NPROP,NSTRE,POSGP,PROPS,STRSG,
      .                   TDISP,WEIGP,EPSTN,KUNLO,AMATX,DMATT,
      .                   THICK,MLAYR,NLAYR,LARGE)
C
C***  CHECK FOR CONVERGENCE
C
      CALL          CONVER (ELOAD,IITER,LNODS,MELEM,MEVAB,MTOTV,NCHEK,
     *                      NDOFN,NELEM,NEVAB,NNODE,NTOTV,STFOR,
     *                      TLOAD,TOFOR,TOLER)
C
C***  OUTPUT RESULTS IF REQUIRED
C
      IF (IITER .EQ. 1 .AND. NOUTP(1) .GT. 0)
     .CALL          OUTPUT (IITER,MTOTG,MTOTV,MVFIX,NCHEK,NELEM,NGAUS,
     .                      NOFIX,NOUTP,NPOIN,NSTRE,
     .                      NVFIX,STRSG,TDISP,TREAC,EPSTN,POSGP,
     .                      EFFST,MATNO,MMATS,PROPS,NPROP,MELEM,THICK,
     .                      MPOIN,LNODS,MLAYR,NLAYR)
C
C***  IF SOLUTION HAS CONVERGED STOP ITERATING AND OUTPUT RESULTS
C
      IF(IITER .EQ. 1 .AND. NCHEK .EQ. 0) GOTO 100
      IF(NCHEK .EQ. 0) GOTO 75
   50 CONTINUE
C
C***
C
      KSTOP = 1
   75 CALL          OUTPUT (IITER,MTOTG,MTOTV,MVFIX,NCHEK,NELEM,NGAUS,
     .                      NOFIX,NOUTP,NPOIN,NSTRE,
     .                      NVFIX,STRSG,TDISP,TREAC,EPSTN,POSGP,
     .                      EFFST,MATNO,MMATS,PROPS,NPROP,MELEM,THICK,
     .                      MPOIN,LNODS,MLAYR,NLAYR)
      IF(KSTOP .EQ. 1) STOP
C
C***  RECORD ONTO  TAPE 12 THE DATA NEEDED TO RESTART THE PROBLEM
C     IN NEXT INCREMENT
C
      CALL          RESTAR(EFFST,ELOAD,EPSTN,MELEM,MEVAB,MTOTG,
     .                     MTOTV,MVFIX,TDISP,TLOAD,TREAC,STRSG,
     .                     TFACT,IINCS)
  100 CONTINUE
      STOP
      END
```

4.4.2 Subroutine ALGOR

Die Funktion dieser Subroutine besteht darin, den Wert von KRESL zu setzen, der den nichtlinearen Lösungsablauf kontrolliert. Ein Wert für KRESL
= 1 zeigt die Neuformulierung der Elementsteifigkeiten, begleitet von einer

vollständigen Gleichungslösung, an und KRESL= 2 zeigt an, daß die Elementsteifigkeiten nicht modifiziert werden müssen und folglich nur eine Glei- chungs-
auflösung stattfindet.

```
      SUBROUTINE ALGOR (FIXED, KITER, IITER, KRESL, MTOTV, NALGO,
     *               NTOTV, KUNLO, KINCS)
C*******
C
C     THIS ROUTINE SETS EQUATION RESOLUTION INDEX,KRESL
C
C*******
      INTEGER MSG(3)
      DIMENSION FIXED(MTOTV)
      DATA MSG/'ALGO','R    ','ANFG'/
      CALL ANZEIGE (MSG,3,0)
      KRESL=2
      IF (NALGO .EQ. 1 .AND. KITER .EQ. 2) KRESL=1
      IF (NALGO .EQ. 2) KRESL=1
      IF (NALGO .EQ. 3 .AND. IITER .EQ. 1) KRESL=1
      IF (NALGO .EQ. 4 .AND. KITER .EQ. 2) KRESL=1
      IF (NALGO .EQ. 4 .AND. IITER .EQ. 2) KRESL=1
      IF (NALGO .EQ. 4 .AND. KUNLO .GT. 0) KRESL=1
      IF (KITER .EQ. (KINCS+1+1)) KRESL=1
      IF (IITER .EQ. 1) RETURN
      DO 100 ITOTV = 1, NTOTV
      FIXED (ITOTV) = 0.0
  100 CONTINUE
      RETURN
      END
```

4.4.3 Subroutine BGMAT

Diese Subroutine baut die Matrix $[B_0]$ und die Matrix $[G]$ (für große Verformungen) gegeben durch (4.80) auf. Diese Matrizen werden auf Tape 8 für den
nachfolgenden Gebrauch abgespeichert. Es können reduzierte, selektive oder
normale Integrationsregeln beim Aufbau dieser Matrizenterme benutzt werden. In der vorliegenden Option für selektive Integration wird die reduzierte
Integration nur für die Schubterme gebraucht.

```
      SUBROUTINE BGMAT (COORD, DICOS, LNODS, MATNO, MELEM,
     *               MLAYR, MMATS, MPOIN, M3POI, NELEM,
     *               NEVAB, NGAUS, NGAUZ, NLAYR, NNODE, NPROP,
     *               POSGP, PROPS, THICK, WEIGP)
C******
C
C***  THIS ROUTINE COMPUTES BMATX AND GMATX (THE LATER FOR LARGE
C     DISPL ANALYSIS). THESE MATRICES ARE STORED ON TAPE 8 FOR
C     LATER USAGE SELECTIVE INTEGRATION CAN BE ACCOUNTED FOR
C
C*****
      COMMON WORMX (3,24),QVALU,DJACB
C
      INTEGER MSG(3)
      DIMENSION BMATX (5,45),BDUMY (8,45),COORD (MPOIN,8),
     *          DICOS (3,M3POI),FUNCT(4),GMATX (2,45),
     *          LNODS (MELEM,9),MATNO (MELEM,MLAYR),POSGP (5),
     *          PROPS (MMATS,NPROP),THICK (MPOIN),SHAPE (3,9),
     *          WEIGP (5)
      DATA MSG/'BGMA','T    ','ANFG'/
      CALL ANZEIGE (MSG,3,0)
C
      REWIND 8
      LGAUS = NGAUS - NGAUZ
```

```
C**     LGAUS = 0 FOR NORMAL OR REDUCED INTEGRATION RULE. LGAUS = 1 FOR
C       SELECTIVE INTEGRATION RULE.
C
        DO 100 IELEM = 1,NELEM
        IF (LGAUS .EQ. 0)GOTO 25
        NBORP = 0
C
C***    REDUCED INTEGRATION IS USED TO SET UP THE TRANSVERSE SHEAR TERMS
C       OF BMATX. FIRSTLY THESE TERMS ARE STORED IN BDUMY MATRIX
C
        CONS1 = 1.0/POSGP (4)
        CONS2 = -CONS1
        ZETSP =0.0
        KGAUZ = -1
        DO 20 IGAUZ = 1, NGAUZ
        DO 20 JGAUZ = 1, NGAUZ
        KGAUZ =KGAUZ+1
        EXISP = POSGP (3+IGAUZ)
        ETASP = POSGP (3+JGAUZ)
        CALL SFR1 (SHAPE,EXISP,ETASP)
        CALL FUNC (BMATX,SHAPE,THICK,NBORP,NNODE,ZETSP,MELEM,
     *            COORD,DICOS,LNODS,IELEM,MPOIN,M3POI,GMATX)
        DO 15 IEVAB = 1, NEVAB
        DO 15 IPOSI = 1, 2
        JPOSI = 2*KGAUZ+IPOSI

    15 BDUMY (JPOSI,IEVAB) = GMATX (IPOSI,IEVAB)
    20 CONTINUE
C
C**     SET UP BMATX AMD GMATX FOR NORMAL OR REDUCED INTEGRATION RULE
    25 NBORP = 1
C
        DO 50 IGAUS = 1,NGAUS
        EXISP = POSGP (IGAUS)
        DO 50 JGAUS = 1,NGAUS
        ETASP = POSGP (JGAUS)
C
        CALL SFR1 (SHAPE,EXISP,ETASP)
        ZETSP = -1.0
C
        DO 45 ILAYR = 1,NLAYR
C
        LPROP = MATNO (IELEM,ILAYR)
C
C       DZETA = 2.0 * HK / H
        DZETA = PROPS (LPROP,3)
        ZETSP =ZETSP + DZETA/2.0
C
        CALL FUNC (BMATX,SHAPE,THICK,NBORP,NNODE,ZETSP,MELEM,
     *            COORD,DICOS,LNODS,IELEM,MPOIN,M3POI,GMATX)
        DVOLU = DJACB*WEIGP (IGAUS)*WEIGP(JGAUS)*DZETA
C
        IF (LGAUS .EQ. 0) GOTO 40
C
C**     SET UP THE INTEPOLATION FUNCTIONS TO PERFORM THE
C       SELECTIVE INTEGRATION
        FUNCT (1) = 0.25*(1.0+CONS1*EXISP)*(1.0+CONS1*ETASP)
        FUNCT (2) = 0.25*(1.0+CONS1*EXISP)*(1.0+CONS2*ETASP)
        FUNCT (3) = 0.25*(1.0+CONS2*EXISP)*(1.0+CONS1*ETASP)
        FUNCT (4) = 0.25*(1.0+CONS2*EXISP)*(1.0+CONS2*ETASP)
C
C**     INTERPOLATE THE TRANSVERSE SHEAR TERMS OF BMATX FROM 4 TO 9 G.P.
C
        DO 30 IEVAB = 1, NEVAB
        DO 30 IDOFN = 4, 5
        BMATX (IDOFN,IEVAB) = 0.0
        DO 30 INTPO = 1, 4
        IGASH = 2 * INTPO + IDOFN - 5
    30 BMATX (IDOFN, IEVAB) = BMATX (IDOFN, IEVAB) + FUNCT (INTPO)*
     *                        BDUMY (IGASH, IEVAB)
    40 CONTINUE
C
        WRITE (8) BMATX, GMATX, DVOLU
```

```
C
      ZETSP = ZETSP + DZETA / 2.0
C
   45 CONTINUE
C
   50 CONTINUE
C
  100 CONTINUE
C
      RETURN
      END
```

4.4.4 Subroutine CHECK1

Die Funktion dieser Subroutine besteht in der Überprüfung der Kontrollparameter auf mögliche Fehler. Jeder entdeckte Fehler wird mit Hilfe einer ausgedruckten Fehlernummer signalisiert, dessen Interpretation Tabelle 4.3 entnommen werden kann.

Tabelle 4.3 Fehlerdiagnosen von Subroutine CHECK1

Fehler Nr.	Bedeutung
1	Der Parameter für die Anzahl der Knoten NPOIN ist kleiner / gleich Null
2	Die maximale zulässige Anzahl von Knoten ist kleiner als NPOIN
3	Die Anzahl der Knoten mit Randbedingungen ist kleiner als 2 oder größer als NPOIN (in Schalenprobleme müssen mindestens 2 Knoten gefesselt sein, um die Starrkörperbewegung zu eliminieren)
4	Die Anzahl der Knoten pro Element ist ungleich 8 oder 9
5	Die Anzahl der Freiheitsgrade pro Knoten ist ungleich 5 oder die Anzahl der Schichten ist größer als 10
6	Die gesamte Anzahl verschiedener Materialien ist kleiner / gleich Null oder größer als die maximale Anzahl, die in Subroutine DIMEN spezifiziert ist
7	Die Anzahl der Gausspunkte in jeder Richtung ist ungleich 2 oder 3
8	Die Anzahl der Gausspunkte für die Schubanteile ist ungleich 2 oder 3

```
      SUBROUTINE CHECK1 (NDOFN, NELEM, NGAUS, NMATS, NNODE, NPOIN,
     *                   MMATS, NVFIX, NGAUZ, NLAYR)
C
C*** THIS SUBROUTINE CHECKS THE MAIN CONTROL DATA
C
      DIMENSION NEROR(20)
C
      DO 10 IEROR =1, 8
   10 NEROR(IEROR)=0
```

```
C
C***   CREATE THE DIAGNOSTIC MESSAGES
C
       IF(NPOIN.LE.0) NEROR(1)=1
       IF(NELEM*NNODE.LT.NPOIN) NEROR(2)=1
       IF(NVFIX.LT.2.OR.NVFIX.GT.NPOIN) NEROR(3)=1
       IF(NNODE.LT.8.OR.NNODE.GT.9) NEROR(4)=1
       IF(NDOFN.NE.5.OR.NLAYR.GT.10) NEROR(5)=1
       IF(NMATS.LT.1.OR.NMATS.GT.MMATS) NEROR(6)=1
       IF(NGAUS.LT.2.OR.NGAUS.GT.3) NEROR(7)=1
       IF(NGAUZ.LT.2.OR.NGAUZ.GT.3) NEROR(8)=1
C
C***   EITHER RETURN,OR ELSE PRINT THE ERRORS DIAGNOSED
C
       KEROR=0
       DO 20 IEROR=1,8
       IF(NEROR(IEROR).EQ.0) GO TO 20
       KEROR=1
       WRITE(6,900) IEROR
  900  FORMAT(//31H *** DIAGNOSIS BY CHECK1, ERROR,I3)
C
   20  CONTINUE
       IF(KEROR.EQ.0) RETURN
C
C***   OTHERWISE ECHO ALL THE REMAINING DATA
C      WITHOUT FURTHER COMMENT
C
       CALL ECHO
C
       END
```

4.4.5 Subroutine CHECK2

Falls die Kontrollparameter die Überprüfung in Subroutine CHECK1 bestanden haben, werden die geometrischen Daten, die Randbedingungen und die Materialdaten anschließend in Subroutine CHECK2 überprüft. Die Fehlertypen 9 bis 20 sind in Tabelle 4.4 aufgelistet.

Diese Routine stellt auch sicher, daß die maximale Frontbreite des Problems die Dimensionen wie in Subroutine FRONT spezifiziert nicht überschritten werden.

```
       SUBROUTINE CHECK2 (COORD, IFFIX, LNODS, MATNO, MELEM,
      *                   MFRON, MPOIN, MTOTV, MVFIX, NDFRO,
      *                   NDOFN, NELEM, NMATS, NNODE, NOFIX,
      *                   NPOIN, NVFIX, NLAYR)
C
C***   TO CRITICIZE THE DATA FROM SUBROUTINE INPUT
C
       DIMENSION COORD (MPOIN,8), IFFIX (MTOTV), LNODS (MELEM,12),
      *           MATNO (MELEM,NLAYR), NDFRO (MELEM),
      *           NEROR (20), NOFIX (MVFIX)
C
C***   CHECK AGAINST TWO IDENTICAL NONZERO NODAL COORDINATES
C
       DO 5 IEROR = 9, 20
    5  NEROR (IEROR) = 0
       DO 10 IELEM = 1, NELEM
   10  NDFRO (IELEM) = 0
       DO 50 IPOIN = 2,NPOIN
       KPOIN        = IPOIN - 1
C
       DO 30 JPOIN = 1,KPOIN
C
```

```
      DO 20 IDIME = 1,3
      IF( COORD(IPOIN,IDIME) .NE. COORD(JPOIN,IDIME)) GO TO 30
   20 CONTINUE
      NEROR(9)=NEROR(9)+1
C
   30 CONTINUE
C
   40 CONTINUE
C
C***  CHECK THE LIST OF ELEMENT PROPERTY NUMBERS
C
      DO 50 IELEM = 1,NELEM
      DO 50 ILAYR = 1,NLAYR
   50 IF(MATNO(IELEM,ILAYR).GT.
     . NMATS) NEROR(10)=NEROR(10)+1
C
C***  CHECK FOR IMPOSSIBLE NODE NUMBERS
C
      DO 70 IELEM =1, NELEM
      DO 60 INODE = 1, NNODE
      IF (LNODS (IELEM, INODE) .EQ. 0) NEROR (11) = NEROR (11)+1
   60 IF(LNODS(IELEM,INODE).LT.0.OR.LNODS(IELEM,
     . INODE).GT.NPOIN) NEROR(12)=NEROR(12)+1
   70 CONTINUE
C
C***  CHECK FOR ANY REPETITION OF A NODE NUMBER WITHIN AN ELEMENT
C
      DO 140 IPOIN = 1, NPOIN
      KSTAR = 0
      DO 100 IELEM=1,NELEM
      KZERO = 0
      DO 90 INODE=1,NNODE
      IF(LNODS(IELEM,INODE).NE.IPOIN) GOTO 90
      KZERO=KZERO+1
      IF(KZERO.GT.1) NEROR(13)=NEROR(13)+1
C
C***  SEEK FIRST,LAST AND INTERMEDIATE APPEARANCES OF NODE IPOIN
C
      IF(KSTAR.NE.0) GO TO 80
      KSTAR=IELEM
C
C***  CALCULATE INCREASE OR DECREASE IN FRONTWIDTH AT EACH ELEMENT STAGE
C
      NDFRO(IELEM)=NDFRO(IELEM)+NDOFN
   80 CONTINUE
C
C***  AND CHANGE THE SIGN OF THE LAST APPEARANCE OF EACH NODE
C
      KLAST=IELEM
      NLAST=INODE
   90 CONTINUE
  100 CONTINUE
      IF(KSTAR.EQ.0) GO TO 110
      IF(KLAST.LT.NELEM) NDFRO(KLAST+1) = NDFRO(KLAST+1)-NDOFN
      LNODS(KLAST,NLAST)=-IPOIN
      GO TO 140
C
C***  CHECK THAT COORDINATES FOR AN UNUSED
C     NODE HAVE NOT BEEN SPECIFIED
C
  110 WRITE(6,900) IPOIN
  900 FORMAT(/' CHECK WHY NODE',I4,' NEVER APPEARS ')
      NEROR(14)=NEROR(14)+1
      SIGMA=0.0
      DO 120 IDIME=1,3
  120 SIGMA=SIGMA+ABS(COORD(IPOIN,IDIME))
      IF(SIGMA.NE.0.0) NEROR(15)=NEROR(15)+1
C
C***  CHECK THAT AN UNUSED NODE NUMBER IS NOT
C     A RESTRAINED NODE
C
```

```fortran
      DO 130 IVFIX=1,NVFIX
  130 IF(NOFIX(IVFIX).EQ.IPOIN) NEROR(16)= NEROR(16)+1
  140 CONTINUE
C
C***  CALCULATE THE LARGEST FRONTWIDTH
C
      NFRON=0
      KFRON=0
      DO 150 IELEM=1,NELEM
      NFRON=NFRON+NDFRO(IELEM)
  150 IF(NFRON.GT.KFRON) KFRON=NFRON
      WRITE(6,905) KFRON
  905 FORMAT(//' MAXIMUN FRONTWIDTH ENCOUNTERED =',I5//)
      IF(KFRON.GT.MFRON) NEROR(17)=1
C
C***  CONTINUE CHECKING THE DATA FOR THE FIXED VALUES
C
      DO 170 IVFIX=1,NVFIX
      IF( NOFIX(IVFIX) .LE. 0 .OR. NOFIX(IVFIX)
    . .GT. NPOIN)    NEROR(18) = NEROR(18) + 1
      KOUNT=0
      NLOCA = (NOFIX(IVFIX)-1)*NDOFN
      DO 160 IDOFN=1,NDOFN
      NLOCA = NLOCA + 1
  160 IF(IFFIX(NLOCA).GT.0) KOUNT=1
      IF( KOUNT .EQ. 0 ) NEROR(19) = NEROR(19) + 1
      KVFIX=IVFIX-1
      DO 170 JVFIX=1,KVFIX
  170 IF(IVFIX.NE.1.AND.NOFIX(IVFIX).EQ. NOFIX(JVFIX))
    .                      NEROR(20)=NEROR(20)+1
      KEROR=0
      DO 180 IEROR=9, 20
      IF(NEROR(IEROR).EQ.0) GO TO 180
      KEROR=1
      WRITE(6,910) IEROR,NEROR(IEROR)
  910 FORMAT(//'*** DIAGNOSIS BY CHECK2, ERROR',
    . I3,6X,' ASSOCIATED NUMBER',I5)
  180 CONTINUE
      IF(KEROR.NE.0) GO TO 200
C
C***  RETURN ALL NODAL CONNECTION NUMBERS TO
C     POSITIVE VALUES
C
      DO 190 IELEM=1,NELEM
      DO 190 INODE=1,NNODE
  190 LNODS(IELEM,INODE)=IABS(LNODS(IELEM,INODE))
C
      RETURN
C
  200 CALL ECHO
C
      END
```

Tabelle 4.4 Fehlerdiagnosen von Subroutine CHECK2

Fehler Nr.	Bedeutung
9	Insgesamt x identische Knotenkoordinaten gefunden, d.h. es gibt x Knoten mit gleichen Koordinaten
10	Es gibt x Material-IDs, die größer sind als die gesamte Anzahl der verschiedenen Materialien
11	Insgesamt x Knotenverknüpfungen mit Null angegeben
12	Insgesamt x Knotenverknüpfungen mit Wert kleiner Null oder größer als Maximum NPOIN angegeben
13	Insgesamt x Doppelknoten bei den Elementdefinitionen gefunden
14	Insgesamt x Knoten vorhanden, die bei den Elementdefinitionen nicht verwendet wurden
15	Insgesamt x Knoten mit Koordinaten spezifiziert, die bei den Elementdefinitionen nicht benutzt wurden
16	Insgesamt für x Knoten Randbedingungen spezifiziert, ohne Bezug in den Elementdefinitionen
17	Größte gefundene Frontbreite überschreitet den maximal gesetzten Wert in Subroutine FRONT
18	Insgesamt x Knoten mit Randbedingungen besitzen Nummern kleiner/gleich Null oder größer als NPOIN
19	Insgesamt x Knoten mit Randbedingungen gefunden, deren Code kleiner/gleich Null ist
20	Insgesamt x Knoten gefunden, die bei den Randbedingungen mehrmals auftauchen

4.4.6 Subroutine CONVER

Diese Subroutine bewirkt die Konvergenz des nichtlinearen Iterationsprozesses. Zur Konvergenz wird verlangt, daß die Norm der Residualkräfte $\{\psi\}$ kleiner ist als ein angegebener Prozentwert, TOLER, der Norm der äußeren Kräfte.

```
      SUBROUTINE CONVER (ELOAD,IITER,LNODS,MELEM,MEVAB,MTOTV,NCHEK,
     *                   NDOFN,NELEM,NEVAB,NNODE,NTOTV,STFOR,
     *                   TLOAD,TOFOR,TOLER)
C******
C
C***  THIS ROUTINE CHECKS FOR CONVERGENCE OF THE ITERATION PROCESS
C
C******
      INTEGER MSG(3)
      DIMENSION ELOAD (MELEM,MEVAB), LNODS (MELEM,12), STFOR (MTOTV),
     *          TOFOR (MTOTV), TLOAD (MELEM,MEVAB)
      DATA MSG/'CONV','ER  ','ANFG'/
      CALL ANZEIGE (MSG,3,0)
```

```
          NCHEK = 0
          RESID = 0.0
          RETOT = 0.0
          REMAX = 0.0
          DO 5 ITOTV = 1, NTOTV
          STFOR (ITOTV) = 0.0
          TOFOR (ITOTV) = 0.0
        5 CONTINUE
          DO 40 IELEM = 1, NELEM
          KEVAB = 0
          DO 40 INODE = 1,NNODE
          LOCNO = IABS (LNODS (IELEM,INODE))
          DO 40 IDOFN = 1, NDOFN
          KEVAB = KEVAB + 1
          NPOSI = (LOCNO - 1)*NDOFN + IDOFN
          STFOR (NPOSI) = STFOR (NPOSI) + ELOAD (IELEM,KEVAB)
       40 TOFOR (NPOSI) = TOFOR (NPOSI) + TLOAD (IELEM,KEVAB)
          DO 50 ITOTV = 1, NTOTV
          REFOR = TOFOR (ITOTV) - STFOR (ITOTV)
          RESID = RESID + REFOR ** 2
          RETOT = RETOT + TOFOR (ITOTV) ** 2
          AGASH = ABS (REFOR)
       50 IF (AGASH .GT. REMAX) REMAX = AGASH
          DO 10 IELEM = 1, NELEM
          DO 10 IEVAB = 1, NEVAB
       10 ELOAD (IELEM,IEVAB) = TLOAD (IELEM,IEVAB)-ELOAD (IELEM,IEVAB)
          RESID = SQRT (RESID)
          RETOT = SQRT (RETOT)
          RATIO = 100.0 * RESID /RETOT
          IF (RATIO .GT.TOLER) NCHEK = 1
          IF (IITER .EQ. 1) GOTO 20
          IF (RATIO .GT. PVALU) NCHEK = 999
       20 PVALU = RATIO
          WRITE (6,30) NCHEK,RATIO,REMAX
       30 FORMAT (1H0,3X,'CONVERDENCE CODE =',I4,3X,'NORM OF RESIDUAL SUM
         *RATIO =',E14.6,3X,'MAXIMUN RESIDUAL =',E14.6)
          RETURN
          END
```

4.4.7 Subroutine DIMEN

Die Funktion dieser Subroutine besteht im Setzen der Variablen dieses Programms auf vorgegebene Werte.

```
      SUBROUTINE DIMEN (MBUFA,MELEM,MEVAB,MFRON,MMATS,MPOIN,MSTIF,MTOTG,
     *               MTOTV,MVFIX,NDOFN,NPROP,NSTRE,M3POI,MLAYR)
C******
C
C**   THIE SUBROUTINE PRESETS VARIABLES ASSIOATED WITH DYNAMIC
C     DIMENSIONING
C
C******
C
      MBUFA = 10
      MELEM = 20
      MFRON = 75
      MLAYR = 10
      MMATS = 5
      MPOIN = 100
      M3POI = 3*MPOIN
      NDOFN = 5
      NSTRE = 5
      MEVAB = NDOFN*9
      MSTIF = (MFRON+1)*MFRON/2
      MTOTG = MELEM*MLAYR*9
      MTOTV = MPOIN*NDOFN
      MVFIX = 36
      NPROP = 17
      RETURN
      END
```

4.4.8 Subroutine ECHO

Diese Subroutine soll alle übriggebliebenen Eingabedaten auflisten, nachdem mindestens ein Fehler entweder von der Routine CHECK1 oder von CHECK2 entdeckt wurde.

```
      SUBROUTINE ECHO
C******
C
C     IF DATA ERRORS HAVE BEEN DETECTED BY SUBROUTINES CHECK1 OR
C     CHECK2,THIS SUBROUTINE READS AND WRITES THE REMAINUNG DATA CARDS
C
C******
      DIMENSION NTITL(80)
      INTEGER MSG(3)
      DATA MSG/'ECHO','    ','ANFG'/
      CALL ANZEIGE (MSG,3,0)
      WRITE(6,900)
  900 FORMAT(//50H NOW FOLLOWS A LISTING OF POST DISASTER DATA CARDS/)
   10 READ(5,905) NTITL
  905 FORMAT(80A1)
      WRITE(6,910) NTITL
  910 FORMAT(20X,80A1)
      GO TO 10
      END
```

4.4.9 Subroutine FLOWS

Die Bedeutung dieser Routine besteht darin, den Fließvektor $\{a\}$ gemäß (4.66) sowie den Nenner des letzten Ausdruckes zu berechnen.

```
      SUBROUTINE FLOWS (ABETA,AVECT,DVECT,LPROP,
     *                  MMATS,NPROP,PROPS,SG,A,DMATT)
C******
C
C**   THIS ROUTINE CALCULATES THE FLOW VECTOR -AVECT- AND
C     COMPUTES -DVECT- AND -ABETA-
C
C******
C
      DIMENSION AVECT (5),DMATT(5,5,MMATS),DVECT(5),
     *          PROPS(MMATS,NPROP),SG(5),A(9,MMATS)
C
C***  SET UP MATERIAL PROPERTIES
C
      HARDS = PROPS(LPROP,7)
C
C***  COMPUTES THE VECTOR AVECT
C
      L = LPROP
      AFUNC = SQRT( A(1,L)*SG(1)*SG(1) + 2.0*A(2,L)*SG(1)*SG(2)
     .             +2.0*A(3,L)*SG(1)*SG(3) +     A(4,L)*SG(2)*SG(2)
     .             +2.0*A(5,L)*SG(2)*SG(3) +     A(6,L)*SG(3)*SG(3)
     .             +     A(7,L)*SG(4)*SG(4) + 2.0*A(8,L)*SG(4)*SG(5)
     .             +     A(9,L)*SG(5)*SG(5))
      AFUNC    = 1.0/AFUNC
      AVECT(1) = (A(1,L)*SG(1)+A(2,L)*SG(2)+A(3,L)*SG(3))*AFUNC
      AVECT(2) = (A(2,L)*SG(1)+A(4,L)*SG(2)+A(5,L)*SG(3))*AFUNC
      AVECT(3) = (A(3,L)*SG(1)+A(5,L)*SG(2)+A(6,L)*SG(3))*AFUNC
      AVECT(4) = (A(7,L)*SG(4)+A(8,L)*SG(5))*AFUNC
      AVECT(5) = (A(8,L)*SG(4)+A(9,L)*SG(5))*AFUNC
C
C     WRITE(6,910) AVECT
C 910 FORMAT(8H AVECT =,5E15.6)
```

```
C
C**    COMPUTE DVECT = DMATX*AVECT
C
       DO 10 I =1, 5
       DVECT(I) = 0.0
       DO 10 J = 1, 5
   10 DVECT(I) = DVECT (I) +DMATT(I,J,LPROP)*AVECT(J)
C
C      WRITE(6,920) DVECT
C 920 FORMAT(8H DVECT =,5E15.6)
C
C**    COMPUTE ABETA = 1.0/(H+ATDA)
C
       DENOM = HARDS
       DO 20 ISTRE = 1, 5
   20 DENOM = DENOM+AVECT(ISTRE)*DVECT(ISTRE)
       ABETA = 1.0/DENOM
C
C      WRITE(6,930) ABETA
C 930 FORMAT(8H ABETA =,E15.6)
C
       RETURN
       END
```

4.4.10 Subroutine FRAME

Diese Routine führt verschiedene Matrizenoperationen aus wie im Listing angedeutet wird.

```
       SUBROUTINE FRAME (N1,N2,N3,NOPN)
C*******
C
C      MULTIPLE VECTOR AND/OR MATRIX MANIPULATION
C
C      NOPN = 1, CREATE UNIQUE ORTHOGONAL AXES IN MATRIX N1 INCLUDING VEC.
C      NOPN = 2, SCISSORS ON OTHER TWO VECTORS IN N1,THEN N2 MADE ORTHO
C      NOPN = 3, BEST ORTHOGONAL APPROXIMATION TO GIVEN NON-CARTESIAN FRA
C      NOPN = 4, N2 BECOMES N1T*N2*N1 USING N3  = GASH
C      NOPN = 5, N2 BECOMES N1*N2*N1T USING N3  = GASH
C
C*******
C
       COMMON WORMX(3,24),QVALU,DJACB
C
       M3 = N1 + 2
       I2 = N2 - 1
       IF (I2 .GE.N1) GOTO 10
       I2 = I2 + 3
   10 I1 = N1 + N1 + N1 + 3 - N2 - I2
C
       GOTO (1,2,3,4,5),  NOPN
C
C      VEKTOR V-1
C
    1 WORMX (1,I1) = WORMX (3,N2)
       WORMX (2,I1) = 0.0
       WORMX (3,I1) =-WORMX (1,N2)
       IF ( WORMX (1,I1) .EQ. 0.0 .AND. WORMX (3,I1) .EQ. 0.0)
      *WORMX(1,I1) = -WORMX(2,N2)
C
C      V-2 = V-3 X V-1
C
       CALL VECT (N2,I1,I2,4)
       GOTO 14
C
    2 CALL MATM (I1,I2,0,7)
       CALL VECT (I1,I2,N2,4)
C
```

```
C     NORMALISIERUNG
   14 CALL MATM (N1,N1,0,6)
      RETURN
C
    3 I1 = N1 + 1
      I2 = M3
      DO 11 I = 1, 50
      DO 11 N = N1, M3
      CALL MATM (I1,I2,0,7)
      I1 = I2
   11 I2 = N
      RETURN
C
    4 CALL MATM (N1,N2,N3,2)
      CALL MATM (N3,N1,N2,3)
      RETURN
C
    5 CALL MATM (N1,N2,N3,3)
      CALL MATM (N3,N3,0,5)
      CALL MATM (N1,N3,N2,3)
C
      RETURN
      END
```

4.4.11 Subroutine FRONT

Diese Subroutine hat die Aufgabe, die Beiträge aus jedem Element zusammenzufassen, um die globale Steifigkeitmatrix und den globalen Lastvektor aufzustellen und den sich ergebenden Satz von linearen Gleichungen mit der Gaussschen Direktelimination zu lösen. Ein vollständiges Listing ist im Anhang des Kapitels 3 zu finden.

4.4.12 Subroutine FUNC

Diese Routine berechnet die Terme der $[B]$ Matrix und der Jacobi-Matrix für quadratische degenerierte Schalenelemente.

```
      SUBROUTINE FUNC' (BMATX,SHAPE,THICK,NBORP,NNODE,ZETA,MELEM,
     *              COORD,DICOS,LNODS,IELEM,MPOIN,M3POI,GMATX)
C*******
C
C**   SETS UP THE B MATRIX AND JACOBIAN,BEING THE MOST CHARACTERISTIC
C     SUBROUTINE OF THIS ELEMENT
C
C*******
C
      REAL JACB(9),INVJAC(9)
      COMMON WORMX (3,24), QVALU, DJACB
      DIMENSION BMATX (5,45), SHAPE (3,9), THICK (MPOIN), GMATX (2,45),
     *          COORD (MPOIN,8), DICOS (3,M3POI),LNODS (MELEM,9)
C
      EQUIVALENCE ( JACB(1),WORMX(1,2)) , ( INVJAC(1),WORMX(1,5))
C
      DO 20 I = 1, 3
      DO 20 J = 1, 4
   20 WORMX (I,J) = 0.0
C
C***  THE ELEMENT GEOMETRY IS DEFINED BY THE 8-NODE SERENDIPITY
C
      DO 24 INODE = 1, 8
      IPOIN = IABS (LNODS (IELEM,INODE))
      DO 24 K = 1,3
```

```
      GTOP = COORD (IPOIN,K)
      GBOT = COORD (IPOIN,K+4)
      GOSH = ((1.0+ZETA)*GTOP + (1.0 - ZETA)*GBOT) * 0.5
C
C***  THIS CREATES X, Y, Z IN COLUMN 1 AND J-TRANSPOSE IN COLUMN 2 - 4
C
      DO 22 J = 1,3
   22 WORMX (K,J) = WORMX (K,J) + GOSH * SHAPE (J,INODE)
      WORMX (K,4) = WORMX (K,4) + SHAPE (1,INODE) * (GTOP - GBOT)*0.5
   24 CONTINUE
C
C***  THIS CREATES INVERSE VON J-TANSPOSE IN COLUMNS 5 - 7 OF WORMX
C
      CALL INV3 (JACB,INVJAC,DJACB)
C
C     TRANSPONIEREN DER INVERSEN
C
      CALL MATM(5,5,0,5)
C
C***  EXIT FOR A CASE WHEN J, J-INVERSE AND DET. J ONLY ARE REQUIRED
C
      IF (NBORP .EQ. 2) RETURN
C
C***  THIS CREATES DIRECTION ZETA NORMAL TO XI AND ETA
C
      CALL VECT (2,3,10,4)
C
C***  THIS CREATES A LOCAL CARTESIAN SET
C
      CALL FRAME (8,10,0,1)
      IF (NBORP .EQ. 4) RETURN
C
C***  CREATES THE TERMS OF STRAIN/DISPLACEMENT MATRIX
C
      DO 40 INODE = 1,NNODE
      DO 40 J     = 1, 5
C
C***  5 SHAPE FUNCTIONS CREATED  AT A NORMAL
C
      NSHAP = 5*(INODE-1) + J
C
      DO 26 I = 11, 17
      DO 26 K = 1, 3
   26 WORMX (K,I) = 0.0
C
      IF (J .GE. 4) GOTO 30
C
C***  SHAPE AND XI AND ETA DERIVATES
C
      DO 29 K = 1, 3
   29 WORMX (J,K+10) = SHAPE (K,INODE)
      GOTO 36
C
C***  JPOSI IS 1,2 FOR LOCAL X, Y DEFLECTIONS OF ENDS OF NORMAL
C
   30 JPOSI   = J - 3
C
C***  X,Y,Z COMPOMENTS OF LOCAL X, Y DEFLECTIONS
C
      IPOIN = IABS (LNODS (IELEM,INODE))
      IPOSI = (IPOIN - 1) * 3
      TH2   = THICK(IPOIN) * 0.5
      GISH  = ZETA * TH2
C
      DO 35 M = 1,3
      GASH      = DICOS (M,IPOSI + JPOSI)
      IF (JPOSI .NE. 2) GOTO 32
      GASH      = - GASH
   32 GUSH  = GASH * GISH
      GOSH  = GASH * TH2
      DO 34 K = 1, 4
C
C***  SHAPE AND ITS XI,ETA DERIVATES - K=4 GIVES SPECIAL ZETA DERIVATES
```

```
C
      IF (K .EQ. 4) GOTO 31
      WORMX (M,K+10) = SHAPE (K,INODE) * GUSH
      GOTO 34
C
C***  U,V,W ARE NOW IN COL 11
C
   31 WORMX (M,K+10) = SHAPE (1,INODE) * GOSH
C
   34 CONTINUE
C
   35 CONTINUE
C
C***  THIS TRANSPOSES XI, ETA AND ZETA DERIVATES OF U, V, W
C
   36 CALL MATM(12,12,0,5)
C
C***  MULTIPLIES BY J-INVERSE TO FORM X, Y, Z DERIVATES OF U, V, W
C
      CALL MATM (5,12,15,3)
C
C***  THIS CONVERTS TO LOCAL AXES AT INTEGRATING POINT
C
      CALL MATM (8,15,21,2)
      CALL MATM (21,8,18,3)
C
      IF (NBORP .EQ. 0) GOTO 39
C
C***  SET UP THE STRAIN MATRIX TERMS
C
      BMATX (1, NSHAP) = WORMX (1,18)
      BMATX (2, NSHAP) = WORMX (2,19)
      BMATX (3, NSHAP) = WORMX (2,18) + WORMX (1,19)
      BMATX (4, NSHAP) = WORMX (1,20) + WORMX (3,18)
      BMATX (5, NSHAP) = WORMX (2,20) + WORMX (3,19)
C
C***  LOCAL STRAINS GO IN BMATX IN THE ORDER X, Y, XY, XZ, YZ
C
      GMATX(1,NSHAP) = WORMX(1,20)
      GMATX(2,NSHAP) = WORMX(2,20)
      GOTO 40
C
C***  LOCAL DERIVATIVES GO IN -GMATX- IN THE ORDER DW/DX , DW/DY
C
   39 CONTINUE
C
C***   TRANSVERSE SHEAR TERMS FOR SELECTIVE INTEGRATION
C
      GMATX(1,NSHAP) = WORMX (1,20) + WORMX (3,18)
      GMATX(2,NSHAP) = WORMX (2,20) + WORMX (3,19)
C
   40 CONTINUE
C
      RETURN
      END
```

4.4.13 Subroutine GAUSSQ

Diese Routine stellt für die numerische Integration die Integrationspunkte und
die Gewichtsfaktoren bereit.

```
      SUBROUTINE GAUSSQ (NGAUS,POSGP,WEIGP)
C******
C
C***  THIS ROUTINE SETS UP THE GAUS-LEGENDRE INTEGRATION CONSTANTS
C
C******
C
```

```
      DIMENSION POSGP(5),WEIGP(5)
C
      DO 2 IGASH = 1,5
      POSGP (IGASH) = 0.0
    2 WEIGP (IGASH) = 0.0
      IF (NGAUS .GT.2) GOTO 4
      POSGP (1) = -0.577350269189626
      WEIGP (1) = 1.0
      GOTO 8
    4 POSGP (1) = -0.774596669241483
      POSGP (2) = 0.0
      WEIGP (1) = 0.555555555555556
      WEIGP (2) = 0.888888888888889
    8 KGAUS = NGAUS/2
      DO 10 IGASH =1, KGAUS
      JGASH = NGAUS + 1 - IGASH
      POSGP (JGASH) = -POSGP (IGASH)
      WEIGP (JGASH) = WEIGP (IGASH)
   10 CONTINUE
C
C*** EXTRA POSITION FOR TWO GAUSS POINT RULE (SELECTIVE INTEGRATION)
C
      POSGP (4) = -0.577350269189626
      WEIGP (4) = 1.0
      POSGP (5) = -POSGP (4)
      WEIGP (5) = WEIGP (4)
      RETURN
      END
```

4.4.14 Subroutine GEOME

Diese Subroutine berechnet die geometrische Steifigkeitsmatrix $[K_\sigma]$ wie in (4.86) definiert.

```
      SUBROUTINE GEOME (ESTIF,GMATX,STRSG,MEVAB,NEVAB,MTOTG,
     *                  KGAUS,DVOLU)
C*******
C
C**   THIS ROUTINE CALCULATES THE GEOMETRIC MATRIX -GEMTX-
C
C*******
      DIMENSION ESTIF (MEVAB,MEVAB), GMATX (2,45), STRSG (5,MTOTG),
     *          GEMTX (45,45), GDUMM (2,45), STDUM (2,2)
      INTEGER MSG(3)
      DATA MSG/'GEOM','E   ','ANFG'/
      CALL ANZEIGE (MSG,3,0)
      DO 5 IEVAB = 1, NEVAB
      DO 5 JEVAB = 1, NEVAB
    5 GEMTX (IEVAB,JEVAB) = 0.0
C
C**   SET UP -STDUM- MATRIX WITH THE ACTUAL IN-PLANE STRESSES
C
      STDUM (1,1) = STRSG (1,KGAUS)
      STDUM (1,2) = STRSG (3,KGAUS)
      STDUM (2,1) = STRSG (3,KGAUS)
      STDUM (2,2) = STRSG (2,KGAUS)
C
C**   EVALUATE THE PRODUCT OF STDUM*GMATX
C
      DO 10 I = 1, 2
      DO 10 IEVAB = 1, NEVAB
      GDUMM (I,IEVAB) = 0.0
      DO 10 J = 1, 2
   10 GDUMM (I,IEVAB) = GDUMM (I,IEVAB) + STDUM (I,J) * GMATX (J,IEVAB)
C
C**   CALCULATE THE GEOMETRIC MATRIX
C
      DO 20 IEVAB = 1, NEVAB
```

```
      DO 20 I = 1, 2
      DO 20 JEVAB = IEVAB,NEVAB
   20 GEMTX (IEVAB,JEVAB) = GEMTX (IEVAB,JEVAB) + GMATX (I,IEVAB) *
      *                          GDUMM (I,JEVAB) * DVOLU
C
C**   EVALUATE THE NEW STIFFNESS MATRIX ADDING -GEMTX-
      DO 30 IEVAB = 1,NEVAB
      DO 30 JEVAB = IEVAB,NEVAB
   30 ESTIF (IEVAB,JEVAB) = ESTIF (IEVAB,JEVAB) + GEMTX (IEVAB,JEVAB)
      RETURN
      END
```

4.4.15 Subroutine INCREM

Die Subroutine INCREM erhöht die äußeren Lasten inkrementell entsprechend
den Lastfaktoren wie in der Eingabe spezifiziert. Diese Subroutine wird bei der
ersten Iteration eines jeden Lastinkrementes aufgerufen.

```
      SUBROUTINE INCREM (ELOAD, FIXED, IINCS, MELEM, MEVAB, MITER,
     *                   MTOTV, MVFIX, NDOFN, NELEM, NEVAB, NOUTP,
     *                   NOFIX, NTOTV, NVFIX, PRESC, RLOAD, TFACT,
     *                   TLOAD, TOLER, LNODS, IFFIX, NNODE, NCOLA,
     *                   NREST, KINCS)
C******
C
C**   THIS ROUTINE INCREMENTS THE APPLIED LOADING
C
C******
      DIMENSION ELOAD (MELEM,MEVAB), FIXED (MTOTV),
     *          NOUTP (2),NOFIX (MVFIX),PRESC (MVFIX,NDOFN),
     *          RLOAD (MELEM,MEVAB),TLOAD (MELEM,MEVAB),
     *          LNODS (MELEM,9),IFFIX (MTOTV)
      INTEGER MSG(3)
      DATA MSG/'INCR','EM  ','ANFG'/
      CALL ANZEIGE (MSG,3,0)
      IF (NREST .EQ. 0) GOTO 20
      IF (IINCS .GT. KINCS) GOTO 20
      DO 10 IINCS = 1,KINCS
   10 READ (5,950) FACTO
   20 WRITE (6,900) IINCS
  900 FORMAT (///,5X,'***  INCREMENT NUMBER ',I5)
      READ (5,950) FACTO,TOLER,MITER,NOUTP(1),NOUTP(2)
  950 FORMAT (2F10.5,3I5)
      TFACT = TFACT+FACTO
      WRITE (6,960) TFACT,TOLER,MITER,NOUTP(1),NOUTP(2)
  960 FORMAT (1H0,5X,'LOAD FACTOR =',F10.5,5X,
     *' CONVERGENCE TOLERANCE =',F10.5,5X,'MAX. NO. OF ITERATIONS =',
     * I5,//'       INITIAL OUTPUT PARAMETER =',I5,5X,'FINAL OUTPUT PA
     *RAMETER =',I5)
      DO 80 IELEM = 1, NELEM
      DO 80 IEVAB = 1, NEVAB
      ELOAD (IELEM,IEVAB) = ELOAD (IELEM,IEVAB)+RLOAD(IELEM,IEVAB)*FACTO
   80 TLOAD (IELEM,IEVAB) = TLOAD (IELEM,IEVAB)+RLOAD(IELEM,IEVAB)*FACTO
C
C*** INTERPRET FIXITY DATA IN VECTOR FORM
C
      DO 100 ITOTV = 1, NTOTV
  100 FIXED (ITOTV)= 0.0
      DO 110 IVFIX = 1, NVFIX
      NLOCA = (NOFIX (IVFIX)-1)*NDOFN
      DO 110 IDOFN = 1, NDOFN
      NGASH = NLOCA + IDOFN
      FIXED (NGASH) = PRESC (IVFIX,IDOFN)*FACTO
  110 CONTINUE
C
C*** ADDITIONAL CONSTRAINTS FOR THE HETEROSIS ELEMENT
C
      IF (NNODE .EQ.8 .OR. NCOLA .NE. 1) GOTO 130
```

```
         DO 120 IELEM = 1,NELEM
         LNOD9 = LNODS (IELEM,9)
         NLOCA = (LNOD9-1)*NDOFN
C        IDOFN = 3
         DO 120 IDOFN = 1, 3
         NGASH = NLOCA + IDOFN
  120 IFFIX (NGASH) = -1
  130 CONTINUE
      RETURN
      END
```

4.4.16 Subroutine INPUT

Die Bedeutung dieser Routine besteht darin, folgende Eingabedaten zu lesen:

- Kontrolldaten,

- Topologiedaten des Netzes,

- Randbedingungen,

- Materialeigenschaften.

```
      SUBROUTINE INPUT (ANVEL,  COORD,  GRAVI,  IFFIX,  LNODS,
     *                  MATNO,  MFRON,  MELEM,  MMATS,  MPOIN,
     *                  MTOTV,  MVFIX,  NDFRO,  NDOFN,  NELEM,  NCOLA,
     *                  NEVAB,  NGAUS,  NGAUZ,  NMATS,  NNODE,  MLAYR,
     *                  NOFIX,  NPOIN,  NPROP,  NTOTG,  NLAYR,  NREST,
     *                  NTOTV,  NVFIX,  POSGP,  PRESC,  PROPS,  WEIGP,
     *                  NALGO,  NINCS,  LARGE)
C******
C
C**   THIS ROUTINE ACCEPTS MOST OF THE INPUT DATA
C
C******
      DIMENSION COORD (MPOIN,8), IFFIX (MTOTV), LNODS (MELEM,9),
     *          MATNO (MELEM,MLAYR), NDFRO (MELEM), GRAVI (3),
     *          NOFIX (MVFIX), POSGP (5), PRESC (MVFIX,NDOFN),
     *          PROPS (MMATS,NPROP), TITLE (20), WEIGP (5)
      INTEGER MSG(3)
      DATA MSG/'INPU','T   ','ANFG'/
      CALL ANZEIGE (MSG,3,0)
C
      READ (5, 920)  TITLE
      WRITE (6,920) TITLE
C
C***  READ THE FIRST DATA CARD, AND ECHO IT IMMEDIATELY
C
      READ (5,*) NPOIN,NELEM,NVFIX,NNODE,NMATS,NGAUS,NGAUZ,NCOLA,
     *NALGO,NINCS,NLAYR,LARGE,NREST
      NEVAB = NDOFN*NNODE
      NTOTV = NPOIN*NDOFN
      NGAU2 = NGAUS*NGAUS
      NTOTG = NELEM*NGAU2*NLAYR
      WRITE (6,901) NPOIN,NELEM,NVFIX,NNODE,NMATS,NGAUS,NGAUZ,
     *NEVAB,NCOLA,NALGO,NINCS,NLAYR,LARGE,NREST
      WRITE (6,912)
      READ (5,*) GRAVI(1), GRAVI(2), GRAVI(3),ANVEL
      WRITE (6,913) GRAVI(1), GRAVI(2), GRAVI(3),ANVEL
      CALL          CHECK1 (NDOFN,NELEM,NGAUS,NMATS,NNODE,NPOIN,
     *                      MMATS,NVFIX,NGAUZ,NLAYR)
C
C***  READ THE ELEMENT NODAL CONNECTIONS, AND THE PROPERTY NUMBERS.
C
      WRITE (6,902)
      DO 2 IELEM = 1, NELEM
      READ (5,*) NUMEL,(MATNO(NUMEL,ILAYR),ILAYR=1,NLAYR),
```

```
     *                 (LNODS(NUMEL,INODE),INODE=1,NNODE)
      WRITE (6,903) NUMEL,(MATNO(NUMEL,ILAYR),ILAYR=1,NLAYR)
      WRITE(6,940)   (LNODS(NUMEL,INODE),INODE=1,NNODE)
    2 CONTINUE
C
C*** ZERO ALL THE NODAL COORDINATES, PRIOR TO READING SOME OF THEM.
C
      DO 4 IPOIN = 1, NPOIN
      DO 4 IDIME = 1, 8
    4 COORD (IPOIN,IDIME) = 0.0
C
C*** READ SOME NODAL COORDINATES, FINISHING WITH THE LAST NODE OF ALL.
C
      WRITE (6,904)
    6 READ (5,*) IPOIN,(COORD (IPOIN,IDIME),IDIME =1, 8)
      IF (IPOIN .NE. NPOIN) GOTO 6
C
C*** INTERPOLATE COORDINATES OF MID-SIDE NODES
C
      CALL          NODEX (COORD,LNODS,MELEM,MPOIN,NELEM,NNODE)
      DO 10 IPOIN = 1, NPOIN
   10 WRITE (6,906) IPOIN,(COORD(IPOIN,IDIME),IDIME=1,8)
C
C*** READ THE FIXED VALUES.
C
      DO 20 IVFIX = 1,MTOTV
   20 IFFIX(IVFIX) = 0
C
      WRITE (6,907)
      DO 8 IVFIX = 1, NVFIX
      READ(5,*) NOFIX(IVFIX),IFPRE,(PRESC(IVFIX,IDOFN),IDOFN=1,NDOFN)
      WRITE(6,908) NOFIX(IVFIX),IFPRE,(PRESC(IVFIX,IDOFN),IDOFN=1,NDOFN)
      NLOCA = (NOFIX(IVFIX)-1)*NDOFN
      IFDOF = 10**(NDOFN-1)
      DO 8 IDOFN = 1, NDOFN
      NGASH = NLOCA + IDOFN
      IF (IFPRE .LT. IFDOF) GOTO 8
      IFFIX (NGASH) = 1
      IFPRE = IFPRE - IFDOF
    8 IFDOF = IFDOF/10
C
C*** READ THE AVAILABELE SELECTION OF ELEMENT PROPERTIES.
C
      WRITE (6,910)
      DO 18 IMATS = 1,NMATS
      READ (5,*) NUMAT
      READ (5,*) (PROPS (NUMAT,IPROP),IPROP=1,NPROP)
   18 WRITE (6,911) NUMAT, (PROPS (NUMAT,IPROP),IPROP=1,NPROP)
C
C*** SET UP GAUSSIAN INTEGRATION CONSTANTS
C
      CALL          GAUSSQ (NGAUS,POSGP,WEIGP)
      CALL          CHECK2 (COORD,IFFIX,LNODS,MATNO,MELEM,MFRON,MPOIN,MTOTV,
     *                 MVFIX,NDFRO,NDOFN,NELEM,NMATS,NNODE,NOFIX,NPOIN,
     *                 NVFIX,NLAYR)
  920 FORMAT(20A4)
  900 FORMAT (16I5,/5X,15I5)
  901 FORMAT (////,5X,' NPOIN =',I5/5X,' NELEM =',I5/5X,' NVFIX =',I5/
     *          5X,' NNODE =',I5/5X,' NMATS =',I5/5X,' NGAUS =',I5/
     *          5X,' NGAUZ =',I5/5X,' NEVAB =',I5/5X,' NCOLA =',I5/5X,
     *          ' NALGO =',I5/5X,' NINCS =',I5,/,
     *          5X,' NLAYR =',I5/5X,' LARGE =',I5/5X,' NREST =',I5)
  902 FORMAT (//' ELEMENT',5X,'PROPERTY / SCHICHT',40X,'KNOTENNUMMERN')
  903 FORMAT (1X,I5,4X,10I5)
  904 FORMAT (//' KNOTEN',8X,'XTOP',10X,'YTOP',10X,'ZTOP',8X,
     .  'PRESSTOP',12X,'XBOT',10X,'YBOT',10X,'ZBOT',10X,'PRESSBOT')
  905 FORMAT (I5,4F15.10/5X,4F15.10)
  906 FORMAT (I5,4(1PE15.4),2X,4(1PE15.4))
  907 FORMAT (//' KNOTEN',6X,'CODE',15X,'VORGEGEBENE WERTE',/)
  908 FORMAT (1X,I4,5X,I5,5X,5F10.6)
  910 FORMAT (//,20X,'ELEMENT PROPERTIES :')
  911 FORMAT (/,' MATNR.',5X,'EMODUL-1',9X,'NUE-12',9X,'TZETA',9X,
```

```
      .   'DICHTE',9X,'ALPHA',8X,'FLIESZGRENZE-1',2X,'VERFESTIGG-1',
      .      /,I5,3X,7(1PE15.5),/,
      .     12X,'EMODUL-2',6X,'SCHUBMODUL-12',2X,'SCHUBMODUL-13',2X,
      .        'SCHUBMODUL-23',2X,'FLIESZGRENZE-2',2X,'FLIESZGRENZE-3',
      .      2X,'MAX.SCHUB-12',/,8X,7(1PE15.5),/,
      .     12X,'MAX.SCHUB-13',4X,'MAX.SCHUB-23',4X,'MATWINKEL',/,
      .      8X,7(1PE15.5))
  912 FORMAT (//' X-GRAVITY  Y-GRAVITY  Z-GRAVITY    ANG-VEL'/)
  913 FORMAT (4F10.5)
  930 FORMAT (7F10.5/7F10.5/7F10.5)
  940 FORMAT ('+',60X,12I5)
      RETURN
      END
```

4.4.17 Subroutine INVAR

Diese Routine berechnet den momentanen Wert der Fließfunktion entsprechend
(4.57).

```
      SUBROUTINE INVAR (A,ST,LPROP,MMATS,YIELD)
C******
C
C***  THIS ROUTINE EVALUATES THE CURRENT VALUE OF THE
C     YIELD FUNCTION
C
C******
      DIMENSION ST (5), A (9,MMATS)
      INTEGER MSG(3)
      DATA MSG/'INVA','R   ','ANFG'/
C      CALL ANZEIGE (MSG,3,0)
      L = LPROP
      GASH=A(1,L)*ST(1)*ST(1)+2.0*A(2,L)*ST(1)*ST(2)+2.0*A(3,L)*
     *     ST(1)*ST(3)+A(4,L)*ST(2)*ST(2)+2.0*A(5,L)*ST(2)*ST(3)+
     *     A(6,L)*ST(3)*ST(3)+A(7,L)*ST(4)*ST(4)+2.0*A(8,L)*ST(4)*
     *     ST(5)+A(9,L)*ST(5)*ST(5)
      YIELD = SQRT (GASH)
      RETURN
      END
```

4.4.18 Subroutine LDISP

Diese Routine berechnet die Matrix $[B_L]$ wie in (4.82) definiert und addiert
diese zu der Matrix $[B_0]$ wie in (4.73) angedeutet.

```
      SUBROUTINE LDISP (BMATX,GMATX,ETDIS,NEVAB)
C******
C
C***  THIS ROUTINE EVALUATES THE INITIAL DISPLACEMENT MATRIX -BLARG-
C     AND ADDS IT UP TO BMATX
C
C******
      DIMENSION BMATX (5,45),GMATX (2,45),ETDIS (45),ADUMM (3,2),
     *          BLARG (3,45)
      INTEGER MSG(3)
      DATA MSG/'LDIS','P   ','ANFG'/
      CALL ANZEIGE (MSG,3,0)
C
C**   CALCULATE THE ACTUAL -X- AND -Y- DERIVATIVES OF -W- DISPLACEMENT
C
      DWDXX = 0.0
      DWDYY = 0.0
      DO 10 IEVAB = 1, NEVAB
```

```
      DWDXX = DWDXX + GMATX (1,IEVAB)*ETDIS(IEVAB)
   10 DWDYY = DWDYY + GMATX (2,IEVAB)*ETDIS(IEVAB)
C
C**   SET UP THE ADUMM MATRIX
C
      ADUMM (1,1) = DWDXX
      ADUMM (1,2) = 0.0
      ADUMM (2,1) = 0.0
      ADUMM (2,2) = DWDYY
      ADUMM (3,1) = DWDYY
      ADUMM (3,2) = DWDXX
C
C**   NOW CALCULATE -BLARG- MATRIX
C
      DO 20 IEVAB = 1, NEVAB
      DO 20 I = 1, 3
      BLARG (I,IEVAB) = 0.0
      DO 20 J = 1, 2
   20 BLARG (I,IEVAB) = BLARG (I,IEVAB) + ADUMM (I,J)*GMATX (J,IEVAB)
C
C**   THE NEW -BMATX- IS EQUAL TO -BMATX+BLARG-
C
      DO 30 IEVAB = 1, NEVAB
      DO 30 I = 1, 3
   30 BMATX (I,IEVAB) = BMATX (I,IEVAB)+BLARG(I,IEVAB)
      RETURN
      END
```

4.4.19 Subroutine LOADS

Diese Subroutine hat die Aufgabe, äquivalente Knotenkräfte infolge Druckbelastung, Zentrifugalkräften, Schwerkraft oder Einzellasten zu berechnen.

```
      SUBROUTINE LOADS (ANVEL,COORD,ELOAD,GRAVI,LNODS,
     .                  MATNO,MELEM,MEVAB,MMATS,MPOIN,DICOS,
     .                  NELEM,NEVAB,NGAUS,THICK,
     .                  NNODE,NPROP,NSTRE,POSGP,M3POI,
     .                  PROPS,WEIGP,MLAYR,NLAYR)
C******
C
C***  THIS ROUTINE EVALUATES THE NODAL FORCES DUE TO EXTERNAL
C     APPLIED LOADS (CENTRIFUGAL,GRAVITY,PRESSURE AND POINT LOADS)
C
C******
      COMMON WORMX (3,24),QVALU,DJACB
      DIMENSION BMATX (5,45),COORD (MPOIN,8),
     .          ELOAD (MELEM,MEVAB),GRAVI (3),LNODS (MELEM,9),
     .          MATNO (MELEM,MLAYR),POSGP (5),DICOS (3,M3POI),
     .          PROPS (MMATS,NPROP),SHAPE (3,9),STREN (5),
     .          THICK(MPOIN),WEIGP(5)
     .          GMATX (2,45)
      INTEGER MSG(3)
      DATA MSG/'LOAD','S    ','ANFG'/
      CALL ANZEIGE (MSG,3,0)
      REWIND 8
C
C***  LOOP OVER EACH ELEMENT
C
      DO 150 IELEM = 1,NELEM
C
C***  READ THE CHARACTERISTICS OF THE APPLIED LOADS
C
      READ (5,900) NPRES,NUCLO,NBODY
      WRITE (6,901) NPRES,NUCLO,NBODY
      IF (NPRES .EQ. 0) GOTO 3
      READ (5,902) KPRES,CFACE,PREVA,SURFA
      WRITE (6,902) KPRES,CFACE,PREVA,SURFA
C
```

```fortran
C***   CFACE IS +1.0 OR -1.0 ACCORDING AS PRESSURE IS ON TOP OR BOTTOM SUR
C
    3 CONTINUE
C
C***   INITIALIZE THE LOAD MATRIX ELOAD ONE COLUMN AT EACH TIME
C
      DO 4 IEVAB = 1, NEVAB
    4 ELOAD (IELEM,IEVAB) = 0.0
C
C***   ENTER LOOPS OVER GAUSS POINTS FOR NUMERICAL INTEGRATION
C
      DO 145 IGAUS = 1, NGAUS
      DO 145 JGAUS = 1, NGAUS
      EXISP = POSGP (IGAUS)
      ETASP = POSGP (JGAUS)
      CALL SFR1 (SHAPE,EXISP,ETASP)
      IF (NBODY .EQ. 0 ) GOTO 141
      ZETSP = -1.0
      DO 140 ILAYR = 1,NLAYR
      LPROP = MATNO (IELEM,ILAYR)
      DZETA = PROPS (LPROP,3)
      ZETSP = ZETSP+DZETA/2.0
      READ(8) BMATX,GMATX,DVOLU
C
C***   CALCULATE THE CENTRIFUGAL,GRAVITATIONAL PRESSURE AND POINT LOADS
C
C
C***   CENTRIFUGAL FORCE
C
      IF (ANVEL .EQ. 0.0) GOTO 70
      NBORP = 2
      CALL  FUNC (BMATX,SHAPE,THICK,NBORP,NNODE,ZETSP,MELEM,
     *            COORD,DICOS,LNODS,IELEM,MPOIN,M3POI,GMATX)
      GASH = PROPS(LPROP,4)*ANVEL*ANVEL*DVOLU
      DO 45 I = 1, 2
   45 STREN (I) = GASH*WORMX(I,1)
      STREN (3) = 0.0
      DO 65 INODE = 1, NNODE
C
C***   FIND THE POSITION OF THE V-1 AND V-2 VECTORS
C
      IPOIN=IABS (LNODS(IELEM,INODE))
      JPOSI=(IPOIN-1)*3
      DO 65 ISTRE = 1, NSTRE
      IEVAB = (INODE-1)*5+ISTRE
      IF (ISTRE .GT. 3) GOTO 50
      ELOAD(IELEM,IEVAB) =  ELOAD(IELEM,IEVAB)+STREN(ISTRE)*
     .                            SHAPE (1,INODE)
      GOTO 65
   50 JPOSI = JPOSI + 1
      GASH = SHAPE (1,INODE)*(THICK(IPOIN)/2.0)*ZETSP
      IF(ISTRE .NE. 5) GOTO 55
      GASH = - GASH
   55 DO 60 I = 1, 2
   60 ELOAD (IELEM,IEVAB)= ELOAD(IELEM,IEVAB)+STREN(I)*
     .                            DICOS(I,JPOSI)*GASH
   65 CONTINUE
   70 CONTINUE
C
C***   GRAVITY
C
      GASH = PROPS(LPROP,4)*DVOLU
      DO 75 I = 1, 3
   75 STREN (I) = GRAVI (I)*GASH
      DO 95 INODE = 1, NNODE
      IPOIN = IABS (LNODS(IELEM,INODE))
      JPOSI = (IPOIN-1)*3
      DO 95 ISTRE = 1, NSTRE
      IEVAB = (INODE-1)*5+ISTRE
      IF (ISTRE .GT. 3) GOTO 80
      ELOAD(IELEM,IEVAB) =  ELOAD(IELEM,IEVAB)+STREN(ISTRE)*
     .                            SHAPE (1,INODE)
      GOTO 95
```

```
   80 JPOSI = JPOSI+1
      GASH = SHAPE (1,INODE)*(THICK(IPOIN)/2.0)*ZETSP
      IF (ISTRE .NE. 5) GOTO 85
      GASH = - GASH
   85 DO 90 I = 1, 3
   90 ELOAD (IELEM,IEVAB)= ELOAD(IELEM,IEVAB)+STREN(I)*
     .                               DICOS(I,JPOSI)*GASH
   95 CONTINUE
      ZETSP = ZETSP + DZETA/2.0
  140 CONTINUE
C
C*** CALCULATE THE NODAL LOADS DUE TO PRESSURE
C
  141 IF (NPRES .EQ. 0) GOTO 142
      CALL  PRES (BMATX,COORD,ELOAD,LNODS,POSGP,SHAPE,THICK,
     .            WEIGP,IELEM,IGAUS,JGAUS,MELEM,MPOIN,NNODE,
     .            NEVAB,KPRES,CFACE,PREVA,SURFA,DICOS,M3POI)
  142 CONTINUE
  145 CONTINUE
C
C*** POINT LOADS
C
      IF (NUCLO .EQ. 0) GOTO 150
C
C*** IS THE PRESENT ELEMENT A LOADED ELEMENT, IF IT IS
C    READ AND ACCUMULATE THE LOADS IN ELOAD
C
      DO 120 IGASP = 1,NUCLO
      READ (5,950) LPOIN,LDOFN,CARGA
      WRITE(6,960) LPOIN,LDOFN,CARGA
      IEVAB = (LPOIN-1)*5+LDOFN
  120 ELOAD (IELEM,IEVAB)=ELOAD(IELEM,IEVAB)+CARGA
  150 CONTINUE
  900 FORMAT (5I5)
  901 FORMAT (' NPRES =',I5,5X,' NUCLO =',I5,5X,' NBODY =',I5)
  902 FORMAT (I5,F5.1,2F15.5)
  950 FORMAT (2I5,F10.5)
  960 FORMAT (//' LPOIN =',I5,' LDOFN =',I5,' LOAD =',F16.8/)
      RETURN
      END
```

4.4.20 Subroutine MATM

Diese Routine ist Bestandteil für die Ausführung von Matrizenoperationen wie
in dem Listing angedeutet.

```
      SUBROUTINE MATM(N1,N2,N3,NOPN)
C******
C
C     MATRIX MANIPULATIONS
C
C     NOPN = 1, TRANSPOSE-INVERT N1 INTO N2, DJACB = 1/QVALU
C     NOPN = 2, TRANSPOSE-MULT., A(K,I)*B(K,J) = C(I,J)
C                         (I.E. A IS TRANSPOSED)
C     NOPN = 3, TRUE MULTIPLY,  A(K,I)*B(K,J) = C(I,J)
C     NOPN = 4, MATRIX (TRANSPOSED)*VECTOR
C     NOPN = 5, TRANSPOSE MATRIX N1 INTO N2
C     NOPN = 6, NORMALISE N1 INTO N2, IN COLUMNS
C     NOPN = 7, N1 AND N2 OPEN SCISSORS-FASHION TO BE ORTHONONAL
C     NOPN = 8, TRANSFER MATRIX N1 INTO N2
C     NOPN = 9, MATRIX N1*VECTOR N2 = VECTOR N3
C
C******
C
      COMMON WORMX (3,24),QVALU,DJACB
C
      GOTO (1,2,3,4,5,6,7,8,9).,NOPN
C
```

```
    1 K = 2
      DO 10 I = 1, 3
      J = 4 - I - K
      M1 = N1 + J
      M2 = N1 + K
      M3 = N2 + I - 1
      M4 = N1 + I - 1
      CALL VECT (M1,M2,M3,4)
      CALL VECT (M4,M3,0,1)
      IF (QVALU .NE. 0.0) GOTO 22
      WRITE (6,21)
   21 FORMAT ('***** MELDUNG AUS ROUTINE MATM : NULLDETERMINANTE')

      STOP
C
C**   EXECUTATION IS TERMINATED WHEN THE DETERMINANT IS ZERO
C
   22 QVALU = 1.0/QVALU
      CALL VECT(M3,M3,0,3)
   10 K = I - 1
      RETURN
C
    2 CONTINUE
      DO 11 I = 1, 3
      M1   = N1 + I - 1
      DO 11 K = 1, 3
      M2 = N2 + K - 1
      M3 = N3 + K - 1
      GASH = 0.0
      DO 111 L = 1, 3
  111 GASH = GASH + WORMX(L,M1) * WORMX(L,M2)
   11 WORMX(I,M3) = GASH
      RETURN
C
    3 DO 13 I = 1, 3
      DO 13 K = 1, 3
      M2 = N2 + K - 1
      M3 = N3 + K - 1
      GASH = 0.0
      DO 12 L = 1, 3
      M1 = N1 + L - 1
   12 GASH = GASH +WORMX(I,M1)*WORMX(L,M2)
   13 WORMX(I,M3) = GASH
      RETURN
C
    4 DO 14 I = 1, 3
      M1 = N1 + I - 1
      CALL VECT (M1,N2,0,1)
   14 WORMX(I,N3) = QVALU
      RETURN
C
    5 DO 15 I = 1, 3
      N1I = N1 + I - 1
      N2I = N2 + I - 1
      DO 15 J = I, 3
      N1J = N1 + J - 1
      N2J = N2 + J - 1
      GASH = WORMX (J ,N1I)
      WORMX(J,N2I) = WORMX(I,N1J)
   15 WORMX(I,N2J) = GASH
      RETURN
C
    6 DO 16 I = 1, 3
      I1 = N1 + I - 1
      I2 = N2 + I - 1
   16 CALL VECT (I1,I2,0,2)
      RETURN
C
    7 CALL VECT (N1,N1,0,2)
      CALL VECT (N2,N2,0,2)
      CALL VECT (N1,N2,0,1)
      GASH = -QVALU/(1.0 + SQRT(1.0-QVALU*QVALU))
      DO 17 I = 1, 3
```

```
      GISH = WORMX(I,N1)
      GOSH = WORMX(I,N2)
      WORMX(I,N1) = GISH + GASH*GOSH
   17 WORMX(I,N2) = GOSH + GASH*GISH
      RETURN
C
    8 DO 18 J = 1,3
      N1J = N1 + J - 1
      N2J = N2 + J - 1
      DO 18 I = 1, 3
   18 WORMX (I,N2J) = WORMX(I,N1J)
      RETURN
C
    9 DO 20 I = 1, 3
      GASH = 0.0
      DO 19 J = 1, 3
      N1J = N1 + J - 1
   19 GASH = GASH + WORMX (I,N1J)*WORMX (J,N2)
   20 WORMX (I,N3) = GASH
C
      RETURN
      END
```

4.4.21 Subroutine MODAN

Diese Routine berechnet die Elastizitätsmatrix $[D]$, wie in (4.31) definiert, und bildet auch die Matrix der anisotropen Parameter $[A]$, wie in (4.57) definiert.

```
      SUBROUTINE MODAN (AMATX,DMATT,NMATS,NPROP,PROPS,MMATS,
     .                  MATNO,MELEM,MLAYR,NELEM,NLAYR)
C******
C
C***   CALCULATES THE MATRIX OF ELASTICITY -D- AND THE MATRIX OF THE
C      ANISOTOPIC PARAMETERS -AMATX- FOR EACH MATERIAL
C
C******
      DIMENSION AMATX(9,MMATS),DMATT(5,5,MMATS),PROPS(MMATS,NPROP),
     .          APARA(5,5),TRANS(5,5),GASHM(5,5),MATNO(MELEM,MLAYR),
     .          COEFE(2)
      INTEGER MSG(3)
      DATA MSG/'MODA','N   ','ANFG'/
      CALL ANZEIGE (MSG,3,0)
C
      DO 15 IMATS = 1, NMATS
C
C***   SET UP THE MATRIX OF THE ANISOTOPIC PARAMETERS
C
      UNIAX = PROPS(IMATS,6)
      DO 5 I = 1, 9
    5 AMATX(I,IMATS) = 0.0
      AMATX(1,IMATS) = 1.0
      AMATX(4,IMATS) = (UNIAX/PROPS(IMATS,12))**2.0
      A3Z = (UNIAX/PROPS(IMATS,13))**2.0
      AMATX(6,IMATS) = (UNIAX/PROPS(IMATS,14))**2.0
      AMATX(2,IMATS) = 2.0*A3Z-0.5*(1.0+AMATX(4,IMATS)+AMATX(6,IMATS))
      AMATX(7,IMATS) = (UNIAX/PROPS(IMATS,15))**2.0
      AMATX(9,IMATS) = (UNIAX/PROPS(IMATS,16))**2.0
C
C***   SET UP THE ELASTIC MATRIX -D-
C
      GASH = 1.0-PROPS(IMATS,2)**2.0*PROPS(IMATS,8)/PROPS(IMATS,1)
      DO 10 I = 1, 5
      DO 10 J = 1, 5
   10 DMATT(I,J,IMATS) = 0.0
      DMATT(1,1,IMATS) = PROPS(IMATS,1)/GASH
      DMATT(2,2,IMATS) = PROPS(IMATS,8)/GASH
      DMATT(1,2,IMATS) = PROPS(IMATS,2)*DMATT(2,2,IMATS)
      DMATT(2,1,IMATS) = DMATT(1,2,IMATS)
```

```
         DMATT(3,3,IMATS) = PROPS(IMATS,9)
         DMATT(4,4,IMATS) = PROPS(IMATS,10)
         DMATT(5,5,IMATS) = PROPS(IMATS,11)
   15 CONTINUE
C
C***    CALCULATE THE SHEAR CORRECTION FACTOR
C
         IF(NMATS .NE. 1) GOTO 25
   19 DO 20 I = 1, 2
   20 COEFE (I) = 5./6.
         GOTO 27
   25 DO 26 IELEM = 1, NELEM
         KOUNT = 0
         DO 26 ILAYR = 2, NLAYR
         IF (MATNO(IELEM,ILAYR) .EQ. MATNO(IELEM,ILAYR-1)) GOTO 26
         KOUNT = KOUNT + 1
   26 CONTINUE
         IF (KOUNT .EQ. 0) GOTO 19
         CALL  SHEARC (MATNO,MELEM,MLAYR,PROPS,MMATS,NPROP,
        .                  COEFE,NLAYR,DMATT)
   27 DO 28 IMATS = 1, NMATS
         DMATT(4,4,IMATS) = DMATT(4,4,IMATS)*COEFE(1)
   28 DMATT(5,5,IMATS) = DMATT(5,5,IMATS)*COEFE(2)
         WRITE (6,900)(COEFE(I),I=1,2)
  900 FORMAT (/'COEFE (1) =',E15.8,5X,'COEFE (2) =',E15.8/)
C
         DO 80 IMATS = 1, NMATS
C
C***    IF THE REFERENTIAL SYSTEM OF AXES COINCIDES WITH THE
C       PRINCIPAL AXES OF MATERIAL -GOTO 80-
C
         THETA = PROPS (IMATS,17)
         IF (ABS(THETA) .LT. 0.001) GOTO 80
C
C***    SETS UP THE TRANSFORMATION MATRIX -TRANS-
C
         DO 30 I = 1, 5
         DO 30 J = 1, 5
   30 TRANS(I,J) = 0.0
         C = COS (THETA)
         S = SIN (THETA)
         TRANS(1,1) = C*C
         TRANS(1,2) = S*S
         TRANS(2,1) = TRANS(1,2)
         TRANS(2,2) = TRANS(1,1)
         TRANS(1,3) = C*S
         TRANS(3,1) = -2.0*TRANS(1,3)
         TRANS(2,3) = -TRANS(1,3)
         TRANS(3,2) = -TRANS(3,1)
         TRANS(3,3) = TRANS(1,1)-TRANS(1,2)
         TRANS(4,4) = C
         TRANS(4,5) = S
         TRANS(5,4) = -S
         TRANS(5,5) = C
C
C***    CALCULATE THE PRODUCT OF D MATRIX BY T MATRIX
C
         DO 35 I = 1, 5
         DO 35 J = 1, 5
         GASHM  (I,J) = 0.0
         DO 35 K = 1, 5
   35 GASHM (I,J) = GASHM (I,J)+DMATT (I,K,IMATS)*TRANS (K,J)
C
C***    CALCULATE THE TRANSFORMED D MATRIX
C
         DO 40 I = 1, 5
         DO 40 J = 1, 5
         DMATT(I,J,IMATS) = 0.0
         DO 40 K = 1, 5
   40 DMATT(I,J,IMATS) = DMATT(I,J,IMATS) +TRANS (K,I)*GASHM (K,J)
         DO 45 I = 1, 5
         DO 45 J = 1, 5
   45 DMATT(J,I,IMATS) = DMATT(I,J,IMATS)
```

```
C
C***   SET UP THE MATRIX OF THE ANISOTROPIC PARAMETERS FOR THIS MATERIAL
C
       DO 50 I = 1, 5
       DO 50 J = 1, 5
    50 APARA (I,J) = 0.0
       APARA (1,1) = AMATX (1,IMATS)
       APARA (1,2) = AMATX (2,IMATS)
       APARA (2,1) = APARA (1,2)
       APARA (2,2) = AMATX (4,IMATS)
       APARA (3,3) = AMATX (6,IMATS)
       APARA (4,4) = AMATX (7,IMATS)
       APARA (5,5) = AMATX (9,IMATS)
C
C***   SET UP THE NEW TRANSFORMATION MATRIX
C
       TRANS(3,1) =-C*S
       TRANS(2,3) =   2.0*TRANS(3,1)
       TRANS(3,2) = -TRANS(3,1)
       TRANS(1,3) = -TRANS(2,3)
C
C***   CALCULATE THE PRODUCT OF A MATRIX BY T MATRIX
C
       DO 55 I = 1, 5
       DO 55 J = 1, 5
       GASHM (I,J) = 0.0
       DO 55 K = 1, 5
    55 GASHM (I,J) = GASHM (I,J) + APARA (I,K) * TRANS (K,J)
C
C***   CALCULATE THE NEW ANISOTROPIC PARAMETERS
       DO 60 I = 1, 5
       DO 60 J = 1, 5
       APARA (I,J) = 0.0
       DO 60 K = 1, 5
    60 APARA (I,J) = APARA (I,J) + TRANS (K,I) * GASHM (K,J)
       AMATX(1,IMATS)=APARA(1,1)
       AMATX(2,IMATS)=APARA(1,2)
       AMATX(3,IMATS)=APARA(1,3)
       AMATX(4,IMATS)=APARA(2,2)
       AMATX(5,IMATS)=APARA(2,3)
       AMATX(6,IMATS)=APARA(3,3)
       AMATX(7,IMATS)=APARA(4,4)
       AMATX(8,IMATS)=APARA(4,5)
       AMATX(9,IMATS)=APARA(5,5)
    80 CONTINUE
C
       RETURN
       END
```

4.4.22 Subroutine NODEX

Diese Subroutine überprüft jeden Mittelknoten der quadratischen Elemente.
Falls alle Koordinaten eines Mittelknotens Null sind, werden die Koordinaten
linear zwischen den beiden zugehörigen Randknoten interpoliert.

```
       SUBROUTINE NODEX (COORD,LNODS,MELEM,MPOIN,NELEM,NNODE)
C******
C
C***   THIS ROUTINE INTERPOLATES THE MIDE SIDE NODES OF STRAIGHT
C      SIDES OF ELEMENTS
C
C******
       DIMENSION COORD(MPOIN,8),LNODS(MELEM,9),ELCOR(8,8)
       INTEGER MSG(3)
       DATA MSG/'NODE','X   ','ANFG'/
       CALL ANZEIGE (MSG,3,0)
C
```

```
C***   LOOP OVER EACH ELEMENT
C
       DO 60 IELEM = 1, NELEM
C
C***   LOOP OVER EACH ELEMENT EDGE
C
       NNOD1 = 7
       DO 20 INODE = 1, NNOD1,2
C
C***   COMPUTE THE NODE NUMBER OF THE FIRST NODE
C
       NODST = LNODS (IELEM,INODE)
       IGASH = INODE + 2
       IF (IGASH .GT. 8) IGASH = 1
C
C***   COMPUTE THE NODE NUMBER OF THE LAST NODE
C
       NODFN = LNODS(IELEM,IGASH)
       MIDPT = INODE + 1
C
C***   COMPUTE THE NODE NUMBER OF THE INTERMEDIATE NODE
C
       NODMD=LNODS(IELEM,MIDPT)
       TOTAL=ABS(COORD(NODMD,1))+ABS(COORD(NODMD,2))+ABS(COORD(NODMD,3))
C
C***   IF THE TOP COORDINATES OF THE INTERMEDITE NODE ARE ZERO
C      INTERPOLATE BY A STRAIGHT LINE
C
       IF(TOTAL .GT. 0.0) GOTO 20
       KOUNT = 1
    10 COORD(NODMD,KOUNT)=(COORD(NODST,KOUNT)+COORD(NODFN,KOUNT))/2.0
       KOUNT = KOUNT + 1
       IF (KOUNT .LE. 8) GOTO 10
    20 CONTINUE
       IF (NNODE .EQ. 8) GOTO 60
C
C***   SET UP THE CENTRAL POINT COORDINATES
C
       NODCE = LNODS (IELEM,9)
       DO 30 INODE = 1,8
       NODEB = LNODS (IELEM,INODE)
       DO 30 IDIME = 1,8
    30 ELCOR (IDIME,INODE) = COORD (NODEB,IDIME)
       DO 50 IDIME = 1,8
       CENCO = 0.0
       DO 35 INODE = 1,7,2
    35 CENCO = CENCO + ELCOR (IDIME,INODE)
       CENCO = CENCO* (-0.5)
       DO 40 INODE = 2,8,2
    40 CENCO = CENCO + ELCOR (IDIME,INODE)
       CENCO = CENCO * 0.5
    50 COORD (NODCE,IDIME) = CENCO
    60 CONTINUE
       RETURN
       END
```

4.4.23 Subroutine OUTPUT

Diese Routine liefert Ergebnisse mit einer Häufigkeit wie von den Ausgabepa-
rametern NOUTP(1) und NOUTP(2) bestimmt wird. Diese Routine berechnet
auch die Schnittlasten entsprechend (4.45), (4.46) und (4.47).

```
       SUBROUTINE OUTPUT (IITER,MTOTG,MTOTV,MVFIX,NCHEK,NELEM,NGAUS,
      .                   NOFIX,NOUTP,NPOIN,NSTRE,
      .                   NVFIX,STRSG,TDISP,TREAC,EPSTN,POSGP,
      .                   EFFST,MATNO,MMATS,PROPS,NPROP,MELEM,THICK,
      .                   MPOIN,LNODS,MLAYR,NLAYR)
```

```fortran
C******
C
C***  THIS ROUTINE OUTPUTS DISPLACEMENTS, REACTIONS AND STRESSES
C
C******
      DIMENSION NOFIX(MVFIX),NOUTP(2),STRSG(5,MTOTG),STRES(6),
     .          TDISP(MTOTV),TREAC(MVFIX,5),EPSTN(MTOTG),
     .          POSGP(5),SHAPE(3,9),EFFST(MTOTG),
     .          THICK(MPOIN),LNODS(MELEM,9),
     .          FORCE(8),MATNO(MELEM,MLAYR),
     .          PROPS(MMATS,NPROP)
      INTEGER MSG(3)
      DATA MSG/'OUTP','UT  ','ANFG'/
      CALL ANZEIGE (MSG,3,0)
      KOUTP = NOUTP(1)
      IF (IITER .GT. 1) KOUTP = NOUTP (2)
      IF (IITER .EQ. 1 .AND. NCHEK .EQ. 0) KOUTP = NOUTP(2)
C
C***  OUTPUT DISPLACEMENTS
C
      IF (KOUTP .LT. 1) GOTO 10
      WRITE (6,900)
      WRITE (6,905)
      DO 20 IPOIN = 1,NPOIN
      NGASH = IPOIN * 5
      NGISH = NGASH-4
   20 WRITE (6,910) IPOIN,(TDISP(IGASH),IGASH=NGISH,NGASH)
   10 CONTINUE
C
C***  OUTPUT REACTIONS
C
      IF (KOUTP .LT. 2) GOTO 30
      WRITE (6,920)
      WRITE (6,925)
      DO 40 IVFIX = 1, NVFIX
   40 WRITE (6,910) NOFIX(IVFIX),(TREAC(IVFIX,IDOFN),IDOFN=1,5)
   30 CONTINUE
C
C***  OUTPUT STRESSES
C
      IF (KOUTP .LT. 3) GOTO 120
      WRITE (6,927)
      KGAUS = 0
      DO 110 IELEM = 1,NELEM
      KELGS = 0
      WRITE (6,940) IELEM
      DO 105 IGAUS = 1,NGAUS
      DO 105 JGAUS = 1,NGAUS
      EXISP = POSGP (IGAUS)
      ETASP = POSGP (JGAUS)
C
C***  SET TO ZERO THE STRESS RESULTANT VECTOR
C
      DO 70 JFORC = 1, 8
   70 FORCE (JFORC) = 0.0
      KGASP = 0
      KELGS=KELGS + 1
      WRITE (6,945) KELGS
      CALL SFR1(SHAPE,EXISP,ETASP)
C
C***  COMPUTE GAUSS POINT THICKNESS
C
      THIGP = 0.0
      DO 65 INODE=1,8
      IPOIN = IABS(LNODS(IELEM,INODE))
   65 THIGP = THIGP + SHAPE (1,INODE)*THICK(IPOIN)
      ZETSP = -1.0
      DO 100 ILAYR = 1, NLAYR
      LPROP = MATNO (IELEM,ILAYR)
      DZETA = PROPS (LPROP,3)
      ZETSP = ZETSP + DZETA*0.5
      KGAUS = KGAUS + 1
      KGASP = KGASP + 1
```

```
C
C***   THE FIVE LOCAL STRESSES IN THE ORDER XX,YY,XY,XZ,YZ
C
       DO 50 ISTRE = 1, NSTRE
   50  STRES(ISTRE) = STRSG(ISTRE,KGAUS)
       WRITE(6,926)
       WRITE (6,950) KGASP,(STRES(ISTRE),ISTRE=1,NSTRE),
      .               EFFST(KGAUS),EPSTN(KGAUS)
C
C***   SET UP THE STRESS RESULTANTS IN THE ORDER NX,NY,NXY,MX,MY,MXY,QX,QY
       DO 75 ISTRE = 1, 3
       FORCE(ISTRE)=FORCE (ISTRE)+STRES(ISTRE)*THIGP*0.5*DZETA
   75  FORCE(ISTRE+3)=FORCE (ISTRE+3)-STRES(ISTRE)*THIGP*THIGP*
      .               ZETSP*DZETA*0.25
       DO 80 ISTRE = 4,5
   80  FORCE(ISTRE+3)=FORCE (ISTRE+3)+STRES(ISTRE)*THIGP*0.5*DZETA
       ZETSP = ZETSP + DZETA*0.5
  100  CONTINUE
       WRITE (6,960) (FORCE (IFORC),IFORC=1,8)
  105  CONTINUE
  110  CONTINUE
  120  CONTINUE
C
C      FORMATANWEISUNGEN
C
  900  FORMAT(1H0,5X,'DISPLACEMENTS')
  905  FORMAT(1H0,6X,'NODE',4X,'X-DISP',8X,'Y-DISP',8X,'Z-DISP',
      .           8X,'AF-ROT',8X,'BT-ROT')
  910  FORMAT(I10,5E14.6)
  920  FORMAT(1H0,5X,'REACTIONS')
  925  FORMAT(1H0,6X,'NODE',4X,'X-REAC',8X,'Y-REAC',8X,'Z-REAC',
      .           8X,'AF-MOM',8X,'BT-MOM')
  927  FORMAT(1H0,5X,'STRESSES')
  926  FORMAT(1H0,1X,'KLAYR',5X,'XX-STR',8X,'YY-STR',8X,'XY-STR',
      .           8X,'XZ-STR',8X,'YZ-STR',6X,'EFF.STRESS',3X,
      .           'EFF.PL.STRAIN')
  940  FORMAT(1H0,' *    ELEMENT NO. =',I5,/)
  945  FORMAT(' G.P. NO. =',I5)
  950  FORMAT (I5,2X,8E14.6)
  960  FORMAT(/,5X,'SCHNITTLASTEN : ',' N-XX ',10X,'N-YY',10X,'N-XY',
      .           10X,'M-XX',10X,'M-YY',10X,'M-XY',10X,'Q-XZ',10X,
      .           'Q-YZ',/,17X,8(2X,1PE12.4))
       RETURN
       END
```

4.4.24 Subroutine PRES

Diese Subroutine wird von der Routine LOADS aufgerufen und berechnet die
äquivalenten Knotenkräfte aus Druckbelastung.

```
       SUBROUTINE PRES (BMATX,COORD,ELOAD,LNODS,POSGP,SHAPE,THICK,
      .                 WEIGP,IELEM,IGAUS,JGAUS,MELEM,MPOIN,NNODE,
      .                 NEVAB,KPRES,CFACE,PREVA,SURFA,DICOS,M3POI)
C******
C
C***   THIS ROUTINE EVALUATES THE NODAL LOADS DUE TO PRESSURE
C
C******
       COMMON WORMX(3,24),QVALU,DJACB
       DIMENSION BMATX (5,45),COORD (MPOIN,8),
      .          ELOAD (MELEM,NEVAB),LNODS (MELEM,9),
      .          POSGP (5),DICOS (3,M3POI),PREMX(2,9),
      .          SHAPE (3,9),
      .          THICK(MPOIN),WEIGP(5),
      .          GMATX (2,45)
       ZETA = CFACE
       NBORP = 2
       CALL  FUNC(BMATX,SHAPE,THICK,NBORP,NNODE,ZETA,MELEM,
      .           COORD,DICOS,LNODS,IELEM,MPOIN,M3POI,GMATX)
```

```
C
C***   EVALUATE THE PRESSURE AT SAMPLING POINTS    KPRES = 0,1 OR 2 ACCORDI
C      AS PRESSURE IS U.D.,HYDROSTATIC,OR SPECIFIED AS NODAL COORDINATES
C
       IF (KPRES .EQ. 0) GOTO 20
       IF (KPRES .EQ. 2) GOTO 10
       WORMX(3,1)=WORMX(3,1)-SURFA
       PRESS=PREVA*WORMX(3,1)
       IF (PRESS .GE. 0.0) GOTO 25
       PRESS = 0.0
       GOTO 25
    10 PREVA = 0.0
       DO 15 INODE = 1,8
       NGASH=IABS(LNODS(IELEM,INODE))
C
C***   SET UP ARRAY OF NODAL PRESSURE ; ROW 1  TOP ,ROW 2  BOTTOM
C
       PREMX(1,INODE)=COORD(NGASH,4)
       PREMX(2,INODE)=COORD(NGASH,8)
       GISH = ((1.0+ZETA)*PREMX(1,INODE)+(1.0-ZETA)*PREMX(2,INODE))*0.5
    15 PREVA=PREVA+GISH*SHAPE(1,INODE)
    20 PRESS=PREVA
    25 GMULT = WEIGP(IGAUS)*WEIGP(JGAUS)*CFACE*PRESS
C
C***   CALCULATE CONSISTENT NODAL LOADS
C
       DO 45 INODE=1,NNODE
       IPOIN = IABS(LNODS(IELEM,INODE))
       QVALU=-GMULT*SHAPE(1,INODE)*DJACB
       CALL    VECT(7,21,0,3)
       DO 30 I=1,3
       IPOSI = (INODE-1)*5+I
    30 ELOAD(IELEM,IPOSI)=ELOAD(IELEM,IPOSI)+WORMX(I,21)
       QVALU=ZETA*THICK(IPOIN)*0.5
       CALL  SINGOP(21,1)
       NPOSI = (IPOIN-1)*3
       DO 40 I=1,2
       JPOSI = (INODE-1)*5+(I+3)
       NPOSI=NPOSI+1
       DO 32 K=1,3
    32 WORMX(K,24)=DICOS(K,NPOSI)
       CALL    VECT(21,24,0,1)
       IF(I .EQ. 2) GOTO 35
       QVALU=-QVALU
    35 ELOAD(IELEM,JPOSI)=ELOAD(IELEM,JPOSI)+QVALU
    40 CONTINUE
    45 CONTINUE
       RETURN
       END
```

4.4.25 Subroutine RESTR

Diese Routine berechnet die Knotenkräfte, die statisch äquivalent dem Spannungsfeld sind, das die Fließbedingung erfüllt.

```
       SUBROUTINE RESTR(ASDIS,EFFST,ELOAD,LNODS,
      .              MATNO,MELEM,MMATS,MPOIN,MTOTG,MTOTV,
      .              NDOFN,NELEM,NEVAB,NGAUS,NNODE,
      .              NPROP,NSTRE,POSGP,PROPS,STRSG,
      .              TDISP,WEIGP,EPSTN,KUNLO,AMATX,DMATT,
      .              THICK,MLAYR,NLAYR,LARGE)
C******
C
C***   THIS ROUTINE REDUCES THE STRESSES TO THE YIELD SURFACE AND
C      EVALUATES THE EQUIVALENTE NODAL FORCES
C
C******
       DIMENSION ASDIS(MTOTV),AVECT(5),BMATX(5,45),
```

```
     .               DMATT(5,5,MMATS),DVECT(5),EFFST(MTOTG),ELDIS(45),
     .               ELOAD(MELEM,NEVAB),GVECT(5),LNODS(MELEM,9),
     .               MATNO(MELEM,MLAYR),POSGP(5),PROPS(MMATS,NPROP),
     .               DESIG(5),SIGMA(5),SGTOT(5),ETDIS(45),
     .               STRES(5),EPSTN(MTOTG),TDISP(MTOTV),THICK(MPOIN),
     .               STRSG(5,MTOTG),WEIGP(5),
     .               AMATX(9,MMATS),GMATX(2,45)
      INTEGER MSG(3)
      DATA MSG/'REST','R   ','ANFG'/
      CALL ANZEIGE (MSG,3,0)
      REWIND 8
      DO 5 IELEM=1,NELEM
      DO 5 IEVAB=1,NEVAB
    5 ELOAD(IELEM,IEVAB)=0.0
      KUNLO=0
      KGAUS=0
C
C***  LOOP OVER EACH ELEMENT
C
      DO 210 IELEM =1,NELEM
C
C***  IDENTYFY THE DISPLACEMENTS OF THE ELEMENT NODAL POINTS
C
      JPOSI=0
      DO 10 INODE=1,NNODE
      LNODE=IABS(LNODS(IELEM,INODE))
      NPOSN=(LNODE-1)*NDOFN
      DO 10 IDOFN=1,NDOFN
      NPOSN=NPOSN+1
      JPOSI=JPOSI+1
      ELDIS(JPOSI)=ASDIS(NPOSN)
      ETDIS(JPOSI)=TDISP(NPOSN)
   10 CONTINUE
      KELGS=0
C
C***  ENTER LOOPS OVER EACH SAMPLING POINTS
C
      DO 205 IGAUS=1,NGAUS
      DO 205 JGAUS=1,NGAUS
      DO 200 ILAYR=1,NLAYR
      LPROP=MATNO(IELEM,ILAYR)
      UNIAX=PROPS(LPROP,6)
      HARDS=PROPS(LPROP,7)
      KGAUS=KGAUS+1
      KELGS=KELGS+1
      EPSTN(KGAUS)=ABS(EPSTN(KGAUS))
      READ(8) BMATX,GMATX,DVOLU
C
C***  CALL SUBROUTINE WHICH SETS UP -BMATX- TAKING INTO ACCOUT
C     THE GEOMETRIC NONLINEARITY
C
      IF (LARGE .EQ. 1)
     .CALL   LDISP(BMATX,GMATX,ETDIS,NEVAB)
C
C***  NOW PROCEED TO CALCULATE STRESSES FROM STRES=DMATX*BMATX*ELDIS
C     FIRST STORE IN GASH VECTOR GVECT THE PRODUCT BMATX*ELDIS
C
      DO 30 IDOFN=1,NDOFN
      GASH=0.0
      DO 25 IEVAB=1,NEVAB
   25 GASH=GASH+BMATX(IDOFN,IEVAB)*ELDIS(IEVAB)
   30 GVECT(IDOFN)=GASH
C
C***  CALCULATE THE FIVE LOCAL STRESSES IN THE ORDER XX,YY,XY,XZ,YZ
C
      DO 50 ISTRE=1,NSTRE
      GASH=0.0
      DO 45 JSTRE=1,NSTRE
   45 GASH=GASH+DMATT(ISTRE,JSTRE,LPROP)*GVECT(JSTRE)
   50 STRES(ISTRE)=GASH
C
C***  REDUCE STRESSES TO THE YIELD SURFACEFOR YIELED GAUSS POINTS
C
```

```
      PREYS=UNIAX+EPSTN(KGAUS)*HARDS
      DO 150 ISTR1=1,NSTRE
      DESIG(ISTR1)=STRES(ISTR1)
  150 SIGMA(ISTR1)=STRSG(ISTR1,KGAUS)+STRES(ISTR1)
      CALL      INVAR(AMATX,SIGMA,LPROP,MMATS,YIELD)
      ESPRE=EFFST(KGAUS)-PREYS
      IF(ESPRE .GE. 0.0) GOTO 55
      ESCUR=YIELD-PREYS
      IF(ESCUR .LE.0.0) GOTO 60
      RFACT=ESCUR/(YIELD-EFFST(KGAUS))
      GOTO 70
   55 ESCUR=YIELD-EFFST(KGAUS)
      IF(ESCUR .LE. 0.0) GOTO 60
      RFACT=1.0
   70 CONTINUE
      ASTEP = ESCUR*8.0/UNIAX  + 1.0
      MSTEP = INT(ASTEP)
      ASTEP = FLOAT(MSTEP)
      REDUC=1.0-RFACT
      DO 80 ISTR1=1,NSTRE
      SGTOT(ISTR1)=STRSG(ISTR1,KGAUS)+REDUC*STRES(ISTR1)
   80 STRES(ISTR1)=RFACT*STRES(ISTR1)/ASTEP
      DO 90 ISTEP=1,MSTEP
      CALL      INVAR(AMATX,SGTOT,LPROP,MMATS,YIELD)
      CALL FLOWS(ABETA,AVECT,DVECT,LPROP,
     .           MMATS,NPROP,PROPS,SGTOT,AMATX,DMATT)
      AGASH=0.0
      DO 100 ISTR1=1,NSTRE
  100 AGASH=AGASH+AVECT(ISTR1)*STRES(ISTR1)
      DLAMD=AGASH*ABETA
      IF (DLAMD .LT. 0.0) DLAMD=0.0
      BGASH=0.0
      DO 110 ISTR1=1,NSTRE
      BGASH=BGASH+AVECT(ISTR1)*SGTOT(ISTR1)
  110 SGTOT(ISTR1)=SGTOT(ISTR1)+STRES(ISTR1)-DLAMD*DVECT(ISTR1)
      EPSTN(KGAUS)=EPSTN(KGAUS)+DLAMD*BGASH/YIELD
   90 CONTINUE
      CALL      INVAR(AMATX,SGTOT,LPROP,MMATS,YIELD)
      CURYS=UNIAX+EPSTN(KGAUS)*HARDS
      BRING=1.0
      IF(YIELD .GT. CURYS) BRING=CURYS/YIELD
      DO 130 ISTR1=1,NSTRE
  130 STRSG(ISTR1,KGAUS)=BRING*SGTOT(ISTR1)
      EFFST(KGAUS)=BRING*YIELD
C
C*** ALTERNATIVE LOCATION OF STRESS REDUCTION LOOP TERMINATION CARD
C 90 CONTINUE
C***
C
      GOTO 190
   60 DO 180 ISTR1=1,NSTRE
  180 STRSG(ISTR1,KGAUS)=STRSG(ISTR1,KGAUS)+DESIG(ISTR1)
      EFFST(KGAUS)=YIELD
      IF (EPSTN(KGAUS) .EQ. 0.0 .OR.ESCUR .EQ. 0.0) GOTO 190
      EPSTN(KGAUS)=-EPSTN(KGAUS)
      KUNLO=KUNLO+1
  190 CONTINUE
C
C*** CALCULATE THE EQUIVALENT FORCES AND ASSOCIATE WITH THE
C    ELEMENT NODES
C
      MGASH=0
      DO 140 INODE=1,NNODE
      DO 140 IDOFN=1,NDOFN
      MGASH=MGASH+1
      DO 140 ISTRE=1,NSTRE
  140 ELOAD(IELEM,MGASH)= ELOAD(IELEM,MGASH)+BMATX(ISTRE,MGASH)*
     .STRSG(ISTRE,KGAUS)*DVOLU
  200 CONTINUE
  205 CONTINUE
  210 CONTINUE
      RETURN
      END
```

4.4.26 Subroutine SFR1

Diese Subroutine berechnet die Elementansatzfunktionen und ihre Ableitungen.

```
      SUBROUTINE SFR1(W,G,H)
C*******
C
C     PARABOLICSHAPE FUNCTIONS AND THEIR FIRST DERIVATIVES FOR
C     8-NODE ELEMENT PLUS THE CENTRAL HIERARCHICAL FUNCTION
C     G AND H DENOTE THE X1 AND ETA VALUES AT THE POINT CONSIDERED
C
C*******
      DIMENSION W(3,9)
      INTEGER MSG(3)
      DATA MSG/'SFR1','    ','ANFG'/
C      CALL ANZEIGE (MSG,3,0)
C
      GG=G*G
      GH=G*H
      HH=H*H
      GGH=GG*H
      GHH=G*HH
      G2=G*2.
      H2=H*2.
      GH2=GH*2.
      W(1,1) = (-1.+GH+GG+HH-GGH-GHH)/4.
      W(1,2) = ( 1.-H-GG+GGH)/2.
      W(1,3) = (-1.-GH+GG+HH-GGH+GHH)/4.
      W(1,4) = ( 1.+G-HH-GHH)/2.
      W(1,5) = (-1.+GH+GG+HH+GGH+GHH)/4.
      W(1,6) = ( 1.+H-GG-GGH)/2.
      W(1,7) = (-1.-GH+GG+HH+GGH-GHH)/4.
      W(1,8) = ( 1.-G-HH+GHH)/2.
      W(1,9) = 1.0-GG-HH+GG*HH
      W(2,1) = ( H+G2-GH2-HH)/4.
      W(2,2) =   -G+GH
      W(2,3) = (-H+G2-GH2+HH)/4.
      W(2,4) = ( 1.-HH)/2.
      W(2,5) = ( H+G2+GH2+HH)/4.
      W(2,6) = -G-GH
      W(2,7) = (-H+G2+GH2-HH)/4.
      W(2,8) = (-1.+HH)/2.
      W(2,9) = -G2*(1.0-HH)
      W(3,1) = ( G+H2-GG-GH2)/4.
      W(3,2) = (-1.+GG)/2.
      W(3,3) = (-G+H2-GG+GH2)/4.
      W(3,4) = -H-GH
      W(3,5) = ( G+H2+GG+GH2)/4.
      W(3,6) = ( 1.-GG)/2.
      W(3,7) = (-G+H2+GG-GH2)/4.
      W(3,8) = -H+GH
      W(3,9) = -H2*(1.0-GG)
      RETURN
      END
```

4.4.27 Subroutine SINGOP

Diese Subroutine ist Bestandteil der Matrizenoperation und führt die Operationen wie im Listing beschrieben aus.

```
      SUBROUTINE SINGOP(N1,NOPN)
C******
C
C     VECTOR OR MATRIX MANIPULATIONS INVOLVING SINGLE SPACE
C
C     NOPN = 1, MULT.VECTOR BY QVALU
```

```
C        NOPN = 2, NORMALISE VECTOR
C        NOPN = 3, TRANSPOSE MATRIX
C        NOPN = 4, FIND VECTOR SQUARED
C        NOPN = 5, FORM UNIT DIAGONAL MATRIX IN N1
C
C******
         COMMON WORMX(3,24),QVALU,DJACB
         INTEGER MSG(3)
         DATA MSG/'SING','OP  ','ANFG'/
C         CALL ANZEIGE (MSG,3,0)
C
         GOTO (1,2,3,4,5),NOPN
C
      1 CALL VECT (N1,N1,0,3)
         RETURN
      2 CALL VECT (N1,N1,0,2)
         RETURN
      3 CALL MATM (N1,N1,0,5)
         RETURN
      4 CALL VECT(N1,N1,0,1)
         RETURN
      5 N2 = N1 + 2
         II = 0
         DO 12 J = N1,N2
         DO 11 I = 1, 3
     11 WORMX(I,J) = 0.0
         II = II + 1
     12 WORMX(II,J) = 1.0
         RETURN
         END
```

4.4.28 Subroutine STIFF

Diese Subroutine berechnet die Steifigkeitsmatrix für jedes Element nacheinander entsprechend (4.71) für plastifizierte Elemente oder entsprechend (4.75), falls große Verformungen betrachtet werden.

```
         SUBROUTINE STIFF(EPSTN,ESTIF,KITER,LNODS,MATNO,
        .              MELEM,MEVAB,MMATS,MPOIN,MTOTG,NDOFN,
        .              NELEM,NEVAB,NGAUS,NNODE,NPROP,
        .              NSTRE,POSGP,PROPS,STRSG,WEIGP,AMATX,
        .              DMATT,MLAYR,NLAYR,THICK,
        .              TDISP,MTOTV,LARGE)
C******
C
C***   THIS ROUTINE EVALUATES THE STIFFNESS MATRIX
C      FOR EACH ELEMENT IN TURN
C
C******
         DIMENSION BMATX(5,45),DBMAT(5,45),DMATX(5,5),
        .         ESTIF(MEVAB,MEVAB),LNODS(MELEM,9),MATNO(MELEM,MLAYR),
        .         POSGP(5),PROPS(MMATS,NPROP),AMATX(9,MMATS),
        .         STRES(5),THICK(MPOIN),WEIGP(5),EPSTN(MTOTG),
        .         STRSG(5,MTOTG),AVECT(5),DVECT(5),DMATT(5,5,MMATS),
        .         TDISP(MTOTV),ETDIS(45),GMATX(2,45)
         INTEGER MSG(3)
         DATA MSG/'STIF','F   ','ANFG'/
         CALL ANZEIGE (MSG,3,0)
C
         REWIND 1
         REWIND 8
         KGAUS = 0
C
C***   LOOP OVER EACH ELEMENT
C
         DO 110 IELEM=1,NELEM
C
C***   SET UP THE ELEMENT DISPLACEMENT VECTOR -ETDIS-
```

```fortran
C
      JPOSI = 0
      DO 10 INODE = 1,NNODE
      LNODE = IABS(LNODS(IELEM,INODE))
      NPOSN = (LNODE-1)*NDOFN
      DO 10 IDOFN = 1, NDOFN
      NPOSN = NPOSN + 1
      JPOSI = JPOSI + 1
   10 ETDIS (JPOSI) = TDISP(NPOSN)
C
C***  INITIALIZE THE ELEMENT STIFFNESS MATRIX
C
      DO 20 IEVAB        = 1    , NEVAB
      DO 20 JEVAB        = IEVAB, NEVAB
   20 ESTIF(IEVAB,JEVAB) = 0.0
C
C***  ENTER LOOPS OVER GAUSS POINTS FOR NUMERICAL INTERGATION
C
      DO 105 IGAUS = 1, NGAUS
      DO 105 JGAUS = 1, NGAUS
      DO 100 ILAYR = 1, NLAYR
      LPROP = MATNO (IELEM,ILAYR)
      KGAUS = KGAUS + 1
C
      READ (8) BMATX,GMATX,DVOLU
C
C***  CALL SUBROUTINE WHICH SETS UP -BMATX- TAKING INTO ACCOUT
C     THE LARGE DISPLACEMENT
C
      IF (LARGE .EQ. 1 .AND. KITER .GT. 2)
     .                        CALL LDISP(BMATX,GMATX,ETDIS,NEVAB)
      IF (KITER .EQ. 2) GOTO 80
      IF (EPSTN(KGAUS) .LE. 0.0) GOTO 80
C
C***  CALCULATE THE ELASTO-PLASTIC -D- MATRIX
C
      DO 50 ISTRE = 1, NSTRE
   50 STRES(ISTRE)=STRSG(ISTRE,KGAUS)
      CALL     FLOWS (ABETA,AVECT,DVECT,LPROP,
     *                     MMATS,NPROP,PROPS,STRES,AMATX,DMATT)
      DO 70 ISTRE = 1, NSTRE
      DO 70 JSTRE = 1, NSTRE
   70 DMATX(ISTRE,JSTRE) = DMATT(ISTRE,JSTRE,LPROP)-ABETA*
     .                     DVECT(ISTRE)*DVECT(JSTRE)
C
C***  CALCULATE THE PRODUCT OF D MATRIX BY B MATRIX
C
      DO 35 ISTRE = 1, NSTRE
      DO 35 IEVAB = 1, NEVAB
      DBMAT(ISTRE,IEVAB)=0.0
      DO 35 JSTRE = 1 ,NSTRE
      DBMAT(ISTRE,IEVAB)=DBMAT(ISTRE,IEVAB)+DMATX(ISTRE,JSTRE)*
     .                   BMATX(JSTRE,IEVAB)
   35 CONTINUE
      GOTO 90
C
   80 CONTINUE
      DO 85 ISTRE = 1, NSTRE
      DO 85 IEVAB = 1, NEVAB
      DBMAT(ISTRE,IEVAB)=0.0
      DO 85 JSTRE = 1, NSTRE
   85 DBMAT(ISTRE,IEVAB)=DBMAT(ISTRE,IEVAB)+
     .      DMATT(ISTRE,JSTRE,LPROP)*BMATX(JSTRE,IEVAB)
C
C***  CALCULATE THE ELEMENT STIFFNESS
C
   90 DO 40 IEVAB = 1, NEVAB
      DO 40 JEVAB = IEVAB,NEVAB
      DO 40 ISTRE = 1, NSTRE
   40 ESTIF(IEVAB,JEVAB)=ESTIF(IEVAB,JEVAB)+BMATX(ISTRE,IEVAB)*
     .                     DBMAT(ISTRE,JEVAB)*DVOLU
      IF (LARGE .EQ. 0 .OR. KITER .EQ. 2) GOTO 100
C
```

```
C***   CALL SUBROUTINE WHICH CALCULATES THE GEOMETRIC MATRIX -GEMTX-
C
       CALL        GEOME (ESTIF,GMATX,STRSG,MEVAB,NEVAB,MTOTG,
      *                   KGAUS,DVOLU)
C
  100 CONTINUE
C
  105 CONTINUE
C
C***   CONSTRACT THE LOWER TRIANGLE OF THE STIFFNESS MATRIX
C
       DO 60 IEVAB = 1, NEVAB
       DO 60 JEVAB = IEVAB, NEVAB
       ESTIF(JEVAB,IEVAB)=ESTIF(IEVAB,JEVAB)
   60 CONTINUE
C
C***   STORE THE STIFFNESS MATRIX FOR EACH
C      ELEMENT ON DISC FILE
C
       WRITE(1) ESTIF
C
  110 CONTINUE
C
       RETURN
       END
```

4.4.29 Subroutine VECT

Diese Subroutine ist Bestandteil der Matrizenoperationen und erfüllt die Aufgaben entsprechend dem Listing.

```
       SUBROUTINE VECT (N1,N2,N3,NOPN)
C*******
C
C      VEKTORMANIPULATIONEN
C
C      NOPN = 1, QVALU BECOMES SCALAR PRODUCT OF COL. N1 AND N2
C      NOPN = 2, NORMALISE N1 INTO N2
C      NOPN = 3, MULTIPLY N1 BY QVALU, PLACE IN N2
C      NOPN = 4, N3 BECOMES VECTOR PRODUCT OF N1 AND N2
C      NOPN = 5, N3 BECOMES VECTOR N1 + VECTOR N2*QVALU
C
C********
C
       COMMON WORMX(3,24),QVALU,DJACB
C
C      VERZWEIGUNG
C
       I1 = N1
       GOTO (1,2,3,4,5),NOPN
C
    1 I1 = N2
C
    2 QVALU = 0.0
       DO 10 I = 1,3
   10 QVALU = QVALU + WORMX(I,N1)*WORMX(I,I1)
       GOTO(15,16),NOPN
   16 IF (QVALU .NE. 0.0) GOTO 18
       WRITE (6,17)
   17 FORMAT ('***** MELDUNG AUS ROUTINE VECT : NULLVEKTOR')
       STOP
C
   18 QVALU = 1.0/SQRT(QVALU)
C
    3 CONTINUE
       DO 12 I = 1,3
   12 WORMX(I,N2) = WORMX(I,N1)*QVALU
       RETURN
```

```fortran
C
C       KREUZPRODUKT
C
    4 K = 3
      DO 13 I = 1, 3
      J = 6 - I - K
      WORMX(I,N3) = WORMX(J,N1)*WORMX(K,N2) - WORMX(K,N1)*WORMX(J,N2)
   13 K = I
      RETURN
C
C       VEKTORADDITION
C
    5 DO 14 I = 1, 3
   14 WORMX(I,N3) = WORMX(I,N1) + QVALU*WORMX(I,N2)
   15 RETURN
C
      END
```

4.4.30 Subroutine WORKS

Diese Subroutine stellt das Knotenkoordinatensystem $\{v_{ik}\}$ auf wie in (4.1) bis
(4.3) definiert und ermittelt auch die Schalendicke an jedem Knotenpunkt.

```fortran
      SUBROUTINE WORKS(COORD,DICOS,LNODS,THICK,MELEM,MPOIN,
     .                 NPOIN,M3POI)
C******
C
C***   THIS ROUTINE SETS UP THE THICKNESS AND ORTHOGONAL
C      SYSTEM OF AXES AT EACH NODAL POINT
C
C******
C
      DIMENSION COORD(MPOIN,8),LNODS(MELEM,9),THICK(MPOIN),
     .          DICOS(3,M3POI)
      COMMON WORMX(3,24),QVALU,DJACB
C
C***   TOP AND BOTTOM COORDINATES ARE SET UP AT COLUMNS -1- AND -2-
C
C      SCHLEIFE UEBER ALLE KNOTENPUNKTE
      DO 30 IPOIN=1,NPOIN
C
      DO 10 I=1,3
      WORMX(I,1) = COORD(IPOIN,I)
   10 WORMX(I,2) = COORD(IPOIN,I+4)
      QVALU=-1.0
C
C***   VECTOR V-3 IN COLUMN 5
C
      CALL VECT(1,2,5,5)
C
C***   SETS QVALU EQUAL TO SCALAR PRODUCT OF THE VECTOR (V-3)*(V-3)
C
      CALL VECT(5,5,0,1)
C
      THICK(IPOIN) = SQRT(QVALU)
C
C***   CREATES AND NORMALIZES AT EACH NODE THE VECTORS V-1,V-2 AND V-3
C
      CALL FRAME(3,5,0,1)
C
C***SET UP THE DIRECTION COSSINE MATRIX OF THE LOCAL AXES AT EACH POINT
C      IN ORDER V-1,V-2,V-3
C
      NPOSI   = (IPOIN-1)*3
      DO 20 I = 1,3
      JPOSI   = NPOSI + I
      DO 20 J = 1,3
   20 DICOS(J,JPOSI) = WORMX(J,I+2)
```

```
C
   30 CONTINUE
C
      RETURN
      END
```

4.4.31 Subroutine RESTAR

Diese Subroutine schreibt auf Tape 12 alle Größen, die für einen Restart des
Problems notwendig sind. Diese Größen werden für jedes Lastinkrement, nachdem Konvergenz erreicht worden ist, erneuert.

```
      SUBROUTINE RESTAR(EFFST,ELOAD,EPSTN,MELEM,MEVAB,MTOTG,
     .              MTOTV,MVFIX,TDISP,TLOAD,TREAC,STRSG,
     .              TFACT,KINCS)
C******
C
C*** THIS ROUTINE RECORDS ONTO TAPE 12 THE DATA NEEDED TO
C    RESTART THE PROBLEM
C
C******
      DIMENSION EFFST(MTOTG),ELOAD(MELEM,MEVAB),EPSTN(MTOTG),
     .          TDISP(MTOTV),TLOAD(MELEM,MEVAB),TREAC(MVFIX,5),
     .          STRSG(5,MTOTG)
      INTEGER MSG(3)
      DATA MSG/'REST','AR  ','ANFG'/
      CALL ANZEIGE (MSG,3,0)
      REWIND 12
      WRITE (12) KINCS,TFACT,EFFST,ELOAD,EPSTN
      WRITE (12) TDISP,TLOAD,TREAC,STRSG
      RETURN
      END
```

4.4.32 Subroutine ZERO

Diese Subroutine initialisiert verschiedene Felder, die später gebraucht werden,
um Werte zu summieren, wie der inkrementelle und iterative Lösungsweg fort-
schreitet. Am Anfang werden diese Felder auf Null gesetzt, und folglich, falls
die Analyse erneut gestartet wird, enthalten diese Felder die letzten konvergierten Werte.

```
      SUBROUTINE ZERO (EFFST,ELOAD,EPSTN,MELEM,MEVAB,KINCS,
     .              MTOTG,MTOTV,NDOFN,NELEM,NEVAB,NREST,
     .              NSTRE,NTOTG,NTOTV,NVFIX,MVFIX,STRSG,
     .              TDISP,TFACT,TLOAD,TREAC)
C******
C
C*** THIS ROUTINE INITIALISES VARIOUS ARRAYS TO ZERO
C
C******
      DIMENSION ELOAD(MELEM,MEVAB),STRSG(5,MTOTG),TDISP(MTOTV),
     .          TLOAD(MELEM,MEVAB),TREAC(MVFIX,5),EPSTN(MTOTG),
     .          EFFST(MTOTG)
      INTEGER MSG(3)
      DATA MSG/'ZERO','    ','ANFG'/
      CALL ANZEIGE (MSG,3,0)
      IF (NREST .EQ. 1) GOTO 70
      KINCS=0
      TFACT=0.0
      DO 30 IELEM=1,NELEM
```

```
      DO 30 IEVAB=1,NEVAB
      ELOAD(IELEM,IEVAB)=0.0
   30 TLOAD(IELEM,IEVAB)=0.0
      DO 40 ITOTV=1,NTOTV
   40 TDISP(ITOTV)=0.0
      DO 50 IVFIX=1,NVFIX
      DO 50 IDOFN=1,NDOFN
   50 TREAC(IVFIX,IDOFN)=0.0
      DO 60 ITOTG = 1,NTOTG
      EPSTN(ITOTG)=0.0
      EFFST(ITOTG)=0.0
      DO 60 ISTR1=1,NSTRE
   60 STRSG(ISTR1,ITOTG)=0.0
      GOTO 80
   70 REWIND 12
      READ(12) KINCS,TFACT,EFFST,ELOAD,EPSTN
      READ(12) TDISP,TLOAD,TREAC,STRSG
   80 CONTINUE
      RETURN
      END
```

4.4.33 Subroutine SHEARC

Diese Routine übernimmt die Korrektur der Schubspannungen wie in Abschnitt
4.2.7.2 beschrieben.

```
      SUBROUTINE SHEARC (MATNO,MELEM,MLAYR,PROPS,MMATS,NPROP,
     .                   COEFE,NLAYR,DMATT)
C*******
C
C***  CALCULATES THE SHEAR CORRECTION FACTOR FOR THE CASE OF
C     LAMINATED COMPOSITE STRUCTURES.
C
C*******
      DIMENSION RFACT(2),TRLOW(2),UPTER(2),GBARF(2),MATNO(MELEM,MLAYR),
     .          COEFE(2),ZETA1(2),ZETA2(2),DINDX(2),PROPS(MMATS,NPROP),
     .          GINDX(2),DIFF2(2),DIFF3(2),SUMLA(2),DMATT(5,5,MMATS),
     .          DIFF5(2)
      INTEGER MSG(3)
      DATA MSG/'SHEA','RC  ','ANFG'/
      CALL ANZEIGE (MSG,3,0)
C
C
C***  INITIALISE SOME ARRAYS
C
      DO 10 I = 1, 2
      SUMLA(I) = 0.0
      RFACT(I) = 0.0
      GBARF(I) = 0.0
      UPTER(I) = 0.0
      TRLOW(I) = 0.0
   10 COEFE(I) = 0.0
C
C***  CALCULATE THE POSITION OF THE NEUTRAL AXIS
C
      DSUMM = 0.0
      DO 15 ILAYR = 1, NLAYR
      LPROP = MATNO(1,ILAYR)
      DZETA = PROPS(LPROP,3)
      ZHEIG = DSUMM+DZETA*0.5
      DO 14 I = 1, 2
      DINDX(I) = DMATT(I,I,LPROP)
      UPTER(I) = UPTER(I)+DINDX(I)*ZHEIG*DZETA
   14 TRLOW(I) = TRLOW(I)+DINDX(I)*DZETA
   15 DSUMM = DSUMM+DZETA
      DO 16 I = 1, 2
   16 ZETA2(I) = -UPTER(I)/TRLOW(I)
C
```

```
C***   CALCULATE THE SHEAR CORRECTION FACTOR
C
       DO 20 ILAYR = 1, NLAYR
       LPROP = MATNO(1,ILAYR)
       DIFF1 = PROPS(LPROP,3)
       INDEX = 10
       DO 20 I= 1, 2
       ZETA1(I) = ZETA2(I)
       ZETA2(I) = ZETA1(I)+DIFF1
       DIFF2(I) = ZETA2(I)**2-ZETA1(I)**2
       DIFF3(I) = ZETA2(I)**3-ZETA1(I)**3
       DIFF5(I) = ZETA2(I)**5-ZETA1(I)**5
C
       DINDX(I) = DMATT(I,I,LPROP)
       GINDX(I) = PROPS(LPROP,INDEX)
C
       RFACT(I) = RFACT(I)+DINDX(I)*DIFF3(I)/3.
       GBARF(I) = GBARF(I)+GINDX(I)*DIFF1/2.
       TERM1 = SUMLA(I)*SUMLA(I)*DIFF1
       TERM2 = DINDX(I)*(ZETA1(I)**4)*DIFF1*0.25
       TERM3 = DINDX(I)*DIFF5(I)/20.
       TERM4 = -DINDX(I)*ZETA1(I)*ZETA1(I)*DIFF3(I)/6.
       TERM5 = SUMLA(I)*ZETA1(I)*ZETA1(I)*DIFF1
       TERM6 =-SUMLA(I)*DIFF3(I)/3.
       COEFE(I) = COEFE(I)+(TERM1+DINDX(I)*(TERM2+
      .           TERM3+TERM4+TERM5+TERM6))/GINDX(I)
       INDEX = INDEX+1
       SUMLA(I) = SUMLA(I)-DINDX(I)*DIFF2(I)/2.
   20 CONTINUE
C
       DO 30 I = 1, 2
   30 COEFE(I) = RFACT(I)*RFACT(I)/(2.*GBARF(I)*COEFE(I))
C
       RETURN
       END
```

4.5 Numerische Beispiele

In diesem Abschnitt wird eine Auswahl von numerischen Beispielen präsentiert,
die die Anwendung des beschriebenen Computerprogramms illustriert. Die
präsentierten Beispiele beinhalten nichtlineare Effekte entweder infolge elastisch plastischem Materialverhaltens oder geometrischer Nichtlinearität. Es
soll betont werden, daß das Programm linear elastische isotrope Schalen als
Spezialfall behandeln kann.

4.5.1 Eingespannte quadratische Platte

Das erste betrachtete Problem behandelt eine eingespannte quadratische Platte
mit elasto-plastischem Verhalten unter gleichförmig verteilter Belastung. Es
wird ein Quadrant der Platte mit neun Heterosis-Elementen diskretisiert, und
es werden in Dickenrichtung acht gleiche Schichten genommen. Folgende Materialkonstanten werden benutzt:

Isotrop:

$$E_x = E_y = 30000,0 \quad ; \quad \nu = 0,30$$

$$G_{xy} = G_{xz} = G_{yz} = 11540,0$$

$$\overline{\sigma}_0 = \sigma_{0x} = \sigma_{0y} = \sigma_{045} = 30,0$$

$$\tau_{012} = \tau_{013} = \tau_{023} = 17,32$$

$$E_p = 300,0 \quad ; \quad G_p = 100,0$$

Anisotrop:

$$\sigma_{oy} = 40,0; \sigma_{045} = 35,0; \tau_{012} = 20,2;$$

Die übrigen Werte sind die gleichen wie für den isotropen Fall (Einheiten: MN, m).

Geometrische Eigenschaften: Dicke $h = 0,20$; Seitenlänge $L = 6.0$

In Bild 4.9a ist die vertikale Verschiebung des Mittelpunktes für verschiedene Lastniveaus sowohl für isotrope als auch für anisotrope Materialwerte dargestellt. Die Ergebnisse der dicken Schale werden auch verglichen mit der dünnen Schale nach den Semiloof-Lösungen [4.43]. Das Ausbreiten der plastischen Zonen ist in den Bildern 4.9b und c dargestellt.

4.5.2 Eingespannte quadratische Schale

Die elastisch-plastische Analyse einer eingespannten Schale unter einer zentralen Einzellast wird behandelt. Die Materialeigenschaften und die Diskretisierung in finite Elemente sind dieselben wie in dem vorangegangenen Beispiel für die Platte. Die Schalengeometrie ist in Bild 4.10 definiert. In Bild 4.10a wird die Verschiebung in der Mitte für den isotropen und anisotropen Fall verglichen mit Ergebnissen, die mit der Semiloof-Formulierung für dünne Schalen erhalten wurde. Die Übereinstimmung zwischen beiden Modellen ist gut, unter Berücksichtigung, daß die augenblickliche Plastifizierung des Querschnittes in der Semiloof-Formulierung auftritt. In Bild 4.10b ist die Ausbreitung der plastischen Zonen illustriert.

4.5.3 Zylindrische Schalen

Es wird das klassische Beispiel eines zylindrischen Schalendaches, wie in Bild 4.11 gezeigt, das dem Lastfall Eigengewicht unterworfen ist, betrachtet. Der isotrope Fall wird mit vier anisotropen Beispielen verglichen, in denen eine Materialkonstante variiert wird, um die auftretenden Effekte zu betonen. Es wird ein Viertel der Schale mit sechs Elementen diskretisiert. Die Dickenrichtung wird in sechs gleiche Schichten unterteilt. Die folgenden Material- und geometrischen Eigenschaften sind in der Lösung benutzt worden:

Isotropie:

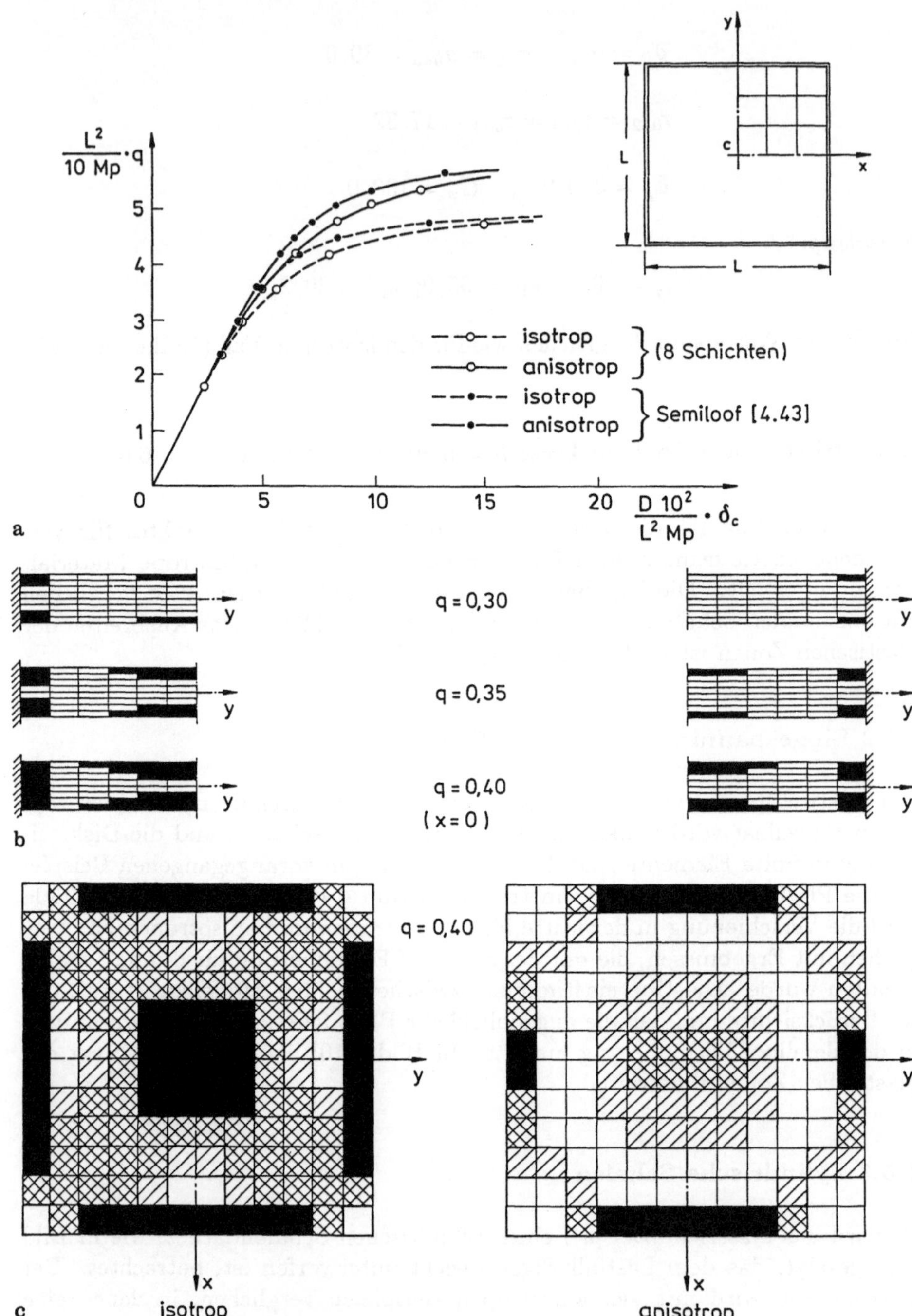

Bild 4.9 Elastisch-plastische Berechnung einer gleichmäßig belasteten,
eingespannten Quadratplatte
(a) Last-Durchbiegungskurve in Plattenmitte
(b) und (c) Ausbreitung der plastischen Zonen

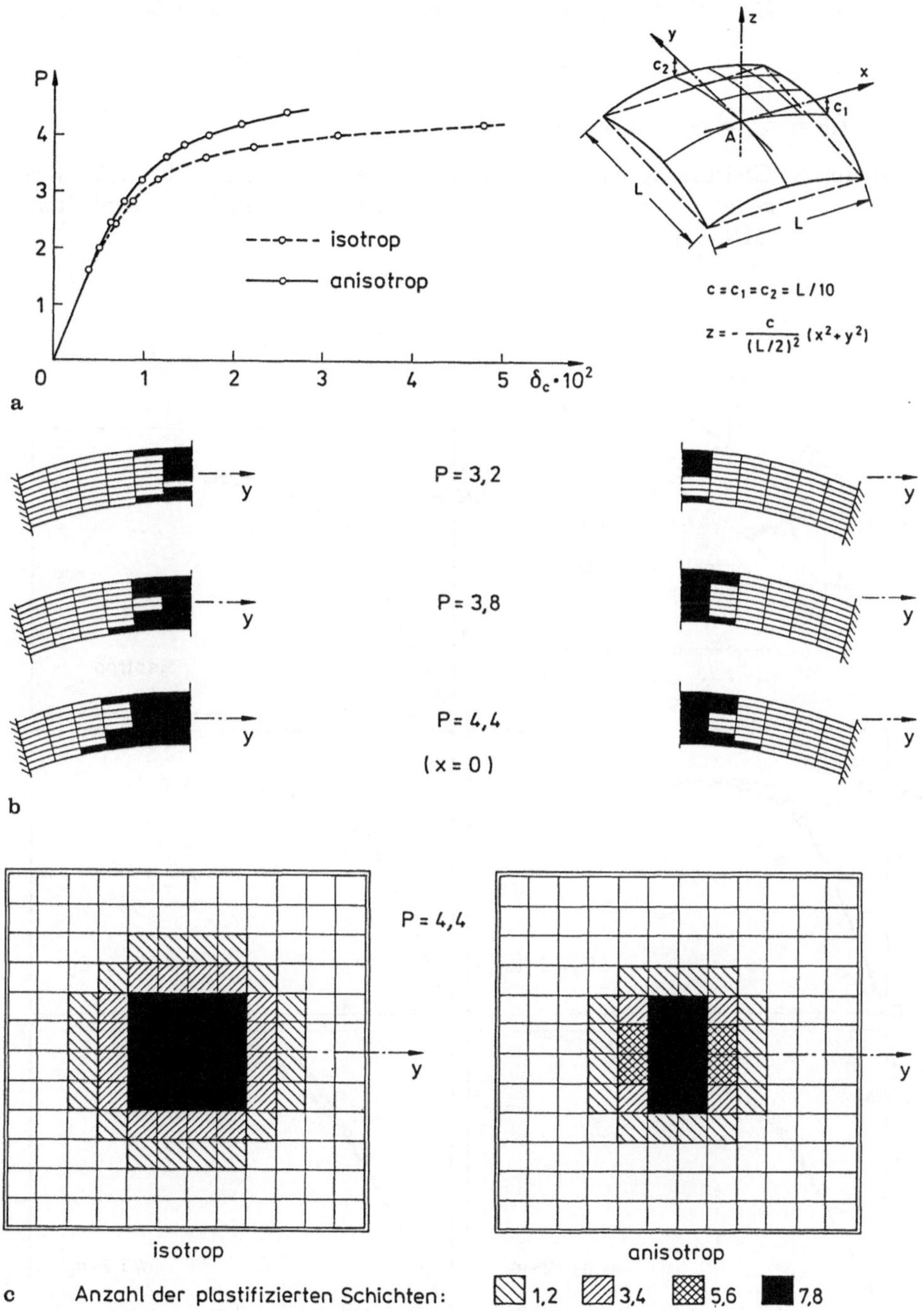

Bild 4.10 Elastisch-plastische Berechnung einer eingespannten quadratischen
Schale unter Punktlast im Mittelpunkt
(a) Last-Durchbiegungskurve im Mittelpunkt
(b) und (c) Ausbreitung der plastischen Zonen

$$E_1 = E_2 = 21,000 \quad ; \quad \nu = 0 \quad ; \quad G_{12} = G_{13} = G_{23} = 10,500;$$

$$\overline{\sigma}_0 = \sigma_1 = \sigma_2 = \sigma_3 = 4,1;$$

$$\tau_{12} = \tau_{13} = \tau_{23} = 2,367; E_p = G_p = 0,0$$

Anisotropie: Gleichzeitig wird nur ein Wert verändert wie in Bild 4.11 angegeben. $L = 7,60; R = 7,60; h = 0,076; \alpha = 40$ Grad (Einheiten: MN, m)

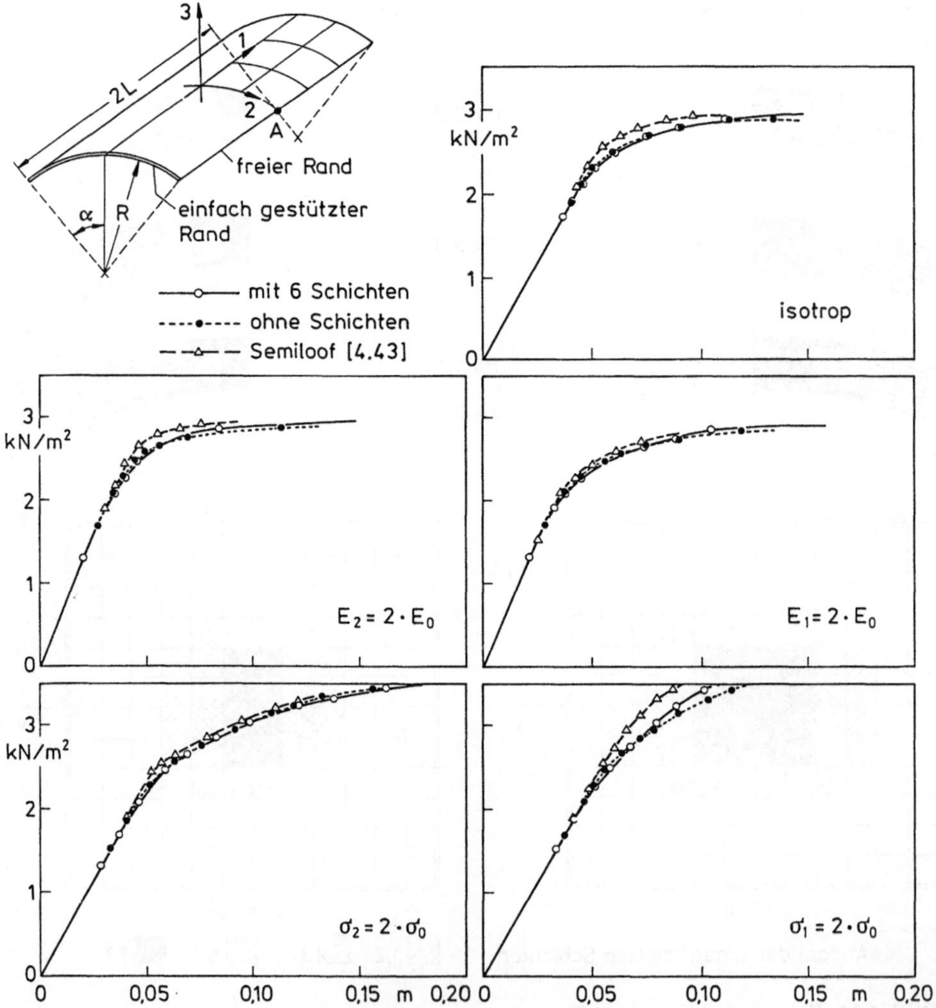

Bild 4.11 Elastisch-plastische Berechnung einer Zylinderschale für verschiedene Anisotropien

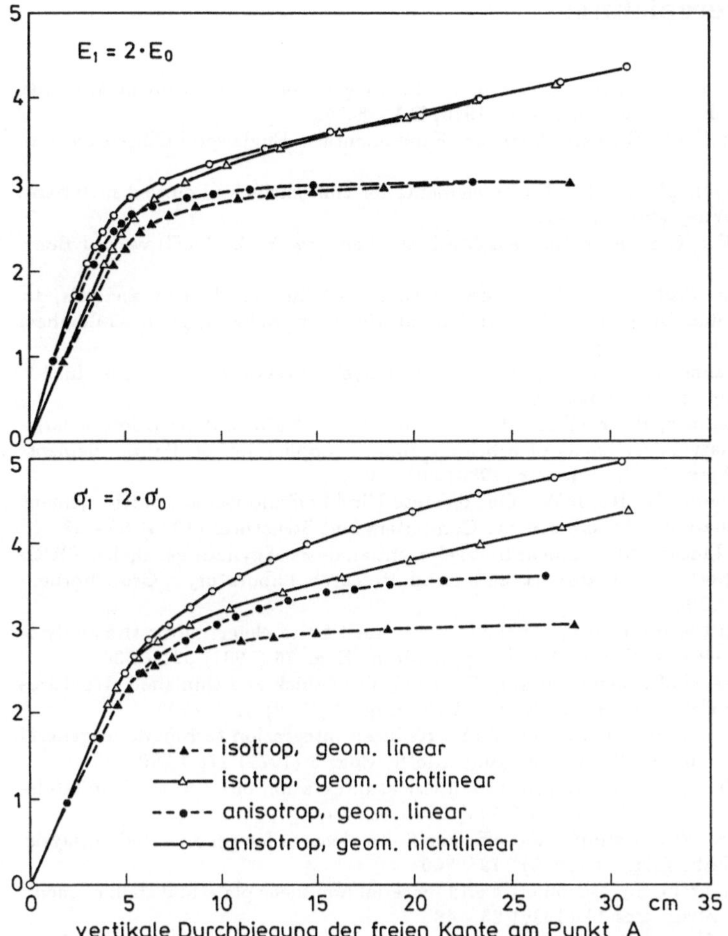

Bild 4.12 Vergleich der Durchbiegungen der Zylinderschale am freien Rand für
lineares und geometrisch nichtlineares Verhalten und für zwei
Anisotropien

In Bild 4.11 wird die vertikale Verschiebung des Mittelpunktes am freien
Rand über die Belastung gezeigt. Ergebnisse des dicken Schalenmodells sowohl für eine ungeschichtete und eine geschichtete Formulierung werden mit
denjenigen der dünnen Schalenformulierung nach Semiloof verglichen.

Lastverschiebungsresultate für zwei anisotrope Fälle, in denen nichtlineare
geometrische Effekte in der Berechnung mitgenommen wurden, sind in Bild 4.12
illustriert. Die zugehörigen Kurven für den isotropen Fall werden auch gezeigt.
Der Einfluß des geometrisch nichtlinearen Verhaltens in der Analyse ist sofort
offensichtlich.

4.6 Literaturverzeichnis

4.1   Gallagher, R.H.: Shell elements. Proc. of World Congress on Finite Element Methods in Struc. Mech. Bournemouth: Dorset 1975, E.1 - E.35

4.2   Gallagher, R.H.: Finite Element Analysis: Fundamentals. Englewood Cliffs:Prentice-Hall 1975

4.3   Ashwell, D.G.; Gallagher, R.H.: Finite elements for thin shells and curved members. London: John Wiley and Sons 1976

4.4   Zienkiewicz, O.C.: The Finite Element Method. 3.ed.New York: McGraw-Hill Book Company 1977

4.5   Gallagher, R.H.: Problems and progress in thin shell fin- ite element analysis, In ed.:Finite Elements for Thin Shells and Curved Members, Ashwell, D.G.; Gallagher, R.H. 1976, 1 - 14

4.6   Backlund, J.; Wennerstrom, H.: Finite element analysis of elasto-plastic shells. Int. J. Num. Meth. Eng. 8 (1974) 415 - 424

4.7   Argyris, J.H.; Balmer, H.; Kleiber, M.; Hindenlang, U.: Natural description of large inelastic deformations for shells of arbitrary shape - application of Trump element. Comp. Meth. Appl. Mech. Eng. 22 (1980) 361 - 389

4.8   Bathe, K.J.; Dvorkin, E.; Ho, L.W.: Our discrete-Kirchhoff and isoparametric element for non-linear analysis - an assessment. Computers and Structures (1983) 89 - 98

4.9   Crisfield, M.A.: Linear and nonlinear finite element analysis of cylindrical shells, TRRL Laboratory Report 987, Transport and Road Research Laboratory. Crowthorne, Berkshire, U.K.: 1981

4.10 Idelsohn, S.: On the use of deep, shallow or flat shell finite elements for the analysis of thin shell structures. Comp. Meth. Appl. Mech. Eng. 26 (1981) 321 - 330

4.11 Ahmad, S.; Irons, B.M.; Zienkiewicz, O.C.: Analysis of thick and thin shell structures by curved finite elements. Int. J. Num. Meth. Eng. 2 (1970) 419 - 451

4.12 Zienkiewicz, O.C.; Taylor, R.L.; Too, J.M.: Reduced integration technique in general analysis of plates and shells. Int. J. Num. Meth. Eng. 3 (1971) 275 - 290

4.13 Pawsey, S.F.; Clough, R.W.: Improved numerical integration of thick shell finite elements. Int. J. Num. Meth. Eng. 3 (1971) 575 - 586

4.14 Kanok-Nukulchai, W.: A simple and efficient finite element for general shell analysis. Int. J. Num. Meth. Eng. 14 (1979) 179 - 200

4.15 Bathe, K.J.; Bolourchi, S.: A geometric and material nonlinear plate and shell element. Computers and Structures 11 (1980) 23 - 48

4.16 Hughes, T.J.R.; Liu, W.K.: Nonlinear finite element analysis of shells: part I, three-dimensional shells. Comp. Meth. Appl. Mech. Eng. 26 (1981) 331 - 362

4.17 Hughes, T.J.R.; Carnoy, E.: Nonlinear finite element formulation accounting for large membrane strains, In (ed.): Nonlinear Finite Element Analysis of Plates and Shells, Hughes, T.J.R., AMD 48 (1981) 193 - 208

4.18 Surana, K.S.: Geometrically nonlinear formulation for the curved shell elements. Int. Num. Meth. Eng. 19 (1983) 581 - 615

4.19 Cormeau, I.: Elastoplastic thick shell analysis by viscoplastic solid finite elements. Int. J. Num. Meths. Eng. 12 (1978) 203 - 227

4.20 Owen, D.R.J.; Figueiras, J.A.: Anisotropic elasto-plastic finite element analysis of thick and thin plates and shells. Int. J. Num. Meth. Eng. 19 (1983) 541 - 566

4.21 Ramm, E.; Sattele, J.M.: Elasto-plastic large deformation shell analysis using degenerated elements, In:Hughes, T.J.R., (ed.): Nonlinear Finite Element Analysis of Plates and Shells. AMD 48 (1948) 265-282

4.22 Parisch, H.: Large displacements of shell including material nonlinearities. Comp. Meth. Appl. Mech. Eng. 27 (1981) 183 - 214

4.23 Owen, D.R.J.; Figueiras, J.A.; Damjanic, F.: Finite element analysis of reinforced and prestressed concrete structures including thermal loading. Comp. Meths. Appl. Mech. Eng. (to be published).

4.24 Pugh, E.D.L.; Hinton, E.; Zienkiewicz, O.C.: A study of quadrilateral plate bending elements with reduced integration. Int. J. Num. Meth. Eng. 12 (1978) 1059 - 1079

4.25   Hinton, E.; Salonen, E.M.; Bicanic, N.: A study of locking phenomena in isoparametric elements, Conf. on the Mathematics of F.E. and Applications II. Brunel Univ.Uxbridge 1975, 436 - 447

4.26   Hughes, T.J.R.; Cohen, M.; Haroun, M.: Reduced and selective integration techniques in the finite element analysis of plates. Nuclear Eng. and Design 46 (1978) 203 - 222

4.27   Parisch, H.: A critical survey of the 9-node degenerated shell element with special emphasis on thin shell applications and reduced integration. Comp. Meths. Appl. Mech. Eng. 20 (1979) 323 - 350

4.28   Lekhnitskii, S.G.: Anisotropic Plates. London: Gordon and Breach 1968

4.29   Reissner, E.; Stavkky, Y.: Bending and stretching of certain types of heterogeneous aelotropic elastic plates. J. Appl. Mech. 28(3), Trans. ASME 83, Ser. E. (1961) 402 - 408

4.30   Whitney, J.M.; Leissa, A.W.: Analysis of heterogeneous anisotropic plates. J. Appl. Mech. 36(2), Trans ASME 91, Ser. E261-266 (1969)

4.31   Reissner, E.: The effect of transverse shear deformation on the bending of elastic plates. J. Appl. Mech. 12(2) Trans. ASME 67 (1945) 69 - 77

4.32   Mindlin, R.D.: Influence of rotary inertia and shear on flexural motions of isotropic, elastic plates. J. Appl. Mech. 18(1) Trans. ASME 73 (1951) 31 - 38

4.33   Pagano, N.J.: Analysis of the flexural test of bidirectional composites. J. Composite Mater. 1 (1967) 336

4.34   Pagano, N.J.: Exact solutions for composite laminates in cylindrical bending. J. Composite Mater. 3 (1969) 398 - 411

4.35   Srinivas, S.: A refined analysis of composite laminates. J. Sound Vib. 30(4) (1973) 495 - 507

4.36   Yang, P.C.; Norris, C.H.; Stavsky, Y.: Elastic wave propagation in heterogeneous plates. Int. J. Solids Struc. 2 (1966) 665 - 684

4.37   Whitney, J.M.; Pagano, N.J.: Shear deformation in heterogeneous anisotropic plates. J. Appl. Mech. 37 (1970) 1031 - 1036

4.38   Chou, P.C.; Carleone, J.: Transverse shear in laminated plate theories. A.I.A.A.J. 11 (1973) 1333 - 1336

4.39   Hill, R.: The Mathematical Theory of Plasticity. Oxford: Clarendon Press 1950

4.40   Hill, R.: A theory of yielding and plastic flow of anisotropic metals. Proc. Roy. Soc. Lond., Ser.A. 193, (1948)

4.41   Hu, L.W.: Studies on plastic flow of anisotropic metals. J. Appl. Mech. (1956)

4.42   Whang, B.: Elasto-plastic orthotropic plates and shells. Proc. Symp. on Applications of F.E.M. in Civil Engineering Vanderbilt Univ. Tennessee: 1969

4.43   Owen, D.R.J.; Figueiras, J.A.: Elasto-plastic analysis of anisotropic plates and shells by the Semiloof element. Int. J. Num. Meth. Eng. 19 (1983) 521 - 539

4.44   Hughes, T.J.R.; Cohen, M.: The heterosis finite element for plate bending. Computers and Structures 9 (1978) 445 - 450

4.45   Onate, E.; Hinton, E.; Glover, N.: Techniques for improving the performance of Ahmad shell elements. Report Nr. C/R/313/78, University of Wales, Swansea

4.46   Whitney, J.M.: The effect of transverse shear deformation on the bending of laminated plates. J. Composite Mater. 3 (1969) 534

4.47   Chow, T.S.: On the propagation of flexural waves in an orthotropic laminated plate and its response to an impulsive load. J. Composite Mater. 5 (1971) 306 - 319

4.48   Owen, D.R.J.; Hinton, E.: Finite Elements in Plasticity: Theory and Practice. Swansea: Pineridge Press 1980

4.49   Lin, T.H.: On the incremental plastic strain vector of metals and composites in Recent Research on Mechanical Behaviour of Solids. Univ. of Tokyo Press 1980, 35 - 43

4.50   Lekhnitskii, S.G.: Theory of Elasticity of an Anisotropic Body. San Francisco: Holder-Day 1963

4.51   Wang, A.S.L.; Chou, P.C.: A comparision of two laminated plate theories. Trans. ASME, Ser. E; J. Appl. Mech. 39(2) (1972) 611 - 613

4.52   Hinton, E.; Owen, D.R.J.: Finite Element Programming. London: Academic Press 1977

4.53   Carnoy, E.: Shell finite elements, Conf.on Structural Dynamics. (Commission of the European Communities) held in Ispra, Italy, 16 - 20 May, 1983

4.54   Fung, Y.C.: Foundations of Solid Mechanics. Inc. Englewood Cliffs:Prentice-Hall 1965

4.55   Bathe, K.J.: Finite Element Procedures in Engineering Analysis. Englewood Cliffs: Prentice-Hall 1982

4.56   Huang, H.C.; Hinton, E.: A new nine node degenerated shell element with enhanced membrane and shear interpolation. Int. J. Num. Meth. Eng. 22 (1986) 73-92

4.57   Huang, H.C.: Implementation of assumed strain degenerated shell elements. Computers and Structures 25 (1987) 147-155

4.58   Huang, H.C.: Membrane locking and assumed strain shell elements. Computers and Structures 27 (1987) 671-677

4.59   Stanley, G.M.: Continuum-based shell elements. Ph. D. thesis, Stanford University, Dep. Applied Mechanics, 1985

5 Tragfähigkeit von Platten und Schalen aus bewehrtem Beton mit geometrischen und physikalischen nichtlinearen Effekten

D.R.J. Owen, J.A. Figueiras

5.1 Einführung

Im letzten Kapitel wurde die numerische Voraussage der Tragfähigkeit von Schalenstrukturen betrachtet, wobei die Materialnichtlinearität in dem klassisch elasto-plastischen Verhalten bestand. In diesem Kapitel werden die Techniken und das Computerprogramm wie zuvor beschrieben auf den speziellen Fall des bewehrten Beton erweitert. Es werden Effekte der geometrischen Nichtlinearität berücksichtigt.

Die Analyse und der Entwurf von bewehrten und vorgespannten Betonstrukturen ist seit fast einem Jahrhundert auf einfache Gleichgewichtsbedingungen und empirische Erfahrungen gegründet. Diese traditionellen Methoden resultieren im allgemeinen in einer sicheren Auslegung, aber sie enthalten Widersprüche und geben kein klares Verständnis des wirklichen, zusammengesetzten Verhaltens des Materials wieder. Heutzutage fahren in vielerlei Hinsicht die Entwurfsregeln fort, auf empirische Näherungen aufzubauen und hängen gravierend von den Resultaten einer beträchtlichen experimentellen Datenmenge ab. Diese Situation trifft auch für das komplexe Verhalten von Bauwerken aus bewehrtem Beton zu. Rißbildung, Zugversteifung, nichtlineare, mehrachsige Materialeigenschaften und ein komplexes Verhalten zwischen Stahl und Beton wurde bislang ignoriert oder nur näherungsweise behandelt. Numerische Methoden und insbesondere die Technik der finiten Elemente gestatten jetzt eine rationelle Analyse dieser Komplexitäten.

Das letzte Jahrzehnt war Zeuge eines schnellen Fortschrittes in dem Gebrauch der finiten Elementmethode für die Analyse von bewehrten Betonstrukturen [5.1 − 5.5]. Es wurden einige numerische Verfahren entwickelt, um hauptsächlich das lokale Verhalten zu studieren, wie z.B. Verbundeffekte, Rißbildung, Schubbewehrung, Dübelwirkung [5.6 − 5.9].

Andere numerische Studien sind auf die Analyse und den Entwurf von Bauwerken gerichtet [5.10 – 5.13]. Das hauptsächliche Ziel liegt in der genauen Voraussage des globalen Deformationsverhaltens und der Tragfähigkeit. Es wird i.a. eine Mittelwertbildung benutzt, um die Rißausbreitung zu simulieren, d.h. die Rißeffekte werden innerhalb eines Kontrollvolumens als verteilt angenommen. Es wird ein gemittelter Schubmodul benutzt, der sowohl Rißeffekte als auch Dübelwirkung berücksichtigt. Zusätzlich wird angenommen, daß ein intakter Verbund zwischen Stahl und Beton vorliegt.

Es wurden umfangreiche experimentelle Untersuchungen angestellt, um das Verhalten und die Grenzlast von ebenen Betonbauteilen unter mehrachsigem Spannungszustand zu charakterisieren [5.14, 5.15]. Eine erhebliche Streuung der Resultate kann beobachtet werden, und in diesem Zusammenhang wurden weitere Studien unternommen, um die prinzipiellen Einflußfaktoren dieser Streuung zu identifizieren [5.16]. Es wurden mehrere Näherungen, basierend auf experimentellen Daten, verwendet, um die konstitutiven Beziehungen des Betons unter einem mehrachsigen Spannungszustand zu repräsentieren. Diese können in die folgenden Gruppen eingeteilt werden:

a) lineare und nichtlineare Elastizitätstheorien [5.17 – 5.20],

b) perfekte und verfestigende Plastizitätstheorien [5.21 – 5.23],

c) endochrone Plastizität,

d) plastische Bruchmechanik [5.25].

Experimente deuten darauf hin, daß die nichtlineare Verformung des Betons hauptsächlich unelastisch ist und deshalb das Spannungsverzerrungsverhalten in einen wiederkehrenden und in einen verlorenen Anteil aufgeteilt werden kann. Die verlorene Verzerrungskomponente kann entweder innerhalb der klassischen Plastizitätstheorie behandelt werden oder mit einem zeitabhängigen visco-plastischen Modell.

In der vorliegenden Arbeit werden sowohl ideale als auch verfestigende Plastizität benutzt, um das Druckverhalten des Betons zu modellieren. Es wird ein duales Kriterium für Fließen und Bruch in Abhängigkeit der Spannungen und Verzerrungen betrachtet, das durch eine Zug-cut-off-Darstellung ergänzt wird. In der finiten Element-Analyse von bewehrten Platten und Schalen aus Beton werden verschiedene Diskretisierungen verwendet. Die Steifigkeit des gerissenen Betonbereiches wird durch eine bilineare Momenten-Krümmungsbeziehung modelliert [5.26], und es werden einfache quadratische Elemente verwendet. Mehrere Forscher benutzten ein geschichtetes Modell um den Beton und die Stahlbewehrung abzubilden und um die Rißausbreitung durch die Betonschichten zu simulieren. Hierbei werden dreieckige Elemente [5.10, 5.21], Reissner-Mindlin-Plattenelemente [5.13, 5.28] und schwach gekrümmte Schalenparallelogrammelemente benutzt [5.11, 5.27]. In der vorliegenden Arbeit werden degenerierte, dicke Schalenelemente mit Diskretisierung in Dik- kenrichtung verwendet. Reduzierte und selektive Integrationsregeln werden benutzt, um das beste Verhalten sowohl für das 8-Knoten-Serendipity als auch für das Heterosis Element zu erhalten. Die Eigenschaften des Betons werden für jede Schicht in Dickenrichtung spezifiziert. Die Stahlbewehrung wird als verschmierte Schicht mit äquivalenter Dicke und anisotropen einachsigen Zug- und Steifigkeitseigenschaften dargestellt.

5.2 Materialmodellierung

In diesem Abschnitt werden die konstitutiven Beziehungen für Beton in einer Form geschrieben, die für die numerische Berechnung geeignet ist. In der vorliegenden Analyse werden sowohl die ideale Plastizität als auch die sich verfestigende Plastizität herangezogen, um das Druckverhalten zu modellieren. Es wird ein duales Kriterium sowohl für Fließen als auch für Bruch in Abhängigkeit der Spannungen und Verzerrungen betrachtet, die durch eine Zug-cut-off-Darstellung ergänzt wird.

5.2.1 Druckverhalten des Betons

Die folgenden drei Bedingungen müssen beim Aufstellen der nichtlinearen Spannungsverzerrungsbeziehungen berücksichtigt werden, die auf der Fließtheorie aufbauen:

a) Das Fließkriterium,

b) Fließ- und Verfestigungsgesetze,

c) Versagen in der Druckzone.

Das Fließkriterium für Beton unter einem dreiachsigen Spannungszustand wird i.a. von den drei Spannungsinvarianten abhängig angenommen [5.29 − 5.31]. Trotzdem wurden praktische Formulierungen entwickelt, die entweder ein [5.10] oder zwei [5.22, 5.32] Spannungsinvarianten besitzen. Eine Abhängigkeit der Fließfunktion von der Hauptspannung I_1 (oder σ_{oct}) und der Schubspannungsinvariante J_2 (oder τ_{oct}) erwies sich für die meisten Fälle als adäquat. Die plastische Volumendilatation in der Nähe des Versagens unter Druckbelastung kann auch in Abhängigkeit der Fließfunktion von der ersten Spannungsinvarianten modelliert werden.

5.2.1.1 Das Fließkriterium

In der vorliegenden Berechnung von dicken Platten und Schalen werden Schubeffekte berücksichtigt. Deshalb muß ein dreiachsiales Fließkriterium benutzt werden. Dieses Kriterium wird in Abhängigkeit der ersten beiden Spannungsinvarianten formuliert. In dieser Definition sind nur zwei Materialparameter involviert

$$f(I_1, J_2) = [\beta(3J_2) + \alpha I_1]^{1/2} = \sigma_0. \tag{5.1}$$

Hierbei bedeuten α und β Materialparameter und σ_0 ist die äquivalente effektive Spannung, die als Druckspannung aus einem einachsialen Versuch gewonnen wird. In Abhängigkeit der Hauptspannungen kann das Fließkriterium ausgedrückt werden zu

$$\beta[(\sigma_1^2 + \sigma_2^2 + \sigma_3^2) - (\sigma_1\sigma_2 + \sigma_1\sigma_3 + \sigma_2\sigma_3)] + \alpha(\sigma_1 + \sigma_2 + \sigma_3) = \sigma_0^2. \tag{5.2}$$

Das Huber-Mises-Fließgesetz wird aus (5.2) dadurch gewonnen, indem $\alpha = 0$ und $\beta = 1$ gesetzt wird.

Der Spannungszustand in dicken Platten und Schalen ähnelt i.a. einem zweiachsialen Zustand, da die Spannung normal zur Mittelfläche ($\sigma_{z'}$) vernachlässigt wird. Aus diesem Grunde ist es vernünftig, die Materialparameter aus geeigneten zweiachsialen Testergebnissen zu gewinnen. Der einachsiale Druckversuch und der zweiachsiale Test mit gleichen Druckspannungen ($\sigma_1 = \sigma_2$) werden zur Definition dieser Konstanten herangezogen. In der Praxis kann zwischen der zweiachsialen Fließspannung f_{cb} und der einachsialen Fließspannung f_c' die Beziehung angenommen werden

$$f_{cb} = 1,16 \; (bis \; 1,20) f_c'. \tag{5.3}$$

In diesen Fällen erscheint die Fließbedingung als Funktion eines einzigen Materialparameters ($\sigma_0 = f_c'$), der die zuverlässigste Konstante ist, um das Betonverhalten zu charakterisieren und leicht aus Experimenten gewonnen wird. Falls die Resultate von Kupfer [5.14] verwendet werden, d.h. $f_{cb} = 1,16 f_c'$, dann erhält man mit (5.2)

$$\alpha = 0,355\sigma_0 \; ,$$

$$\beta = 1,355 \; . \tag{5.4}$$

Gleichung (5.1) kann mit Hilfe der Spannungskomponenten ausgedrückt werden zu

$$f(\sigma) = \{1.355[(\sigma_x^2 + \sigma_y^2 - \sigma_x\sigma_y) + 3(\tau_{xy}^2 + \tau_{xz}^2 + \tau_{yz}^2)]$$

$$+0.355\sigma_0(\sigma_x + \sigma_y)\}^{\frac{1}{2}} = \sigma_0 \; . \tag{5.5}$$

Dieser Ausdruck wird in Bild 5.1 mit den experimentellen Ergebnissen von Kupfer et al. [5.14] im zweiachsialen Spannungsraum verglichen. In der idealen Plastizität wird σ_0 als die Grenzspannung f_c' genommen, die aus einachsialen Druckversuchen erhalten wird. Bis zur effektiven Spannung $\sigma_0 = f_c'$ wird ein elastisches Verhalten unterstellt, anschließend folgt ein ideales plastisches Verhalten bis die Bruchfläche erreicht ist. In dem Verfestigungsmodell wird die Anfangsfließfläche erreicht, wenn die effektive Spannung 30 % der Spitzenspannung f_c' beträgt. Die nachfolgenden Lastflächen $f(\sigma) = \sigma_0(\chi)$ sind Funktionen des Verfestigungsparameters χ, der durch das Verfestigungsgesetz definiert

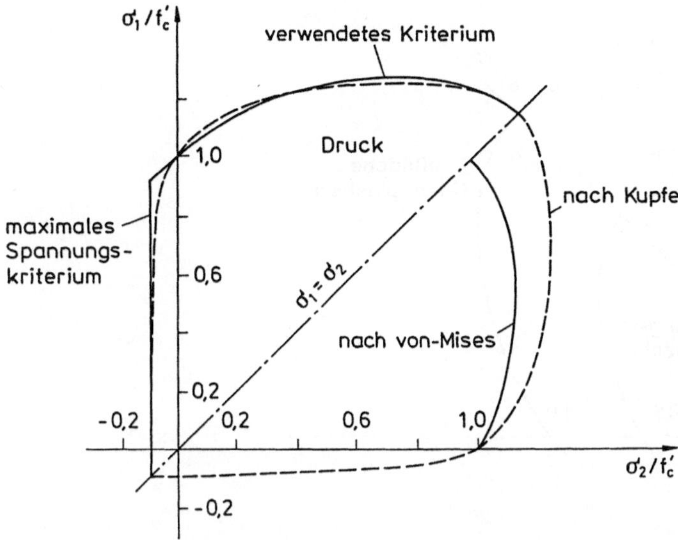

Bild 5.1 Fließkriterien nach Kupfer und von Mises

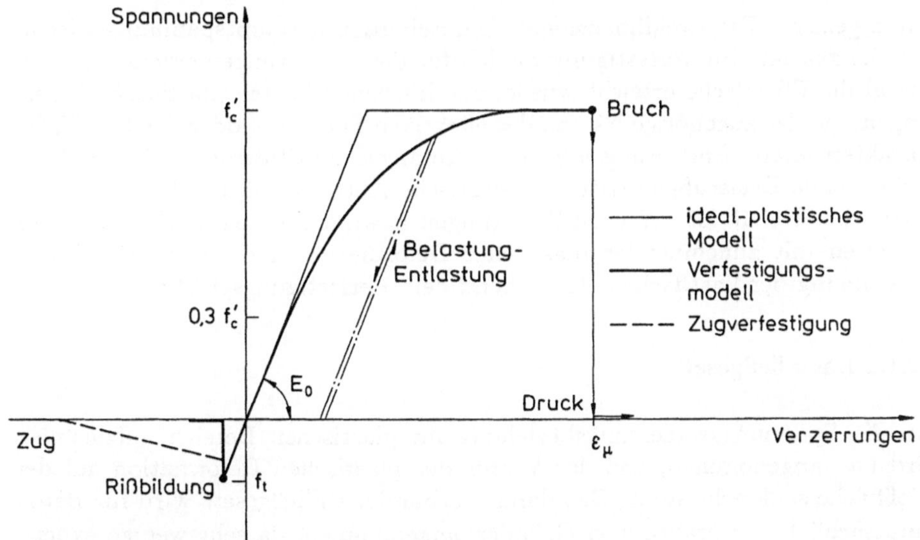

Bild 5.2 Materialgesetz für Beton (σ-ϵ-Diagramm)

wird, das, wie in Abschnitt 5.2.1.3 dargestellt, in Abhängigkeit der effektiven plastischen Verzerrungen ausgedrückt wird. Wenn die effektive Spannung, definiert durch die Fließfunktion, die Grenzspannung f'_c erreicht, wird ideales plastisches Verhalten angenommen, bis die Bruchfläche erreicht wird.

Bild 5.2 illustriert die eindimensionale Darstellung sowohl des ideal plastischen als auch des sich verfestigenden Modells. Zusätzlich wird das Zugver-

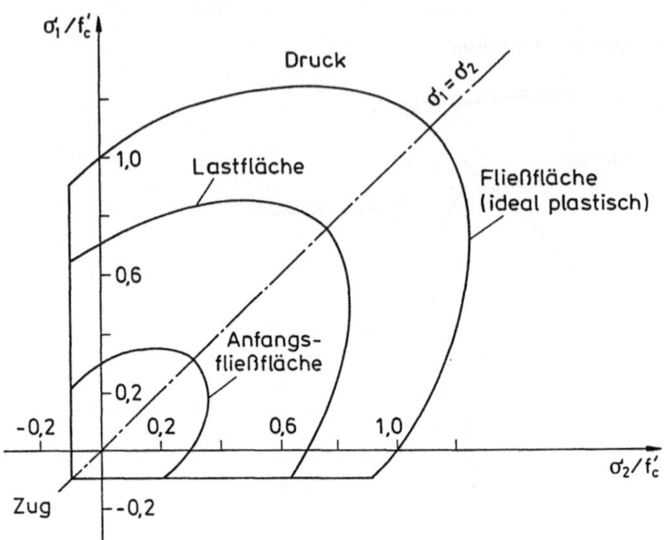

Bild 5.3 Fließkurven für Beton im zweidimensionalen Spannungsraum

halten gezeigt. Die zweidimensionale Darstellung mit Hauptspannungen ist in
Bild 5.3 gezeigt. Im Verfestigungsmodell für die Verzerrungen erzeugen, wenn
einmal die Fließfläche erreicht wurde, anschließende Lasten plastische Verzerrungen, die das zugehörige Niveau der effektiven Spannung oder der Lastfläche
charakterisieren. Entlastung folgt dem Anfangselastizitätsmodul E_0, und für
nachfolgende Belastungen tritt eine elastische Antwort auf, bis die zugehörige
Lastfläche erreicht ist. Weitere Belastungen bewirken ein elastisch-plastisches
Verhalten mit zunehmender plastischer Deformation und einer zugehörigen
Ausdehnung der Lastfläche entsprechend dem Verfestigungsgesetz.

5.2.1.2 Das Fließgesetz

Um die Spannungsverzerrungsbeziehung im plastischen Bereich aufzustellen
wird i.a. angenommen, daß der Vektor der plastischen Deformation auf der
Fließfläche senkrecht steht. Das damit verbundene Fließgesetz wird für Beton
hauptsächlich aus praktischen Gründen angenommen, da sehr wenige experimentelle Beweise erhältlich sind [5.33]. Das plastische Verzerrungsinkrement
wird definiert als [5.34, 5.35]

$$d\varepsilon_{ij}^{p} = d\lambda \frac{\partial f(\sigma)}{\partial \sigma_{ij}} \; ; \tag{5.6}$$

hierbei bedeutet $d\lambda$ eine Proportionalitätskonstante, die die Größe des plastischen Verzerrungsinkrementes bestimmt. Der Gradient $\partial f(\sigma)/\partial \sigma_{ij}$ definiert
die Richtung senkrecht zur Fließfläche. Die momentane Spannungsfunktion
$f(\sigma)$ ist die Fließbedingung bzw. die aufeinanderfolgenden Lastfunktionen in
dem Verzerrungsverfestigungsmodell.

Die Formulierung der elastisch-plastischen konstitutiven Matrix $[D_{ep}]$ folgt der Vorgehensweise wie in Abschnitt 4.3.2 des vorangegangenen Kapitels beschrieben und resultiert in dem gleichen Ausdruck (4.69).

Die Ableitungen der Fließfunktion, die den Fließvektor $\{a\}$ definiert, nehmen den folgenden expliziten Ausdruck für die Fließfläche an:

$$\{a\}^T = [\frac{\partial f}{\partial \sigma_x}, \frac{\partial f}{\partial \sigma_y}, \frac{\partial f}{\partial \tau_{xy}}, \frac{\partial f}{\partial \tau_{xz}}, \frac{\partial f}{\partial \tau_{yz}}] \ ,$$

$$a_1 = \frac{\partial f}{\partial \sigma_x} = c + [2(c^2 + \beta)\sigma_x + (2c^2 - \beta)\sigma_y]/\text{const} \ , \qquad (5.7)$$

$$a_2 = \frac{\partial f}{\partial \sigma_y} = c + [2(c^2 + \beta)\sigma_y + (2c^2 - \beta)\sigma_x]/\text{const} \ ,$$

$$a_3 = \frac{\partial f}{\partial \tau_{xy}} = 6\beta\tau_{xy}/\text{const} \ ,$$

$$a_4 = \frac{\partial f}{\partial \tau_{xz}} = 6\beta\tau_{xz}/\text{const} \ ,$$

$$a_5 = \frac{\partial f}{\partial \tau_{yz}} = 6\beta\tau_{yz}/\text{const} \ , \qquad (5.8)$$

mit $c = \alpha/2\sigma_0$ (=0,1775 für die Ergebnisse von Kupfer) und mit den zuvor definierten Materialparametern α und β und

$$\text{const} = 2[(c^2 + \beta)\sigma_x^2 + (c^2 + \beta)\sigma_y^2 + (2c^2 - \beta)\sigma_x\sigma_y$$

$$+ 3\beta(\tau_{xy}^2 + \tau_{xz}^2 + \tau_{yz}^2)]^{\frac{1}{2}} \ . \qquad (5.9)$$

5.2.1.3 Verfestigungsgesetz

Das Verfestigungsgesetz definiert die Bewegung der aufeinanderfolgenden Fließflächen (Lastflächen) während der plastischen Deformation. Es bestimmt die Beziehung zwischen der Lastfläche $f(\sigma, \chi)$ (effektive Spannung) und der akkumulierten plastischen Verzerrung (oder effektive plastische Verzerrung). Das Konzept der effektiven Spannung und der effektiven plastischen Verzerrung ermöglicht, daß aus einem einfachen einachsialen Versuch auf einen mehrachsialen Zustand extrapoliert werden kann. Hier wird der Zusammenhang zwischen effektiver Spannung und effektiver plastischer Verzerrung aus der einachsialen Spannungsverzerrungsbeziehung extrapoliert, indem die konventionelle "Madrid-Parabel" benutzt wird

$$\sigma = E_0\varepsilon - \frac{1}{2}\frac{E_0}{\varepsilon_0}\varepsilon^2 \qquad (5.10)$$

mit

$E_0 = $ Anfangselastizitätsmodul

ε = gesamte Verzerrung

ε_0 = die gesamte Verzerrung bei der Spitzenspannung f_c'.

Einsetzen der elastischen Verzerrung $\varepsilon_e = \sigma/E_0$ in (5.10) liefert

$$\sigma = -E_0\varepsilon_p + \sqrt{2E_0^2\varepsilon_0\varepsilon_p} \quad ; \quad 0.3f_c' < \sigma \leq f_c' \, , \tag{5.11}$$

wobei ε_p die plastische Verzerrung bedeutet; ε_0 kann für Beton $= 2f_c'/E_0$ gesetzt werden. Gebraucht man die effektive plastische Verzerrung in Ausdruck (5.11), so erhält man das effektive Spannungsniveau $\sigma = \sigma_0$, das die momentane Position der Lastfläche definiert.

5.2.1.4 Die Bruchhypothese

Der Bruch des Betons ist ein Phänomen, das von den Verzerrungen kontrolliert wird. Das Fehlen von experimentellen Daten über die maximal mögliche Deformationskapazität des Betons unter einem mehrachsigen Spannungszustand führt zu einem geeigneten Verzerrungskriterium, das dadurch erhalten wird, indem einfach das Fließkriterium, ausgedrückt in Spannungen, in Verzerrungen ausgedrückt wird. Somit erhält man

$$\beta(3J_2') + \alpha I_1' = \varepsilon_u^2 \, . \tag{5.12}$$

Hierbei bedeuten I_1' und J_2' Verzerrungsinvarianten [5.32] und ε_u ist die totale, maximale Verzerrung, die aus einem einachsigen Versuch extrapoliert wird. Werden die Materialparameter α und β benutzt, die aus den Resultaten von Kupfer [5.14] gewonnen werden, so wird die Bruchbedingung in Abhängigkeit der Verzerrungskomponenten ausgedrückt zu

$$1.355[(\varepsilon_x^2 + \varepsilon_y^2 - \varepsilon_x\varepsilon_y) + 0.75(\gamma_{xy}^2 + \gamma_{xz}^2 + \gamma_{yz}^2)]$$

$$+0.355\varepsilon_u(\varepsilon_x + \varepsilon_y) = \varepsilon_u^2 \, . \tag{5.13}$$

Wenn ε_u den als Grenzverzerrung bezeichneten Wert erreicht, wird für das Material angenommen, daß sämtliche Charakteristiken für Spannungen und Steifigkeiten verlorengehen.

5.2.2 Zugverhalten des Betons

Das Verhalten des Betons gegenüber Zugspannungen wird als linear elastisch angenommen bis die Bruchfläche erreicht ist und wird durch die isotrope Version der Beziehungen des vorangegangenen Kapitels (4.4.24 − 4.4.26) charakterisiert. Der Zug-, Bruchzustand oder Rißbildung wird durch das maximale Zugspannungskriterium (tension cut-off) bestimmt. Es wird angenommen, daß die Risse in Ebenen auftreten, die senkrecht zur Richtung der maximalen Hauptzugspannung stehen, sobald diese Spannung die spezifizierte Betonzugspannung f'_t erreicht. Um weitere Komplexitäten zu vermeiden, wird angenommen, daß die Risse nur in Ebenen auftreten, die senkrecht zur Mittelfläche (x'-y'-Ebene) stehen. Nachdem Rißbildung eingetreten ist, wird der Elastizitätsmodul und die Querkontraktion in der Richtung auf Null reduziert, die senkrecht zur Rißebene steht, und es wird ein reduzierter Schubmodul verwendet. Nimmt man 1 und 2 als die beiden Hauptrichtungen in der Mittelfläche an, so erscheint die Spannungsverzerrungsbeziehung für gerissenen Beton in 1-Richtung in der Form

$$
\begin{bmatrix} \sigma_1 \\ \sigma_2 \\ \tau_{12} \\ \tau_{13} \\ \tau_{23} \end{bmatrix} = \begin{bmatrix} 0 & 0 & 0 & 0 & 0 \\ 0 & E & 0 & 0 & 0 \\ 0 & 0 & G^c_{12} & 0 & 0 \\ 0 & 0 & 0 & G^c_{13} & 0 \\ 0 & 0 & 0 & 0 & \frac{5G}{6} \end{bmatrix} \begin{bmatrix} \varepsilon_1 \\ \varepsilon_2 \\ \gamma_{12} \\ \gamma_{13} \\ \gamma_{23} \end{bmatrix} . \qquad (5.14)
$$

Wenn die Zugspannung in 2-Richtung den Wert f'_t erreicht, so wird angenommen, daß eine zweite Rißebene senkrecht zur ersten entsteht, und die Spannungsverzerrungsbeziehung erscheint in der Gestalt

$$
\begin{bmatrix} \sigma_1 \\ \sigma_2 \\ \tau_{12} \\ \tau_{13} \\ \tau_{23} \end{bmatrix} = \begin{bmatrix} 0 & 0 & 0 & 0 & 0 \\ 0 & 0 & 0 & 0 & 0 \\ 0 & 0 & G^c_{12/2} & 0 & 0 \\ 0 & 0 & 0 & G^c_{13} & 0 \\ 0 & 0 & 0 & 0 & G^c_{23} \end{bmatrix} \begin{bmatrix} \varepsilon_1 \\ \varepsilon_2 \\ \gamma_{12} \\ \gamma_{13} \\ \gamma_{23} \end{bmatrix} . \qquad (5.15)
$$

Der gerissene Beton ist anisotrop. Diese Beziehungen müssen in die Referenzebene x'-y' transformiert werden.

In der Bemessung und Entwurf von Platten und Schalen aus bewehrtem Beton besteht an der Zugspannung des Betons, die relativ gering und unzuverlässig ist, kein direktes Interesse, sondern am Einfluß der gerissenen Betonzonen auf das Verhalten der Struktur. Aus diesem Grunde ist für die finite Elemente Formulierung eine vereinfachte Mittelwertbildung geeigneter. Es wird eine verschmierte Verteilung des gerissenen Betons angenommen, die beinhaltet, daß die Risse innerhalb eines finiten Elementbereiches nicht diskret sondern verteilt sind.

5.2.2.1 Zugverfestigung

Infolge von Verbundeffekten überträgt der gerissene Beton zwischen den Rissen ein gewisses Maß an Zugkraft senkrecht zu den Rißebenen. Der Beton haftet an der Eisenbewehrung und trägt zu der Gesamtsteifigkeit der Struktur bei [5.37]. Es wurden mehrere Annahmen, die auf experimentellen Ergebnissen gründen, getroffen, um dieses Verhalten der Zugsteifigkeit zu simulieren [5.13, 5.21, 5.36, 5.38]. In dieser Arbeit wird ein allmähliches Nachlassen der Spannungskomponente des Betons senkrecht zur Rißebene (siehe Bild 5.4) unterstellt. Die Last-

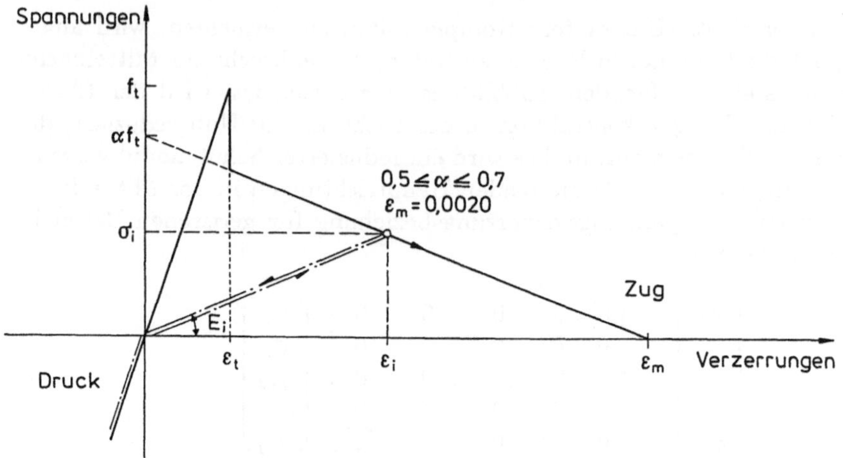

Bild 5.4 Verhalten des Betons im gerissenen Zustand bei Belastung und unter Entlastung mit Zugverfestigung

aufbringung und Entlastung des gerissenen Betons ist ebenfalls in Bild 5.4 illustriert. Es wird angenommen, daß das Entlasten und die Wiederbelastung des gerissenen Betons dem linearen Verhalten folgt, das durch einen fiktiven Elastizitätsmodul E_i gegeben ist gemäß

$$E_i = \alpha f_t'(1 - \varepsilon_1/\varepsilon_m)/\varepsilon_i, \quad \varepsilon_t \leq \varepsilon_i \leq \varepsilon_m \ . \tag{5.16}$$

Hierbei bedeuten α und ε_m Zugparameter (siehe Bild 5.4); ε_i ist der maximale Wert, der am betrachteten Punkt von der Zugverzerrung erreicht wird. Falls die Risse schließen, d.h. falls die Verzerrungskomponente senkrecht zur Rißebene negativ wird, erlangt der Beton in der zugehörigen Richtung das ungerissene Verhalten, aber die Rißrichtung und die maximale Zugverzerrung sind gespeichert. Der Wert ε_i kann sofort modifiziert werden, um die Störung des Verbundes während der Wiederbelastung zu simulieren. Die Normalspannung σ_1 (oder σ_2) wird aus folgendem Ausdruck (siehe Bild 5.4) erhalten

$$\sigma_1 = \alpha f_t'(1 - \varepsilon_1/\varepsilon_m), \quad \varepsilon_t \leq \varepsilon_1 \leq \varepsilon_m \tag{5.17}$$

oder

$$\sigma_1 = \sigma_i \varepsilon_1/\varepsilon_i, \quad falls \quad \varepsilon_1 < \varepsilon_i \ , \tag{5.18}$$

wobei ε_1 die momentane Zugverzerrung in Materialrichtung 1 ist.

Eine Modellabbildung mit Schichten wird zur Diskretisierung der Struktur über die Dicke benutzt. Für jede Schicht können verschiedene Materialeigenschaften spezifiziert werden. Ein modifiziertes Zugsteifigkeitsdiagramm kann für diejenigen Schichten verwendet werden, die von der Eisenbewehrung relativ weit entfernt sind. Insbesondere können Zugversteifungseffekte

($\alpha = 0$ für $0 < \varepsilon_m < \varepsilon_t$) in Schichten vernachlässigt werden, in denen das Eisen infolge der besonderen Anordnung der Bewehrung keinen Beitrag zur Zugspannung leistet. Der Wert f_t' sollte als Bruchmodul des Betons genommmen werden. Dieser Modul kann mit der einachsialen Druckspannung [5.58] verknüpft werden zu

$$f_r = 0.62(f_c')^{\frac{1}{2}} \ . \tag{5.19}$$

Experimentelle Versuche zeigen jedoch eine große Streuung für diese Koeffizienten. Der Zugkoeffizient α in Bild 5.4 wird mit 0,5, 0,6 oder 0,7 in Abhängigkeit des prozentualen Eisenanteils in dem Querschnitt gleichgesetzt. Jedoch ändert sich das Verhalten der Struktur mit Variation dieses Parameters nur geringfügig, sodaß ein konstanter Wert für $\alpha = 0,6$ verwendet werden sollte. Für die Zugverfestigungskonstante ε_m wird ein fester Wert von 0,002 benutzt.

5.2.2.2 Schubmodul im gerissenen Zustand

Experimente deuten an, daß über die rauhe Oberfläche des gerissenen Betons ein beträchtlicher Betrag von Schubspannungen übertragen werden kann [5.39–5.51]. Die Dübelwirkung der Bewehrung trägt ebenfalls zur Schubübertragung über die Risse bei [5.39]. Diese Versuche zeigen, daß die primäre Variable bei der Übertragung des Schubes die Rißbreite ist, obwohl Bauteilabmessungen, Eisenanteil und Bewehrungsdurchmesser auch einen Einfluß ausüben. Eine übliche Vorgehensweise, um Verbund und Dübelwirkung in einem verschmierten Bruchmodell zu berücksichtigen, besteht in der Zuweisung eines geeigneten Wertes für den gerissenen Schubmodul G^c[5.7, 5.11]. Hier wird eine Näherung ähnlich zu [5.7] verwendet, in der der Schubmodul im gerissenen Zustand als Funktion der momentanen Zugverzerrung angenommen wird. Für gerissenen Beton in 1-Richtung gilt

$$G_{12}^c = 0.25 * G(1 - \varepsilon_1/0.04); \quad G_{12}^c = 0 \ , \qquad \text{falls} \qquad \varepsilon_1 \geq 0.004$$

$$G_{13}^c = G_{12}^c \ ,$$

$$G_{23} = \frac{5G}{6} \ , \tag{5.20}$$

wobei G der Schubmodul im gerissenen Zustand und ε_1 die Zugverzerrung in 1-Richtung sind. Für in beiden Richtungen gerissenen Beton gilt

$$
\begin{aligned}
G_{13}^c &= 0.25 * G(1 - \varepsilon_1/0.004); & G_{13}^c &= 0 \ , & \text{falls} \quad \varepsilon_1 &\geq 0.004 \\
G_{23}^c &= 0.25 * G(1 - \varepsilon_2/0.004); & G_{23}^c &= 0 \ , & \text{falls} \quad \varepsilon_2 &\geq 0.004 \\
G_{12}^c &= 0.5 * G_{13}^c; \quad \text{oder} & G_{12}^c &= 0.5 * G_{23}^c \ , & \text{falls} \quad G_{23}^c &< G_{13}^c \ .
\end{aligned}
\tag{5.21}
$$

Schließen sich die Risse, so wird der Schubmodul G wieder in der zugehörigen Richtung benutzt.

5.2.3 Verhalten des Eisens unter Zug und Druck

Die Bewehrung wird als Stahlschicht mit äquivalenter Dicke abgebildet. Jede Stahlschicht zeigt einachsiales Verhalten, das nur die Zugkraft in Bewehrungsrichtung aufnehmen kann. Eine bilineare oder trilineare Idealisierung kann angenommen werden, um die elasto-plastische Spannungsverzerrungsbeziehung zu modellieren. Die grundlegenden Beziehungen für einachsiales elastisches-plastisches Verhalten und die zugehörige numerische Formulierung kann in [5.34] gefunden werden.

5.3 Finite Elemente Lösung

Es werden die gleichen degenerierten Schalenelemente, wie in dem vorangegangenen Kapitel beschrieben, in der vorliegenden Berechnung für bewehrte Betonstrukturen benutzt. Das 8-Knoten-Serendipity und das Heterosis Element mit hierarchischer Formulierung für den neunten Knoten [5.43] werden mit reduzierter und selektiver Integration verwendet, um die numerische Integration der Elementmatrizen durchzuführen. Es wird ein Schichtmodell verwendet, um die Stahlbewehrung abzubilden und um das Verhalten des Betons über die Dicke zu diskretisieren. Die Eisenbewehrung wird als verschmierte Schicht mit äquivalenter Dicke und mit anisotroper einachsialer Spannung und Steifigkeitseigenschaften behandelt. Sowohl das Druckverhalten des Betons ebenso wie die Rißbildung wird analysiert und auf jede Schicht und für jeden Gauss-Punkt abgebildet. Um die Eingabedaten zu vereinfachen und um mit variabler Dicke zu arbeiten, wird die Schichtdicke in Abhängigkeit der normalisierten Koordinate ζ definiert.

Geometrische Nichtlinearitäten können eine bedeutende Rolle im Verhalten von bewehrten Betonbalken, Betonplatten und -schalen spielen [5.4, 5.56, 5.57]. Sogar für relativ kleine Durchbiegungen (0,05 * Dicke) kann die Betrachtung des nichtlinearen geometrischen Verhaltens unerläßlich sein, um eine korrekte Strukturantwort und Versagenslast zu erhalten. Mißachtung der geometrischen Nichtlinearität kann entweder in einer Versteifung oder in einem Steifigkeitsabfall der Struktur resultieren in Abhängigkeit des besonderen Problems. Hier wird die totale Lagrange-Formulierung benutzt, die auf den vereinfachten Ausdrücken der von-Karman-Verzerrung aufbaut, wie in Abschnitt 4.3.3 des vorangegangenen Kapitels beschrieben.

Zur numerischen Lösung wird der allgemeine nichtlineare Algorithmus, wie in Abschnitt 4.3.1 des vorangegangenen Kapitels aufgeführt, benutzt. Für die vorliegende Anwendung werden die wesentlichen Schritte nachfolgend detailliert geschildert.

Zu Beginn des n-ten Lastinkrementes sind die Verschiebungen $\{a\}^{n-1}$ und die Spannungen $\{\sigma\}^{n-1}$ bekannt, ebenso wie die noch nicht im Gleichgewicht befindlichen Knotenkräfte $\{\psi\}^{n-1}$, die aus der vorhergehenden Laststufe resultieren. Die inkrementellen Knotenkräfte werden berechnet nach

$$\{\psi_0\}^n = \{\psi\}^{n-1} + \{\Delta f\}^n \ , \tag{5.22}$$

wobei $\{\psi\}^{n-1}$ das Residuum der vorhergehenden Laststufe ist, und $\{\Delta f\}^n$ ist das n-te Lastinkrement. Folglich besteht der iterative Prozeß in folgenden Schritten:

1. Die Steifigkeitsmatrix $[K]$ wird neu aufgestellt oder nicht, entsprechend dem Lösungsalgorithmus.

2. Die inkrementellen Verschiebungen $\{\Delta a\}_i$ werden aus den Gleichgewichtsbedingungen ermittelt

$$\{\Delta a\}_i = -[K]^{-1}\{\psi\}_{i-1} \ , \tag{5.23}$$

wobei $\{\psi\}_{i-1}$ die noch nicht im Gleichgewicht befindlichen Knotenkräfte sind, die aus der vorhergehenden Iteration resultieren. Der gesamte Verschiebungsvektor $\{a\}_i$ wird dann modifiziert zu

$$\{a\}_i = \{a\}_{i-1} + \{\Delta a\}_i \ , \tag{5.24}$$

3. Die inkrementellen Verzerrungen $\{\Delta\varepsilon\}_i$ und die gesamten Verzerrungen $\{\varepsilon\}_i$ werden berechnet gemäß

$$\{\Delta\varepsilon\}_i = [B] \, \{\Delta a\}_i \ , \tag{5.25}$$

$$\{\varepsilon\}_i = [B'] \, \{a\}_i \ , \tag{5.26}$$

wobei $[B]$ und $[B']$ die in Abhängigkeit von $\{a\}_i$ erneuerten Verzerrungsmatrizen sind. Man beachte, daß $[B]$ und $[B']$ der Anfangsverzerrungsmatrix $[B_0]$ gleich sind, falls das nichtlineare geometrische Verhalten nicht betrachtet wird.

4. Die inkrementellen Spannungen $\{\Delta\sigma\}_i$ und die totalen Spannungen $\{\sigma\}_i$ werden ermittelt zu

$$\{\Delta\sigma\}_i = [D] \, \{\Delta\varepsilon\}_i \qquad , \tag{5.27}$$

$$\{\sigma\}_i = \{\sigma\}_{i-1} + \{\Delta\sigma\}_i \ , \tag{5.28}$$

wobei als Elastizitätsmatrix $[D]$ eingesetzt wird

- entweder die Elastizitätsmatrix des ungerissenen Betons oder die zugehörige Matrix des gerissenen Betons für die einzelnen Betonschichten,

- oder die Elastizitätsmatrix für die Stahlbewehrung.

5. Die Spannungen werden korrigiert entsprechend den konstitutiven Gleichungen:

a. Betonschichten
* Mit der totalen Spannung $\{\sigma\}_i$ wird die maximale Hauptspannung σ_1, die in der Mittelfläche wirkt, berechnet.
* Falls $\sigma > f'_t$ oder, falls der Beton schon gerissen ist, werden die Spannungen entsprechend der Modellierung im Zugbereich nach Abschnitt 4.2.2.1 modifiziert.
* Mit $\{\sigma\}_i$ oder den Spannungen, die im vorhergehenden Schritt korrigiert wurden, wird die effektive Spannung $\bar{\sigma}$ berechnet (entsprechend der Fließfunktion).
* Falls $\bar{\sigma}$ größer als die Anfangsfließspannung ist oder falls Fließen in der Schicht schon stattgefunden hat, werden die Spannungen entsprechend dem elastisch-plastischen Verhalten korrigiert.

b. Stahlschichten
* Mit Hilfe der totalen Spannung $\{\sigma\}_i$ werden die Spannungen σ_s in der Bewehrungsrichtung erhalten.
* Falls σ_s größer als die Fließspannung f_y des Stahles ist, oder in der Schicht schon Fließen eingetreten ist, werden die Spannungen als elastisch-plastisch behandelt.

6. Die äquivalenten inneren Knotenkräfte $\{p\}_i$ werden mit numerischer Integration berechnet zu

$$\{p\}_i = \int_V [B]^T \{\sigma\}_i \, \mathrm{dV} \, , \qquad (5.29)$$

wobei $\{\sigma\}_i$ die Komponenten der totalen Spannung sind, die entsprechend den konstituiven Gleichungen korrigiert wurden.

7. Die nicht im Gleichgewicht stehenden Kräfte $\{\psi\}_i$ werden berechnet nach

$$\{\psi\}_i = \{f\} - \{p\}_i \, , \qquad (5.30)$$

wobei $\{f\}$ der momentane äußere Knotenkraftvektor ist.

8. Die Konvergenz dieses Prozesses wird überprüft:
* Falls Konvergenz eingetreten ist, gehe zum nächsten Lastinkrement über.
* Falls das Konvergenzkriterium nicht befriedigt ist, starte den Iterationszyklus mit Schritt 1 erneut.

Nachfolgend werden die Größe des Lastinkrements, der Lösungsalgorithmus und das Konvergenzkriterium, das für eine effiziente numerische Lösung notwendig ist, diskutiert.

Lastinkrement :

Um die gesamte Deformationsantwort der Struktur bis zur Versagenslast zu ermitteln, ist der Gebrauch einer inkrementellen Vorgehensweise erfor-

derlich, in der eine sinnvolle Anzahl von Lastinkrementen benutzt wird,
da die Lösungen im allgemeinen schrittweitenabhängig sind. Es wurden
vergleichende Berechnungen, in denen das Lastinkrement variiert wurde,
durchgeführt. Es wurde beobachtet, daß das Lastinkrement für die Ver-
schiebungsantwort kein kritischer Parameter ist, vorausgesetzt, daß ein geeigneter Lösungsalgorithmus verwendet wird.

Im allgemeinen liegt die Größe des Lastinkrements in einem Bereich zwischen 0,1 und 0,2 der Bruchlast. Jedoch haben Werte des Lastinkrements
von ungefähr 0,5 der Bruchlast in einigen Fällen vernünftige Ergebnisse er-
bracht. In Strukturen mit geringer Bewehrung sollten feine Lastinkremente
während der ersten Rißausbreitung benutzt werden.

Um die Versagenslast innerhalb enger Grenzen zu ermitteln, muß die
Größe des Lastinkrements verfeinert werden, wenn die Struktur sich dem
Versagen nähert. In diesem Zusammenhang ist der Gebrauch der Restart-
Möglichkeiten, die in dem Programm vorhanden sind, besonders nützlich.

Lösungsalgorithmus :

Im Abschnitt 4.3.1 des vorangegangenen Kapitels wurde auf das inkrementelle, iterative modifizierte Verfahren von Newton-Raphson detailliert hingewiesen. Im allgemeinen wird die tangentiale Steifigkeitsmatrix für die zweite
Iteration eines jeden Lastinkrements erneut berechnet. Jedoch, um die Sta-
bilität der Lösung zu verbessern, wird die Steifigkeitsmatrix an Stellen innerhalb eines Lastinkrements berechnet, wenn eine Änderung der Materialeigenschaften eine lokale Steifigkeitszunahme bedeutet. Diese Berechnungen
müssen während des ersten Ausbreitens der Rißbildung und ebenso in der
Nähe der Versagenslast häufiger durchgeführt werden.

Konvergenzkriterium :

Es ist ein Konvergenzkriterium erforderlich, um den Iterationszyklus zu beenden, wenn die Lösung als genügend genau angesehen wird. In dem vorhergehenden Kapitel wurde ein Kriterium, das auf den nicht im Gleichgewicht
befindlichen Knotenkräften basierte, herangezogen. In der Berechnung von
Strukturen aus bewehrtem Beton dürfte dieses Konvergenzkriterium jedoch
nicht das geeigneteste sein, da die Nichtgleichgewichtskräfte oft Gruppen
bilden [5.4.], die auf das gesamte Verhalten der Struktur keinen großen Einfluß ausüben. Somit konvergiert die Lösung nicht monoton. Aus diesem
Grunde sind Konvergenzkriterien sowohl in Abhängigkeit der Nichtgleichgewichtskräfte als auch in Abhängigkeit von inkrementellen Knotenverschiebungen besser geeignet. Jedoch wird der alleinige Gebrauch eines Ver-
schiebungskonvergenzkriteriums, in dem Verschiebungen und Rotationen
getrennt überprüft werden, in den meisten numerischen Beispielen favorisiert.

Zusammen mit dem Konvergenzkriterium muß eine Konvergenzschran-

Tabelle 5.1 Flußdiagramm des Programmes CONSHELL

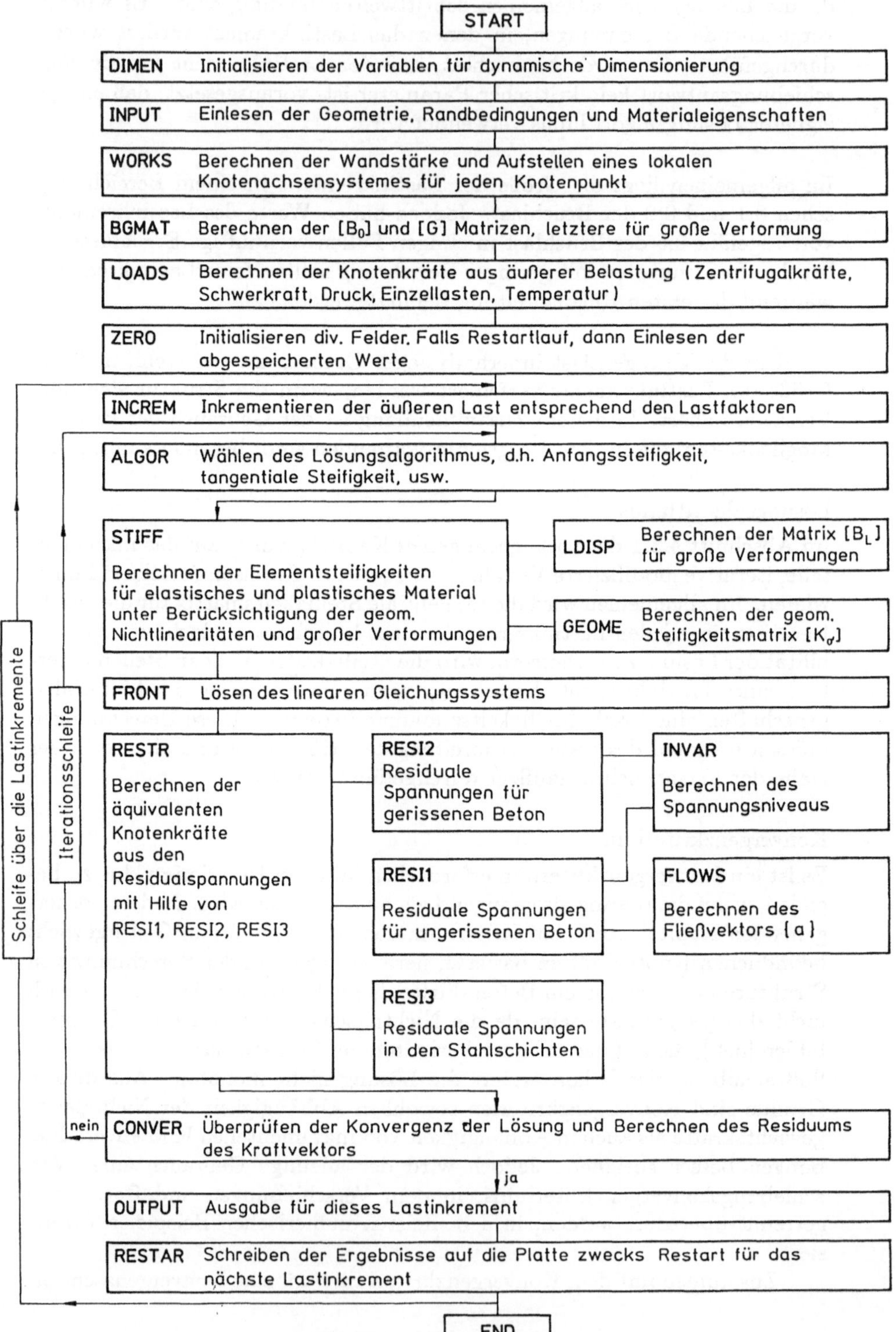

ke spezifiziert werden, die angibt, daß die Ergebnisse konvergieren. Aus zu engen Schranken können zu hohe Kosten für die numerische Lösung und unnötige Genauigkeiten resultieren. Andererseits können ungenaue Lösungen erhalten werden, falls die Schranken zu groß gewählt werden. Konvergenzschranken, die zwischen 0,1 und 1% variieren, sind in den hier analysierten Problemen benutzt worden. Vergleichende Studien deuten an, daß eine Toleranz von 2,5% im allgemeinen für praktische Zwecke ausreicht.

Es wird eine maximale Anzahl von Iterationen für jedes Lastinkrement spezifiziert, um die nichtlineare Lösung zu beenden, falls in der Zwischenzeit die Konvergenzschranke nicht erreicht wurde. Es wurde beobachtet, daß eine maximale Anzahl von ungefähr 15 Iterationen im allgemeinen ausreicht, um die Divergenz der Lösung aufzuzeigen, vorausgesetzt, daß der geeigneteste Lösungsalgorithmus benutzt wurde. Die maximale Anzahl von Iterationen hängt offensichtlich auch von der Problemstellung ab und von der spezifizierten Konvergenzschranke, aber eine maximale Anzahl zwischen 10 und 15 und eine Toleranz von 0,5% wird als adäquat angesehen.

5.4 Finite Elemente Programm CONSHELL

In diesem Abschnitt wird ein Programm präsentiert, das die Versagenslast von Platten und Schalen aus bewehrtem Beton ermittelt. Es wird ein Verfahren mit Schichten verwendet; und geometrische nichtlineare Effekte können auch berücksichtigt werden.

Die meisten Subroutinen, die in dem Paket enthalten sind, wurden bereits im Abschnitt 4 des vorangegangenen Kapitels präsentiert. Es verbleibt, die zusätzlichen FORTRAN-Subroutinen zu beschreiben, die gebraucht werden, um diese zu einem funktionierenden Programm zusammenzufügen. Benutzeranweisungen für das Programm sind in dem Anhang, das diesem Kapitel folgt, gegeben. Die Struktur des Programms ist in Tab. 5.1 schematisch dargestellt.

5.4.1 Hauptprogramm

Dieses Programm kontrolliert den Aufruf der anderen Subroutinen. Eine weitere Funktion besteht in der Kontrolle des iterativen Prozesses und in der Erhöhung der äußeren Lasten.

In dem Programm werden die folgenden Kanalnummern benutzt: 5 (Input), 6 (Output), 1,2,3,4,7,8,9 (Notizfiles), 12 (Permfile zum Restart).

```
C       PROGRAM CONCR1 (INPUT,OUTPUT,TAPE5=INPUT,TAPE6=OUTPUT,
C     .               TAPE1,TAPE2,TAPE3,TAPE4,TAPE7,TAPE8,
C     .               TAPE9,TAPE12)
C******
C
C*** PROGRAM FOR ELASTO-PLASTIC ANALYSIS OF REINFORCED CONCRETE
```

```
C       SHELL.THIS LAYERED APPROACH USES THE -8- -9- AND HETEROSIS ELEMENT
C       A DRUCKER-PRAGER TYPE YIELD FUNCTION PLUS A MAXIMUM TENSILE STRESS
C       CRITERION IS USED. ACCOUNTING FOR LARGE DISPLACEMENTS AND SLSCTIVE
C       INTEGRATIONS.
C       RESTART FACILITES INCLUDED.
C
C*******
        DIMENSION ASDIS(500),COORD(100,8),ELOAD(20,45),EQRHS(10),
     .            EQUAT(75,10),EFFST(126),EPSTN(126,2),ESTIF(45,45),
     .            FIXED(500),GLOAD(75),GSTIF(2850),GRAVI(3),
     .            IFFIX(500),LOCEL(45),LNODS(20,9),MATNO(20),
     .            NACVA(75),NAMEV(10),NDEST(45),NDFRO(20),
     .            NOFIX(36),NOUTP(2),NPIVO(10),POSGP(5),THICK(100),
     .            PRESC(36,5),PROPS(10,9),RLOAD(20,45),STFOR(500),
     .            STRSG(5,126),TDISP(500),TLOAD(20,45),TOFOR(500),
     .            TREAC(36,5),VECRV(75),WEIGP(5),DICOS(3,300),
     .            MSTAT(126),DIREC(2,126),MACON(5,10),MASTE(5,4),
     .            NCLAY(5),NSLAY(5),GRTST(126,2)
        INTEGER MSG(3)
        COMMON / XXXSEC / CPU0
        DATA MSG/'PLSH','ELL ','ANFG'/
C
        CPU0 = SECOND(X)
        CALL ANZEIGE (MSG,3,0)
C
C       EROEFFNEN DER FILES
C
        CALL OPEN
C
C***    PRESET VARIABLES ASSIOATED WITH DYNAMIC DIMENSIONING
C
        CALL    DIMEN (MBUFA,MELEM,MEVAB,MFRON,MMATS,MPOIN,MSTIF,MELGP,
     *                 MTOTV,MVFIX,NDOFN,NPROP,NSTRE,M3POI,MLAYR)
C
C***    CALL THE SUBROUTINE WHICH READS MOST OF THE PROBLEM DATA
C
        CALL        INPUT (ANVEL,  COORD,  GRAVI,  IFFIX,  LNODS,
     *                 MATNO,  MFRON,  MELEM,  MMATS,  MPOIN,
     *                 MTOTV,  MVFIX,  NDFRO,  NDOFN,  NELEM,  NCOLA,
     *                 NEVAB,  NGAUS,  NGAUZ,  NNODE,  MLAYR,
     *                 NOFIX,  NPOIN,  NPROP,  NSLAY,  NREST,  LARGE,
     *                 NTOTV,  NVFIX,  POSGP,  PRESC,  PROPS,  WEIGP,
     *                 NALGO,  NINCS,  MACON,  MASTE,  NCLAY)
C
C***    CREATE THE THICKNESS AND A LOCAL ORTHOGONAL SET AT EACH NODAL POINT
C
        CALL        WORKS (COORD,DICOS,LNODS,THICK,MELEM,MPOIN,
     .                 NPOIN,M3POI)
C
C***    CALL SUBROUTINE WHICH COMPUTES BMATX AND GMATX.THESE MATRICES
C       ARE STORED ON TAPE 9 FOR LATER USAGE
C
        CALL        BGMAT (COORD, DICOS, LNODS, MATNO, MELEM,
     *                 MLAYR, MMATS, MPOIN, M3POI, NELEM,
     *                 NEVAB, NGAUS, NGAUZ, NCLAY, NNODE, NPROP,
     *                 POSGP, PROPS, THICK, WEIGP, NSLAY, MACON,
     .                 MASTE)
C
C***    CALL THE SUBROUTINE WHICH COMPUTES THE APPLIED LOADS
C       AFTER READING SOME LOADING DATA
C
        CALL        LOADS (ANVEL,COORD,RLOAD,GRAVI,LNODS,
     .                 MATNO,MELEM,MEVAB,MMATS,MPOIN,DICOS,
     .                 NELEM,NEVAB,NGAUS,THICK,
     .                 NNODE,NPROP,NSTRE,POSGP,M3POI,NSLAY,
     .                 PROPS,WEIGP,MLAYR,NCLAY,MACON,MASTE)
C
C***    INITIALISE CERTAIN ARRAYS
C
        CALL        ZERO (EFFST,ELOAD,EPSTN,MELEM,MEVAB,
     .                 MELGP,MTOTV,NDOFN,NELEM,NEVAB,NGAUS,
     .                 NSTRE,NTOTV,NVFIX,MVFIX,STRSG,MSTAT,
     .                 TDISP,TFACT,TLOAD,TREAC,DIREC,MATNO,
```

```
                              NCLAY,NSLAY,MASTE,PROPS,NPROP,MMATS,
     .                        MLAYR,NRTAP,NWTAP,GRTST,NREST,KINCS)
C
C***  LOOP OVER EACH INCREMENT
C
      DO 100 IINCS = 1, NINCS
C
C***  READ DATA FOR CORRENT INCREMEMT
C
      CALL          INCREM (ELOAD, FIXED, IINCS, MELEM, MEVAB, MITER,
     *                      MTOTV, MVFIX, NDOFN, NELEM, NEVAB, NOUTP,
     *                      NOFIX, NTOTV, NVFIX, PRESC, RLOAD, TFACT,
     *                      TLOAD, TOLER, LNODS, IFFIX, NNODE, NCOLA,
     *                      NREST, KINCS)
C
C***  LOOP OVER EACH ITERATION
C
      KSTOP = 0
      KUNLO = 0
      DO 50 IITER = 1, MITER
      KITER = IINCS+IITER
      JINCS = IINCS-KINCS
C
C***  CALL SUBROUTINE WHICH SELECTS SULOTION ALGORITHM VARIABLE KRESL
C
      CALL          ALGOR (FIXED, KITER, IITER, KRESL, MTOTV, NALGO,
     *                     NTOTV, KUNLO, KINCS)
C
C***  CHECK WHETHER A NEW EVALUATION OF THE STIFFNESS MATRIX
C     IS REQUIRED
C
      IF(KRESL .EQ. 1)
     .CALL          STIFF(EPSTN,ESTIF,KITER,LNODS,MATNO,
     .                    MELEM,MEVAB,MMATS,MPOIN,MELGP,NDOFN,
     .                    NELEM,NEVAB,NGAUS,NNODE,NPROP,
     .                    NSTRE,POSGP,PROPS,STRSG,WEIGP,MACON,
     .                    NCLAY,MLAYR,NSLAY,THICK,
     .                    MASTE,DIREC,MSTAT,EFFST,NRTAP,
     .                    TDISP,MTOTV,LARGE,GRTST)
C
C***  MERGE AND SOLVE THE RESULTING EQUATIONS BY THE FRONTAL SOLVER
C
      CALL          FRONT ( ASDIS, ELOAD, EQRHS, EQUAT, ESTIF, FIXED,
     *                      GLOAD, GSTIF, IFFIX, JINCS, IITER, KRESL,
     *                      LOCEL, LNODS, MBUFA, MELEM, MEVAB, MFRON,
     *                      MSTIF, MTOTV, MVFIX, NACVA, NAMEV, NDEST,
     *                      NDOFN, NELEM, NEVAB, NNODE, NOFIX, NPIVO,
     *                      NPOIN, NTOTV, TDISP, TLOAD, TREAC, VECRV)
C
C***  CALCULATE RESIDUAL FORCES
C
      CALL          RESTR(ASDIS,EFFST,ELOAD,LNODS,
     .                    MATNO,MELEM,MMATS,MPOIN,MELGP,MTOTV,
     .                    NDOFN,NELEM,NEVAB,NGAUS,NNODE,
     .                    NPROP,NSTRE,POSGP,PROPS,STRSG,
     .                    TDISP,WEIGP,EPSTN,KUNLO,MACON,MASTE,
     .                    THICK,MLAYR,NSLAY,NSLAY,DIREC,
     .                    MSTAT,NRTAP,NWTAP,LARGE,GRTST)
C
C***  CHECK FOR CONVERGENCE
C
      CALL          CONVER (ELOAD,IITER,LNODS,MELEM,MEVAB,MTOTV,NCHEK,
     *                      NDOFN,NELEM,NEVAB,NNODE,NTOTV,STFOR,
     *                      TLOAD,TOFOR,TOLER)
      CALL          CONVRD (ASDIS,ELOAD,TDISP,TLOAD,IITER,MELEM,
     .                      MEVAB,MTOTV,NCHEK,NDOFN,NELEM,NEVAB,
     .                      NPOIN,TOLER)
C
C***  OUTPUT RESULTS IF REQUIRED
C
      IF (IITER .EQ. 1 .AND. NOUTP(1) .GT. 0)
     .CALL          OUTPUT (IITER,MELGP,MTOTV,MVFIX,NCHEK,NELEM,NGAUS,
```

```
      .                         NOFIX,NOUTP,NPOIN,NSTRE,
      .                         NVFIX,STRSG,TDISP,TREAC,EPSTN,POSGP,
      .                         EFFST,MATNO,MMATS,PROPS,NPROP,MELEM,THICK,
      .                         MPOIN,LNODS,MLAYR,NCLAY,NSLAY,MACON,
      .                         MASTE,MSTAT,DIREC,NRTAP,GRTST)
C
C***   IF SOLUTION HAS CONVERGED STOP ITERATING AND OUTPUT RESULTS
C
       IF(IITER .EQ. 1 .AND. NCHEK .EQ. 0) GOTO 100
       IF(NCHEK .EQ. 0) GOTO 75
    50 CONTINUE
C
C***
C
       KSTOP = 1
    75 CALL          OUTPUT (IITER,MELGP,MTOTV,MVFIX,NCHEK,NELEM,NGAUS,
      .                         NOFIX,NOUTP,NPOIN,NSTRE,
      .                         NVFIX,STRSG,TDISP,TREAC,EPSTN,POSGP,
      .                         EFFST,MATNO,MMATS,PROPS,NPROP,MELEM,THICK,
      .                         MPOIN,LNODS,MLAYR,NCLAY,NSLAY,MACON,
      .                         MASTE,MSTAT,DIREC,NRTAP,GRTST)
       IF(KSTOP .EQ. 1) STOP
C
C***   RECORD ONTO  TAPE 12 THE DATA NEEDED TO RESTART THE PROBLEM
C      IN NEXT INCREMENT
C
       CALL          RESTAR(DIREC,EFFST,ELOAD,EPSTN,GRTST,MELEM,
      .                         MELGP,MEVAB,MTOTV,MVFIX,NELEM,MSTAT,
      .                         STRSG,TDISP,TFACT,TLOAD,TREAC,NRTAP,
      .                         IINCS)
   100 CONTINUE
       STOP    'ALLES FERTIG'
       END
```

5.4.2 Subroutine CONVRD

Diese Subroutine zeigt die Konvergenz des nichtlinearen Lösungsiterationsprozesses an. Zur Konvergenz ist erforderlich, daß sowohl die Norm der inkrementellen Verschiebungen als auch die Norm der inkrementellen Rotationen kleiner
sind als ein spezifizierter Prozentsatz, TOLER , der Norm der gesamten Verschiebungen und Rotationen.

```
       SUBROUTINE CONVRD (ASDIS,ELOAD,TDISP,TLOAD,IITER,MELEM,
      .                         NPOIN,TOLER)
C******
C
C***   THIS ROUTINE CHECKS FOR CONVERGENCE USING DISPLACEMENT NORMS
C
C******
       DIMENSION ASDIS(MTOTV),TDISP(MTOTV),ELOAD(MELEM,MEVAB),
      .             TLOAD(MELEM,MEVAB)
       INTEGER MSG(3)
       DATA MSG/'CONV','RD  ','ANFG'/
       CALL ANZEIGE(MSG,3,0)
       KCHEK = 1
       IF (IITER .EQ. 1) GOTO 50
       KCHEK = 0
       NCHEK = 0
       RESID = 0.0
       RETOT = 0.0
       DO 10 IDOFN=1,3
       DO 10 IPOIN=1,NPOIN
       ITOTV = (IPON-1)*NDOFN+IDOFN
       RESID = RESID+ASDIS(ITOTV)*ASDIS(ITOTV)
    10 RETOT = RETOT+TDISP(ITOTV)*TDISP(ITOTV)
       RESID = SQRT(RESID)
```

```
      RETOT = SQRT(RETOT)
      RATIO = 100.0*RESID/RETOT
      IF(RATIO .LE. TOLER) GOTO 20
      NCHEK = 1
      KCHEK = KCHEK+1
   20 WRITE(6,900) NCHEK,RATIO
  900 FORMAT(1H0,3X,'DISPLACEMENTS',3X,'CONVERGENCE CODE =',I4,
     .          3X,'NORM OF RESIDUAL SUM RATIO =',E14.6)
      NCHEK = 0
      RESID = 0.0
      RETOT = 0.0
      DO 30 IDOFN=4,5
      DO 30 IPOIN=1,NPOIN
      ITOTV = (IPON-1)*NDOFN+IDOFN
      RESID = RESID+ASDIS(ITOTV)*ASDIS(ITOTV)
   30 RETOT = RETOT+TDISP(ITOTV)*TDISP(ITOTV)
      RESID = SQRT(RESID)
      RETOT = SQRT(RETOT)
      IF(RETOT .EQ. RESID) GOTO 40
      RATIO = 100.0*RESID/RETOT
      COEFE = 1.0
      TOLEC = TOLER*COEFE
      IF(RATIO .LE. TOLEC) GOTO 40
      NCHEK = 1
      KCHEK = KCHEK+1
   40 WRITE(6,910) NCHEK,RATIO
  910 FORMAT(4X,'ROTATIONS     ',3X,'CONVERGENCE CODE =',I4,
     .          3X,'NORM OF RESIDUAL SUM RATIO =',E14.6)
   50 NCHEK = 1
      IF(KCHEK .EQ. 0) NCHEK = 0
      DO 60 IELEM=1,NELEM
      DO 60 IEVAB=1,NEVAB
   60 ELOAD(IELEM,IEVAB)=TLOAD(IELEM,IEVAB)-ELOAD(IELEM,IEVAB)
      RETURN
      END
```

5.4.3 Subroutine FLOWS

Die Funktion dieser Subroutine besteht in der Berechnung des Fließvektors $\{a\}$ gemäß (5.8) sowie in der Berechnung des Nenners des letzten Ausdruckes der elastisch-plastischen Matrix $[D_{ep}]$ (siehe (4.69) des vorangegangenen Kapitels).

```
      SUBROUTINE FLOWS (ABETA,AVECT,DVECT,LPROP,
     *                  MMATS,NPROP,PROPS,SG)
C******
C
C**   THIS ROUTINE CALCULATES THE FLOW VECTOR -AVECT- AND
C     COMPUTES -DVECT- AND -ABETA-
C
C******
      DIMENSION AVECT (5),DMATX(5,5),DVECT(5),
     *          PROPS(MMATS,NPROP),SG(5)
      INTEGER MSG(3)
      DATA MSG/'FLOW','S   ','ANFG'/
      CALL ANZEIGE (MSG,3,0)
C
C***  SET UP MATERIAL PROPERTIES
C
      HARDS = 0.0
C
C***  COMPUTES THE VECTOR AVECT
C
      CONS1 = 0.355*0.5
      CONS2 = CONS1*CONS1+1.355
      CONS3 = 2.0*CONS1*CONS1-1.355
      CONS4 = 1.355*3.0
      AFUNC = (CONS2*(SG(1)*SG(1)+SG(2)*SG(2))+CONS3*SG(1)*SG(2)+
```

```
     .              CONS4*(SG(3)*SG(3)+SG(4)*SG(4)+SG(5)*SG(5)))**0.5
        AFUNC = 2.0*AFUNC
        AVECT(1) = CONS1+(2.0*CONS2*SG(1)+CONS3*SG(2))/AFUNC
        AVECT(2) = CONS1+(2.0*CONS2*SG(2)+CONS3*SG(1))/AFUNC
        AVECT(3) = 2.0*CONS4*SG(3)/AFUNC
        AVECT(4) = 2.0*CONS4*SG(4)/AFUNC
        AVECT(5) = 2.0*CONS4*SG(5)/AFUNC
C
C**     COMPUTE DVECT = DMATX*AVECT
C
        CALL    MODUL(DMATX,PROPS,NPROP,NMATS,LPROP,      1,0.0,
     .                STRA1,STRA2,  0.0,   0.0)
        DO 10 I =1, 5
        DVECT(I) = 0.0
        DO 10 J = 1, 5
   10 DVECT(I) = DVECT (I) +DMATX(I,J)*AVECT(J)
C
C**     COMPUTE ABETA = 1.0/(H+ATDA)
C
        DENOM = HARDS
        DO 20 ISTRE = 1, 5
   20 DENOM = DENOM+AVECT(ISTRE)*DVECT(ISTRE)
        ABETA = 1.0/DENOM
        RETURN
        END
```

5.4.4 Subroutine INVAR

Diese Subroutine berechnet den momentanen Wert der Fließfunktion entsprechend (5.5).

```
        SUBROUTINE INVAR (ST,YIELD)
C******
C
C***    THIS ROUTINE EVALUATES THE CURRENT VALUE OF THE
C       YIELD FUNCTION
C
C******
        DIMENSION ST (5)
        INTEGER MSG(3)
        DATA MSG/'INVA','R   ','ANFG'/
C       CALL ANZEIGE (MSG,3,0)
        BEETA = 1.355
        ALPHA = 0.355
        GJNV2 = BEETA*(ST(1)*ST(1)+ST(2)*ST(2)-ST(1)*ST(2)+3.0*
     .          (ST(3)*ST(3)+ST(4)*ST(4)+ST(5)*ST(5)))
        GINV1 = ALPHA*(ST(1)+ST(2))*0.5
        GASH1 = SQRT(GINV1*GINV1+GJNV2)
        YIELD = GINV1+GASH1
        RETURN
        END
```

5.4.5 Subroutine INVA2

Diese Subroutine berechnet den momentanen Wert der äquivalenten Druckverzerrung (Bruchstauchung) gegeben durch Gleichung (5.13).

```
        SUBROUTINE INVA2(SN,CRUSH)
C*******
C
C***    THIS ROUTINE EVALUATES THE CURRENT VALUE OF THE COMPRESSIVE
C       FRACTURE STRAIN FUNCTION
C
C*******
```

```
      DIMENSION SN(5)
      INTEGER MSG(3)
      DATA MSG/'INVA','2    ','ANFG'/
      CALL ANZEIGE(MSG,3,0)
      BEETA = 1.355
      ALPHA = 0.355
      GASH1 = BEETA*(SN(1)*SN(1)+SN(2)*SN(2)-SN(1)*SN(2)+
     .          0.75*(SN(3)*SN(3)+SN(4)*SN(4)+SN(5)*SN(5)))
      GESH1 = ALPHA*(SN(1)+SN(2))*0.5
      GISH1 = SQRT(GESH1*GESH1+GASH1)
      CRUSH =GESH1+GISH1
      RETURN
      END
```

5.4.6 Subroutine MODUL

Diese Subroutine berechnet die Elastizitätsmatrix $[D]$ für ungerissenen und
gerissenen Beton wie in (5.14) und (5.15) definiert und für elastischen und
elastisch-plastischen Stahl. Diese Matrix wird zuerst in einem Materialachsensystem berechnet und dann in ein lokales Achsensystem transformiert.

```
      SUBROUTINE MODUL(DMATX,PROPS,NPROP,MMATS,LPROP,NSTAT,ANGLE,
     .               STRA1,STRA2,YOUNA,YOUNB)
C******
C
C***   CALCULATES THE ELASTICITY MATRIX -DMATX-IN THE
C      LOCAL AXIS SYSTEM
C
C******
      DIMENSION DMATX(5,5),PROPS(MMATS,NPROP),GASHM(5,5),
     .            TRAMX(5,5)
      INTEGER MSG(3)
      DATA MSG/'MODU','L    ','ANFG'/
      CALL ANZEIGE(MSG,3,0)
      DO 10 IGASH=1,5
      DO 10 JGASH=1,5
   10 DMATX(IGASH,JGASH)=0.0
      YOUNG = PROPS(LPROP,1)
      GOTO(1,2,2,1,5,6,7),NSTAT
    1 POISS = PROPS(LPROP,2)
      COEF1 = 5.0/6.0
      CONS1 = YOUNG/(1.0-POISS*POISS)
      CONS2 = YOUNG/(2.0*(1.0+POISS))
      DMATX(1,1) = CONS1
      DMATX(2,2) = CONS1
      DMATX(1,2) = POISS*CONS1
      DMATX(2,1) = POISS*CONS1
      DMATX(3,3) = CONS2
      DMATX(4,4) = COEF1*CONS2
      DMATX(5,5) = COEF1*CONS2
      GOTO 100
    2 POISS = PROPS(LPROP,2)
      GMODU = YOUNG/(2.0*(1.0+POISS))
      CONSG = 0.25
      GTENS = 0.004
      YOUN2 = YOUNG
      GMOD2 = GMODU*5.0/6.0
      YOUN1 = YOUNA
      GMOD1 = CONSG*GMODU*(1.0-ABS(STRA1)/GTENS)
      IF(GMOD1 .LE. 0.0) GMOD1 = 0.0
      IF(NSTAT .EQ. 2) GOTO 35
      YOUN2 = YOUNB
      GMOD2 = CONSG*GMODU*(1.0-ABS(STRA2)/GTENS)
      IF(GMOD2 .LE. 0.0) GMOD2 = 0.0
      GMOD3 = GMOD1
      IF (GMOD2 .LT. GMOD1) GMOD3 = GMOD2
   35 DMATX(1,1) = YOUN1
```

```
      DMATX(2,2) = YOUN2
      DMATX(3,3) = GMOD1
      IF(NSTAT .EQ. 3) DMATX(3,3)=0.5*GMOD3
      DMATX(4,4) = GMOD1
      DMATX(5,5) = GMOD2
      GOTO 50
    5 DMATX(1,1) = YOUNG
      GOTO 50
    6 DMATX(1,1) = PROPS(LPROP,2)
   50 IF(ABS(ANGLE) .LT. 0.001) GOTO 100
C
      CALL TRANS(TRAMX,ANGLE)
C
C*** CALCULATE DMATX IN THE LOCAL AXIS SYSTEM
C
      DO 60 IGASH=1,5
      DO 60 JGASH=1,5
      GASHM(IGASH,JGASH) = 0.0
      DO 60 KGASH=1,5
   60 GASHM(IGASH,JGASH)=GASHM(IGASH,JGASH)+DMATX(IGASH,KGASH)*
     .                   TRAMX(KGASH,JGASH)
      DO 70 IGASH=1,5
      DO 70 JGASH=1,5
      DMATX(IGASH,JGASH)=0.0
      DO 70 KGASH=1,5
   70 DMATX(IGASH,JGASH)=DMATX(IGASH,JGASH)+TRAMX(KGASH,IGASH)*
     .                   GASHM(KGASH,JGASH)
    7 CONTINUE
  100 RETURN
      END
```


5.4.7 Subroutine PRIST

Diese Subroutine berechnet die zwei Hauptspannungen in der Strukturebene
$x'y'$. Die maximale Hauptspannung wird zur Definition der Zug-(bruch-)ebene
benutzt.

```
      SUBROUTINE PRIST(S,SGMAX,SGMIN)
C******
C
C*** THIS ROUTINE CALCULATES THE PRINCIPAL STRESSES IN STRUCTURAL PLANE
C
C******
      DIMENSION S(5)
      INTEGER MSG(3)
      DATA MSG/'PRIS','T   ','ANFG'/
      CALL ANZEIGE(MSG,3,0)
      GASH1 = (S(1)+S(2))*0.5
      GASH2 = (S(1)-S(2))*0.5
      GASH3 = SQRT(GASH2*GASH2+S(3)*S(3))
      SGMAX = GASH1+GASH3
      SGMIN = S(1)+S(2)-SGMAX
      RETURN
      END
```


5.4.8 Subroutine RESI1

Diese Subroutine berechnet die Residualspannungen für Beton unter Stau-
chung, um der Fließbedingung zu genügen.

```fortran
      SUBROUTINE RESI1(STRSG,MSTAT,EFFST,EPSTN,PROPS,STRES,
     .                 SIGMA,TSTRN,NSTRE,MELGP,NPROP,MMATS,
     .                 LPROP,KGAUS,KUNLO,DESIG,DIREC,IELEM)
C******
C
C***  THIS SUBROUTINE CALCULATES THE RESIDUAL STRESSES FOR
C     NON CRACKED CONCRETE
C
C******
      DIMENSION STRSG(NSTRE,MELGP),MSTAT(MELGP),EFFST(MELGP),
     .          EPSTN(MELGP,2),PROPS(MMATS,NPROP),STRES(5),
     .          SIGMA(5),TSTRN(5),SGTOT(5),AVECT(5),DVECT(5),
     .          DESIG(5),DIREC(2,MELGP)
      INTEGER MSG(3)
      DATA MSG/'RESI','1   ','ANFG'/
      CALL ANZEIGE(MSG,3,0)
      NSTAT = MSTAT(KGAUS)
      IF(NSTAT .NE. 2) GOTO 10
      GASH1 = EPSTN(KGAUS,1)
      EPSTN(KGAUS,1)=EPSTN(KGAUS,2)
      GASH2 = EFFST(KGAUS)
      EFFST(KGAUS)=DIREC(2,KGAUS)
   10 CONTINUE
      IF(NSTAT .EQ. 7) GOTO 160
      UNIAX = PROPS(LPROP,6)
      UNSTN = PROPS(LPROP,7)
      HARDS = 0.0
      YOUNG = PROPS(LPROP,1)
      EPSTN(KGAUS,1) = ABS(EPSTN(KGAUS,1))
      CALL INVA2(TSTRN,CRUSH)
      IF (NSTAT .EQ. 2) CRUSH=EFFST(KGAUS)/YOUNG+EPSTN(KGAUS,1)
      IF(CRUSH .GE. UNSTN) GOTO 160
C
C***  REDUCE STRESSES TO THE YIELD SURFACE FOR YIELED GAUSS POINTS
C
      PREYS = UNIAX+EPSTN(KGAUS,1)*HARDS
      CALL  INVAR(SIGMA,YIELD)
      ESPRE = EFFST(KGAUS)-PREYS
      IF(ESPRE .GE. 0.0) GOTO 55
      ESCUR = YIELD-PREYS
      IF(ESCUR .LE. 0.0) GOTO 60
      RFACT = ESCUR/(YIELD-EFFST(KGAUS))
      GOTO 70
   55 ESCUR = YIELD-EFFST(KGAUS)
      IF(ESCUR .LE. 0.0) GOTO 60
      RFACT = 1.0
   70 MSTEP = ESCUR*8.0/UNIAX+1.0
      ASTEP = MSTEP
      REDUC = 1.0-RFACT
      DO 80 ISTR1=1,NSTRE
      SGTOT(ISTR1)=STRSG(ISTR1,KGAUS)+REDUC*STRES(ISTR1)
   80 STRES(ISTR1)=RFACT*STRES(ISTR1)/ASTEP
      DO 90 ISTEP=1,MSTEP
      CALL INVAR(SGTOT,YIELD)
      CALL FLOWS(ABETA,AVECT,DVECT,LPROP,
     .           MMATS,NPROP,PROPS,SGTOT)
      AGASH = 0.0
      DO 100 ISTR1=1,NSTRE
  100 AGASH = AGASH+AVECT(ISTR1)*STRES(ISTR1)
      DLAMD=AGASH*ABETA
      IF(DLAMD .LT. 0.0) DLAMD=0.0
      BGASH = 0.0
      DO 110 ISTR1=1,NSTRE
      BGASH = BGASH+AVECT(ISTR1)*SGTOT(ISTR1)
  110 SGTOT(ISTR1)=SGTOT(ISTR1)+STRES(ISTR1)-DLAMD*DVECT(ISTR1)
      EPSTN(KGAUS,1)=EPSTN(KGAUS,1)+DLAMD*BGASH/YIELD
   90 CONTINUE
      CALL INVAR(SGTOT,YIELD)
      CURYS = UNIAX+EPSTN(KGAUS,1)*HARDS
      BRING = CURYS/YIELD
      DO 130 ISTR1=1,NSTRE
  130 STRSG(ISTR1,KGAUS)=BRING*SGTOT(ISTR1)
      EFFST(KGAUS)=CURYS
```

```
      MSTAT(KGAUS)=4
C
C***  ALTERNATIVE LOCATION OF STRESS REDUCTION LOOP TERMINATION CARD
C
C  90 CONTINUE
C***
C
      GOTO 190
  160 MSTAT(KGAUS)=7
      WRITE(6,900) IELEM,KGAUS,(TSTRN(I),I=1,5)
  900 FORMAT(//,' CRUSHED ',' IELEM =',I5,5X,' KGAUS =',I5,/,
     .          10X,'STRAINS ',5E16.8)
      DO 165 ISTR1=1,NSTRE
  165 STRSG(ISTR1,KGAUS)=0.0
      EFFST(KGAUS)=0.0
      GOTO 190
   60 DO 180 ISTR1=1,NSTRE
  180 STRSG(ISTR1,KGAUS)=STRSG(ISTR1,KGAUS)+DESIG(ISTR1)
      EFFST(KGAUS)=YIELD
      IF(EPSTN(KGAUS,1) .EQ. 0.0 .OR. ESCUR .EQ. 0.0) GOTO 190
      EPSTN(KGAUS,1)=-EPSTN(KGAUS,1)
      KUNLO=KUNLO+1
  190 CONTINUE
      IF(NSTAT .NE. 2) GOTO 200
      MSTAT(KGAUS)=NSTAT
      EPSTN(KGAUS,2)=EPSTN(KGAUS,1)
      EPSTN(KGAUS,1)=GASH1
      DIREC(2,KGAUS)=EFFST(KGAUS)
      EFFST(KGAUS)=GASH2
  200 CONTINUE
      RETURN
      END
```

5.4.9 Subroutine RESI2

Diese Subroutine berechnet die Residualspannungen für gerissenen Beton entsprechend der Zugversteifung.

```
      SUBROUTINE RESI2(PROPS,MSTAT,DIREC,EPSTN,EFFST,
     .                 SIG,TSTRN,KGAUS,LPROP,NPROP,
     .                 MMATS,MELGP,NSTRE,SGMAX,STRSG,
     .                 GRTST,KUNLO,YIELD)
C******
C
C***  THIS SUBROUTINE CALCULATES THE RESIDUAL STRESSES FOR CRACKED CONCRETE
C
C******
      DIMENSION PROPS(MMATS,NPROP),MSTAT(MELGP),DIREC(2,MELGP),
     .          EPSTN(MELGP,2),EFFST(MELGP),SIG(5),TSTRN(5),STRNP(5),
     .          SGTOT(5),STRSP(2),DMATX(5,5),TRAMX(5,5),
     .          STRSG(NSTRE,MELGP),GRTST(MELGP,2)
      INTEGER MSG(3)
      DATA MSG/'RESI','2    ','ANFG'/
      CALL ANZEIGE(MSG,3,0)
      NSTAT=MSTAT(KGAUS)
      IF(NSTAT .EQ. 2 .OR. NSTAT .EQ. 3) GOTO 30
      IF(NSTAT .EQ. 1) GOTO 5
C
C***  NSTAT=4 AND FOR THE FIRT TIME SGMAX.GT.TENST
C
      EPSTN(KGAUS,2)=EPSTN(KGAUS,1)
      DIREC(2,KGAUS)=EFFST(KGAUS)
    5 EPSTN(KGAUS,1)=0.0
      IF(DIREC(1,KGAUS) .NE. 0.0) GOTO 25
C
C***  SET UP THE ANGLE -DIREC(1,-)- BETWEEN THE MAX. PRINCIPAL DIRECTION
C     AND X-AXIS, AND THE ANGLE -DIREC(2,-)- BETWEEN THE CRACKED PLANE
C
```

```
      GASH1=SGMAX-SIG(2)
      IF(GASH1 .EQ.0.0) GASH1=0.1E-20
      DIREC(1,KGAUS)=ATAN(SIG(3)/GASH1)
   25 NSTAT=2
   30 ANGLE=DIREC(1,KGAUS)
      CALL TRANS(TRAMX,ANGLE)
C
C***  CALCULATE THE TWO NORMAL STRESSES IN THE CRACKING SYSTEM
C
      C=COS(ANGLE)
      S=SIN(ANGLE)
      STRSP(1)=C*C*SIG(1)+S*S*SIG(2)+2.0*C*S*SIG(3)
      STRSP(2)=SIG(1)+SIG(2)-STRSP(1)
      TENST=PROPS(LPROP,5)
      UNIAX=PROPS(LPROP,6)
      IF(NSTAT .EQ. 2 .AND. STRSP(2) .GE. TENST) NSTAT=3
C
C***  CALCULATE THE STRAIN COMPONENTS IN CRACKED SYSTEM
C
      DO 40 ISTRE=1,NSTRE
      STRNP(ISTRE)=0.0
      DO 40 JSTRE=1,NSTRE
   40 STRNP(ISTRE)=STRNP(ISTRE)+TRAMX(ISTRE,JSTRE)*TSTRN(JSTRE)
C
C***  EVALUATE THE -DMATX-IN CRACKED SYSTEM
C
      CONSE=PROPS(LPROP,9)
      TENSN=PROPS(LPROP,8)
      STRA1=STRNP(1)
      STRA2=STRNP(2)
      THETA=0.0
      CALL MODUL(DMATX,PROPS,NPROP,MMATS,LPROP,NSTAT,THETA,
     .           STRA1,STRA2,  0.0,   0.0)
C
C***  CALCULATE THE STRESS COMPONENTS FOR CRACKED SYSTEM
C
      DO 50 ISTRE=1,NSTRE
      SGTOT(ISTRE)=0.0
      DO 50 JSTRE=1,NSTRE
   50 SGTOT(ISTRE)=SGTOT(ISTRE)+DMATX(ISTRE,JSTRE)*STRNP(JSTRE)
C
C***  CALCULATE NORMAL STRESSES ACCOUNTING FOR TENSION STIFFENING
C
      IF(STRA1 .GE. TENSN) GOTO 52
      IF(ABS(STRA1) .GE. GRTST(KGAUS,1)) GOTO 51
      GASH1=CONSE*TENST*(1.0-GRTST(KGAUS,1)/TENSN)
      IF(GASH1 .LT. 0.0) GASH1 = 0.0
      SGTOT(1)=GASH1*STRA1/GRTST(KGAUS,1)
      GOTO 52
   51 SGTOT(1)=CONSE*TENST*(1.0-STRA1/TENSN)
   52 IF(NSTAT .EQ. 2) GOTO 55
      IF(STRA2 .GE. TENSN) GOTO 55
      IF(ABS(STRA2) .GE. GRTST(KGAUS,2)) GOTO 54
      GASH2=CONSE*TENST*(1.0-GRTST(KGAUS,2)/TENSN)
      IF(GASH2 .LT. 0.0) GASH2 = 0.0
      SGTOT(2)=GASH2*STRA2/GRTST(KGAUS,2)
      GOTO 55
   54 SGTOT(2)=CONSE*TENST*(1.0-STRA2/TENSN)
   55 CONTINUE
C
C***  ANALYSE IF THE STIFFNESS MATRIX MUST BE RECALCULATED
C
      IF(NSTAT .EQ. 2) GOTO 57
      IF(EPSTN(KGAUS,2) .LT. GRTST(KGAUS,2)) GOTO 57
      IF(STRA2 .LT. EPSTN(KGAUS,2)) KUNLO=KUNLO+1
   57 IF(EPSTN(KGAUS,1) .LT. GRTST(KGAUS,1)) GOTO 60
      IF(STRA1 .LT. EPSTN(KGAUS,1)) KUNLO=KUNLO+1
   60 CONTINUE
C
C***  SET UP THE MATRIX OF MAXIMUM TENSILE STRAINS
C
      IF(STRA1 .GT. GRTST(KGAUS,1)) GRTST(KGAUS,1)=STRA1
      IF(NSTAT .EQ. 3 .AND. STRA2 .GT. GRTST(KGAUS,2))
```

```
      .        GRTST(KGAUS,2)=STRA2
C
C***   STORE THE ACTUAL CRACKING STRAINS
C
       EPSTN(KGAUS,1)=STRA1
       IF(NSTAT .EQ. 3) EPSTN(KGAUS,2)=STRA2
       EFFST(KGAUS)=SGTOT(1)
C
C***   IF THE CRACK CLOSES CHANGE THE MATERIAL STATE NUMBER
C
       IF(NSTAT .EQ. 2) GOTO 72
       IF(STRA2 .GT. 0.0) GOTO 72
C
C***   NSTAT=3 AND CRACK CLOSES IN THE 2-DIRECTION
C
       EPSTN(KGAUS,2)=0.0
       NSTAT=2
       KUNLO=KUNLO+1
    72 IF(STRA1 .GT. 0.0) GOTO 76
       IF(NSTAT .EQ. 2) GOTO 74
C
C***   NSTAT=3 AND CRACK CLOSES IN THE 1-DIR.;CHANGE DIR. 1 AND 2
C
       EPSTN(KGAUS,1)=EPSTN(KGAUS,2)
       EPSTN(KGAUS,2)=0.0
       GAMMA=1.570796327
       IF (DIREC(1,KGAUS) .GE. 0.0) GAMMA=-GAMMA
       DIREC(1,KGAUS)=DIREC(1,KGAUS)+GAMMA
       NSTAT=2
       KUNLO=KUNLO+1
       GOTO 76
    74 EPSTN(KGAUS,1)=0.0
       NSTAT=1
       KUNLO=KUNLO+1
       IF(EPSTN(KGAUS,2) .EQ. 0.0) GOTO 76
C
C***   THEN IT IS A YIELD POINT; SEE LABEL 10 OF RESI1
C
       EPSTN(KGAUS,1)=EPSTN(KGAUS,2)
       EFFST(KGAUS)=DIREC(2,KGAUS)
    76 CONTINUE
       MSTAT(KGAUS)=NSTAT
C
C***   EVALUATE STRESS COMPONENTS IN LOCAL SYSTEM
C
       DO 70 ISTRE=1,NSTRE
       SIG(ISTRE)=0.0
       DO 70 JSTRE=1,NSTRE
    70 SIG(ISTRE)=SIG(ISTRE)+TRAMX(JSTRE,ISTRE)*SGTOT(JSTRE)
       CALL INVAR(SIG,YIELD)
       IF(YIELD .GT. UNIAX) GOTO 90
       DO 80 ISTRE=1,NSTRE
    80 STRSG(ISTRE,KGAUS)=SIG(ISTRE)
    90 CONTINUE
       RETURN
       END
```

5.4.10 Subroutine RESI3

Diese Subroutine berechnet die Residualspannungen für den Stahl.

```
       SUBROUTINE RESI3(STRSG,MSTAT,DIREC,EFFST,EPSTN,PROPS,
      .                 STRES,KGAUS,MELGP,NSTRE,NPROP,MMATS,
      .                 LPROP,KUNLO)
C******
C
C***   THIS SUBROUTINE EVALUATES THE RESIDUAL STRESSES FOR STEEL LAYERS
C
C******
```

```
      DIMENSION STRSG(NSTRE,MELGP),MSTAT(MELGP),DIREC(2,MELGP),
     .          EFFST(MELGP),EPSTN(MELGP,2),PROPS(MMATS,NPROP),
     .          STRES(5)
      INTEGER MSG(3)
      DATA MSG/'RESI','3    ','ANFG'/
      CALL ANZEIGE (MSG,3,0)
      ANGLE = DIREC(1,KGAUS)
      YOUNG = PROPS(LPROP,1)
      YOUN2 = PROPS(LPROP,2)
      HARDS = YOUNG*YOUN2/(YOUNG-YOUN2)
      YIELD = PROPS(LPROP,5)
      CONS1 = COS(ANGLE)*COS(ANGLE)
      CONS2 = SIN(ANGLE)*SIN(ANGLE)
      CONS3 = 2.0*COS(ANGLE)*SIN(ANGLE)
      STREP = CONS1*STRES(1)+CONS2*STRES(2)+CONS3*STRES(3)
      XGASH =STREP
      STRPP = CONS1*STRSG(1,KGAUS)+CONS2*STRSG(2,KGAUS)+
     .          CONS3*STRSG(3,KGAUS)
      STOTP = STRPP+STREP
      PREYS = YIELD+HARDS*ABS(EPSTN(KGAUS,1))
      IF(ABS(STRPP) .GE. PREYS) GOTO 20
      ESCUR = ABS(STOTP)-PREYS
      IF(ESCUR .LE. 0.0) GOTO 40
      RFACT = ESCUR/ABS(STREP)
      GOTO 30
   20 IF(STOTP .GT. 0.0 .AND. STREP .LE. 0.0) GOTO 35
      IF(STOTP .LT. 0.0 .AND. STREP .GT. 0.0) GOTO 35
      RFACT = 1.0
   30 REDUC = 1.0-RFACT
      STRPP = STRPP+REDUC*STREP+RFACT*XGASH*(1.0-YOUNG/
     .          (YOUNG+HARDS))
      EPSTN(KGAUS,1)=EPSTN(KGAUS,1)+RFACT*XGASH/(YOUNG+HARDS)
      MSTAT(KGAUS)=6
      GOTO 50
   35 MSTAT(KGAUS)=5
      KUNLO = KUNLO+1
   40 STRPP = STRPP+STREP
   50 STRSG(1,KGAUS)=CONS1*STRPP
      STRSG(2,KGAUS)=CONS2*STRPP
      STRSG(3,KGAUS)=0.5*CONS3*STRPP
      STRSG(4,KGAUS)=0.0
      STRSG(5,KGAUS)=0.0
      EFFST(KGAUS)=STRPP
      RETURN
      END
```

5.4.11 Subroutine RESTR

Diese Subroutine steuert den Aufruf der drei vorangegangenen Subroutinen
(Abschnitt 4.7, 4.8 und 4.9) und berechnet die Knotenkräfte, die den Residualspannungen statisch äquivalent sind.

```
      SUBROUTINE RESTR(ASDIS,EFFST,ELOAD,LNODS,
     .           MATNO,MELEM,MMATS,MPOIN,MELGP,MTOTV,
     .           NDOFN,NELEM,NEVAB,NGAUS,NNODE,
     .           NPROP,NSTRE,POSGP,PROPS,STRSG,
     .           TDISP,WEIGP,EPSTN,KUNLO,MACON,MASTE,
     .           THICK,MLAYR,NCLAY,NSLAY,DIREC,
     .           MSTAT,NRTAP,NWTAP,LARGE,GRTST)
C******
C
C*** THIS ROUTINE REDUCES THE STRESSES AND
C    EVALUATES THE EQUIVALENTE NODAL FORCES
C
C******
      DIMENSION ASDIS(MTOTV),NSLAY(MLAYR),BMATX(5,45),
     .          DMATX(5,5),NCLAY(MLAYR),EFFST(MELGP),ELDIS(45),
     .          ELOAD(MELEM,NEVAB),GVECT(5),LNODS(MELEM,9),
```

```
      .               MATNO(MELEM),POSGP(5),PROPS(MMATS,NPROP),
      .               DESIG(5),SIGMA(5),GMATX(2,45),
      .               STRES(5),EPSTN(MELGP,2),TDISP(MTOTV),THICK(MPOIN),
      .               STRSG(5,MELGP),WEIGP(5),ETDIS(45),
      .               MACON(MLAYR,10),TSTRN(5),
      .               MASTE(MLAYR,4),DIREC(2,MELGP),MSTAT(MELGP),
      .               GRTST(MELGP,2),BLARG(5,45)
       INTEGER MSG(3)
       DATA MSG/'REST','R   ','ANFG'/
       CALL ANZEIGE (MSG,3,0)
       REWIND NRTAP
       REWIND NWTAP
       REWIND 9
       DO 5 IELEM=1,NELEM
       DO 5 IEVAB=1,NEVAB
     5 ELOAD(IELEM,IEVAB)=0.0
       KUNLO=0
C
C***   LOOP OVER EACH ELEMENT
C
       DO 210 IELEM =1,NELEM
       LLAYR=MATNO(IELEM)
       NCONL=NCLAY(LLAYR)
       NSTEL=NSLAY(LLAYR)
       READ(NRTAP) MSTAT,DIREC,EFFST,EPSTN,STRSG,GRTST
C
C***   IDENTYFY THE DISPLACEMENTS OF THE ELEMENT NODAL POINTS
C
       JPOSI=0
       DO 10 INODE=1,NNODE
       LNODE=IABS(LNODS(IELEM,INODE))
       NPOSN=(LNODE-1)*NDOFN
       DO 10 IDOFN=1,NDOFN
       NPOSN=NPOSN+1
       JPOSI=JPOSI+1
       ELDIS(JPOSI)=ASDIS(NPOSN)
       ETDIS(JPOSI)=TDISP(NPOSN)
    10 CONTINUE
       KGAUS=0
       DO 15 I=4,5
       DO 15 IEVAB=1,NEVAB
    15 BLARG(I,IEVAB)=0.0
C
C***   ENTER LOOPS OVER EACH SAMPLING POINTS
C
       DO 205 IGAUS=1,NGAUS
       DO 205 JGAUS=1,NGAUS
C
C***   EVALUATES THE STRESSES ON CONCRETE LAYERS
C
       DO 200 ICONL=1,NCONL
       LPROP=MACON(LLAYR,ICONL)
       KGAUS=KGAUS+1
       READ(9) BMATX,GMATX,DVOLU
C
C***   CALL SUBROUTINE WHICH SETS UP -BMATX- TAKING INTO ACCOUT
C      THE GEOMETRIC NONLINEARITY
C
       IF (LARGE .EQ. 1)
      .CALL   LDISP(BMATX,GMATX,ETDIS,NEVAB,BLARG)
C
C***   NOW PROCEED TO CALCULATE STRESSES FROM STRES=DMATX*BMATX*ELDIS
C      FIRST STORE IN GASH VECTOR GVECT THE PRODUCT BMATX*ELDIS
C
       DO 30 IDOFN=1,NDOFN
       GASH=0.0
       TSTRN(IDOFN)=0.0
       DO 25 IEVAB=1,NEVAB
       TSTRN(IDOFN)=TSTRN(IDOFN)+(BMATX(IDOFN,IEVAB)-0.5*
      .              BLARG(IDOFN,IEVAB))*ETDIS(IEVAB)
    25 GASH=GASH+BMATX(IDOFN,IEVAB)*ELDIS(IEVAB)
    30 GVECT(IDOFN)=GASH
```

```fortran
C
C***   CALCULATE THE FIVE LOCAL STRESSES IN THE ORDER XX,YY,XY,XZ,YZ
C
      NSTAT=MSTAT(KGAUS)
      ANGLE=DIREC(1,KGAUS)
      STRA1=EPSTN(KGAUS,1)
      STRA2=EPSTN(KGAUS,2)
      CALL MODUL(DMATX,PROPS,NPROP,MMATS,LPROP,NSTAT,ANGLE,
     .            STRA1,STRA2,  0.0,  0.0)
      DO 50 ISTRE=1,NSTRE
      GASH=0.0
      DO 45 JSTRE=1,NSTRE
   45 GASH=GASH+DMATX(ISTRE,JSTRE)*GVECT(JSTRE)
   50 STRES(ISTRE)=GASH
      DO 60 ISTRE=1,NSTRE
      DESIG(ISTRE)=STRES(ISTRE)
   60 SIGMA(ISTRE)=STRSG(ISTRE,KGAUS)+STRES(ISTRE)
      CALL      PRIST(SIGMA,SGMAX,SGMIN)
      TENST=PROPS(LPROP,5)
      UNIAX=PROPS(LPROP,6)
      IF(SGMAX .GT. TENST) GOTO 90
      IF(NSTAT .EQ. 1 .OR. NSTAT .EQ. 04) GOTO 95
      IF(NSTAT .EQ. 7) GOTO 95
   90 CALL      RESI2(PROPS,MSTAT,DIREC,EPSTN,EFFST,
     .              SIGMA,TSTRN,KGAUS,LPROP,NPROP,
     .              MMATS,MELGP,NSTRE,SGMAX,STRSG,
     .              GRTST,KUNLO,YIELD)
      IF(YIELD .LE. UNIAX) GOTO 100
      DO 92 ISTRE=1,NSTRE
      STRES(ISTRE)=SIGMA(ISTRE)-STRSG(ISTRE,KGAUS)
   92 DESIG(ISTRE)=STRES(ISTRE)
   95 CALL      RESI1(STRSG,MSTAT,EFFST,EPSTN,PROPS,STRES,
     .              SIGMA,TSTRN,NSTRE,MELGP,NPROP,MMATS,
     .              LPROP,KGAUS,KUNLO,DESIG,DIREC,IELEM)
  100 CONTINUE
C
C***   CALCULATE THE EQUIVALENT NODAL FORCES AND ASSOCIATE WITH THE
C      ELEMENT NODES
C
      MGASH=0
      DO 140 INODE=1,NNODE
      DO 140 IDOFN=1,NDOFN
      MGASH=MGASH+1
      DO 140 ISTRE=1,NSTRE
  140 ELOAD(IELEM,MGASH)=ELOAD(IELEM,MGASH)+BMATX(ISTRE,MGASH)*
     .                  STRSG(ISTRE,KGAUS)*DVOLU
  200 CONTINUE
C
C***   EVALUATE THE STRESSES IN STEEL LAYERS
C
      DO 180 ISTEL=1,NSTEL
      KGAUS=KGAUS+1
      LPROP=MASTE(LLAYR,ISTEL)
      NSTAT=MSTAT(KGAUS)
      ANGLE=DIREC(1,KGAUS)
      READ(9) BMATX,GMATX,DVOLU
C
C***   CALL SUBROUTINE WHICH SETS UP -BMATX- TAKING INTO ACCOUT
C      THE GEOMETRIC NONLINEARITY
C
      IF (LARGE .EQ. 1)
     .CALL   LDISP(BMATX,GMATX,ETDIS,NEVAB,BLARG)
C
C***   NOW PROCEED TO CALCULATE STRESSES FROM STRES=DMATX*BMATX*ELDIS
C      FIRST STORE IN GASH VECTOR GVECT THE PRODUCT BMATX*ELDIS
C
      DO 70 IDOFN=1,NDOFN
      GASH=0.0
      TSTRN(IDOFN)=0.0
      DO 65 IEVAB=1,NEVAB
   65 GASH=GASH+BMATX(IDOFN,IEVAB)*ELDIS(IEVAB)
   70 GVECT(IDOFN)=GASH
C
```

```
C***   CALCULATE THE FIVE LOCAL STRESSES IN THE ORDER XX,YY,XY,XZ,YZ
C
       CALL MODUL(DMATX,PROPS,NPROP,MMATS,LPROP,      5,ANGLE,
      .             STRA1,STRA2,  0.0,   0.0)
       DO 80 ISTRE=1,NSTRE
       GASH=0.0
       DO 75 JSTRE=1,NSTRE
    75 GASH=GASH+DMATX(ISTRE,JSTRE)*GVECT(JSTRE)
    80 STRES(ISTRE)=GASH
   915 FORMAT(' KGAUS =',I5,5X,I5,E12.4,5X,5E12.4)
       CALL    RESI3(STRSG,MSTAT,DIREC,EFFST,EPSTN,PROPS,
      .              STRES,KGAUS,MELGP,NSTRE,NPROP,MMATS,
      .              LPROP,KUNLO)
C
C***   CALCULATE THE EQUIVALENT NODAL FORCES AND ASSOCIATE WITH THE
C      ELEMENT NODES
C
       MGASH=0
       DO 150 INODE=1,NNODE
       DO 150 IDOFN=1,NDOFN
       MGASH=MGASH+1
       DO 150 ISTRE=1,NSTRE
   150 ELOAD(IELEM,MGASH)=ELOAD(IELEM,MGASH)+BMATX(ISTRE,MGASH)*
      .                    STRSG(ISTRE,KGAUS)*DVOLU
   180 CONTINUE
   205 CONTINUE
       WRITE(NWTAP)MSTAT,DIREC,EFFST,EPSTN,STRSG,GRTST
   210 CONTINUE
       NTAPE=NRTAP
       NRTAP=NWTAP
       NWTAP=NTAPE
       RETURN
       END
```

5.4.12 Subroutine STIFF

Diese Subroutine berechnet die Steifigkeitsmatrix für jedes Element. Große
Verformungen können berücksichtigt werden.

```
       SUBROUTINE STIFF(EPSTN,ESTIF,KITER,LNODS,MATNO,
      .                 MELEM,MEVAB,MMATS,MPOIN,MELGP,NDOFN,
      .                 NELEM,NEVAB,NGAUS,NNODE,NPROP,
      .                 NSTRE,POSGP,PROPS,STRSG,WEIGP,MACON,
      .                 NCLAY,MLAYR,NSLAY,THICK,
      .                 MASTE,DIREC,MSTAT,EFFST,NRTAP,
      .                 TDISP,MTOTV,LARGE,GRTST)
C******
C
C***   THIS ROUTINE EVALUATES THE STIFFNESS MATRIX
C      FOR EACH ELEMENT IN TURN
C
C******
       DIMENSION BMATX(5,45),DBMAT(5,45),DMATX(5,5),
      .           ESTIF(MEVAB,MEVAB),LNODS(MELEM,9),MATNO(MELEM),
      .           POSGP(5),PROPS(MMATS,NPROP),MACON(MLAYR,10),
      .           STRES(5),THICK(MPOIN),WEIGP(5),EPSTN(MELGP,2),
      .           STRSG(5,MELGP),AVECT(5),DVECT(5),MASTE(MLAYR,4),
      .           DIREC(2,MELGP),MSTAT(MELGP),GMATX(2,45),
      .           EFFST(MELGP),NCLAY(MLAYR),NSLAY(MLAYR),TDISP(MTOTV),
      .           ETDIS(45),GRTST(MELGP,2),BLARG(5,45)
       INTEGER MSG(3)
       DATA MSG/'STIF','F   ','ANFG'/
       CALL ANZEIGE (MSG,3,0)
       REWIND 1
       REWIND NRTAP
       REWIND 9
C
C***   LOOP OVER EACH ELEMENT
```

```fortran
C
      DO 110 IELEM=1,NELEM
      LLAYR=MATNO(IELEM)
      NCONL=NCLAY(LLAYR)
      NSTEL=NSLAY(LLAYR)
      READ(NRTAP) MSTAT,DIREC,EFFST,EPSTN,STRSG,GRTST
C
C***  SET UP THE ELEMENT DISPLACEMENT VECTOR -ETDIS-
C
      JPOSI = 0
      DO 10 INODE = 1,NNODE
      LNODE = IABS(LNODS(IELEM,INODE))
      NPOSN = (LNODE-1)*NDOFN
      DO 10 IDOFN = 1, NDOFN
      NPOSN = NPOSN + 1
      JPOSI = JPOSI + 1
   10 ETDIS (JPOSI) = TDISP(NPOSN)
C
C***  INITIALIZE THE ELEMENT STIFFNESS MATRIX
C
      DO 20 IEVAB = 1, NEVAB
      DO 20 JEVAB = 1, NEVAB
   20 ESTIF(IEVAB,JEVAB) = 0.0
      KGAUS = 0
C
C***  ENTER LOOPS OVER GAUSS POINTS FOR NUMERICAL INTERGATION
C
      DO 105 IGAUS = 1, NGAUS
      DO 105 JGAUS = 1, NGAUS
C
C***  CALCULATE THE CONCRETE CONTRIBUTION TO THE STIFFNESS MATRIX
C
      DO 100 ICONL = 1, NCONL
      LPROP = MACON (LLAYR,ICONL)
      KGAUS = KGAUS + 1
      NSTAT=MSTAT(KGAUS)
      ANGLE=DIREC(1,KGAUS)
      CONSE=PROPS(LPROP,4)
      TENST=PROPS(LPROP,5)
      TENSN=PROPS(LPROP,8)
      READ (9) BMATX,GMATX,DVOLU
C
C***  CALL SUBROUTINE WHICH SETS UP -BMATX- TAKING INTO ACCOUT
C     THE LARGE DISPLACEMENT
C
      IF (LARGE .EQ. 1 .AND. KITER .GT. 2)
     .CALL    LDISP(BMATX,GMATX,ETDIS,NEVAB,BLARG)
      STRA1=EPSTN(KGAUS,1)
      STRA2=EPSTN(KGAUS,2)
      IF (NSTAT .NE. 4) GOTO 80
      IF (EPSTN(KGAUS,1) .LE. 0.0) GOTO 80
C
C***  CALCULATE THE ELASTO-PLASTIC -D- MATRIX
C
      CALL MODUL(DMATX,PROPS,NPROP,MMATS,LPROP,NSTAT,ANGLE,
     .           STRA1,STRA2,  0.0,  0.0)
      DO 50 ISTRE = 1, NSTRE
   50 STRES(ISTRE)=STRSG(ISTRE,KGAUS)
      CALL    FLOWS (ABETA,AVECT,DVECT,LPROP,
     *                    MMATS,NPROP,PROPS,STRES)
      DO 70 ISTRE = 1, NSTRE
      DO 70 JSTRE = 1, NSTRE
   70 DMATX(ISTRE,JSTRE) = DMATX(ISTRE,JSTRE)-ABETA*
     .                    DVECT(ISTRE)*DVECT(JSTRE)
C
C***  CALCULATE THE PRODUCT OF D MATRIX BY B MATRIX
C
      DO 35 ISTRE = 1, NSTRE
      DO 35 IEVAB = 1, NEVAB
      DBMAT(ISTRE,IEVAB)=0.0
      DO 35 JSTRE = 1 ,NSTRE
      DBMAT(ISTRE,IEVAB)=DBMAT(ISTRE,IEVAB)+DMATX(ISTRE,JSTRE)*
```

```
                              BMATX(JSTRE,IEVAB)
   35 CONTINUE
      GOTO 90
   80 CONTINUE
      IF(NSTAT .LT. 2 .OR. NSTAT .GT. 3) GOTO 83
      YOUNA=0.0
      YOUNB=0.0
      IF(NSTAT .EQ. 2) GOTO 81
      IF(STRA2 .EQ. GRTST(KGAUS,2)) GOTO 81
      IF(GRTST(KGAUS,2) .GE. TENSN) GOTO 81
      IF(GRTST(KGAUS,2) .EQ. 0.0) GOTO 81
      YOUNB=CONSE*TENST*(1.0-GRTST(KGAUS,2)/TENSN)/GRTST(KGAUS,2)
   81 IF(STRA1 .EQ. GRTST(KGAUS,1)) GOTO 83
      IF(GRTST(KGAUS,1) .GE. TENSN) GOTO 83
      IF(GRTST(KGAUS,1) .EQ. 0.0) GOTO 83
      YOUNA=CONSE*TENST*(1.0-GRTST(KGAUS,1)/TENSN)/GRTST(KGAUS,1)
   83 CALL MODUL(DMATX,PROPS,NPROP,MMATS,LPROP,NSTAT,ANGLE,
     .             STRA1,STRA2,YOUNA,YOUNB)
      DO 85 ISTRE = 1, NSTRE
      DO 85 IEVAB = 1, NEVAB
      DBMAT(ISTRE,IEVAB)=0.0
      DO 85 JSTRE = 1, NSTRE
   85 DBMAT(ISTRE,IEVAB)=DBMAT(ISTRE,IEVAB)+
     .       DMATX(ISTRE,JSTRE)*BMATX(JSTRE,IEVAB)
C
C***   CALCULATE THE ELEMENT STIFFNESS
C
   90 DO 40 IEVAB = 1, NEVAB
      DO 40 JEVAB=IEVAB,NEVAB
      DO 40 ISTRE = 1, NSTRE
   40 ESTIF(IEVAB,JEVAB)=ESTIF(IEVAB,JEVAB)+BMATX(ISTRE,IEVAB)*
     .                   DBMAT(ISTRE,JEVAB)*DVOLU
      IF (LARGE .EQ. 0 .OR. KITER .EQ. 2) GOTO 98
C
C***   CALL SUBROUTINE WHICH CALCULATES THE GEOMETRIC MATRIX -GEMTX-
C
      CALL      GEOME (ESTIF,GMATX,STRSG,MEVAB,NEVAB,MELGP,
     *               KGAUS,DVOLU)
   98 CONTINUE
  100 CONTINUE
C
C***   CALCULATE THE STEEL CONTRIBUTION TO THE STIFFNESS MATRIX
C
      DO 130 ISTEL = 1, NSTEL
      LPROP = MASTE (LLAYR,ISTEL)
      KGAUS = KGAUS + 1
      NSTAT=MSTAT(KGAUS)
      ANGLE=DIREC(1,KGAUS)
      READ (9) BMATX,GMATX,DVOLU
C
C***   CALL SUBROUTINE WHICH SETS UP -BMATX- TAKING INTO ACCOUT
C      THE LARGE DISPLACEMENT
C
      IF (LARGE .EQ. 1 .AND. KITER .GT. 2)
     .CALL   LDISP(BMATX,GMATX,ETDIS,NEVAB,BLARG)
      CALL   MODUL(DMATX,PROPS,NPROP,MMATS,LPROP,NSTAT,ANGLE,
     .             STRA1,STRA2,  0.0,  0.0)
      DO 115 ISTRE = 1, NSTRE
      DO 115 IEVAB = 1, NEVAB
      DBMAT(ISTRE,IEVAB)=0.0
      DO 115 JSTRE = 1, NSTRE
  115 DBMAT(ISTRE,IEVAB) = DBMAT(ISTRE,IEVAB)+
     .       DMATX(ISTRE,JSTRE)*BMATX(JSTRE,IEVAB)
      DO 120 IEVAB = 1, NEVAB
      DO 120 JEVAB=IEVAB,NEVAB
      DO 120 ISTRE = 1, NSTRE
  120 ESTIF(IEVAB,JEVAB)=ESTIF(IEVAB,JEVAB)+BMATX(ISTRE,IEVAB)*
     .                   DBMAT(ISTRE,JEVAB)*DVOLU
      IF (LARGE .EQ. 0 .OR. KITER .EQ. 2) GOTO 97
C
C***   CALL SUBROUTINE WHICH CALCULATES THE GEOMETRIC MATRIX -GEMTX-
C
```

```
      CALL      GEOME (ESTIF,GMATX,STRSG,MEVAB,NEVAB,MELGP,
     *                  KGAUS,DVOLU)
  97 CONTINUE
 130 CONTINUE
 105 CONTINUE
C
C*** CONSTRACT THE LOWER TRIANGLE OF THE STIFFNESS MATRIX
C
      DO 60 IEVAB = 1, NEVAB
      DO 60 JEVAB = 1, NEVAB
      ESTIF(JEVAB,IEVAB)=ESTIF(IEVAB,JEVAB)
  60 CONTINUE
C
C*** STORE THE STIFFNESS MATRIX FOR EACH
C    ELEMENT ON DISC FILE
C
      WRITE(1) ESTIF
 110 CONTINUE
      RETURN
      END
```

5.4.13 Subroutine TRANS

Diese Subroutine berechnet die Transformationsmatrix, die die Transformation
aus dem Materialachsensystem in das lokale Achsensystem ausführt.

```
      SUBROUTINE TRANS(TRMX,ANGLE)
C******
C
C*** SET UP THE TRANSFORMATION MATRIX -TRAMX-
C
C******
      DIMENSION TRAMX(5,5)
      DO 10 IGASH=1,5
      DO 10 JGASH=1,5
  10 TRAMX(IGASH,JGASH)=0.0
      C=COS(ANGLE)
      S=SIN(ANGLE)
      TRAMX(1,1)=C*C
      TRAMX(2,2)=C*C
      TRAMX(1,2)=S*S
      TRAMX(2,1)=S*S
      TRAMX(1,3)=C*S
      TRAMX(3,1)=-2.0*C*S
      TRAMX(2,3)=-1.0*C*S
      TRAMX(3,2)=2.0*C*C
      TRAMX(3,3)=C*C-S*S
      TRAMX(4,4)=C
      TRAMX(4,5)=S
      TRAMX(5,4)=-S
      TRAMX(5,5)=C
      RETURN
      END
```

5.4.14 Subroutinen INPUT, LOADS und OUTPUT

Die Rolle dieser Subroutinen wurde in den Abschnitten 4.4.15, 4.4.18 und 4.4.22
des vorangegangenen Kapitels beschrieben. Für die vorliegende Anwendung
gibt es kleine Unterschiede zur zuvor vorgestellten Version. Der Vollständigkeit
halber sind diese modifizierten Subroutinen nachfolgend gelistet.

```fortran
      SUBROUTINE INPUT (ANVEL, COORD, GRAVI, IFFIX, LNODS,
     *                  MATNO, MFRON, MELEM, MMATS, MPOIN,
     *                  MTOTV, MVFIX, NDFRO, NDOFN, NELEM, NCOLA,
     *                  NEVAB, NGAUS, NGAUZ, NNODE, MLAYR,
     *                  NOFIX, NPOIN, NPROP, NSLAY, NREST, LARGE,
     *                  NTOTV, NVFIX, POSGP, PRESC, PROPS, WEIGP,
     *                  NALGO, NINCS, MACON, MASTE, NCLAY)
C******
C
C**   THIS ROUTINE ACCEPTS MOST OF THE INPUT DATA
C
C******
      DIMENSION COORD (MPOIN,8), IFFIX (MTOTV), LNODS (MELEM,9),
     *          MATNO (MELEM), NDFRO (MELEM), GRAVI (3),
     *          NOFIX (MVFIX), POSGP (5), PRESC (MVFIX,NDOFN),
     *          PROPS (MMATS,NPROP), TITLE (12), WEIGP (5),
     .          NSLAY (MLAYR), MACON (MLAYR,10), MASTE (MLAYR,4),
     .          NCLAY (MLAYR)
      INTEGER MSG(3)
      DATA MSG/'INPU','T   ','ANFG'/
      CALL ANZEIGE (MSG,3,0)
      READ (5, 920)  TITLE
      WRITE (6,920) TITLE
C
C***  READ THE FIRST DATA CARD, AND ECHO IT IMMEDIATELY
C
      READ (5,*) NPOIN,NELEM,NVFIX,NNODE,NMATS,NGAUS,NGAUZ,NCOLA,
     *NALGO,NINCS,NLAYR,LARGE,NREST
      NEVAB = NDOFN*NNODE
      NTOTV = NPOIN*NDOFN
      WRITE (6,901) NPOIN,NELEM,NVFIX,NNODE,NMATS,NGAUS,NGAUZ,
     *NEVAB,NCOLA,NALGO,NINCS,NLAYR,LARGE,NREST
      WRITE (6,912)
      READ (5,*) GRAVI(1), GRAVI(2), GRAVI(3),ANVEL
      WRITE (6,913) GRAVI(1), GRAVI(2), GRAVI(3),ANVEL
      CALL       CHECK1 (NDOFN,NELEM,NGAUS,NMATS,NNODE,NPOIN,
     *                   MMATS,NVFIX,NGAUZ,NLAYR)
C
C***  READ THE ELEMENT NODAL CONNECTIONS, AND THE PROPERTY NUMBERS.
C
      WRITE (6,902)
      DO 2 IELEM = 1, NELEM
      READ (5,*) NUMEL,MATNO(NUMEL),
     *              (LNODS(NUMEL,INODE),INODE=1,NNODE)
    2 WRITE (6,940) NUMEL,MATNO(NUMEL),
     .              (LNODS(NUMEL,INODE),INODE=1,NNODE)
C
C***  ZERO ALL THE NODAL COORDINATES, PRIOR TO READING SOME OF THEM.
C
      DO 4 IPOIN = 1, NPOIN
      DO 4 IDIME = 1, 8
    4 COORD (IPOIN,IDIME) = 0.0
C
C***  READ SOME NODAL COORDINATES, FINISHING WITH THE LAST NODE OF ALL.
C
      WRITE (6,904)
    6 READ (5,*) IPOIN,(COORD (IPOIN,IDIME),IDIME =1, 8)
      IF (IPOIN .NE. NPOIN) GOTO 6
C
C***  INTERPOLATE COORDINATES OF MID-SIDE NODES
C
      CALL       NODEX (COORD,LNODS,MELEM,MPOIN,NELEM,NNODE)
      DO 10 IPOIN = 1, NPOIN
   10 WRITE (6,906) IPOIN,(COORD(IPOIN,IDIME),IDIME=1,8)
C
C***  READ THE FIXED VALUES.
C
      WRITE (6,907)
      DO 8 IVFIX = 1, NVFIX
      READ(5,*) NOFIX(IVFIX),IFPRE,(PRESC(IVFIX,IDOFN),IDOFN=1,NDOFN)
      WRITE(6,908) NOFIX(IVFIX),IFPRE,(PRESC(IVFIX,IDOFN),IDOFN=1,NDOFN)
      NLOCA = (NOFIX(IVFIX)-1)*NDOFN
      IFDOF = 10**(NDOFN-1)
```

```fortran
      DO 8 IDOFN = 1, NDOFN
      NGASH = NLOCA + IDOFN
      IF (IFPRE .LT. IFDOF) GOTO 8
      IFFIX (NGASH) = 1
      IFPRE = IFPRE - IFDOF
    8 IFDOF = IFDOF/10
C
C***  READ THE CONCRETE AND THE STEEL DISCRETIZATION PATTERN
C
      WRITE(6,935)
      DO 20 ILAYR=1,NLAYR
      READ(5,*)NCLAY(ILAYR),NSLAY(ILAYR)
      NCONL=NCLAY(ILAYR)
      NSTEL=NSLAY(ILAYR)
      READ(5,*)  (MACON(ILAYR,ICONL),ICONL=1,NCONL),
     .           (MASTE(ILAYR,ISTEL),ISTEL=1,NSTEL)
   20 WRITE(6,925) ILAYR,NCONL,NSTEL,(MACON(ILAYR,ICONL),ICONL
     .            =1,NCONL),(MASTE(ILAYR,ISTEL),ISTEL=1,NSTEL)
C
C***  READ THE AVAILABELE SELECTION OF ELEMENT PROPERTIES.
C
      WRITE (6,910)
      DO 18 IMATS = 1,NMATS
      READ (5,*) NUMAT
      READ (5,*) (PROPS (NUMAT,IPROP),IPROP=1,7)
      READ (5,*) (PROPS (NUMAT,IPROP),IPROP=8,NPROP)
   18 WRITE (6,911) NUMAT, (PROPS (NUMAT,IPROP),IPROP=1,NPROP)
C
C***  SET UP GAUSSIAN INTEGRATION CONSTANTS
C
      CALL      GAUSSQ (NGAUS,POSGP,WEIGP)
      CALL      CHECK2 (COORD,IFFIX,LNODS,MATNO,MELEM,MFRON,MPOIN,MTOTV,
     *                 MVFIX,NDFRO,NDOFN,NELEM,NNODE,NOFIX,NPOIN,
     *                 NVFIX,NLAYR)
  920 FORMAT(12A6)
  900 FORMAT (16I5,/5X,15I5)
  901 FORMAT (///,5X,' NPOIN =',I5/5X,' NELEM =',I5/5X,' NVFIX =',I5/
     *         5X,' NNODE =',I5/5X,' NMATS =',I5/5X,' NGAUS =',I5/
     *         5X,' NGAUZ =',I5/5X,' NEVAB =',I5/5X,' NCOLA =',I5/5X,
     *         ' NALGO =',I5/5X,' NINCS =',I5,/,
     *         5X,' NLAYR =',I5/5X,' LARGE =',I5/5X,'NREST =',I5)
  902 FORMAT (//' ELEMENT',5X,'PROPERTY/LAYER',35X,'NODE NUMBERS')
  903 FORMAT (1X,I5,4X,I5,4X,9I5)
  904 FORMAT (//' NODE',8X,'X',14X,'Y',14X,'Z',13X,'PRESS')
  905 FORMAT (I5,4F15.10/5X,4F15.10)
  906 FORMAT (I5,4F15.10/5X,4F15.10)
  907 FORMAT (//' NODE',6X,'CODE',15X,'FIXED VALUES')
  908 FORMAT (1X,I4,5X,I5,5X,5F10.6)
  910 FORMAT (//' NUMAT',10X,'ELEMENT PROPERTIES')
  911 FORMAT (1X,I4,3X,9E12.4)
  912 FORMAT (//' X-GRAVITY Y-GRAVITY Z-GRAVITY ANG VEL'/)
  913 FORMAT (4F10.5)
  925 FORMAT (I6,5X,I5,5X,I5,5X,15I5)
  930 FORMAT (7F10.5)
  935 FORMAT (//' LAYER PAT.','    NCONL',5X,'NSTEL',5X,
     .         'MATERIAL NUMBER PER CONCRETE AND STEEL LAYER'/)
  940 FORMAT (60X,12I5)
      RETURN
      END
```

```fortran
      SUBROUTINE LOADS (ANVEL,COORD,ELOAD,GRAVI,LNODS,
     .                  MATNO,MELEM,MEVAB,MMATS,MPOIN,DICOS,
     .                  NELEM,NEVAB,NGAUS,THICK,
     .                  NNODE,NPROP,NSTRE,POSGP,M3POI,NSLAY,
     .                  PROPS,WEIGP,MLAYR,NCLAY,MACON,MASTE)
C******
C
C***  THIS ROUTINE EVALUATES THE NODAL FORCES DUE TO TEMPERATURE
C     CENTRIFUGAL FORCES, GRAVITY,PRESSURE AND POINT LOADS
C
C******
      COMMON WORMX (3,24),QVALU,DJACB
      DIMENSION BMATX (5,45),COORD (MPOIN,8),
     .          ELOAD (MELEM,MEVAB),GRAVI (3),LNODS (MELEM,9),
     .          MATNO (MELEM),POSGP (5),DICOS (3,M3POI),
     .          PROPS (MMATS,NPROP),SHAPE (3,9),STREN (5),
     .          THICK(MPOIN),WEIGP(5)
     .          NCLAY(MLAYR),MACON(MLAYR,10),NSLAY(MLAYR),
     .          MASTE(MLAYR,4),GMATX (2,45)
      INTEGER MSG(3)
      DATA MSG/'LOAD','S   ','ANFG'/
      CALL ANZEIGE (MSG,3,0)
      REWIND 9
C
C***  LOOP OVER EACH ELEMENT
C
      DO 150 IELEM = 1,NELEM
      LLAYR=MATNO(IELEM)
      NCONL=NCLAY(LLAYR)
      NSTEL=NSLAY(LLAYR)
      NLAYT=NCONL+NSTEL
C
C***  READ THE CHARACTERISTICS OF THE U. D. AND POINT  LOADS
C
      READ (5,900) NPRES,NUCLO,NBODY
      WRITE (6,901) NPRES,NUCLO,NBODY
      IF (NPRES .EQ. 0) GOTO 3
      READ (5,902) KPRES,CFACE,PREVA,SURFA
      WRITE (6,902) KPRES,CFACE,PREVA,SURFA
C
C***  CFACE IS +1.0 OR -1.0 ACCORDING AS PRESSURE IS ON TOP OR BOTTOM SUR
C
    3 CONTINUE
C
C***  INITIALIZE THE LOAD MATRIX ELOAD ONE COLUMN AT EACH TIME
C
      DO 4 IEVAB = 1, NEVAB
    4 ELOAD (IELEM,IEVAB) = 0.0
C
C***  ENTER LOOPS OVER GAUSS POINTS FOR NUMERICAL INTEGRATION
C
      DO 145 IGAUS = 1, NGAUS
      DO 145 JGAUS = 1, NGAUS
      EXISP = POSGP (IGAUS)
      ETASP = POSGP (JGAUS)
      CALL SFR1 (SHAPE,EXISP,ETASP)
      IF (NBODY .EQ. 0 ) GOTO 141
      ZETSP = -1.0
      DO 140 ILAYT = 1,NLAYT
      IF(ILAYT .GT. NCONL) GOTO 6
      LPROP = MACON (LLAYR,ILAYT)
      DZETA = PROPS (LPROP,3)
      ZETSP = ZETSP+DZETA/2.0
      NSTAT=1
      ANGLE=0.0
      GOTO 8
    6 LPROP=MASTE(LLAYR,ILAYT-NCONL)
      ZETSP=PROPS(LPROP,6)
      DZETA=PROPS(LPROP,3)
      NSTAT=5
      ANGLE=PROPS(LPROP,7)
    8 READ(9) BMATX,GMATX,DVOLU
C
```

```
C***   CALCULATE THE CENTRIFUGAL,GRAVITATIONAL PRESSURE AND POINT LOADS
C
C
C***   CENTRIFUGAL FORCE
C
       IF (ANVEL .EQ. 0.0) GOTO 70
       NBORP = 2
       CALL  FUNC (BMATX,SHAPE,THICK,NBORP,NNODE,ZETSP,MELEM,
      *            COORD,DICOS,LNODS,IELEM,MPOIN,M3POI,GMATX)
       GASH = PROPS(LPROP,4)*ANVEL*ANVEL*DVOLU
       DO 45 I = 1, 2
   45 STREN (I) = GASH*WORMX(I,1)
       STREN (3) = 0.0
       DO 65 INODE = 1, NNODE
C
C***   FIND THE POSITION OF THE V-1 AND V-2 VECTORS
C
       IPOIN=IABS (LNODS(IELEM,INODE))
       JPOSI=(IPOIN-1)*3
       DO 65 ISTRE = 1, NSTRE
       IEVAB = (INODE-1)*5+ISTRE
       IF (ISTRE .GT. 3) GOTO 50
       ELOAD(IELEM,IEVAB) =  ELOAD(IELEM,IEVAB)+STREN(ISTRE)*
      .                            SHAPE (1,INODE)
       GOTO 65
   50 JPOSI = JPOSI + 1
       GASH = SHAPE (1,INODE)*(THICK(IPOIN)/2.0)*ZETSP
       IF(ISTRE .NE. 5) GOTO 55
       GASH = - GASH
   55 DO 60 I = 1, 2
   60 ELOAD (IELEM,IEVAB)= ELOAD(IELEM,IEVAB)+STREN(I)*
      .                          DICOS(I,JPOSI)*GASH
   65 CONTINUE
   70 CONTINUE
C
C***   GRAVITY
C
       GASH = PROPS(LPROP,4)*DVOLU
       DO 75 I = 1, 3
   75 STREN (I) = GRAVI (I)*GASH
       DO 95 INODE = 1, NNODE
       IPOIN = IABS (LNODS(IELEM,INODE))
       JPOSI = (IPOIN-1)*3
       DO 95 ISTRE = 1, NSTRE
       IEVAB = (INODE-1)*5+ISTRE
       IF (ISTRE .GT. 3) GOTO 80
       ELOAD(IELEM,IEVAB) =  ELOAD(IELEM,IEVAB)+STREN(ISTRE)*
      .                            SHAPE (1,INODE)
       GOTO 95
   80 JPOSI = JPOSI+1
       GASH = SHAPE (1,INODE)*(THICK(IPOIN)/2.0)*ZETSP
       IF (ISTRE .NE. 5) GOTO 85
       GASH = - GASH
   85 DO 90 I = 1, 3
   90 ELOAD (IELEM,IEVAB)= ELOAD(IELEM,IEVAB)+STREN(I)*
      .                          DICOS(I,JPOSI)*GASH
   95 CONTINUE
       ZETSP = ZETSP + DZETA/2.0
  140 CONTINUE
C
C***   CALCULATE THE NODAL LOADS DUE TO PRESSURE
C
  141 IF (NPRES .EQ. 0) GOTO 142
       CALL  PRES (COORD,ELOAD,LNODS,POSGP,SHAPE,THICK,
      .            WEIGP,IELEM,IGAUS,JGAUS,MELEM,MPOIN,NNODE,
      .            NEVAB,KPRES,CFACE,PREVA,SURFA,DICOS,M3POI)
  142 CONTINUE
  145 CONTINUE
C
C***   POINT LOADS
C
       IF (NUCLO .EQ. 0) GOTO 150
C
```

```
C***   IS THE PRESENT ELEMENT A LOADED ELEMENT, IF IT IS
C      READ AND ACCUMULATE THE LOADS IN ELOAD
C
       DO 120 IGASP = 1,NUCLO
       READ (5,950) LPOIN,LDOFN,CARGA
       WRITE(6,960) LPOIN,LDOFN,CARGA
       IEVAB = (LPOIN-1)*5+LDOFN
   120 ELOAD (IELEM,IEVAB)=ELOAD(IELEM,IEVAB)+CARGA
   150 CONTINUE
   900 FORMAT (5I5)
   901 FORMAT (' NPRES =',I5,5X,' NUCLO =',I5,5X,' NBODY =',I5)
   902 FORMAT (I5,F5.1,2F15.5)
   950 FORMAT (2I5,F10.5)
   960 FORMAT (//' LPOIN =',I5,' LDOFN =',I5,' LOAD =',F16.8/)
       RETURN
       END




       SUBROUTINE OUTPUT (IITER,MELGP,MTOTV,MVFIX,NCHEK,NELEM,NGAUS,
      .                   NOFIX,NOUTP,NPOIN,NSTRE,
      .                   NVFIX,STRSG,TDISP,TREAC,EPSTN,POSGP,
      .                   EFFST,MATNO,MMATS,PROPS,NPROP,MELEM,THICK,
      .                   MPOIN,LNODS,MLAYR,NCLAY,
      .                   NSLAY,MACON,MASTE,MSTAT,DIREC,NRTAP,GRTST)
C******
C
C***   THIS ROUTINE OUTPUTS DISPLACEMENTS, REACTIONS AND STRESSES
C
C******
       DIMENSION NOFIX(MVFIX),NOUTP(2),STRSG(5,MELGP),STRES(6),
      .           TDISP(MTOTV),TREAC(MVFIX,5),EPSTN(MELGP,2),
      .           POSGP(5),SHAPE(3,9),EFFST(MELGP),
      .           THICK(MPOIN),LNODS(MELEM,9),
      .           FORCE(8),MATNO(MELEM),
      .           PROPS(MMATS,NPROP),NCLAY(MLAYR),NSLAY(MLAYR),
      .           MACON(MLAYR,10),MASTE(MLAYR,4),MSTAT(MELGP),
      .           DIREC(2,MELGP),GRTST(MELGP,2)
       INTEGER MSG(3)
       DATA MSG/'OUTP','UT  ','ANFG'/
       CALL ANZEIGE (MSG,3,0)
       REWIND NRTAP
       KOUTP = NOUTP(1)
       IF (IITER .GT. 1) KOUTP = NOUTP(2)
       IF (IITER .EQ. 1 .AND. NCHEK .EQ. 0) KOUTP = NOUTP(2)
C
C***   OUTPUT DISPLACEMENTS
C
       IF (KOUTP .LT. 1) GOTO 10
       WRITE (6,900)
       WRITE (6,905)
       DO 20 IPOIN = 1,NPOIN
       NGASH = IPOIN * 5
       NGISH = NGASH-4
    20 WRITE (6,910) IPOIN,(TDISP(IGASH),IGASH=NGISH,NGASH)
    10 CONTINUE
C
C***   OUTPUT REACTIONS
C
       IF (KOUTP .LT. 2) GOTO 30
       WRITE (6,920)
       WRITE (6,925)
       DO 40 IVFIX = 1, NVFIX
    40 WRITE (6,910) NOFIX(IVFIX),(TREAC(IVFIX,IDOFN),IDOFN=1,5)
    30 CONTINUE
C
C***   OUTPUT STRESSES
C
       IF (KOUTP .LT. 3) GOTO 120
       WRITE (6,927)
       WRITE (6,926)
```

```
      DO 110 IELEM = 1,NELEM
      KGAUS = 0
      KELGS = 0
      READ(NRTAP) MSTAT,DIREC,EFFST,EPSTN,STRSG,GRTST
      LLAYR=MATNO(IELEM)
      NCONL=NCLAY(LLAYR)
      NSTEL=NSLAY(LLAYR)
      WRITE (6,940) IELEM
      DO 105 IGAUS = 1,NGAUS
      DO 105 JGAUS = 1,NGAUS
      EXISP = POSGP (IGAUS)
      ETASP = POSGP (JGAUS)
C
C***   SET TO ZERO THE STRESS RESULTANT VECTOR
C
      DO 70 JFORC = 1, 8
   70 FORCE (JFORC) = 0.0
      KGASP = 0
      KELGS=KELGS + 1
      WRITE (6,945) KELGS
      CALL SFR1(SHAPE,EXISP,ETASP)
C
C***   COMPUTE GAUSS POINT THICKNESS
C
      THIGP = 0.0
      DO 65 INODE=1,8
      IPOIN = IABS(LNODS(IELEM,INODE))
   65 THIGP = THIGP + SHAPE (1,INODE)*THICK(IPOIN)
C
C***   CONCRETE LAYERS
C
      WRITE(6,947)
      ZETSP = -1.0
      DO 100 ICONL = 1, NCONL
      LPROP = MACON (LLAYR,ICONL)
      DZETA = PROPS (LPROP,3)
      ZETSP = ZETSP + DZETA*0.5
      KGAUS = KGAUS + 1
      KGASP = KGASP + 1
      NSTAT=MSTAT(KGAUS)
      ALPHA=DIREC(1,KGAUS)*57.29577951
C     BEETA=DIREC(2,KGAUS)*57.29577951
      BEETA=DIREC(2,KGAUS)
C
C***   THE FIVE LOCAL STRESSES IN THE ORDER XX,YY,XY,XZ,YZ
C
      DO 50 ISTRE = 1, NSTRE
   50 STRES(ISTRE) = STRSG(ISTRE,KGAUS)
      WRITE (6,950) KGASP,(STRES(ISTRE),ISTRE=1,NSTRE),
     .                EFFST(KGAUS),EPSTN(KGAUS,1),EPSTN(KGAUS,2),
     .                ALPHA,BEETA,NSTAT

C
C***   SET UP THE STRESS RESULTANTS IN THE ORDER NX,NY,NXY,MX,MY,MXY,QX,QY
C
      DO 75 ISTRE = 1, 3
      FORCE(ISTRE)=FORCE (ISTRE)+STRES(ISTRE)*THIGP*0.5*DZETA
   75 FORCE(ISTRE+3)=FORCE (ISTRE+3)-STRES(ISTRE)*THIGP*THIGP*
     .                ZETSP*DZETA*0.25
      DO 80 ISTRE = 4,5
   80 FORCE(ISTRE+3)=FORCE (ISTRE+3)+STRES(ISTRE)*THIGP*0.5*DZETA
      ZETSP = ZETSP + DZETA*0.5
  100 CONTINUE
C
C***   STEEL LAYERS
C
      WRITE(6,975)
      KGASP=0
      DO130 ISTEL=1,NSTEL
      LPROP=MASTE(LLAYR,ISTEL)
      DZETA=PROPS(LPROP,3)
      ZETSP=PROPS(LPROP,6)
```

```
            KGASP=KGASP+1
            KGAUS=KGAUS+1
            NSTAT=MSTAT(KGAUS)
            ALPHA=DIREC(1,KGAUS)*57.29577951
            BEETA=DIREC(2,KGAUS)*57.29577951
      C     BEETA=DIREC(2,KGAUS)
      C
      C*** THE FIVE LOCAL STRESSES IN THE ORDER XX,YY,XY,XZ,YZ
      C
            DO 51 ISTRE = 1, NSTRE
         51 STRES(ISTRE) = STRSG(ISTRE,KGAUS)
            WRITE (6,950) KGASP,(STRES(ISTRE),ISTRE=1,NSTRE),
           .              EFFST(KGAUS),EPSTN(KGAUS,1),EPSTN(KGAUS,2),
           .              ALPHA,BEETA,NSTAT


      C
      C*** SET UP THE STRESS RESULTANTS IN THE ORDER NX,NY,NXY,MX,MY,MXY,QX,QY
      C
            DO 71 ISTRE = 1, 3
            FORCE(ISTRE)=FORCE (ISTRE)+STRES(ISTRE)*THIGP*0.5*DZETA
         71 FORCE(ISTRE+3)=FORCE (ISTRE+3)-STRES(ISTRE)*THIGP*THIGP*
           .                ZETSP*DZETA*0.25
        130 CONTINUE
            WRITE (6,960) FORCE (1),FORCE (4),FORCE (2),FORCE (5),FORCE (3),
           .              FORCE (6),FORCE (7),FORCE (8)
        105 CONTINUE
        110 CONTINUE
        120 CONTINUE
        900 FORMAT(1H0,5X,'DISPLACEMENTS')
        905 FORMAT(1H0,6X,'NODE',4X,'X-DISP',8X,'Y-DISP',8X,'Z-DISP',
           .          8X,'AF-ROT',8X,'BT-ROT')
        910 FORMAT(I10,5E14.6)
        920 FORMAT(1H0,5X,'REACTIONS')
        925 FORMAT(1H0,6X,'NODE',4X,'X-REAC',8X,'Y-REAC',8X,'Z-REAC',
           .          8X,'AF-MOM',8X,'BT-MOM')
        927 FORMAT(1H0,5X,'STRESSES')
        926 FORMAT(1H0,1X,'KLAYR',5X,'XX-STR',8X,'XY-STR',
           .          8X,'XZ-STR',8X,'YZ-STR',6X,'EFF.STRESS',3X,
           .          'EFF.STN1',3X,'EFF.STN2',4X,'DIR-1',2X,'DIR-2',2X,'STAT')
        940 FORMAT(1H0,50X,'     ELEMENT NO. =',I5)
        945 FORMAT(' G.P. NO. =',I5)
        947 FORMAT(/,' CONCRETE LAYERS')
        950 FORMAT (I4,8E12.4,2F7.2,I4)
        960 FORMAT(/,'STRESS RESULTANTS =  ','N-XX =',E12.5,5X,
           .          'M-XX =',E12.5/22X,'N-YY =',E12.5,5X,'M-YY =',
           .          E12.5/22X,'N-XY =', E12.5,5X,'M-XY =', E12.5/,
           .          22X,'Q-XZ =', E12.5,5X,'Q-YZ =', E12.5)
        975 FORMAT('STEEL LAYERS')
            RETURN
            END
```

5.4.15 Subroutinen HARDEN und YLSUF

Diese Subroutinen sind nur zur Beschreibung des Verfestigungsverhaltens des
Betons erforderlich. Insbesondere berechnet die Subroutine HARDEN die Position des momentanen Verzerrungspunktes auf der Verfestigungskurve. Subroutine YLSUF berechnet die zugehörige Spannung entsprechend (5.11) sowie
den Verzerrungsverfestigungsparameter.

Es wird darauf hingewiesen, daß diese Subroutinen von den Subroutinen
RESI1 und STIFF jedesmal aufgerufen werden, wenn die momentane effektive
Spannung und der Verfestigungswert gebraucht wird.

```
      SUBROUTINE HARDEN(ESTRN,ESTSS,PROPS,MMATS,NPROP,NPONT)
C*******
C
C***   DEFINE THE STRAIN-HARDENING FUNCTION FOR CONCRETE
C
C*******
      DIMENSION ESTRN(NPONT),ESTSS(NPONT),PROPS(MMATS,NPROP)
      CONST=0.3
      LPROP=1
      EMAXS=2.0*PROPS(LPROP,6)/PROPS(LPROP,1)
      EPMAX=EMAXS*0.5
      EPMIN=EMAXS*(1.0-CONST*0.5-SQRT(1.0-CONST))
      COEFE=EPMAX/(EPMAX-EPMIN)
      KPONT=KPONT-4
      WRITE(6,910) NPONT,EMAXS,EPMAX,EPMIN
  910 FORMAT('HARDENING CONSTANTS',I5,3E14.5)
      DO 20 IPONT=1,NPONT
      ESTSS(IPONT)=CONST*PROPS(LPROP,6)
      ESTRN(IPONT)=(EMAXS*(1.0-CONST*0.5-SQRT(ABS(1.0-CONST)))
     .             -EPMIN)*COEFE
      WRITE(6,920) IPONT,CONST,ESTSS(IPONT),ESTRN(IPONT)
  920 FORMAT('HARDENING VALUES',I5,3E14.5)
      IF(IPONT .LT. KPONT) CONST=CONST+0.05
      IF(IPONT .GE. KPONT) CONST=CONST+0.025
   20 CONTINUE
      ERROR=(PROPS(LPROP,6)-ESTSS(NPONT))/PROPS(LPROP,6)*100.0
      IF(ABS(ERROR) .LT. 0.01) GOTO 30
      WRITE(6,900) ESTSS(NPONT)
  900 FORMAT(' ERROR IN THE STRESS-PL.STRAIN CURVE, MAX.STRESS =',
     .F10.5)
      STOP 'FEHLER'
   30 RETURN
      END




      SUBROUTINE YLSUF(ESTRN,ESTSS,EPSTN,PROPS,KGAUS,MELGP,
     .                 MMATS,NPROP,NPONT,LPROP,HARDS,YLDST)
C******
C
C***THIS SUBROUTINE CALCULATES THE CURRENT VALUES OF THE YIELD
C   SURFACE AND OF THE STRAIN HARDENING PARAMETERS
C
C******
      DIMENSION ESTRN(NPONT),ESTSS(NPONT),EPSTN(MELGP,2),
     .          PROPS(MMATS,NPROP)
C     CONST=0.3
C     UNIAX=PROPS(LPROP,6)*CONST
C     YLDST=UNIAX
C     IF(EPSTN(KGAUS,1) .EQ. 0.0) RETURN
      DO 20 IPONT=2,NPONT
      IF(EPSTN(KGAUS,1) .GT. ESTRN(IPONT)) GOTO 20
      HARDS=(ESTSS(IPONT)-ESTSS(IPONT-1))/(ESTRN(IPONT)-
     .       ESTRN(IPONT-1))
      YLDST=ESTSS(IPONT-1)+HARDS*(EPSTN(KGAUS,1)-ESTRN(IPONT-1))
      RETURN
   20 CONTINUE
      HARDS =0.0
      YLDST=PROPS(LPROP,6)
      RETURN
      END
```

5.5 Numerische Beispiele

In diesem Abschnitt werden zwei numerische Beispiele präsentiert, die die Anwendung des beschriebenen Programms illustrieren und auch einen Vergleich
zwischen numerischen und experimentellen Ergebnissen liefern.

5.5.1 In den Ecken gestützte quadratische Platte

Es wird eine quadratische Platte, die in den Ecken gelagert ist und durch eine Einzellast im Mittelpunkt belastet ist, betrachtet. Diese wurde von Duddeck und anderen [5.52] getestet, siehe auch [5.12]. Dieses Modell, konstruiert aus weiterentwickeltem Schiefergasbeton, hat den Vorteil genau definierter Randbedingungen (horizontal frei). Es wurden drei Platten getestet (S1, S2, S3) mit verschiedenem Bewehrungsgehalt in jeder Richtung. Der gesamte Gehalt der Bewehrung in den Platten wurde jedoch konstant gehalten. Die Plattengeometrie, der Bewehrungsgahalt und die Diskretisierung in finite Elemente sind in Bild 5.5 dargestellt. Die Materialeigenschaften sind in Tabelle 5.2 spezifiziert.

Die Lastverformungskurven für die drei analysierten Platten werden in Bild 5.6 mit der zugehörigen Fließgrenze verglichen. Die Platte S1 mit isotro-

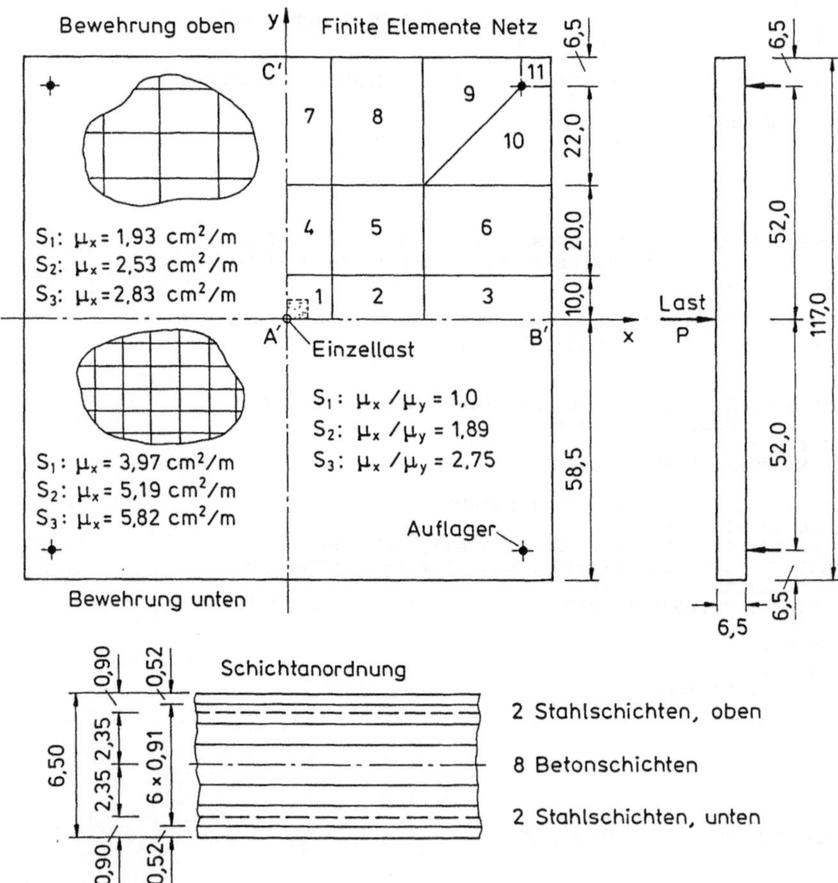

Bild 5.5 In den Eckpunkten gelagerte Platte unter Einzellast in Plattenmitte
Geometrie, Bewehrung, Netzeinteilung

Tabelle 5.2 Parameter für Beispiel 1

Materialeigenschaften [cm, kN]	
Beton	**Stahl**
Elastizitätsmodul $E_c = 1640$	Elastizitätsmodul $E_s = 20100$
Querkontraktion $\nu = 0$	Fließspannung $f_y = 60$
max. Druckspannung $f_c' = 4,3$	Elastizitätsmodul $E_s' = 700$
max. Zugspannung $f_t = 0,3$	max. Spannung $f_y' = 70$
max. Druckverzerrung $\varepsilon_u = 0,0035$	Elastizitätsmodul $E_s'' = 0$
Zugverfestigungs- parameter $\alpha = 0,7$	Winkel mit x-Achse $\theta_x = 0$
$\varepsilon_m = 0,0020$	Winkel mit y-Achse $\theta_y = 1,57$

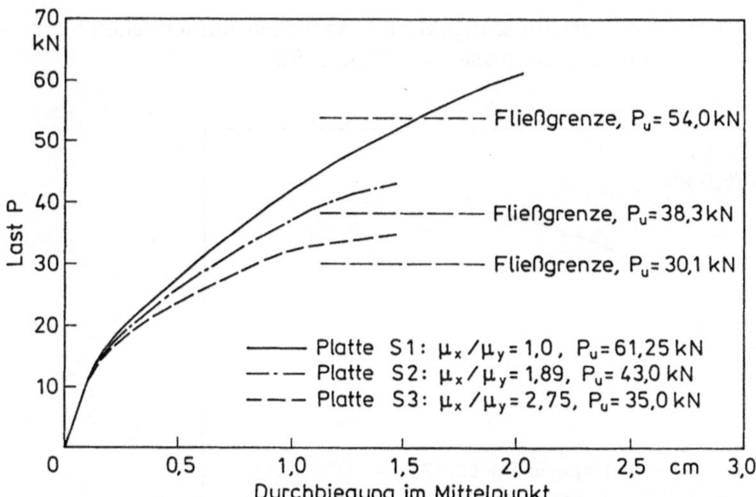

Bild 5.6 Last-Durchbiegungskurve für die Platten $S1$, $S2$ und $S3$ für Beispiel 1

per Bewehrung zeigt geringere Durchbiegungen und eine größere Lastaufnahme, obwohl der gesamte Gehalt an Stahl für alle drei Platten gleich ist. In der Analyse der Platte S1 wird eine kleinere Grenzlast (55,0 KN) gefunden, falls eine Einzellast aufgebracht wird. Versagen tritt durch Rißbildung des Betons in der Nachbarschaft der Last ein, wo die Schubspannungen dominieren. Die Ergebnisse für diese Platte wurden dadurch erhalten, indem die konzentrierte Last auf eine kleine Fläche von 10 x 10 cm² aufgebracht wurde. Die Versagenslast (61,25 KN) wird erreicht bevor eine vollständige Ausbildung der Rißlinien (siehe Bild 5.10) für eine Grenzverzerrung $\varepsilon_u = 0,0035$ eintritt. Die Bilder 5.7 und 5.8 vergleichen die Lastverformungskurven und die Versagenslasten der

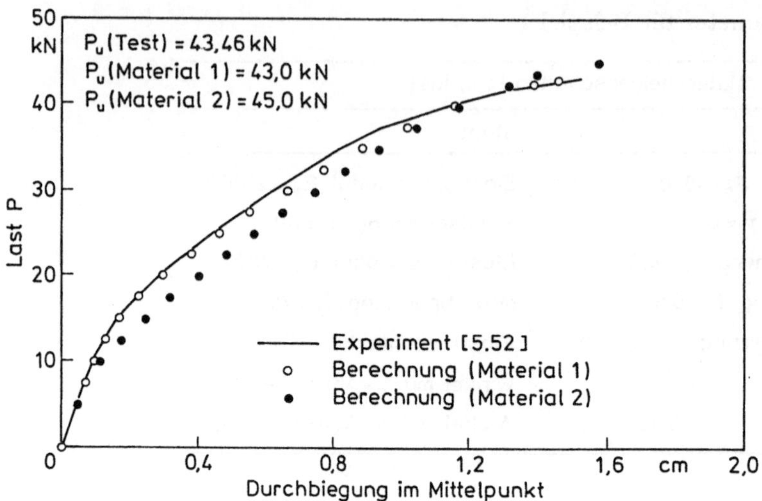

Bild 5.7 Vergleich der Last-Durchbiegungskurven zwischen numerischen und experimentellen Ergebnissen für Platte $S2$

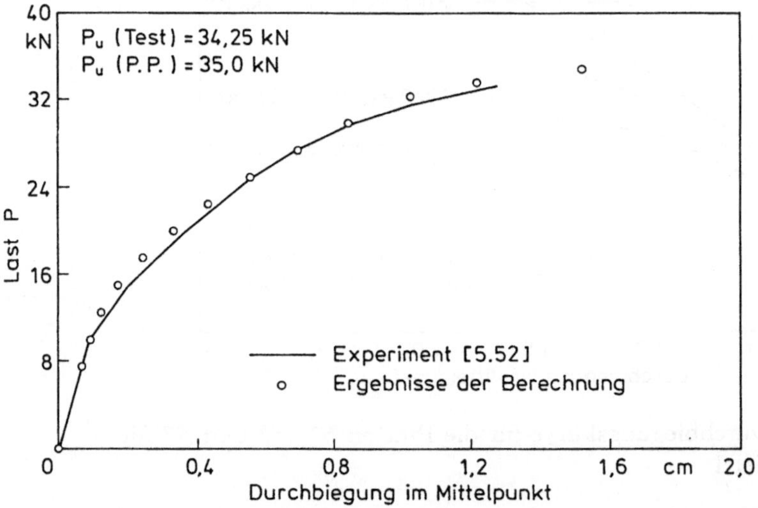

Bild 5.8 Vergleich der Last-Durchbiegungskurven zwischen numerischen und experimentellen Ergebnissen für Platte $S3$

Platten S2 und S3 (anisotrope Bewehrung) mit den experimentellen Resultaten. Eine ausgezeichnete Übereinstimmung ist offensichtlich. Bild 5.7 zeigt auch die Ergebnisse für die Platte S2 mit den gleichen Materialeigenschaften wie in [5.12, 5.13]; diese unterscheiden sich von den vorliegenden (Material 1) in der angenommenen Zugbruchspannung ($f'_t = 0,20 \mathrm{KN/cm^2}$) und in der Vorgabe eines elastisch ideal plastischen Diagramms für Stahl ($f_y = 67,0 \mathrm{KN/cm^2}$).

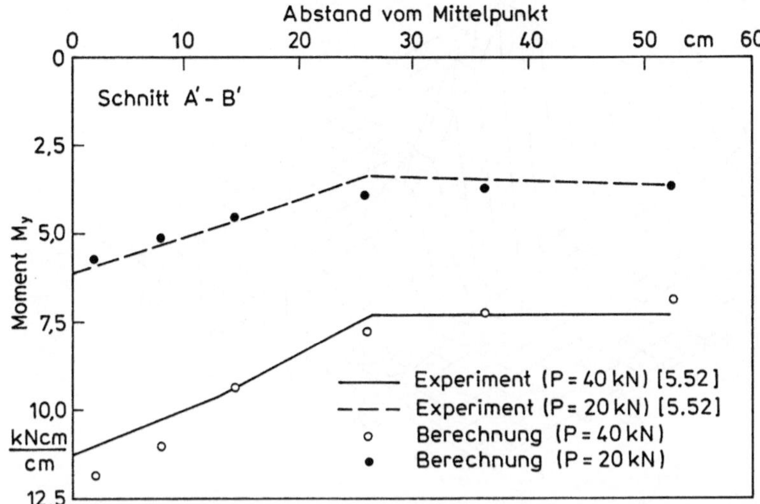

Bild 5.9 Vergleich zwischen numerischen und experimentellen Biegemomenten entlang der x-Achse für Platte $S1$

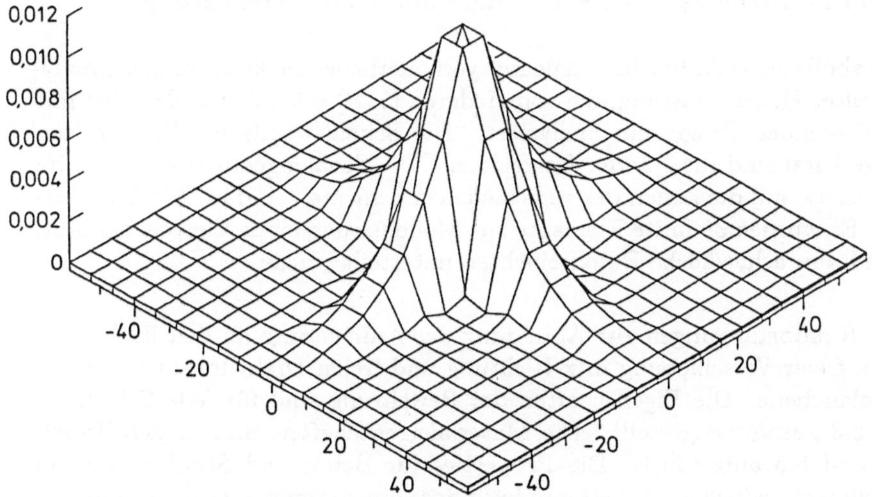

Bild 5.10 Plastische Verzerrungen in der Stahlbewehrung im Versagenszustand für Platte $S1$

Bild 5.9 zeigt die berechneten und die experimentell gemessenen Momente M_y entlang der x-Achse für Platte S1. Die plastischen Verzerrungen des Stahls beim Versagen sind für die Platten S1 und S2 in den Bildern 5.10 und 5.11 illustriert. Diese Diagramme zeigen klar die Ausbreitung und die Geometrie der Rißlinien für die isotrope (S1) und anisotrope (S3) Bewehrung.

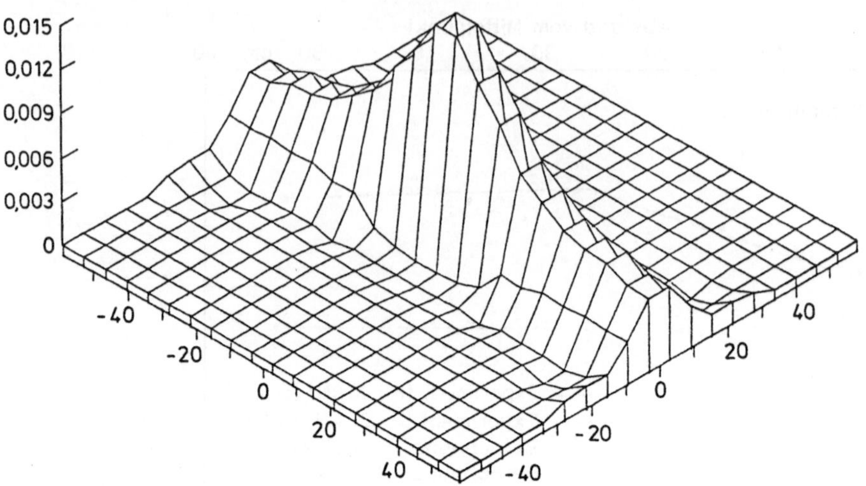

Bild 5.11 Plastische Verzerrungen in der Stahlbewehrung im Verzerrungs-
zustand für Platte $S3$

5.5.2 Parabolische zylindrische Schale unter Druckbelastung

Eine parabolische zylindrische Schale mit veränderlicher Dicke unter gleichmäßiger verteilter Druckbelastung, die von Hedgren [5.54] getestet wurde, wird mit
dem vorliegenden Programm analysiert. Die Schale wurde im Test an den
Enden gestützt und die Ränder freigelassen. Die Schalengeometrie, das finite
Elementenetz und die Zonen der verschiedenen Schichten sind in Bild 5.12 dargestellt. Es wurden 36 finite Elemente zur Modellierung eines Viertels benutzt,
wobei jedes in acht gleiche Betonschichten unterteilt wurde.

Die Randbedingungen zur Abbildung der Auflagerung an den Enden be-
stehen in freier Verschiebung in x-Richtung und freien Drehwinkeln senkrecht
zur Schalenebene. Die Eigenschaften der Bewehrung sind für jede Schicht in
Tabelle 5.3 zusammengestellt. Die Materialeigenschaften sind in den Tabel-
len 5.4 und 5.5 aufgeführt. Die Properties für Beton und Stahl werden in
[5.54] definiert, jedoch wird das komplette Spannungsverzerrungsdiagramm für
Stahl, das das Grenzlastverhalten der Schale beeinflussen könnte, nicht mit-
geliefert. In der Berechnung wird angenommen, daß, nachdem einmal Fließen
des Stahles bei einem Spannungsniveau f_y eingetreten ist, ein lineares Verfestigungsverhalten mit $E'_s = 4000\text{KN/cm}^2$ bis zur Grenzspannung f_u auftritt und
anschließend ein ideales plastisches Verhalten eintritt. In Bild 5.13 wird die experimentelle Kurve der vertikalen Durchbiegung in der Mitte des freien Randes
über die Last mit den vorliegenden Ergebnissen verglichen mit einer linearen
und einer nichtlinearen geometrischen Untersuchung. Die geometrisch nichtlineare Analyse hat eine große Bedeutung in diesem Schalenproblem, wie schon
von Hedgren [5.54] hingewiesen wurde. Es wird eine Zunahme der Schalenstei-

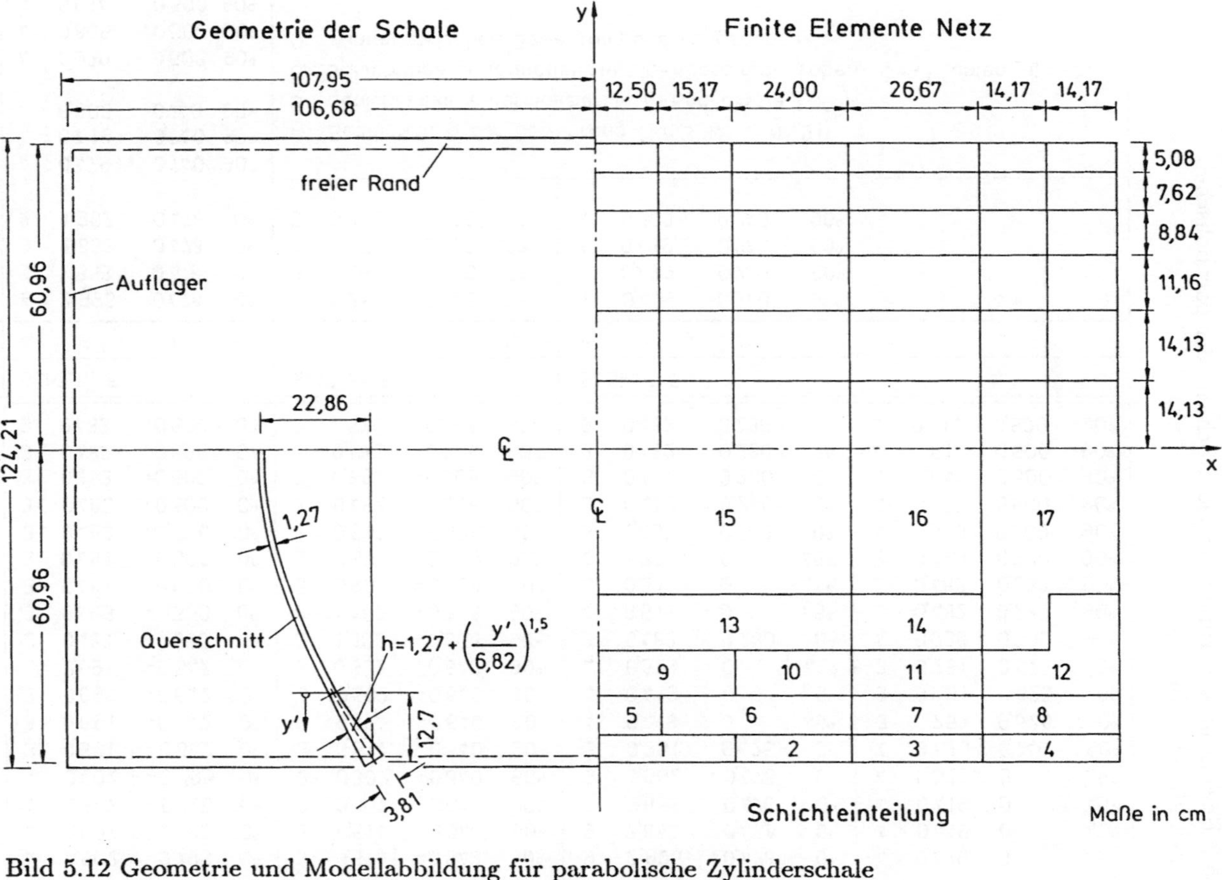

Bild 5.12 Geometrie und Modellabbildung für parabolische Zylinderschale

Tabelle 5.3 Bewehrungsanordnung in jeder Schicht der parabolischen, zylindrischen Schale

Schicht Anordnung	Schicht 1				Schicht 2				Schicht 3				Schicht 4			
	A	B	C	D	A	B	C	D	A	B	C	D	A	B	C	D
1	4	0,602	-0,795	0°	3	0,574	-0,640	90°	9	2,996	-0,478	0°	4	0,419	0	45°
2	4	0,602	-0,795	0°	3	0,574	-0,640	90°	9	2,853	-0,478	0°	4	0,419	0	45°
3	4	0,602	-0,795	0°	3	0,502	-0,640	90°	9	2,853	-0,478	0°	4	0,419	0	45°
4	4	0,602	-0,795	0°	3	0,302	-0,640	90°	9	1,902	-0,478	0°	4	0,629	0	45°
5	3	0,691	-0,642	0°	3	0,574	-0,640	90°	3	0,251	0,625	0°	4	0,479	0,740	90°
6	3	0,691	-0,642	0°	3	0,574	-0,640	90°	4	0,419	0	45°	3	0,251	0,625	0°
7	3	0,691	-0,642	0°	3	0,502	-0,640	90°	4	0,419	0	45°	3	0,251	0,625	0°
8	3	0,691	-0,642	0°	3	0,302	-0,640	90°	4	0,629	0	45°	3	0,251	0,625	0°
9	3	0,483	-0,500	0°	3	1,102	-0,308	90°	3	0,482	0,280	0°	4	0,920	0,500	90°
10	3	0,483	-0,500	0°	3	1,102	-0,308	90°	4	0,511	0	45°	3	0,482	0,280	90°
11	3	0,483	-0,500	0°	3	0,964	-0,308	90°	4	0,511	0	45°	3	0,482	0,280	90°
12	3	0,483	-0,500	0°	3	0,579	-0,308	90°	4	1,208	0	45°	3	0,482	0,280	90°
13	3	0,483	-0,500	0°	3	0,552	-0,308	90°	3	0,482	0,280	0°	4	0,920	0,500	90°
14	3	0,483	-0,500	0°	3	0,482	-0,308	90°	3	0,482	0,280	0°	4	0,805	0,500	90°
15	3	0,483	-0,500	0°	3	0,552	-0,308	90°	3	0,482	0,280	0°	4	1,841	0,500	90°
16	3	0,483	-0,500	0°	3	0,482	-0,308	90°	3	0,482	0,280	0°	4	1,611	0,500	90°
17	3	0,483	-0,500	0°	3	0,579	-0,308	90°	3	0,482	0,280	0°	4	0,614	0,500	90°

Schicht Anordnung	Schicht 5				Schicht 6				Schicht 7			
	A	B	C	D	A	B	C	D	A	B	C	D
1	9	2,996	0,478	0°	3	0,250	0,625	0°	4	0,479	0,740	90°
2	9	2,853	0,478	0°	3	0,250	0,625	0°	4	0,479	0,740	90°
3	9	2,853	0,478	0°	3	0,250	0,625	0°	4	0,419	0,740	90°
4	9	1,902	0,478	0°	3	0,250	0,625	0°	4	0,503	0,740	90°
5												
6	4	0,479	0,740	90°								
7	4	0,419	0,740	90°								
8	4	0,503	0,740	90°								
9												
10	4	0,920	0,500	90°								
11	4	0,805	0,500	90°								
12	4	0,614	0,500	90°								

A　Bezeichnung der Bewehrung (Nr. 3, Nr. 4, Nr. 9)
B　Schichtdicke in normalisierter ξ-Koordinate ($\cdot 10^2$)
C　Schichtlage in normalisierter ξ-Koordinate (oben: $\xi = +1$; unten: $\xi = -1$)
D　Winkel zwischen Bewehrung und Längsachse

Tabelle 5.4 Materialkennwerte für die parabolische, zylindrische Schale

Materialeigenschaften [cm, kN]	
Beton	**Stahl**
Elastizitätsmodul $E_c = 2069$	Elastizitätsmodul $E_s = 20000$
Querkontraktion $\nu = 0{,}145$	Fließspannung f_y (var.) (*)
max. Druckspannung $f_c' = 3{,}02$	Elastizitätsmodul $E_s' = 4000$
max. Zugspannung $f_t' = 0{,}48$	max. Spannung f_u (var.) (*)
max. Druckverzerrung $\varepsilon_u = 0{,}0035$	Elastizitätsmodul $E_s'' = 0$
Zugverfestigungs-parameter $\alpha = 0{,}6$	Winkel mit x-Achse θ (var)
$\varepsilon_m = 0{,}0020$	(*) s. Tab 5.5

Tabelle 5.5 Parameter für die Bewehrung der parabolischen Schale

Auslegungsdaten der Bewehrung [cm, kN]

Bezeichnung	Durchmesser	Fläche	Fließspannung	Bruchspannung
Nr. 3	0,122	0,0117	25,29	36,42
Nr. 4	0,157	0,0195	21,91	34,49
Nr. 9	0,343	0,0923	30,66	42,00

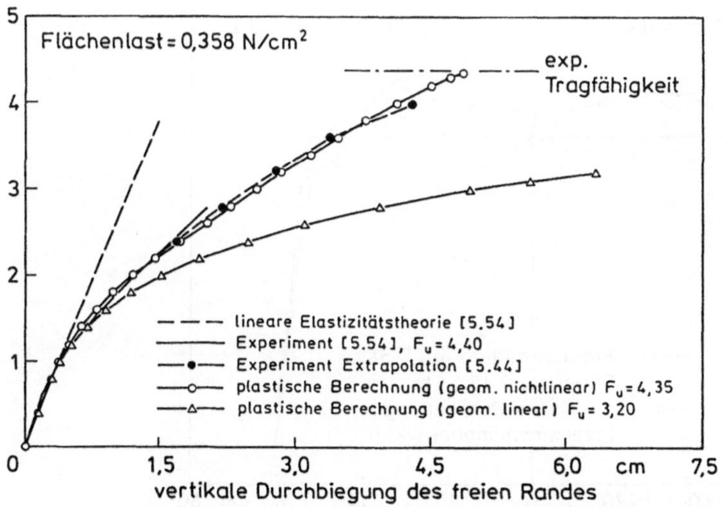

Bild 5.13 Vergleich zwischen experimentellen und numerischen Ergebnissen für die vertikale Durchbiegung der zylindrischen Schale

figkeit und ihrer Lastaufnahmefähigkeit infolge des vertikalen Abhebens der Schalenkrone und der nach unten gerichteten Verschiebung der freien Ränder beobachtet. Folglich wird eine Zunahme des Hebelarms der internen Kräfte erreicht, wenn die deformierte Geometrie berücksichtigt wird.

Die vertikale Durchbiegung des Querschnittes in Schalenmitte ist in Bild 5.14 für Lastfaktoren von 0,8 bis 2,4 dargestellt. Die Variation der Schnittlast N_x in Schalenmitte wird in Bild 5.15 mit theoretischen und experimentellen

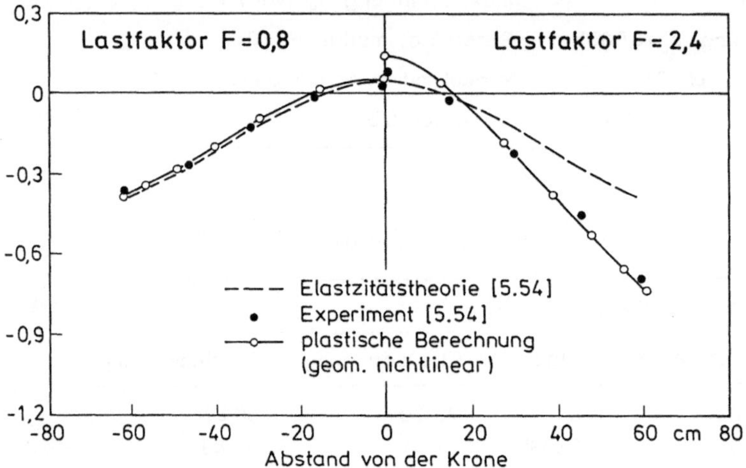

Bild 5.14 Vertikale Durchbiegung des Querschnitts bei $x = 0$

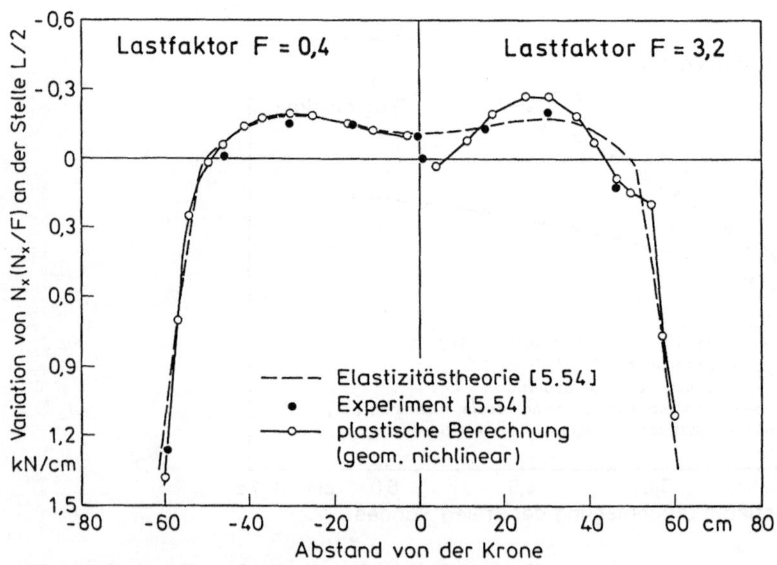

Bild 5.15 Vergleich der Schnittlasten N_x im Querschnitt bei $x = 0$

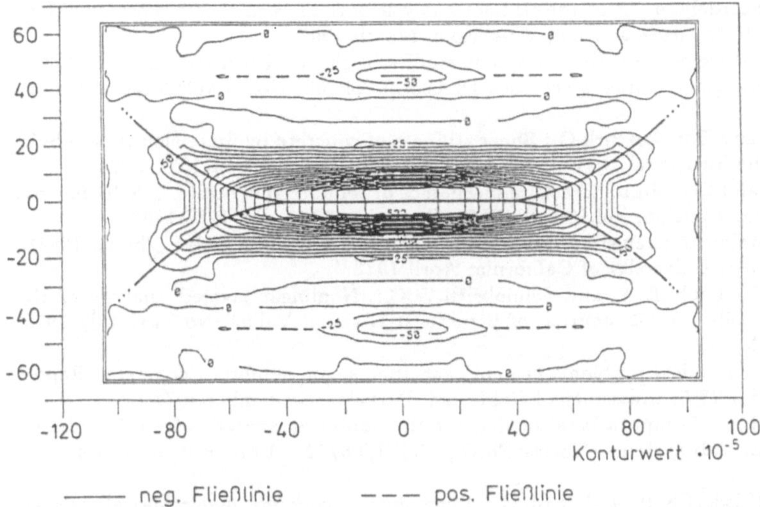

Bild 5.16 Plastische Verzerrungen in der Umfangsbewehrung im
Versagenszustand

Ergebnissen für zwei Lastniveaus verglichen. In allen Fällen stimmen die numerischen und experimentellen Resultate gut überein, vorausgesetzt, daß geometrisch nichtlineare Effekte in der Berechnung mitgenommen werden.

Die plastischen Verzerrungen in der Bewehrung in Umfangsrichtung werden als Konturlinien in Bild 5.16 für ein Lastniveau $F = 4,35$, das in der Nähe der Grenzlast liegt, dargestellt. Positive Werte gehören zur oberen Schicht, und negative Werte beziehen sich auf die untere Schicht. Die negative Rißlinie (positive plastische Verzerrungen) wird vollständig gebildet, wohingegen die beiden positiven Rißlinien entlang der Ränder noch nicht vollständig ausgebildet sind.

5.6 Literaturverzeichnis

5.1   ASCE Committee on concrete and masonry structures, Task Committee on Finite Element Analysis of Reinforced Concrete Structures: A State-of-the-Art Report on Finite Element Analysis of Reinforced Concrete Structures, ASCE Spec. Pub.1981.

5.2   Schnobrich,W.C.: Behaviour of reinforced concrete structures predicted by the finite element method.Computers & Structures,Vol.7, 1977, pp.365-376.

5.3   Argyris,J.H.; Faust,G.; Szimnat,J.; Warnke,E.P. and William, K.J.: Recent developments in the finite element analysis of prestressed concrete reactor vessels.Nuclear Engineering and Design, 28, 1974, pp.42-75.

5.4   Bergan,P.G. and Holand,I.: Nonlinear finite element analysis of concrete structures. Computer methods in Applied Mechanics and Engineering, 17/18, 1979, pp.443-467.

5.5   Gerstle,K.H.: Material modelling of reinforced concrete. Introductor Report, IABSE Colloquium on Advanced Mechanics of Reinforced Concrete, Delft, Volume-Band 33, 1981, pp.41-63.

5.6   Ngo,D. and Scordelis,A.C.: Finite element analysis of reinforced concrete beams. American Concrete Institute Journal, V.64, No.3, March 1967.

5.7   Cedolin,L. and Deipoli,S.: Finite element studies of shear-critical R/C beams. ASCE Journal of the Engineering Mechanics Division, Vol.103, No. EM3, June 1977, pp. 395-410.

5.8   Fardis,M.N. and Buyukozturk,O.: Shear stiffness of concrete by finite elements. ASCE Journal of the Structural Division, Vol.106, No.ST6,June 1980, pp.1311-1327.

5.9   Bazant,Z.P. and Cedolin,L.: Fracture mechanics of reinforced concrete. ASCE Journal of Eng. Mech. Division, Vol.106, No.EM6, December 1980, pp. 1287-1306.

5.10   Lin,C.S.: Nonlinear analysis of reinforced concrete slabs and shells. Thesis, Ph.D., UC-SESM 73-7, University of California, April 1973.

5.11   Hand,F.R.; Pecknold,D.A. and Schnobrich,W.C.: Nonlinear layered analysis of RC plates and shells. ASCE Journal of Structural Division Vol.99, No.ST7, July 1973, pp.1491-1505.

5.12   Mueller,G.: Numerical problems in nonlinear analysis of reinforced concrete. Report No. UC-SESM 77-5, University of California, Berkeley, September 1977.

5.13   Rahman,H.H.A.: Computational models for the nonlinear analysis of reinforced concrete flexural slab systems, Thesis Ph.D., C/PH/66/82 , University of Wales, May 1982.

5.14   Kupfer,H,; Hilsdorf,K.H. and Rush,H.: Behaviour of concrete under biaxial stresses. Procedings, American Concrete Institute, Vol.66, No.8,August 1969, pp.656-666.

5.15   Mills,L.L. and Zimmerman,R.M.: Compressive strength of plain concrete under multiaxial loading conditions. ACI Journal, Proc. Vol.67, M-10, Oct.1970, pp. 802-807.

5.16   Gerstle,K.H. et al.: Behaviour of concrete under multiaxial stress states. ASCE Journal of Eng. Mech. Div. Vol. 106, No.EM 6, December 1980, pp.1383-1403.

5.17   Kupfer,H.B. and Gerstle,K.H.: Behaviour of concrete under biaxial stresses. ASCE Journal of the Eng. Mech. Div., Vol.99, No.EM4, August 1973, pp.853-866.

5.18   Liu,T.C.Y., Nilson,A.H. and Slate,F.O.: Biaxial stress-stain relations for concrete. ASCE Journal of the Structural Division, Vol.98, No.ST5, May 1972, pp.1025-1034.

5.19   Cedolin,L.; Crutzen,Y.R.J. and Deipoli,S.:Triaxial stress-strain relationship for concrete. ASCE Journal of the Eng. Mech. Div. Vol.103, No.EM3, June 1977, pp.423-439.

5.20   Gerstle,K.H.: Simple formulation of biaxial concrete behaviour. ACI Journal, Vol.78, Jan.-Feb. 1981, pp.62-68

5.21   Lin,C.S. and Scordelis,A.C.: Nonlinear analysis of RC shells of general form. ASCE Journal of the Structural Division, Vol.101, No.ST3, March 1975, pp.523-538.

5.22   Chen,A.C.T. and Chen,W.F.: Constitutive relations of concrete. ASCE Journal of the Eng. Mech. Div. Vol.101, No.EM4, August 1975, pp.465-481.

5.23   Buyukozturk,O.: Nonlinear analysis of reinforced concrete structures. Computers and Structures, Vol.7, 1977, pp.149-156.

5.24   Bazant,Z.P. and Bhat,P.D.: Endochronic theory of inelasticity and failure of concrete. ASCE Journal of the Eng. Mech. Div., Vol.102, No.EM4, August 1976, pp.701-722.

5.25   Bazant,Z.P. and Kim,S.S.: Plastic-Facturing theory for concrete. ASCE Journal of the Eng. Mech. Div., Vol.105, No.EM3, June 1979, pp.407-428.

5.26   Jofriet,J.C. and Mcneice,G.M.: Finite element analysis of reinforced concrete slabs. ASCE Journal of the Structural Division, Vol.97, No.ST3, March 1971, pp.785-806.

5.27   Hand,F.R.; Pecknold,D.A. and Schnobrich,W.C.: A layered finite element nonlinear analysis of reinforced concrete plates and shells. Civil Eng. Studies, SRS No.389, University of Illinois, Urbana, Illinois, August 1972.

5.28   Hinton,E.; Rahman,H.H.A. and Zienkiewicz,O.C.: Computational models for reinforced concrete slab systems. IABSE Colloquium on Advanced Mechanics of Reinforced Concrete, Final Report, Vol.-Band 34, Delft 1981, pp.303-313

5.29   Ottosen,N.S.: A failure criterion for concrete. ASCE Journal of Eng. Mech. Div., Vol.103, No.EM4, August 1977, pp.527-535.

5.30   Wastiels,J.: Behaviour of concrete under multiaxial stresses - a review. Cement and Concrete Research, Vol.9,1979, pp.35-44.

5.31   Wastiels,J.: Failure criteria for concrete subjected to multiaxial stresses. Lecture held at University of Illinois at Chicago Circle, Department of Materials Engineering, May 27, 1981.

5.32   Chen,W.F.: Plasticity in Reinforced Concrete. McGraw-Hill Book Company, 1982.

5.33   Andenaes,E.; Gerstle,K. and Ko,H.Y.: Response of mortar and concrete to biaxial compression. ASCE Journal of Eng. Mech. Div., Vol.103, No.EM4, August 1977, pp.515-526.

5.34   Owen,D.R.J. and Hinton,E.: Finite Elements in Plasticity - Theory and Practice. Pineridge Press, Swansea, U.K., 1980.

5.35   Zienkiewicz,O.C.: The Finite Element Method. McGraw-Hill, Third edition, 1977.

5.36   Gilbert,R.I. and Warner,R.F.: Tension stiffening in reinforced concrete slabs. ASCE Journal of the Structural Division, Vol.104, No.ST12, December 1978, pp.1885-1900.

5.37   Goto,Y.: Cracks formed in concrete around deformed tension bars. ACI Journal, April 1971, pp.244-251.

5.38   Cope,R.J.; Rao,P.V.; Clark,L.A. and Norris,P.: Modelling of reinforced concrete behaviour for finite element analysis of bridge slabs. Numerical Meth. for Nonlinear Problems, Vol.1, Pineridge Press, Proceedings of the International Conference held at University College of Swansea, 2-5 September 1980, pp.457-470.

5.39   Fenwick,R.C. and Paulay,T.: Mechanics of shear resistance of concrete beams. ASCE Journal of the Structural Division, Vol.94, No.ST10, October 1968, pp.2325-2350.

5.40   Hofbeck,J.A.; Ibrahim,I.O. and Mattock,A.H.: Shear transfer in reinforced concrete. ACI Journal, February 1969, pp.119.128.

5.41   Hamadi,Y.D. and Regan,P.E.: Behaviour in shear of beams with flexural cracks. Magazine of Concrete Research, Vol.32, No.111, June 1980, pp.67-78.

5.42   Ahmad,S.; Irons,B.M. and Zienkiewicz,O.C.: Analysis of thick and thin shell structures by curved finite elements. Int.J.Num.Meth. in Engng. Vol.2, 1970, pp.419-451.

5.43   Owen,D.R.J. and Figueiras,J.A.: Anisotropic elasto-plastic finite element analysis of thick and thin plates and shells. Int.J.Num.Meth.Engng., Vol.19, 1983, pp.541-566.

5.44   Floegl,H. and Mang,H.: On tension stiffening in cracked reinforced concrete slabs and shells considering geometric and physical nonlinearity. Inginieur-Archiv 51 pp.215-242, 1981.

5.45   Mehlhorn,G. and Klein,G.: Finite element analysis of reinforced concrete slabs and panels. Institut für Massinbau, Technische Hochschule Darmstadt.

5.46   Hughes,T.J.R.: Unconditionally stable algorithms for nonlinear heat conduction. Comp.Meth.in Applied mech. and Engng., Vol.10, 1977, pp.135-139.

5.47   Bathe,K.J. and Wilson,E.L.: Numerical Methods in Finite Element Analysis. Prentice-Hall, New Jersey, USA, 1976.

5.48   Hogge,M.A.: Integration operators for first order linear matrix differential equations. Comp.Meth. in Applied Mech. and Engng., Vol.11, 1977, pp.281-294.

5.49   Owen,D.R.J. and Damjanic,F.: Reduced numerical integration in thermal transient finite element analysis. Computers and Structures (In press).

5.50   Damjanic,F. and Owen,D.R.J.: Practical considerations for thermal transient finite element analysis using isoparametric elements. Nuc.Eng. & Design, Vol.69, No.1, 1982, pp.109-126.

5.51   Bresler,B. and Scordelis,A.C.: Shear strength of reinforced concrete beams. ACI Journal, Jan.1963.

5.52   Duddeck,H.; Griebenow,G. and Shaper,G.: Material and time dependent nonlinear behaviour of cracked reinforced concrete slabs. in Nonlinear Behaviour of Reinforced Concrete Spatial Structures, Vol.1, Preliminary Report IASS Symposium held in Darmstadt, Eds. Mehlhorn,G.; Ruhle,H. and Zerna,W., Werner-Verlag Düsseldorf, July 1978, pp.101-113.

5.53   Taylor,R.; Maher,D.R.H. and Hayes,B.: Effect of the arrangement of reinforcement on the behaviour of reinforced concrete slabs. Magazine of Concrete Research, Vol.18, No.55, June 1966.

5.54   Hedgren,A.W. and Billington,D.P.: Mortar model test on a cylindrical shell of varying curvature and thickness. ACI Journal, February 1967.

5.55 Hodge,P.G. and White,G.N.: A quantitive comparison of flow and deformation theories of plasticity. J.Appl.Mech., Vol.17, June 1950, pp.180-184.

5.56 Arnesen,A.; Sorensen,S.I. and Bergan,P.G.: onlinear analysis of reinforced concrete. Computers and Structures, Vol.12, 1980, pp.571-579.

5.57 Mang,H.A. and Floegl,H.: Tension stiffening concept for reinforced concrete surface structures. IABSE Colloquium on Advanced Mechanics of Reinforced Concrete, Final Report, Delft, June 1981, pp.351-369.

5.58 ACI Standard 318-77: Building Code Requirements for Reinforced Concrete. American Concrete Institute, Detroit, 1977.

5.59 Lin, G.Q.; Owen, D.R.J.: Ultimate load behaviour of reinforced concrete plates and shells under dynamic transient loading. Int. J. Num. Meth. Eng. 22 (1986) 189-208

5.60 Hinton, E.: Dynamic Analysis of Plates and Shells, Swansea, Pineridge Press 1988

5.7 Anhang 2: Aufbereiten der Eingabedaten von PLASTOSHELL und CONSHELL

In diesem Anhang werden dem Leser detailierte Hilfen zum Erstellen der Eingabe-Decks für die Programme PLASTOSHELL (anisotrop, elastisch-plastisch) und CONSHELL (bewehrter Beton) gegeben. Für beide Programme wird eine gemeinsame Befehlsliste verwendet , in der auch die voneinander abweichenden Eingabedaten (Input-Deck 4, Input-Deck 7) enthalten sind.

Die Programme berechnen die Grenzlasten von dicken und dünnen Platten und Schalen mit

- einem Schichtenmodell

- anisotropem Materialverhalten

- 8-Knoten Serendipity –,9-Knoten Lagrange – und Heterosis – Elementen

- reduzierter, selektiver und vollständiger Integration

Auch nichtlineares Verhalten aufgrund von

- großen Verformungen und

- elastisch-plastischen Materialverhalten oder

- Versagenscharakteristiken von bewehrtem Beton

kann betrachtet werden.

<u>1.Input-Deck</u>   Titel (12A6) eine Zeile

<u>2.Input-Deck</u>   Kontrolldaten (12I5) eine Zeile

Spalten   1-5   NPOIN Anzahl der Knoten
           6-10   NELEM Anzahl der Elemente
           11-15   NVFIX Anzahl der Punkte an denen mindestens ein Freiheitsgrad vorbelegt ist
           16-20   NNODE Anzahl der Knoten pro Element
                          8 - für 8-Knoten Serendipity
                          9 - für Heterosis und Lagrange
           21-25   NMATS Anzahl der verschiedenen Materialien
           26-30   NGAUS Anzahl der Gauss-Punkte pro Element
                          (Biegung, Membran)
           31-35   NGAUZ Anzahl der Gauss-Punkte pro Element (Schub)
                          NGAUS=3 , NGAUZ=3 normale vollständige Integration
                          NGAUS=3 , NGAUZ=2 selektive Integration
                          NGAUS=2 , NGAUZ=2 reduzierte Integration

36-40   NCOLA setzt die Zwänge für den 9-ten Knoten
          = 0   9-Knoten Lagrange Element (keine Zwänge)
          = 1   Heterosis unterdrückt die Verschiebung des 9-ten Knotens (u,v,w)
41-45   NALGO Kennummern für den nichtlinearen Lösungsprozess
          = 1   Anfangssteifigkeitsmethode
          = 2   Tangentialsteifigkeitsmethode
          = 3   Steifigkeitsmatrix wird in der ersten Iteration jedes Inkrements
                     neu berechnet
          = 4   Steifigkeitsmatrix wird in der zweiten Iteration jedes Inkrements
                     neu berechnet und auch, falls unbelastete Integrationspunkte
                     aus der vorangegangenen Iteration vorhanden sind
46-50   NINCS   Anzahl der Lastinkremente
51-55   NLAYR (i)   Anzahl der Schichten über die Dicke (PLASTOSHELL)
                (ii)   Anzahl der Modellierungsschichten in der Struktur (CONSHELL)
   56-60   LARGE   Verformungsparameter
                         = 0   geometrisch lineare Berechnung
                         = 1   geometrisch nichtlineare Berechnung
   61-65   NREST   Restart Parameter
                         = 0   Berechnung von Anfang an
                         = 1   Restart ab dem letzten konvergenten Lastinkrement

<u>3.Input-Deck</u>   Gravitation (5F10.5) eine Zeile

Spalten   1-10   GRAVI(1) Beschleunigung in x-Richtung
            11-20   GRAVI(2) Beschleunigung in y-Richtung
            21-30   GRAVI(3) Beschleunigung in z-Richtung
            31-40   ANVEL   Winkelbeschleunigung bezogen auf die z-Achse

(i) PLASTOSHELL

<u>4.Input-Deck</u>   Elementdaten (16I5,/,5X,15I5) eine oder zwei Zeilen je Element

Spalten   1-5   NUMEL   Elementnummer
            6-10   MATNO(NUMEL,1)   Materialeigenschaftsnummer für jede Schicht,
                       ”   ILAYR von unten nach oben
                       ”
                       ”
            56-60   MATNO(NUMEL,NLAYR)   Bsp: NLAYR = 10 Schichten
            61-65   LNODS(NUMEL,1)   Element-Knotennummer
                       ”   gegen den Uhrzeigersinn
                       ”
            106-110   LNODS(NUMEL,NNODE)   Bsp: NNODE = 9

(ii) CONSHELL

<u>4.Input-Deck</u>   Elementdaten (11I5) eine Zeile je Element

Spalten   1-5   NUMEL   Elementnummer
            6-10   MATNO(NUMEL)   Nummer der Modellierungsschicht
            11-15   LNODS(NUMEL,1)   Element-Knotennummer
                       ”   gegen den Uhrzeigersinn
                       ”
            51-55   LNODS(NUMEL,NNODE)   Bsp: NNODE = 9

<u>5.Input-Deck</u>   Knotenkoordinaten (I5,4F15.10,/,5x,4F15.10)

                     Zwei Zeilen für jeden Knoten, dessen Koordinaten benötigt werden.
                     Die Koordinaten des Knotens mit der größten Nummer müssen
                     am Ende eingegeben werden. (Koordinaten des 9. Knotens und Mittelknoten,
                     die aus einer linearen Interpolation der Eckknoten gewonnen werden
                     können, müssen nicht eingegeben werden.)

1.Zeile
Spalten	1-5	IPOIN	Knotennummer
	6-20	COORD(IPOIN,1)	obere x-Koordinate
	21-35	COORD(IPOIN,2)	obere y-Koordinate
	36-50	COORD(IPOIN,3)	obere z-Koordinate
	51-65	COORD(IPOIN,4)	Druck (Gleichlast) auf die Oberseite

2.Zeile
	6-20	COORD(IPOIN,1)	untere x-Koordinate
	21-35	COORD(IPOIN,2)	untere y-Koordinate
	36-50	COORD(IPOIN,3)	untere z-Koordinate
	51-65	COORD(IPOIN,4)	Druck (Gleichlast) auf die Unterseite

6.Input-Deck — Randbedingungen (I5,5X,I5,5X,5F10.6) eine Zeileje Knoten mit mindestens einem vorbelegten Freiheitsgrad (insgesamt NVFIX Zeilen)

Spalten	1-5	NOFIX	Knotennummer
	11-15	IFPRE	Freiheitsgrad
			$= 1$ vorgegeben
			$= 0$ frei

		Spalte	11 — u-Verschiebung (x-Richtung)
		Spalte	12 — v-Verschiebung (y-Richtung)
		Spalte	13 — w-Verschiebung (z-Richtung)
		Spalte	14 — β_1 Rotation um die y-Achse
		Spalte	15 — β_2 Rotation um die x-Achse
	21-30	PRESC(IVFIX,1)	vorgegebene Werte für die
	”		Knotenweggrößen (u,v,w,$\beta_1$undβ_2)
	61-70	PRESC(IVFIX,5)	

(i) PLASTOSHELL

7.Input-Deck — Materialdaten
Vier Zeilen für jedes Material
(Insgesamt 4*NMATS Zeilen)

1.Zeile(I5)
Spalten	1-5	NUMAT	Materialkennnummer (MATID)

2.Zeile(7F10.5)
Spalten	1-10	PROPS(NUMAT,1) E_1	Elastizitätsmodul in 1-Richtung
	11-20	PROPS(NUMAT,2) ν_{12}	Querdehnungszahl
	21-30	PROPS(NUMAT,3) t_ζ	Schichtdicke in Richtung der Einheitskoordinate $\zeta t_\zeta = 2.0 h_k/h$
	31-40	PROPS(NUMAT,4) ρ	Raumgewicht des Materials
	41-50	PROPS(NUMAT,5) α	Wärmeausdehnungskoeffizient
	51-60	PROPS(NUMAT,6) σ_{01}	einachsiale Spannung (1-Richtung)
	61-70	PROPS(NUMAT,7) H'	Verfestigungsparameter

3.Zeile(7F10.5)
Spalten	1-10	PROPS(NUMAT,8) E_2	Elastizitätsmodul in 2-Richtung
	11-20	PROPS(NUMAT,9) G_{12}	Schubmodul in der $\overline{12}$ Ebene
	21-30	PROPS(NUMAT,10) G_{13}	Schubmodul in der $\overline{13}$ Ebene
	31-40	PROPS(NUMAT,11) G_{23}	Schubmodul in der $\overline{23}$ Ebene
	41-50	PROPS(NUMAT,12) σ_{02}	einachsiale Spannung (2-Richtung)
	51-60	PROPS(NUMAT,13) σ_{03}	einachsiale Spannung (3-Richtung)
		oder σ_{θ_0}	einachsiale Spannung 45 Grad zur 1-Richtung
	61-70	PROPS(NUMAT,14) τ_{012}	Schubspannung in der $\overline{12}$ Ebene

4.Zeile(7F10.5)

Spalten	1-10	PROPS(NUMAT,15) τ_{013}	Schubspannung in der $\overline{13}$ Ebene
	11-20	PROPS(NUMAT,16) τ_{023}	Schubspannung in der $\overline{23}$ Ebene
	21-30	PROPS(NUMAT,17) θ	Winkel zwischen dem Materialachsensystem in der Schichtebene und dem Bezugskoordinatensystem (in Radians gegen den Uhrzeigersinn)

Bemerkung: Die 1,2,3 Richtungen sind die Hauptrichtungen des Materials wobei die 1,2 Achsen in Schichtebene liegen.

(ii) CONSHELL

<u>7.-A Input-Deck</u>   Zeilen, die die Modellierungsschichten aus Beton und Stahl beschreiben. Zwei Zeilen je Schicht

1.Zeile(16I5)

Spalten	1-5	NCLAY(ILAYR)	Anzahl der Betonschichten
	6-10	NSLAY(ILAYR)	Anzahl der Stahlschichten

2.Zeile(16I5)

Spalten	1-5	MACON(ILAYR,ICONL)	Materialkennnummer für jede Betonschicht von unten nach oben (Bsp: 6 Schichten)
		MASTE(ILAYR,ISTEL)	Materialkennnummer für jede Stahlschicht von unten nach oben

<u>7.-B Input-Deck</u>   Materialdaten
Drei Zeilen für jedes Material

1.Zeile(I5)

Spalten	1-5	NUMAT Materialkennnummer

2.Zeile(7F10.5)   Nur für Beton

Spalten	1-10	PROPS(NUMAT,1) E_c	Elastizitätsmodul
	11-21	PROPS(NUMAT,2) ν	Querdehnungszahl
	21-30	PROPS(NUMAT,3) t_ζ	Schichtdicke in Richtung der Einheitskoordinate $\zeta\, t_\zeta = 2.0 h_k/h$
	31-40	PROPS(NUMAT,4) ρ	Raumgewicht des Materials
	41-50	PROPS(NUMAT,5) f_t'	Betonzugfestigkeit
	51-60	PROPS(NUMAT,6) f_c'	Betondruckfestigkeit
	61-70	PROPS(NUMAT,7) ϵ_u	Bruchdehnung bei Betondruck

2.Zeile(7F10.5)   Nur für Stahl

Spalten	1-10	PROPS(NUMAT,1) E_s	Elastizitätsmodul
	11-21	PROPS(NUMAT,2) E_s'	elasto-plastischer Elastizitätsmodul
	21-30	PROPS(NUMAT,3) t_ζ	Schichtdicke in Richtung der Einheitskoordinate $\zeta\, t_\zeta = 2.0 h_k/h$
	31-40	PROPS(NUMAT,4) ρ	Raumgewicht des Materials
	41-50	PROPS(NUMAT,5) f_y	Stahlfließspannung
	51-60	PROPS(NUMAT,6) ζ_s	Lage der Schicht in der Einheitskoordinate ζ
	61-70	PROPS(NUMAT,7) θ	Winkel zwischen der Bewehrung und der x'-Achse (gegen den Uhrzeigersinn $\pi/2 < \theta < -\pi/2$)

3.Zeile(7F10.5)   Nur für Beton

Spalten	1-10	PROPS(NUMAT,8) ϵ_m	Zugverfestigungsparameter
	11-21	PROPS(NUMAT,2) α	siehe Bild 5.4

3.Zeile(7F10.5)   Nur für Stahl
leere Zeile

<u>8. Input-Deck</u>   Belastung, mindestens eine Zeilen je Element
1.Zeile(3I5)

Spalten	1-5	NPRES Gleichlast
		= 0 keine Gleichlast auf diesem Element

			= 1 Gleichlast wird eingegeben
	6-10	NUCLO	Anzahl der Einzelkräfte auf dem Element
			(=0 , Keine Einzelkraft)
	11-15	NBODY	Massenkräfte (Gravitations- oder Zentrifugalbeschleunigungen)
			= 0 keine Massenkrafte
			= 1 Massenkrafte werden eingegeben

2.Zeile(I5,F5.1,2F15.5)   Nur wenn NPRES=1

Spalten	1-5	KPRES	Art der Gleichlast
			= 0 Gleichflächenlast
			= 1 Hydrostatische Last
			= 2 Last als Knotenwerte spezifiziert
	6-10	CFACE	= +1.0 Druck auf die Oberseite
			= -1.0 Druck auf die Unterseite
	11-25	PREVA	Betrag der Gleichlast falls KPRES = 0
			Maximalwert der hydrostatischen Last falls KPRES = 1
	26-40	SURFA	z-Koordinate des Nulldrucks falls KPRES = 1

3.Zeile(2I5,F10.5)   Nur wenn Nuclo > 0
Anzahl der Zeilen gleich NUCLO

Spalten	1-5	LPOIN	Elementknotennummer auf den die Last wirkt.
	6-10	LDOFN	Lastart zugeordnet
			= 1 x-Verschiebung
			= 2 y-Verschiebung
			= 3 z-Verschiebung
			= 4 β_1-Drehung
			= 5 β_2-Drehung
	11-20	CARGA	Wert der Einzellast

<u>9. Input-Deck</u>   Laststufen eine Zeile für jede Laststufe

Spalten	1-10	FACTO	Lastfaktor für die Laststufe
	11-20	TOLER	Toleranzfaktor für Konvergenz
	21 25	MITER	Maximal erlaubte Anzahl an Iterationen
	26-30	NOUTP(1)	Ausgabesteuerparameter der nichtkonvergierten Ergebnisse nach der ersten Iteration
			= 1 Nur die Verschiebungen ausgeben
			= 2 Verschiebungen und Knotenkräfte ausgeben
			= 3 Verschiebungen,Kräfte und Spannungen ausgeben
	31-35	NOUTP(2)	Ausgabesteuerparameter der konvergierten Ergebnisse
			= 1 Nur die Verschiebungen ausgeben
			= 2 Verschiebungen und Knotenkräfte ausgeben
			= 3 Verschiebungen,Kräfte und Spannungen ausgeben

Springer

Springer